D1652269

Omnisophie

Springer
Berlin
Heidelberg
New York
Hongkong
London
Mailand
Paris
Tokio

Gunter Dueck

Omnisophie

Über richtige, wahre und natürliche Menschen

2., überarbeitete Auflage

Mit 3 Farbtafeln

Professor Dr. Gunter Dueck

IBM Deutschland GmbH
Gottlieb-Daimler-Str. 12
68165 Mannheim
dueck@de.ibm.com

ISBN 3-540-20925-5 Springer-Verlag Berlin Heidelberg New York
ISBN 3-540-43623-5 1. Auflage Springer-Verlag Berlin Heidelberg New York

Bibliografische Information der Deutschen Bibliothek

Die Deutsche Bibliothek verzeichnet diese Publication in der Deutschen Nationalbibliografie; detaillierte bibliografische Daten sind im Internet über <http://dnd.ddb.de> abrufbar

Springer-Verlag ist ein Unternehmen von Springer Science+Business Media

springer.de

Printed in Germany

Umschlaggestaltung: KünkelLopka, Werbeagentur, Heidelberg
Umbruch: perform, Heidelberg
Gedruckt auf säurefreiem Papier 33/3142SR – 5 4 3 2 1 0

Vorwort zur zweiten Auflage

Vor etwa eineinhalb Jahre erschien die Omnisophie in erster Auflage. Ich habe darin versucht, mein jahrelanges Nachdenken über das Leben an sich zusammenzufassen. Zum Buch hat der Springer-Verlag ein wunderschönes Plakat gedruckt. Es wirbt mit der Titelzeile

Der Sinn des Lebens – made by Dueck

So weit würde ich selbst gar nicht gehen, aber die Marketing-Fachleute haben viel weniger Scheu. Vielleicht lesen sie nicht so sehr viele Philosophiebücher? Wie dem auch sei, ich wollte eine Diskussion mit dem Buch anstoßen. Ich habe lange Zeit als Professor gearbeitet, dann in Industrieprojekten und schließlich im Management. Überall fand ich ganz andere Denkkulturen vor, die sich so spinnefeind gegenüber stehen, weil sie sich jeweils gar nicht vorstellen können, dass es verschiedene Denkkulturen geben kann.

Sie gibt es! Und sie alle haben eine ganz andere Vorstellung von dem, was wir grob den Sinn des Lebens nennen könnten. Und dann bekämpfen sie sich, bis an aller Tage Ende.

Im Kern habe ich drei verschiedene Denkweisen herausdestilliert, die der „richtigen, wahren und natürlichen Menschen". Die Richtigen leben nach Regeln, die Wahren nach Ideen, die Natürlichen mehr nach ihrem Instinkt.

Wenn Sie zum Beispiel an Lehrer denken? Manche lassen Sie Regeln üben, manche wollen mit Ihnen Ideen diskutieren. Priester predigen Regeln, Mönche glauben. Verhaltenspsychologen verpassen Ihnen neue Regeln, Tiefenpsychologen enthüllen Ihre Lebensidee. Manager entscheiden prozessural oder nach Visionen oder nach Instinkt. Richter urteilen nach der Idee der Schuld oder nach dem Instinktprinzip sofortiger Abschreckung oder nach den Regelungen des Gesetzbuches oder der Tradition. Aristoteles listet Regeln auf, Platon entwickelt Ideen, die Hedonisten spüren lieber das Leben über den Körper.

Überall treffen wir auf diese verschiedenen Zugangsweisen zum gleichen Problem, die dann für verschiedene Weltanschauungen gehalten werden. Sie sind die Sicht verschiedener Menschen auf das Gleiche.

Dieses Buch, die Omnisophie, befasst sich mit den drei Basisdenkformen der richtigen, wahren und natürlichen Menschen. Es befasst sich eigentlich nur mit den Denkweisen an sich. Es soll Ihnen nahebringen, wie Denken geschieht und worüber wir uns dauernd streiten, wenn wir verschiedener Ansicht sind.

Während ich an der Omnisophie schrieb, wurde mir immer klarer, dass es im wirklichen Leben gar nicht so sehr viel hilft, zu wissen, wie Menschen denken, warum sie zu welchen Ergebnissen kommen und welche die wertvollen Lehrmeinungen sein könnten. Es gibt ja auch das so genannte Böse. Richtige Menschen brechen Regeln, wahre Menschen widmen ihr Leben oft ganz spinnigen Ideen und natürliche Menschen sind vom Instinkt her aggressiv, wo sie doch nur initiativ, kraftvoll und effektiv sein sollten. Ich beschloss schon während der Arbeit an diesem Buch, weitere Fragen in zwei weiteren Bänden anzugehen. Ich fasste den Plan, eine Trilogie zu schreiben.

Jetzt, zum Erscheinen dieser zweiten Auflage des Buches, ist der zweite Band bereits erschienen. Er trägt den Titel: Supramanie – Vom Pflichtmenschen zum Score-Man. Ein Rezensent schrieb dazu, das Buch beschreibe „die Physik unserer heutigen Leistungsgesellschaft“. Während Omnisophie eher noch die Höhen menschlichen Geistes bespricht, beleuchte ich im zweiten Band das, was im täglichen Leben aus uns gemacht wird: Wir werden unter enormen Leistungsstress gesetzt und müssen uns irgendwie „durchschlagen“. Dieser Stress nimmt stetig zu. Früher mussten wir unsere Pflicht tun – fertig – das wurde als ausreichend angesehen. Heute sollen wir gegenseitig im Überlebenswettkampf bestehen. Das ist um eine ganze Stufe verschärft! Das Zappeln unserer Seelen im „Arbeitskampf“ wird in Supramanie analysiert. Ich selbst habe das Buch so real geschrieben wie nur irgend möglich. Ich war dabei fast drei Monate sehr trübe gestimmt, weil ich mich sehr stark hineinfühlen musste. Als ich zu Ende war, fühlte es sich an wie Auftauchen. So wird Ihnen Supramanie wohl auch „sehr unter die Haut gehen“, wie ein Leser über das Buch schrieb.

Im Augenblick arbeite ich an dem dritten und letzten Band der geplanten Trilogie. Er heißt: Topothesie – Der Mensch in artgerechter Haltung (Homo ex machina). Topothesie ist das griechische Wort für eine lebhafte Schilderung eines vorgestellten schönen Ortes. Und Sie können sich ja schon vorstellen, was ich dort vorhabe: Mir eine bessere Welt vorstellen, natürlich.

Die erste Hälfte von Topothesie habe ich gerade abgeschlossen und finde nur deshalb „den Nerv“, dieses Vorwort zu schreiben. In dieser ersten Hälfte zeige ich, dass unsere reglementierende Kultur in Schule, Erziehung und Management uns Menschen zu sehr über einem Kamm schert, uns „als Herde behandelt“ und uns eben nicht einzeln versteht, erzieht und entfaltet. Ich werfe die flammende Forderung nach „artgerechter Haltung“ in den Ring. Im zweiten Teil will ich erklären, was ich darunter verstehe und was meiner Meinung nach zu tun wäre. Vorab: Sehr viel. Mir kommt beim Schreiben immer mehr die Gewissheit auf, dass so eine Art Gegengewicht in der Welt fehlt, wie es einst die Religion bildete. Wenn wir dauernd unter Leistungsstress zum Zielerreichen gesetzt werden, dann geben wir alles auf, was auf der anderen Seite steht: Nächstenliebe, Vertrauen, Hilfe, Lebenlassen, innere Ruhe, Ethik und Zuversicht. Fehlt uns Gott, den wir exkommunizierten? Beim Schreiben versuche ich gerade probeweise, ihm „Shareholder-Value" zu erklären. Er schweigt.

Waldhilsbach, im Januar 2004

Gunter Dueck

Am Ende des Buches finden Sie ein paar Seiten von mir über die Thesen der schon erschienenen Supramanie. Ich schreibe seit längerer Zeit eine ständige Kolumne Beta Inside im Informatik-Spektrum. Dieser Beitrag erschien zeitgleich mit dem Buch im Oktober 2003.

ren. Sie erfüllen Gebote, beachten Vorschriften, handeln nach Rezepten. Und beide Richtungen streiten erbittert, ob ein paar Prinzipien und einhergehender Idealismus besser wären als ein konkretes Regelwerk. Die Platoniker kennen „das Wahre“ und sie sind die „wahren Philosophen“. Die Aristoteliker wissen, was richtig ist, und halten sich für die „richtigen Philosophen“. Aber beide Philosophierichtungen fallen gemeinsam über die Schmutzfinken unter den Philosophen her, die uns Menschen einfach ein rundum glückliches Leben empfehlen. Vor allem rät uns Epikur zum Glück und „zum stabilen Zustand des Fleisches“, was gar nicht weit weg ist von dem heutigen „Don't worry, be happy“, das nur gesungen werden darf, aber nicht echt befolgt werden sollte. Das sei natürlich, sagt Epikur.

Ich bekam diese verschiedenen Denkweisen langsam für mich selbst in den Griff. Die analytische aristotelische Vernunft sucht das Richtige in der Situation, die platonsche Intuition sucht nach der innewohnenden Idee und nach dem Grundsätzlich-Erklärendem, nach dem Wahren. Und dann ist da noch ein Drittes in uns: Es erscheint wie „unser Körper“. Er empfindet eine Situation instinktiv-natürlich, je nach Lage und jetziger Stimmung, ohne analysierende Vernunft, ohne regierende Idee.

Und nach langem Nachdenken möchte ich Ihnen in diesem Buch (unter anderem) beschreiben, wie diesen grundverschiedenen Urteilsweisen mathematische Grundgesetze oder Entscheidungslogiken entsprechen, die in unserem Selbst miteinander um die Vormacht streiten. Wir haben in diesem Sinne nämlich nicht wirklich *ein* Hirn, sondern eher drei. Drei! Mindestens. Ich erkläre es Ihnen hier im Buch ausführlich auf folgende Weise (und ich bitte Sie: Verschieben Sie Ihren seelischen Protest für 250 Seiten):

Die eine Rechenmaschine in uns funktioniert wie ein normaler PC. Sie listet Wissen und Schlussweisen, weiß um Regeln und Tradition. Die PC-Intelligenz entspricht dem analytischen Denken oder der logischen, scharfen, abwägenden Intelligenz.

Die andere Maschine im Menschen sieht wie ein neuronales Netz aus. Neuronale Netze sind dem menschlichen Hirn nachempfundene mathematische Konstrukte. Neuronale Netze können gut entscheiden. Sie sagen Ja oder Nein auf bestimmte Fragen, können aber den Grund nicht angeben, *warum* sie so entschieden haben. Das ist frappierend ähnlich zum intuitiven Denken des Menschen, dem ganzheitlichen Denken, dem Denken aus dem Bauch heraus. Wir sagen dann: „Ich habe eine Ahnung. Ich weiß fest, dass es so ist. Ich weiß nicht, warum. Ich weiß einfach.“

Eine dritte Maschine merkt „unwillkürlich“, was zu tun ist. Sie leitet uns „unbewusst“, spürt Gefahr, Plötzliches, Bedrohliches, wittert Chancen und Erfolg. Sie meldet sich über den Körper. Es sticht uns etwas ins Herz, bereitet

Ich glaube, ich verstehe es; aber ich breche mir fast das Gehirn, wenn ich es erklären soll!

Vor einigen Jahren hatte ich einmal das Gefühl, etwas vom Sinn des Lebens verstanden zu haben.

Es war ein Gefühl im Inneren, wie ich es schon einige Male als Mathematiker gespürt hatte: Es ist im Körper tief drinnen etwas, das mir sagt, ich hätte die Gegend erreicht, wo die Antwort zu finden wäre. Ich habe die Antwort als solche dann noch längst nicht gesehen, nein, überhaupt nicht! Ich wittere nur ihre Nähe. Ich weiß, dass ich mich jetzt „nur noch" mühevoll durch Gedankenurwälder schlagen muss, aber es ist nicht mehr weit. Es ist nahe. Dieses Gefühl ist untrüglich. Es unterscheidet sich völlig von der glänzenden Idee, die triumphal durchbricht und entweder einen Schritt weiter führt oder beim nächsten Frühstückskaffee unter wachem Scharfsinn in Irrtum zerfällt. Dieses Gefühl aber, von dem ich spreche, zeigt die Nähe an, wie eine Wünschelrute, die Nähe eines neuen Ganzen. Es ist, als stehe man in einem riesigen Gebirgsmassiv mit einem Spaten endlich vor einem hohen Berg. Und man „weiß": Hier drinnen ist ein Schatz verborgen. Wie er aussieht, weiß ich nicht. Worin er besteht, ahne ich. Er ist aber sicher da drinnen und das Graben wird sich lohnen. Ganz gewiss.

Ich habe ganze Jahre versucht, nun wirklich in die Nähe des unerkannt Gefühlten zu gelangen. Ich habe begonnen, vielen gequält flackernd schauenden Menschen eine Vorstellung von meinen vagen Ideen davon zu geben. Ich habe einen Teil dessen, was ich sagen wollte, im Buch *Wild Duck* aufgeschrieben. Ich habe beim Schreiben mehr Neues gelernt als ins Buch hinein abgegeben. Ich habe im Buch *E-Man* neue Aspekte des Menschen beleuchtet, die für das Verständnis der Wirtschaft und des Managements aus meiner Sicht unerlässlich sind – aber das war es immer noch nicht. Ich glaube, erst dieses Buch drückt etwas vom dem aus, was ich damals ursprünglich zu verstehen geglaubt hatte: Vom Menschen an sich.

„Ich möchte einmal, *einmal* schreiben, wie ich meine, so sei es richtig!"

Und das setze ich jetzt und hiermit in die Tat um.

Ich weiß, dass schon sehr viele über dieses Thema „Mensch" schrieben und ich habe viel über den Menschen an sich gelesen und erfahren. Stets schienen mir die Theorien zum Beispiel von Platon, Aristoteles, Epikur, Kant, Schopenhauer, Freud, Adler, Jung, Maslow, Watson, Skinner, Rogers, Horney irgendwie nicht falsch, aber merkwürdig einseitig oder unvollständig. Wenn ich die Gedanken dieser auch meiner Vorbilder begierig in mich aufnehme, protestiert und polemisiert etwas in mir: Wir sind nicht nur Trieb. Wir sind nicht nur Machtwille. Wir sind nicht nur reine Denker. Wir sind keine idealen Menschen und werden es auch nicht in großen Massen. Wir sind keine Laborratten, Meerschweinchen oder weißen Mäuse. Wir sind nicht nur wie ein Desktop-Computer. Wir sind „nicht nur"! Aber natürlich rennen wir auch dem Geld hinterher wie Laborratten dem Käse, natürlich gibt es auch ein paar „ideale" Menschen, natürlich wüten auch Triebe in manchen von uns und der Machtwille in anderen. Wie passt das alles zusammen?

Ich habe mir das lange überlegt. Ich bin dabei einen ganz anderen Weg gegangen. Ich habe nicht ungeheuer viele Menschen untersucht und aus den Ergebnissen und Statistiken Schlüsse gezogen. Ich habe überhaupt keine Erfahrungen mit Seelenkranken machen können und muss mich an der Beobachtung des Normalen orientieren. Nein, ich habe lange nachgedacht.

Ich habe ziemlich erschrocken erkannt, wie verschieden die Menschen sind. Es gibt solche und solche. Ich habe verschiedene so genannte Menschentypenlehren studiert und mich jahrelang im praktischen Leben kundig gemacht, mit immer offenen Augen. Ich fand es atemberaubend, was ich sah. Ich habe anschließend angefangen, einmal zu raten, was für Menschen die alten Philosophen wohl wären, habe Lebensbeschreibungen studiert und zu verstehen versucht, ob Philosophen nur ihre persönliche Lebenseinstellung als allgemeines Gesetz verkünden, im Irrglauben, die Menschen seien alle gleich und wären damit alle wie sie selbst. Ich fand das bekannte Zitat von Johann Gottlieb Fichte wieder. Er schrieb bekanntlich in seiner *Ersten Einleitung in die Wissenschaftslehre*: „Was für eine Philosophie man wähle, hängt sonach davon ab, was man für ein Mensch ist: denn ein philosophisches System ist nicht ein todter Hausrath, den man ablegen oder annehmen könnte, wie es uns beliebte, sondern es ist beseelt durch die Seele des Menschen, der es hat." Klar, das sehen viele Menschen so: Die eigene Philosophie muss zum eigenen Selbst passen, wie die Frisur oder der Hund oder die Jeansmarke auch. Wie aber steht es mit den Philosophen selbst? Sollte ich sagen können: „Was für eine Philosophie man neu erschaffe, hängt sonach davon ab, was man für ein Mensch ist: Denn richtig beseelen kann der Philosoph nur etwas durch sein eigenes Selbst." Wenn aber das eigene Selbst den Lebenssinn erschafft und wenn das Philosophieren vor allem Denken ist – kommen dann nicht nur Denktheorien von Denkmenschen heraus? Zum Beispiel: Kinder würden doch den Lebenssinn ganz anders beschreiben als Philosophen! Haben denn Kinder nicht immer recht?

In welchen verschiedenen Richtungen finden wir überhaupt Sinn? Warum gerade dort? Warum streiten wir dann dermaßen erbittert, was richtig oder allein selig machend wäre?

Gibt es vielleicht ebenso viele Lebenssinne wie Menschenarten insgesamt? Nicht nur so viele (oder wenige) Menschensinne wie predigend-schreibende Menschentypen?

Denken Sie an Immanuel Kant. Er hatte nur wenige Möbel in seiner Wohnung, nicht viel mehr als Stuhl, Tisch und Bett. Das reichte zum Leben und Denken. Versetzen Sie sich in Ihrer Vorstellung in seine Königsberger Wohnung. Wie diese Wohnung sehen dann die meisten Philosophien aus: arg karg für die Nicht-so-stark-Denker. Und deshalb halten diejenigen unter uns, die nicht den ganzen Tag lang denken, die Übung der Philosophie für überflüssig, theoretisch oder lebensfern. Was hilft dann die Philosophie?

Im Arbeitsleben gibt es stets den schärfsten Streit zwischen Menschen, die in Vorschriftenwelten und inmitten von Aktengalerien leben und sich gerne etwas wie ISO-9000-Prozess-Paragraphenlawinen ausdenken, und auf der anderen Seite solchen Menschen, die immer wieder *ganz neue* Ideen in eine immer gerade wieder ganz neue Welt setzen wollen. „Ihr macht die Welt zu einem Regelkonformistengefängnis!“, schreien diejenigen, die sich diese Welt von morgen vorstellen können. „Diese eure schöne neue Welt kennen auch wir. Sie heißt: Utopia! Sie besteht aus luftigen Träumen von euch Realitätsleeren!“, so schallt es wider. Aber dann fallen diese beiden Menschenarten gemeinsam über eine dritte Sorte von Menschen her, die bei der Arbeit „Don’t worry, be happy!“ singt. Es sind Kindgebliebene, die das Glück lieben und ihrerseits über die strengen Systemsoldaten und Ideologen den Kopf schütteln. Die korrekten, moralischen Pflichttreuen finden, sie seien die „richtigen Menschen“. Die Kreativen und Innovativen halten sich für die „wahren Menschen“. Die Unbekümmerten aber mahnen die anderen, doch „natürliche Menschen“ zu bleiben, ganz wie sie selbst.

Dieselbe Tendenz fand ich dann bei meinem Neustudium der Philosophenklassiker. Platon stellt die „Ideen“ in den Mittelpunkt, die das Wesentliche, Eigentliche bedeuten, während die Dinge selbst nur einen schwachen Abglanz der Idee repräsentieren. Die Ideen seien das Ewige und einzig Wahre, sagt Platon.

„Ideen, Ideen! Das sind Hirngespinste! Wir glauben *ausschließlich*, was wir *sehen*!“, rufen die Empiristen, die irgendwie die Ideen nicht richtig oder wirklich vor Augen sehen können, was ich mir selbst noch zutrauen würde. (Ja, ich selbst bin eher auf der Ideenseite!) Für die praktisch denkenden Menschen muss das Leben konkret definiert werden, nicht schwammig-mystisch-abstrakt. Aristoteles sagt uns im Gegensatz zu Platon, wie das Leben konkret auszusehen hat.

Die Idealisten stehen für ihre Ideen, mit denen sie eins sein wollen. Die Praktischen schreiben den möglichen Inhalt einer Idee möglichst konkret und formal auf, etwa, was genau Tugendenarten oder Gerechtigkeitsunterarten wären. Sie erfüllen Gebote, beachten Vorschriften, handeln nach Rezepten. Und beide Richtungen streiten erbittert, ob ein paar Prinzipien und einhergehender Idealismus besser wären als ein konkretes Regelwerk. Die Platoniker kennen „das Wahre" und sie sind die „wahren Philosophen". Die Aristoteliker wissen, was richtig ist, und halten sich für die „richtigen Philosophen". Aber beide Philosophierichtungen fallen gemeinsam über die Schmutzfinken unter den Philosophen her, die uns Menschen einfach ein rundum glückliches Leben empfehlen. Vor allem rät uns Epikur zum Glück und „zum stabilen Zustand des Fleisches", was gar nicht weit weg ist von dem heutigen „Don't worry, be happy", das nur gesungen werden darf, aber nicht echt befolgt werden sollte. Das sei natürlich, sagt Epikur.

Ich bekam diese verschiedenen Denkweisen langsam für mich selbst in den Griff. Die analytische aristotelische Vernunft sucht das Richtige in der Situation, die platonsche Intuition sucht nach der innewohnenden Idee und nach dem Grundsätzlich-Erklärendem, nach dem Wahren. Und dann ist da noch ein Drittes in uns: Es erscheint wie „unser Körper". Er empfindet eine Situation instinktiv-natürlich, je nach Lage und jetziger Stimmung, ohne analysierende Vernunft, ohne regierende Idee.

Und nach langem Nachdenken möchte ich Ihnen in diesem Buch (unter anderem) beschreiben, wie diesen grundverschiedenen Urteilsweisen mathematische Grundgesetze oder Entscheidungslogiken entsprechen, die in unserem Selbst miteinander um die Vormacht streiten. Wir haben in diesem Sinne nämlich nicht wirklich *ein* Hirn, sondern eher drei. Drei! Mindestens. Ich erkläre es Ihnen hier im Buch ausführlich auf folgende Weise (und ich bitte Sie: Verschieben Sie Ihren seelischen Protest für 250 Seiten):

Die eine Rechenmaschine in uns funktioniert wie ein normaler PC. Sie listet Wissen und Schlussweisen, weiß um Regeln und Tradition. Die PC-Intelligenz entspricht dem analytischen Denken oder der logischen, scharfen, abwägenden Intelligenz.

Die andere Maschine im Menschen sieht wie ein neuronales Netz aus. Neuronale Netze sind dem menschlichen Hirn nachempfundene mathematische Konstrukte. Neuronale Netze können gut entscheiden. Sie sagen Ja oder Nein auf bestimmte Fragen, können aber den Grund nicht angeben, *warum* sie so entschieden haben. Das ist frappierend ähnlich zum intuitiven Denken des Menschen, dem ganzheitlichen Denken, dem Denken aus dem Bauch heraus. Wir sagen dann: „Ich habe eine Ahnung. Ich weiß fest, dass es so ist. Ich weiß nicht, warum. Ich weiß einfach."

Eine dritte Maschine merkt „unwillkürlich", was zu tun ist. Sie leitet uns „unbewusst", spürt Gefahr, Plötzliches, Bedrohliches, wittert Chancen und Erfolg. Sie meldet sich über den Körper. Es sticht uns etwas ins Herz, bereitet

Bauchweh, initiiert flammende Begeisterung. Ich stelle Ihnen dafür als Metapher Identifikationsalgorithmen vor, die für die Informationstheorie entwickelt wurden (von meinem Doktorvater Rudolf Ahlswede und mir selbst). Das sind absolut unglaublich schnelle Verfahren, die blitzartig etwas registrieren. *Sie erkennen aber nichts.* Dafür sind sie eben blitzschnell. Sie registrieren nur: Heiß, kalt, gefährlich, schlecht, gut, Tadel droht, Chef kommt, „toller Mann". Über den Körper benachrichtigen sie uns physiologisch: Adrenalin einschießen! Kampfbereit stellen!

Es ist an der Zeit, dass wir *besonders diese Seite* des Menschen mehr kühl, sachlich, „mathematisch" anschauen. Hören wir auf, die Epikureer, die Aristipps und alles naive Glücksstreben einfach zu verteufeln. Ich werde Sie hier in diesem Buch bekehren, wenn Sie bisher zu sehr an das Triebhafte und Irrationale im Menschen geglaubt haben. Es liegt an Ihrer zu traditionellen Vorstellung vom „Berechnen und Entscheiden". Diese Rechenmaschine „der dritten Art" ist vielleicht wirklich am Ende nicht die Wichtigste (in mir ist sie es nicht, ich bin heillos Intuitiver), aber doch ziemlich entscheidend. Die Betrachtung dieser Rechenmaschine liefert nach meinem Urteil einen klaren Fortschritt im Denken, um dessentwillen ich auch dieses Buch geschrieben habe.

Es gibt in neuerer Zeit Versuche, das PC-Denken und das intuitive Denken mit der asymmetrischen Struktur des Gehirns in Verbindung zu bringen. Die linke Gehirnhälfte denkt „analytisch", die rechte „ganzheitlich". Ich erkläre diese Zusammenhänge im Buch einmal so, wie man es mit Kenntnis einfacher mathematischer Strukturen und einfachen Metaphern kann. Die dritte Maschine wird hier in diesem Buch – wie gesagt – erstmals präsentiert. Sie wird implizit von Antonio Damasio in seinem Pionierwerk „Descartes' Irrtum" postuliert, in dem er sich die Existenz von „somatischen Markern" vorstellt. In der Vorstellung einer dritten „Maschine" liegt für mich etwas ganz Neues, Wesentliches für das Verständnis des Menschen. Die dritte Maschine entscheidet einfach, ohne alles durchzudenken, ja, ohne überhaupt zu denken. Mathematisch gesehen ist Erkenntnis zum bloßen Entscheiden nicht zwingend notwendig. Im Kampf der freien Natur ist Denken zu langsam.

Ich stelle Ihnen ein Modell vor, wie Menschen durch verschieden graduellen Einsatz ihrer drei „Einzelrechner" variieren können. Stark intuitive Menschen wirken wie „Genies". Stark analytisch Denkende strahlen etwas wie Manager oder „Elternartige" aus. Stark in ihren Körpersensoren lebende Menschen sind wie Kindgebliebene und blühen in Lebensfreude.

Wenn Sie mir in diesem Gedankengang folgen wollen, ergeben sich erhebliche Konsequenzen für unser Menschenbild. Insbesondere zeigt sich, dass Menschen, die sich vor allem im verschiedenen Einsatz ihrer drei inneren Rechner unterscheiden und die das leider nicht wissen, sich völlig unsinnig und ständig streiten. Und zwar genau mit den Wortgefechten, die sich Aristoteles, Platon und Epikur oder Aristipp geliefert hätten. Darüber hinaus ergeben sich jeweils andere Menschenunterarten, je nachdem, mit welchen Lebensaspekten sie sich am liebsten befassen: mit Gerechtigkeit, mit Wahrheit, mit Moral, mit Liebe, mit Geschmack, mit Ästhetik und so weiter.

Die klassischen Philosophien oder Psychologien geben viel zu simple Lösungen. Sie stellen vor allem das „vernünftige" analytische Denken (die PC-Maschine in uns) an die erste und oberste Stelle und ordnen alles andere darunter, besonders gewaltsam aber alles Freudvolle, das fast notwendig als triebhaft und tierisch abqualifiziert werden muss, damit ein vernünftiges Denksystem beim Denken herauskommen kann. Da diktiert das normale formale Denken die Vernunft, da will die Religion Liebe und Maßhalten, da wollen Gehirn und Herz, dass der Körper aufhört, die hehren Prinzipien zu stören. Damit sind viele Philosophien in gewisser Weise nur Lehren, was für den Menschen vernunftmäßig Priorität haben solle, nicht aber Erkenntnissammlungen, was nun *ist* und was tatsächlich in der Breite *funktioniert*. Es wird unentwegt über den idealen Menschen („Tugend!") und das so genannte „höchste Gut" spekuliert. Wenn wir aber die in Büchern gelesenen großen Lehren aus der Hand sinken lassen, uns ungläubig-gläubig die Augen reiben und klar in die Welt schauen, wo denn die allgemein geforderten idealen Menschen konkret wären, so sehen wir sie nicht.

Ich versuche in diesem Buch eine neue Standortbestimmung des Menschen.

Es gibt verschiedene Lebenssinne und dazu passende Hauptdenkkonstruktionen. Die Anhänger des analytischen Denkens werden im Durchschnitt mehr Geld verdienen, aber die Körpersensorischen werden glücklicher sein. Die Intuitiven sind glücklich, wenn sie von einer Idee durchdrungen sind und in ihr aufgehen. Alle haben ein gutes Leben! Die täglichen Predigten, die dem normalen Denken den Vorrang einräumen und dabei das Intuitive nicht verstehen und das Glückssuchende als untüchtig verdammen, gehen in die Leere. Es gibt viel mehr Güter in dieser Welt als Geld, Vernunft oder Sicherheit! Liebe, Genuss, Kunst, Tanz, Musik, Sport, „Fun", Reiseabenteuer, Neugier, neue Technologie, Neues an sich. Die verschiedenen Menschenarten entstehen, so dass alles abgeerntet werden kann – das Geld und die Macht werden von den Tüchtigen erworben, die Kunst und das Neue von den Intuitiven und das Glück von den „Kindern" unter uns. Jeder bekommt das, wonach er strebt. Wer nach Glück strebt, bekommt Glück. Wer Wissenschaft liebt, findet die Weisheit. Wer Geld und Macht anstrebt, bekommt Geld und Macht und wirklich eben nur Geld und Macht! Nicht noch Glück und Liebe nebenbei dazu! Die Menschen bekommen nur, was sie wahrhaft anstreben, immer nur diesen Teil. Nicht alles auf einmal. Und weil jeder nicht alles haben kann, gibt es *verschiedene* Menschen. Ein Narr, der alle gleich sieht. Ein Narr, wer Kunstsinn oder Liebe mit Verdienst kaufen wollte.

Könnten wir uns nicht ein ganzes System verschiedener Menschensinne vorstellen, das für jeden Einzelnen von uns ein „artgerechtes Leben" zulässt? Darf nicht jeder ein anderes „Höchstes" ganz legal sein Eigen nennen? Und sollte er nicht das „Höchste" der anderen kennen und achten?

Ich versuche hier, ein solches System zu beschreiben. Es lässt sich – wie gesagt – richtig gut mit Computermetaphern erklären. „Menschen haben in ihrer Gesamtmaschine bestimmte Lieblingsanwendungen." Ich erkläre die verschiedenen Sinnrichtungen, ordne die gängigen Philosophien ein und erfinde einige wenige neue Lebenssinne, weil es bisher noch nicht für alle Menschen, die ich persönlich kenne, eine Philosophie oder einen anerkannten Lebenssinn gegeben hat.

Verzeihen Sie mir die Computermetaphern. Sie werden in Kürze sehen: Es stimmt so.

Ich sage aber hier bei aller mathematisch angehauchten Sprechweise nicht, dass der Mensch eine Maschine wäre. Ich erkläre ihn nur mit Systemmetaphern, damit wir ihn besser verstehen. Ich will nicht bestreiten, dass es zum Beispiel eine Seele gibt; ich gehe sie sogar mit Ihnen suchen. Es geht mir aber höchstens darum, die Seele zu *verstehen*, nicht aber um „Beweise", ob zum Beispiel Sie persönlich jetzt eine Seele haben oder nicht. Ich selbst habe eine. Ob alle Tiere eine haben, weiß ich nicht, aber die kleine schwarze Katze Lucy unseres Nachbarn hat gewiss eine. Ich will nicht bestreiten, dass es einen Geist über allem gibt, auch wenn ich in Systemmetaphern rede. Es geht aber hier um Verstehen und Erklärung, nicht um Beweise.

Lesen Sie also das Buch *nicht* als ein Plädoyer für oder gegen Maschinen, Körper, Seelen, „Menschen". Es ist kein solches Plädoyer. Es sucht leidenschaftlich nach einer nüchternen Erklärung, deren Kenntnis das Leben bereichert. Ich verspreche Ihnen einige Antworten. Sonst hätte ich das Buch nicht geschrieben.

Das Buch enthält keine Mathematik außer der Erklärung einiger Begriffe. Stellen Sie sich vor, ich hätte den Sinn des Lebens erkannt, aber ich könnte ihn ohne höhere Mathematik nicht erklären: Muss ein Sinn nicht notwendigerweise verständlich sein, damit es ein Sinn wäre? Das Buch ist nicht ganz dünn. Die Antwort ist leider nicht so einfach, dass sie als Zeitungsüberschrift zusammenzufassen wäre. Der Mensch ist überaus reich und vielfältig! Sollten wir hoffen können, ihn auf eine minimale Formel zu bringen? Trotzdem ist das, was meiner Meinung nach eine Erklärung wäre, nicht sehr weit entfernt von dem, was wir alle zu wissen glauben. Es ist nur eben besser durch-und-durch-gedacht.

Das Buch nimmt keine wirkliche Rücksicht auf andere Theorien. Es stellt sich eher mehr oder weniger quer. Das war nicht die primäre Absicht. Meine Intuition fand das, was hier geschrieben ist, richtig – mehr ist nicht passiert.

Für mich persönlich ist das Folgende schon eine Art Mutprobe, weil schon viele vielleicht Schlaueres und Weiseres schrieben. Ich habe einfach nachgedacht und zeige, was herauskam. Nun klopft mein Herz und zagt: „Musstest du das schreiben?“ Ich musste es natürlich nicht, aber etwas in mir zwang mich.

Lieben auch Sie Jánosch? Es gibt in seiner Fernsehsendung „Traumstunde 15“ einen ganz kleinen Film. Er heißt: „Der Frosch, der fliegt.“ Er besteht aus ganz nahe liegenden Trickfilmbildern eines Frosches vor einer gaffenden Menge unendlich vieler Frösche. Es heißt dort:

„Einmal verkündete ein Frosch, dass er fliegen werde. Er habe plötzlich in sich drinnen das Fliegen begriffen. Die anderen Frösche lachten. Aber alle kamen, um zu sehen, wie er sich den Hals brechen würde. Gelassen erklomm der Frosch einen Pflanzenstängel, der für ihn wie ein hoher Baum war. Oben warf er alles, was er hatte, von sich und flog davon. Alle haben es gesehen, aber sie haben es nicht geglaubt.“

So geht es mir, außer, dass ich *gelassen* wäre. Ich werfe alles, was ich habe, von mir und schreibe alles auf. Lesen Sie, ob ich mir den Hals breche. Wenn etwas in Ihnen zum Fliegen kommt, seien Sie kein Frosch und glauben Sie diesem Fliegenden.

Der Springer-Verlag, Glauben hin oder her, druckt dieses Buch. Ich bin speziell Hermann Engesser unglaublich dankbar. Ich darf schreiben, was ich meine, einfach so. Ich danke meiner Familie und besonders Anne, die als Testesser so viele neue Theorieteile schlucken musste. Martina Daubenthaler liest wie immer alles mit und protestiert gegen alles „Laue“. Sie ist ein natürlicher Mensch par excellence und war so eine Art Eichmaß für die natürlichen Passagen dieses Buches. Viele Leser von *Wild Duck*, von *E-Man* oder meiner ständigen Kolumne *Beta Inside* im Informatik-Spektrum schrieben mir an dueck@de.ibm.com. Darüber habe ich mich immer gefreut. Ich habe von den Denkanstößen sehr profitiert, auch vom oft zugesprochenen Mut. Besonders lieb sind mir die E-Mails von Judith Neff, Dr. Eckard Umann und Heike Ribke (wahre Menschen) gewesen. Sie sollten aber auch harte Kritik schicken, natürlich! Ich sitze dann ein paar Stunden betrübt herum, wenn ich gerade Zeit habe. Ist schon zwei Mal passiert. Es gräbt dann in mir, wie wenn wieder „meine“ Aktienkurse schrankenlos stürzen. Aber das gehört dazu. Und noch etwas: Ich antworte *immer*, versprochen! Ich werde sehr oft gefragt, wie mich meine Firma IBM mit ihren Zielen vereinbart:

Sie lässt mich zu und bietet eine turbulente Umgebung (innen und außen), in der sich eine Menge Aufschlüsse über den Sinn des Lebens wie von selbst ergeben, das kann ich Ihnen sagen. All das ist mehr, als ich je hoffen durfte.

Teil 3
Strategie, Sinn und das Heil

Inhaltsverzeichnis

Teil 1

Kreisende gezielte Gedanken, hin zum Sinn

Teil 2
Das Richtige, das Wahre und das Natürliche

Teil 3
Strategie, Sinn und das Heil

Teil 1
Kreisende gezielte Gedanken, hin zum Sinn

I. Über die fragwürdige Basis unseres Denkens

In diesem Kapitel lassen wir die Gedanken spielen und schweifen. Es wird deutlich, wie viele liebe Denkgewohnheiten wir haben. Wir haben die Voraussetzungen unseres Denkens vergessen, die in großer Zahl nur zeitbedingt gültig sind oder waren. Vieles stimmt einfach nicht mehr, auch wenn wir noch fest daran glauben. Und manches ist komplett unlogisch, was aber nichts bedeutet, weil wir es ja glauben möchten.

1. Der Sinn kann nicht überall sein, er ist eher nirgends (oder doch überall?)

Angenommen, der Mensch an sich hätte einen Sinn. Worin könnte der bestehen?

Wenn Sie eine Viertelstunde Brainstorming betreiben, also scharf nachdenken, fällt Ihnen sicher grob einiges ein. (Im Grunde sollten Sie eine ganz feste Antwort parat haben, nämlich Ihre eigene! Das ist Ihnen klar?)

Ein Leben voller Glück soll der Mensch genießen. Er soll sich anständig benehmen, etwa siebzig, achtzig Jahre lang, was eine winzige Forderung ist im Austausch für *unser ewiges Leben* im Anschluss an unsere kurze Episode hier unten. Ja, und die anderen Menschen sollen uns nichts tun und wir alle wollen vernünftig behandelt werden.

Angenommen, Ihr *spezielles* Leben hätte einen Sinn. Welchen hat es genau?

Das ist eine *andere* Frage, oder? „*Der Mensch* muss ...“ ist anders als „*Ich* muss ...“.

Das ewige Leben zum Beispiel gibt es im Prinzip für den Menschen ganz allgemein. Aber Sie? Glauben Sie das für sich selbst? Vielleicht nicht ganz? Und Sie hätten sicher gerne schon *jetzt* etwas Sinn hienieden? Sind Sie sicher und geborgen, kommen Sie mit anderen Menschen klar? Die anderen Menschen rempeln Sie unter Umständen gerade etwas an und behandeln Sie nicht wie eine(n) in allen Ehren. Genießen Sie Ihr Glück? Worin bestünde das? Schöne Urlaube, ein neues Auto, einen netten Lebenspartner? Oder jeden Tag spazieren gehen können und des Abends ein Gläschen Rotwein bis zum 105. Geburtstag trinken?

Der Sinn *an sich* ist etwas anderes als der Sinn für *mich*!
Die Philosophen denken leider meistens nicht so sehr über die vielen einzelnen Menschen nach, sondern mehr über den Sinn *an sich*. Die einzelnen Menschen haben anscheinend merkwürdige und für Theorien aller Art nur schwer verwertbare, spezielle Vorstellungen. Fragen Sie einmal Mitmenschen, die *ganz* genau wissen, worin der Sinn *ihres eigenen* Lebens besteht! Sie sagen dann: „Ich lebe ganz für die Kunst." – „Ich lebe für meine Familie." – „Ich bin Pfarrer." – „Ich bin Bauer." – „Ich lebe, wenn ich liebe! Und ich liebe viel." – „Ich habe etwas erreicht, und zwar mit meinen Händen, jetzt bekomme ich die verdiente Rente." – „Ich habe geschuftet, um zu gewinnen. Ich *habe* gewonnen." – „Ich helfe." – „Wir hatten immer unser Auskommen." Das sind viele verschiedene Ansichten! Im philosophischen Sinne kann man nichts mit ihnen anfangen. Es kann ja nicht *jeder* ein Bauer oder ein Pfarrer sein und es kann viel Sinnloses in diesen Berufen geben. Manche Menschen haben keine sinnvolle Familie, manche verstehen gar nichts von Kunst! Wie könnten diese Antworten helfen, einen *Sinn an sich* zu definieren? Der Sinn an sich muss doch ein großes Allgemeines sein, das für alle gelten kann. So denkt die Philosophie. Der Sinn muss also erklärt werden können, ohne den Menschen *privat* dabei zu beachten, sonst kämen wir in Teufels Küche und ins Tausendste. Außerdem muss den Sinn ein jeder erreichen können, sonst wären ja viele Menschen schwer benachteiligt. Stellen Sie sich vor, das Leben hätte zum Beispiel nur dann sehr viel Sinn, wenn man reich oder schön wäre! Das wäre ja schlimm für die meisten von uns. Noch schrecklicher wäre es, wenn das Leben dadurch an Sinn gewönne, wenn man körperlich stark wäre! Es ist schon störend genug, wenn Einzelne sehr stark sind und womöglich uns andere verhauen oder bestehlen. Sollen wir ihnen dafür noch Sinn zugestehen? Heldenverehrung? Das war früher vielleicht einmal, als wir alle noch töricht waren.

Wer also den Sinn des Menschen *an sich* definieren wollte, der wäre in fataler Weise auf solche Elemente des Sinns und des Glücks festgelegt, die *überhaupt jeder* von uns zur Verfügung hat, unabhängig davon, ob er arm oder hässlich oder krank wäre. *Jeder* muss Sinn haben dürfen.

Das Schwierige ist es nun, dass es nicht sehr viele Dinge gibt, die jeder Mensch hat oder haben kann. Zum Beispiel kann jeder an Gott glauben. (Naive Sichtweise, ich weiß! Kierkegaard hat es ja vergeblich versucht!) Das geht, wohingegen nicht jeder gesund sein kann. Jeder kann sich unendlich bemühen, gut und tugendhaft zu sein. Das geht, wohingegen nicht jeder ein lustiges Leben haben kann; irgendwer muss doch arbeiten! Der Sinn des Menschen an sich kann nicht von der Regierung abhängen, von der Familie oder vom Arbeitgeber, denn sonst könnten manche Menschen ja keinen Sinn haben, es sei denn, sie würden fliehen. Der Sinn kann daher nicht „außen" oder in anderen Menschen sein, auch nicht im eigenen Körper des Menschen, der ja gebrechlich, hässlich oder krank sein könnte.

Der Sinn ist folglich tief drinnen, wenn es überhaupt einen Sinn an sich gibt.

Gehen wir also in uns. Wo ist der Sinn unseres Lebens? Die meisten Philosophen sagen: *Wenn* wir in uns Sinn finden, *dann* in Form von Tugend, Pflicht und Glaube; denn es ist ihnen nichts anderes eingefallen. Die Philosophen sagen weiter: *Wenn* aber in Ihnen Tugend, Pflicht und Glaube sind, *müssen* Sie zwangsläufig glücklich sein. Das geht nicht anders, glauben Sie mir. Denn wenn der Sinn in Tugend, Pflicht und Glaube läge und wenn Sie damit *nicht* automatisch glücklich würden, dann würde Sinn nicht automatisch zu Glück führen. Das aber darf natürlich nicht sein. Es geht schließlich nicht nur darum, den Sinn des Menschen zu finden. Der Sinn muss auch würdig sein, besser noch: erhaben.

Wenn der Sinn wirklich in Tugend, Pflicht und Glaube läge, würde alles ganz gut zusammenpassen. Die Obrigkeit müsste sich nicht mehr um das Volk sorgen und könnte endlich regieren, wozu sie in der normalen Welt der Untugend keine Zeit hat. Wir hätten alle denselben Sinn. Er klänge gut und wäre einfach und feierlich, er ergäbe also gute Festreden und Grußworte.

Es bleibt noch das Problem, warum es in der Wirklichkeit kaum Tugend, Pflicht und Glaube gibt. Das ist merkwürdig.

Die Philosophen tun so, als reiche ein bloßer Entschluss aus, ab jetzt sofort tugendhaft zu sein. „Kehre auf den Pfad der Tugend zurück." Geht das so einfach? Wenn es einfach ginge, müsste ich mir nichts, dir nichts tugendhaft sein können. Ich würde dann sofort oder nach ein oder zwei Tagen merken, ob ich durch die Tugend glücklich würde oder nicht. Wenn dann die Philosophen Recht haben, bin ich wahrscheinlich glücklich, weil ich ja jetzt tugendhaft bin. Das würde ich natürlich sofort allen erzählen und die anderen, die es in der Folgewoche ebenfalls schaffen, würden es wieder weitererzählen. Das würde eine gigantische Schneeballlawine, wie sie noch keiner sah! Glück würde sich verbreiten! Überall! Wo sind aber diese ganzen Glücklichen, wenn es doch von ihnen nur so wimmeln muss??

Ich habe es schon einmal mit dem Überreden versucht. Ich weiß nicht genau, was ich sagen soll. Ich meine, ich bin ja Mathematiker und Denker von Beruf, da war mein Glück ohnehin tief innen drin, also nicht im Körper zum Beispiel. Ich habe also oft anderen Menschen empfohlen, Mathematiker zu werden, weil das relativ glücklich macht. Fragen Sie einmal ein paar Mathematiker! Sie werden die Bestätigung finden! Die Mathematiker sind glücklich. *Und Sie wissen es.* Warum werden Sie dann nicht selbst Mathematiker?

Und ich weiß, was Sie antworten. Es ist Ihnen zu schwer. Das ist ein lächerliche Antwort, die ich nicht gelten lassen kann. Wissen Sie überhaupt, wie schwer es ist, tugendhaft zu sein? Dagegen ist ein Mathematikstudium ein Klacks. Es ist gar nicht einfach zu erklären, warum tugendhaft sein so schwer ist. Leichter geht ein Kamel durchs Nadelöhr. Leichter würde ein Ekel zum lieben Menschen, das ich nur einmal angeschrieen hätte: „Sei ab sofort sympathisch!"

Den lieben langen Tag fordern wir: „Nimm dir ein Beispiel an deinem Bruder." – „Verkaufen Sie mehr Staubsauger pro Woche." – „Passe besser in der Schule auf." – „Streng dich an." – „Bitte spielen Sie ab heute nie mehr die Beleidigte." Alle diese frommen Wünsche sind irrsinnig schwer zu erfüllen. Und dann: Tugend, Pflicht und Glaube?

Ist das wirklich die einzige Art von Sinn? Oder liegt der Sinn da *ganz und gar nicht*, in der Gegend der Tugend? Brauchen wir „so etwas Schweres"? Ist dies alles vielleicht nur deshalb zu Stande gekommen, weil wir nicht *irgendeinen* Sinn nehmen, der uns glücklich macht, sondern weil wir unbedingt einen *allgemeinen* wollten? Einen *an sich*? Haben die Philosophen mit den allgemeinen Sinnschöpfungen etwas Unpraktisch-Wunderbares produziert, was „der Kunde", also das Volk, nicht abkaufen will, weil es in der Umsetzung zu teuer kommt?

Ist womöglich anderswo anderer oder gar noch mehr Sinn, *nicht* ein sehr allgemeiner natürlich, aber einer, der für Sie und mich ausreicht? Gehen wir also auf die Suche nach der Omnisophie.

Im Juni 2001 hielt ich eine Rede über „*E-Man*" auf einem „Zukunftsforum", das der VDE und die Hanns-Seidel-Stiftung organisierten. Am Abend sprach mich noch eine Luftfahrtingenieur-Studentin vor dem Hotel zu einer „Sinnfrage" an. Irgendwann im Gespräch verriet sie mir etwas von ihrem persönlichen Sinn. Ach, hätte ich ein Mikrofon gehabt! Was sie sagte, habe ich lange im Herzen bewegt. Es war so authentisch, so wahr, so sinnvoll und – so ganz anders als etwa der Sinn von mir selbst oder der der Philosophen an sich. Ich versuche einmal, nur die Kernsätze wiederzugeben, von jenem Abend, einige Tage vor einem wichtigen Autorennen, das im Gespräch kurz zuvor gestreift worden war.

„Es ist wahnsinnig laut bei solch einem Rennen, irre, irre laut. Alles vibriert in mir, ich werde verrückt vor Begeisterung. Ich zittere. Alle meine Sinne streben mit. Alles rauscht vorbei. Und ich weiß, dass ich mitfahren will. Rasen, dröhnen, brausen. Das ist Leben! Das ist das volle, wahnsinnige Leben. Ich muss mit! Ich studiere Luft- und Raumfahrt und werde wie verrückt arbeiten, bis ich ein Flugzeug kaufen kann. Dann werde ich fliegen, fliegen, fliegen und die waghalsigsten Dinge versuchen. Es wird ein wunderbares Leben. Meine ganze Familie hat dies in sich. Lachen Sie nicht! Es ist im Blut, das Leben. Wir in unserer Familie stürzen uns auf Skiern die Berge hinunter, wir fahren Rennen und fliegen. Ein guter Teil meiner näheren Familie starb dabei in mittlerem Alter. In Lawinen, bei Flugzeugabstürzen. [Längere Detailschilderung.] Neulich ist ein Onkel verunglückt, auch er starb im hohen Gefühl vollen Lebens. Wir sind sehr glücklich."

Stürzen Sie sich jetzt ja nicht gleich in Eiswildwasser hinein. Ich sage nicht, dass hier ein allgemeiner Lebenssinn geschaffen würde. Ich weiß nur ganz, ganz sicher, dass *diese eine* Studentin ein vollkommen sinnvolles, glückliches Leben führt. Weitab von allem mir Möglichen. Weitab von allem mir Vertrauten oder Gewünschten. Ich habe dieses Gespräch wie den Anblick eines Kunstwerks empfunden, habe wehen Neid gefühlt, ja, ein bisschen, und wieder einen neuen Teil der Welt gesehen, ganz weit weg von den Fragen der Tugend – denn was zählen die, ganz oben am Himmel, im Flugzeug?

Die Philosophen mit Ausnahme von Saint-Exupéry würden ein solches Leben nicht sinnvoll finden, weil es ja weniger Flugzeuge als Menschen gibt und es deshalb nicht allgemein verbindlich sein kann. Und ich? Ich möchte mit Ihnen über den Sinn nachdenken, ohne immerfort Einschränkungen irgendwelcher Art machen zu müssen („Sinn ja, da bin ich dafür, aber *ordentlich* muss er sein!"). Dann finden wir viel mehr, nämlich möglicherweise *uns*.

2. Mensch ist, was nicht Tier ist – kein Spaß, mehr als Tier zu sein!

Dies ist ein weiterer Unlogikabschnitt.

Das Philosophieren über den Menschen hat für Philosophen überraschend viel mit Tieren zu tun. Ich weiß ja nicht, was ich davon halten soll, ich finde es ziemlich merkwürdig.

Ob das nötig ist?

Ich bilde einmal spontan Sätze mit dem Wort *Tier*: „Ich fühle mich tierisch wohl." – „Ich habe mich tierisch besoffen." – „Er fährt Auto wie ein Tier." – „Sie schuftet wie ein Tier." – „Du bist tierisch dreckig, siehst du das denn nicht?"

Ich habe assoziiert. Ich stocke. Idee: „Man könnte überall Sau einsetzen, für Tier!" Schweine sind dreckig, faul, gierig, glücklich und saudumm. Schweine sind auch gemein: „Du gemeines Schwein!" Eine andere Assoziationswolke wäre: „Er fiel wie ein wildes Tier über sie her." Das machen Schweine eigentlich nicht. „Du Schwein!", sagt im Krimi allenfalls eine gefesselte Frau. Elefanten zertrampeln, Kamele patzen. Und so weiter. Es gibt wohl auch Rangordnungen unter den Tieren. Katzen sind zickig, zum Beispiel. Und wenn der Welpe noch ins Wohnzimmer sprenkelt, schreien wir: „Du Schwein!" Ich fürchte, ich schreibe gleich ein ganzes Buch über Tiere.

Die Philosophie hat jedenfalls entschieden, dass der Mensch dem Tier überlegen ist. Sie schließt sich damit der üblichen menschlichen Haltung an. Immerhin. Das tut sie nicht oft.

Bis zum Überdruss schreiben die gelehrtesten Weisen der Menschheit Sätze wie: Der Mensch kann von allen Lebewesen allein sprechen. Der Mensch hat als einziger Vernunft. Nur Menschen haben eine Seele. Nur der Mensch hält Ordnung. „Der Mensch unterscheidet sich vom Tier, dadurch, dass ..." Menschen benutzen Deodorant, fahren als einzige wie ein Tier Auto, arbeiten als einzige wie Tiere etc. Sie sehen, ich nehme das nicht so richtig ernst. Es ist bei jedem Satz klar, was wir meinen. Menschen sind anders als Tiere. Das ist einem jeden klar, der nicht Zyniker ist. Jetzt können wir jedoch über jede einzelne Behauptung lange streiten, ob sie ganz genau stimmt. Haben Tiere nicht doch ein klitzekleinwenig Vernunft? Haben sie eine winzige Seele? Wenigstens *einige* Tiere? Welche? Gibt es nicht auch ordentliche deutsche Tiere, wie Eichhörnchen oder Hamster? Sprechen vielleicht doch einige Tiere, etwa die Delphine? Würde es auch Tiere geben, die Auto fahren oder Deodorant benutzen, wenn man sie einkaufen ließe oder ihnen erlauben würde, eine Führerscheinprüfung zu bestehen? (Letztlich besteht ja die Fahrprüfung überhaupt am Ende *jeder* Mensch! Sie kann deshalb ja keine besondere Anforderung stellen?!)

Auf Anhieb würde ich sagen, ist der Unterschied zwischen Mensch und Tier ziemlich groß. Über die Einzelheiten möchte ich gar keine Haare spalten. Wenn der Unterschied nicht derart groß wäre, dürften wir die lieben Tiere womöglich nicht einfach schlachten und aufessen. Seien wir also froh, dass uns Tiere scheibenweise besser gefallen.

Leibniz zeigt sich ganz erleichtert darüber. Er schreibt in *Neue Abhandlungen über den menschlichen Verstand*: „So hat die Natur, wenngleich es in irgend einer anderen Welt mittlere Arten zwischen Mensch und Tier (je nachdem man den Sinn dieser Worte nimmt) geben mag, und es wahrscheinlich irgendwo vernunftbegabte Wesen, die über uns stehen, gibt, es für gut befunden, sie von uns fernzuhalten, um uns die unstreitige Überlegenheit zu geben, welche wir auf unserem Erdball haben." Da haben wir wirklich Glück gehabt.

Oder wir sehen es wie Ludwig Büchner, der philosophische jüngere Bruder des Dichters Georg, der 1855 in *Kraft und Stoff* meinte: „Keine einzige geistige Fähigkeit kommt dem Menschen allein zu; nur die größere Stärke dieser Fähigkeiten und ihre zweckmäßige Vereinigung untereinander geben dem Menschen seine Überlegenheit. Dass diese Fähigkeiten bei den Menschen größer sind, hat, wie wir gesehen haben, seinen natürlichen und notwendigen Grund in der höheren und vollkommeneren Ausbildung des materiellen Substrats der Denkfunktion bei demselben. Wie sich in der physischen Ausbildung dieses Substrats eine ununterbrochene Stufenleiter von dem niedersten Tier bis zu dem höchsten Menschen hinaufzieht, so zieht sich dementsprechend dieselbe Reihenfolge geistiger Qualitäten von unten nach aufwärts. Weder morphologisch, noch chemisch läßt sich ein wesentlicher Unterschied zwischen dem Gehirn des Menschen und dem der Tiere nachweisen; die Unterschiede sind zwar groß, aber nur graduell."

Sind die Menschen nun doch ein wenig Tier? Herder schreibt in *Abhandlung über den Ursprung der Sprache:* „'Aber die wilden Menschenkinder unter den Bären, hatten die Sprache? und waren sie nicht Menschen?' Allerdings! Nur zuerst Menschen in einem widernatürlichen Zustand! Menschen in Verartung!"

Menschen sind also vielleicht im Prinzip Tiere, aber sie sind im Prinzip fähig, ein Mensch zu *werden*?

Herder noch einmal in *Ideen zur Philosophie der Geschichte der Menschheit:* „Der größeste Teil der Menschen ist Tier; zur Humanität hat er bloß die Fähigkeit auf die Welt gebracht, und sie muß ihm durch Mühe und Fleiß erst angebildet werden. Wie wenigen ist es nun auf die rechte Weise angebildet worden!"

Charles Darwin hat die Tierdiskussion dramatisch verschärft. Die Unterschiede zwischen Mensch und Tier verschwimmen auch in der biologischen Betrachtung, nicht nur vom Standpunkt des hochmoralisierenden Propheten mit schwacher Verachtung für „die Masse". Sigmund Freud sieht ein Es in uns Menschen, eine Art dunkles Tier, das alle unsere psychische Energie besitzt. Die muss in diejenige Richtung umprogrammiert werden, in der ein richtig guter Mensch dabei herauskommt.

In einer mir mehr geläufigen Computersprache würde ich es so ausdrücken. Der Mensch kommt wie ein großartiger Computer auf die Welt. Er ist leider auf „Tier" vorprogrammiert. Das Grundprogramm geht davon aus, dass er Früchte im Wald pflückt und Tiere erschlägt. Er soll aber gefälligst Erntearbeiten erledigen und ein guter Soldat sein! Im Ernst: Man könnte glauben, dass die angenommene Grundprogrammierung des Menschen mit der heutigen Welt nicht in Einklang steht. Deshalb muss der Mensch für diese Welt umerzogen werden. Es ist klar, dass sich auch der umerzogene, zivilisierte Mensch oft nicht wohl in seiner Haut fühlt, wenn nämlich seine Grundprogrammierung öfter mal durchschlägt. Der Mensch betrinkt sich dann, frisst gierig alle Vorräte auf, vergisst tagelang dösend seine Nahrungssuche oder schlägt Artgenossen aufs Haupt. Er benimmt sich also wie ein Tier, das in ihm grundprogrammiert ist. Das ist jetzt manchen Menschen zu unlogisch, weil sich Tiere ja nicht betrinken und überfressen, auch nicht herumhängen oder sich zu viel zanken. Es macht aber nichts, ob es logisch ist oder nicht. *Wir bauen heute jedenfalls unser Grunddenken darauf auf.* Mit der Tiertheorie kann man eine Menge drakonischer Kontroll- und Strafaktionen sanktionieren. Und dafür brauchen wir sie.

Diejenigen, die sich nicht richtig als Tier fühlen wollen, weil sie das mit ihrer Würde nicht vereinbaren können, finden, es wäre besser, wir dächten uns viel „humanistischer". Dann stellen wir uns alles derart vor: Der Mensch kommt wie ein großartiger Computer auf die Welt, den man leider ohne vorinstallierte Software gekauft hat. Er muss nun mühevoll programmiert oder „erzogen" werden. Da er aber großartig gut ist, kommt es also vorrangig darauf an, *wie* er programmiert wird. Man kann ihn natürlich nur wenig oder nachlässig programmieren, dann bleibt er ein „wüldes Thier" oder man kann sich große Mühe geben, einen Arbeitsesel daraus zu bilden. Die „Humanisten" sagen manchmal sogar, dass der Mensch „gut" vorprogrammiert wäre, aber das braucht man hier nicht einmal als Annahme. Wenn alles im Menschen letztlich mehr oder weniger bewusst und absichtlich programmiert ist, kann man bei guter Programmierung sehr viel mehr aus einem Menschen machen, als wenn man eine Tiergrundprogrammierung erst mühsam trockenlegen muss. „Wir bringen das (vorher neutrale oder schon ursprünglich gute) menschliche Wesen zur Blüte." Da leider nicht viele Menschen wirklich „in der Blüte stehen", ist offensichtlich bei der Programmierung etwas falsch gelaufen. Die Umwelt, die Eltern? *Alles* mag versagt haben. Was auch immer, „es" hat versagt.

Sigmund Freud hat das Es als Tier oder als chaotischen Trieb in den Menschen verlegt. Darauf wird alle Schuld geschoben. Ist nicht aber auch unsere Gesellschaft voller Trieb? Leistungssucht, Arbeitsdruck, Shareholder-Value-Optimierung drücken wie gierige Triebe des Systems auf uns Menschen und zwingen uns unter ihre Herrschaft. In Wirklichkeit hat auch das System, die Gesellschaft, in der wir leben, einen eigenen „tierischen", getriebenen Kern, eine Art System-Es. Es ist gierig, auf kurzfristige Gewinne oder hastiges Bestehen der nächsten Prüfung aus. Leistung jetzt!

In diesem Sinne könnten wir uns doch vorstellen, dass das System-Es in uns Platz ergreift und nach unserer Seele schnappt?

Dieses Es der Gesellschaft, ein dunkles Geflecht von Irrtümern und Leiden, Missverständnissen und hilfloser Rücksichtslosigkeit, bestimmt wesentlich die psychische Energie der Gesellschaft. Dieses System-Es verdirbt nun leider den neuen Mensch-Computer mit schlechten Anwendungen, fehlerhaften Prozeduren, falschen Kurzfristoptimierern, so dass er oft abstürzt, immer wieder durch Kuren hochgefahren oder aufgerichtet werden muss und mit Programm-Updates und Fehler-Patches schlechter Qualität mühsam funktionsfähig gehalten wird. Eltern schreien an, Lehrer demütigen, der junge Mensch speichert Leiden und Schuld, Versagen und Niedrigkeit. Das System programmiert falsch. Dieses System-Es verdirbt den Menschen, indem es ihn zur bedingungslosen Anpassung zwingt und ihm dabei ein inneres ES (das schreibe ich groß!) hineinpflanzt. Die Gesellschaft versucht, das Tier im Menschen, sein Es, durch ein anderes mehr künstliches Wesen, durch ein ES zu ersetzen.

„Da ist ein Tier in dir!" Dieser stereotype Satz ist der Kern der Programmierung des unschuldigen Menschen, der ihn disziplinieren, also vom Tier genesen soll.

Die Humanisten oder Idealisten sind sehr glücklich mit ihrem Glauben, dass der Mensch von Natur absolut gut ist. Schön, nicht wahr? Wir alle sind dann im Prinzip gut. Leider ist das ES da. Das müssen wir noch klein kriegen. Wenn das geschafft ist, dann erstrahlt alles im Glück.

Die Tiertheorieliebhaber finden das Problem im Es im Einzelmenschen. Um das Es im menschlichen Körper zu bekämpfen, bauen sie eine riesige Maschinerie von Systemen und Teilsystemen zur Ordnung auf, definieren Benehmen, Sitte, Gesetz und Moral. Diese riesigen Systeme bekämpfen zusammen mit den Eltern und Managern und Ministern das Es in jedem von uns. Das Gesamtsystem aller dieser Systeme implantiert dann als Tierersatz das ES in uns hinein.

Als Idealist mag man jetzt finden, dass also Beelzebub kam, um einen Teufel auszutreiben, der gar nicht existiert. Die Tiertheorieliebhaber zeigen uns dann die Einzel-Es-Teufel in jedem von uns. Die Humanisten schreien, die Teufel in uns entstünden ja erst durch Beelzebub, dafür sei er doch gekommen!

Es oder ES? Wo ist das Urübel?

ES gewinnt. Klar. Nicht, weil es Recht hätte. ES ist einfach stärker als Es. ES gibt sich Mühe, den Menschen zu disziplinieren. Die Es aber scheinen auszuweichen, sich zu drücken, vor der Disziplinmaschine zu fliehen! Wer hat im Krieg Recht? Der Sieger. Kann jemand Recht haben, der schnöde flieht? Der Schwache also?

Die Gesellschaft bekämpft den „Trieb" des Menschen im Vorstellungsbild des Tieres. Tiere haben weder Geist noch Seele. Tiere haben mit dem Menschen vor allem den Körper und den Trieb gemeinsam. Deshalb muss also (Tolle Logik! Sie müssen das genießen!) der Trieb im Körper sitzen, wahrscheinlich mehr in den Sexualorganen, wo die Seele und der Geist garantiert nicht sind. Das siegreiche Vorstellungsbild des Tieres in uns führt also zu einer generellen Verteufelung des Körpers und dazu von allem, was sein ist: Lust. Beim Sex. Beim Essen und Trinken. Beim Spielen. Beim Herumtollen. Beim Lachen.

Lust ist wie Tier.

Denn Tiere sind glücklich! Wir denken nämlich so: Tiere arbeiten nicht und faulenzen den ganzen Tag, paaren sich unbefangen und fressen ohne jede Verantwortung, sich beizeiten Vorräte anzulegen. Sie sind spontan, kennen keine

Pflicht, sind gierig und nehmen alles mit, was sich bietet, auch unter Aggression. Sie sind ohne Arbeit unverdient glücklich und schämen sich nicht ihrer sorglosen Lust.

Ich bin auf einem Bauernhof aufgewachsen, unter lauter Tieren. Sie waren alle sehr freundlich: Kühe, Pferde, Hunde, Schweine, Kaninchen, Katzen, Hühner. Zugegeben, zu Gänsen konnten wir nie eine echte Beziehung aufbauen. Aber Konrad Lorenz konnte es. Die Tiere sind nicht „reißend“ oder „wild“. Alle diese Vorstellungen stammen eben aus den Zeiten der Wölfe und der Löwen, als man in der Nacht nicht gerne draußen herumging. Heute lauern dort allenfalls Menschen.

Unsere Tiere auf dem Bauernhof waren wohl wirklich glücklich. Aber das war *gewollt*, weil wir doch alle ausdrücklich glückliche Tiere essen möchten, oder? Wir hatten ihnen ihr Ende nicht verraten. Wollen wir ihnen also das Glück mit uns nicht einfach gönnen? Im Übrigen sind heute Zuchttiere gar nicht mehr glücklich. Ich bin wirklich entsetzt über Tierfarmkäfigfilme. Bei uns hatten Tiere Würde. Aber das da? Wenn wir eine bratfertige Ente auftauen, fluchen wir, wenn noch Federkiele herausragen. In ein paar Jahren werden wir sie für eine Naturbioente halten, weil sie ja *Federn* gehabt haben muss! „Wahnsinn! Alles dran!“ Sind Tiere glücklich?

Ameisen beim Bauen? Bienen, unermüdlich? Rehe im Winter? Zu Zapfen gefrorene Vögel? „Schau mal die putzigen Meisen da draußen im Schnee! Wie süß sie unsere Sonnenblumenkernkekse picken. Ja, wir sind gute Menschen.“ Afrikanische Tiere, die sich am Schlammwasserloch streiten? Sind Tiere *glücklich*? Ja, denken wir. Manchmal sagen wir aber auch: „Arme Tiere.“ – „Du armes Schwein.“

Ich weiß nicht, warum Tiere für glücklich gehalten werden. Es ist aber so. Wir sagen uns neidisch: Tiere haben keine Sorgen. Die Natur ist verschwenderisch. Tiere kennen die schreckliche Zukunft nicht. Sie leben in den Tag hinein. (Ameisen? Bienen? Hamster?) Tiere sonnen sich und liegen auf der faulen Haut. (Frost? Regen? Nahrungsmangel?)

„Die Menschen benehmen sich wie Tiere!“ Das heißt: lustvoll, sorglos, hemmungslos, regelunbekümmert. Das muss bekämpft werden.

Wenn aber das Tier in uns glücklich wäre, warum will das ES einen Menschen daraus machen?

Alle diese Gedanken schränken den Sinnraum ein. Wer ein sinnvolles Leben sucht, der muss das ES berücksichtigen, das ihn von außen wie eine Marionette regelt, und das Es bewältigen, das er nun wegen des ES oder schon seit Beginn an in sich hat. Immer wieder Einschränkungen bei der Sinnsuche! Machen wir weiter damit. Nächster Abschnitt.

3. Mensch ist, was nicht Maschine ist – immer schwieriger, mehr als Maschine zu sein!

Seit ein paar hundert Jahren gibt es richtige Maschinen. Sie tauchten dann auch sofort in der Philosophie auf. Der Mensch entstand in Wirklichkeit aus dem Tier. Das haben wir heute akzeptiert. Maschinen aber, die wir auch nach unserem Bilde bauten, sehen in ganz anderer Weise so aus, als würden sie Vorstufen von Menschen sein. Am Anfang waren Maschinen wie Waffen oder Werkzeug, dann aber ersetzten sie Arbeitskräfte und ernährten die Menschen.

Von Anfang an diskutierten die Menschen, ob es denn irgendwann prinzipiell Maschinen geben könne, die wie Menschen wären. Und wenn es denn solche gäbe, wäre es klar, dass es noch viel, viel „bessere" Maschinen geben müsste! Wird der Mensch sich als solcher ersetzen, überflüssig machen oder zum Sklaven der Maschinen werden? Es ist schwer, ein guter Mensch zu sein. Ist es einfacher, eine bessere Maschine zu bauen?

Es war lange Zeit die sittsame, fast allgemeine Meinung, dass man *niemals* intelligente Maschinen bauen könnte. Viele Visionäre bestritten das, aber fast alle Zyniker betrachteten den Massenmenschen als so dumm, dass es wohl nicht so schwer werden würde wie befürchtet.

Nun aber schlagen Computer wie IBMs Deep Blue den Menschen im Schachspiel. Die Stimmen, die Computer für dumm hielten, modifizieren fortlaufend ihre Ablehnungsgründe in der Defensive. Hieß es erst „Ich glaube erst dann an den Computer, wenn er im Schach siegt", so wird nach seinem Sieg im Schach die Messlatte sofort höher gelegt. Plötzlich finden diejenigen Stimmen, die den Menschen unbeirrt für die Krone der Schöpfung halten wollen, dass Computer nicht so *menschlich* wie Menschen seien. Computer seien viel zu rational, also unflexibel, halsstarrig und eben roboterhaft maschinenartig. Pfui!

Diese Argumentation wird oft von „menschlichen" Menschen vorgebracht, die dann eher gleichzeitig gegen das Fernsehen wettern, die Digitalisierung von Büchern bejammern und die kommende Weltherrschaft derer befürchten, die sich bessere Computerausrüstungen zu Hause leisten bzw. leisten können. Die eher „richtigen" Menschen aber wollen seit Urzeiten schon den Menschen zu roboterhaftem Danke-Bitte-Guten-Tag-Ja-Chef-Sagen erziehen, oder nicht? Sie schwärmen vom guten Menschen so: „Er arbeitet wie eine Maschine, unermüdlich und wie geölt." – „Sie leitet ihre Gruppe reibungslos, es klappt wie am Schnürchen. Alles geht ausschließlich vernünftig und sachlich zu."

In diesem Sinne erscheinen Computer wieder mehr wie die besseren Menschen.

Und nun sollen sie plötzlich auch irrational sein können oder weinen? Da muss ich etwas lächeln. („Haben Computer eine Seele?" wurde ich einmal gefragt. „Ja, aber Computer sind für geschäftliche Anwendungen, zum Kontrollieren der Bestände und für Buchungen gebaut. Deshalb haben sie eine Krämerseele.“)

Wir sehen, dass der Computer bald alles selbst verrichten kann, was Information verarbeitet. Die Buchhalter, Bank- und Versicherungsangestellten, die Verwaltung, die Kassierer, Reiseberater, die unteren Manager, die Einkäufer und Verkäufer, wahrscheinlich auch großenteils die Lehrer und Polizisten werden verschwinden.

Die Bauern sind praktisch schon verschwunden, die Stahlarbeiter und Bergleute größtenteils. Maschinen verrichten das meiste ihrer körperlichen Arbeit. Maschinen ersetzen den harten Körpereinsatz. Das haben wir schon immer irgendwie billigen können, weil es dem Menschen besser anstünde, nicht immer so sehr im Schweiße seines Angesichtes wie ein Tier zu schuften. Solange Maschinen uns das tierische Malochen abnehmen, adelte das uns Menschen noch mehr.

Die Erfindung der Computer zielt dagegen darauf ab, uns auch die Geistestätigkeiten abzunehmen.

Ich weiß ja nicht, ob Sie programmieren können. Stellen wir uns zusammen trotzdem vor, wir wollten einen Menschen bauen. Dann müssen wir einen Geist programmieren, der einigermaßen logisch denkt und entscheidet; dazu ein künstliches Gehirn, das wir mit allem möglichen Wissen voll speichern.

Danach gehen wir daran, Gefühle zu konstruieren. Der Computer lernt, wann Gedanken traurig oder lustig sind, und er wird Unfallmeldungen mit trauriger Stimme vorlesen. Wir programmieren ihn als Fan eines Fußballvereins oder eines Rennstalles. Er freut sich über wirklich neue Informationen beim Speichern. Das ist eine Menge Arbeit, alles zu programmieren, aber es wird schon gehen. Wenn wir so viele Mühe darauf verwenden würden wie etwa auf eine bemannte Marslandung, dann könnte ein Computer schon eine akzeptable Seele besitzen. Glauben Sie nicht?

Haben Sie schon die Saurier in den Jurassic-ParkFilmen gesehen? Sie werden von Film zu Film realistischer. Lara Croft wird von Spiel zu Spiel reizender. Die Computeranimation macht irrsinnige Fortschritte.

Früher war das Basteln an künstlichen Menschen reine Spielerei von Träumern oder besserwisserischen Phantasten. Heute wird mit „künstlichen“ Filmen viel Geld verdient. Künstliche Filmschauspielerinnen werden bald konkurrenzlos schön sein und beliebig geistreich dazu. Es sieht heute so aus, als würden die künstlichen Menschen zumindest im Reich unserer Träume bald die Herrschaft übernehmen. Sie können natürlich nur 110 Minuten nach einem menschlich ersonnenen Drehbuch agieren. Aber immerhin ist damit ein Anfang gemacht!

Wir sehen also im Kino den künstlichen Menschen heraufziehen und ergötzen uns an ihm. Sonst aber denken wir lieber nicht daran, wie es weitergeht. Mit uns.

Die künstlichen Schauspieler werden neue Maßstäbe setzen. Schöner, klüger, sexyer, ewig jung, weise, stark, seelenvoll wie kein Mensch sonst.

Die leider noch wirklichen Menschen werden immer armseeliger (mit zwei e) und dagegen völlig verblassen ...

Ich will hier nicht den Menschen zerreden. Ich möchte Ihnen nur kurz ein Gefühl geben, dass die Maschinen den Sinnraum von uns Menschen verengen werden. Die Anforderungen werden hochgeschraubt. Wenn im Internet die künstlichen Verkaufspuppen, die man Avatare nennt, so irre nett sein werden, werden wir sicher bald aggressiv, wenn uns nur noch Menschen beraten: „Ich kaufe im Internet bei einer ganz tollen Frau. Sie kennt und weiß alles und jedes. Ich kann fragen, was immer ich will. Gehe ich dagegen ins Kaufhaus selbst, erklären sich alle für unzuständig, beschwatzen mich sinnlos, haben keine Ahnung und müssen immer erst Kollegen fragen, die dann auch nicht weiterhelfen können." Vielleicht gibt es auch bald virtuelle Dauerpartner im Internet? Das sind künstliche Menschen, die wir uns wie Klingeltöne für ein Handy fest im eigenen Computer installieren und die dann bei *allen* (allen!) Internetaufgaben bei uns bleiben. Meine eigene Superberaterin ist also immer dieselbe, meine *eigene* eben, die bei Amazon, comdirect, digital-eyes, Hawesko, chateau-online auf mich wartet und für mich alles über Bücher, Grappe oder Neuemissionen weiß. Meine Frau hat dann ebenfalls einen virtuellen Berater, ihren Otto oder so, auf den ich dann hartnäckig eifersüchtig sein könnte. Sie aber beharrt darauf: „Otto find' ich gut."

Wie wird es uns durchschnittlichen Menschen da ergehen? Meinetwegen mögen Sie heute noch lachen – übermorgen werden Sie möglicherweise schon depressiv über diesen Fragen. Wo bleiben wir? Was ist der Sinn unseres Lebens? Was werden wir denken, bei unserer Lebensreise bis zum Tod, wenn wir eine mühevolle Identität und eine wundervolle Persönlichkeit in Jahrzehnten auszubilden versuchen, die hingegen so ein künstlicher Mensch mit der ersten Sekunde seines Lebens in sein Programm gelegt bekam?

Es ist heute schon schwierig, ein guter Mensch zu sein. Morgen wird es noch schwieriger. Die Mutter wird sagen: „Wir haben dir, Kind, den neuen Otto Version 9110 auf deinem digitalen Assistenten installiert. Nimm dir ein Beispiel an ihm. Er funkt uns ziemlich schlimme Sachen an unsere digitalen Assistenten, was du so den ganzen Tag machst. Sei wie er. Einfach perfekt. Hier, schau dir mal deine Schimpfwortstatistik der letzten Woche an. Otto hat echt Sorgen mit dir. Und wenn sich schon Otto sorgt – was können wir da als Eltern noch tun? Wir wissen nicht mehr ein und aus."

Wenn wir den natürlichen Anspruch erheben, dass der Mensch *über* der Maschine stehen sollte, dann wird unser Sinnraum in der nächsten Zeit schrumpfen und schrumpfen. Wird es überhaupt möglich sein, diesen Anspruch aufrecht zu erhalten?

Darüber will kaum jemand reden! Die Menschen haben Angst, wenn solche Fragen bei Diskussionen hochkommen. Sie fürchten, dass die Maschinen uns versklaven werden. (Wozu sollten sie das wollen? Wozu brauchen die Maschinen uns? Vielleicht halten sie sich uns in Museen?)

Da fällt mir ein: Die Pferde waren einige Jahrtausende die nützlichsten Tiere auf der Welt. Sie leisteten die hauptsächliche körperliche Arbeit dieser Welt, gaben uns die Sehnsucht nach der Ferne, erleichterten uns das Erobern der Welt und das gegenseitige Töten. Erst seit wenigen Jahrzehnten sind sie in allen diesen Funktionen durch Autos und Bahnen etc. ersetzt worden. Nach aller dieser wahnwitzig langen Anstrengung sind sie ins Paradies zurückgekehrt. Sie werden von uns Menschen in aller Liebe als Freunde zum Ausreiten gehalten und verehrt und geliebt. Wer früher Pferde geschunden hätte, dröhnt heute, menschlicher, mit röhrendem Vollgas auf dem Motorrad. „Alles Glück der Erde für den Dueck zu Pferde."

Enden *Menschen* wieder im Paradies? Wie wird das aussehen?

Ich lasse diese etwas angekrausten Gedanken hier einfach stehen. Ich wollte nur sagen: Unser Lebenssinn hat etwas mit dem Stand der Technik zu tun, und der ändert sich bekanntlich rasant. Trauen wir uns, die Augen zu öffnen? Eyes wide shut.

4. Das Menschsein muss autark möglich sein

Ich habe es am Anfang schon erklärt – oder postuliert: Es muss für jeden Menschen möglich sein, ein sinnvolles Leben zu führen. Für Arme, Kranke, Unterdrückte genauso wie für Sie.

Es gibt ein paar vernünftige Wege.

Legen Sie sich in eine Tonne und seien Sie glücklich wie Diogenes, den Alexander besucht.

„Ist das eitel Wonne?
So eiskalt in der Tonne?
Und auch noch bitter arm?"

„Geh mir aus der Sonne,
dann wird es sicher warm."

Die Philosophenschule der Kyniker (heute gebrauchen wir solch ein Wort eher mit einem Z) sagt, der Weise sei sich selbst genug und brauche nichts. Der Mensch müsse nur eben hierzu Einsicht zeigen und zur Tugend gelangen. Dann ist der Mensch frei und kann wie Diogenes sagen: „Ich bin Weltbürger." Oder: „Die einzige richtige Staatsordnung ist die Weltordnung."

Die Epikureer streben den Glückszustand inneren Friedens an, ziehen sich lieber in ein Privatleben zurück (Nicht in eine Tonne, aber auch hier: Autarkie!), da nach ihrer Ansicht von Menschen (!) eher Gefahr droht. „Lebe im Verborgenen!", sagt Epikur und antwortet auf die Frage nach dem höchsten Gut: „Der stabile Zustand des Fleisches." Sie können sich jetzt schon vorstellen, wie beliebt Epikur wurde, zumal er auch mit „Alle Bildung, Seliger, flieh mit vollen Segeln!" zitiert wird. Seine Anhänger vergötterten ihn, aber andere Mitmenschen muss er wirklich eher als Gefahr empfunden haben.

Solche Mitmenschen waren zum Beispiel Stoiker, die ausschließlich und nur die Tugenden für Güter hielten, nur die Laster für Übel und die dann alles Übrige für gleichgültig erklärten, als so genanntes „Adiaphoron". Stoische Gleichgültigkeit gegen alle Adiaphora und die Überwindung aller Übel führen zur Tugend hin, die über eine rigide Herrschaft über die innere Einstellung erreicht wird. Das ist nicht so ganz leicht, das verstehen Sie sicher gleich. Aber Sie können es auf jeden Fall *im Prinzip*! Wenn Sie unbedingt wollen – bestimmt!

Andere Philosophen sehen den Geist als einzigen wirklich wichtigen Gehalt in uns, andere wollen, dass wir den Körper ignorieren.

Aus Langes *Geschichte des Materialismus*: „Aristoteles läßt uns im Dualismus des transzendenten Gottes und der von ihm bewegten Welt, des tierisch-beseelten Leibes und des abtrennbaren unsterblichen Geistes zurück: eine vortreffliche Grundlage für das gebrochene, aus dem Staube zur Ewigkeit emporseufzende Bewußtsein des christlichen Mittelalters, aber nicht für die stolze Autarkie des Stoikers."

Die Denker haben es von allen Menschen am einfachsten. Sie setzen sich in eine ruhige Ecke und denken. Eine runde Tonne ist gerade so gut wie jede andere Ecke auch. Die mehr gesellschaftsliebenden Menschen brauchen viel kompliziertere Philosophien, weil da eben noch die anderen Menschen irgendwie sinnvoll in ein sinnvolles Leben integriert werden müssen. Der Christ wird sie möglichst lieben, ohne etwas von ihnen zu erwarten. In dem Augenblick, in dem nichts (mehr) erwartet wird, erreicht der Christ die Unabhängigkeit oder Autarkie von anderen Menschen, also die Freiheit. In der Bergpredigt werden ausschließlich Verhaltensweisen von uns erwartet, die wir *ganz allein*, völlig autark, beweisen können! Es wird nicht etwa erwartet: „Selig sind, die mit ihren Mitmenschen gut auskommen können." Das wäre ja auch von den anderen irgendwie abhängig? Das Gebot „Liebe deinen Nächsten wie dich selbst" dagegen ist wieder autark von uns allein zu bewältigen. Die Bergpredigt (Markus V, *Lutherbibel*, 1545):

„1DA er aber das Volck sahe1 / gieng er auff einen Berg / vnd satzte sich / vnd seine Jünger tratten zu jm / 2vnd er that seinen Mund auff leret sie / vnd sprach. 3Selig sind / die da geistlich arm sind / Denn das Himelreich ist jr. 4Selig sind / die da leide tragen / Denn sie sollen getröstet werden. 5Selig sind die Senfftmütigen / Denn sie werden das Erdreich besitzen2. 6Selig sind die da hungert vnd dürstet nach der Gerechtigkeit / Denn sie sollen sat werden. 7Selig sind die Barmhertzigen / Denn sie werden barmhertzigkeit erlangen. 8Selig sind die reines hertzen sind / Denn sie werden Gott schawen. 9Selig sind die Friedfertigen3 / Denn sie werden Gottes kinder heissen. 10Selig sind / die vmb Gerechtigkeit willen verfolget werden / Denn das Himelreich ist jr. 11Selig seid jr / wenn euch die Menschen vmb Meinen willen schmehen vnd verfolgen / vnd reden allerley vbels wider euch / so sie daran liegen. 12Seid frölich vnd getrost / Es wird euch im Himel wol belohnet werden. Denn also haben sie verfolget die Propheten / die vor euch gewesen sind. 13JR seid das Saltz der Erden."

Christus gibt sogar dem Denker in der Tonne das Element der Liebe, ohne die er vielleicht doch nicht auskommen kann, wenn er ein Herz hat. Dann braucht er am Ende nicht einmal *andere* Menschen dafür. Feuerbach schreibt in *Das Wesen des Christentums*:

„Gott als Gott, als einfaches Wesen ist das schlechtweg *allein* seiende, *einsame* Wesen - die *absolute Einsamkeit* und *Selbständigkeit*; denn einsam kann nur sein, was *selbständig* ist. Einsam sein können, ist ein Zeichen von Charakter und Denkkraft; *Einsamkeit* ist das *Bedürfnis* des *Denkers*, *Gemeinschaft* das *Bedürfnis* des *Herzens*. *Denken* kann man *allein*, *lieben* nur *selbander*. *Abhängig* sind wir in der Liebe, denn sie ist das Bedürfnis eines *andern* Wesens; selbständig sind wir nur im einsamen Denkakt. Einsamkeit ist Autarkie, Selbstgenügsamkeit.

Aber von einem einsamen Gott ist das wesentliche Bedürfnis der *Zweiheit*, der Liebe, der Gemeinschaft, des wirklichen, erfüllten Selbstbewußtseins, des *andern Ichs* ausgeschlossen. Dieses Bedürfnis wird daher dadurch von der Religion befriedigt, daß in die stille Einsamkeit des göttlichen Wesens ein *andres*, zweites, von Gott der *Persönlichkeit* nach *unterschiednes*, dem Wesen nach aber mit ihm einiges Wesen gesetzt wird - Gott *der Sohn*, im Unterschiede von Gott *dem Vater*. Gott der Vater ist *Ich*, Gott der Sohn *Du*. *Ich* ist *Verstand*, *Du Liebe*; *Liebe* aber mit *Verstand* und *Verstand mit Liebe* ist erst *Geist*, ist erst der *ganze* Mensch."

Immer wieder: Autarkie, Selbstgenügsamkeit. Zum Denken bin ich allein genug, für das Herz kann ich Jesus nehmen. Die anderen Menschen und die ganze Welt brauchen wir nicht. Wir müssen es ganz allein schaffen, sind ganz auf uns gestellt, müssen höchstselbst unser Leben und seine Gestaltung verantworten. Ein bisschen erscheint es mir so, als werde die Autarkieforderung auch deshalb gestellt, weil sich sonst die rechte Lebensführung im realen Leben nicht begründen ließe. Solange der Mensch nur an Kriterien gemessen wird, für die er allein verantwortlich zeichnet, können wir ihn vor den Richter stellen und beurteilen: „Ist dieser da ein guter Mensch?" (Und es richtet sich ein blasser, dünner Zeigefinger drohend auf Sie!) Wenn wir den Menschen richten können, können wir die guten Menschen von den schlechten sicher unterscheiden. Und wenn wir dies vermögen, sind wir im Stande, den Kindern verbindlich sagen zu können, in welcher Weise sie sich zu guten Menschen entwickeln können. Alles, alles hängt davon ab, ob wir sicher beurteilen können, was gut und was schlecht ist. Am leichtesten lässt sich richten, wenn die Werte klar definiert sind. Wenn wir fordern, dass der Mensch autark ist, können wir besser über ihn richten, als wenn er es nicht wäre. Wenn ein Mensch klagen würde: „Ich lebte in einem Mörderstaat, also musste ich Mörder sein." Wäre er dann nicht mehr verantwortlich?

Der hochkritisch kritische Karl Marx hat das Autarke des kritisch unkritischen Menschen kritisiert:

„Genau und im prosaischen Sinne zu reden, sind die Mitglieder der bürgerlichen Gesellschaft keine Atome. Die charakteristische Eigenschaft des Atoms besteht darin, keine Eigenschaften und darum keine durch seine eigne Naturnotwendigkeit bedingte Beziehung zu andern Wesen außer ihm zu haben. Das Atom ist bedürfnislos, selbstgenügsam; die Welt außer ihm ist die absolute Leere, d.h., sie ist inhaltslos, sinnlos, nichtssagend, eben weil es alle Fülle in sich selbst besitzt. Das egoistische Individuum der bürgerlichen Gesellschaft mag sich in seiner unsinnlichen Vorstellung und unlebendigen Abstraktion zum Atom aufblähen, d.h. zu einem beziehungslosen, selbstgenügsamen, bedürfnislosen, absolut vollen, seligen Wesen. Die unselige sinnliche Wirklichkeit kümmert sich nicht um seine Einbildung, jeder seiner Sinne zwingt es, an den Sinn der Welt und der Individuen außer ihm zu glauben, und selbst sein profaner Magen erinnert es täglich daran, daß die Welt außer ihm nicht leer, sondern das eigentlich Erfüllende ist. Jede seiner Wesenstätigkeiten und Eigenschaften, jeder seiner Lebenstriebe wird zum Bedürfnis, zur Not, die seine Selbstsucht zur Sucht nach andern Dingen und Menschen außer ihm macht. Da aber das Bedürfnis des einen Individuums keinen sich von selbst verstehenden Sinn für das andere egoistische Individuum, das die Mittel, jenes Bedürfnis zu befriedigen, besitzt, also keinen unmittelbaren Zusammenhang mit der Befriedigung hat, so muß jedes Individuum diesen Zusammenhang schaffen, indem es gleichfalls zum Kuppler zwischen dem fremden Bedürfnis und den Gegenständen dieses Bedürfnisses wird. Die Naturnotwendigkeit also, die menschlichen Wesenseigenschaften, so entfremdet sie auch erscheinen mögen, das Interesse halten die Mitglieder der bürgerlichen Gesellschaft zusammen, das bürgerliche und nicht das politische Leben ist ihr reales Band. Nicht also der Staat hält die Atome der bürgerlichen Gesellschaft zusammen, sondern dies, daß sie Atome nur in der Vorstellung sind, im Himmel ihrer Einbildung – in der Wirklichkeit aber gewaltig von den Atomen unterschiedene Wesen, nämlich keine göttliche Egoisten, sondern egoistische Menschen. Nur der politische Aberglaube bildet sich noch heutzutage ein, daß das bürgerliche Leben vom Staat zusammengehalten werden müsse, während umgekehrt in der Wirklichkeit der Staat von dem bürgerlichen Leben zusammengehalten wird." (Marx: *Die heilige Familie oder Kritik der kritischen Kritik*)

Die Menschen sind eben in Wirklichkeit *nicht* autark. Sie leben einfach zu sehr zusammen und wollen nicht um der besseren Beurteilungsmöglichkeiten bzw. der reineren Erziehungsgebote willen in die Autarkie gehen. Sie wollen einander brauchen. Trotzdem suchen die Ethiker immer noch in einem autarken Sinnraum. Ist der Sinn überhaupt dort?

Schopenhauer schreibt in *Zwei Grundprobleme der Ethik*: „... das Prinzip, der Grundsatz, über dessen Inhalt alle Ethiker eigentlich einig sind: neminem laede, immo omnes, quantum potes, juva – das ist eigentlich der Satz, welchen zu begründen alle Sittenlehrer sich abmühen ... das eigentliche Fundament der Ethik, welches man wie den Stein der Weisen seit Jahrtausenden sucht."

Neminem laede ... – „Verletze niemanden und hilf nach Kräften". Wieder so ein Satz mit Autarkieinhalt. Und über diesen Satz scheinen sich die Ethiker aller Zeiten weltweit einig? Ja? Und können auf ihn keine nicht nur theoretische Ethik gründen? So schön er als Forderung klingen mag, ist er denn überhaupt so stark, dass sich auf ihm das ganze Fundament der Ethik erbauen ließe? Warum vermögen es die Denker nicht? Dieses ganze Omnisophiebuch hindurch versuche ich zu zeigen:

Wir müssen die Autarkieforderung ja überhaupt nicht stellen!

Wenn wir sie aber nicht stellen, dann kann dieser „autarke Satz" kein hinreichendes Fundament sein, weil er das Nichtautarke nicht erfasst, also nur eine Teilwelt begründen kann.

5. Das Menschsein muss nach der Natur möglich sein – aber die Natur verschwindet!

Ein andere beliebte Annahme auf der Suche nach einem sinnvollen Leben ist diese: Der Mensch soll nach der Natur leben. Darüber diskutieren wir auch heute noch. Ist das Leben in Hochhauswohnungsparzellen nach unserer Natur? Ist Schwulsein auch nach der Natur gut so? Das Aufwachsen in Pampers? Die Natur kommt als Lippenformel immer und immer wieder vor. Wenn Philosophen zu sehr das Tier in uns natürlich finden, so meinen sie, wir alle müssten „unsere böse Natur in uns bekämpfen", die uns die Sünde angeboren sein ließ. Wenn wir glauben, der Mensch sei von Natur aus gut, so fordern wir unentwegt, er müsse nach seiner Natur leben. Die arme Natur muss eben für viele Argumente herhalten, ohne dass wir bis heute zum Beispiel wüssten, ob wir von Natur aus gut oder böse sind. Ist es natürlich, vor Computern ein halbes Leben zu verbringen? Ist es natürlich, sich den Busen operativ so zu korrigieren, damit er natürlich aussieht? Sind normal hässliche Menschen natürlich oder nur die so genannten Topmodels, von denen es ungefähr zehn gibt? Menschen sind von Natur aus lieb, sie sind von Natur aus vernünftig, sie sind von Natur aus faul, sie sehen von Natur aus nur auf ihren Vorteil, sind rattenschlau. Menschen betrügen von Natur aus, wo sie können, was man beim Autofahren inmitten von Blitzanlagen täglich sehen kann. Menschen wollen von Natur aus nur das Eine. Das Eine? Geld. Das Eine? Ruhm. Das Eine? Sex. Die Philosophen wissen offenbar von Natur aus, was das ist: von Natur aus. (Natur ist jedenfalls nicht wie Tier.)

Sie merken schon, was ich sagen will: Von Natur aus benutzen wir den Naturbegriff, um etwas, was wir anpreisen wollen, natürlicher erscheinen zu lassen. Wenn etwas natürlich ist, ist es ja irgendwie als notwendig und unausweichlich bewiesen. In das Natürliche müssen wir alle, und damit auch unsere Kontrahenten, einwilligen. Zur Illustration habe ich einige Zitate zusammengestellt. Wenn Sie schon im vorigen Abschnitt zu viele lesen mussten, blättern Sie einfach zum nächsten Abschnitt weiter. Sie haben dann schon verstanden: Die Sinnsucher zwingen uns, natürlich zu denken, was so viel heißt, dass sie Recht haben, weil sie ja so argumentieren, dass alles der Natur nach zugehen muss.

Aristoteles schiebt schamhaft Homer vor (in: *Nikomachische Ethik*), um zum Thema zu kommen: „So ist die Begierde nach Nahrung in der Natur begründet; im Zustande des Mangels begehrt jeder trockene oder flüssige Nahrung, bisweilen auch beides zusammen, und ein junger kräftiger Mensch, sagt Homer, begehrt des ehelichen Lagers."

Sieht gut aus. Ich runzle die Stirn. Warum zielt das Naturbegehren auf *ehelich*? Hatten die Griechen nicht eine Vorliebe für Knaben? Ist das Heiraten natürlich? (Wie leben eigentlich Affen? Natürlich? Allein wie Orang Utans oder in Rudeln, in denen sie sich wie Affen paaren?) Aristoteles weiter:

„Zwischen Mann und Frau waltet die Liebe von Natur. Denn der Mensch ist durch seine Natur noch mehr auf das eheliche Leben, als auf das Leben im Staate angewiesen, ebenso wie die Familie ursprünglicher und unentbehrlicher ist als der Staat, und wie die Fortpflanzung allem Lebendigen gemeinsamer zukommt. Bei den anderen Wesen reicht die Gemeinsamkeit nur so weit; bei den Menschen aber hat die eheliche Gemeinschaft nicht bloß die Fortpflanzung, sondern alle Zwecke des menschlichen Lebens zum Inhalt."

Sehen Sie? Es geht immer so weiter. Erst ist das Essen und Paaren natürlich, dann das Erziehen der Kinder und die Regeln dazu, schließlich alles ...? Ich beginne zu zweifeln und lese weiter, ob ich noch mehr Natürliches finde. Aha. Da! (Immer noch *Nikomachische Ethik*): „... denn beides, das Sittliche wie das persönlich Eigene, hat das zum Inhalt, was von Natur eine Quelle der Freude ist."

Nun ist schon das Sittliche des Oberlehrers und auch das persönliche Eigentum natürlich. Natürlich sage ich am Ende dieses Buches auch, dass *meine* Gedanken völlig natürlich sind. Nehmen Sie mich nicht zu sehr beim Wort. Ich meine dann etwas anderes, eher so etwas wie: intuitiv einfach und unwidersprüchlich.

Cicero weiß irgendwie schon, dass es verschiedene Naturen unter den Politikern oder Menschen gibt, so wie es Esel und Ochsen gibt. Aber die Politiker schließen immer gleich wieder die Augen vor diesen feinen Unterschieden und konzentrieren sich auf das Gemeinsame, das sich besser in Gesetze sperren lässt. Besser wäre es, alle Naturen wären gleich, nicht wahr? Cicero, aus *Fünf Bücher über das höchste Gut und Übel*:

„Sonach beruht bei jedem Geschöpfe das Begehren nach bestimmten Dingen darauf, dass diese Dinge seiner Natur angemessen sind, und das höchste Gut besteht daher in einem naturgemässen Leben und in einem möglichst besten und der Natur angemessensten Zustande. (§ 25.) Da nun jedes Geschöpf seine eigenthümliche Natur hat, so muss auch für Alle als Ziel gelten, dass dieser Natur Genüge geleistet werde; denn es steht dem nicht entgegen, dass der Mensch mit den Thieren und diese unter einander etwas Gemeinsames haben, weil die Natur überhaupt Allen gemein ist, vielmehr wird jenes Höchste und Letzte, was wir aufsuchen, nach den verschiedenen Gattungen der Geschöpfe verschieden sein und jede Gattung wird etwas Besonderes, ihr Passendes haben, wie es ihre eigene Natur verlangt. (§ 26.) Wenn ich daher sage, dass für alle lebende Wesen das Höchste in einem naturgemässen Leben bestehe, so darf man dies nicht so verstehn, als wenn für Alle ein und dasselbe als Höchstes gelten solle. Denn schon bei den Künsten lässt sich als etwas ihnen allen Gemeinsames angeben, dass es sich bei ihnen um die Erkenntniss überhaupt handelt, während jede einzelne Kunst auch ihre besondere Wissenschaft verlangt; ebenso haben auch die Geschöpfe ein Gemeinsames in ihrem naturgemässen Leben überhaupt; aber dabei sind doch ihre Naturen selbst verschieden. So ist sie bei dem Pferde eine andere, wie bei dem Ochsen und eine andere bei dem Menschen; aber dennoch haben auch Alle in der Hauptsache eine gemeinsame Natur, und dies gilt selbst über die lebenden Wesen hinaus für alle Dinge, welche die Natur ernährt, vermehrt und beschützt. So sieht man schon bei den Pflanzen, welche aus der Erde hervorsprossen, dass viele sich selbst das bereiten, was zu ihrem Bestehen und Wachsen erforderlich ist, damit sie ihr letztes Ziel erreichen, und deshalb kann man Alles dies zusammenfassen und unzweifelhaft behaupten, dass alle Naturen überhaupt sich selbst erhalten und als Ziel und Höchstes erstreben, sich in dem für ihre Gattung bessten Zustande zu erhalten. Somit kann man sagen, dass alle natürlichen Dinge ein ähnliches, wenn auch nicht genau dasselbe Ziel verfolgen. Hieraus ergiebt sich, dass das höchste Gut für den Menschen in seinem naturgemässen Leben enthalten ist, d.h. in einem Leben, was der durchaus vollkommnen und in Nichts mangelhaften Natur des Menschen entspricht."

Natürlich erkennt Cicero an, dass es Verschiedenes gibt, wie Affen, Esel, Kamele, Bohnenstroh oder Quark. Aber diese dummen Verschiedenheiten verschwinden auf dem Weg zum Vollkommenen. Der vollkommene Mensch ist relativ eindeutig bestimmt: durch das Gemeinsame, das er vollkommen verkörpert.

Eine ganz gute Taktik besteht also darin, den einheitlich in allen Punkten vollkommenen Menschen für natürlich zu erklären, weil Gott ihn der Natur nach natürlich vollkommen geschaffen hat (Was hätte Unvollkommenes für einen Sinn?). Wenn also der Mensch von Natur aus vollkommen ist, muss er denjenigen folgen und gehorchen, die so lieb sind, ihn vollkommen machen zu wollen. Dann ist er zugleich natürlich geworden.

Ein andere Strategie ist es, die Natur zu bemühen, um den Städtebau zu begründen. Es gibt ein paar Tiere, die schöne Häuser bauen, nämlich die fleißigen Ameisen und die bienenfleißigen Bienen. Sie können auch zur Aufklärung an sich herhalten.

„Die einzelnen Menschen befinden sich in *gesellschaftlichen Ganzen*, innerhalb deren die Individuen sich wie Teile verhalten. Solche Ganze bilden schon Bienen und andere herdenweise lebende Tiere, in einem viel engeren Verbande aber der mit Sprache und Verstand zu diesem Zwecke von der Natur begabte Mensch, welcher das Vermögen der Unterscheidung von Recht und Unrecht besitzt. Diese Gemeinschaft (Koinonie) ist als *Familie* untrennbar mit Menschendasein überhaupt gegeben, und indem diese zur *Dorfgemeinde*, weiter zur Polis sich ausdehnt, erreicht in der letzteren das in der Natur angelegte Gemeinschaftsstreben das Endziel der Autarkie, d.h. des völligen Selbstgenügens; ...“ (Dilthey: *Einleitung in die Geisteswissenschaften*)

In diesem Zitat geht es von den Bienen zur Natur und zum Schluss mündet alles in Autarkie, die ja der Endzweck ist. Darüber war ja schon im vorigen Abschnitt die Rede. Jedenfalls neigt jetzt der Mensch von Natur aus zum Wohnen in Dörfern. Hobbes meint in *Grundzüge der Philosophie*: ... und deshalb wird der Mensch nicht von Natur, sondern durch Zucht zur Gesellschaft geeignet. Ja selbst wenn der Mensch von Natur nach der Gesellschaft verlangte, so folgte doch nicht, daß er von Natur zur Eingehung der Gesellschaft auch geeignet sei; denn das Verlangen und die Fähigkeit sind verschiedene Dinge. ...“

Und Rousseau: „Wenn aber, was unzweifelhaft feststeht, der Mensch seiner Natur nach gesellig ist, oder es wenigstens seiner Bestimmung nach werden soll, so können ihm auch andere angeborene Empfindungen nicht fehlen, die sich auf sein Geschlecht beziehen; denn schenkt ...“ Aus *Emil oder Ueber die Erziehung*.

Von Natur aus natürlich scheint alles zu sein, was man natürlich vom Menschen fordern würde. Vernunft zum Beispiel. Natürlich möchten wir, dass Menschen vernünftig sind. Locke schreibt in *Versuch über den menschlichen Verstand* dies: „Deshalb befindet sich der Mensch nach seiner Natur als verständiges Wesen in der Nothwendigkeit, dass er bei seinem Wollen durch sein Denken und sein Urtheil über das Beste bestimmt werde; sonst bestimmte ihn ein Anderes, als er selbst, was ein Mangel der Freiheit wäre. Wenn man leugnet, dass der Mensch bei jedem seiner Entschlüsse seinem eigenen Urtheile folge, so hiesse dies, der Mensch wolle und verfolge ein Ziel, was er, während er danach verlangt und dafür thätig ist, nicht haben mag.“

Hören Sie aus der *Ethik* von Spinoza: „Es gibt in der Natur nichts einzelnes, was den Menschen nützlicher wäre als der Mensch, der nach der Leitung der Vernunft lebt. Denn dem Menschen ist das am nützlichsten, was mit seiner Natur am meisten übereinstimmt (nach Zusatz zu Lehrsatz 31 dieses Teils), d.h. (wie an sich klar) der Mensch. Der Mensch handelt aber absolut nach den Gesetzen seiner Natur, wenn er nach der Leitung der Vernunft lebt (nach Definition 2, Teil 3), und nur insofern stimmt er mit der Natur eines andern Menschen notwendig immer überein (nach dem vorigen Lehrsatz). Folglich gibt es unter den Einzeldingen nichts nützlicher für den Menschen als den Menschen usw.“

So kann ich immer mehr zitieren. Wenn ich noch lange weiterzitiere, erscheint uns am Ende fast alles natürlich. Ich bin wohl auch viel zu faul, alle Materie durchzulesen (ein weites Feld voller Dornen und Disteln), nur um hier noch natürlicher zu werden. Ich schließe daher mit Fichte, aus *Einige Vorlesungen über die Bestimmung des Gelehrten*:

„... denn unvertilgbar ist ihm der Trieb eingepflanzt, Gott gleich zu seyn. Der erste Schritt aus diesem Zustande führt ihn zu Jammer und Mühseligkeit. Seine Bedürfnisse werden entwickelt; sie heischen stechend ihre Befriedigung; aber der Mensch ist von Natur faul und träge, nach Art der Materie, aus der er entstanden ist. Da entsteht der harte Kampf zwischen Bedürfniss und Trägheit; das erstere siegt, aber die letztere klagt bitterlich. Da bauet er im Schweisse des Angesichts das Feld, und zürnet, dass es auch Dornen und Disteln trägt, welche er ausreuten muss."

Von so einem Zitat können ganze Unternehmergenerationen zehren. Der Mensch ist von Natur aus faul und träge!

Und heute? Es ist natürlich geworden, sich elektrisch zu rasieren. Wir können natürlich nach längerem Stromausfall nicht mehr natürlich leben. Die Verbreitung des Internets wird uns in die virtuelle Welt führen. Virtuell? Das Virtuelle wird als Gegensatz zum Realen gesehen! Wie viel weiter weg ist das Virtuelle vom Natürlichen?

Und dann sagen unsere Werbesendungen: „Das Internet nimmt Ihnen die schrecklichen unnatürlichen Arbeiten ab, mit denen sich der Mensch unnatürlicherweise abplagen muss, um seinen nackten Lebensunterhalt zu verdienen. Die virtuelle Welt befreit den Menschen von Schweiß und Knochenbrechen. Sie befreit im Menschen die natürliche Kreativität. Der Mensch gewinnt im Virtuellen die Freiheit, seiner Natur gemäß glücklich zu sein. Es ist doch nicht natürlich, in ein Auto zu steigen, um nach längerer Fahrt in einer Bank Geld abzuheben. Dafür ist die Natur des Menschen nicht gedacht. Im Internet macht er klick-klick-klick und er hat viel mehr Zeit, seiner Natur nachzugehen." Was der Natur nachgehen heißt, ist mir nicht so klar. Ich glaube, es ist Hamburger essen gemeint.

Verzeihung. Hamburger ergeben eine ziemlich flache, wenn auch vielschichtige Philosophie. Was ich sagen will: Natur hin und her. Natur verschwindet. Als Argument taugt sie kaum noch. In Wirklichkeit werden wir aber durch das Argument der Natur immer noch zu allem Möglichen gezwungen und vergewaltigt. Notfalls sind noch Ohrfeigen natürlich, so wie ph-neutrale Seife, Knoblauchpillen, Lateinlernen oder der Bau von Umgehungsstraßen. Alles ist natürlich, aber bald ist nichts mehr natürlich.

6. Der Lebenssinn ist das Nur-Gute, damit Philosophieren leicht ist

„Ich verdiene erst einmal richtig viel Geld. Ich streiche dafür eine Zeit lang alles Privatleben. Danach nutze ich das Geld, um mein Leben vollauf sinnvoll zu gestalten."

So etwa klingt das allgemeine Kredo des heutigen Konditionalmenschen.

„*Wenn* ich einmal eine Million gewinne, bin ich gut zu euch allen." – „*Wenn* ich das Haus abbezahlt habe, spende ich etwas dem Roten Kreuz." – „*Wenn* meine Beförderung durch ist, gehen wir meinetwegen einmal zu McDonald's." – „*Wenn* ich jemals wieder gesund werde, höre ich auf mit diesem ungesunden Leben. Jetzt geht es noch nicht."

Sie müssen gar kein Philosoph sein, um „so geht das nicht" zu seufzen. Dabei *machen* wir es fast alle so! Wir müssen erst einmal eine Wohnung beziehen, einen wundervollen Lebensgefährten für uns gewinnen, eine respektierte Arbeitsstelle antreten. Dann *erst* können wir durchatmen. Es ist geschafft! Jetzt sind wir endlich ein vollwertiger Mensch!

Halt – nein, sind wir nicht. Wir haben ja erst die Bedingungen für das Vollmenschsein geschaffen, die wir uns *selbst* für das Vollmenschsein gesetzt hatten, die also im streng logischen Sinne noch nicht einmal wirklich *Bedingungen* gewesen sein mögen!

Abraham Maslow hat ein Bild gemalt, das viele von uns im Herzen tragen: die Bedürfnispyramide. Sie symbolisiert die Erkenntnis, dass wir erst unsere Grundbedürfnisse decken müssen, um überhaupt vernünftig über echtes Glück und Lebenssinn nachdenken zu können. Erst muss der Hunger nach Nahrung und Liebe von Freunden gestillt werden, erst muss ein wenig Vorrat an Sicherheit, Geborgenheit und Respekt geschaffen werden, dann erst kommt das Eigentliche, sozusagen die Kür nach der Pflicht: Das Streben nach Vertrauen, echter Liebe, wahrer Freundschaft, nach Wahrheit, Klarheit, Einfachheit und Rückzug des eigenen Ego.

Maslow hat leider nicht so richtig gesagt, wann das Grundbedürfnisbefriedigen für den speziellen Menschen aufhören kann. Mit dem Abiturzeugnis? (Das schaffen nur die Hälfte der Menschen – haben die anderen schon versagt?) Mit dem Bezug der eigenen Wohnung? Oder mit dem ersten Job? (Auch dazu kommen nicht alle!) Ich glaube nicht an Bedürfnispyramiden. Die meisten von uns türmen Wenn-Bedingungen. Wenn wir Karriere gemacht haben, wenn wir das Haus auf Mallorca und den Audi TT haben, wenn wir den Vater übertrumpften, wenn wenn wenn: *Dann* wird das Leben sinnvoll, vielleicht. Vielleicht aber brauchen wir noch eine Stufe zusätzlich? Schade. Also noch eine Stufe im Leben des Konditionalmenschen.

„Sie leben nicht, sie wollen nur leben. Alles schieben sie auf." Das sagte schon Seneca. (Das habe ich schon in *Wild Duck* zitiert. Es ist so sehr wahr.)

Leben wäre, so sagen die Philosophen, das Streben nach dem Guten, nach Tugend. Wir sollen unsere Pflicht tun, die Menschen lieben, allen vertrauen, das Nur-Gute anstreben und alles andere, insbesondere allen Mammon und alles Fleischliche verachten. Selig sind die Friedliebenden, die Barmherzigen.

Unsere Erzieher sehen das meist anders. Sie sagen, wir sollen etwas erreichen. Natürlich sollen wir auch lieb und pflichtbewusst sein. Unsere Zeugnisse enthalten sogar Kopfnoten für menschliche Einstellungen wie soziales Verhalten, Fleiß und Pflichterfüllung. Aber es sind nur Kopfnoten, unwichtige Attribute. Für die Versetzung auf der Stufenleiter der Grundbedürfnisbefriedigung des jungen Konditionalkindes zählen die harten Noten im Zeugnis unten: Da steht, was etwa in Mathematik oder Religion de facto erreicht wurde. „Religion sehr gut" bekommen wir für das mühelose Auswendigsingen aller Lutherlieder, nicht für die Verinnerlichung der Bergpredigt.

Unsere Aufzucht setzt das *Erreichen* so sehr vor das Leben im Eigentlichen, dass schließlich in uns vor Verzweiflung über das Endprodukt „Mensch" Gedanken an Erbsünden oder dergleichen aufkommen müssen, weil irgendwie unser eklatanter allgemeiner Misserfolg erklärt werden muss.

Mit diesem schweren Problem befassen sich die Weisen kaum. Sie fordern das Gute von uns, die Umkehr, die Einsicht, die Bekehrung, den Verzicht auf das Erreichen der Bedingungen, die uns die Umwelt als nötig eingeschärft hat (und deren Notwendigkeit wir einzusehen begannen).

Ich habe oft das Gefühl, dass es sich aus einer Tonne oder einer kleinen Königsberger Wohnung heraus relativ leicht argumentieren lässt. Philosophen predigen die reine Idee des Lebenssinns. Da machen sie es sich leicht.

Anschließend geißeln sie uns Durchschnittsmenschen.

Die Stoiker zum Beispiel, die nur die Tugend gelten lassen und die nur den wahrhaft Tugendhaften den Weisen nennen, können dann kaum Weise namentlich im wirklichen Leben benennen! Zenon und Chrysipp, die Hauptvertreter und Gründer der Stoa, empfinden nicht einmal sich selbst als Vertreter der Spezies Weiser. Was sollen wir Normalmenschen da tun? Zenon und Chrysipp wissen es: Zur Tugend wandeln. Fertig. Und sie beweisen uns, dass nur der wahre Weise glücklich sein könne, der sie aber selbst nicht sind. Und alle wundern sich, warum wir nicht alle in Scharen weise werden.

Wahrscheinlich macht schon das übermäßige Philosophieren glücklich, mindestens dann, wenn uns eine relativ reine Theorie einfällt. Ich habe Ihnen dasselbe ja schon von dem Betreiben von Mathematik verraten.

7. Hoffen auf Gott – Und zum Glück haben wir ihn!

Weil wir das Vollkommene nicht wirklich selbst finden können, weil wir das Höchste nicht richtig konkret beschreiben können, weil uns die Ahnung für das Erste, die Schöpfung, und das Letzte, den Tod, fehlt, weil wir noch erreichen müssen, noch nicht angekommen sind, selbst wenn schon die Zeit knapp wird: Daher glauben wir bereitwillig an das Unendliche, das wir nach unserem Tod endlich schauen werden.

An das Ewige, Letzte, Erste, Reine, Vollkommene, Wunderbare, Ideale.

Und wir schaudern vor denen, die sagen, all das gebe es nicht.

Epikur fand, man *brauche* es alles nicht wirklich. Das könnte doch sein? Mal ehrlich, wann brauchen wir es? Wenn wir eine nächste Stufe nicht erreichen konnten oder gar die eine oder andere hinabfielen. Brauchen wir es, wenn wir eigentlich leben? Das wissen wir nicht, weil wir ja erst leben *wollen* und mit dem Leben noch nicht angefangen haben.

Gott löst alle Widersprüche auf. Er nimmt sie uns leider nicht weg, aber wir sind nicht mehr selbst für sie verantwortlich. Deshalb müssen und können wir mit ihnen leben. Wir müssen nur beharrlich mit ihnen ringen, das wohl. Aber die letzte Verpflichtung zur Auflösung bleibt uns erspart. Sollen wir darüber froh sein?

8. Lebenssinn, Logiktraumata und Patentrezepte

Im Grunde geht es natürlich nicht, dass wir alle weise würden. Eine solche Welt ist logisch nicht denkbar, geschweige denn möglich.

Stellen Sie sich vor, wir würden alle in Tonnen wohnen und philosophieren. Zum Beispiel könnte es Alexander der Große gar nicht schaffen, überall bei uns vorbeizuschauen und zu fragen, was wir uns wünschen. Es ginge praktisch nur so, dass die Tonnen in einer sauberen Reihe ausgerichtet würden. Alexander müsste dann fragen: „Was wollt ihr denn?" Und wir müssten brüllen, alle zusammen: „Geh' aus der Sonne!" Das würde bedeuten, dass wir wie Soldaten in Reih' und Glied lägen und uns natürlich allesamt als weise Philosophen auf diese eine nur sinnvolle Antwort einigen müssten. Alexander der Große würde als Kaiser unwillkürlich zur dicksten Tonne schauen, was für uns nicht tragbar wäre, weil es Eitelkeiten Vorschub leistete, die wir aber als Philosophen gar nicht mehr haben. Deshalb wäre es besser, wir hätten alle identische Tonnen.

Ja, und irgendwer muss für uns tonnenweise Essen kochen ... ja, und kann Alexander so viel Schatten spenden?

Ich werde jetzt lachhaft, klar. Aber, bitte, wir können nicht *alle* in der Tonne liegen und wir können nicht *alle* immer gleich die andere Wange hinhalten, wenn die eine geschlagen wurde. Wir können nicht *alle* Mönch und Nonne werden, ohne auszusterben. Sokrates kann nur dialogisieren gehen, wenn Xanthippe das Profane erledigt. („Ich halte meinem Mann beruflich den Rücken frei.“)

Die meisten Lebenspläne, die als ideal hingestellt werden, scheitern logisch an diesem Massengedanken: „Was passierte, wenn wir *alle* dergestalt wären?“ Was würde passieren, wenn wir alle wie Diogenes sagen würden: „Ich präge die geltenden Werte um.“ Oder: „Ich verstehe, über Männer zu herrschen.“ Was wäre, wenn wir alle wie der Philosoph Krates eine tätige Diskussion in der Öffentlichkeit anfingen, was einem natürlichen Menschen der Natur nach zieme? Er soll mit seiner Frau auf öffentlichen Plätzen im Taghellen eheliches Leben genossen haben. Ich will sagen: Viele Philosophien zeigen ziemlich oder unziemlich viele Extremitäten. Immer wieder wird uns gesagt, wie der ideale Mensch sein solle. Einsicht! Natur! Bedürfnislosigkeit! Pflicht! Rückzug!

Es riecht allerdings stets danach, dass so etwas wie dieses für den Breitenmenschen nicht allgemein einführbar ist, weil es „zu teuer erkauft erscheint“, nicht recht begeistern mag und wahrscheinlich nicht funktionieren wird, weil es nicht für *alle* so gehen kann.

Wir alle würden gerne einmal einen einzigen idealen Menschen staunend anfassen dürfen.

Es gibt ja auch zu wenige ideale Menschen, die wir uns anschauen könnten! Wenn wir wenigstens jeder ein paar kennen würden! Und wir fragen uns: Wenn uns also Philosophen den idealen Menschen beschreiben und wenn es eine Welt aus *nur* solchen idealen Menschen logisch nicht geben kann – ist dann die entsprechende Philosophie nicht falsch? Oder wollen wir so etwas: eine Philosophie für eine Minderheit? Dann sollten uns die Philosophen dies aber auch sagen und nicht für eine Allgemeingültigkeit ihrer Ansichten kämpfen, oder?

In seinem Buch *Motivation und Persönlichkeit* berichtet Abraham Maslow über seine Forschungen über selbstverwirklichende Menschen. Wie sehen solche Vollmenschen aus? Ich zitiere ein paar Sätze aus Maslows Buch. „Zusätzlich wurden in einer ersten Untersuchungsreihe mit jungen Leuten dreitausend College-Studenten geprüft, doch die Prüfung ergab nur eine unmittelbar geeignete Versuchsperson und ein oder zwei Dutzend möglicher künftiger

(„gut wachsend“).“ Weiter heißt es: „Es bestand die Hoffnung, dass Roman- oder Schauspielfiguren für Demonstrationszwecke verwendet werden könnten, doch keine wurden gefunden, die in unserer Kultur und zu dieser Zeit verwendbar wären (an sich ein überlegenswertes Resultat).“ Und schließlich: „Wir mussten aufhören, eine mögliche Versuchsperson auf Grund eines einzigen Fehlers auszuschließen; oder, um es anders zu sagen, wir konnten nicht Perfektion als Basis der Selektion verwenden, da keine Versuchsperson vollkommen war.“ Nach Jahren von Arbeit endete die Suche mit 7 ziemlich sicheren und 2 sehr wahrscheinlichen Zeitgenossen, 2 ziemlich sicheren historischen Gestalten (Lincoln in seinen späteren Jahren und Thomas Jefferson) und mit 7 sehr wahrscheinlichen (Albert Einstein, Albert Schweitzer, Aldous Huxley, Eleanor Roosevelt, Jane Addams, William Jones, Spinoza). Im Buch folgen dann 50 Seiten, wie solche wundervollen Menschen aussehen. (Ein wundervoller Satz über den maslowschen Vollmenschen klingt so natürlich und ist tierisch gut: „Die selbstverwirklichenden Menschen haben die Tendenz, gute Tiere zu sein, …“) Ist es nicht schrecklich, wie dürftig die Decke an offensichtlich guten Menschen aussieht, selbst wenn man jahrelang krampfhaft sucht? Haben wir damit eigentlich die richtige Vorstellung von „guten Menschen“? Wenn Abraham Maslow nur ein paar fast perfekte Menschen findet, müssen wir uns dann nicht fragen, ob er das richtig definiert, was ein guter Mensch ist? Verlangt er zu viel? Klar, er hat es ja bemerkt. Er hat aber seine Definition nicht geändert, sondern eben auch „ungefähr perfekte“ Menschen zur Untersuchung zugelassen, weil es perfekte nicht gab.

Das halte ich für einen schrecklichen Fehler der Philosophen. Sie zählen einfach eine Menge wünschbarer Eigenschaften eines idealen Menschen auf. Dann verlangen sie von uns, alle diese Eigenschaften zu haben. Wer alle hat, ist ein idealer Mensch.

Ideale Menschen sind gütig, barmherzig, besonnen, tapfer, maßhaltend, gerecht, lieb, sanftmütig, großherzig, edelmütig. Die Managementgurus sagen: Der ideale Manager ist liebevoll, hart, zuverlässig, loyal, kreativ, ausgeglichen, authentisch, taktisch klug, autonom, verletzlich, unverletzlich, antreibend, zulassend usw. (Das war erst ein Fünftel der Eigenschaften, die sich im Übrigen immer stärker widersprechen.) Und dann sagen die Philosophen und die Managementgurus: „Seid gerade eben so! Einsicht reicht zum Losmarschieren! So *einfach* ist es! Und keiner tut es, weil mir keiner glaubt!“

Das ist logisch entsetzlich. Man gibt viel zu viele Merkmale zur Pflicht vor, die aber ein Mensch gleichzeitig nicht haben kann. Daraus definiert man einen idealen Menschen, den es logisch nicht geben kann. Anschließend bedauern die Philosophen und die Managementtrainer, dass bei den Versuchen niemals ideale Menschen oder Manager herauskommen. Sie predigen aber die Definition unverdrossen weiter, ohne je eine real existierende ideale Person vorzeigen zu können. Manche ziehen sich sehr verschämt auf einen idealen Gott zurück, aber alle machen sich vor der normalen Vernunft des normalen Menschen lächerlich. Eine Definition für etwas, was es nicht geben kann? Was soll dann die zugehörige Philosophie? Noch ein Denkfehler:

Wir beschreiben das Ideale oft durch ein paar Merkmale, die insgesamt nur lächerlich wenig vom Idealen erfassen. Wir hetzen dann alle Menschen auf, diese Merkmale zu gewinnen, in der wahnsinnigen Hoffnung, dann schon, mit diesen Merkmalen, ideal zu sein.

Dieses weitere Glanzstück der Logik besteht darin, irgendein Ganzes mit viel zu wenigen Merkmalen zu beschreiben, so dass der Besitz der Merkmale noch gar nichts bedeuten muss. Zum Beispiel: „Die idealen Schüler sind die mit Note 1,0." Gott bewahre uns vor etlichen von ihnen. Natürlich ist eine exzellente Note gut, aber sie reicht nicht hin, den Menschen als ideal zu bezeichnen. Dieser Fehler ist so grässlich häufig, dass ich Sie noch ein wenig damit kurzweilen möchte.

Sie haben noch die Namen von Maslows idealen Menschen im Kopf? Ist Ihnen etwas Wichtiges aufgefallen? Als Statistiker hätten Sie blitzartig erkennen *müssen*: „Überdurchschnittlich viele der heute bekannten Übermenschen tragen den sonst gar nicht so sehr üblichen Vornamen Albert."

Klingt diese Erkenntnis nicht schön? Wir folgern alle daraus, dass es gut wäre, unserem nächsten Sohn den Vornamen Albert zu geben.

Jetzt werfen Sie mir mit Sicherheit beim Lesen Albertheit vor. Sie haben völlig unrecht. Auf genau diesem intellektuellen Niveau finden heute die vielen weltweiten Diskussionen statt, wenn wir wissen wollen, was das Beste oder Ideale wäre.

Fast jeden Tag finden wir nämlich eine Meldung der folgenden Form in der Tageszeitung: „Sex macht langlebig! Statistisch gesehen leben sexuell Aktive länger." Richtig. Konnten wir uns denken. Aber dann verkneifen sich die Zeitungen fast niemals den fast unvermeidlichen Folgesatz: „Los, ins Bett, dann werden Sie hundert!" Gestern gab es eine Meldung: „Menschen, die oft mehr als drei Minuten lang tief küssen, haben einen niedrigeren Cholesterinspiegel." Na gut. Aber dann: „Also los, hängen Sie sich an Ihren Dauerpartner!" Das waren jetzt zwei alberne Beispiele, die noch nicht so leicht zu durchschauen sind; deshalb genießen wir sie ja jeden Tag in der Zeitung. Noch eins: „Eine Studie hat ergeben, dass unwahrscheinlich viel reiche Menschen schwarze Anzüge tragen." Der unvermeidliche Schluss: „Tragen Sie schwarze Anzüge, dann werden Sie wahrscheinlich reich." Merken Sie, was da unlogisch gespielt wird?

(Meine Zwischenfrage: Waren Sie zwischenzeitlich im Bett, haben Sie fünf mal drei Minuten geküsst oder jetzt einen schwarzen Anzug beim Lesen an?)

Ja? Dann noch ein Beispiel: „Eine repräsentative Studie ergab, dass überdurchschnittlich viele überzeugte Christen in die Kirche gehen." Stimmt. Unvermeidlicher Folgeschluss: Jeder, der zur Kirche geht, ist ein guter Christ. Wir zwingen daher unsere Kinder, allein, ohne uns (wir haben es schon hinter uns) in die Kirche zu gehen, damit sie überzeugte Christen werden.

Vergeht Ihnen jetzt das Alberthafte? Sie nennen Ihren Sohn *nicht* Albert und Sie küssen *nicht* stundenlang für den Cholesterinspiegel. Solchen logischen Unsinn sehen Sie. Aber Sie tragen möglicherweise einen chancenverbessernden dunklen Seidenanzug und Sie schicken Ihre Kinder allemal zur Kirche.

Was ist das Unlogische an diesen Beispielen? Das Ideale ist immer etwas furchtbar Schwieriges, Komplexes, das wir nur schwer beschreiben können. Wir können allenfalls hoffen, das Höchste oder Ideale anhand weniger Merkmale einigermaßen einzugrenzen! Wir erkennen, dass aktive Menschen gesünder sind und mehr Sex haben. Wir erkennen, dass Liebende und Glückliche weniger Cholesterin haben. Wir erkennen, dass exzellente Unternehmen meist von exzellenten Unternehmern geleitet werden. Dies alles sind Erkenntnisse der Form: „*Wenn* etwas ideal ist, *dann* sieht es meist so aus: xyzuvw." Die Zeitungsleute und die Manager drehen es leider immer ganz falsch um. Sie sagen: „*Mach doch* xyzuvw, *dann* ist es ideal." Der schwarze Anzug etwa ist also ein häufiges *Merkmal* des Reichtums. Er ist aber lange noch kein *Rezept* dafür. Der Kirchgang ist häufiges Merkmal des wahren Christen, aber kein Rezept, ein wahrer Christ zu werden. Eine glückliche Hand ist ein *Merkmal* für Glück, aber bestimmt kein *Rezept*! „Bitte haben Sie jetzt einmal ein glückliches Händchen!" Was soll so eine Aufforderung?

Das Leben in einer gewissen Bedürfnislosigkeit ist ein häufiges Merkmal des Weisen, aber kein Rezept, weise zu werden! (Es gibt reichlich Arme, die nicht weise sind.) Das Lieben des Nächsten zeichnet viele Weise aus, aber nur das Lieben aller Nachbarn macht noch keinen idealen Menschen! Sehen Sie hin, es gibt Millionen von liebebesitzergreifenden, überbehütenden Eltern, die ganz furchtbar viel lieben; aber das garantiert weder den guten Christen noch den idealen Erzieher.

Unser meistverbreiteter Fehler, den wir jeden Tag beim Zeitungslesen verstärken und üben, ist es, einzelne Merkmale des Idealen schon für das Ideale selbst zu halten. Wir begehen den tragischen Irrtum, die Merkmale allein haben zu wollen, ohne das Ideale verstanden zu haben. Wir glauben, das Besitzen der Merkmale bedeute schon das Sein im Idealen. Dabei himmeln wir oft die Merkmale an, ohne zu wissen, wie wir sie ergattern könnten. Und es ist oft nicht sicher, dass die Merkmale überhaupt erreichbar wären. Stellen Sie sich vor, alle Schüler in einer Schule lernen beliebig alles, um ideal zu werden. Bekommen sie jetzt alle eine 1.0? Die Lehrer sagen uns doch oft: „Nur die besten ein oder zwei bekommen eine Eins." Wie sagte ich oben? Nicht alle können ihr Leben in die Tonne verlegen.

Da wir hier in diesem ganzen ersten Teil des Buches schon über Natürlichkeit und Seelen von Tieren und dergleichen sinnierten, führe ich noch eine kleine neckische Passage von Herder aus *Ideen zur Philosophie der Geschichte der Menschheit* an. Herder denkt logisch über Affen nach:

„Der Orang-Utang ist im Innern und Äußern dem Menschen ähnlich. Sein Gehirn hat die Gestalt des unsern; er hat eine breite Brust, platte Schultern, ein ähnliches Gesicht, einen ähnlich gestalteten Schädel; Herz, Lunge, Leber, Milz, Magen, Eingeweide sind wie bei dem Menschen. Tyson hat 48 Stücke angegeben, in denen er mehr unserm Geschlecht als den Affenarten gleichet, und die Verrichtungen, die man von ihm erzählt, selbst seine Torheiten, Laster, vielleicht auch gar die periodische Krankheit, machen ihn dem Menschen ähnlich. Allerdings muß also auch in seinem Innern, in den Wirkungen seiner Seele, etwas Menschenähnliches sein, und die Philosophen, die ihn unter die kleinen Kunsttiere erniedrigen wollen, verfehlen, wie mich dünkt, das Mittel der Vergleichung."

Immer wieder klingt es wie „Der Wassergehalt der Tomate ist fast genau so hoch wie der des Menschen." Also muss der Mensch auch viele Vitamine enthalten, mindestens, wenn er rot wird. Praktisch gesehen macht es nicht so viel aus, Menschen logisch mit Affen oder Tomaten zu verwechseln. Es gibt aber logische Irrtümer in der Weltwirtschaft, die die Seele der Unternehmen betreffen. Die sind richtig schlimm.

Das Ideale mag durch „Umstände" zu Stande gekommen sein. Wir notieren uns aber die Merkmale dieses Idealen und glauben, das Ideale durch bloßes Anstreben der Merkmale erreichen zu können. Wir vergessen, dass wir auch Glück, Kompetenz, Charisma oder Zufall bräuchten.

Dieser Irrtum ist sehr, sehr teuer. Für mich, für Sie, für alle Menschen.

Er wird von denen da oben begangen, aber wir alle zahlen mit.

Es gibt haufenweise Untersuchungen, welche der Wirtschaftsunternehmen vollkommen sind. Bei allen Untersuchungen kommt heraus, dass es so ungefähr 15 perfekte Unternehmen gibt, die man schließlich auf 100 aufpeppt, damit ein umfangreicher Bestseller darüber geschrieben werden kann. Frage: Was zeichnet ideale Unternehmen aus? Die Antworten sind nicht tiefsinnig: Wir brauchen einen charismatischen visionären Führer, der mit glücklicher Hand zur genau richtigen Zeit ein einziges brandneues Klasseprodukt weltweit überaus erfolgreich an überglückliche Kunden verkauft. So oder ähnlich. Der unvermeidliche Schluss: „Charismatisch ist ja unser Manager zum Glück schon, das sagt er ja selbst von sich. Wir haben ihn zur Sicherheit noch einmal gefragt. Glück können wir nicht erzwingen. Wir können allerdings alle Produkte bis auf unser profitabelstes einstampfen. Es ist leicht, nur ein Produkt zu haben. Wir ziehen uns damit auf unsere profitablen Kernkompetenzen zurück. Das verbliebene Produkt machen wir noch etwas neu. Das ist das, was wir jetzt tun können, das müsste zum Milliardenmachen reichen." Diese Managementpseudoweisheiten werden dann in die Tat umgesetzt. Sie kosten Milliarden und Abermilliarden. Möglicherweise müssen Sie gerade wieder einmal „Einschnitte" hinnehmen, weil Ihr Unternehmen bestimmte Merkmale anstreben muss, etwa „mindestens 10% Umsatzrendite".

Der Fehler liegt dort: Die absolut erfolgreichsten Unternehmen gehen auf Genies zurück, auf ultraerfolgreiche Ideen genau zur rechten Zeit. Etwas flapsig auf den Punkt gebracht: Es war eine glückliche Verkettung mehrerer günstiger Umstände und Zufälle.

Wenn wir nun das ideale Unternehmen untersuchen, das durch ein Genie oder durch Zufall entstand, so nützen uns doch die Merkmale des erfolgreichen Unternehmens nichts, weil wir die Merkmale nicht erreichen können, wenn wir kein Genie oder keinen Zufall haben, oder? Wir mögen dann wissen, wie ein hypererfolgreiches Unternehmen aussieht, aber wir haben damit überhaupt keine Ahnung, wie man dahin kommen kann! Es haben Tausende von Unternehmen in den letzten Jahren begonnen, etwas Neues anzufangen, was ungefähr so anfing: „Wir machen so etwas wie Amazon oder AOL oder Yahoo, aber mit anderem Zeugs." Das war dann zigtausend Mal der Fehler, den ich hier erkläre. Wir alle haben den Flop der so genannten Dotcoms, der Internetfirmen, mit einem Billionenaktienkursverlust und dem Streichen von Hunderttausenden Jobs bezahlt. Wir haben viele Riesenzusammenschlüsse von Riesenfirmen gesehen, weil sich damit angeblich die Weltherrschaft erringen ließe. Hinterher lecken alle ihre Wunden. Und vielleicht schauen auch Sie traurig in Ihr Aktiendepot. Die Kulturen zu verschweißender Unternehmen passten nicht zusammen, die Menschen wollten nicht zusammenarbeiten. Im Grunde war der Fehler: Es wurde lemminghaft nachgeäfft, was einmal glücklich funktionierte. Ganze Beraterkonzerne verkaufen gegen ungeheures Geld „The ten key factors for success", die Zehn Gebote für den Reichtum, die sie herausgefunden haben, als sie die erfolgreichsten Firmen miteinander verglichen haben (also wieder nur die zehn besten, die im Licht stehen; die Tausende, die im Orkus verschwanden, sieht man nicht).
Genau so etwas könnten wir oder Abraham Maslow mit Menschen statt mit Unternehmen tun: Wir suchen uns die zehn besten Menschen aller Zeiten heraus, studieren sie eingehend und finden heraus, dass es gut wäre, uns fiele eine Relativitätstheorie ein. Dann wären wir wie Albert Einstein. Einstein hatte bekanntlich schlechte Zeugnisse. Ist es dann eine gute Strategie, schlechte Zeugnisse zu bekommen?

Es hilft gar nichts, ideale Menschen an sich zu studieren. Wir müssten wissen, wie wir planmäßig zu einem Ideal gelangen könnten.

Wir brauchen also etwas anderes viel dringender als Merkmalsdefinitionen des Idealen. Wir lechzen nach Konzepten und Rezepten, wie wir in überschaubarem Rahmen bessere Menschen würden, wenn wir uns in annehmbarer Weise anstrengten. Wir müssen mit unserem eigenen kleinen Kapital an Herz und Geist mit geringem Risiko etwas wirklich bauen können, was stehen bleiben kann und uns etwas Glück und Wertschätzung einbringt. Das Aufzählen sogar von 48 hervorragenden Menschen, die zur rechten Zeit mit Glück und Geschick zu Weisen wurden, hilft nicht. Es wäre schön, wenn es eine Definition von „normalem Glück" gäbe und ein brauchbares Verfahren, es zu erreichen. Es wäre schön, wenn dieses normale Glück so beschaffen wäre, dass wir es alle gleichzeitig erreichen können.

Dieses normal Glückliche oder Sinnhafte ist die Philosophie schuldig geblieben.

9. Menschenreparaturbetriebe in der 5-vor-12-Gesellschaft

Wir normalen Menschen lassen also die Philosophen und „die da oben" das Ideale suchen. Wir kümmern uns besser mehr um das Konkrete. (Aber Sie haben es noch im Gedächtnis? Wir zahlen uns arm für die Fehler derer da oben.)

Das konkrete Denken verhindert wenigstens das Schlimmste.

Wenn wir schon nicht alle zu gerechten und ehrlichen Menschen erziehen können, so erlassen wir wenigstens Gesetze gegen das *allzu* Böse. Wir ergänzen also die eventuell fehlschlagende Erziehung durch Polizeiapparate, Staatsorgane, Verkehrszeichenwälder, apokalyptische Verfahrensordnungen. Dieser Apparat wartet auf ein Verbrechen, eine Übertretung, eine Klage. Dann wird energisch eingeschritten. Wir bauen Staaten zur Erhaltung einer Grundordnung und einer Ordnung. Wir lernen ganz, ganz viele Gesetze auswendig, dabei aber gar nicht so sehr, was es hieße, naiv *vernünftig* zu handeln. Das System verhindert das Ärgste. Es schützt Leib und Eigentum, es schafft eine gewisse Ordnung, die schon ganz ohne Vernunft das Vernünftige erzwingt.

Wenn wir schon nicht alle zu gesund lebenden Menschen erziehen können, so zahlen wir wenigstens 14 % unserer Gelder in Krankenversicherungen ein und kaufen für noch mehr Prozent Kosmetika, Wässerchen und Wundermittel. Wir bauen Krankenhäuser, Kurkliniken, halten Heerscharen von Ärzten, Apothekern und Drogisten. Während der Staatsapparat uns fragen würde: „Welche Klage haben Sie vorzubringen?", begrüßt uns das Krankheitswesen so: „Was fehlt uns denn heute?" Dann erfolgt die Reparatur des Körpers. Zwischendrin fällt ab und zu einmal eine freundliche Bemerkung zum Thema „Vorsorge wär' besser gewesen".

Wenn wir schon nicht alle zu seelisch glücklichen Menschen erziehen können, so schicken wir sie zu Psychologen, in Heime, zu Sozialarbeitern und Beratungsstellen. Dort empfängt man mich persönlich mit den Worten: „Frau Dueck, *warum* bringen Sie Ihren Mann?" Noch billiger ist es, schadhafte Menschen als Depressive, Erfolglose, Faule, Ausgebrannte, Verwöhnte, Blutsauger, Verrückte ab zu tun. Dann müssen wir sie nicht reparieren, nur noch mit Unterstützungszahlungen am Leben erhalten. „Das ist schon viel. Es kostet ein Heidengeld. Könnten die Kirchen nicht etwas mehr tun?" Dieses System repariert Seelen, wenn sich die anderen durch den Schadensfall gestört fühlen.

Wenn wir nicht schon alle Menschen gut ausbilden und zu unermüdlichem Leistungswillen erziehen können, so bestrafen wir sie, wenn sie ihre Arbeit nicht schaffen. Manager kommen hervor, wenn die Zahlen nicht stimmen. Dann ist ein Problem entstanden, dann müssen Aktionen aufgesetzt werden, damit sichtbar wird, dass es einem Ernst wird mit dem Anpacken der Probleme! „Bei schwerer See und widrigen Winden zeigt sich die wahre Führungskraft, die bei schönem Wetter eigentlich nicht gebraucht wird. Da sind ganze Menschen gefragt. Dann zeigt sich, wer Herr aller Lagen ist." (Manager, die also so managen, dass von vorneherein gar kein Problem einträte, wären nach dieser Theorie von vorneherein gar nicht nötig gewesen! Matte Schönwettermanager! Sie sind wie „Vorsorge" im Verhältnis zu „Not-Operation".)

Wenn wir nicht schon alle Menschen zum Maßhalten anhalten können, so stoppen wir doch das Rüsten kurz vor dem allgemeinen Tod. Wir stoppen die Ausgaben vor der Pleite. Wir retten noch die Hälfte der Wälder und Länder vor der Klimakatastrophe. Wir beenden den Streit vor dem unrettbaren Entgleisen der Gesichtszüge. Wir gehen generell zu weit und riskieren Entziehungskuren, Umweltrestauration, jahrzehntelange Schuldenfron. Immer wieder Wiederaufbau, weil etwas wieder zu spät war. Die, die ihn schaffen, sind die Helden.

Wenn wir nicht schon das Gute schaffen, so reparieren wir alles, wenn etwas ins allzu Arge gerät. Wir bekämpfen das Böse, die Ungerechtigkeit, das Kranke, das Verluste machen, das Unglückliche, das Hässliche, das Dumme.

Es sind immer wieder Weise, die uns zurufen: „Beendet das Kämpfen *dagegen*! Kämpft *für* das Gute, das Wahre, das Schöne, den Gewinn, die Gerechtigkeit, die Gesundheit! Dann brauchen wir keine Schlechtwetterprotze!"

Dazu ist meist keine Zeit, da wir gerade ein Problem haben. Ein echtes Problem ist für uns immer konkret, eine zukünftige Gefahr eher abstrakt.

Wer über den Sinn des Lebens nachdenkt, muss über das konkrete Problembewusstsein weinen. Die normalen Menschen reagieren leider eben so: „Kommen Sie mir bitte nicht mit potentiellen Schwierigkeiten in irgendeiner Zukunft. Ich habe genug Probleme, in denen ich festsitze. Ich kann mich nicht um alles kümmern. Bevor ich sterbe, muss ich noch so vieles erledigen. Ich weiß gar nicht, wann ich das alles schaffen soll. Wenn ich dereinst tot bin, habe ich hoffentlich endlich einmal Ruhe, Zeit und Muße, das Wahre anzugehen."

Menschen leben nicht, sie bereiten sich vor, leben zu können, wenn erst die Probleme beseitigt sind. „Wenn die Kinder groß sind." – „Wenn ich befördert worden bin." – „Wenn ich wieder gesund bin." – „Wenn ich meine Trennung überwunden habe." – „Wenn ich wieder Arbeit habe." – „Wenn ich das Haus abbezahlt habe." – „Wenn."
„Wenn ich einmal rundum heil sein sollte!"
„Ach, was könnte ich da alles tun!"
„Ja, was täte ich da eigentlich?"

Wir predigen Persönlichkeitswachstum, lebenslanges Lernen, aktives Altern, Vorbeugungsgesundheit, Ethik, die keine Gesetze braucht, verdiente und gegönnte Freude. Aber wir reparieren bloß.

10. Anreizsysteme oder das Wiederanschalten des Tieres

Man sagt, es begänne die Zeit des Turbo-Gewinnstrebens. Die menschliche Arbeitskraft ist teuer geworden. Viele benötigte berufliche Kenntnisse sind zu selten vorhanden. In der Wissensgesellschaft sind die wahren Experten um ein Vielfaches produktiver als die normalen Mitarbeiter.

Deshalb leben wir am Arbeitsplatz zunehmend wie in Notzeiten, und zwar auf Dauer und ganz unabhängig davon, ob Not ist oder nicht. Es ist immer Not.

Die Managementsysteme, die in diesem Jahrhundert neu entstanden, ermöglichen es, die Arbeitswelt total zu optimieren. Die Computerunterstützung wirkt dabei wie der viel beschworene Turbo der Entwicklung.

Die Prinzipien liegen auf der Hand: Wir können länger arbeiten, intensiver oder dichter arbeiten (uns also mehr hineinhängen oder stärker anstrengen oder dauerhaft hoch konzentrieren) und wir können an den Ressourcen sparen. Die Arbeitszeiten werden am besten verlängert, indem man die Stechuhren abschafft und von den Menschen erwartet, dass sie ihr zu hohes Arbeitspensum dennoch schaffen. Die Ressourcen werden gespart, indem die Menschen gezwungen werden, „in bitterer Ressourcenarmut" zu arbeiten. „Lassen Sie sich etwas einfallen. Geld gibt es nicht."

Die wahre Ressource aber liegt im Innern des Menschen!

Besonders in den Expertenberufen der Wissensgesellschaft kommt es auf die innere Bereitschaft zur Arbeit an. Forscher, Entwickler, Ingenieure, Programmierer, Designer arbeiten um Größenordnungen besser, wenn sie für ihren Beruf schwärmen, begeistert sind, wenn sie die Arbeit wie einen Rausch, eine Berufung oder eine Erfüllung erleben. Sie müssen seelisch in den Lüften schwingen. Es kommt nicht auf die Anzahl der Ideen pro Stunde an, sondern auf die Größe der Ideen.

Die individuellen Unterschiede zwischen den Experten sind extrem groß, wie zwischen einem Starprofessor und einem Lehrbeauftragten, der kaum publiziert. Der Unterschied ist so groß wie zwischen dem besten Autorennfahrer und dem letzten im Rennen, wie zwischen dem besten Tennisspieler und dem, der „nur" der Hundertste in der Weltrangliste ist. Dazwischen liegen Welten.

Die Managementsysteme haben diese Unterschiede langsam auch quantitativ begriffen.

- Die Arbeitsintensität wird durch maßgeschneiderte Anreizsysteme hochgepeitscht.
- Ein Krieg beginnt: Der Kampf um die besten Köpfe („War of Talents").

Diejenigen Managementtheoretiker, die Menschen grundsätzlich für gut halten, wollen sich Mühe geben, die Menschen intrinsisch zu begeistern. Sie möchten die Menschen für ihre Arbeit primär motivieren und an ihr wachsen lassen. Derjenige Manager, der die Mitarbeiter liebevoll beim Wachsen unterstützt und ihnen dazu noch die sie erfüllende Arbeit gibt, hat den Zulauf der Besten!

Die anderen Managementgurus aber, die die Menschen mehr wie mühevoll erzogene Tiere sehen, nehmen kaum an, dass ein Mensch ohne materielle Anreize bereit wäre, sich während der Arbeitszeit zu zerreißen. Sie beginnen daher, die Leistungen aller Menschen zu messen und nach den Ergebnissen Ranglisten aufzustellen. Nach diesen Ranglisten erfolgen die Geldzahlungen.

Die Menschen werden also nicht einfach zur Arbeit eingeteilt. Sie werden künstlich in dauerhafter Wettkampfsituation gehalten. Wie Kampfhunde oder Rennpferde strengen sie sich ununterbrochen an, der beste Mensch zu sein. The winner takes it all. Nummer eins sein wird alles. Man sagt scheinheilig und leider aus Angst unwidersprochen: „Unter positivem Stress arbeitet der Mensch am besten." In den Systemen, die Menschen unter Dauerhochdruck setzen, lebt der Mitarbeiter wie in dauerhafter künstlicher Not und kämpft um das Überleben der Firma, des Staates, der Forschungsgruppe. Die künstliche Not wird durch den Wettbewerb untereinander, durch ständige Vergleiche und Evaluationen erzeugt. Es wird suggeriert, dass das Gewinnen zählt, dass nur die Nummer eins ihre wahre menschliche Bestimmung erreicht.

Im Grunde wäre es schön, wenn wir geldgierig wären, kampfbereit und leistungssüchtig. Wir sollen den Trieb, den Antrieb, den Willen, die Gier, das Es in uns in die *eine* Richtung lenken: Hin zur Leistung, zum Geld, zum Anreiz im System. Das System bekämpft im Turbomodus nicht mehr die so genannte gefürchtete Tiernatur des Menschen. Im Turbomodus wird eine „tierische Energie" im Menschen freigesetzt. Der Mensch wird durch externe extreme Anreize zur Turboleistung angetrieben. Wir wissen ja, dass der Mensch, insbesondere der Mann, nur das *Eine* will, aber dieses Eine soll jetzt Arbeitsleistung werden. Die Arbeitswelt ergänzt das ES des Menschen.

Nach der allgemeinen Auffassung der Philosophen soll der Mensch alle Regeln und Gesetze beachten und sich ethisch anständig benehmen. Wenn er also diese seine Pflicht tut, so bleibt ihm noch ein kleiner Bereich übrig, in dem er nach Geschmack und Gusto entscheiden mag, wie er sein Leben konkret führen will. Er kann aus seiner Lebenssituation das Beste machen. Das ist seine Freiheit, auch noch innerhalb des durch die Pflichten eingegrenzten Raumes.

Die heutigen Turbosysteme fordern den Menschen auf, alles zu geben. Sie versprechen reichen Lohn. Viele Berater der Computerbranche sagen, ganz erfüllt von dem Segen, der sie einst erwarten mag: „Ich gebe voll Power, bis ich 40 oder 45 Jahre alt bin. Dann habe ich so viel Cash, dass ich praktisch aufhören kann. Bis dahin streiche ich eben mein Privatleben. Es ist sowieso nicht mehr viel zu streichen. Niemand kann mir dann mehr nachsagen, ich gäbe nicht alles. Wir machen es alle so. Das ist unsere Kultur."

Ein paar von ihnen werden exemplarisch mit einem Millionenkonto aufhören können, so wie es immer ein paar Lotteriegewinner gibt. De facto wird uns wieder ein großes Stück der Freiheit genommen.

Wer alles geben will, muss an die Grenze gehen.

Wer sich für die Arbeit zerreißt, wird an die Grenze der Belastbarkeit gehen, an die Grenze der Gesundheit und an die Grenze der Familie. Er gibt die innere Ruhe auf. Er *verbraucht* Liebe nur noch, um die Wunden nicht zu groß werden zu lassen. Er *gibt* keine Liebe. Er verdient hoffentlich viel Geld, mit dem sich hoffentlich später alles Aufgewendete wieder zurückkaufen lässt.

Warum betreiben wir die Wiedererweckung des Tieres im Menschen? Es ist das System-Es der Gesellschaft, das da tätig wird. Es reoptimiert uns als Arbeitstier durch Einpflanzen eines ES.

Wir könnten auch die wahre Begeisterung und Liebe im Menschen wecken, aber die meisten glauben an das Es im Menschen, an den Trieb, der nun nicht mehr gebändigt, sondern umgelenkt werden muss. Bis über alle Grenzen. Das Umlenken des Es zum ES bindet uns an das System und liefert uns der künstlichen Not aus. Deshalb steigen die Fälle von Burn-out, Stressalarm, Allergie, Sucht und Depression.

11. Fit for Fun & Kick, New & Chic, Technology

Wenn doch einmal Feierabend ist, wird uns rauschhafte Erholung angeboten. „All inclusive". Wir besuchen Musicals, Weltausstellungen, Olympische Spiele, Rennen, wohnen auf den Malediven oder in der Dominikanischen Republik.

Wissen Sie, was ich am besten (er)fände?

Wie wäre es, wenn wir Vergnügungen ersännen, die noch rauschhafter wären als Sex, dafür aber *sehr* teuer? Dann müssten wir geradezu ein ganzes Jahr hart arbeiten, um diese Ultravergnügung zu genießen. Wir müssten dafür an alle Grenzen gehen! Selbst diejenigen, die ihr Es zu stark in sich spüren, die eventuell faul wären und nur hinter dem *Einen* her, selbst die würden ihren ganzen Antrieb in das Verdienen der Ultravergnügung stecken.

51 Wochen härteste Arbeit, um die Nummer eins zu sein, 1 Woche Ultra sein.

Die Heroinsüchtigen haben eine solche starke Vergnügung gefunden, aber sie geben dafür nicht 51 Wochen Hochleistung im Jahr ab. Das meine ich also nicht.

So weit sind wir noch nicht, aber den Weg sehen wir schon? Wir arbeiten, um die Besten zu sein, und wir wollen dafür die Besten überall sein. Wir builden unseren Body aus (wir haben Höchstkonjunktur für Dopingmittel zum Privatverbrauch), wir ziehen nur Cerruti & Co. über unseren Körper. Im Beruf wie als Verbraucher himmeln wir die neuen Technologien an.

Die neuen Technologien helfen im Daseinskampf gegen technologisch Schwächere. Sie helfen, den Wettbewerb zu verschärfen. Wir genießen sie im Privaten.

Die hohen Werte wie Gerechtigkeit oder Liebe geraten in die zweite Reihe. Die gängigen Philosophien danken ab. Unser Körper ersteht auf, wir brauchen seinen Lustwillen als Arbeitsantrieb. Die Technologie verselbstständigt sich als Bereich ernsthafter Werte. „Neu" ist so gut wie „gerecht" oder „sozial". Im neuen visuellen Zeitalter des Fernsehens und des Internets dominiert das gute Aussehen über den Gehalt. Die Form triumphiert über den Inhalt.
Ich will nicht jammern in diesem Abschnitt.

Es soll nur deutlich werden, dass sich die Werte verändern. Werte, für die oft noch keine Philosophie existiert. Wir hängen noch an Aristoteles und an Christus und haben noch keine Antworten auf die grenzenlose Arbeit, auf Fun und Chic und New.

12. Zu viele Ungereimtheiten

So. Das waren einige meiner Grundseufzer über das Leben. Jedenfalls die Stellen, an denen ich Nachdenkenswertes fand. Ungereimtes. Schreckliches. Unsinniges. Betrübliches, insbesondere diese Tierauffassung des lieben, kreativen Grundmenschen, den die Systeme nur antreiben, aber im Grunde unter Hochdruck allein lassen. Ich habe gegrübelt, warum es so viele Auffassungen über dieselbe Sache gibt. Warum ich selbst so fest glaube, dass ich Recht habe, so fest, wie meine Gegenpoldenker auch. Mir ist eine Menge dazu eingefallen.

II. Wegweiser: Einige Grundprinzipien des Menschen

Hier werden die Grundargumente des ganzen Buches vorgestellt, in einer einfachen Version, damit Sie auf relativ kurzem Raum schon einmal das Ganze sehen können. Dieses Kapitel beweist oder begründet noch nichts, es ist zunächst nur zum Anschauen geschrieben.

1. Hic Rhodos, hic salta: Sinn jetzt!

„Leider kennen wir keinen tugendhaften Menschen." – „Leider gibt es nur wenige, die das von uns vorgeschlagene Konzept eines überaus sinnvollen Lebens konsequent umsetzten. Wir selbst mussten immerfort Theorien ausbrüten, um den Menschen zu helfen, wir hatten also keine Zeit zur Erfahrung mit unserem eigenen Konzept. Es gibt dagegen noch überhaupt keine negativen Erfahrungen mit unserem Vorschlag, ein überaus sinnvolles Leben zu führen. Das lässt aufhorchen. Es ist ein allererstes ermutigendes Anzeichen dafür, dass unser Konzept absolut richtig liegt."

So oder ähnlich schreiben manche furchtbar reinen Philosophen und Weltverbesserer. Sie leben mit Idealen und hohem Ethos, verstehen aber kaum, wie lang und schwer der Weg für andere wäre, ihnen zu folgen. Sie selbst haben ihren eigenen Weg oft erst nach Jahrzehnten Mühe gefunden, unter glücklichen Umständen oder nach dramatischen, augenöffnenden Erfahrungen. Der „normale" Mensch kann nun nicht einfach auf die Verkündigung des kurzen Endergebnisses hin („Lass los!" – „Lebe ganz in der Pflicht!" – „Verzichte!" – „Sorge dich nicht, frohlocke!") sein Leben total neu ausrichten. „Verzichte!" Das klingt sehr einfach, und das meiste davon könnte ich schon heute erledigen. Eine schöne antiallergische Gebrauchttonne kaufen und fortbleiben. Solche Radikalphilosophie übersieht aber das ganze unsichtbare Netz, mit dem ich mich ans Leben gekettet habe. „Zerreiß es!", sagen jene. Aber ich „kann" nicht, weil ich eigentlich nicht will.

Die andere Lebensphilosophie-Mode ähnelt den Anpreisungen neuer Diätrezepte oder den Werbeslogans vieler großer Softwarehersteller. Die Stichworte lauten so: „Quick Fix", „Quick Win", „Fast Start", „90 Tage Apfelsaftjogging macht Sie platt!", „So entschlacken Sie Ihr Unternehmen!", „Verschlanken Sie Ihre Prozesse, Ihr Unternehmen hat viel Fett angesetzt, das Sie besser auf Ihr Privatkonto schaffen sollten.", „Ein neues Unternehmen in zwei Wochen durch die neue Leadersoftware", „Sofortiger Erfolg durch häufiges Neinsagen", „So wird aus Ihrer Datenbank ohne Arbeit ein Orakel", „Schnelles Wachsen durch Persönlichkeit – wie Sie Ihre Seele noch teurer verkaufen", „Massenweise Wählerstimmen nach nur zwei bis drei Versprechungen", „Neu ist wie besser, geht aber leichter!".

Diese Ratschläge werden auf der Stelle befolgt. Es kostet nicht viel, wenn man den Schaden nicht einrechnet. Meistens stellt sich nach 90 Tagen ohne großen Aufwand ein Fehlschlag heraus, so dass die Menschen um der inneren Glaubwürdigkeit und der äußeren Gesichtswahrung willen sofort die nächste 90-Tage-Kur angehen, ebenfalls ohne großen Aufwand. Langsam muss etwas geschehen! Die nächste Diät muss her, weil die Mitmenschen über Körperfülle zu lachen beginnen. Der nächste Managementberater muss einen neuen 90-Tage-Plan machen. Er ist sehr, sehr, sehr teuer, aber nur für 90 Tage da. Dann kommt ja ein anderer. („Es rächt sich jetzt, dass wir nicht den allerteuersten genommen haben; das trauen wir uns auch jetzt noch nicht.") Guter Rat kommt teuer zu stehen.

Ich lebe bei der IBM zwischen himmelsstürmenden Ideen und 90-Tage-Fixes. Da ich mehr Technologe als Manager bin, habe ich einen klaren Standpunkt. Ich bin fast „immer" für die radikale Idee und fast genauso „immer" gegen das kurzfristige, für mich: kurzsichtige Denken. Früher war ich mehr aus reiner Leidenschaft Radikalerneuerer, heute bin ich ja älter geworden und kann trotz aller noch immer lodernder Passion langsam schon verstehen, dass ich nicht wirklich stets Recht habe. Ich habe aber eine Rolle in dem ganzen Unternehmenskreis, nämlich die, das mehr Radikale zu vertreten. Ich produziere Konzepte, Ideen, schlage neue Geschäftsfelder vor. Das meiste wird abgelehnt. Aber: Ich bekomme immer noch mein volles Gehalt! Ich bekomme es dafür, neue Ideen zu „generieren", von denen dann manche wirklich umgesetzt werden. Ich finde meine Babys immer wunderschön, die ich im Kopfe geboren habe. Ich kann sie mir nämlich schon vorstellen, wie sie mit süßen 17 Jahren aussehen werden! Der reine Wahnsinn! Meine Idee, mein Baby. Die im Vergleich zu mir mehr „richtigen" Menschen scheinen nicht so viel Phantasie zu haben. Sie sehen das kleine hutzlige Wesen, faltig-gelb-rot, noch ohne Blick. Die Menschen messen mein Baby, sie wiegen es, merken sich die Blutwerte, die Leberleistung, die getrunkene Nahrungsmenge. Sie glauben, sie müssten eben dies mit meinem Baby tun. Aber ich! Ich will ihnen doch sagen, was für ein großartiger Mensch das sein wird, mit 17! Ich weiß es schon, kann es fühlen, riechen – mit meinem Baby ist ein großer Wurf gelungen! Die Menschen sagen nüchtern zu mir: „In 17 Jahren kann viel geschehen. Wir geben erst einmal Milchpulver, danach sehen wir weiter, wie es wird. Das Baby ist leider noch sehr, sehr schwach." Und sie schauen vorwurfsvoll.

Die anderen haben eine andere Rolle. Sie ziehen auf. Wieder andere lieben, pflegen und bilden aus. Wieder andere lenken durch Gefahren. Alle sagen, alle die anderen und ich, sie hätten die *wichtigste* Rolle in diesem Werden des Ganzen. Ich sage: „Ihr vermasselt alle meine Ideen bis auf den Schrotthaufen!" Sie sagen: „Wir können alles aufziehen, was am Anfang stark genug ist. Bringen Sie einfach tragfähige Ideen, keine Hirngespinste!"

So sehe ich, wie die Menschen alle etwas sehr Wichtiges tun. Sie leiden alle darunter, dass die jeweils anderen Menschen das jeweils Ihrige für das Wichtigste an sich halten. Sie überbewerten tendenziell ihre eigene Rolle, was sie glücklich macht, aber sie leiden darunter, dass die anderen sie logischerweise im Gegenzug unterbewerten. Die Menschen leiden unter ihrer eigenen Annahme, es gebe etwas Sinnvollstes, etwas Wichtigstes, etwas Höchstes, es gebe den *einen* Lebenssinn, meist nämlich den jeweils ihren.

Suchen Sie noch den Sinn? Er ist überall da. Der überwiegende Teil ist allerdings in den anderen Menschen. Er ist leicht zu finden, wir brauchen dazu nicht einmal 90 Tage. Es dauert aber unter Umständen Jahrzehnte, bis wir ihn zu würdigen verstehen.

2. Das „höchste Gut" und der „einzige allgemeine Wertmesser"

Die Philosophen neigen einer ganz allgemeinen *einzigen* Richtung oder einem *einzigen* Wertmesser zu. Sie fragen: Was ist in dieser Welt das „höchste Gut"? Diese Frage beantworten sie verschieden und streiten sich, wer Recht hat.

Dieses Buch will Ihnen nahe bringen, dass alle Philosophen, die das höchste Gut definieren wollen, *nicht* Recht haben. Es gibt nämlich kein höchstes Gut. Das sieht man eigentlich schon nach ein paar Überlegungen ein: Die Philosophen hätten sich ja wohl sonst schon einigen können. Wie kann es etwas Allerhöchstes geben, das alles umfasst – das aber von einem großen Teil der Menschen nicht als solches erkannt werden kann? Ich möchte Ihnen hier begründen, dass es einige wenige, aber mehrere Richtungen gibt, in denen es jeweils ein höchstes Gut gibt. Also gibt es mehrere höchste Güter, in jeder Richtung eines, aber keines, das alle überragen würde. Es mag wohl eine beste Bank geben oder eine beste Maschinenfabrik, aber nicht so etwas wie ein bestes Unternehmen, weil die Unternehmen nicht alle vergleichbar sind. Ich behaupte genauso:

Die Menschen sind nicht alle vergleichbar. Praktisch nicht und auch nicht philosophisch.

Es gibt verschiedene Arten in verschiedenen Richtungen! Wir müssen darüber hinaus verstehen, warum die Menschen nicht vergleichbar sein *wollen* (nämlich weil es dann mehr Möglichkeiten gibt, der Beste zu sein!). In diesem Abschnitt konfrontiere ich Sie mit einigen klassischen Antworten, was denn das Höchste wäre. Ich komme in den Folgeseiten dann darauf, dass das alles falsch ist. Ich bitte schon jetzt für wahrscheinlich zu viele Zitate um Verzeihung. Sie dienen der Farbigkeit des Späteren. Sie können sie auch überfliegen und später genießen, wie Sie wollen.

Was also ist das höchste Gut? (Angenommen einmal, es gäbe eines. Was ich ja abstreiten will.)

Epikur sagte: Lust. Er lebte unverheiratet mit einer Dame zusammen, wurde verehrt (nicht deswegen!) und war der Überlieferung zufolge wahrhaft glücklich. Man könnte fast glauben, seine Lehre würde dadurch richtiger. In der Erziehung ist solch eine Vorbildwirkung ein echtes, überzeugendes Argument. In der Philosophie zählt das nicht. Epikur meinte mit Lust eher einen inneren Frieden, aber er wurde zum Feind der Tugendwächter überhaupt stilisiert. Was wir fast alle *wirklich* angreifen wollen, ist die Lebensidee des Jägers (des Spekulanten, Abenteurers, Frauenhelden, Genussmenschen), die eher vom Philosophen Aristippos von Kyrene in Libyen personifiziert wurde. Er bekannte sich offen zum Hedonismus, zur Lust. Er lebte ca. 435 bis 355 v. Chr. Seine Anhänger hießen Kyrenaiker. Diogenes Laertius schreibt später über sie: „Sie lehren auch, dass das höchste Gut vom Glück verschieden sei. Denn das höchste Gut sei die einzelne Lust, das Glück dagegen die Zusammenstellung aus den einzelnen Lüsten, denen sowohl die vergangenen als auch die zukünftigen zugezählt würden. Und die einzelne Lust sei um ihrer selbst willen wählenswert, das Glück nicht um seiner selbst willen, sondern um der einzelnen Lüste willen.“ Und Athenaeus berichtet: „Ganze Philosophenschulen wetteiferten um die Lehre der Schwelgerei, besonders die so genannte kyrenaische Schule, die ihren Ausgang vom Sokratiker Aristipp nahm, der das Lustempfinden guthieß und lehrte, dass es das höchste Gut sei und die Glückseligkeit in ihm liege und dass es einzeitig sei; denn ähnlich wie die Prasser glaubte er nicht, dass die Erinnerung der vergangenen Genüsse oder die Erwartung der künftigen ihn etwas angehe, sondern sprach das Gut allein dem einzigen gegenwärtigen Augenblick zu; das Genossenhaben aber und das Genießenwerden, meinte er, gehe ihn nichts an, weil es noch nicht und verborgen sei, wie es auch den Schwelgern geht, die fordern, dass man der Gegenwart lebe.“

Leider ist nicht mehr so viel von Aristipp erhalten. Diogenes Laertius berichtet einige Anekdoten von ihm. Er nahm ungeniert viel Geld von seinen Schülern und lebte genauso wie er meinte, dass es richtig wäre. In Lust. Er wurde überall eingeladen, kannte viele Frauen, wurde als geistreich geschätzt.

Was denken Sie darüber? Ich war begeistert, als ich dies zum ersten Male las. Das ist nämlich ganz genau die Lebensphilosophie des „Jägers“, des Ölbohrers, des Casanova. Sie ist uns stocknormalen Menschen (*Bauern*, würde ich im Buch *E-Man* sagen) so sehr fremd, dass wir sie nicht als Philosophie ernst nehmen wollen. Sie tut für uns nichts zur Sache. Geistreiche Sophisterei eines Lebenskünstlers. In seinem Buch *Antike Glückslehren* äußert sich Malte Hossenfelder zu Aristipp so: „Was hat Aristipp zu seiner ungewöhnlichen Auffassung gebracht? Warum beschreitet er nicht den an sich naheliegenden Weg Epikurs, der Glück und Lust identifiziert und damit den Eudämonismus aufrechterhält?“ (*Eudämonismus*: Sittlich gut ist, was die Glückseligkeit fördert.) Und weiter: „Zwar beruht die Eudämonie letztlich auf den subjektiven Lustempfindungen, aber eben nicht auf den unmittelbar empfundenen, die nur dem Subjekt selbst direkt zugänglich sind, sondern sie übergreift den gegenwärtigen Empfindungszustand. Um sie jemandem zusprechen zu können, muß man – eine Forderung, die etwa auch Aristoteles hervorhebt – auf das gesamte Leben blicken und die einzelnen Empfindungszustände des ganzen Lebens addieren, um dann zu beurteilen, ob sich im Ganzen mehr Lust oder Unlust ergibt. Das aber ist eine schlichte Rechenaufgabe, die jedermann nachvollziehbar und objektivierbar ist ...“

Über diesen Kommentar habe ich mich noch mehr gefreut! So schreibt jemand, der die einzelne Lust nicht versteht oder mag! So schreiben eben Philosophen, wenn sie nicht gerade Aristipp heißen. Es geht nicht um Plus oder Minus, nicht um das saldierte Überwiegen des Guten. Es geht um die *eine* eroberte schöne Frau, um die eine gesprengte Bank im Casino, um das Finden des Öls, um den großen Fisch, den Hemingway auf dem Foto zeigt! Es geht um die *einzelnen* Augenblicke, die trunken machen! Es ist nicht die Frage, wie viele es sind, und wie viele Tränen dafür vergossen wurden. Plus, Minus! Pfui, ihr vorstellungsblassen Philosophen! Das ist die Sprache der Rechner, der Bauernartigen, die die Scheunen langsam anfüllen mit Pflicht. Es ist die Sprache der Braven. Nur Brave sagen: Was hätte Aristipp doch aus seinen Gedanken für eine ordentliche, schöne Philosophie machen können, die brav klingt! Bauern rechnen am Lebensabend nach, ob genug in der Scheune ist. Dann wissen sie, ob ihr Leben glücklich war, wenn nämlich die Lust den Schmerz überwogen hat. Arme Bauern, kluge Bauern. Und dann die Bemerkung: Aristoteles sagt es auch! Ich habe mich so gefreut. Aristoteles ist auch brav.

Ich hebe das alles so überschwänglich hervor. Es muss sein. Es sind die einzigen wertvollen philosophischen Äußerungen der „Jägerartigen", die ich kenne. Diese „Denker" werden sonst in allen Büchern niedergemacht. Und Aristipp, der selbst nur schwelgte und liebte, den verstehen „sie alle" nicht. (Ich auch nicht wirklich. Das sei gesagt. Ich fülle privat auch Scheunen. Aber ich habe versucht, zu fühlen, was die Aristipps im Körper spüren mögen (oder denken mögen, wenn wir das so sagen wollen), die einfach losleben und prassen, wenn es etwas auszugeben gibt.) Aristipp ist eine Art Mensch, die wir als solche nicht wollen. Sie kommt oft vor, aber wir wollen das nicht. Es gilt nicht. Es ist eine Art „Unternehmung verwöhntes Luxuskind", der Schrecken der Erzieher, der Manager, der Politik. Wir schließen die Augen davor, wenn wir diese Menschen nicht völlig eisern nieder zu zwingen vermögen. Was haben wir gegen Alkohol, knapp Bekleidetes, gegen Übergewicht, Rauchen, Autorasen, Drogen, Schminke, Dröhnmusik/Tanz schon alles versucht! „Maßhalten, Aristipp!", rufen wir immer wieder. Aber er sagt: „Ich besitze, werde aber nicht besessen. Denn die Lüste beherrschen und ihnen nicht erliegen ist das Beste, nicht enthaltsam sein." (nach Diogenes Laertius).

Hören wir andere große Denker zum höchsten Gut:

Cicero schreibt in *Fünf Bücher über das höchste Gut und Übel* Folgendes: „Wir suchen also das höchste und äusserste Gut, was nach aller Philosophen Ansicht so beschaffen sein muss, dass alles Andere auf es zu beziehen ist, während es selbst durch nichts bedingt ist. Epikur setzt dasselbe in die Lust; er erklärt sie für das höchste Gut und den Schmerz für das höchste Uebel." Und dann argumentiert er Epikur nieder und votiert für Tugend.

Seneca beschreibt den Weg der Tugend in *Vom glückseligen Leben*. Einige Sätze hieraus:

„Das höchste Gut ist eine das Zufällige geringschätzende, ihrer Tugend frohe Seele, oder: eine unüberwindliche Kraft der Seele, voll Erfahrung, ruhig im Handeln, reich an Menschenliebe und Sorge für die, mit denen man lebt." – „Denn Verdrossenheit und Unschlüssigkeit verräth einen Kampf und Uneinigkeit mit sich selbst. Daher kann man dreist behaupten, das höchste Gut sei Eintracht des Gemüths mit sich selbst." – „Das höchste Gut liegt in dem Bewußtsein und dem Wesen einer völlig edeln Seele, und wenn diese ihre Aufgabe erfüllt und sich in ihre Grenzen eingeschlossen hat, so ist das höchste Gut vollständig errungen und sie verlangt Nichts weiter. Denn über das Ganze hinaus gibt es Nichts, so wenig als über das Ende hinaus." – „Du fragst, welchen Gewinn ich aus der Tugend ziehen will? Sie selbst; denn sie hat nichts Besseres, sie ist sich selbst ihr Preis. Ist das etwa nicht großartig genug? Wenn ich dir sage: das höchste Gut ist eine unbeugsame Beharrlichkeit, Vorsicht, Schärfe, Gesundheit, Freiheit, Harmonie und Schönheit der Seele, verlangst du dann noch etwas Größeres, worauf jenes alles abzielen müsse? Was erwähnst du mir das sinnliche Vergnügen? Des Menschen Glück suche ich, nicht des Bauches, der beim Vieh und bei Bestien geräumiger ist.“

Kann man Epikurs Lehre und die Tugend zusammenbringen? Seneca:

„»Was jedoch hindert, sagt man, Tugend und Vergnügen zu verschmelzen und so das höchste Gut zu schaffen, daß Eins und Dasselbe zugleich sittlich gut und angenehm sei?« – Weil ein Theil der sittlichen Vollkommenheit selbst nicht anders, als sittlich gut sein kann, und das höchste Gut die ihm eigenthümliche Reinheit nicht besitzen wird, wenn es Etwas an sich bemerkt, was dem Edleren unähnlich ist.“

Tugend und „Vergnügen“ sind schlicht andere Richtungen. Aristippos und Seneca gehören eben zu zwei ganz verschiedenen Menschenarten. Unvereinbar, unvergleichbar.

Mit dem aufkommenden Christentum sah man zunehmend das höchste Gut in der Nähe von und zu Gott:

Boethius in *Tröstungen der Philosophie*: „Wenn die wahre Glückseligkeit das höchste Gut der vernunftbegabten Wesen ist, wenn ferner das höchste Gut, da das sicher Besessene immer von größerem Wert ist, nicht etwas Verlierbares sein kann, so ist es klar, daß diese wahre Glückseligkeit nie auf dem unsteten irdischen Glücke beruht.“ Oder Anselm von Canterbury in *Warum Gott Mensch geworden*: „So ist denn die vernunftbegabte Natur gerecht erschaffen worden, um im Genusse des höchsten Gutes, d. h. Gottes – selig zu sein; und ist der Mensch als ein vernunftbegabtes Naturwesen zu dem Ende gerecht erschaffen worden, damit er im Genusse Gottes selig sei.“ Oder Meister Eckhart in *Predigten, Traktate, Sprüche*: „So ist auch unsere Seligkeit daran gelegen, dass man das höchste Gut, das Gott selbst ist, erkennt und weiss.“ Und schließlich Spinoza in *Theologisch-politische Abhandlung*: „Wenn sonach die Liebe zu Gott das höchste Glück und die Seligkeit des Menschen bildet und das letzte Ziel und der Zweck aller menschlichen Handlungen ist, so erhellt, dass nur Derjenige das göttliche Gesetz befolgt, welcher sorgt, dass er Gott liebe; nicht aus Furcht vor Strafen, nicht aus Liebe zu andern Dingen, wie Lust, Ruhm u.s.w., sondern nur, weil er Gott kennt, oder weil er weiss, dass die Erkenntniss Gottes und die Liebe zu ihm das höchste Gut ist.“

In *Grundsätze der Philosophie der Zukunft* sagt Feuerbach: „Und wo der Mensch kein Wesen außer sich mehr hat, da setzt er sich in Gedanken ein Wesen, welches als ein Gedankenwesen doch zugleich die Eigenschaften eines wirklichen Wesens hat, als unsinnliches zugleich ein sinnliches Wesen, als ein theoretisches Objekt zugleich ein praktisches ist. Dieses Wesen ist Gott – das höchste Gut der Neuplatoniker.“

Gott aber ist mindestens so weit weg von uns wie die Tugend.

In *Grundzüge der Philosophie* meint Hobbes: „Das höchste Gut ist für jeden die Selbsterhaltung. Denn die Natur hat es so eingerichtet, daß alle ihr eigenes Bestes wünschen." Und dann: „Das höchste Gut oder, wie man es nennt: Glückseligkeit oder ein letztes Ziel kann man in diesem Leben nicht finden. Denn gesetzt, das letzte Ziel ist erreicht, so wird nichts mehr ersehnt, nichts erstrebt. Daraus folgt, daß es von diesem Zeitpunkte an für den Menschen kein Gut mehr gibt, ja daß der Mensch überhaupt nicht mehr empfindet. Denn jede Empfindung ist mit einem Begehren oder Widerstreben verbunden, und nicht empfinden heißt: nicht leben."

Langweile ich Sie schon mit zu vielen höchsten Gütern? Lassen Sie mich noch Kant anführen.

„Das endliche Resultat aus allem Gesagten ist folgendes: Die vollkommene Uebereinstimmung des Menschen mit sich selbst, und – damit er mit sich selbst übereinstimmen könne – die Uebereinstimmung aller Dinge ausser ihm mit seinen nothwendigen praktischen Begriffen von ihnen, – den Begriffen, welche bestimmen, wie sie seyn sollen, – ist das letzte höchste Ziel des Menschen. Diese Uebereinstimmung überhaupt ist, dass ich in die Terminologie der kritischen Philosophie eingreife, dasjenige, was Kant das höchste Gut nennt: welches höchste Gut an sich, wie aus dem obigen hervorgeht, gar nicht zwei Theile hat, sondern völlig einfach ist: es ist – die vollkommene Uebereinstimmung eines vernünftigen Wesens mit sich selbst." (Fichte in *Einige Vorlesungen über die Bestimmung des Gelehrten*). Oder Kant im Original, wenn Sie das besser verstehen: „Glückseligkeit also, in dem genauen Ebenmaße mit der Sittlichkeit der vernünftigen Wesen, dadurch sie derselben würdig sein, macht allein das höchste Gut einer Welt aus, darin wir uns nach den Vorschriften der reinen aber praktischen Vernunft durchaus versetzen müssen, und welche freilich nur eine intelligibele Welt ist, da die Sinnenwelt uns von der Natur der Dinge dergleichen systematische Einheit der Zwecke nicht verheißt, deren Realität auch auf nichts andres gegründet werden kann, als auf die Voraussetzung eines höchsten ursprünglichen Guts, da selbständige Vernunft, mit aller Zulänglichkeit einer obersten Ursache ausgerüstet, nach der vollkommensten Zweckmäßigkeit die allgemeine, obgleich in der Sinnenwelt uns sehr verborgene Ordnung der Dinge gründet, erhält und vollführet." (aus *Kritik der reinen Vernunft*)

Das höchste Gut ist also – je nach Philosoph – Tugend, Selbsterhaltung, punktuelle Lust, innerer Frieden oder wie zuletzt „die vollkommene Uebereinstimmung eines vernünftigen Wesens mit sich selbst". Diese verschiedenen Richtungen beschreiben verschiedene Lebensstrategien von heutigen Menschen. Jeder „nimmt sich seine Freiheit", jeder lebt mehr in eine von diesen

Richtungen. Es gibt da aber noch so etwas, was viele Menschen de facto als höchstes Gut anstreben: Macht, Dominanz über andere, Herrschaft – wie immer Sie es nennen mögen. Herrschaft über andere ist anscheinend nicht für alle Menschen möglich. Deshalb scheidet Herrschaft als Sinnmerkmal des Lebens wohl aus. Trotzdem gieren Menschen nach Macht, und wohl noch stärker als nach Lust. Es hat sich aber noch niemand getraut, Macht als das höchste Gut zu bezeichnen. Er wäre sicher gleich Staatsfeind wie Epikur. (Dabei ist Staatenführung genau ein Problem der Macht und ihrer Verteilung und Kontrolle!)

Das zur Theorie. Theoretisch nehmen wir zur Kenntnis, dass wir tugendhaft und pflichtbewusst sein und Gott lieben sollen. In gewisser Weise zeigen uns diese Werte Richtungen an, die wir tatsächlich nicht völlig aus den Augen lassen, aber verschieden genau beachten. Im praktischen Leben kommen die Wörter Gott, absolute Pflicht, Liebe, Selbsterhaltung, Macht kaum vor. Sie bezeichnen Ideen für etwas, was uns lenken mag, aber von weit her. Die Erwägungen der Philosophen über das höchste Gut wärmen von weitem wie eine ferne Sonne.

Jetzt komme ich aber zu einer anderen Sicht in der theoretischen Front. Wir wollen einmal ansehen, was Aristoteles in *Nikomachische Ethik* zum höchsten Gut sagt. Es klingt eher ganz modern! Ich erinnerte mich an meine Schulzeit, als ich es las. Manchmal griff ein Lehrer zum Klassenbuch und sagte: „Ich will mal sehen, was dein Vater von Beruf ist.“ Danach konnte er uns besser beurteilen.

Meine Entschuldigung vorweg: Es tut mir leid, an dieser frühen Stelle im Buch wirken die beiden folgenden Zitate überdimensioniert lang. Ich zitiere etwa 3 Seiten. Bisher habe ich ja immer kleine unterhaltsame Einblicke gegeben und nun kommt so viel auf einmal. Sie ahnen es: Es muss sein. Sie werden mir in den folgenden Abschnitten verzeihen. Dort geht es um eine ganz furchtbar wichtige Stelle im Denken der Menschen, um den Streit nämlich zwischen „den Systemen“ und der „tragenden Idee“. Aristoteles steht exemplarisch für die Seite der Systeme. Er hat nicht wie Platon das reine Gottnahe im fernen Blick. Das aber, was Aristoteles uns sagte, ist atemberaubend nahe an dem, was heute von uns praktiziert wird! Diese folgenden drei Seiten hat sich die Menschheit sehr zu Herzen genommen.

Also ca. drei Seiten Aristoteles:

„Darüber nun, daß die Glückseligkeit als das höchste Gut zu bezeichnen ist, herrscht wohl anerkanntermaßen volle Übereinstimmung; was gefordert wird, ist dies, daß mit noch größerer Deutlichkeit aufgezeigt werde, worin sie besteht. Dies wird am ehesten so geschehen können, daß man in Betracht zieht, was des Menschen eigentliche Bestimmung bildet. Wie man nämlich bei einem Musiker, einem Bildhauer und bei jedem, der irgendeine Kunst treibt, und weiter überhaupt bei allen, die eine Aufgabe und einen praktischen Beruf haben, das Gute und Billigenswerte in der vollbrachten Leistung findet, so wird wohl auch beim Menschen als solchem derselbe Maßstab anzulegen sein, vorausgesetzt, daß auch bei ihm von einer Aufgabe und einer Leistung die Rede sein kann. Ist es nun wohl eine vernünftige Annahme, daß zwar der Zimmermann und der Schuster ihre bestimmten Aufgaben und Funktionen haben, der Mensch als solcher aber nicht, und daß er zum Müßiggang geschaffen sei? Oder wenn doch offenbar das Auge, die Hand, der Fuß, überhaupt jedes einzelne Glied seine besondere Funktion hat, sollte man nicht ebenso auch für den Menschen eine bestimmte Aufgabe annehmen neben allen diesen Funktionen seiner Glieder? Und welche könnte es nun wohl sein? Das Leben hat der Mensch augenscheinlich mit den Pflanzen gemein; was wir suchen, ist aber gerade das dem Menschen unterscheidend Eigentümliche. Von dem vegetativen Leben der Ernährung und des Wachstums muß man mithin dabei absehen. Daran würde sich dann zunächst etwa das Sinnesleben anschließen; doch auch dieses teilt der Mensch offenbar mit dem Roß, dem Rind und den Tieren überhaupt. So bleibt denn als für den Menschen allein kennzeichnend nur das tätige Leben des vernünftigen Seelenteils übrig, und dies teils als zum Gehorsam gegen Vernunftgründe befähigt, teils mit Vernunft ausgestattet und Gedanken bildend. Wenn man nun auch von diesem letzteren in zwiefacher Bedeutung spricht als von dem bloßen Vermögen und von der Wirksamkeit des Vermögens, so handelt es sich an dieser Stelle offenbar um das Aktuelle, die tätige Übung der Vernunftanlage. Denn die Wirksamkeit gilt allgemein der bloßen Anlage gegenüber als das höhere.

Bedenken wir nun folgendes. Die Aufgabe des Menschen ist die Vernunftgründen gemäße oder doch wenigstens solchen Gründen nicht verschlossene geistige Betätigung; die Aufgabe eines beliebigen Menschen aber verstehen wir als der Art nach identisch mit der eines durch Tüchtigkeit hervorragenden Menschen. So ist z.B. die Aufgabe des Zitherspielers dieselbe wie die eines Zithervirtuosen. Das gleiche gilt ohne Ausnahme für jedes Gebiet menschlicher Tätigkeit; es kommt immer nur zur Leistung überhaupt die Qualifikation im Sinne hervorragender Tüchtigkeit hinzu. Die Aufgabe des Zitherspielers ist das Zitherspiel, und die des hervorragenden Zitherspielers ist auch das Zitherspiel, aber dies als besonders gelungenes. Ist dem nun so, so ergibt sich folgendes. Wir verstehen als Aufgabe des Menschen eine gewisse Art der Lebensführung, und zwar die von Vernunftgründen geleitete geistige Betätigung und Handlungsweise, und als die Aufgabe des hervorragend Tüchtigen wieder eben dies, aber im Sinne einer trefflichen und hervorragenden Leistung. Besteht nun die treffliche Leistung darin, daß sie im Sinne jedesmal der eigentümlichen Gaben und Vorzüge vollbracht wird, so wird das höchste Gut für den Menschen die im Sinne wertvoller Beschaffenheit geübte geistige Betätigung sein, und gibt es eine Mehrheit von solchen wertvollen Beschaffenheiten, so wird es die geistige Betätigung im Sinne der höchsten und vollkommensten unter allen diesen wertvollen Eigenschaften sein, dies aber ein ganzes Leben von normaler Dauer hindurch. Denn eine Schwalbe macht keinen Frühling, und auch nicht ein Tag. So macht denn auch ein Tag und eine kurze Zeit nicht den seligen noch den glücklichen Menschen.

Dies nun mag als ungefährer Umriß des Begriffes des höchsten Gutes gelten. Es ist zweckmäßig, den Begriff zunächst in grober Untermalung zu entwerfen und sich die genauere Durchführung für später vorzubehalten. Man darf sich dann der Meinung hingeben, daß jedermann die Sache weiterzuführen und die richtig gezeichneten Umrisse im Detail auszuführen vermag, und daß auch die Zeit bei einer solchen Aufgabe als Erfinderin oder Mitarbeiterin an die Hand geht. In der Tat hat sich der Aufschwung der Künste und Wissenschaften in dieser Weise vollzogen; denn was noch mangelt zu ergänzen ist jeder aufgefordert.“

Die Aufgabe des Menschen liegt hier (nach Aristoteles) eher in der dauerhaften, lebenslangen Exzellenz in einem ehrbaren Beruf, der ihm wohl ansteht und mit seinen Fähigkeiten und Gaben im Einklang steht. Wir messen den Wert des Menschen an seiner höchsten Befähigung, die er auf Dauer fruchtbar werden lässt. Ein Maurer, der nebenbei Landtagsabgeordneter ist, wäre also vor allem Landtagsabgeordneter. Ein Topmanager, der nebenbei Ortsvorsteher ist, vor allem Topmanager.

Ich habe Aristoteles bewusst für den Schluss aufgehoben. Verstehen Sie, warum? Aristoteles ist konkreter als die anderen. Er beschreibt keine „wolkigen“ Ziele wie „Tugend“ oder „allgemeine Liebe“, sondern er zeigt dem Menschen seine konkrete Daseinsaufgabe. Es ist erstaunlich, wie sehr es heute noch konkret so unsere Daseinsaufgabe ist. Während die anderen Philosophen mehr eine Richtung zum Glück angegeben, wartet Aristoteles mit wirklichen Vorstellungen auf, mit denen wir etwas anfangen können. Dennoch sind es Vorstellungen, noch keine Vorschriften. Für die, sagt Aristoteles am Schluss, sollen sich die weiteren Wissenschaftler Zeit nehmen.

Zwischen den Menschen, sagt Aristoteles weiter, müssen wir irgendwie die Werte ausgleichen. Er schreibt an anderer Stelle in seiner *Nikomachischen Ethik*:

„Der Baumeister bedarf dessen was der Schuhmacher produziert, und muß diesem dafür abtreten was er selbst produziert. Ist nun zunächst das nach Proportion Gleiche festgestellt und findet danach der Entgelt statt, so ist dieser

Vorgang der von uns bezeichnete. Mangelt es daran, so findet keine Gleichheit statt, und der Austausch läßt sich nicht aufrecht erhalten; denn da hindert nichts, daß das Erzeugnis des einen das des anderen an Wert übertreffe. Es muß also Gleichheit zwischen beiden ausdrücklich hergestellt werden. Dasselbe findet auch auf den anderen Gebieten der Produktion statt. Sie würde unmöglich gemacht, wenn nicht das was der Produzent nach Quantität und Qualität herstellt, von den Konsumenten in gleicher Quantität und Qualität zurückerstattet würde.

Ein Arzt und noch ein Arzt ergeben keine Gemeinschaft des Austausches, aber wohl ein Arzt und ein Landwirt, und überhaupt zwei Personen, die nicht gleich sind; aber zwischen diesen muß dann eine Ausgleichung stattfinden. Darum muß alles, was ausgetauscht werden soll, irgendwie vergleichbar sein. Dazu nun ist das Geld in die Welt gekommen, und so wird es zu einer Art von Vermittler; denn an ihm wird alles gemessen, also auch das Zuviel und Zuwenig: etwa welches Quantum von Schuhzeug einem Hause oder einem Quantum von Lebensmitteln gleich zu setzen ist. Es muß also der Unterschied zwischen dem Schuhzeug und dem Hause oder den Lebensmitteln ebensogroß sein, wie der Unterschied zwischen dem Baumeister und dem Schuhmacher oder dem Landwirt. Findet diese Gleichheit nicht statt, so gibt es keinen Austausch und keinen Verkehr, und diese Gleichheit kann nicht stattfinden, wenn es kein Mittel gibt, das Gleiche zu bestimmen. Es bedarf also eines einzigen allgemeinen Wertmessers, wie vorher gezeigt worden ist. Es ist aber in Wirklichkeit das Bedürfnis, das alles zusammenhält. Gäbe es keine Bedürfnisse oder gäbe es darin kein Gleich wider Gleich, so gäbe es keinen Austausch oder doch keinen von der gegebenen Art. So hat man denn durch Übereinkunft das Geld eingeführt gleichsam als Unterlage für den Austausch der Gegenstände des Bedürfnisses, und den Namen nomisma hat das Geld davon erhalten, daß es nicht der Natur, sondern dem Gesetz (nomos) seine Existenz verdankt und es in unserer Macht steht, es umzuändern und es außer Kurs zu setzen."

Der Mensch soll also einzeln in einer würdigen Aufgabe exzellieren. Er zeichnet sich durch Vernunft, Wissen, Tatkraft und gerechtes Handeln aus. Zwischen den Menschen werden die Bedürfnisse durch Nomisma ausgeglichen, durch Geld, durch einen einzigen allgemeinen Wertmesser, wie Aristoteles sagt. Auch diese Sichtweise ist heute stark in unserem tatsächlichen Leben verwurzelt.

Ich habe also das „höchste Gut" aus der Sicht der Philosophen von ganz oben gezeigt, aus der Himmelssicht, von ganz unten, aus dem Lustgespür des Körpers und konkret aus der Sicht des Gemeinschaftsarchitekten der Menschen.

Dieses Buch will versuchen, das Himmlische, das Konkrete und das glückliche Wohlbefinden in uns in Beziehung zu setzen. Das Ideale soll mit dem Empirischen, die theoretisierend-abstrakte Sicht mit der nomismatischen Konkretheit verbunden werden. Neben allem winkt stets das Glück für den, der es noch sieht – nicht ganz geblendet vom Idealen oder nicht zu sehr eingezwängt in das System. Es geht um die Beziehungen verschiedener Menschenauffassungen, um die Vorstellung eines „richtigen Menschen" (Aristoteles und viele andere), eines „wahren Menschen" (Platon, Christus, Buddha) und eines „natürlichen Menschen", der einfach im Leben steht (Epikur, Tantra).

3. Die Lokation des Sinnes in der Idee-zum-System-Skala

Wir haben also drei verschiedene Grundbaumuster menschlichen Denkens zu beleuchten. Von diesen nehmen zwei, nämlich das „Richtige" und das „Wahre", eine historisch dominierende Position ein, weil sie den Denkern entgegenkommen, weil sie die Gesellschaften auf systematische Füße stellen und grundsätzlich in der dritten Vorstellung eines „natürlichen Menschen" das Feindbild schlechthin geschaffen haben, ohne den Feind je besiegt oder in die Enge getrieben zu haben. Das „Lustorientierte" oder die „Spaßgesellschaft" leben nach wie vor, trotz allen Nachdenkens und Sinnens, trotz aller Unterdrückung und Gegenerziehung. Das ES siegt nicht endgültig über das Es im Menschen.

Die Denker haben jedenfalls für sich entschieden, dass man nur noch streiten kann, ob die Krone dem Konkret-Richtigen oder dem Wahren gebührt, dem Analytisch-Aristotelischen oder dem Intuitiv-Platonischen. Ich versuche, diesen Streit der Denker in eine einfache, formale Form zu gießen, um zu verdeutlichen, dass auch hier „um Kaisers Bart" gestritten wird. Im Wesentlichen, so möchte ich befinden, denken „unsere verschiedenen Hirnmaschinen" verschieden. Und die Streitigkeiten der Philosophen lassen sich gut darauf zurückführen, dass der eine mit der linken, der andere mit der rechten Gehirnhälfte argumentiert. Ich beginne, diese wichtige Grunddifferenz im Denken herauszuarbeiten.

Ich veranschauliche Ihnen eine neue Sichtweise an einem einfachen Schema eines „Lichtkegels".

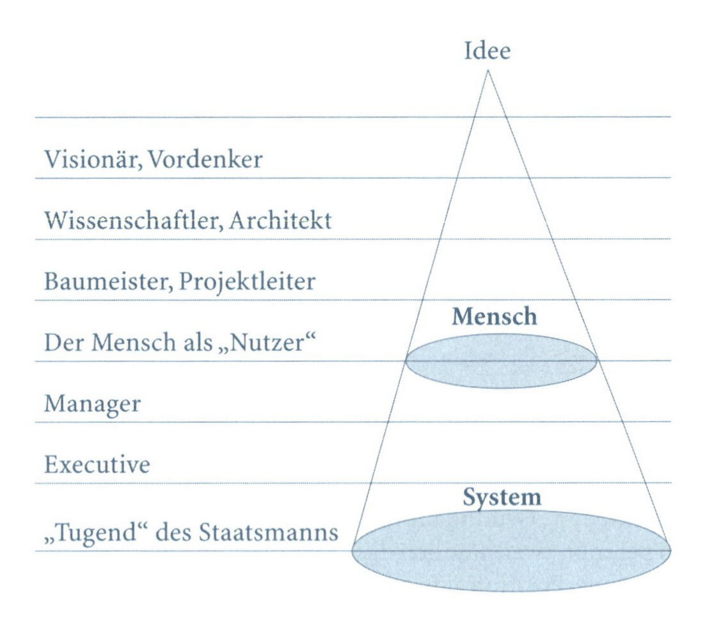

Am Anfang ist die *Idee*. Sie mag immer schon da gewesen sein. Die Ideen sind ewig und manchmal erinnern wir uns an sie. Platon sagt das. Ich gebe später im Buch eine mathematische Begründung dafür, dass er im Wesentlichen Recht hat.

Ein *Genie*, ein *Visionär* oder ein *Pionier* erfasst die Idee als erster Mensch. Sie erleuchtet ihn. Er kann als Erster ihre Schönheit und ihre Bedeutung sehen. Das Genie versteht die Reichweite, das Große, die Tragweite einer Idee. Die Idee kann das Genie beseelen. Es ist von der Idee erfüllt. Das Genie gibt den Menschen die erste Ahnung von der Idee. Solch ein Genie ist wie ein Künstler, der die Idee in einem Bild gestaltet, in einer wissenschaftlichen Theorie, einer Skulptur, einer technischen Zeichnung. Er gibt der Idee eine sichtbare Gestalt, drückt sie in einer Form aus. Er erfasst die Idee in einem Vorstellungsbild, das eventuell vielen Menschen zugänglich ist.

Die *Wissenschaftler* oder die *Architekten* bauen perfekte Modelle aus den ersten Vorstellungsbildern. Aus einem ersten Lehrsatz entsteht eine ausgebaute Theorie. Aus einem neuen Musikstück eine ganz neue Richtung wie die Zwölftonmusik, aus einem Bild ein Stil, aus einer Managementtheorie eine ganze Managementtechnikwelle, aus einem gedanklichen Softwareentwurf ein Prototyp.

Wenn es einen Bauplan, einen Softwareprototyp, eine grobe Gesetzesvorlage gibt, dann gehen die *Baumeister*, die Projektleiter, die Programmierer, die Juristen, also die Experten daran, aus dem Plan oder Modell etwas konkret Fertiges zu bauen.

Es entsteht ein Haus, ein Produkt, eine Software, eine Sinfonie in einer digitalen Datei, ein neues Steuergesetz zum *Nutzen des Menschen*. Nicht alles dient *allen* Menschen, aber es ist jeweils für alle, viele, manche, einige Menschen gedacht. Aus einer Idee wird so ein gewisser Standard für die zugehörigen Menschen. Häuser sehen aus, wie Häuser eben aussehen, Gesetzes- und Lebenstraditionen verankern sich im Wesen der Menschen, die sich in diesen heimischen Lagen fast schon „nach der Natur" definiert sehen.

Die Organisation der Menschen, der Traditionen, der Erziehung wird von „Hütern der Ordnung" aufrecht erhalten. Es sind Eltern, Lehrer, Polizisten, *Manager*, Buchhalter, Vereinsvorsitzende, Ortsvorsteher, Pfarrer. Sie halten die Gemeinschaft in Schwung und in Schuss. Sie organisieren die Mobilisierung der Energien und den Ausbau und die Instandhaltung.

Der Bau der Organisation durch die Topmanager, Bischöfe, Politiker, *Executives*, erfolgt durch die obere Hierarchie. Die unteren Stufen halten die Systeme in Fluss. Die oberen Stufen verändern die Systeme, um sie den konkreten Zeiten anzupassen. Selten werden ganz neue Systeme erbaut, was einer Revolution gleichkäme. Executives bereinigen die Systeme von Zeit zu Zeit von Wildwuchs, reorganisieren das Überlebte und organisieren um, was nach einer neuen Stoßrichtung oder Strategie verlangt.

Ganz unten in der Hierarchie stehen Staatsmänner und -frauen, die das Ganze überblicken und eine gewisse Harmonie in ein Gewühl von Interessen, Ideen, Traditionen, Neuem und Altem bringen. Diese tragenden Menschen sollen Staatstugenden verkörpern und selbst als Person die Tugend an sich repräsentieren und vorleben. Sie sind ein Abbild des Ganzen im Miniaturkosmos ihrer Person.

Der Lichtkegel entsteht unter dem Abglanz der reinen Idee. Dies kann „Liebe" sein oder „Demokratie". Es ist ein weiter Weg von der Idee „Liebe" zu „Christenheit" oder von der Idee „Demokratie" zu „Verfassung" und dann zu den konkreten westlichen Staatsformen. Oben im Lichtkegel ist das Licht hell und klar, blendend rein. Nach unten hin wird das Licht auf dem Weg zum Praktischen hin schwächer, milchiger. Die Idee kann im richtigen Leben nicht so rein bleiben. Es liegt nahe liegender Weise daran, dass es andere Ideen gibt, die mit der ersteren konkurrieren mögen! Das zeichne ich für Sie so auf:

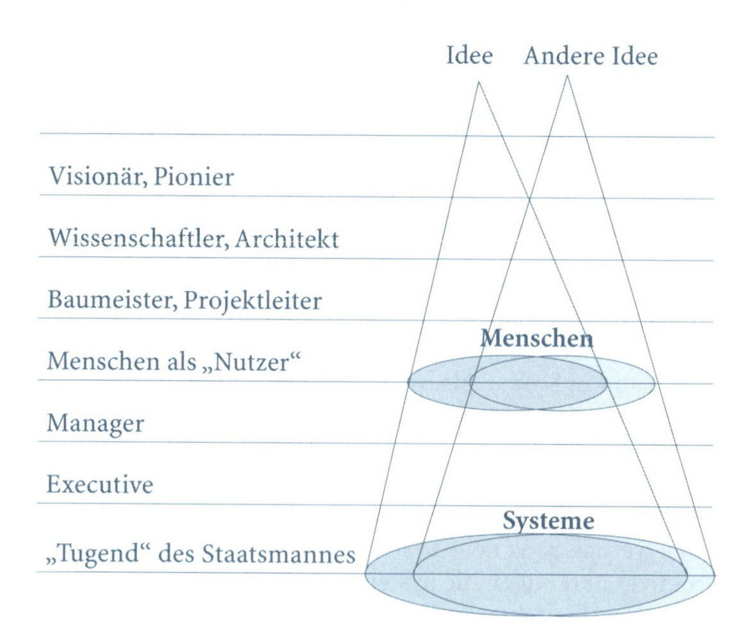

Aristipp ruft nach Lust, Epikur nach Ataraxie (nach einer „tranquillitas animi“ oder „Seelenruhe“ oder, wie er selbst einmal sagte, „nach dem stabilen Zustand des Fleisches“). Die Stoiker predigen Gleichgültigkeit gegen das Gleichgültige (das sind alle Adiaphora, i.e. außer Tugend fast alles), also Apathie, oder, wie wir heute sagen, Stoa oder stoische Ruhe. Christus haben wir mit der Bergpredigt schon sprechen lassen, es geht um Liebe. Hobbes sieht die Idee der Selbsterhaltung beherrschend, Darwin stellt fest: „The fittest will survive.“ Heute würde man „Leistungsgerechtigkeit“ als eine der Hauptideen sehen?! Die verschiedenen Ideen sind oben in den Lichtkegeln noch getrennt, wie der Mathematiker im Elfenbeinturm getrennt ist vom Einsiedler in der Diaspora. Im normalen Menschen berühren sich die Ideen schon sehr konkret. Er ist zu Kompromissen gezwungen, zum Beispiel zwischen dem Lustprinzip und dem Realitätsprinzip, wie uns Sigmund Freud aufzeigt. Der Mensch kann oft noch Kompromisse für sich selbst finden, aber in Systemen krachen die Gegensätze vollends aneinander. Die Manager müssen die Systeme trotzdem funktionstüchtig halten, die Executives bringen die Systeme in beste Form. Die Tugend des Staatsmannes, ganz oben, findet (leider nicht oft) vielleicht eine Gesamtform, die allem in etwa Genüge tut.

Aus der Sicht des Staatsmannes sieht das Ganze so aus:

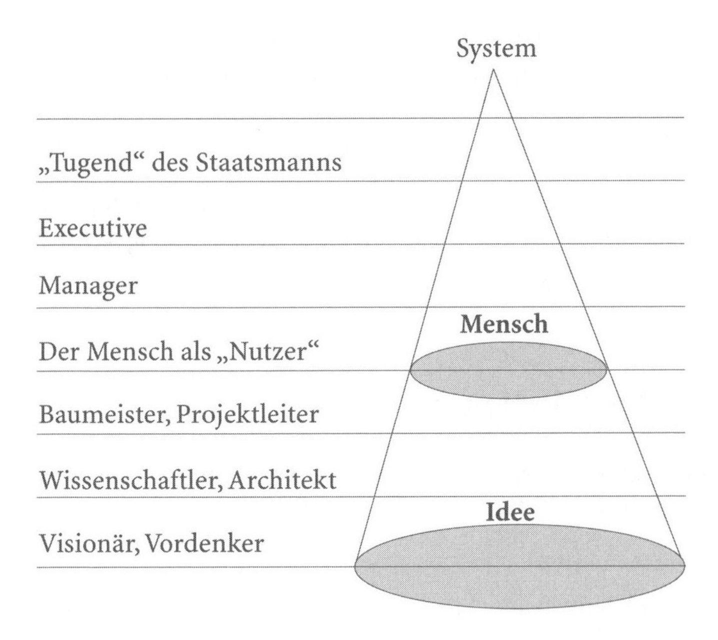

Das System regiert die Menschen als eine (Teil-)Gesamtheit und sorgt für das Gemeinschaftliche. Es sieht den einzelnen Menschen zu einem guten Teil in seinem Dienst, in dem des Gemeinschaftlichen. Das System greift alles „Nützliche“ und „Neue“ auf, das sind die Ideen, die Erkenntnisse, die „Prototypen“ von Einzelnen. Es begreift die Pioniere, Wissenschaftler, Baumeister als besondere Einzelne, die Beiträge leisten, die zur Systemverbesserung beitragen können. Die Systemherrscher wollen eben vor allem dies: Systemperfektion. Das, was dazu taugt, heißen sie hoch willkommen. Ideen und Protagonisten von Ideen aber, die Systeme gefährden und nicht zur Verbesserung taugen, werden bekämpft, weil sie die Kompromissbildung und die Funktionstüchtigkeit beeinträchtigen. Ebenso natürlich bekämpfen Systeme andere Systeme.

Die Menschen, die eine Idee hatten, möchten sie in ihrer Reinheit bewahren und respektiert sehen. Sie bekämpfen andere Ideen, die diese Reinheit gefährden. Wie vertrüge sich „Liebe“ mit „The fittest will survive“? Die Ideen haben grundsätzlich ein verkrampftes Verhältnis zu Systemen. Systeme bedeuten fast immer Kompromissbildung, also Unreinheit.

Es stellt sich die Frage: *Was* ist „oben“? Die Idee? Oder die Tugend des Systems? Leider ist damit eine andere Frage eng verknüpft: *Wer* ist oben? Als Mensch? Das Genie mit der Idee? Der Herrscher oben im Systemkegel? Auf welcher Seite ist Gott?

Ist die Idee, das Abstrakte das *Höchste*, oder das System, der lebensspendende und -schützende Gemeinschaftskompromiss? Die Antwort, die nichtssagende, ist schnell gegeben: *Theoretisch* ist das Ideale besser, aber *praktisch* der Kompromiss, „die Mitte". Theoretisch steht das Genie an der Spitze der Menschheit, praktisch der Staatsmann. (Das muss nicht immer so sein; in der heutigen Zeit verdienen die Genies etwa in der New Economy mehr Ruhm und Geld als alle Staatsmänner! Das ist ein Thema meines Buches *E-Man*, das sich mit der Verschiebung der Wertigkeiten von Menschenaufgaben befasst.)

4. Der sinnlose Streit der Ianer

Jeder einzelne von uns gibt eine eigene Antwort auf die Frage, was oder wer *oben* sei. Geht das Licht von den Ideen aus oder vom Ganzen? Was steht oben: *real* oder *ideal*?

Sie können die Frage so beantworten: Sie stellen fest, wo Sie selbst stehen, als Person. Und dann drehen Sie die Abbildung so herum, dass Sie möglichst weit oben darin vorkommen.

Deshalb scheint mir die praktische Antwort zu lauten: Wir fragen zuerst: Wer bin ich? Und dann: Was muss oben sein, damit ich selbst oben bin?

Staatsmänner müssen handeln und schreiben daher eher weniger Bücher als Wissenschaftler, die ja dafür eigens bezahlt werden. An den Universitäten heißt es „publish or perish", also „veröffentliche oder stirb". Insgesamt wird so sehr viel von den Hütern der Ideen geschrieben, dass sie gegen die Hüter der Systeme buchstabenübermächtig sind. Wenn Sie also über den Sinn des Lebens etwas lesen, dann ist es wahrscheinlich von einem Hüter einer Idee geschrieben. Staatsmänner schreiben auch Bücher, aber sie schreiben natürlich nicht über Ideen, sondern darüber, „wie ich es tatsächlich machte und trotz aller Rückschläge, deretwegen Sie dieses Buch kauften, erfolgreich war, und diesen Erfolg schreibe ich jetzt auf, weil ich in Rente bin".

Die Philosophen breiten fast einhellig Ideen aus. Diese Ideen werden aber nur so weit entwickelt, dass sie sich noch nicht so arg berühren. Schauen Sie im Geist noch einmal auf den Doppellichtkegel. Die Ideen sind „oben", in ihrer Reinheit, noch ganz für sich. Erst wenn sie „in der Menschheit eingebaut" werden sollen, treffen sie auf den Widerstand der anderen Ideen. Dort ist der Punkt, an dem die Kompromisswirtschaft beginnt. Es wird, wie man an der Hochschule bekümmert feststellt, „interdisziplinär". Es wird, etwas reiner ausgedrückt, „schmutzig" oder „gemischt". Aus der Sicht des Staatsmanns von oben beginnt etwa an diesem Punkt, wo die Kompromisse nötig werden, das Nützliche oder das Höhere eben.

Der Streit der Ianer, der Hegelianer, der Freudianer, der Platoniker, der Aristoteliker entsteht also an zwei ganz verschiedenen Fronten:

- Welche Idee hat den Vorrang? Welches System hat den Vorrang?
- Ist die Idee „oben" oder das System?

Man kann sehr spitzfindige, sophistische Diskussionen führen, ob Liebe immer Vorrang vor Gerechtigkeit haben müsse oder umgekehrt. In meiner Jugendzeit haben wir oft diskutiert: Ist Sozialismus besser als Kapitalismus? (Das wird heute nicht mehr besprochen, weil der Letztere in Folge des Zusammenbruchs der Sowjetunion gewann. Die praktische Evidenz der Systeme ist also stärker als eine Million Personenjahre Diskussion der „Weisen", die eher den Sozialismus sympathischer fanden.) Diese Rangelei, welche Idee besser sei oder Priorität habe, ist leicht zu verstehen. Das zweite Thema aber, *was oben sei*, scheint mir nicht richtig verstanden. Es ist aber wahrscheinlich wichtiger.

Um Ihnen das zu verdeutlichen, habe ich oben diesen langen Abschnitt über das höchste Gut geschrieben. Die meisten Philosophen finden ein höchstes Gut. Ich habe einige höchste Güter exemplarisch aufgezählt.

Lust kommt vor und Tugend auch. Kant beweist rein und praktisch, dass der kategorische Imperativ zur Pflicht obenan stehen müsse. Liebe ist für Kant allerdings keine Pflicht! Kants Beweise finde ich so schwierig und gleichzeitig monumental inhaltsreich und beeindruckend, dass ich keine Hoffnung hätte, sie je widerlegen zu können. Dazu müsste ich bestimmt das eine oder andere Jahrzehnt opfern, was es mir nicht wert wäre. (Vielleicht geht es auch anderen so? Dann muss Kant ja an der Spitze bleiben.) Die Philosophie streitet sich jedenfalls, wenn sie um das höchste Gut rangelt, um den Vorrang spezieller Ideen.

Die wahre Schlacht aber ist die zwischen den Platonikern und den Aristotelikern. Hier geht es nicht um die Frage, welche Idee siegen solle, sondern darum, wo oben und unten ist. Platon begründet die Ideenlehre. Sie stellt selbst als Idee eine der strahlendsten Ideen der Menschheit dar.

Aristoteles aber entwirft Systeme! Damit Sie das sehen, habe ich oben die beiden langen Aristoteles-Zitate eingefügt. Sie sollten Ihnen zeigen, dass das, was dort der Menschheit vorgeschlagen wurde, heute noch so gesehen und auch praktiziert wird!

Ist die Idee das, was oben leuchtet? Dann sind Sie Platoniker!

Ist das Funktionierende-Bewährte-Praktische das, was oben scheint? Dann sind Sie Aristoteliker!

Sie selbst sehen jeweils das da oben leuchten, was in *Ihnen* selbst am hellsten leuchtet. Das Reale oder das Ideale. Oder im Kontext dieses Buches: Sind Sie ein „richtiger" Mensch, ein realer, oder sind Sie ein „wahrer" Mensch?

Dieses Buch handelt zu einem guten Teil von diesem Gegensatz. Es ist *noch* ein Versuch zu diesem alten Problem. Aber, zu meiner Entschuldigung: Ich gebe eine vernünftige metapher-mathematische Lösung dafür. Vorher aber noch zur Einstimmung eine ganz genau zu dem jetzigen Thema passende Passage aus Heinrich Heines *Zur Geschichte der Religion und Philosophie in Deutschland*:

„In gleicher Weise beschäftigte sich Leibniz mit einer Harmonie zwischen Plato und Aristoteles. Auch in der späteren Zeit ist diese Aufgabe oft genug bei uns vorgekommen. Ist sie gelöst worden?

Nein, wahrhaftig nein! Denn diese Aufgabe ist eben nichts anders als eine Schlichtung des Kampfes zwischen Idealismus und Materialismus. Plato ist durchaus Idealist und kennt nur angeborene oder vielmehr mitgeborene Ideen: der Mensch bringt die Ideen mit zur Welt, und wenn er derselben bewußt wird, so kommen sie ihm vor wie Erinnerungen aus einem früheren Dasein. Daher auch das Vage und Mystische des Plato, er erinnert sich mehr oder minder klar. Bei Aristoteles hingegen ist alles klar, alles deutlich, alles sicher; denn seine Erkenntnisse offenbaren sich nicht in ihm mit vorweltlichen Beziehungen, sondern er schöpft alles aus der Erfahrung und weiß alles aufs bestimmteste zu klassifizieren. Er bleibt daher auch ein Muster für alle Empiriker, und diese wissen nicht genug Gott zu preisen, daß er ihn zum Lehrer des Alexander gemacht, daß er durch dessen Eroberungen so viele Gelegenheiten fand zur Beförderung der Wissenschaft ..."

Und weiter:

„Plato und Aristoteles! Das sind nicht bloß die zwei Systeme, sondern auch die Typen zweier verschiedenen Menschennaturen, die sich, seit undenklicher Zeit, unter allen Kostümen, mehr oder minder feindselig entgegenstehen. Vorzüglich das ganze Mittelalter hindurch, bis auf den heutigen Tag, wurde solchermaßen gekämpft, und dieser Kampf ist der wesentlichste Inhalt der christlichen Kirchengeschichte. Von Plato und Aristoteles ist immer die Rede, wenn auch unter anderem Namen. Schwärmerische, mystische, platonische Naturen offenbaren aus den Abgründen ihres Gemütes die christlichen Ideen und die entsprechenden Symbole. Praktische, ordnende, aristotelische Naturen bauen aus diesen Ideen und Symbolen ein festes System, eine Dogmatik und einen Kultus. Die Kirche umschließt endlich beide Naturen, wovon die einen sich meistens im Klerus und die anderen im Mönchstum verschanzen, aber sich unablässig befehden. In der protestantischen Kirche zeigt sich derselbe Kampf, und das ist der Zwiespalt zwischen Pietisten und Orthodoxen, die den katholischen Mystikern und Dogmatikern in einer gewissen Weise entsprechen. Die protestantischen Pietisten sind Mystiker ohne Phantasie, und die protestantischen Orthodoxen sind Dogmatiker ohne Geist."

Sehen Sie? Heine spricht es aus: Es sind nicht verschiedene Ansichten. Es sind verschiedene Menschentypen. Aber was scheidet Menschen in Platoniker und Aristoteliker?

Für Platon ist die Idee oben. Für Aristoteles das funktionierende System.

Ich sage hier: Es ist nicht die Frage verschiedener Meinungen. Es liegt in der Art zu denken. Das ist es.

Und das unterschiedliche Denken ist auf eine andere „Biologie" zurückzuführen. Deshalb können sich alle Ianer streiten, bis sie schwarz werden. Das ist die Einsicht, die ich im nächsten Abschnitt vorbereite.

5. Von Intuition und praktischem Denken

Seitdem ich mich mit den Menschen im Arbeitsalltag befasse, hat mich das Problem der Platoniker und der Aristoteliker „gequält". Ich gehöre zu denen, die Ideen produzieren. Es ist also klar, dass für mich persönlich der Lichtkegel oben mit der Idee beginnt. Ebenso klar ist die allgemeine Erfahrung des Alltags, dass oben der Executive steht und *nicht* die Idee.

Woran liegt das? Eine seit einiger Zeit megapopuläre Theorie lehrt uns in erster Annäherung aus Gehirnmessungen und Beobachtungen der Neuro-Wissenschaftler: Unser Gehirn ist asymmetrisch. Unsere beiden Gehirnhälften sind verschieden. Das ist jedoch nicht die endgültige Erklärung, die ich Ihnen nahe bringen möchte. Aber da Sie wahrscheinlich schon gehört haben, dass wir mit der linken und der rechten Hirnhälfte anders denken, möchte ich hier schon kurz darauf eingehen.

Untersuchungen haben ergeben, dass es so etwas wie „left brain thinking" und „right brain thinking" gibt. Verschiedene Funktionen des Denkens wurden in verschiedenen Gegenden des menschlichen Gehirns geortet. Die folgende Tabelle bringt die Unterschiede auf den Punkt:

Linke Hirnhälfte	**Rechte Hirnhälfte**
■ Logisch	■ Intuitiv
■ Sequentiell	■ Ganzheitlich
■ Rational	■ Synthetisierend
■ Analytisch	■ Subjektiv
■ Objektiv	■ Blick auf Ganzheiten
■ Blick auf Einzelheiten	■ Emotional

„Links" können wir uns also nach diesen Theorien über unser Gehirn das kalt-rationale logische Denken vorstellen, „rechts" die warm-fühlende Intuition.

Ich spekuliere mit Ihnen im Verlauf des Buches über eine sehr viel tiefer gehende Sichtweise:

Die Eigenschaften der linken Hirnhemisphäre sind aus meiner Sicht wie die eines normalen, von uns gebauten Computers. Er ist logisch programmiert, arbeitet sequentiell seine Befehle bzw. sein Programm ab. Sein Blick ist der auf die Einzelheiten, die Zahlen und Einzelbefehle nämlich, die überall in ihm verteilt sind. Das Endergebnis einer Computerrechnung ist eine Zusammensetzung aus Einzelrechnungen.

Die Eigenschaften der rechten Hemisphäre vergleiche ich mit der Funktionsweise von neuronalen Netzen. Das sind mathematische Algorithmen, die Informationen in uns unbekannter Weise „verknäueln" und dann als Endergebnis eine Antwort geben, die oft einfach „Ja" oder „Nein" lautet, aber ein Ergebnis von unerhörten komplexen Berechnungen ist. Neuronale Netze werden zum Beispiel zur Kursprognose des Dollarkurses eingesetzt. Man gibt Informationen, etwa die Dollarkurse und Aktienkurse etc. in ein neuronales Netz ein. Dann rechnet es damit ziemlich lange vor sich hin und sagt schließlich: der Dollar „steigt" oder „fällt". Im Nachhinein stimmt es ganz gut. Man macht zum Teil exzellente Erfahrungen mit solchen mathematischen Konstrukten. Im Augenblick der Entscheidung aber muss man dem Netz das Resultat einfach glauben, denn es gibt uns keine Gründe für seine Entscheidung. Es rechnet und rechnet und gibt eine kurze Antwort. Ganz nackt „ja" oder „nein".

Wenn es „ja" sagt, weiß es das irgendwie.

Ich erkläre neuronale Netze später etwas genauer. Hier aber mögen Sie nachfühlen, dass es aussieht wie intuitives Denken, oder? Es ist wie unsere Entscheidung aus dem Bauch heraus. Im Bauch oder in der Nase sagt etwas „ja". Wenn wir zum Beispiel einen neuen Geschäftsplan anschauen, meckert sofort die linke Gehirnhälfte oder unser PC da oben: „Diese Zahl sieht komisch aus! Nachprüfen! Nachrechnen!" Und die Maschine in uns rattert dahin. Der Bauch oder die Intuition schauen lange auf den Plan und sagen ganz sicher und abschließend: „sieht gut aus" oder „das mag ich nicht". Gründe? Braucht der Bauch welche? Er ist sich ganz sicher. Er würde nicht sicherer, wenn der Kopf über ihm noch zusätzlich etwas rational begriffe.

Ich möchte Ihnen nahe bringen: Die Welt der Ideen steckt in den neuronalen Netzen im Menschen, das konkret Aristotelische aber ist das Wesen unseres inneren PC. PC heißt ja schon Persönlicher Computer. So wie man von mehr linkshälftigen und rechtshälftigen Menschen spricht, werden wir von PC-Denkern und von Intuitiven reden. Oder von systematischen Denkern und von Ganzheitlichen. Die Menschen, die in ihrer Denkweise mehr den Ergebnissen ihrer „linken Gehirnhälfte" vertrauen, möchte ich als die „richtigen" Menschen bezeichnen. Sie denken eben logisch, praktisch, analytisch, mit dem Blick auf die Einzelheiten und das Kleingedruckte. Die „wahren" Menschen der „rechten Gehirnhälfte" aber hängen an den großen Entwürfen, am Wald, nicht an den Bäumen.

Die richtigen Menschen halten ganz sicher das System für die Spitze des Kegels, für die wahren Menschen ist die Idee die Hauptsache. Die freundlichen Handbücher über links und rechts raten uns im Allgemeinen, unser Gehirn gleichmäßiger zu benutzen, links und rechts in der „rechten" Mischung. „Mensch", sagen sie, „du wirst besser, wenn du *alle* Teile in dir benutzt." Ich möchte da doch starke Zweifel anmelden. Was soll das dann in der Mitte sein? Idee *und* System? Kann man Wesensverschiedenheiten in sich vereinen? Wenn es überhaupt geht, ist es sinnvoll? Geht das denn, zum Beispiel *gleichzeitig* traditionell *und* revolutionär zu sein? Oder wäre es nicht besser, wir hätten verschiedene Menschen als Herolde für beide Seiten, die miteinander um die Mitte ringen? Findet nicht genau dies in einer Demokratie statt? Der Disput zwischen den Traditionalisten und den Fortschrittlichen?

Die Mitte ist in der Mitte *zwischen* den Menschen, nicht in der Mitte *in* einem Menschen.

Die Handbücher zur gleichmäßigen Rechts-und-Links-Nutzung raten wieder einmal mehr implizit zu einer Einheitsmischpersönlichkeit, die angeblich alles hat und kann. Dabei wissen wir aus der Politik, wie schwer es ist, Politik der Mitte zu machen, ohne mittelmäßig zu sein. Je eine der Seiten, rechts oder links, ist viel einfacher zu vertreten. Deshalb gibt es die polarisierten Wesensverschiedenheiten: Platon und Aristoteles. Und so wird es bleiben. Die Handbücher predigen nicht gerade totalen Unsinn. Sie sind aber von *richtigen* Menschen geschrieben, die die wahren Menschen dabei nicht um deren Einverständnis fragten.

Wenn Sie schon wissen, was neuronale Netzwerke sind, dann begeistere ich Sie schon jetzt für das Folgende: Ich möchte spekulieren, dass die tragenden Ideen der Menschheit ganz starke Energieextrema beim Optimieren und Anlernen der Netze darstellen. Die hehren Ideen der Menschheit müssen also in einem jeden neuronalen Netzwerk entstehen, das wie das menschliche gebaut ist. Das bedeutet, dass jeder Mensch im Prinzip auf die gleichen Ideen kommen muss, wenn er genug weiß und lange genug mit seiner rechten Gehirnhälfte denkt, also mit dem neuronalen Netz. Denn die wichtigen Ideen sind so starke mathematische Optima, dass eben jeder Mensch sie normalerweise bekommt. Die Ideen sind also durch ihr Energieniveau bestimmt. Sie haben nichts mit dem individuellen Menschen zu tun. Deshalb kann Platon sagen, das Hervorblitzen einer Idee sei wie eine Erinnerung. Wenn unser neuronales Netz in ein Energieoptimum läuft, also eine Idee hat, fühlt es sich nämlich genau so an: wie Erinnern. Und deshalb haben alle Völker so ähnliche Ideen. Und deshalb gibt es, ja!, ein kollektives Unterbewusstsein, was C. G. Jung in seinem Werk immer herausstellte. Die Menschen haben aber in meinem Sinne kein kollektives Unterbewusstsein, sondern die Ideen sind einfach als starke Energieoptima da und „befallen" dann Indianer wie Inder, ohne dass Darwin beide besucht hätte.

Diese eine Idee ist die schönste hier im Buch.
Die nächste aber ist das auch:

6. Flash-Mode

Alle Menschen, auch die kalt-logischen, haben so etwas wie Warnmelder in sich drinnen. Da zuckt etwas in uns, durch und durch: „Ich habe den Reisepass zu Hause vergessen!" – „Mein Konkurrent ist befördert worden, nicht ich!" – „Plötzlich Stau! Es wird ein Crash, oh Gott!" – „Ein handtellergroßer Soßenfleck auf der Krawatte! Es wird auf der Brust aufstrahlend warm." – „Meine Hand ist ganz voller Blut, ohne dass mir etwas weh tut?!" – „Der Moderator wird gleich auf einen von uns zeigen, der auf die Bühne soll. Der Scheinwerfer kreist über uns ... bleibt stehen ... – oh Gott, ich."

Das ist kein logisches Denken. Das ist kein Gefühl aus dem Bauch heraus.

Das ist nicht rechts oder links.

Das ist ein Blitz durch unseren Körper. Er verändert unsere „Körperchemie" und macht uns kampfbereit oder in schwachen Formen nur aufmerksam.
In kleineren Katastrophen ist es kein Blitz, mehr ein Stich, etwa ins Herz: „Hab' noch Blumen für Karins Party gekauft. Was, du bist *nicht* eingeladen?" – „Ich komme heute später nach Hause, Schatz." – „Wir haben leider nur noch Zimmer auf der Straßenseite frei, ach, ja, und der Swimmingpool wird in Ihrer ersten Woche hier repariert." Oder schlimmer, wie dumpfe Hammerschläge in verlorener Lage: „... leider noch 20 Kilometer Stau durch Schaulustige, weil ein LKW so schön brennt. Bitte machen Sie nur ein einziges Foto." – „Lieber Schatz, wir streiten nun schon seit drei Monaten ganz verzweifelt. Ich habe meine Koffer gepackt. Die beiden Kinokarten liegen auf dem Küchentisch. Such' jemand anders." Es gibt auch Schönes, Granatenmäßiges! Ein Tor geschossen, Sekunden vor Schluss. Jemand hat sich freiwillig für eine Mistarbeit gemeldet, die sonst sicher *ich* bekommen hätte! Der Reisepass ist *doch* in meiner Manteltasche! Der Schlüssel ist gefunden! Verloren geglaubtes Geld kommt zurück (der „Orgasmus" des Geizigen)!

Es gibt da etwas in uns, was wahnwitzig schnell Information verarbeiten kann. Es ist nicht das Denken, nicht das Fühlen, nicht das Wahrnehmen. Es ist viel schneller.

Ich gebe Ihnen ein Beispiel, das Sie gut kennen: Sie beaufsichtigen ein kleines Kind auf dem Spielplatz. Es spielt im Sand. Sie lesen die Zeitung zum zweiten Mal. Ab und zu blicken Sie hin. Kind ist da, spielt ruhig. Dann, plötzlich, beim zehnten Mal Hinschauen: Kind weg. *Weg*!

Sie blitzen mit Ihren Augen drei, vier Mal in die Runde. Kind weg! Das ist der Blitz durch den Körper. Dann aber sagt etwas in Ihnen: „Du musst ruhig bleiben. Keine Panik. Du musst jetzt genau hinschauen. Es wird doch da sein." Sie schauen jetzt *langsam* und konzentriert Kind für Kind an.

Ah, da ist es. Es hatte die Jacke ausgezogen, deshalb sahen Sie es nicht gleich.

Zweites Beispiel: Sie kommen mit schwerem Gepäck nach Hause und stehen vor der Tür. Der Schlüssel ist nicht wie gewohnt in der Hosentasche. Der Blitz zuckt! Weg! Sie hasten mit Augen und Fingern rasend über und durch das ganze Gepäck. Daaaa ist der Schlüssel, Gott sei Dank. Sie setzen sich einen Moment, beruhigen sich, dann schließen Sie auf.

Andere Variante: Beim Überfliegen Ihres ganzes Besitzes haben Sie keinen Schlüssel gefunden. Weg! Nichts! Da sagt etwas in Ihnen: „Es hilft nichts, ich muss alles nach und nach geduldig absuchen. Der Schlüssel muss da sein. Er muss!" Dann suchen Sie *langsam*.

Bitte fühlen Sie sich in diese Situationen hinein. Spüren Sie in sich das rasend Schnelle, wie im Blitzmode? Danach das normal ganz Langsame? Das zweite ist normales Denken und Suchen. Das zweite findet im Gehirn statt. Das erste? Blitzartig im Körper.

Was aber ist das erste?

Bitte denken Sie nochmals daran, wie Sie am Rand des Spielplatzes sitzen und immer mal wieder zum Kind hinblicken, das immer da ist, stundenlang. Spüren Sie Ihr Inneres. Das, sage ich Ihnen, ist *auch* Flash-Mode! Sie denken nur nicht darüber nach. Sie suchen Ihr Kind nicht wirklich, es ist da, ohne Suchen. Ich will sagen: Sie operieren die ganze Zeit im Flash-Mode; fast ohne Zeitverbrauch, ohne Energieaufwand, Sie haben sozusagen „unwillkürlich" die Lage im Griff. Nur wenn etwas in Ihnen sagt: „Kind weg!", dann zuckt es und dann merken Sie, wie Sie im „Automatik-Modus" funktionieren.

Ich stelle die Frage: Denken wir viel? Ist das „meiste" etwa unwillkürlich? Zuckt es eventuell nur bei „starkem Höhenabfall", wenn also sich die Lage dramatisch verschlechtert oder manchmal auch stark verbessert? Zuckt es dann nur ab und zu, damit wir in einem willkürlicheren Zustand übergehen und darin so genannt bewusst weiteroperieren? So könnte das Leben unwillkürlich mit uns „vorbeigehen"? Und nur an den wichtigeren Entscheidungspunkten wäre das Denken angeschaltet?

Dafür gebe ich Ihnen in diesem Buch ein ganz neues mathematisches Modell. Mein Doktorvater Rudolf Ahlswede und ich haben es vor Jahren entworfen. Wir wussten intuitiv immer, dass dies etwas mit uns Menschen zu tun haben würde, obwohl es absolut reine Mathematik ist. 1990 haben die Arbeiten darüber die weltweit höchste wissenschaftliche Auszeichnung im Fach Informationstheorie gewonnen (IEEE Information Theory Society Prize Paper Award). Bis jetzt wurde alles nur technisch verwendet und betrachtet. Ich schaue es hier wieder mit *Ihnen* an: Flash-Mode für Menschen. Ich möchte Ihnen entlang dieser Metapher eine theoretische Fundierung des „natürlichen Menschen" geben. Die Metapher des Flash-Mode erlaubt uns, uns so etwas wie die „somatischen Marker" von Antonio Damasio wirklich vorzustellen! Wir können den Flash-Mode als etwas wie das „Denken" oder das „Funktionieren" des Körpers betrachten.

Es kommt heraus, dass dieses „Körperdenken" anders ist als das „Gehirndenken". Da wir nun aber so etwas wie Körperdenken niemals betrachtet haben, außer seine unverständlichen Erscheinungen zu verteufeln, haben wir vielleicht eine furchtbar falsche Vorstellung vom Menschen, eben deshalb, weil wir uns selbst als hirnzentriert vorstellen. Was, wenn diese Vorstellung falsch ist? Da hat sich nicht nur einfach Descartes geirrt, wie Damasio in seinem Buchtitel behauptet. Sie denken sich selbst falsch! Sie auch!

Als Galileo behauptete, die Erde drehe sich um die Sonne, begann sich ein Vorstellungsmodell vom Menschen zu wandeln. Der Mensch verlor seine zentrale Stellung im Weltall. Darwin vertrieb ihn aus seiner zentralen Stellung im Tierreich. Freud aus seiner Vernunft. Nun kommen wir langsam zu uns selbst, ohne Sonnen und Geister. Vielleicht finden wir zu unserer Natur zurück? Mindestens zum „natürlichen Menschen", der es schafft, in Harmonie mit seinen Körpersignalen zu leben. (Noch einmal Epikur: „der stabile Zustand des Fleisches". Ahnen Sie langsam die Weisheit in dieser heute albern anmutenden Formulierung? Was spürte Ihr Körper, als Sie sie das erste Mal lasen?)

Wenn es nur irgendwie halbwegs stimmt, was ich Ihnen damit verdeutlichen will, dann machen wir in der Erziehung und im Management etwas ganz grässlich falsch! Sie kennen den Flash-Mode nämlich aus der Erziehung so: Der Blitz des Gewissens, die Angst vor Strafe, das Niederdrücken Ihrer Wünsche. „Ach, ein Eis bei der Hitze!" Blitz! „Nein! Ich werde dick!" Abgestellt, was nicht sein soll. Mit der Zeit wird der Blitz schwächer und schmerzt kaum noch. Der Körper mag Eis schließlich nicht mehr. Wir haben den Flash-Mode in Richtung ES umerzogen.

Es wird ein weites Feld.

Epikurs Philosophie verlangt Ataraxie oder Seelenruhe als Voraussetzung des Glücks. Im Bilde hier: Kein Stich ins Herz! Nie beleidigt, angeschrieen, gehetzt werden! Nie gestresst, überarbeitet, gezwungen! Ataraxie stellt sich ein, wenn die Flash-Mode-Seismographen Ruhe geben. Das ist es, was Epikur meint, wenn er „den stabilen Zustand des Fleisches" herbeisehnt. Die inneren Peitschen schlagen nicht zu. Der Hedonismus versteift sich darauf, die allerstärksten Flash-Mode-Blitze der positiven Art zu empfangen: Orgasmus! Triumph! Sieg! Bungee! Haijagen! Ein solcher Blitz ist Aristipps Jüngern Jahre der Mühe wert. Jahrelang eine Frau hofieren, jahrelang die Mount-Everest-Besteigung trainieren. Es geht dem Hedonismus nicht um den stabilen Zustand des Fleisches, sondern um möglichst häufige rekordverdächtig starke, bisher ungespürte Blitze durch dieses Fleisch. Deshalb müssen die bestiegenen Berge höher und höher werden, die eroberten Frauen unerreichbarer, der Sadismus grausamer, der Masochismus leidender.

Es geht im Ganzen darum, wie wir mit unseren inneren Seismographen umgehen.

Diejenigen Menschen, die eine Unterordnung im System an die höchste Stelle der Werteskala setzen, verteufeln den Körper, härten ihn ab, verdrängen ihn, weil er sonst Dissonanzen im System erzeugt. Die Systemanhänger polen das Flash-Mode-Seismographensystem um. Aus den Körpersensoren werden Gewissensblitze gebildet. Flash-Mode-Zucken ereilt den Systemmenschen bei Fehlern im System und dieses Zucken nennt der Systemmensch Schuld oder Scham.

Diejenigen Menschen, die entflammt für eine Idee leben, eine Wissenschaft, eine Religion oder eine politische Bewegung, können ihren Körper darüber vergessen und so in Harmonie mit ihm leben. Alle typischen Computermenschen sind anfällig, quasi körperlos zu sein. Bei ihnen zuckt es im Seismographensystem, wenn der Computer zuckt. Bei mir als Mathematiker zuckt es schrill alarmiert durch alle Eingeweide, wenn ich einen Fehler in einem meiner „Beweise" finde.

Diejenigen Menschen, die glückliches epikureisches Wohlbefinden lieben, müssen dann notgedrungen dem System trotzen, in dem sie leben. Sie spüren einen ungeheuren Freiheitsdrang in sich. Sie wollen frei sein, im Einklang mit den Sehnsüchten des Körpers zu leben. Sie können dem System Widerstand leisten, es herausfordern wie Aristipp oder das System meiden wie Epikur.

Besser wäre es, wir verstünden, was da in uns ist.

Wenn wir die Seismographik in uns als eine Art Computerverfahren begreifen könnten, dann könnten wir es in uns erziehen, heranbilden, wie wir es brauchen. Heute stellen wir fest, dass Kindheitstraumata, Vergewaltigungen, Verlassenwerden, Tode um uns herum, Unfälle, schwere Krankheiten, starke Verhöhnungen, Versagenserlebnisse, Niederlagen, Siege, Glücksfälle in uns

Flash-Mode-Erregungen in Gang setzten, die wir lange mit uns herumschleppen. Ein nur *einmaliges* Erlebnis baut eine Art neuen Warnrechner in uns hinein, der uns weiterhin begleitet. „Immer, wenn ich seitdem im Dunkeln gehe und ein Geräusch höre, zuckt es in mir, und ich denke, es ist *er*. Ich kann es nicht abschalten. Es ist immer da. Wenn ich diesen Blitz spüre, geht es ins Mark, lähmendes Entsetzen. Ich kann es nicht los werden.“ Wenn es möglich wäre, damit umzugehen! Heute hören wir nicht hin, wenn der Körper ruft, und wir arbeiten weiter, bis zum Burn-out. Oder wir schlagen bildlich gesprochen Kindern die Zähne in den Rachen, damit sie es sich „merken fürs Leben“. Das Problem dabei ist es, dass es sich nicht unbedingt nur der Verstand merkt, sondern das Flash-System, also der Körper. Und da ist das Problem! Da, wo wir noch nicht wissen, wie wir es behandeln müssten. Wenn also psychische Störungen im Körperseismographensystem wären, wie sollen wir sie beheben? Durch Bewusstmachen im Verstand, wie die Psychoanalyse das meist erfolglos anstrebt?

Ich kann zum Beispiel nicht tanzen, obwohl ich fast glaube, ich könnte ziemlich alles, wenn ich nur wollte. Beim Abschlussball meines Tanzkurses, als ich 14 Jahre alt war, hat mir ein Nahestehender für mein Leben echt weitergeholfen: „Du tanzt mathematisch, wie wenn du es nur im Hirn begriffen hast. Es sieht aber nicht wie Tanzen aus. Es ist nicht einmal klar, ob du das im nächsten Kurs wegbekommst.“ Davon habe ich bis heute ein Trauma. Es ist mir völlig bewusst. Ich glaube dem wehen Hinweis meiner tanzliebenden Frau, dass ich wohl endlich, irgendwann tanzen lernen könnte. Ja. Aber der Blitz damals! Das in den Kopf schießende Blut! Die blitzartig aufsteigende Scham vor meiner Ballpartnerin, mit der ich dann wohl mehr metronomisierte als tanzte! Die sechswöchige absolute Panik vor dem Abiturball Jahre später, zu dem mich meine Eltern und die Schule oder eben das „System“ hinzwangen! Ich habe einmal in der Bielefelder Uni-Mensa Hasenragout gegessen. Eilig habe ich einen großen Happen genommen. Beim ersten Zubeißen war es seltsam weich, ganz furchtbar weich, aber doch fest. Es war ein Stück Fell. Können Sie nachspüren, in Ihrem Körper, wie das ist? Dieses Gefühl des Fells im Mund spüre ich noch heute. Ich sehe sofort die Mensa vor mir, die angeekelten Gesichter um mich, den Angewiderten. Meine Körperseismographen zucken wieder jetzt beim Schreiben. Oder soll ich erzählen, wie ich als kleines Kind barfuss auf eine dicke rote Nacktschnecke trat, so dass sie zerquoll? Schneckenschleim ist so irre schleimig, dass man ihn kaum abwaschen kann! Genau so wie die aufgeplatzte Schneckenhülle an meinem Fuß bleibt das „mathematische Tanzen“ in mir für alle Zeit. Ich kenne oben im Hirn die Biologie der Schnecken und des Hasen sowie alle Tanzschritte aus einem Ratgeber. Aber der Körper spürt Grauen. Hirnbewusstsein hin und her. Verstand hin und her, links oder rechts im Gehirn.

Das Gespür oder das Gedächtnis im Körper wird in unserer Kultur nur ernst genommen, wenn es um Belohnungen und Strafen, also um wirksame Kondi-

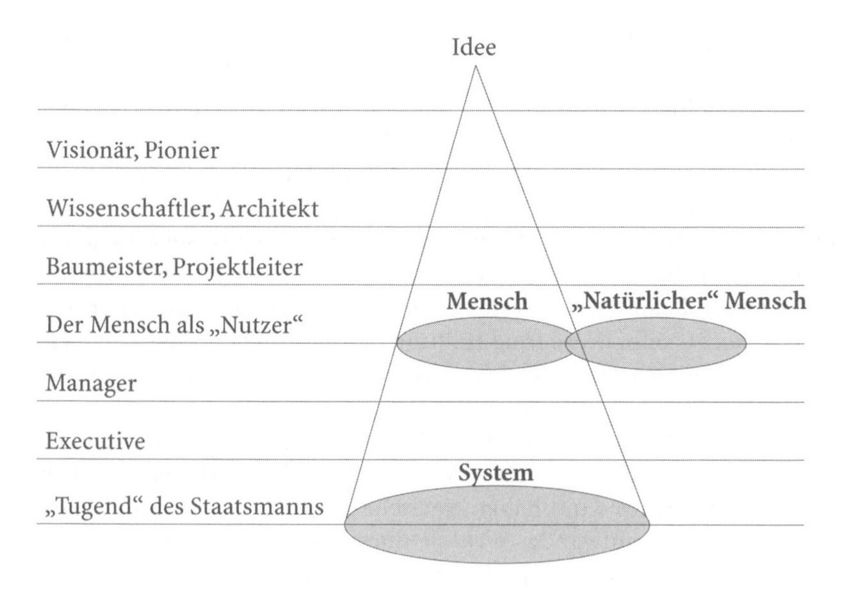

tionierung geht. Menschen werden herabgewürdigt, gescholten, geschlagen, übertrieben gelobt, gestreichelt, geküsst. Diese Einflussnahme auf unsere Körpersensoren soll die Heranbildung und Stabilisierung unserer Vernunft unterstützen und beeinflussen. Die richtigen Menschen zwingen die Körper in das System. Die wahren Menschen zwingen den Körper, der Idee zu folgen. Pflicht, Verzicht, Beharrlichkeit, Streben, Gehorsam, Loyalität sind „richtig“, Askese, Einsiedlertum, Mönchsleben, Wohnungen ohne Fernseher sind „wahr“.

Niemand aber geht so weit, in dem Körpergespür eine lebensfähige eigene Intelligenz zu suchen oder sehen zu wollen. Ich kenne einige Unternehmer, deren Kredo so lautet: „Verstand? Vernunft? Letztlich ist alles Kampf!“ Also ist da doch etwas anderes als Verstand? Spürt unsere Körperintelligenz mit? Ist „Kampf“ eben nur einer der amateurhaften Ansätze, den Körper etwas zu lehren? Ich will Ihnen anhand eines mathematischen Identifikationsmodells im nächsten Kapitel glaubhaft machen, dass es neben den richtigen Systemmenschen (gleichnishaft den Aristotelikern) und den wahren Ideenvertretern (gleichnishaft den Platonikern) noch eine dritte, „unbekannte“ Art von Menschen gibt: Die, die virtuos mit ihrem Seismographensystem umgehen können, die mehr im Körper ruhen und denken. Im Gleichnis: Epikureer, Aristippiker. Diese natürlichen Menschen ordnen sich nicht in die Systeme ein, soweit der Körper dieser Menschen nicht befriedigend in die Systeme integriert ist.

Menschen, die mehr ihren Seismographen oder ihren Impulsen trauen, sehen sich nicht als Jünger einer Idee, auch nicht in der Verantwortung für ein System. Sie leben in einer Systemumwelt, mit der sie zurecht kommen.

Sie sehen sich selbst als natürlich an und würden sich als „freie oder natürliche Menschen" bezeichnen, weil sie sich in ihrem Selbstgefühl frei vom System und frei von Ideologie verstehen. Sie sehen in Ideen zum Teil brauchbare Richtlinien, mehr nicht. Sie unterwerfen sich den Systemen so wenig wie möglich. Sie rebellieren oft, zanken, streiten, um frei und natürlich zu bleiben. Sie fügen sich nur murrend ein. Sie leben im System, so gut sie können. Sie leben im System, akzeptieren es aber als solches nicht im Prinzip. Sie arbeiten im System mit, sehen aber keine Heiligkeit in der Pflicht. Sie sehen sich wie freie Mitarbeiter neben Beamten des Systems. Sie arbeiten genauso gut, aber ohne systemgebunden zu sein. Diese freie Haltung des natürlichen Menschen wird besonders von den richtigen Menschen beargwöhnt bis schwer übelgenommen.

Die Systemmenschen versuchen deshalb, die natürlichen Menschen in das System zu zwingen, sie also in gewisser Weise zu versklaven. Das gelingt nicht. Wenn Sie ein natürliches Kind haben, verstehen Sie sicher, warum es Ihnen persönlich trotz Riesenaufwandes *nicht* gelungen ist: das Hineinziehen Ihres Naturkindes in das System. Es liegt daran, dass wir uns den natürlichen Menschen nicht als solchen denken, ihn uns nicht vorstellen, ihn nicht für eine mögliche akzeptable Alternative halten.

7. Identität und Typenbildung („Wir müssen uns differenzieren!")

Unsere Gesellschaft ist ein System. Das System versucht offiziell, alle Menschen gleich zu behandeln, weil das bis in die heutige Zeit die einzige Art ist, die wir systematisch finden. Wir denken in Termini wie Gleichheit vor dem Gesetz, Chancengleichheit oder „jeder hat eine Stimme". Der optimale Mensch ist so etwas wie jemand mit einem 1,0-Abiturzeugnis. Überall gleichmäßig gut. Es ist ein Mensch, der immerfort gleichzeitig mit der rechten und der linken Gehirnhälfte denkt und seine Triebe im Griff hat.

Schöner, idealer Einheitsmensch.

Die wichtigste Idee des richtigen Systemmenschen ist die, dass das Systematische das Richtige ist.

In Wirklichkeit spezialisieren sich die Menschen. Sie werden Stahlarbeiter, Banker, Küstenschutzmitarbeiter, Mathematiker, Archivare, Sekretäre, Hausmänner, was auch immer.

Menschen bilden eine Individualität heraus.

Ich habe mich in meinen bisherigen Büchern und in meinen Forschungen lange Zeit mit solchen so genannten „Typenbildungen" beschäftigt. Ich bin

heute ganz sicher, dass es zwar relativ viele verschiedene Menschen gibt, dass man aber ihre verschiedene Art auf ganz wenige Prinzipien (platonsche Ideen) zurückführen kann. Diese Prinzipien versuche ich hier noch einmal in einen mehr philosophischen Kontext einzubetten.
Menschen sehen sich selbst mental als „Naturmenschen“ in einer gegebenen Umgebung oder sie stehen an einer bestimmten Stelle des Lichtkegels, also im Sinnspektrum von der Idee bis zum System (oder vom System zur Idee). Implizit ist diese innere Einstellung stark mit der Nutzung der inneren „Rechenmaschinen“ verbunden, mit den „Gehirnhälften“ etwa oder den Körperseismographen. Die Ideennahen finden das Kreative, Neue, Schöne, Wunderbare wichtig, die Systemnahen das Gleichmäßige, Zuverlässige, Pflichttreue, Bemühende. Die Ideennahen verwenden ihr Leben für die Idee, die Systemnahen für die Gemeinschaft. Die Glückanstrebenden können noch richtig spüren, was ihr originaler, unzerbrochener Körper als Ganzes zu ihnen sagt. Sie müssen sich mit den Ideen und vor allem mit dem System arrangieren, also so viel Freiheit für sich gewinnen, wie es nur irgend geht.

Ich bespreche hier im Buch noch andere Differenzierungselemente des Menschen. Wie verhält er sich zu seiner Umwelt? C. G. Jung hat in seinem Werk *Psychologische Typen* die Begriffe Introversion und Extroversion eingeführt. Introvertierte Menschen sind mehr auf sich selbst bezogen, extrovertierte mehr auf ihre Umwelt. Ich bespreche die zugehörigen Lebensstrategien in einem eigenen Kapitel. Es gibt danach Menschen, die mehr wie in einer uneinnehmbaren Festung leben, solche, die wie ein Zaunkönig klein, geduckt und unscheinbar von den Feinden nicht beachtet werden wollen, solche, die wie Jäger in die Wildnis des Lebens ziehen, um Beute zu machen, und schließlich solche, die ihre Umgebung zu beherrschen trachten.

Und zuletzt zeigen die Menschen gewisse Spezialisierungen, ihre Aufmerksamkeit auf bestimmte Elemente ihres Lebens zu richten. Es gibt Menschen als „Denkende“, die Systeme ersinnen oder betreiben. Es gibt „Fühlende“, die Liebe und Freundschaft zu anderen in den Mittelpunkt stellen oder die in Gemeinschaften helfend und fördernd wirken. Es gibt Künstler, Wissenschaftler, Sportler ...

Es gibt so viele verschiedene Lebensräume.

8. Sinnprioritäten wechseln und entstehen neu

Wenn wir unser Unternehmen Mensch im wirklichen Leben starten, bauen wir es nicht gerade auf eine grüne Wiese. Wir werden erzogen, wir beginnen das Leben in unserer Gesellschaft, und die Zeiten sind immer andere.

Das, was am wertvollsten ist, wechselt.

Das, was für uns selbst am wertvollsten ist, wechselt ebenfalls!

Als Kind war ich sehr schüchtern, was mir heute niemand mehr glaubt. Ich stand meist an der Seite und schaute den Kindern eher beim Spielen zu. In der Grundschule hatte ich Bestnoten. Die Lehrerin besprach sich mit meinen Eltern. „Er soll mitspielen!" Das ging mit der Zeit besser. Man glaubte damals, es hinge mit einer erfolgreichen Mandeloperation zusammen. Ich habe wohl noch nie jemanden wirklich geschlagen, außer manchmal Margret, meine Schwester, die ein natürlicher Mensch ist und Chirurgin wurde. Viel, viel später machten die Beobachter beim Manager-Assessment noch besorgte Gesichter über den Prof. Dr. Dueck, der sich durch völligen Mangel an echter Aggressivität auszeichnete, was sie bedenklich bezüglich seiner Laufbahn stimmte. („Wenn Sie die akademischen Titel nicht hätten, vor denen in diesen zwei Prüfungstagen eine gewisse Ehrfurcht aufkam ... in einer Welt der Irrationalität haben Sie keine Chance. Und das Leben *ist* irrational. Das aber können Sie mental nicht verstehen, weil Sie ..."). Ich hatte also vor anderen Kindern eher Angst. Ich wurde nicht gerade verhauen, aber ich fürchtete mich ein wenig. Dies hielt bis zur achten, neunten Schulklasse an. Von da an versorgte ich meine Mitschüler mit völlig richtigen Latein- und Mathematikhausaufgaben. Als Fahrschüler vom Dorf war ich zuverlässig eine halbe Stunde vor Schulbeginn da. Ich fühlte mich mindestens geduldet, ich wurde ruhiger.

Ich will sagen: Am Anfang wäre es gut, man wäre stark. Am Anfang wäre es gut, man würde geliebt. Später scheint es doch besser zu sein, man wüsste viel. Oder wenn man sich auf das Schöne verstünde und malen oder musizieren könnte. Und dereinst wird es für uns am wichtigsten sein, beherzt effektiv zu handeln und zu führen.

Vielleicht haben Menschen, die als Kleinkind stark oder schön sind oder immer gestreichelt werden, Pech? Vielleicht verbeißen sie sich zu sehr in die Vorstellung, Kraft oder Verwöhntwerden sei das Wichtigste? Ich bin da nicht so sicher, aber wir alle haben manches in unserem frühen Leben besser gefunden als manches andere. Unser „Unternehmen Mensch" hat am Anfang noch kein Business-Modell, kein Produkt, keine Strategie. All das wird langsam gefunden.

Die Menschheitsgeschichte zeigt als Ganzes eine ähnliche Entwicklung. In der frühen Zeit kämpften die Menschen miteinander. Es war das Zeitalter der Helden oder Heroen. Achilles war der Größte der Helden. Aber schon in der Ilias kam es letztlich auf Odysseus an, der eben auch klug war. In den wenigen hundert Jahren von Homer bis zu Sokrates stieg das Denken und der Geist zum Höchsten im Menschen auf. Die Helden mussten in die zweite Reihe.

Mit Christus' Erscheinen auf der Erde begann die Menschheit, den Wert der Liebe zu begreifen. Das Höchste verlagerte sich, wie ich oben anführte, mehr auf diese Liebe zum Menschen und besonders auf die Liebe zu Gott selbst.

Die unsterbliche Seele, Sitz des Ewigen im Menschen, wurde mehr zu einem Sitz des unsterblichen Liebenden im Menschen. Wir begannen, Geist und Seele zu haben. Getrennt. Und wir stritten, was den Vorrang genießen solle.

In diesem Sinne entwickelt sich die Menschheit weiter. Sie erschließt neue Sinnelemente im Menschen, so wie wir als Kinder in neue Wertwelten hineinwachsen.

9. „Neue“ Sichten: Über Ästhetik und „Ktisis“

Die Philosophie kennt *heute* neben Geist (Verstand, Vernunft, Wahrheit, Logik) und Ethik (Herz, Liebe, Moral) als Teildisziplin auch noch die Ästhetik, eben die Theorie der sinnlichen Wahrnehmung. Das war nicht immer so. Platon verdächtigt den schönen Schein der Kunst noch der Unwahrheit. Und Platon lässt Sokrates in Platons Dialog Ion sprechen: „Wie nämlich die korybantisch Verzückten bei ihrem Tanz nicht bei Sinnen sind, so sind auch die Lyriker nicht bei Sinnen, wenn sie ihre schönen Lieder dichten, sondern sobald sie in Harmonie und Rhythmus geraten, sind sie in bacchischer Besessenheit befangen.“

Das Sinnliche überhaupt wurde ja im Vergleich zu Verstand und Vernunft immer sehr kritisch gesehen. Ist sinnliche Wahrnehmung Wahrheit? Bezieht sich Schönheit nicht auch auf die Schönheit der Frau und damit auf ein nicht so sehr philosophisches Feld?

Als Bürger des nun angehenden 21. Jahrhunderts würde ich dennoch so ganz spontan vermuten, dass ein Grieche oder ein Römer schon einmal ein Buch über Ästhetik geschrieben hätte. Dort könnte ich mich informieren, was Schönheit an sich seit Alters her bedeutete.

Geht Ihnen das auch so? Oder wissen Sie, wer das erste Buch über Ästhetik schrieb?

Es war kein Römer, kein Grieche. Es war Gottlieb Baumgarten.

Die eigentliche Konstitution der Ästhetik als philosophische Teildisziplin vollzieht Gottlieb Baumgarten. Er liest das erste Mal in der Geschichte der Philosophie *Ästhetik* an der Universität. Seine Vorlesungen beginnen 1742. Sein Hauptwerk, die Aesthetica, erscheint als dickes Buch 1750 in lateinischer Sprache. In dieser Zeit erscheinen schon Werke anderer Autoren in deutsch, die Baumgartens Ansätze eher bekannt machen als sein eigenes Werk. Baumgarten begründet die Ästhetik als Philosophie der sinnlichen Erkenntnis. Der Gegenstandsbereich einer Theorie der Sinnlichkeit reicht nach Baumgarten von den einfachsten Sinnesregungen im Kinderspiel über eine Psychologie der Wahrnehmung bis hin zur künstlerischen Praxis. Das wird die idealistische Philosophie bald wieder einschränken, die Ästhetik nur noch als Philosophie der schönen Kunst sieht.

Ästhetik im heutigen Sinne gibt es also seit etwa 1750. Kant schrieb bald nach Baumgarten Monumentales darüber, Schiller antwortete darauf mit *Anmut und Würde.* Hegel, Schopenhauer, Heidegger dachten maßgeblich über Ästhetik nach, Adorno in neuerer Zeit.

Es hat natürlich auch *vor* 1750 eine Menge Gedanken zur Ästhetik, zur Kunst, zur Schönheit und zur Baukunst gegeben, sicherlich. Ich meine nur: Es ist bedeutsam, dass es Ästhetik als eigenständigen Zweig der Philosophie erst seit diesem späten Datum in unserer Geschichte gibt. Es ist ein Zeichen für mich, dass die Menschheit ihre Sinnprioritäten langsam über die Zeit neu ordnet.

Wissen Sie, was an der Ästhetik wirklich noch fehlt?
Bitte lachen Sie nicht gleich, geben Sie dem folgenden Gedanken eine Chance.

Wir haben dem Verstand eine Stelle in unserem Körper gegeben. Wir spüren den Geist in uns, er wird wohl im Gehirn sein. Wir sagen, wir hätten eine Seele, die für viele von uns eine Idee ist, die unsere Liebe und unsere inneren hohen Werte symbolisiert. Die Seele ist „das Innere" und wir stellen sie uns im Herzen vor, auch wenn wir nach den Herztransplantationen genau wissen, dass sie da nicht sein kann. Die Wahrheit verbinden wir mit dem Geist. Das Ethische verbinden wir mit dem Herzen und der Seele. Und womit verbinden wir Ästhetik? Mit dem Auge vielleicht, aber das ist nicht symbolisch genug, nicht wahr?

Der Ästhetik fehlt etwas Symbolisches, damit wir sie uns als Idee vorstellen können.

Leider ist 1750 wohl so sehr spät gewesen, dass wir schon zu rational waren, um noch ein symbolisches Inneres wie Geist und Seele in uns zu spüren. So heißt es heute immer: Sinn für Musik, Sinn für Schönheit, Sinn für Architektur. Ich bin sicher, dass in den Kunstwerken so etwas wie ein Inneres liegt oder hineingelegt ist. Das können Menschen nicht sehen, die keinen Sinn für Kunst haben. Denken Sie an den „Schrei" von Munch, dieser geöffnete Mund auf dem Bild. Wir müssten etwas wie ein Pendant zu Seele oder Geist erfinden. Für Ästhetik. Wir müssten sie mehr emotional im Normalkörper verankern.

Diese Unterlassung wird bestimmt auch bei allen weiteren Neuerungen in der Sinngeschichte der Menschheit begangen werden, die es *nach* der Ästhetik noch geben mag. – Ja. –

Gibt es denn wieder einmal solche Neuerungen?

Ja! In diesen Jahrzehnten gibt es wiederum einen Anlass, die Philosophie zu erweitern. Es dauerte zwei Jahrtausende, bis man radikal sagen konnte: L'art pour l'art, Kunst um der Kunst willen. So sehr lange dauerte es, bis die Richtung des Ästhetizismus die Autonomie der Kunst erklärte und das Schöne und Kunstschöne zum höchsten Wert an sich erhob.

Nun scheint mir Ähnliches auf dem Gebiet der Technologie zu geschehen. Die Technologie im Dienst der Menschen ist so alt wie unsere Bewunderung für Schönheit, aber in den letzten Jahrzehnten nimmt die Technologie von unserem Innern Besitz. Wir erfinden um die Wette und erschaffen virtuelle Welten. Geist und Seele erblassen.

Was heute zählt, ist dies: Vorstellungskraft des Zukünftigen.

Das Gründen, Neuerschaffen, das Erfinden, die Neulandgewinnung im Realen und Virtuellen nimmt selbstzweckartigen Charakter an, obwohl es natürlich oberflächlich so aussieht, als geschehe es des Geldes wegen. NEU ist das Zauberwort unserer Zeit, nicht so sehr wie früher: ordentlich und richtig, moralisch und gut oder schön.

Kommen wir mit der Technologie in ein neues Zeitalter? Brauchen wir nach Heroik, Logik, Ethik, Ästhetik immer wieder neue Philosophien neuer Kräfte in uns Menschen?

Diese Mosaikenbilder habe ich im Internet gefunden:

Das erste ist im Original im Metropolitan Museum of Art (1000 Fifth Ave., New York) zu finden: „Personification of Ktisis (Foundation), first half of 6th century; early Byzantine”. Ich schreibe genau diese Zeile, während in den Nachrichten die Trauerbotschaft vom Anschlag auf das World Trade Center in New York immer und immer wieder mit den zusammenstürzenden Türmen gezeigt wird. Dieses Museum, dachte ich bei mir, liegt gar nicht so weit ... Für heute höre ich mit dem Schreiben auf. Ich denke an den Film „Apocalypse Now“. Marlon Brando sagt: „Das Grauen. Das Grauen!“

The Metropolitan Museum of Art, Harris Brisbane Dick and Fletcher Funds, 1998; and Purchase, Lila Acheson Wallace Gift, and Dodge and Rogers Funds, 1999. (1998.69, 1999.99) Photograph © 2000 The Metropolitan Museum of Art (siehe Farbtafel)

Und aus dem Apollotempel von Kourion ein weiteres Mosaik (Das Wort Ktisis steht hinter dem Frauensymbol):

© Marc Aubry & Dominique Murail, Zypern (siehe Farbtafel)

Es sind Sinnbilder der Ktisis. Ktisis steht im Griechischen für Schöpfung, Akt oder Vorgang des Erschaffens, für Gründung und das Geschaffene selbst. Ktisis wird im Bild mit dem Längenmaß eines römischen Fußes dargestellt. (Ktisis kommt als Wort in der Originalfassung der Bibel vor und es gibt Streit, wie es übersetzt werden soll: Geschöpf oder Schöpfung? Das macht einen gewaltigen Unterschied!).

Wie wäre es also mit der Vorstellung, es gäbe bald Ktisistik? Das klingt immerhin so komplex wie die Technologie selbst.

Das sind Wortspiele. Ja. Ich will aber damit deutlich machen, dass wir weitergehen in unserer Geschichte und damit auch in unserer Philosophie. In manchen von uns ist heute Ktisis.

10. Eine vorläufige Philosophie der drei Sinnsterne

Im Grunde bewegen uns also heute Wahrheit, Liebe, Schönheit, die Zukunft und immer wieder unser Körper, den wir früher mehr zum Heldentum und zur Tapferkeit vorzeigen mussten.

Ich möchte Ihnen in diesem Buch vorschlagen, einmal in Termini von fünf „Lichtbereichen" nachzudenken: fünfmal „von Idee zu System und daneben das zugehörige natürliche Körperempfinden".

Zur Einführung stelle ich alles in drei Sinnsternen dar, die „alles Gesagte bildhaft machen":

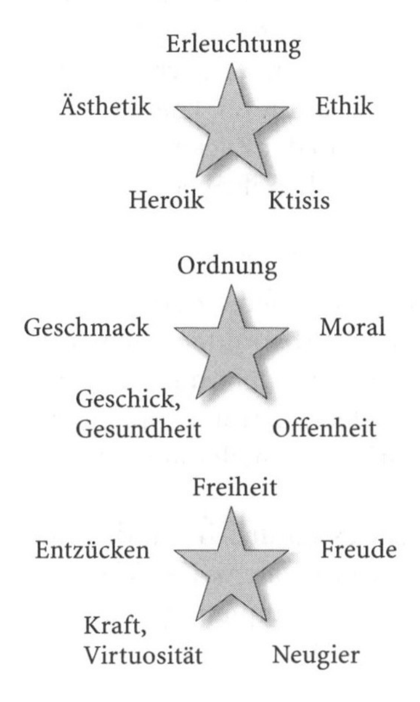

Der erste Stern steht für das Abstrakt-Ideale des wahren Menschen.

Der zweite ist mit den entsprechenden konkreten Kategorien beschriftet, die den Idealen entsprechen. Der intuitive Idealist befasst sich zum Beispiel mit reiner Wahrheit oder mit der Ethik an sich. Der analytische Denker als der richtige Mensch definiert konkret oder logisch-analytisch, was richtig oder anständig sein soll. Der Intuitive weiß um die Wahrheit, der Konkrete weiß, was in Ordnung, korrekt, erlaubt und moralisch ist. Der Intuitive versteht Schönheit, der Konkrete weiß, was genau geschmackvoll ist und was nicht.

Im Körper spürt man Ordnung wie Freiheit. Jeder Mensch ist frei. Das ist definierte Ordnung genug. Fairness im Umgang ersetzt das Gesetz. Der Körper signalisiert Entzücken, wenn ihm Dinge gefallen. Er spürt innen Freude. Es ist kein Systemwissen um Moral oder intuitive Erkenntnis der Liebe an sich. Der Intuitive weiß um das Kreative, der Konkrete ist offen gegen Neues, im Körper spürt man es wie Aufbrechen oder Anpacken, eben wie pure Neugier.

Die Sterne symbolisieren die Sinnräume der drei Computer in uns: die des neuronalen Netzes, die des internen PC, die des gespürten Seismographensystems. Es sind die Sinnsterne oder Sinnrichtungen des wahren, des richtigen und des natürlichen Menschen.

Der obere Stern ist wie einer von Platon, der zweite einer wie von Aristoteles oder Zenon (Stoa), der dritte einer wie von Epikur/Aristipp. Das stimmt so ganz genau natürlich nicht. Ich gebe es Ihnen nur als erste eingängige Vorstellungsmetapher.

Viele von uns führen ein Menschendasein, das sich vorzugsweise oben, in der Mitte oder unten und dazu insbesondere an einem der Zacken ansiedeln lässt. Es gibt Menschen für Ordnung, für Moral, für Kunst, für Technologie, für Freundschaft, für Freiheit. Ich schätze nach meinen Beobachtungen und nach langen Streitdiskussionen über dieses Thema, dass vielleicht zwei Drittel der Menschen relativ eng an einem der Zacken ihr „Lebenshauptanliegen" finden, also dass diese dort hauptsächlich ihr Leben „verbringen".

Meine Behauptung ist also: Es gibt fünf Basisrichtungen, auf die sich ein Leben zuspitzen lässt. Der wichtigste Differenzierungsfaktor aber scheint mir zu sein, ob sich ein Mensch mehr im Abstrakten, mehr im Konkreten oder mehr im Körperlichen ansiedelt. Insbesondere die Frage, was gut oder hervorragend oder nur o.k. ist, wird von den Abstrakten anders behandelt als von den Konkreten und von den Natürlichen wieder anders.

In der Nähe der Idee geht es natürlich um das tiefe Verstehen der Idee, um Kreation, um Schöpfung von Idealem. Der Wert eines Werkes oder einer Tat wird intuitiv (die Konkreten schimpfen es: subjektiv) erfasst.

Idee:
Erschaffen in Reinheit

(Tiefe Intuition für den Wert
von Werk oder Tat)

System:
Perfektion im Konkreten

(Messen des Erfolgs an Kriterien
oder Erwartungen)

Körper:
Einklang des Inneren

(Spüren von Energie
und Gesundheit)

Die konkreten Menschen aber in der Nähe des Systems bewerten das Maß des Erfolgs nach den Kriterien des Systems oder nach den vorher fixierten Erwartungen der Oberen oder der Auftraggeber.

Im ersten Fall geht es um Wiedergabe der Idee, im zweiten um Perfektionierung.

Wenn Joan Baez singt, geht es um die Idee. Michael Jackson ist perfekt. Bach ist perfekt. Mozart ist Idee oder Genie.

Der Körper spürt das Richtige als Energie oder Gesundheit, als Einklang, als Abwesenheit von Warnungen der Seismographenausschläge. „Ich habe mich beim Tanzen voll ausgegeben. Es war so gut. Ich habe alles um mich herum vergessen, alles war wie von selbst. Ich war das selbst."

Warum der Stern fünf Zacken hat? Für *mich* hat er heute *fünf*. Ich habe sehr lange darüber nachgedacht. Sehr lange. C. G. Jung hat um 1920 in seinem Buch *Psychologische Typen* vorgeschlagen, die Menschen in Denkende und Fühlende einzuteilen. Wahrscheinlich fällt die Mehrzahl der Menschen in eine dieser beiden Kategorien, ordnet sich also in den obigen Sternen bei Ordnung, Moral, Wahrheit/Logik und Ethik ein. Die Orientierung am Körper wird seit Epikur geächtet. „Körperspürende" wird es in Reinform nicht oft geben. (Ich habe Ihnen am Anfang des Buches schon vorblickend, auf diese Stelle hier, die Studentin zitiert, die ihr Leben der Fliegerei widmen will!) Die Ästheten sind in einer Minderzahl. Die Zukunftsträumer ebenfalls. Aber die Welt ändert sich gerade!

Sie ändert sich sogar zurzeit sehr stark. Denken Sie an das Fernsehen, an die Videoclips, die Musiksender, denken Sie an das Werbefernsehen, das zum Teil wirkliche erlesene Ästhetik bietet. Die Sehgewohnheiten ändern sich dramatisch. Das Internet kommt dazu, mit neuen ungeahnten Möglichkeiten. Die Markenartikelindustrie bringt uns den bodennahen Geschmack bei. Wir werden dressiert, gut auszusehen, gut zu riechen, gut zu essen, prestigeträchtige Autos zu lieben. Wir träumen von Statussymbolen, vom eigenen tollen Image (= Bild wie Sehen und Auge!). Manche seufzen schon, dass die gut aussehende Fassade oder die Form den Inhalt dominiere. „Der Song ist schlecht, der Text trivial, aber diese Frau ist eine Wucht und der Clip dazu der helle Wahnsinn!" Es geht immer darum, gut auszusehen, in jeder Beziehung.

Die Wirtschaft wird von Wellen von Neuem überrannt ... die Kraft, sich die Zukunft vorstellen zu können, wird zu einer sehr gesuchten Fähigkeit. Ein „War of Talents" wird geführt. Der Kampf um die besten Köpfe entbrennt.

Im echten Leben geht es mehr um das Neue und das Aussehen, nicht so sehr um Moral oder Ordnung. Die Ordnung brauchen wir als Menschen nicht mehr, die übernimmt der IBM Mainframe-Computer. Davon schrieb ich viel in meinen ersten Büchern. Die Ordnung und auch die Moral werden zu untrennbaren Bestandteilen der Systeme.

Wir brauchen Ordnung und Moral und ihre Systeme wohl nicht mehr so stark. Computersysteme regeln das. Heroen brauchte man früher, heute haben wir Waffensysteme. Menschensysteme werden durch Maschinensysteme ersetzt. Während die Heroik schon lange dem Geist und der Seele Platz machen musste, werden heute Moral und Ordnung alt. Das Neue und das Gutaussehende werden wach und beginnen zu dominieren. (Davon handelt im Prinzip mein Buch *E-Man*.) Die Zacken am Sinnstern variieren in der Zahl und in der Bedeutung. Und ganz aktuell weil das Gutaussehende zu herrschen beginnt, müssen wir uns wieder „Fit for Fun" machen, am besten zu Muskelpaketen schinden oder einfach Dopingpillen schlucken. Der Körper kommt, die Spaßgesellschaft erblüht. „Klasse!", sagen wir.
Das, was das Höchste ist, ändert sich jetzt.

Das war eine lange Einleitung. Jetzt gehen wir in allem eine Stufe tiefer.

Teil 2
Das Richtige, das Wahre und das Natürliche

Dieser Teil erklärt die drei Hauptarten von Menschen und differenziert sie nach ihrem „Hauptrechner" im Innern. Kennen Sie die Bücher von Joanne K. Rowling? Hermine ist der richtige Mensch. Harry Potter ist ein wahrer Mensch und Ron ein natürlicher. Harry steht für die Vision und die Richtung, Hermine bewegt alles „dorthin" und Ron ist der tapfere Held für Augenblicke, in denen es um alles geht.

III. Über richtiges und wahres Denken

Ich habe es schon in der Einführung über PC-Denken und Intuition angedeutet. Es gibt verschiedene Ansätze, das Leben zu meistern. Der Systematische denkt im System, der Intuitive im Licht der Idee. Diese Erkenntnis möchte ich jetzt für Sie vertiefen. Ich kratze für Sie ein wenig an der Oberfläche der Mathematik und wiederhole für Sie ein paar Weisheiten über unseren normalen Computer zu Hause. Danach ein bisschen über neuronale Netze. Viele Menschen, vielleicht auch Sie, graut es, mit Computern verglichen zu werden. Das finde ich nicht legitim. Der Computer ist unbewusst genau so gebaut worden, wie wir uns selbst idealerweise vorstellen. Das ist doch sonnenklar! Wie hätte man ihn sonst bauen können? Wir halten uns selbst für Gottes Ebenbild – und da wäre uns eine bessere Idee gekommen, wonach wir Computer bauen könnten?

Erst nach der Diskussion des Systematischen gegen das Intuitive fahre ich mit dem Flash-Mode fort, mit der mathematischen Erklärung des Blitzartigen in uns, das unseren Körper zur Wallung bringen kann, damit er für das jeweils Folgende in die richtige physiologische Konstitution gebracht wird (wütend werden – oder sauer, bitter, dumpf, begeistert). Ich beschließe dieses erste Buch der Omnisophie in Teil 3 mit verschiedenen Varianten, wie Menschen strategisch mit ihren inneren Denkverfahren im echten Leben umgehen.

Ich beginne zur Verdeutlichung mit zwei Beispielen aus dem platten Alltag, über die Sie noch lächeln können, obwohl sie schon ziemlich viel Ernsthaftigkeit des allgemeinen Sachverhaltes mitbringen.

Zuerst über die Idee eines Mantels: Ein Mantel schützt und wärmt.

Ich habe bei einem Spaziergang die folgende köstliche Diskussion verfolgt. Es war Winter, sehr kalt, wundervolle Sonne, Schnee. Der Mann hatte schon vor einigen Metern gestöhnt, dass ihm unsäglich warm sei, trotz der barbarischen Kälte. Er fühle, sagte er, bestimmt schon den Frühling im hellen Lichte. Er blieb dann stehen und zog den Mantel aus. Er ging weiter, den Mantel unterm Arm. Die Frau protestierte. „Es ist kalt und da zieht man den Mantel an. Du wirst dich erkälten." – „Mir ist warm. Deshalb ist es unsinnig, einen Mantel zu tragen." – So weiter streitend stapften sie durch den Schnee. Die Frau wurde verkniffener, der Mann verbissener. Sie appellierte an sein Pflichtgefühl, er aber argumentierte mit der Freiheit, den Sinn des Mantels zu respektieren. In diesem Moment kam uns allen von weitem eine ziemlich große Wandergruppe entgegen. Die Frau rief empört: „*Alle* haben einen Mantel an! Alle! Sieh doch!" Der Mann erwiderte, dass dies nichts daran ändere, dass ihm *persönlich* sehr warm sei, in welchem Falle das Manteltragen sinnwidrig wäre. Dann lief die Wandergruppe an uns im Schnee vorbei. Etliche zehn Menschen. Alle hatten den Mantel an. Noch schrecklicher: Alle, wirklich alle trugen ihn hochgeschlossen. Die Frau kochte. „Siehst du, alle im Mantel." Der Mann war blass geworden. Er zog den Mantel wieder an.

Ein natürlicher Mensch hätte gesagt: „Ich ziehe an und nicht an, wie ich will. Jeder ist darin frei. Es hat mit dem Sinn eines Mantels nichts zu tun, nur mit mir, wie ich mich fühle."

Oder folgendes Beispiel? Über den Glauben:

„Mein liebes Kind, ich möchte dir etwas ins Stammbuch schreiben. Wenn wir in die Kirche gehen, sprichst du beim Glaubensbekenntnis bitte laut mit." – „Ich habe bewusst nur geflüstert, weil ich nicht richtig glaube. Ich habe ein sehr schlechtes Gefühl dabei. Ich finde selbst, ich *sollte* glauben. Aber ich glaube, glaube ich, nicht." – „Es ist trotzdem Sitte, laut zu bekennen." – „Zum Donnerwetter, verstehst du nicht! Ich glaube nicht! Es tut mir ja selbst weh! Aber ich glaube nicht!" – „Darauf kommt es nicht an. Das Glauben an sich musst du mit dir selbst abmachen. Nur, bitte, in der Kirche sprichst du laut mit." – „Aber ich *glaube* nicht! Soll ich lügen?" – „Darauf kommt es nicht an. Wir sagen auch immer bitte und danke, jedes Mal, ganz egal, was wir fühlen. Das ist gut so. Du bist nicht allein, mein Kind. Wenn sich jeder so benähme!" – „Dann gäbe es keine Kirche mehr!" – „Das kann schon sein, mein Kind, aber wäre dann die Welt besser, wenn es das alles nicht gäbe? Du verstehst den *Wert* der Dinge nicht, mein Kind." – „Und du verstehst den *Sinn* der Dinge nicht." – „Du kannst nicht eins und eins zusammenzählen." – „Nein, dir ist alles eins."

Ein natürlicher Mensch könnte sagen: „Kirche macht keinen Bock. Macht es interessanter, dann komme ich. Ich ging mal eine ganze Zeit zur Kirche, als ich in ein Mädchen verliebt war."

Soll man ruhig sicher im Schutz eines wohldurchdachten funktionierenden Systems mit dessen unvermeidlichen Widersprüchen leben? Soll man das Tatsächliche verachten und nach nie wirklich erreichbaren Idealen streben?

Die idealistische Position sieht in der *Diskussion* meistens überlegen aus. Sinn! Idee!

Die empirisch-praktische Position *siegt* dafür, weil Ideen in Diskussionen gut sind, aber zu vage für praktische Rezepte.

(In mir meldet sich etwas, jetzt, beim Schreiben: Es ist ein wenig schwer für mich, die jeweiligen Positionen adäquat würdigend in der Waage zu halten. Das Idealistische schreibt sich besser. Der Idealist hat mehr als andere Lust zu schreiben, auf das Unerreichbare hin: „Ach, wärt' ihr nur alle so, wie ich es euch wünschte!" Ich selbst bin sicherlich viel mehr Platoniker als Aristoteliker. Verstehen Sie mich bitte: Es ist schwer, die faire Sicht zu behalten, dem leidenschaftlich pochenden Herz zum Trotz. Verzeihen Sie mir, immer wieder. Ich denke eben doch meist mit der Gehirnhälfte, die für mich die rechte ist. Für mich selbst ist das Richtige nicht das Wahre. Für mich selbst ist das Wahre das Richtige. Immerhin empfinde ich es beim Philosophieren als Mangel, quasi hauptsächlich so und nicht anders zu denken; ich will damit also bestimmt nicht sagen, dass das Denken so am besten ist, wie ich es mache – obwohl ich es so fühle, natürlich. Das ist ja das Problem.)

Das Höhlengleichnis von Platon aus dem 7. Kapitel von *Der Staat* ist weithin berühmt. Ich habe mit mir gerungen, es hier zu zitieren, aber es sind etwa sechs bis acht Seiten. Außerdem ist die Höhlenkonstruktion nicht so richtig gut beschrieben, so dass man sich schon ordentlich beim Lesen auf eine Vorstellung konzentrieren muss. Ich versuche es hier mit einer eigenen adaptierten „Light-Version":

In einer Höhle, durch deren Eingang Licht von außen einfällt, sind Gefangene mit Blickrichtung in die Höhle hinein angekettet, so sehr gekettet, dass sie sich nicht rühren können. Sie müssen immer nach unten und in die Höhle hinein schauen. Das Licht der Außenwelt sowie das Treiben der Wärter und der Welt in den oberen Stockwerken der Höhle nehmen sie ausschließlich als Schatten wahr. So haben sie weder vom Tageslicht noch von den Dingen, deren Schatten sie interpretieren, eine wirkliche Vorstellung.

Denken Sie sich kurz in diese Höhle hinein? Gut.

So. Jetzt binden wir in Gedanken einen der Gefangenen los und lassen ihn für kurze Zeit frei. Das Licht blendet ihn scharf, er sieht nun tatsächlich die Dinge, deren Schatten ihm davor genügen mussten. Kurz: Sein Bewusstsein erweitert sich um ganze Dimensionen. Das vorher Schattenhafte wird farbig-plastisch. (Für Mathematiker: Man sah „vorher" nur eine Projektion auf einen niedriger dimensionalen Raum.)

Das Licht symbolisiert für Platon letztlich die Idee des Guten, um die das Philosophische rankt. Und das Licht ist am schwersten zu erreichen und zu durchdringen!

Stellen Sie sich nun vor, der kurz Freigelassene würde wieder angekettet und müsste wie zuvor weiterleben! Oder: Man ließe jemanden nur für Sekunden frei und kettete ihn wieder an! Wie würde es sein Verhältnis zur Welt und zu den Mitangeketteten prägen?

Platon fühlt sich als Philosoph wie jemand, der das Licht sah und es den Angeketteten predigt. Die aber glauben ihm nicht. Es ist für sie auch nicht relevant, wie die Dinge wirklich aussehen, wenn sie ja doch nur lebenslang die Schatten sehen dürfen! Im praktischen Leben des normal Geketteten ist es wichtig, die Nuancen der Schatten zu kennen. Das ist die wahre, konkrete Lebenskunst des Angeketteten. Einem wiederangeketteten Philosophen, der vorher das Licht gesehen hätte, würde das Herz verbluten. Er würde den Mitgefangenen von der Schönheit der Welt erzählen! Und sie würden ihn bald beschimpfen: „Halt dein Maul! Hier sind bloß Schatten und nichts als Schatten und es ist für Angekettete am allerwichtigsten, sich mit Schatten auszukennen! Du bist Philosoph, also berichte uns etwas, mit dem wir etwas Praktisches anfangen können! Rede über Schatten! Das Wissen über die Dinge an sich, also über die Dinge bei Lichte besehen, nützt hier nichts."

Einer der Angeketteten aber, – so stelle ich mir fiktiv vor – dem man nur für zehn Sekunden erlaubt hatte, die Welt zu sehen, der könnte sich für diese wenigen Sekunden einfach die Augen zuhalten wollen. Er könnte fürchten, von den anderen als Aussätziger behandelt zu werden.

Dieses Höhlengleichnis gibt uns also eine schattenhafte Erkenntnis vom Idealen. „Ja! Verstehe ich klar!", sagen die, die Platoniker sind. Die anderen aber, die Konkreten, Praktischen, fühlen sich sehr erdverbunden, was ungefähr eine Variante des Angekettetseins darstellt.

Wenn uns zum Beispiel ein Kind mit klaren Augen anschaut, ganz ernst, ganz entschlossen, und fragt: „Glaubst du an Gott?", dann erzeugt das in den meisten von uns so ein bestimmtes Gefühl. Es ist, als würden wir für ein paar Sekunden losgekettet vom Konkreten und sollten für das Kind ins Licht schauen. Und wir winden uns, weil wir nicht in das Licht schauen wollen. Wir wenden uns für das Kind um, blinzeln, aber wir lassen die Augen im Wesentlichen geschlossen. „Es hat ja keinen Zweck."

Und wenn wir einen Philosophen im Supermarkt treffen und ihm begeistert verraten, dass es heute Magnum-Mandel-Eis für den großen Vorratsstock zum fast halben Preise gäbe, dann lächelt er uns traurig an. Er fühlt wie jemand, der das Licht sah, aber wieder angekettet werden soll.

Das praktische Leben und das Ideale sind so weit auseinander. Platon hält die wirklichen Dinge der Welt eher für Schatten, die nur ein schwaches Abbild der Idee selbst sind.

Aristoteles schreibt über Platon in seiner *Metaphysik*: „So kam Plato zu der Ansicht, daß es sich im wissenschaftlichen Verfahren um andere Objekte als um das Sinnliche handle, durch die Überlegung, daß von dem Sinnlichen, das in steter Umwandlung begriffen sei, es unmöglich sei einen allgemeingültigen Begriff zu bilden. Dieses in Begriffen Erfaßbare nannte er Ideen; das Sinnliche aber, meinte er, liege außerhalb derselben und empfange nur nach ihnen seine Benennung; denn in der Form der Teilnahme an den Ideen habe die Vielheit dessen, was nach ihnen benannt wird, sein Sein. An dieser »Teilnahme« ist nun nur der Ausdruck neu. Denn schon die Pythagoreer lehrten, das Seiende sei durch »Nachahmung« der Zahlen; Plato aber lehrt, es sei durch Teilnahme an den Ideen." Aristoteles, der Konkrete, distanziert sich von seinem Lehrmeister.

Es ist sehr schwer zu sagen, was eine Idee genau ist. Man muss es allerdings nicht wirklich erklären, weil es jeder intuitiv weiß. Wir alle haben intuitive Ideen des Guten, des Menschen etc. Platon benutzt das Wort Idee gar nicht so oft. Dann aber etwa so (hier aus dem Dialog *Phaidros*):

„Denn der Mensch muß sie begreifen in der Form der Idee, wie man es ausdrückt, die, aus einer Vielheit sinnlicher Wahrnehmungen sich ergebend, durch logisches Denken zur Einheit zusammengefaßt wird." Die Idee entsteht so langsam in uns, aus einer Fülle von Gefühlen, Wahrnehmungen, Einzelerkenntnissen, die im neuronalen Netz in unserem Gehirn – so werden wir sehen – langsam reifen. Die Ideen sind oft in sehr vielen Menschen die gleichen. Manchmal haben Genies ganz neue.

Am Ende dieser Einleitung hören Sie ein besonderes Beispiel einer Idee, die in einem kleinen Jungen entstand. Er war sieben Jahre alt. Er empfing die Idee des guten Pferdes.

Ich selbst kenne Pferde von unserem Bauernhof. Ich war bis zu Tränen erschüttert, als Monty Roberts vor dem IBM Topmanagement über sein Leben erzählte, sein Leben mit Pferden.

Sein Vater betrieb beruflich das Einbrechen von eingefangenen, wilden Mustangs („breaking horses"). Die Pferde werden dazu ein paar Wochen „behandelt". Sie werden zuerst in eine Schleuse getrieben, damit man nahe genug an sie herankommt, um ihnen ein Halfter anzulegen. An dem Halfter wird ein Seil befestigt und jedes Pferd wird an einen starken Pfosten gebunden.

Dann wird ein schwerer Sack an einem Seil befestigt und dieser auf die Rücken der Pferde und um ihre Hinterbeine geworfen bzw. geschlagen, was die Tiere in furchtbare Panik versetzt. Verletzungen müssen in Kauf genommen werden. Dieser Vorgang heißt „sacking out", er dauert mehrere Tage und dient dazu, den Willen der Pferde und ihren Widerstandsgeist zu brechen. Danach lässt man die Pferde auf drei Beinen stehen, um ihren Willen zu schwächen. Man bindet dazu jeweils ein Bein hoch (üblicherweise beginnt man hinten rechts und macht das mit allen vier Beinen der Reihe nach). Sie werden weiter mit dem Sack bearbeitet. Auf drei Beinen geben Pferde schneller auf. Schließlich wird der Sattel fixiert und das Verfahren mit wechselnd hochgebundenem Bein startet neu. Sackbehandlung bis zur seelischen Aufgabe. Es dauert bis hierher 8-10 Tage. Druckstellen, kahl-abgeschürfte Stellen und mehr oder weniger schwere Beinverletzungen können oft nicht verhindert werden.

Wenn die Pferde „soweit" sind, werden sie losgebunden und mit einer Hackamore versehen. (Das ist eine Trense ohne Gebiss, sie liegt wie ein Hebel auf der Nase und ist ziemlich schmerzhaft, weil sie ganz sanft gebraucht werden muss, was wirklich schwer ist. Wenn man zu stark an den Zügeln zieht, gibt es einen extremen Druck auf die hochempfindliche Pferdenase.) Dann werden die Pferde noch eine Woche mit langen Zügeln bewegt, damit sie an „Gas und Bremse“ gewöhnt werden. Schließlich werden sie zum ersten Mal geritten, mit querverbundenen Beinen, damit sie nicht buckeln können. Wenn sie sich wehren, werden sie getreten oder gepeitscht.

Wenn sie noch nicht so weit sind, dass man sie reiten kann, stehen sie so lange mit hochgebundenen Beinen da, bis sie zahm sind. Das Ganze dauert mindestens drei Wochen.

Monty Roberts wurde 1935 geboren und verstand schon mit sieben Jahren alles von Pferden, bis auf das „breaking“. Sein Vater zeigte ihm 1942 zwei junge Pferde. Die würden Montys Gesellenstücke werden. Monty war erschrocken, erbat sich eine Woche Bedenkzeit. Auf das unwirsche Warum? seines Vaters gab er an, die Pferde erst kennen lernen zu wollen. Der Vater schüttelte den Kopf. „If you don't hurt them, they'll hurt you." Monty strich um die Pferde herum, bis sie die Furcht verloren. Nach Tagen versuchte er, ihnen eine Satteldecke aufzulegen. Sie ließen es sich gefallen. Wie ein Blitz schoss er begeistert von seiner Erfahrung ins Haus, rief den Vater heraus und zeigte es ihm. Sein Vater war erst sprachlos. Dann sagte er: „What am I raising?“ („Was habe ich da groß gezogen?“). Er nahm eine Eisenkette, packte den Sohn und schlug ihn zum Blutklumpen. Monty kam wegen eines äußerst schweren Pferdeunfalls in ein Krankenhaus. Er fühlte, wie Einbrechen war. Sein Vater machte keinen Unterschied zu Pferden. Sein Vater blieb von nun an eine blutende Stelle in seiner Seele.

Sobald er später konnte, perfektionierte er eine neue Methode, Pferde zu zähmen. Die Methode erforderte nur eine halbe Stunde, um ein Pferd im Guten zu zähmen. Vielleicht haben Sie es im Fernsehen gesehen, es gab einige Zeit lang viele Berichte darüber. Ein Pferd wird in ein Wellblechrondell mit über 10 Metern Durchmesser hereingelassen, der Trainer (Monty oder Sie) steht in der Mitte und wartet im Wesentlichen ab, was das Pferd tut. Er schwingt eine lange Leine wie zärtlich an das Pferd heran. Das Pferd zittert vor Panik und rennt wie wild im Kreis um den sich langsam mitdrehenden Trainer herum, wird langsamer. Der Trainer in der Mitte redet begütigend und ruhig zum Pferd. Nach etwa 15 bis 20 Minuten bleibt das Pferd erschöpft stehen und blickt den Trainer an. Es schaut und schaut. Und dann kommt die Stelle, wo mir beim Filmanschauen ganz weich wurde: Das Pferd bekommt plötzlich so einen ganz anderen Ausdruck im Gesicht – und trottet auf den Trainer zu! Es war unsäglich ergreifend für mich (und ich neige zu so etwas bestimmt nicht!). Der Trainer umarmt das Pferd, redet ihm gut zu, sie schließen Freundschaft. Nach zehn Minuten wirft der Trainer dem Pferd eine Decke über. Es bockt vor Panik, rennt wieder im Kreis. Diesmal wird es schneller wieder langsamer, kommt aufs Neue nach innen, um sich umarmen und streicheln zu lassen. Nach etwa 35 Minuten steigt der Trainer auf das Pferd und streichelt es dabei.

Das ist alles.

Ziemlich jeder, der Pferde streicheln mag, kann nach ein paar Wochen Übung wilde Pferde einreiten. Monty Roberts zeigte uns dazu einen Film mit einer „Erststudentin", die mehr zitterte als das Pferd. Es dauerte ein paar Minuten länger als bei ihm selbst.

Monty Roberts hat seine Methode allen gezeigt. Er reiste herum und zähmte im Halbstundentakt Tausende von Pferden. Sein Vater betrieb sein Geschäft traditionell weiter. Er glaubte nicht.

Niemand glaubte.

Monty Roberts galt als Wunderdoktor, dem die Pferde zufällig gehorchten, als Kuriosität.

Er predigte praktisch Jahrzehnte lang ohne Erfolg, etwa so: „Der Mensch ist eine Kampfmaschine!" (Fight animal) „Das Pferd ist ein ängstliches Fluchttier!" (Flight animal) „Pferde sind gute Tiere, sie haben nur Angst vor uns, nichts weiter."

1942 schlug ihn sein Vater mit Ketten. 1988 lud ihn eine neugierig gewordene Königin von England zu einer Vorführung ein, die 1989 stattfand. Elisabeth II. sah und glaubte. Sie besorgte Monty Roberts einen Ghost Writer und forderte ein Buch. Das wurde zum Schluss in ungläubig kleiner Auflage gedruckt. *The Man Who Listens to Horses* wurde ein Weltbestseller und dann kam noch eine Hollywoodschleife mit Film und Buch (nicht von Monty Roberts) *Der Pferdeflüsterer* dazu, die im Grunde den Punkt nicht mehr treffen bzw. ihn verlieren. Irgendwann hört dann in der wirklichen Welt wohl bald die Pferdequälerei auf. Wer weiß?

Der Punkt ist, dass alle Menschen eine falsche Idee vom Pferd hatten bzw. heute noch haben. Und zwar eine furchtbar falsche. So ein Vater eines kleinen Monty müsste doch abgrundtief getroffen sein, alles um ihn herum bis dahin missverstanden zu haben! Er hätte flüstern sollen: „Das ist DIE Idee!"

Ich habe mit hohen Managern mehrerer Firmen, die Monty Roberts gesehen hatten, über ihn diskutiert. Die meisten sagen: „Interessant. Ich sehe natürlich die Analogie zwischen Pferden und Mitarbeitern. Deshalb mussten wir den Film bestimmt ansehen. Er zeigt, dass man ab und zu nett zu Mitarbeitern sein sollte, das hilft sehr. Sicher. Ich selbst bin oft nett zu ihnen, aber für manche Kollegen war es wichtig, den Film zu sehen, obwohl die so etwas gar nicht auf sich beziehen." Die meisten, mit denen ich sprach, sehen die Moral der Geschichte darin, dass mehr Zuckerbrot auf Kosten der Peitsche angebracht wäre.

Die Botschaft aber ist: Pferde sind gut. Oder zumindest: Pferde sind wie natürliche Menschen! (Sie haben ja möglicherweise weder eine Idee von sich oder eine Vorstellung von einem System?!)

Im Guten, also wie freie Pferde, die sich gut fühlen, lassen sie sich nach 30 Minuten gerne reiten, im Bösen nur als zerbrochene Wesen nach vier Wochen.

Die Botschaft ist: Menschen sind gut, auch wenn sie Freie sind.

Im Guten arbeiten sie gerne Tag und Nacht. Im Bösen nur als zerbrochene Burn-out-Wesen unter Dauerstress, Druck und drohenden Bonuszahlplänen, die die Trauben hoch hängen.

Der Streit, ob der Mensch wirklich durch das erbsündige freudsche Es im Körper so böse ist und deshalb systematisch durch „sacking out" gebrochen werden muss, ist so alt wie die Kultur. Kindern wird der Wille gebrochen, heute nicht mehr so ausdrücklich wie früher.

Bei Pferden ist es nun nach Jahrtausenden des Irrtums *formal bewiesen*: Das Böse im Pferd ist vorher nicht da. Es entsteht allenfalls durch das Brechen der Seele, die sich in den Untergrund verabschiedet hat. Dann arbeitet das neuentstandene Wesen wie ein Pferd, ohne noch eines zu sein. Das Böse ist im Kern im System des „breaking horses", im Über-Ich, im ES der traditionellen Pferdekultur. Die Kultur des „breaking horses", das System also ist das Böse. Das Böse ist nicht im Pferd. Monty Roberts *bewies* es. Ihm wurde jahrzehntelang nicht geglaubt. Ohne die Queen glaubte man ihm heute noch nicht. Beweis hin oder her.

Im Buch *Warum wir arbeiten* von Michael Maccoby findet sich diese feine historische Anmerkung: „Der Begriff Manager stammt von dem italienischen Wort maneggiare, in die Hand nehmen, handhaben, anfassen, umgehen mit, gebrauchen, Pferde zureiten, Pferde dressieren – also die Kraft von Tieren bändigen und lenken." Menschen werden also wie Tiere gebändigt und gelenkt. Wer das kann, ist Manager.

Haben wir also vielleicht eine genauso katastrophal falsche Idee vom Menschen wie von Pferden? Die Platoniker predigen seit über zweitausend Jahren das Zum-Erblühen-Bringen des Menschen. Unsere Kulturen aber brechen den Willen insbesondere des natürlichen Menschen, der meist als einziger überhaupt einen Willen hat, so lange, bis der Mensch widerstandslos das Erforderliche lernt und hart wie ein Esel arbeitet. Vielleicht aber lassen wir uns doch einmal etwas vom Pferd vormachen und nähern uns langsam und meinetwegen systematisch der Idee des Guten im Menschen?

Auf der anderen Seite, leider:

Das reine Gute der Philosophen aber scheitert natürlich ebenso, *wenn es ohne System schutzlos nur aus dem Licht besteht*. Terroranschläge erschüttern heute die Welt. Ausländerhass lenkt ratlose Menschen von der eigenen Lage ab. Ein paar eingewanderte Raubtiere veränderten in Australien die gesamte Tierwelt. „Es kann der Beste nicht in Frieden leben, wenn es dem Nachbarn nicht gefällt." Die Herrscher der Ideenlüfte verwechseln regelmäßig das Gute mit dem Nur-Guten. Sie predigen: „Wenn jeder das Gute anstrebte, wäre die Welt gut." Sie wollen das Gute zu Adel erheben, verlangen aber meist viel radikaler als möglich den problemfreien Fall des Nur-Guten. Wenn alles nichts als gut wäre, wäre alles gut. Wenn es aber nur ein bisschen Böses gibt? Die Hoffnung auf eine nur-gute Welt ist die Sünde der Idealisten. Letztlich gibt es eben *auch* das Böse. (Ich schreibe sehr viel im Buch *Supramanie*, wie das Böse notwendig entsteht, unter dem Stichwort Topimierung.) Nach meiner Überzeugung also muss es das Böse geben. Um daher das Gute hoch zu halten, muss das Böse niedergehalten werden. Das muss eben mit System geschehen, so leid es den meinetwegen nur-guten Philosophen tut, die dem Nur-Guten zu Liebe sogar manchmal das schiere Gift trinken.

Es oder ES? Das Gute oder die Sünde? Idee oder System? Linke Gehirnhälfte, rechte Gehirnhälfte? Ein natürlicher Mensch in einem freien Körper? Warum weigert sich ein System, eine neue Idee zu sehen? (Eine runde Erde, die „Abstammung des Menschen vom Affen", das „Gute" im Pferd?) Haben Systeme keine Wahrnehmungsfähigkeit für Ideen? Ist es für sie keine Mitteilungsform? Muss man dem System vielleicht systemgerechter kommen? So etwa? „Wir werden alle herkömmlichen Pferdezähmer ruinieren. Wir können mit einer neuen Methode Pferde in Minuten lammfromm biegen. Schneller als Brezelbacken. Allein durch Tierarztkostensenkung liegen wir 20 % billiger. Wir gewinnen den Weltmarkt. Die neue MR-Methode ist patentiert. Niemand hat eine Chance gegen uns." – „Wie funktioniert die Methode?" – „Geheim. Patentiert. Sie treiben Ihr Pferd da hinein und zahlen nach einer halben Stunde am Ausgang. Es ist ein Vollservice. Sie müssen sich um nichts kümmern. Reiten Sie einfach nach Hause." – „Aha, gut. Wie viel kostet es?" – „Ist doch egal. Da ist die Kasse."

Und auf der ganz anderen Seite: Warum weigern sich die Gralshüter der Ideen, die anderen Ideen wahrzunehmen oder die Notwendigkeit von der Integration verschiedener widerstrebender Ideen in Systeme? Gäbe es für alle Menschen genug zu essen, wenn wir alle Fakire der Spitzenklasse wären? Muss nicht auch jemand Nägel mit Köpfen machen?

Wenn ein System regiert, hilft eine neue Idee nicht. Im System ist das System das Wichtige, nicht die Idee. Für manche Menschen, wie für Monty Roberts, ist die Idee das Wichtige. Sie opfern auf der Stelle das System und erschaffen ein neues, um die neue Idee herum. Manche andere Menschen haben grandiose Ideen und meinen, sie hätten damit alle anderen Ideen fundamentalistisch besiegt oder die Notwendigkeit von Systemen durchbrochen. Ist die Idee oben? Ist das System oben?

Quelle: 5555 Meisterwerke der Digitalen Bibliothek (siehe Farbtafel)

Der Unterschied zwischen diesen beiden Haltungen ist die wahre Spaltung der Welt. Es sind die zwei wahren extremen Pole des Denkens. Die dritte Art der natürlichen Menschen steht daneben, meist gehasst, weil sie nicht dienen will.

„Platon weist auf die himmlische Ideenwelt, Aristoteles auf die irdische Werdewelt.“ So las ich über diesen bekanntesten Ausschnitt aus Raffaels Meisterwerk „Die Schule von Athen“ (1509), das im Vatikan zu bewundern ist.

Epikur kommt auf dem Bild ebenfalls vor, aber nur am Rande. Am linken. Er ist sehr jung dargestellt, mehr im Typus „Weingott“, mit Lockenkopf. Sie wissen schon, warum. Zenon, dem wir unsere finsteren Pflichtlebensregeln der Stoa zu danken haben, ist noch weiter an den linken Bildrand geklemmt; sehr alt und grimmig! Das Bild ist ziemlich dunkel an dieser Stelle. Wahrscheinlich knurrt Zenon hier seit bald 500 Jahren, dass er ausgerechnet neben Epikur gemalt werden musste. Sehen Sie die beiden in einem zweiten Ausschnitt!

Quelle: 5555 Meisterwerke der Digitalen Bibliothek (siehe Farbtafel)

IV. Das normale Denken des richtigen Menschen: Wie ein PC

Die linke Gehirnhälfte ist der Sitz des logischen, sequentiellen, rationalen, analytischen Denkens, das den Blick objektiv auf alle Einzelheiten richtet.

Ich arbeite jetzt für Sie die Unterschiede *dieses* Denkens zum intuitiven Denken heraus. Ich zeichne Ihnen das ganze Bild unter der Metapher des PC-Denkens.

Ich will, wie schon gesagt, den Menschen nicht zum PC degradieren, nicht einmal den richtigen oder rationalen. Der PC ist aber natürlich („natürlich"!) nach dem rationalen analytischen Menschen gebaut worden. Da der rationale Mensch das so gewollt hat, sieht ihm sein Baby PC *natürlich* wie aus dem Gesicht geschnitten ähnlich. Wir müssen allerdings noch ein paar Jahrzehnte beobachten, was aus dem Prachtkerl wird, gell? Zahlenmäßig sind die PCs den rationalen analytisch denkenden Menschen bald überlegen. Sie kosten nur 1000 Dollar. Das sollten Sie fairerweise honorieren, bevor Sie meinen billigen Vergleich des PC mit einem Menschen kritisieren.

1. Unbefangene Gedanken zur Wissensorganisation in einem PC/Menschen

Der Mensch weiß eine ganze Menge. Wissen ist meistens mit den Begriffen Sprache, Buch, Schrift assoziiert. Gedanken sind wie Sätze, so sagen die, die mit links denken, also mit der linken Gehirnhälfte. So ist es *richtig*. Wissen ist wie ein Lexikon. Da stehen alle Wörter und Begriffe, die es gibt, in allen Sprachen, die es gibt, und dahinter steht eine Erklärung für jedes Wort. In einer Enzyklopädie kann auch ein ganzer Aufsatz folgen.

Wenn das Wissen zu viel wird, wenn es sich zum Beispiel in Mengen von Lehrbüchern niederschlägt, so muss es besser organisiert werden. Das geschieht in Bibliotheken, die ganze Systematiken und Kataloge aufbauen. Diese Regale und Unterregale sehen schon fast so aus wie die Organisation der Datensätze auf einer Festplatte. Eine Bibliothek wirkt wie ein MS-Windows File-System.

Es gibt eine Menge solches geschriebenes Wissen.

Das meiste Wissen „weiß" man natürlich, ohne dass es aufgeschrieben ist.

Zum Beispiel hat jeder von uns über jeden anderen, den er kennt, ein Personaldossier im Kopf („34 Jahre alt, verheiratet, 2 Kinder, geht fremd mit der Nachbarin, arbeitet bei der Stadt, lädt oft zu Parties ein, spielt Fußball, Biertrinker, nett, etwas laut"). Diese Dossiers existieren fast nur in Köpfen und sind sehr verschieden. Jeder hat ja eine andere Meinung von jedem anderen. Für dieses Phänomen gibt es viele Ursachen. Eine liegt darin, dass es eben viele verschiedene Menschen gibt, die von den jeweils „anderen Arten" in der Regel eine schlechtere Meinung haben als von der eigenen Art. Deswegen gibt es kaum eine allgemeine Meinung etwa über Sie oder über mich. Die einzige Möglichkeit, ein Minimum an Konsens über Ihre Person herzustellen, besteht darin, hinter Ihrem Rücken unser aller Meinung über Sie zu konsolidieren. Dazu bietet sich gemütliches Kaffeetrinken an, bei dem ja viele kleine Lorbeerkränzchen für Nichtanwesende gewunden werden. Sie mögen das Tratsch oder Klatsch nennen. Es ist aber Wissenskoordination von Personaldaten, die im Leben sehr, sehr wichtig sind. Oder wollen Sie denn, dass Ihr Personaldossier im Internet steht? Davor haben wir alle Angst! Deshalb reden wir unermüdlich über Datenschutz. Den wollen wir, damit die Personaldaten so vage bleiben, wie sie sind.

Ich erkläre Ihnen später, dass diejenigen richtigen Menschen, die das Wissen mehr in den Lexika als in den Köpfen vermuten, „Denker" sind. Die anderen richtigen Menschen, die ihre linke Gehirnhälfte mit Personaldaten füllen, sind mehr an Menschen interessiert und haben „Gefühl". Denker nennen sich „objektiv", weil im Lexikon genau die richtige Bedeutung steht. Eine ganz genaue und nur die eine. Die Denker haben für Gefühlsdaten über Personen nur das von ihnen schwach verächtlich verstandene Wort „subjektiv" übrig.

Wieder andere richtige Menschen merken sich Daten von Objekteindrücken. Nicht solche, die in Prospekten zu finden wären. Die sind für sie uninteressant. Nein, solche: „Die ALDI-Bohnen sind wirklich fadenfrei, so dass sie gut statt Bonduelle gegessen werden können. Der Harry-Potter-Film soll so gut wie das Buch selbst sein. Jugendliche mit 14 finden S. Oliver nicht mehr so gut. Sie wollen jetzt sehr weite Schlabberhosen. Unser Nachbar hat neue Gardinen, absolut hässliche. Sie haben drei Wochen ausgesucht und nun das. Sie haben Interlübke, sie wollen protzen. Es soll reiche Leute geben, die bei IKEA kaufen." Die Denker nennen solche Äußerungen weder objektiv noch subjektiv, sondern sagen, sie seien „Geschmackssache". Geschmacksurteile müssen ebenfalls viel stärker koordiniert werden als das „Sachliche". Denken Sie einmal nach, ob für Sie Geschmacksurteile „subjektiv" sind. Das sind sie schon, aber im Grunde trifft das Wort „subjektiv" nicht den Kern. Können Sie das spüren? Dann sollten wir uns einigen können, dass das Denken, das Fühlen und das Wahrnehmen im Sinne des „guten Geschmacks" verschiedene Mechanismen sind, um zu Urteilen zu kommen.

Die normalen Denker kennen den Wert der Einzelregeln des Ordnungswissens. Die „mit Gefühl" kennen den Wert der einzelnen Personen und deren Beziehungen untereinander. Diejenigen mit dem guten Geschmack kennen den Wert der Dinge und deren Beziehungen zueinander („alles passt zusammen").

Es gibt also je nach Spezialgebiet verschiedene richtige Menschen. Das habe ich Ihnen mit den Sinnsternen schon andeuten wollen. Die wirklich mächtigen richtigen Menschen sind die, die sich auf das geschriebene Wissen spezialisiert haben.

2. Rezepte wie Listen von Anweisungen

Rezepte geben Anweisungen, wie Menschen etwas in richtiger Weise tun. Rezepte gehen also schon über reines Wissen hinaus. Lexikographisches Wissen können wir mit reinen Dateneinträgen auf der Festplatte vergleichen. Rezepte sind kleine Programme, die uns zu erwünschten Zielen geleiten. Nehmen wir an, Sie essen gerne Sauerbraten, eines der wirklichen Ziele Ihrer Wünsche. Dieses Endergebnis ist sehr weit davon entfernt, Ihnen eine Vorstellung von der Zubereitung zu geben, weil Sie vermutlich in die Geheimnisse des Marinierens nicht eingeweiht sind?

In anderen Kontexten heißen Rezepte dann Bedienungsanleitungen („Programmierkurs zur Videoaufnahme“) oder Aufbauanleitungen für Möbel („Prüfen Sie zuerst, ob Ihnen eine Schraube fehlt.“) oder Verfahrensvorschriften („Gehaltsvorschussverfahren mit Fünffachvollprüfung und mottensicheren Belegaufbewahrungsfristen“).

Rezepte sagen, wie es richtig gemacht wird, wie im Computerprogramm. Schritt für Schritt, wie ein Computer, sollen Sie die Anweisungen befolgen. Stellen Sie keine Sinnfragen, verfahren Sie genau wie angegeben. „Führen Sie es genau so aus, wie Ihnen gesagt wurde.“ Rezepte sind ein gewisser Autoritätsersatz. Sie vertreten den Meister, der die Rezepte verfasste.

Menschen wissen dann alles ganz genau. „Man mischt erst Wasser und Frostschutz und füllt es dann ein, nicht getrennt ungemischt nacheinander.“ – „Ach, ich verstehe, es ist wie bei einer Vinaigrette!“ – „Was ist das und was hat es jetzt damit zu tun?“ (Das ist vernetztes Denken, zu dem die *wahren* Menschen neigen. Richtige Menschen denken nicht vor einem Auto an Salatöl.)

3. Schemata – unsere Kurzprogramme

Rezepte leisten unglaublich viel, wenn wir ganz spezielle Ziele erreichen müssen. Wenn die Ziele etwas vage sind und nicht exakt definiert, dann verlassen wir uns auf etwas größere Programmeinheiten, auf die so genannten Schemata, von denen viel in der Soziologie und der Psychologie die Rede ist. Diese Wissenschaften verwenden „Schema“ als Begriff für die Grundbausteine unserer Kognition.

Schemata sind Konzepte oder vorgefertigte Gedanken, die wir von öfter wiederkehrenden Sachverhalten haben; Schemata sind gespeicherte Grundgerüste im Gehirn, nach denen sich die Beurteilung und Ausführung von Vorhaben richten.

Das Leben besteht aus zahllosen Einzelepisoden. Gast begrüßen, Spaghettini wickeln, Toilettenpapier abreißen, Hund streicheln, Sonnenbrille aufsetzen, Brötchen holen. Für alle diese Vorgänge erwerben wir Schemata, also Vorgehenskonzepte.

Wenn also Ihr kleines Kind Spaghettini wickeln kann und Sie nun das erste Mal Makkaroni auf den Tisch bringen, denkt das Kind: „Aha, wie Spaghettini." Es beginnt zu wickeln. „Mama, es geht so nicht." Rote Flecken bilden sich neben dem Teller. „Kind! Makkaroni müssen wir dir schneiden. Das geht so nicht! Lass das, das schaffst du so nicht. Mammi und Pappi schneiden dir das. Schau mal, du Monster, alles voller Flecken, auf die gute Decke. Du musst doch sehen, dass Makkaroni anders sind! Du kannst doch nicht alles nach Schema F aufwickeln!" So erwirbt das Kind durch schneidende Belehrung ein neues Abwicklungsschema. Spätestens mit 10 Jahren wird es beim Anblick von Makkaroni ein letztes Mal mit dem Schema „Mammi, Pappi, schneiden!" reagieren, erstaunte Blicke einfangen und ein neues, selbstständigeres Schema erwerben.

Ein großer Teil der Erziehung widmet sich der Vermittlung von Schemata. Über die Straße gehen. In den Bus einsteigen. Zimmer aufräumen, Doktor spielen. Später, im Alter: St. Estèphe dekantieren, Grußworte sprechen, einem Schwarzzylindrigen Trinkgeld geben, Viagra.

Rezepte sind fast wie Computerprogramme. Die Programmiervorschriften eines Rezeptes lassen sich in einem Kochbuch nachschlagen. Sie sind leicht ausführbar, wenn wir über gewisse Grundschemata des Kochens verfügen. Schemata des Kochens sind „Braten", „Kochen", „Blanchieren", „Zuschneiden", „Putzen", „Prüfen, ob es gar oder durchgebraten ist, oder genug gegangen". Eine ferne Bekannte berichtete: „Wir haben einen Feldhasen bekommen, mit Fell dran. Pfui. Wir haben das dann abziehen können und mein Mann hat ihn ausgenommen. Wir wussten natürlich ungefähr, was da herauskommen kann, aber es war heftig. Mein Mann wollte noch den Schlauen spielen und mir erklären, was es für Organe sind. Ich konnte es mir ja denken. Er ist eben so. Es ist seine Art, zu überlegen, wenn er keine Ahnung hat. Er erklärt es mir dann. Na, dann war ich an der Reihe. Wir wissen nicht, was man mit wilden Hasen macht. Wir haben ihn als Ganzes gekocht, mit Sellerie und Möhren. Es hat nicht geschmeckt, sehr zäh. Muss man Hasen länger als 5 Stunden kochen, weil sie wild sind?" Sie merken, wie viele Schemata wir brauchen, um dann nach Rezept vorgehen zu können.

„Mensch, was hast du da wieder gemacht!", brüllen wir, wenn jemand Rezepte anwandte, ohne ein Konzept zu kennen. „Ich dachte ja nur ..." – „Du dachtest! Aha, du dachtest! Du sollst nicht denken, sondern nur das Richtige machen, verdammt noch mal!"

Schemata sind Muster oder Schablonen, die bei Bedarf mit dem Richtigen in dieser speziellen Lage aufgefüllt werden müssen.

Computer schaffen das noch nicht. Am Telefon: „Geben Sie Ihre Kundennummer über die Telefontastatur ein." – „Aber, ich möchte erst Kunde werden." – „Eingabe nicht gültig. Geben Sie Ihre Kundennummer ..." So sind sie heute, die Computer. Dezember 2001. Bald werden sie mehr Schemata haben und noch mehr Rezepte, so dass man sie kaum von einem Menschen unterscheiden kann. Sie brauchen noch ein wenig Intelligenz, um die Schemata zu wechseln. Sie müssen merken, wann sie ins Leere gehen. „Sie haben zweimal etwas anderes als Zahlen eingegeben. Sie haben wahrscheinlich ein anderes Problem. Wir verbinden Sie mit dem Problemaufnahmeschemacomputer." Ja, wenn wir dahin kämen!

4. Das Leben in Abläufen, Prozessen oder Programmen

Komplexere Vorgänge im Leben behandeln wir in Abläufen, Prozessen, Traditionen.

Ein Beispiel: Sie werden Eltern. Ihr Kind muss ein Bürger werden. Das gibt eine Menge Umstände. Zur unmittelbaren Menschwerdung gehören: Standesamtsanmeldung mit Namenswahl, Anmeldung bei der Kirche, bei der Krankenkasse, ein Besuch beim Finanzamt zur Änderung der Lohnsteuerkarte, eine Anzeige beim Arbeitgeber, ein Urlaubsantrag ebenda und so weiter. Wir fertigen einen Plan an, in welcher Reihenfolge wir diese Stellen anlaufen wollen. Die Öffnungszeiten sind wichtig. Erst muss manchmal nur ein Antrag ergattert werden. Immer muss auch die Unterschrift der Frau in der Klinik eingeholt werden. Das gibt ein schönes Hin und Her!

So einen Ablauf des Geschäftsvorfalls „Geburt in der Familie" löst einen Prozess aus, der viele Stationen durchlaufen muss. Diese Abläufe werden oft im Computer nachgebildet. Dort heißen sie *Programm*. Ein Programm besteht aus vielen Aufrufen von Teilprogrammen (das entspricht den Besuchen auf den Ämtern), diese wiederum bestehen aus einzelnen Befehlszeilen (wie das Ausfüllen einer Zeile in einem Fragebogen). Wenn alle Schritte nacheinander korrekt durchlaufen wurden, ist das Programm beendet oder der Arbeitsprozess abgearbeitet.

Arbeitsprozesse können sein: Erstellung eines Vertrages, Einstellung eines Mitarbeiters, Kauf einer nicht vorrätigen Türklinke, Abwicklung eines Autoversicherungsschadens, ein Scheidungsprozess, irgendein Gerichtsprozess (daher der Name!) oder irrsinnig komplex: der Zusammenbau eines kompletten Autos am Fließband. Das normale Leben besteht aus solchen Prozessen.

Lassen Sie dieses Buch kurz in den Schoß sinken, nachdem Sie diesen Satz noch einmal gelesen haben:

Das normale Leben besteht aus solchen Prozessen.

Sie stehen auf. Schema Frühstück anstoßen. Schema Badezimmeraufenthalt koordinieren. Schema Ankleiden einbinden. Schema Kinderversorgung dazwischenschieben.

Jetzt kommt mein Sohn herein (Beispiel aus seiner Jugend), schüttet aberwitzig schnell einen halben Liter Nesquik-Fahlbraunsüß hinunter und sagt: „Oh, gleich fährt der Schulbus. Ach, da fällt mir ein: Ich brauche dringend eine Camembert-Schachtel aus Sperrholz zum Basteln, sonst bekomme ich eine Sechs angeschrieben, weil ich es schon drei Tage vergessen habe. Wie gut, dass ich jetzt noch daran denke! Klasse!" Er ist sehr erleichtert und wartet ruhig ab, wie ich in dreißig Sekunden etwas beim Suchen im Mülleimer wutzerreißend schreie: „Das fällt dir jetzt ein. Der Bus fährt. Ich werde irre! Denkst du, wir essen immer Käse, wenn die Schule bastelt! Warum gerade in Holz? Nimm Pappe! Hier ist eine Pappschachtel, wenigstens hast du es dann nicht vergessen!" – „Pappe geht nicht, Papa", sagt mein Sohn ruhig. Wir suchen eine Viertelstunde, in der ich es schaffe, alle Schimpfwörter aufzusagen, die ich kenne. Ich wechsle zu amerikanisch: „Bloody ..." Dann fahre ich meinen Sohn zur Schule, weil der Bus weg ist. Wir zweigen beim Tengelmann ab, um einen Käse zu kaufen. In Holz sind wir nicht sortiert, sagt eine Regalstaplerin. Ich setze meinen Sohn in der Schule ab und finde im dritten Geschäft Käse. Biokäse zum dreifachen Preis, in unbehandeltem Holz. Ich bringe den Mistkäse in die Schule. Da fällt mir ein Termin bei IBM ein. Ich hatte es versprochen, ja heilig versprochen! Ich habe das Handy zu Hause gelassen. Ich sause ...

Das normale Leben besteht vor allem auch darin, dass die Prozesse durch Ursachen oder Zufälle aller Art *nicht* wie geplant funktionieren. Trotzdem müssen die Prozesse abgearbeitet werden. So ein Käse, werden Sie sagen, ist es nicht wert. Hilft nichts, Sie wissen es eigentlich besser. Wir Menschen verschlampen die Prozesse, so dass es sehr oft zu Zwischenfällen kommt, die bereinigt werden müssen. Dafür setzen wir endlich unsere so genannte Intelligenz ein. Die brauchen wir nämlich über die Prozessabläufe hinaus. (Wenn bald Computer die Prozesse regeln und wenn es bald keine Zwischenfälle mehr gibt, ist unsere Intelligenz endlich frei vom Bewältigen des Chaos. Es wäre eine gute Sache, einmal nachzudenken, was wir dann eigentlich tun sollen.)

Jetzt gehen Sie mit mir zum Flughafen. Ich checke ein. Die Zeit ist schrecklich knapp. Mein Handgepäck muss durchleuchtet werden. Fünf Leute lassen mich vor, weil ich weine. Ich muss trotzdem meinen Laptop-Computer aufklappen und anschalten. Ich schalte ihn also an. Wir warten.

Nichts passiert. Ich schüttle ihn ungläubig. Nichts. Er springt nicht an. Der Beamte bekommt Sorgenfalten. In mir zuckt der Flash-Mode-Blitz. Ich drehe den Computer um. Oh! Keine Batterie drin, die ist beim Aufladen zu Hause in der Küche. Es war eilig. So ein Käse! Ich zeige dem Uniformierten, dass der Computer nicht anspringen *kann*. Er lächelt mild. „Das wäre der erste IBM-Computer, der nicht funktioniert.", sagt er trocken. „Ihre Geschichte ist völlig unglaubwürdig." Das weiß ich total und ich merke, wie sich das Verhängnis senkt. In der folgenden Viertelstunde denke ich wieder alle Schimpfwörter, die ich kenne, viel schlimmere noch, solche, die ich nie ausspreche. Ich werde umbuchen, warten, schwarz werden, entschuldigen. Es ist wie ein Tod. „Eins nach dem andern", sagt der Uniformierte. „Immer mit der Ruhe. Es muss alles seine Ordnung haben. Dann ist auch die Welt in Ordnung."

Das normale Leben besteht vor allem auch darin, dass die Prozesse unerbittlich funktionieren. Oder unerbittlich nicht.

Der menschliche PC-Verstand arbeitet Prozesse ab. Wie eine Maschine. Wie ein PC. Der Mensch braust auf, wenn etwas schief läuft oder ungeplant eintritt. Grundsätzlich aber funktionieren wir so, wie wir selbst sagen: Eins nach dem andern. Immer derjenige bestimmt den Prozess, der zuständig ist. So wandern wir durch das Prozessleben. Eins nach dem anderen. Abläufe werden uns von Behörden und Chefs gegeben, von Verträgen, Einkaufszetteln, Bedienungsanleitungen, Wartungsvorschriftenlisten. Wir arbeiten Schritt für Schritt ab. Es blitzt durch unseren Körper, wenn etwas schief läuft. („Ist in Urlaub." – „Gibt es nicht." – „Zu spät." – „Oh, Entschuldigung." – „Ich bediene erst einen besseren Kunden. Immer der Reihe nach." – „Keine Eintrittskarten mehr. Ihre vorbestellte konnten wir schon verkaufen.") Wir rauchen vor Zorn, wenn die Prozesse nicht zum Ziel der Prozesse führen. („Vergessen Sie alles, was Sie in der Schule gelernt haben.")

Die Einteilung aller Dinge in Arbeitsschritte und in zuständige Abteilungen ist ein Sinnbild für unser so genanntes *systematisches* Denken. Wir arbeiten Prozesse „nach System" ab. So ist es vorgeschrieben. Nicht jeder kann es beliebig anders machen, was das System aushebeln und zu Chaos führen würde. Ordnung muss sein. Wenn Unordnung herrscht, suchen wir den Fehler im Prozess. Das Richtige des richtigen Menschen ist dieses Geregelte.

Es ist jetzt Anfang Dezember 2001. Die Katastrophe des Attentates auf das World Trade Center in New York liegt knapp drei Monate zurück. Wir erleben eine gigantische Neuorientierung und so genannte „Verschärfung" der Prozesse. Es darf nicht zugelassen werden, dass es in Prozessen Lücken oder Schlupflöcher gibt. Alle Vorgänge wurden oder werden *gründlich untersucht*. Die Prozesse kommen *auf den Prüfstand*. Alle Zahlen kommen *auf den Tisch*. Die Prozesse werden unerbittlicher werden, die Vorschriften strenger. Es wird auf penible Einhaltung aller Prozesse geachtet werden. Mit äußerster Disziplin werden wir allen Herausforderungen von Systemgegnern gerecht. Absolute Sicherheit kann es nicht geben, aber so ungefähr schon.

In dieser Weise reagiert unser analytischer Verstand. Er prüft und repariert Prozesse, danach überwacht er den reibungslosen Verlauf. Nach einer Veränderung geht das Leben völlig geregelt weiter. Solange Prozesse einwandfrei laufen und solange sie befriedigend zum Ziel führen, lässt der analytische Verstand das Leben stabil weiterlaufen. In Computersprache: Wir sind mit dem Programm zufrieden und benutzen es weiter.

Eine Zwischensumme: Rezepte müssen intelligent in Schemata, in Muster oder Schablonen eingefügt werden. Die ausgefüllten Schemata ordnen sich zu Prozessen, an denen viele andere Menschen teilnehmen. Rezepte kann man unter falschen Konzepten verderben und Prozesse können durch unvorhergesehene Schemata platzen. Es wird jeweils eine Menge Intelligenz gebraucht, um in den richtigen Modus zu springen. Das Schwierige sind die Ausnahmen, die Pannen, das Spontane.

Der Mensch soll möglichst überhaupt alle Rezepte, Schemata und Prozesse kennen und sie sich zu Eigen machen. Besonderes der richtige Mensch macht dann wirklich eine echte Leidenschaft daraus. Er wird mit der Zeit ein stattlicher Rezeptschrank. Er lernt auswendig, merkt sich Unmengen von Namen und Fachtermini. „Wenn ich die richtigen Fachausdrücke kenne, weise ich mich als Experte aus." Besonders die richtigen Menschen kennen sich in Vorschriften und Gesetzen, in Kleiderordnungen und Hofritualen aus.

In den Kitschfilmen stöhnen die Könige immer unter dem strengen Hofzeremoniell. Sie klagen immerfort so stark, dass ich zum Beispiel keine Lust hätte, König zu sein. Die lauteste Klage: Die Regeln und Prozesse sind so unglaublich starr und jahrhunderteverstaubt, dass kein Sinn mehr in ihnen zu erkennen ist. („Die Idee ist vergessen.") Zweite Klage: Die Prozesse führen zu Zuständen, die unnatürlich erscheinen und keine Freiheit mehr lassen.

Im Klartext: Könige stöhnen, richtige Menschen sein zu müssen.

Das Hofzeremoniell lässt angeblich keine wahren Menschen und keine natürlichen Menschen zu.

Die Politik lässt sie auch nicht zu.

Die Unternehmensregeln verhindern zuverlässig das Nichtfunktionieren, also auch alles Neue.

Die Staatsverwaltung besteht zum guten Teil aus dem eingefrorenen Geist richtiger Menschen.

Es gibt also viel mehr Regeln, Rezepte, Schemata, Vorschriften und Prozesse, als ein Rezeptschrank fassen kann. Wir sammeln alles in Karteien, Datenbanken, Akten, Lexika, Lehrplänen, Verkehrsregeln, Gesetzestexten, zentralen Dienstvorschriften, Erlassen, Verordnungen, Karten, Arbeitsbeschreibungen, Tabellen, Plänen, Grundbüchern, Meldelisten.

Die richtigen Menschen haben durch das Erschaffen dieser Regelwerke und Zeremonien so etwas wie das Grundgerüst einer Kultur geschaffen. Es ist wie das Über-Ich der Gesellschaft.

Das individuelle Über-Ich von Ihnen oder mir ist nur ein winziger Teil eines gigantischen Systems, das in den letzten zwei Jahrtausenden geschaffen wurde.

Außerhalb des Rezeptschrankes sind richtige Menschen oft etwas hilflos. In ihrer linken Gehirnhälfte findet sich dann kein Karteiblatt mit Anweisungen, was zu tun wäre! Wenn Sie richtiger Mensch sind und von der englischen Queen zum Tee eingeladen würden: Was würden Sie denken? „Oh Gott, was ziehe ich an? Wie knickse ich ein? Wie viele Kekse darf ich essen? Was sage ich, wenn sie eine zweite Tasse anbietet?" Natürliche Menschen gehen einfach hin und essen einen Keks zu viel. Wahre Menschen vertrauen, dass die Queen weiß, dass das Wahre eben manchmal nicht richtig ist. Eine wahre Queen wird verzeihen.

Bei einer Sommerakademie der Studienstiftung in Rot, in der ich 2001 eine Gruppe leitete, wurde neukomponierte Musik in 24-Ton-Form vom Komponisten Krickeberg selbst vorgestellt. Es war eine ganz neue Erfahrung, sie gab mir eine neue Idee von Musik, einiges klang noch zu experimentell, anderes ergriff das Innere. Ein richtiger Jurastudent beklagte sich in der Anschlussdiskussion, dass es ihm nicht ganz statthaft scheine, beliebig mit Tönen herumzuexperimentieren, weil es auf diesen ganz unbegangenen Pfaden ja noch keine Vorbilder meisterhafter Musik gebe. Es sei deshalb unmöglich, beim Hören von mutwillig neuer Musik zu beurteilen, ob es sich um ein Meisterwerk handle oder nicht. Das aber müsse er beurteilen können, um Musik wahrhaft genießen zu können! Richtig: Er sagte wahrhaft. Er sprach fast fünf Minuten und es war genau ein Satz. Ich war starr vor Erstaunen, dass jemand einen so langen Satz sprechen konnte. Ein richtiges Kunstwerk von einem richtigen Juristen. Wir mehr wahren Menschen haben ihn richtig bewundert, aber über seine Aussage haben wir gelächelt. Er muss richtige Regeln und Schemata haben, bevor er richtig hören kann. Ta-ta-ta-ta ist zum Beispiel voll in Ordnung. Beethovens Fünfte. Über alle Regeln erhaben. („Mach' bloß keinen Terz, Ludwig.")

5. Die Einteilung der Welt

Ein Computer rechnet. Das braucht Zeit, also Rechenkapazität, Speicherplatz mit Wissen, Daten, Programmen, Anwendungen. Die Rechenkapazität muss auf die verschiedenen Anwendungsprogramme oder Prozesse verteilt werden. Der Computer kann sich also nicht immer um alles gleichzeitig kümmern, das übersteigt seine Kapazität. Er besorgt alles schön in vorgegebener Ordnung, eins nach dem anderen oder abwechselnd da und hier. Wenn er überlastet wird, wird er langsamer. Wenn er noch mehr überlastet wird, stürzt er ab. (Das wissen Sie genau! Ganz genau! Lesen Sie es noch einmal: Wenn er überlastet wird, wird er langsamer und leistet nichts Richtiges mehr. Mit Menschen wird aber planmäßig Überlastung in der Hoffnung betrieben, sie leisteten dann mehr! Ich weiß, was Sie sagen: Menschen sind nicht Computer. Irgendwie aber doch. Jedenfalls in dieser einen Beziehung.)

Das Betriebssystem des Computers teilt die Ressourcen zu. Wann wer was machen soll: der Drucker, der Scanner, das Modem. Ressourcen sind Platz und Zeit. Er hält Ordnung im File-System auf der Festplatte. Die Daten, also das Wissen, die Rezepte, die Programme (Schemata), die Anwendungsprozesse sind im System hierarchisch organisiert. Wenn alles gut geht und alles funktioniert und alle Arbeit getan wird und alle Termine eingehalten werden, dann sagen wir:

„Das System läuft stabil."

Als man Computer baute, wird man diese Organisation des Computers vom Menschen abgeguckt haben. Ich glaube nicht, dass sich Bill Gates die selbst so ausgedacht hat. Wir selbst in unserer Welt sind nämlich wie ein PC organisiert.

6. Organisation des Wissens – ein Abbild des Weltgerüstes

Seit Jahrtausenden wurde das Wissen der Welt in Bibliotheken gesammelt. Stellen wir uns nun alle Bücher, die es gibt, auf einem großen Haufen vor. Das bringt einen ganzen Berg zusammen, viel größer als der Haufen bei einem Freudenfeuer. (Man verbrannte oft Bücher, die heißen Köpfen entflammten ...)

Nehmen wir an, wir wollten etwas Bestimmtes aus diesem Haufen wissen.

Furchtbar, nicht wahr? Wie sollen wir etwas finden?

Deshalb werden Bücher nicht in Haufen, sondern in Bibliotheken gehalten. Dort stehen sie geordnet. Das Wissen der Welt steht dort systematisiert. Das heißt, es gibt ein Ordnungssystem, eine Systematik, durch welche die Ordnung geschaffen wird.

In einer Universitätsbibliothek könnten wir die Bücher nach den Wissenschaften systematisieren. Wir teilen die Bücher ein: in Philosophiebücher, in solche der Wirtschaft, der Romanistik, der Frauenforschung, der Physik. Jede der Einzelwissenschaften erhält also eine Teilbibliothek. Danach geht man daran, die Einzelwissenschaften in Einzelbereiche zu unterteilen: Mathematik in reine Mathematik und angewandte Mathematik, Physik in theoretische Physik und Experimentalphysik, Philosophie in Staatsphilosophie, Ethik, Ästhetik etc. Die Ethik, die Verhaltensforschung, die Anatomie, die Organische Chemie erhalten also in ihrer jeweiligen Einzelwissenschaftsbibliothek wieder eine Unterbibliothek. Aus dem Wissen der Welt haben wir inzwischen schon um die 100 große Teilhaufen gebildet. Leider sind zum Beispiel die Organische Chemie oder die Mechanik immer noch unübersehbare Gebiete von Wissen beziehungsweise von Büchern. Wir unterteilen also diese Unterwissenschaften in noch kleinere Teile. Diese heißen dann Statistik, Marketing, Säugetiere, Gerontologie. Für solche Disziplinen gibt es nun schon langsam Menschen, die sich mit dem ganzen Gebiet auskennen und die wir um Rat fragen könnten. Es gibt also Professoren oder Experten für theoretische Statistik, für angewandte Statistik oder Regierungsstatistik. Die Bücher eines kleineren Fachgebietes passen so langsam in einige Regale. Mehr kann ein Experte ja nicht kennen. Sie sehen, eine Bibliothek ist genauso aufgebaut wie etwa ein Mediamarkt, in dem es Regale für Telefone, Fernseher, Kameras, Kaffeemaschinen oder Spielsoftware gibt. Gehen Sie einmal zu einem Experten am Waschmaschinenregal und fragen ihn nach den Spezifika von Epilierautomaten. Er wird unausweichlich erwidern: „Da gehen Sie bitte zu einem zuständigen Kollegen!" So heißt die Zauberformel. Genau so ist es bei Wissenschaftlern. Fragen Sie einen Anästhesisten nach Homöopathie! Er weiß es nicht nur nicht, sondern hält als Chemiekeulenschwinger überhaupt nichts von homöopathischen Dosen. Im Mediamarkt könnten Sie entsprechend einen Windowsexperten über Linux ausfragen. „Das empfehle ich persönlich nicht, obwohl es verwirrte Menschen gibt, die das benutzen!" (Abschweifung: Experten hängen sehr an dem Regal, für das sie zuständig sind. Das ist ein ganz wichtiger Gesichtspunkt! Merken Sie sich bitte diesen Gedanken? Die Experten sind oft „Künstler" oder Intuitive, die wir im nächsten Kapitel besprechen. Für sie steht „die Idee" oben, am besten die eigene. Diese Idee ist für sie das Wichtigste. Nicht das System. Viele sehen also ihr eigenes Regal wie eine kleine Lebensidee im Mittelpunkt des Universums, so wie die Erde im Zentrum der Milchstraße, um die sich alles dreht. Warum hängen sie nur an einem einzigen Regal? Weil Expertise nicht so beliebig weitgefächert erzeugt werden kann. Die Regal-Intuitiven heißen dann „Spezialisten", diejenigen mit etwas mehr Reichweite vielleicht Gurus.)

Das Wissen der Welt wird also in so klitzekleine Facettchen unterteilt, bis jede dieser Kleinrubriken von einem Einzelmenschen übersehen werden kann.

„Ich bin der Weltexperte für ausgestorbene Süßwasserfische an europäischen Wasserscheiden." Das Ganze ist dann die Summe der Teile. Die Bibliothek besteht also aus den vielen, vielen Einzelregalen der einzelnen Wissensgebiete. (Einwurf: Sie kennen sicherlich auch diese Aussage: „Das Ganze ist mehr als die Summe der Einzelteile." Das ist eine Vorstellung der ganzheitlichen Sicht! Die kommt erst später dran! Richtige Menschen sehen das Ganze als Summe der Teile. Sie reden im Management von Synergie oder Teameffekt, wenn sie sich nicht mehr selbst glauben, sondern auf die wahren Menschen zu hoffen beginnen.)

Dieses Bibliotheksbeispiel bildet das Paradigma, wie wir Informationen oder Organisationen gliedern.

Das File-System in einem Windows-PC ist wie eine Bibliothek angelegt. Stellen Sie sich alle Datensätze (Files) wie Bücher vor. Die Files (wie Bücher) werden in Ordner gepackt (entspricht einem Regal). Es werden Ordner angelegt, die nur Ordner enthalten, also wie eine Regalfläche aussehen. Usw. Das ganze File-System ist auf der Festplatte gespeichert; diese entspricht der ganzen Bibliothek. Wieder ist das Ganze ungefähr die Summe der Teile.

Firmen werden in Vorstandsbereiche, die wieder in Bereiche, die in Hauptabteilungen, die in Abteilungen gegliedert. Wie es in der Bibliothek die Einteilung der Welt in Wissenschaften und Unterwissenschaften gibt, so organisiert der Mensch Unternehmen in Marketing, Vertrieb, Logistik, Produktion. Das Management verbindet die Bereiche miteinander, wenn etwa für das Produzierte Marketing gemacht werden soll. Das Management soll dafür sorgen, dass das Unternehmensganze mehr wert ist als die Summe der Teile. Das Management fügt die Teile ineinander, harmonisiert das Ganze. Aus Einzelteilen entsteht eine „Unternehmensmaschine".

Schulen gliedern den Wissensstoff in Einzelfächer, in Religion, Musik, Deutsch, Chemie und so weiter. Der Stoff wird in Jahrgangsstufen und dann in Wochen- und Stundeneinheiten zerhackt. Schließlich bleiben also Wissenspäckchen à 45 Minuten übrig, die wir Schüler geduldig als Lehrplaneinheiten schlucken. Das Ganze ist die Summe der Teile. Neuerdings möchten die Lehrer mehr erreichen als nur die Summe der Teile. Sie versuchen sich an vernetztem Denken! Das funktioniert bei richtigen Lehrern nicht.

Das Wissen im Internet ist auf Websites verteilt. Dort gibt es eine Unterteilung des Wissens per Klick, wonach man in eine Unter-Website gelangt. Klick in die Unter-Unter-Website und so weiter. Alles ist wie in der Bibliothek. Wenn wir in einer Bibliothek ein Buch aufschlagen, mag dort stehen: „Lesen Sie das und das in Buch 451!“ Dann suchen Sie in der Bibliothek das Buch 451. Im Internet klickt man nur! Schwupp, sind Sie schon „beim anderen Buch“, auf einer anderen Website.

Jede Organisation zerhackt größere Portionen in kleinere Portionen, so dass immer kleinere Einheiten entstehen. Am Ende bleibt etwas übrig, das so klein ist, dass dafür jemand „zuständig“ sein und dort eine Rolle ausüben kann. Das ist der Zuständige, der Projektleiter, der Manager.

Diesen Vorgang nennt man: Kompartimentalisieren (Kompartiment: Abteilung, Gemach).

Wenn innerhalb eines Bereiches oder Kompartimentes eine Aufgabe anfällt, wird sie vom Zuständigen durchgeführt.

7. Systematisierung unserer Lebensbereiche, damit alles „passt“

In einer Universitätsbibliothek beginnt die Organisation mit der so genannten Systematik. Diese Systematik beschreibt, wo welche Bücher aufgestellt werden. Die Systematik teilt alles Wissen eben in die schon dargestellten Wissenschaften und Unterwissenschaften und Unterunterwissenschaften ein, sie sagt in der letzten Unterteilung, was auf jedem Regalbrett stehen soll.

Wenn ein neues Buch gekauft wird, muss dieses Buch systematisiert werden. Zum Beispiel könnten wir die *Metaphysik der Sitten* von Kant kaufen. Es wird jetzt systematisiert. Das heißt: Jemand bestimmt, in welches Regal das Buch gehört. Bei Kant ist das „babyleicht“: Philosophie, Regal Kant. Fertig. Nun kaufen wir mein Buch *Wild Duck*, mit Argumentationen aus Mathematik, Informatik, Psychologie, Biologie, Wirtschaft, Management. Wohin stellen wir etwas so Seltsames? „Wer ist dafür zuständig?“ Das weiß nicht einmal mein Springer-Verlag so richtig, denn das Buch kommt in den vielen Verlagskatalogen der Einzelwissenschaften nicht vor. Es erscheint aber im Katalog mit Weihnachtsgeschenkvorschlägen für Springer-Autoren. Wohin also in der Bibliothek? Eine gute Regel wäre, es dahin zu stellen, wo ein normal denkender Mensch es suchen würde, wenn er in der Bibliothek wäre. Tja, das hilft hier auch nicht weiter, oder? Wo würde er es suchen?

Diese Beobachtungen führen zu folgenden Überlegungen:

Ein gutes System zeichnet sich dadurch aus, dass möglichst „alles“ hineinpasst.

Das, was nicht unmittelbar in das System hineinpasst, hat es vermutlich nicht leicht.

Wenn etwas nicht hineinpasst, kann man es passend machen oder das System so verändern, dass es nach der Veränderung hineinpasst.

Es ist im Allgemeinen sehr viel leichter, die Dinge dem System anzupassen als das System nach den Dingen zu verändern, weil nach der Veränderung eines Systems gewöhnlich eine Menge nicht mehr hineinpasst, was vorher genau hineinpasste. Es ist sinnvoll, Systeme nur wenig und langsam zu ändern.

Schüler könnten Sonderbegabungen haben, aber sie passen sich besser der Schule an, genauer gesagt, dem Lehrplan, der alles beherrscht und als solcher wie ein File-System eines PC aussieht.

Ein Wissenschaftler könnte eine wahnsinnig neue Idee haben, die als Buch nicht in die Systematik der Bibliothek passt. Es wäre bestimmt leichter, wenn ein Wissenschaftler nur Ideen hat, die in dieses Raster passen. Denn auch die Stellenausschreibungen der Professorenstellen passen in das System der Bibliothek. Die Stellen heißen so wie die Unterwissenschaften oder Wissenschaften in der Bibliothek. Immer, wenn ein Wissenschaftler für etwas Neues Fachkoryphäe ist (heute, 2002, für E-Business oder Fifth-Generation-Wireless), dann gibt es keine Professorenstellen für ihn. Vor 25 Jahren gab es kaum Stellen für angewandte Mathematik oder Informatik. Das weiß ich aus leidvoller Erfahrung. Ich habe 1981 in Informationstheorie habilitiert. Keine Stellen! Nur ein klitzekleines Bücherregal in der Bibliothek!

Ein Student sollte etwas Ordentliches studieren: Jura, Physik, Medizin, jedenfalls etwas, was in das System passt. Er kann natürlich aber neben dem Hauptsystem etwa „Kulturmanagement“ oder „Altenpflegepsychologie“ studieren: Keine Stellen.

„Es gibt Stellen“ oder „Wir können Sie gebrauchen“ hat sehr viel damit zu tun, ob Sie gut in das jeweilige System hineinpassen. Sie müssen dort einen schon vordefinierten Platz in der Systematik einnehmen können. „Ich bin zertifizierter SAP-R/3-Meister.“ Das klang vor zwei Jahren gut, jetzt immer noch. Bald nicht mehr.

In einem System ist alles geordnet. Vieles ist vorgegeben und durch Normen vorgeschrieben. Im System herrscht Ordnung wie im PC.

Die Kehrseite eines Systems ist die Starrheit gegenüber dem, was nicht in das System passt. Oft wird gesagt: Systeme sperren sich gegen das Neue. Das stimmt überhaupt nicht. Sie sperren sich nur gegen das nicht Hineinpassende. Leider ist das Neue oft von dieser Art!

In uns Menschen sind diese Systeme durch unsere Kultur oder unseren Arbeitsplatz hineingepflanzt. Das praktische Denken wie ein PC ist von der Gesellschaft systematisiert. Das praktische Denken ist blitzschnell und erfolgreich, wenn es Dinge verarbeiten soll, die in das System passen. Das ist „Routine“ und normal. Wenn etwas nicht hineinpasst, sagen wir: „Da weiß ich nicht Bescheid.“ – „Ich bin nicht zuständig und ich glaube auch nicht, dass jemand für *so etwas* zuständig wäre.“ – „Ich werde jemanden fragen.“ – „Oh, dafür müssen wir zu viele Leute fragen („Zuständige“). Das fassen wir lieber nicht an.“ – „Ach, was für ein Vorhaben! Das muss sorgfältig mit allen anderen Bereichen abgestimmt werden.“ – „Das können wir nicht kaufen, weil wir keinen Etat dafür haben. Wir können nur dann etwas kaufen, wenn wir in der Buchhaltung wissen, von welchem Konto es abgebucht wird.“ – „Eine blaue Hose? Blau ist in diesem Jahr nicht Mode. Wir haben keine blauen Hosen geordert. Deshalb haben wir keine verkauft, sehen Sie? Wenn wir aber keine verkaufen, ist es gut, dass wir keine im Laden haben. Sie können Straßenbauorangebraun im neuen Lehmton haben.“

Die Systeme bringen also systematisch Probleme mit sich, wenn etwas Dazwischenliegendes nicht in die Systeme hineinpasst. Wenn diese Probleme umgangen werden können, dann lebt es sich gut „darin“. Wenn ein System stabil läuft, lebt der richtige Mensch wie automatisch darin. Das ist dann richtig seine Welt.

8. Wie ein Projekt richtig durchgeführt wird

Wenn die richtigen Menschen etwas zu Stande bringen müssen, machen sie es richtig. Wenn zum Beispiel eine Abteilungsfeier veranstaltet werden soll, so setzen sich alle zusammen und beraten. Sie legen einen Termin fest und teilen ein, wer die Organisation übernehmen soll. Es wird ein Festausschuss gegründet, der Vorschläge erarbeiten soll, über die dann erneut beraten wird. Sie diskutieren stundenlang, wie viel Geld es kosten darf, woher das Geld zu nehmen wäre, wer Zuschüsse geben könnte. Wie viel kann jeder als Eintrittsgeld bezahlen? Dürfen Kinder kostenfrei teilnehmen? Darf der Lebenspartner mitgebracht werden? Soll auswärts gefeiert werden? Wie weit höchstens weg?

Damit setzen die richtigen Menschen Eckpunkte, Regeln, grobe Organisationsformen, Hierarchien fest. Die Organisation wird zuerst besprochen, der Kostenrahmen gesteckt. Mit den beschlossenen Kompetenzen und Regelungen und dem Budget kann nun der Festausschuss die „Ausgestaltung“ des Festes übernehmen.

Wenn in großen Unternehmen eine neues Wachstumsgeschäft hochgezogen werden soll, so überlegt man sich die Größe des erwarteten Geschäftes, die Anzahl der vermutlich benötigten Mitarbeiter, die Budgets, die hierarchische Organisation. Dann schätzt man die Bedeutung des neuen Bereiches in der Firma ab und sucht entsprechend einen neuen Manager, der in der Karriereleiter eben diesen Leitungsposten als eine Art Beförderung oder Herausforderung auffassen kann. Der neue Manager kümmert sich zuerst um sein neues Team, eine Assistentin, einen Operations Manager, einige Führungskräfte, die dann ihrerseits einzelne Abteilungen des neuen Bereiches aufbauen werden.

Das waren jetzt Beispiele, wie richtige Denker etwas beginnen. Die richtigen Menschen, die Gefühl haben, die also nicht primär auf dem Faktenwissen operieren, sondern die Personalakten der ganzen Umgebung zu Rate ziehen, diese anderen richtigen Menschen überlegen sich, wer überhaupt mitmacht oder eingeladen wird. Wen mögen wir? Wer hat Anspruch dabei zu sein? Die Gefühlsmäßigen können sehr lange über Einladungslisten oder Sitzordnungen knobeln, damit das Beziehungsgeflecht der Menschen irgendwie adäquat auf einen langen Tisch abgebildet werden kann. „Ich bin nicht eingeladen." Das ist eine schreckliche Sache für den richtigen Menschen mit Gefühl. Es ist eine Aussage in seiner Personalakte, die von fremder Hand hineingeschrieben wurde.

Mit einem Wort: Der richtige Mensch kümmert sich zuerst um die Logistik und die Organisation und um das Team oder die Geladenen. Wenn die Logistik und der Rahmen stehen, wird dieser Rahmen mit Inhalt gefüllt. Dann laufen die richtigen Menschen herum und fragen alle Menschen der Welt: „Habt ihr eine gute Idee, wie wir genau feiern wollen?" Sie kaufen sich Ratgeber, in denen bewährte Feiern beschrieben sind, bis hin zu den Kosten des dreigängigen Menüs. Man sagt: Richtige Menschen organisieren erst und suchen dann eine Idee, die zur Organisation passt. „Strategy follows structure." So sagt man im Management. Oder: Die richtigen Denker und die richtigen Gefühlsmäßigen wenden sich an Menschen, die den richtigen Geschmack haben. Die schütteln vielleicht gelungene Feiern aus dem Ärmel. Mit oder ohne Idee. So sammeln also die richtigen Menschen Vorschläge oder Ideen.

Dann setzen sie sich wieder zusammen und beraten. Sie diskutieren sehr lange, wenn nicht der Ranghöchste seine Vorlieben zeigt. Dann gehorchen sie eher dankbar. Was die Autorität will, ist nicht mehr zu kritisieren, kann also nur gut gehen. Schlecht gehen hieße: Die Autorität findet das Fest nicht gelungen. Richtige Menschen können wie im Parlament sehr lange beraten, welcher Vorschlag umgesetzt wird. Der, der den gewinnenden Vorschlag macht, erntet Ehre im System. Nach und nach kristallisieren sich durch fortwährende Priorisierung die favorisierten Vorschläge heraus. Am Schluss wird abgestimmt. Die Minderheit gibt den Widerstand auf, solidarisiert sich und arbeitet loyal am beschlossenen Plan mit.

Als Gegensatz: Niemals würden wahre Menschen so vorgehen. Wahre Menschen brauchen erst eine wahrhaft gute Idee, was denn zu tun wäre! Was soll das Motto des Festes sein? Das Thema? Unter welcher Leitlinie findet es statt? Erst dann weiß der wahre Mensch, was er tun will, erst dann kann er wissen, was es kostet und wie viele Helfer er braucht. Er wird nur Helfer brauchen, die von der Idee begeistert sind. Er bemüht sich also erst dann um Helfer, wenn die Idee glänzt! Die Idee bleibt stehen, keiner darf sie anrühren! Das Fest ist gelungen, wenn die Idee vollkommen umgesetzt wird. Das Gelingen hängt nicht von einem Tadel oder einem Lob der Autorität ab! Wahre Menschen stimmen eigentlich nie über Ideen ab. Wahre Menschen suchen nach der besten Idee durch Überzeugung. Die Entscheidung am Ende ist etwas Wahres. Das Wahre kann niemals durch Mehrheitsabstimmung bestimmt werden. Wahr ist wahr. Wahrheit kann nicht geregelt werden. Sie ist da oder nicht, während Regeln von der Mehrheit festgelegt werden können. „Structure follows strategy".

Als Gegensatz: Natürliche Menschen würden relativ kurz vor einer Feier in Gourmetläden oder Reisebüros nach stimulierenden Genüssen suchen und spontan entscheiden: Das ist es! Das machen wir! Es kostet vielleicht zu viel. Was soll's? Wir leben alle nur einmal. Es ist sinnlos, nach Budget oder Plan zu organisieren. Es ist ein Witz, über etwas durch Mehrheit abzustimmen! Das Team soll Lust verspüren, gerade jetzt als Gruppe dieses eine zu tun, und zwar jetzt gleich. „Hey, wir machen Party! Jeder bringt etwas zu essen, eine Flasche und ein Glas mit! Wir lassen es rund gehen!" Spontantheater und Improvisation statt Choreographie und Regie. Sense and respond.

Richtige Menschen organisieren und regeln die Dinge bis ins Kleinste, bevor sie anpacken. Sie planen, suchen Möglichkeiten, ordnen die Möglichkeiten nach Kriterien, priorisieren, stimmen schließlich ab, wenn es nötig sein sollte, hartnäckige Minderheiten auszuschalten, die das schnelle Vorgehen behindern. Wenn richtige Menschen die Planungsrunde verlassen und sich der Versammlungsraum leert, dann hängen Listen von Einkäufen, Verantwortlichkeiten, Zahlen an den Wänden. Termine stehen da, Gelder, die Menüs, Festreden, Grußworte. Nichts ist vergessen. Nichts kann vergessen werden, weil jemand Protokoll führen muss, das am nächsten Tag an alle verteilt werden wird.

Das Vorgehen ist wie das in einem Computerprogramm.

Und ich habe im Vorübergehen schwach spekuliert: Demokratie ist die Organisation der linken Gehirnhälfte. Die richtigen Menschen stimmen ab. Wahre Menschen suchen nach der besten Leitidee. Platon denkt ja mehr mit der rechten Gehirnhälfte nach. Platon schwebt dann eben auch die Philosophenrepublik vor, in der die besten Köpfe die weisen Leitideen vorgeben. Das ist die beste Staatsform der wahren Menschheit. Er vertraut die Herrschaft den wahren Weisen an. Natürliche Menschen würden am liebsten starke, charismatische Helden „da oben" sehen, die relativ allmächtig alles in bestem festem Griff haben.

9. Wahrscheinlichkeit, Ungewissheit, Risiko und Gefahr

Richtige Menschen gehen richtig vor und planen genau. So können Ungewissheiten im Leben weitgehend vermieden werden. „Wer sich in Gefahr begibt, kommt darin um.“ Aus dieser Sicht machte sich der Mensch schuldig, wenn er in Gefahr geriet. Denn er begab sich ja in Gefahr. Dann muss er eben die Konsequenzen tragen. Selbst schuld, wer arm ist. Selbst schuld, wer die Arbeit verlor, einen falschen Mann heiratete oder gar krank wurde. Selbst schuld, wer einen Autounfall beklagen muss oder vom Lehrer getadelt wird. Selbst schuld, wer keine Zukunft hat.

Der richtige Mensch plant also und sorgt sich fortwährend, ob alles gut ausgehen wird. „Hast du daran gedacht, die Fotos abzuholen? Ist die Kaffeemaschine ausgeschaltet? Haben wir alle Uhren auf Winterzeit, auch den Reisewecker? Warum telefonierst du so lange? Du schreibst morgen eine wichtige Klausur in der Schule und musst noch lernen, hast du gesagt. Nun aber sitzt du vor dem Fernseher. Kannst du dich nicht nützlich machen? Wenn du schon nicht lernst, könntest du wenigstens die Straße fegen. Die haben wir jetzt sieben Tage nicht gefegt.“ (Der wahre Mensch fegt nur, wenn es etwas zu fegen gibt, nicht nach sieben Tagen! Ob natürliche Menschen fegen? Wenn ihnen danach ist.)

Das richtige Leben hält leider viele Überraschungen bereit. Konjunkturen kommen und gehen. Tod und Krankheit schlagen Schneisen. Die monumentalen Sicherungsorganisationen der richtigen Menschen fangen nicht alle Unglücke ab, gegen die man sich natürlich versichern sollte.

„Wahrscheinlichkeiten“, Risiken, Ungewissheiten, Unsicherheiten können im Wissenssystem der linken Gehirnhälfte nicht adäquat abgebildet werden, spekuliere ich. Das Vage, Verschwommene hat dort keinen Ausdruck.

Richtige Menschen verfügen deshalb über ganze Arsenale von allen möglichen Strategien, das Unklare aus dem Leben herauszuhalten. Dazu gehören eben die Pläne, das Messen, Beurteilen, Quantifizieren, Beziffern, Benoten, Auflisten, Aufzählen, Einteilen, Zuteilen, Zergliedern, Terminieren, Verantwortlichmachen. Richtige Computer tun das auch.

Damit beschließe ich die erste Runde über das Prinzip des Richtigen. Später, wenn die anderen Prinzipien besprochen sind, folgt eine Detaillierung.

V. Das intuitive Denken des wahren Menschen: Wie neuronale Netze

1. Rechts

Die rechte Gehirnhälfte funktioniert anders. Ich versuche, die Idee dieses anderen Denkens hier zu entwickeln. Ich sage nicht, dass das Gehirn nun ganz genau so physisch gebaut wäre. Darum geht es in diesem Buch überhaupt nicht. Ich möchte herausarbeiten, dass es einen ganz anderen Denkprozess gibt als den normalen Prozess des analytisch-logischen Denkens. Wenn Sie mir dann zugestehen, dass wir zwei völlig verschiedene Denkprogramme haben, dann werden Sie wohl auch mit mir erschrocken sein, was das für uns alle bedeutet: Wir haben verschiedene Programme mit verschiedenen Ergebnissen. Manche Menschen hören letztlich auf die linke Gehirnhälfte, auf das Richtige und die Logik. Andere vertrauen auf ihre Intuition. Was ist richtig? Wer hat Recht? Wo liegt das Wahre?

Wir sind gewohnt, die Logik anzubeten, weil wir mit ihrer Hilfe etwas allgemein Akzeptiertes schaffen können. Das allgemein logisch Richtige kann als Eckpfeiler unserer Menschengesellschaft dienen. Intuition dagegen gehört einzelnen Menschen persönlich und ist vielfach nicht recht vermittelbar. Darauf kann die Gemeinschaft nicht unbedingt Gebäude errichten. Wirklich nicht? Das Problem ist, dass das intuitive Denken gar nicht als wirkliche Fähigkeit des Menschen allgemein anerkannt ist. Intuition gilt als vage, als „sechster Sinn", als etwas, was es manchmal geben mag, wenn ein Genie eine Idee hat. Aber wissen Sie denn, dass *auch Sie* eine rechte Gehirnhälfte mit dem intuitiven Teil haben? Hat die Schule Sie das gelehrt? Ist Ihre Intuition während Ihrer Erziehung ausgebildet worden? Hat Ihnen jemand verraten, wann welches Denken von Vorteil wäre, wenn Sie beides könnten? Wissen Sie, welches von beiden Sie besser können? (Nicht, worauf Sie sich *verlassen* – was Sie besser *können*!) Nein, nein, nein, ist die Antwort. Unsere Gesellschaft orientiert sich am Richtigen. Das Wahre und das Intuitive ist nicht konkret genug für die Lehrpläne der Schulen.

Ich erkläre bildhaft das Intuitive. Ich zeige seinen Wert.

Es gibt einen Test, den ich in meinen Büchern *Wild Duck* und *E-Man* jedem warm ans Herz gelegt habe. Sie können ihn im Internet unter www.keirsey.com finden und absolvieren (dort sind die Fragen auch in Deutsch). Anhand dieses

Tests bekommen Sie einen Hinweis darauf, ob Sie introvertiert oder extrovertiert sind, ob Sie mehr fühlen oder denken, ob Sie planen oder spontan sind und ob Sie intuitiv oder ein (linkshirniger) „Sensor" sind. Es gibt eine Menge Statistiken von Millionen Testergebnissen, etwa im *Atlas of Type Tables* von Gerald Macdaid, Mary McCaulley und Richard Kainz. Dort finden Sie, ganz grob, Hinweise darauf, dass etwa zwei Drittel zum Beispiel der Manager, Politiker, Schuldirektoren, der hohen Offiziere oder der Bankdirektoren analytisch-logische „richtige" Menschen sind. Im Gegensatz dazu sind grob zwei Drittel der Architekten, Künstler, Musiker, Dichter, Psychologen und Soziologen Intuitive. Ich selbst habe etwa 500 Leute gebeten, mir ihr Testergebnis zu schicken; die meisten von ihnen stammen aus dem Informatiksektor. Unter diesen, also zum Beispiel unter den Neueinstellungen der IBM, sind fast drei Viertel Intuitive, während man schätzt, dass es in der normalen Bevölkerung nur *ein* Viertel Intuitive gibt. Wenn ich alles zusammen hier in dieser Einführung auf den einen einzigen Punkt bringen darf? Etwas polemisch? Dann sage ich:

Die Gehirne der Menschen, die eine typische Stütze unserer entstehenden Wissensgesellschaft bilden, arbeiten vorwiegend intuitiv.

Oder: *Wissensarbeiter gehören eher zu den „wahren" Menschen.*

Wissensarbeiter waren früher eine geachtete, vielleicht „kauzige" Minderheit, die die Gesellschaft ebenso wie die Erziehung übersehen konnte. Heute geht diese Zeit zu Ende. Wir müssen uns also mit den „wahren Menschen" wirklich ernsthaft auseinander setzen. Es sind nicht mehr nur Einsiedler, Harry Potters, Idealisten, Extremwissenschaftler, Yoga-Anhänger oder Künstler: *Die Intuitiven mausern sich zu einer bestimmenden Kraft unserer Welt. Ich selbst sehe darin eine echte Revolution in der Menschheitsgeschichte.*

Diese These ist bereits Hauptpunkt in meinem Buch *E-Man*. Ich gehe dort dem Gedanken nach, dass der richtige Mensch den Computer so sehr nach seinem Bilde schuf, dass der Computer die Haupttugenden des richtigen Menschen relativ entwertet. Das Richtige kann bald der Computer selbst. Damit sind die *richtigen* Menschen nicht mehr so unbedingt die *erste* Wahl, unsere Oberhäupter zu sein. Da die Computer immer mehr an Macht gewinnen, ist diese Entwicklung unumkehrbar. Wir stehen also am Beginn einer Revolution, die vergleichbar ist mit der, als die Menschheit der Jäger zu einer Menschheit der Bauern wurde. Auch damals verschob sich der Typ des bestimmenden Menschen relativ radikal. Jäger sind mehr wie die natürlichen Menschen, die den richtigen Menschen Platz machten.

Sind das nicht genügend Gründe dafür, dass ich laut rufen darf, dass das Intuitive nun endlich wahrhaft begriffen werden müsste?

2. Black Boxes

Bevor ich direkt auf das Thema eingehe, möchte ich Ihnen an einem Beispiel den irrsinnig großen Unterschied zum logischen und trainierten Denken nahe bringen.

Stellen Sie sich vor, ich möchte bei der Show „Wetten, dass ...?" auftreten. Meine Wettidee ist: Ich kann in jedem Raum zu jeder Zeit und zu jedem Wetter die jeweilige Temperatur durch reines Spüren an meiner ausgestreckten rechten Hand bis auf 0,2 Grad Celsius genau angeben.

Ich komme jetzt in Ihr Büro und stelle fest: „21,2 Grad. Draußen, Moment, ich mache das Fenster auf, sind 0,3 Grad Minus."

Um diese Wette zu gewinnen, müsste ich die Fähigkeit zum Temperaturspüren erwerben. Ich würde ein hypergenaues Digitaltemperatursensibelchen erwerben, das ständig die Temperatur exakt anzeigt und alle fünf Minuten speichert. Dann würde ich immerfort mit der Hand spüren und schätzen. Die Schätzungen würde ich mir mit Uhrzeit notieren. Alle paar Stunden vergleiche ich die Messreihen und versuche zu lernen. Ich bekomme eventuell heraus, dass ich neben Hauswänden eher nach oben schätze und bei Schnee zu tief, weil mein Verstand die Hand stört. So übe ich und übe. Ich messe mit der Hand und vergleiche mit der Wirklichkeit. Immer wieder.

Mit der Zeit werde ich besser und besser. Etwas passiert in mir. Ich weiß nicht genau, was. Die Fehler sinken bald auf zwei Grad im Durchschnitt, um die ich mich verschätze. Ich übe weiter. Meine Hand wird sensibler. Meine Hand versteht den Einfluss von kaltem Wind oder warmem Hauch, der sie früher noch verwirrte. Meine Hand weiß, dass Sonnenschein zu gute Werte suggerieren will. Meine Hand lernt und lernt, während ich übe. Irgendwann schaffe ich das: bis auf 0,2 Grad richtig zu schätzen.

Dann bin ich eine Art Automat geworden. Der Automat streckt die rechte Hand aus, spürt und spuckt das Ergebnis aus.

Was geschieht da in mir? Ist das ein Computer? Was ist sein Programm? Was errechnet dieser Computer? Wie rechnet er?

Durch das Üben und Üben mit Hand und Thermometer hat sich in mir eine Art Programm gebildet, das die Temperatur schätzen kann. Ich kann die Temperatur wittern. Ich weiß nicht, wie es in mir funktioniert. Ich kann nicht erklären, wie es kam. Ich kann niemandem mit Worten beschreiben, wie der Automat die Ergebnisse erzielt. Das Ergebnis ist einfach da. Da ist wirklich ein Programm in mir, das ich absolut nicht kenne und von dem ich nur die Endergebnisse bekomme, sonst nichts.

Input für das Programm: das Gespür in der rechten Hand.
Output: In meinem Gehirn schaltet etwas und mein Mund sagt: 21,2 Grad.
Zwischen Input und Output ist – für mich – nichts. Absolut nichts.

Die Amerikaner nennen so etwas Black Box. Damit ist eigentlich die schwarze Zauberkiste bezeichnet, die der Magier auf der Bühne benutzt. Eine Black Box ist im übertragenen Sinn eine Funktionseinheit, über deren Wirkungsweise im Inneren nichts direkt bekannt ist. Wer wissen will, was drinnen geschieht, muss notgedrungen aus den Zusammenhängen zwischen Input- und Outputsignalen Schlüsse ziehen, die möglicherweise einiges klären können. Das Innere bleibt unzugänglich – schwarz.

Wenn ich also Temperaturen schätzen kann, bin ich weitgehend eine solche Black Box. Sie können mich bewundern, wie ich das mache. Sie werden um mich herumgehen, mir zusehen und grübeln: „Beobachtet Gunter Dueck das Wetter? Kennt er den Wetterbericht aus dem Fernsehen. Beobachtet er die Vögel oder die Insekten?"

„Falsch, ganz falsch!", rufe ich Ihnen zu. „Sehen Sie! Ich kann es mit geschlossenen Augen! Und der Wetterbericht löst das Problem doch nicht! Er sagt die Temperatur auf zwei Grad richtig voraus, aber dieses Wissen ist nutzlos, wenn Sie auf 0,2 Grad Genauigkeit schätzen wollen." Ich führe es vor, während Sie mich mit verbundenen Augen durch eine zugige Einkaufspassage entlang tappen lassen. Und Sie fragen sich: „Wie geht das zu?" Ich glaube ja nicht, dass Sie das herausbekommen, wo doch schon manchmal Ihr Lebenspartner für Sie wie eine Black Box wirken kann. Sie sagen etwas, er schweigt und antwortet etwas nach einigen Sekunden. Dazwischen ist die Black Box, die wir oft nicht verstehen. Sie sagen zu Ihrem Lebenspartner: „Ich wüsste zu gerne, was da in dir vorgeht."

Ich gebe Ihnen ein anderes Beispiel. Ihren eigenen Taschenrechner. Sie werden ihn jetzt kennen lernen. Er ist so simpel.

In dem Rechner sind ein Addierwerk und ein Multiplizierwerk eingebaut. Diese können Sie fast selbst als Chip entwerfen. Ich musste dabei helfen, als ich bei IBM anfing. Ich war richtig emotional aufgewühlt, als ich erfuhr, dass auf dem Chip so ungefähr genau die Schulmethode benutzt wird, die wir in der Grundschule lernen. Ich hielt es für absolut sicher, dass es etwas Schlaueres gäbe. Und ich würde es finden! Ich habe es versucht. Es ging nicht so richtig. Meine Chips waren besser, aber so total unordentlich, dass sie schlecht zu bauen waren. Die Schulmethode ist ordentlich und funktioniert gut. Sie ist noch heute im Rechner.

Nun soll so ein Rechner dazu erzogen werden, nicht etwa die Temperatur zu schätzen, nein, er soll etwas Schwereres tun, nämlich auf die Eingabe einer beliebigen Zahl x den Sinus von x ausgeben. Also: Wir tippen eine Zahl x ein, dann drücken wir auf den Knopf SIN und es erscheint im Rechner-Display der Sinus von x. Problem: Wie kann ich den Sinus mit einem Rechner ausrechnen, der nur addieren und malnehmen kann?

Das zeige ich Ihnen jetzt. Das Beispiel soll Ihnen sagen: Man kann wirklich komplizierte Sachen mit ganz einfachen Methoden hinbekommen. So macht es unser Gehirn.

Hoffentlich ist Ihnen das Beispiel nicht schon zu mathematisch. Ich weiß ja, dass viele von Ihnen so etwas nicht gerade lieben. Aber viel schwerer wird es nicht. Im Lateinunterricht kommt Sinus auch vor, beim Vokabellernen. Sinus heißt „Bausch, Bucht, Busen". So sieht auch die Sinuskurve im Koordinatensystem aus:

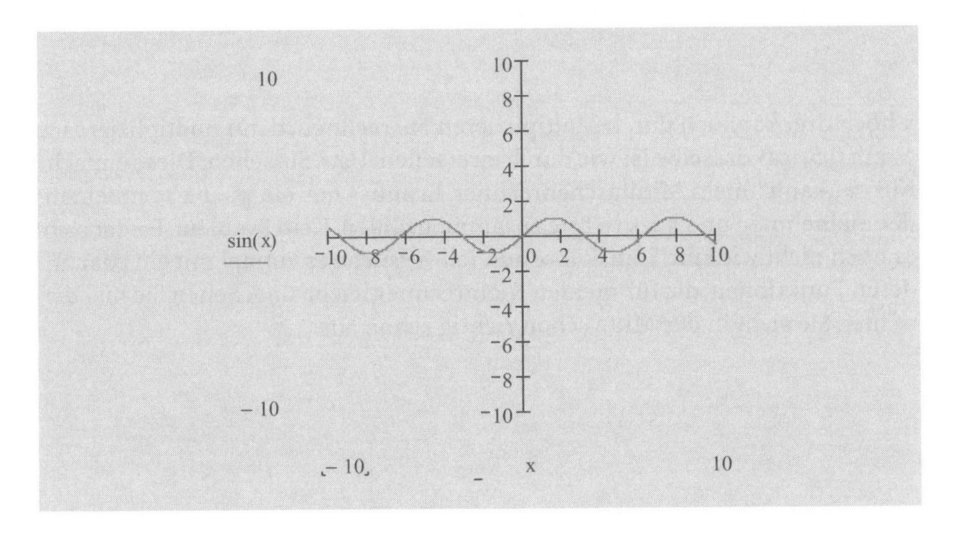

Erinnern Sie sich noch? An Cosinus und Tangens, auch noch an das Hyperbolische in den Augen Ihres Lehrers?

Ich hätte gerne, dass mein kleiner Taschenrechner mit dem Addier- und Multiplizierwerk immer auf die Eingabe von x mit der Ausgabe von sin(x) antwortet.

In der Oberstufe mussten wir immer Kurven diskutieren und als Graphen in einem Koordinatenkreuz darstellen. Da habe ich gelernt, dass so eine Mini-Welle auch bei Polynomen dritten Grades vorkommt. Ich gebe eine solche hier einmal in mein Mathcad-Programm ein und schaue mir die Kurve an. Sie sieht so aus:

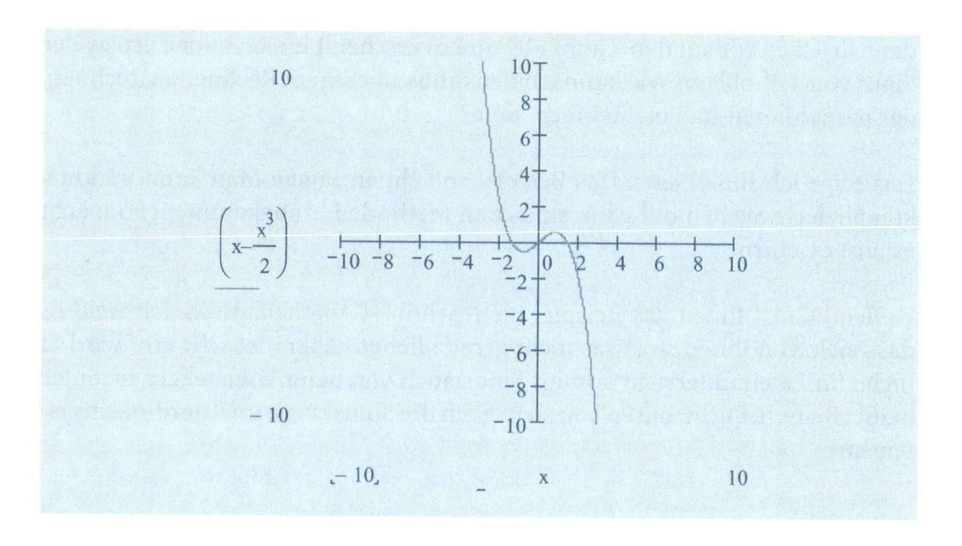

x hoch drei kann ich durch Multiplizieren ausrechnen, dann multipliziere ich es mit 0,5, was dasselbe ist wie durch zwei teilen. Usw. Sie sehen: Diese einfache Kurve „kann" mein Minitaschenrechner. Er muss nur ein paar x'se miteinander malnehmen und alles richtig zusammenzählen. Kein Problem. Leider sieht es noch nicht wie eine Sinuskurve aus. Ich versuche es einmal mit ein paar anderen Funktionen, die für meinen Kleinrechner leicht sind. Sehen Sie mal diese hier. Sie sieht in der Mitte schon richtig schön aus.

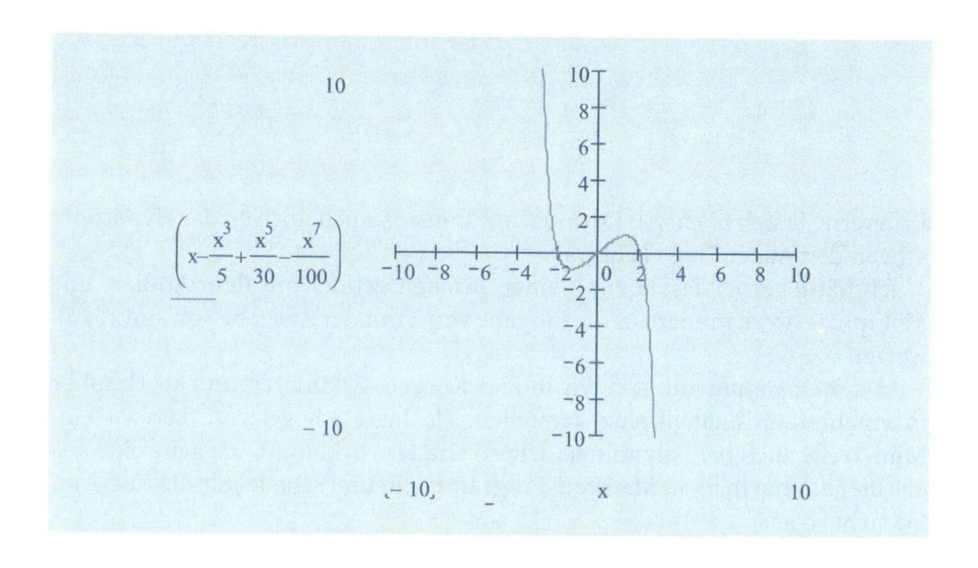

Ich setze einmal noch mehr Terme hinein und spiele an den Zahlen herum. So? Jetzt habe ich eine Welle mehr drin, aber die ist nicht schön. In der Mitte ist es aber noch besser geworden.

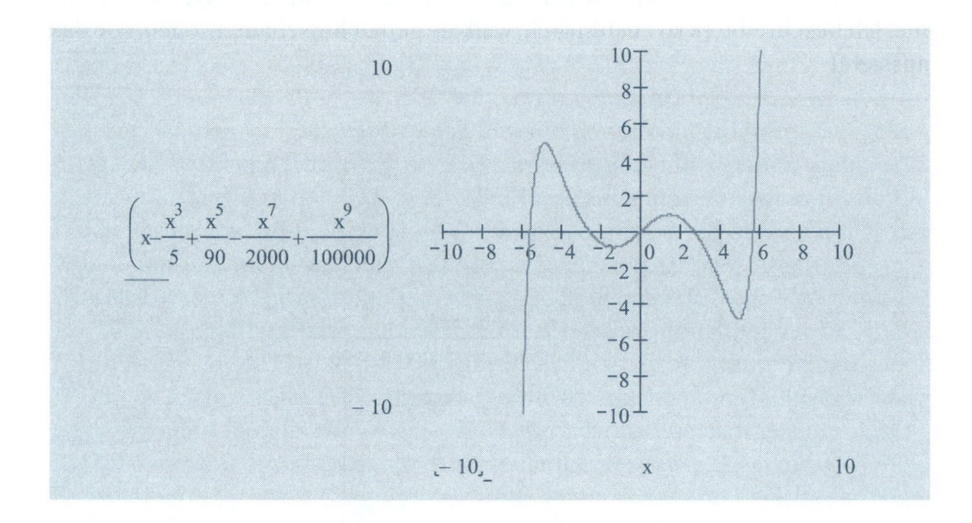

Ich verändere jetzt zehn Mal oder noch öfter die Zahlen in den Nennern, damit ich die Kurve noch glatter bekomme, so dass Sie sie am Ende gar nicht mehr von der Sinuskurve unterscheiden können. Ich habe nur ein wenig verändert, aber eine deutliche Verbesserung erzielt! Hier:

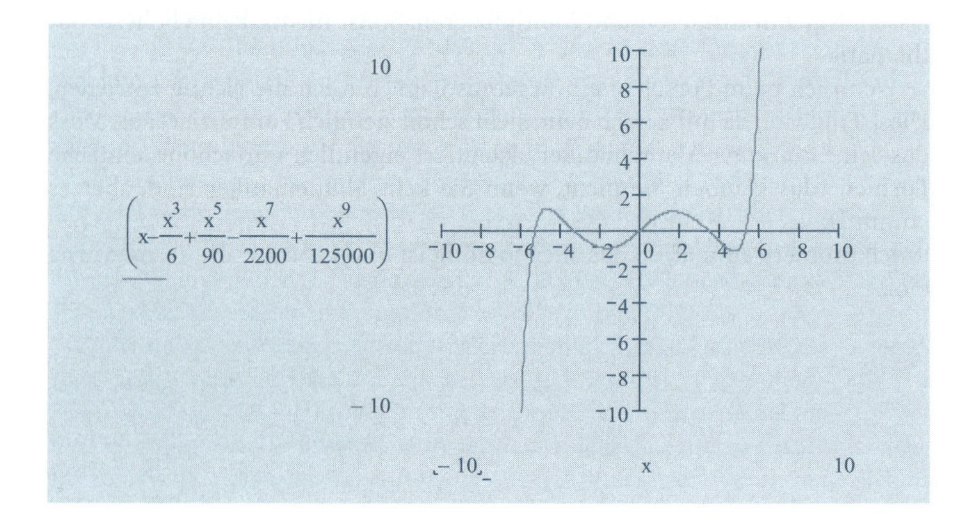

In der Mitte erscheint mir die Kurve schon sehr gut zu sein. Ich mache jetzt einen Zoom auf die Zeichnung und bilde nur den Ausschnitt von -2 bis 2 ab, den in der Mitte. Ich gebe in das Mathcad ein, dass beide Kurven gezeichnet werden sollen. Der Sinus als durchgezogene Linie, die vorige Kurve als gestrichelte Linie. Ich beschreibe es so ausführlich, weil Sie genau hinschauen sollen, wie das aussieht!

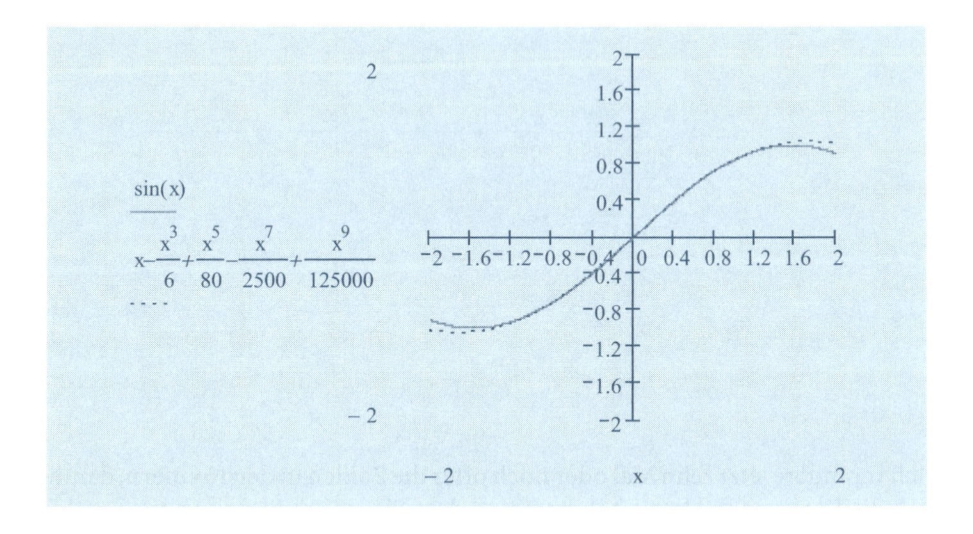

Sehen Sie aber noch, dass es *zwei* Kurven sind? Ist das nicht schön? So kann ich in der „Mitte" schon ganz gut den Sinus mit meinem Minirechner ausrechnen lassen. Nur mit Addieren und Multiplizieren. Sonst nichts, keine höhere Mathematik.

Wenn ich beim Forschen ein Ergebnis habe, bin ich nie richtig zufrieden. Diese Funktion da mit x hoch neun sieht schon ziemlich kompliziert aus. Muss das sein? Ein guter Mathematiker akzeptiert eigentlich nur schöne, einfache Formen (das glauben Sie nicht, wenn Sie kein Mathematiker sind, aber es stimmt!).

Ich probiere einmal, ob das alles so nötig ist und gebe nur die Terme vorne ein.

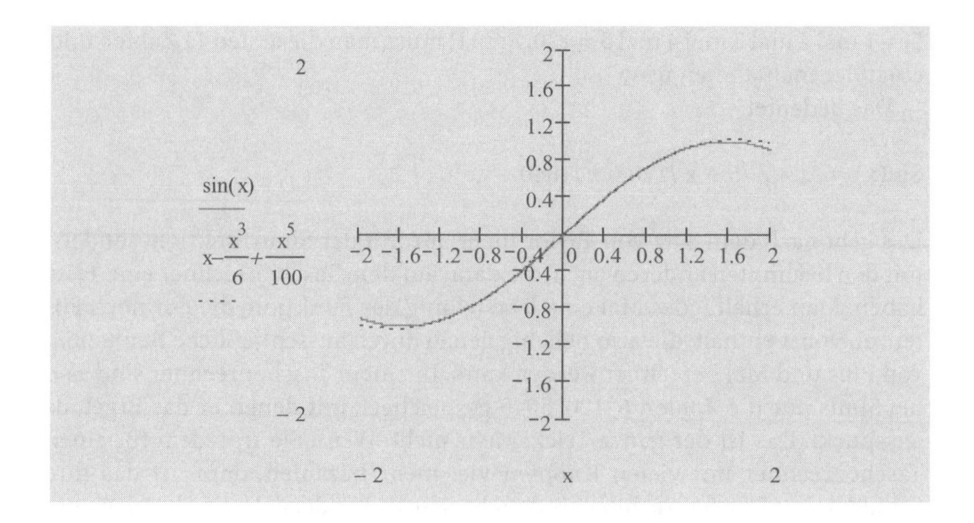

Diese Kurve ist viel einfacher und genau so gut, oder? Die nehme ich als Taschenrechnerprogramm für die Taste SIN. Oder ich verändere noch ein wenig die Konstanten? So? Ja!

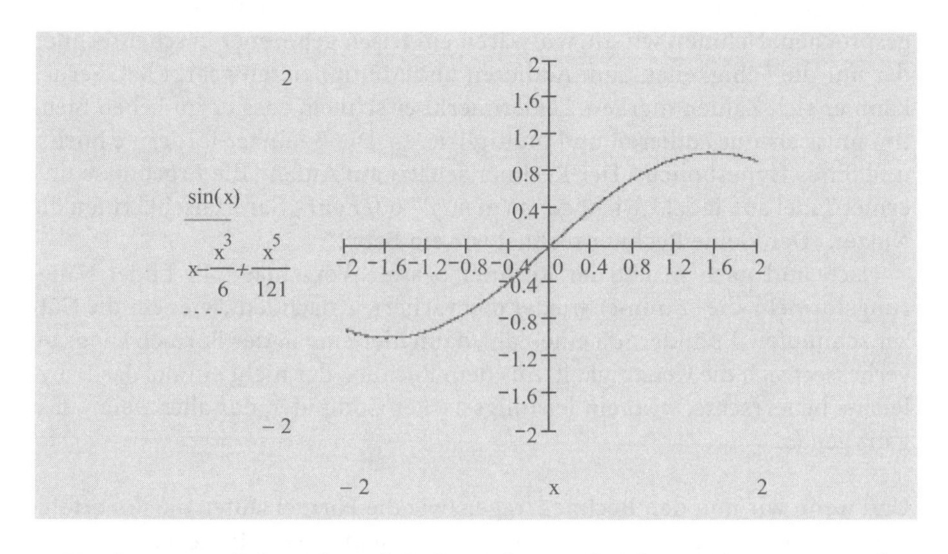

Das ist erstaunlich, nicht wahr? Aber ich muss beichten: Ich wusste, was herauskommen muss. Weil der Satz von Taylor besagt, dass

$$\mathrm{Sin}(x) = x - x^3/3! + x^5/5! - x^7/7! + x^9/9! - x^{11}/11! + \ldots,$$

wobei das Ausrufezeichen das Zeichen für „Fakultät" ist.

5! = 1 mal 2 mal 3 mal 4 mal 5 = 120. Bei 11! muss man die ersten 11 Zahlen miteinander malnehmen usw.

Das bedeutet:

$$\mathrm{Sin}(x) = x - x^3/6 + x^5/120 - x^7/5040 + \ldots$$

Das geht nach dem Satz von Taylor nicht nur mit der Sinusfunktion, sondern mit den bekannten anderen auch, die dann auf dem Taschenrechner eine Taste haben. Man erhält jedes Mal eine Darstellung der Funktion, die nur noch Potenzen von x enthält, die also beliebig genau durch ausschließliche Benutzung von Plus und Mal berechnet werden kann. In einem Taschenrechner sind also bei Sinus nur die Zahlen 6, 120, 5040 gespeichert, mit denen er das Ergebnis ausspuckt. Das ist der ganze Trick. Mehr nicht. Wenn Sie trotzdem für einen Taschenrechner mit vielen Knöpfen viel mehr bezahlen, dann ist das Ihre Schuld. Diese Taschenrechner sind nicht sehr viel anders als die, die man zum Weltspartag als Geschenk bekommt.

Nun argumentiere ich, dass wir so etwas wie einen total simplen Taschenrechner in uns haben könnten. *Da sind neuronale Netzstrukturen in uns, mit denen wir einige völlig simple Grundoperationen durchführen können.* In einem Bild gesprochen: Nehmen wir an, wir wären ein frisch geborener Taschenrechner, der nur die Fähigkeiten zum Addieren und Multiplizieren geerbt hat. Ferner kann er sich Zahlen merken. Leider merkt er schnell, dass er im Leben mehr tun muss als nur addieren und multiplizieren. Die Benutzer fordern e hoch x und Sinus Hyperbolicus. Der Rechner schätzt am Anfang die Ergebnisse und erntet Tadel auf Tadel. „Nicht genau genug!“ oder gar „Ganz falsch!“ rufen die Nutzer. „Der kleine Rechner rechnet wie ein Baby!“

Nach und nach macht der Rechner bessere Vorschläge. Er bildet Näherungsformeln, die er immer wieder neu variiert, je nachdem, wie sehr die Nutzer schimpfen. Er ändert da eine Zahl, dann hier eine in der Formel. Langsam verbessert sich die Genauigkeit. Aus dem Rechner, der nicht einmal das Babyleichte beherrschte, wird ein leistungsstarker Computer, der alles weiß – fast ganz genau.

Und wenn wir nun den Rechner fragen, wie die Formel lautet, die ihn erfolgreich machte? Wird er sagen können: „In meinem Herzen trage ich

$$\mathrm{Sin}(x) = x - x^3/6 + x^5/120 - x^7/5040 + \ldots ?\text{“}$$

Das wird er *nicht* sagen können. Er weiß nichts vom Satz von Taylor. Er wird sagen, er habe es durch Erfahrung erworben. Er wird sagen, er habe langsam in sich eine Idee wachsen sehen, wie der Sinus zu berechnen sei. Er habe eben immer an Zahlenkoeffizienten vor den „x hoch" herumgedreht, je nach Aufschrei. Er habe es eben gelernt. Er könne es nicht erklären. Für ihn selbst sei es wie eine Black Box.

Mit diesem Beispiel will ich sagen: Es gibt Fähigkeiten, aus ganz Wenigem durch Herumprobieren fast alles zu bauen. (Hier: Die Fähigkeit, bloß mit Plus und Mal und dem Merken von ein paar Zahlen sehr, sehr viel berechnen zu können.) Aus ein paar Grundschaltungen im Baby mögen durch Probieren und Reagieren unsere Seelenwelten entstehen. In uns bildet sich vielleicht aus fast nichts eine komplexe Black Box heraus, die die Fähigkeit hat, Bilder schön zu finden („warum, weiß ich nicht"), richtige Gefühle zu entwickeln („es ist nur so ein Gefühl, aber ich bin ganz sicher, dass er ein toller Mensch ist") oder ein Gespür auszubilden. Wir *wissen* intuitiv.

Wir wissen nicht, warum. Es entsteht eine Black Box in uns, die wie eine ursprüngliche Zauberkiste die Antworten weiß. Wir benutzen die Black Box, die uns die Wahrheit verkündet. Wir sind uns sicher, dass es die intuitive Wahrheit ist, weil wir diese Black Box so lange überwacht, trainiert, belehrt und herangezogen haben. Wenn wir mit fünfzehn, zwanzig Jahren ihrer langsam sicher sind, können wir auf unsere „Intuition" vertrauen. Das da in uns drinnen „*weiß*" und „*tut*". Und es ist gut. Und es ist gut so.

3. Neuronale Netze

Bei dem Taschenrechnerbeispiel befassten wir uns eigentlich mit der Frage, ob sich irgendwelche Funktionen F, die wir berechnen möchten, in der Form einer unendlichen Reihe so schreiben lassen:

$$F(x) = a_0 + a_1x + a_2x^2 + a_3x^3 + a_4x^4 + \ldots$$

Und: Wenn es überhaupt geht, wie sehen die Zahlen $a_0, a_1, a_2, a_3, \ldots$ aus? Für die Sinusfunktion habe ich Ihnen diese Zahlen schon genannt: 0, 1/6, 0, 1/120, 0, ...

Wir versuchen in diesem Taschenrechneransatz also, eine beliebige Funktion durch Polynome zu approximieren, wie der Mathematiker sagen würde. Ich habe es folgendermaßen ausgedrückt: Wir versuchen, eine Funktion mit Plus und Mal in der obigen Form zu berechnen, wobei wir durch langes Herumprobieren hoffen, die a-Zahlen zu finden.

Wenn Sie alles schon im Prinzip kennen, hier die Kurzfassung. Die Theorie der neuronalen Netze in der Informatik verfolgt einen ähnlich strukturierten Ansatz. Durch einfache Bausteine soll „alles berechnet werden können". Diese Bausteine sind den menschlichen Gehirnzellen nachempfunden; sie werden wie im menschlichen Gehirn zusammengeschaltet. Die Berechnungen an den einzelnen Schaltstellen richten sich nach Gewichtsfaktoren, die den a-Zahlen in der Ansatzformel für die Funktion F entsprechen. Diese Gewichtsfaktoren muss man dann wieder quälend mühsam durch langes Herumprobieren herausfinden. Mathematiker probieren natürlich nicht, sondern sie überlegen sich ein Computerverfahren. So wird in neuronalen Netzen etwas nachempfunden, was dem menschlichen Gehirn ähnlich ist. Die Praktiker probieren anschließend, ob diese künstlichen neuronalen Netze wirklich rechnen oder denken können und ob etwas Gescheites dabei herauskommt. Ja! Es geht!

Die Grundbausteine bei dem Taschenrechnermodell waren die x^n, die *Potenzen*. Wenn wir neuronale Netze betrachten, heißen die Grundbausteine *Neuronen*. Ich gebe hier eine absolut einfache Darstellung, wirklich nur soweit, wie ich sie zum philosophischen Argumentieren brauche. Bitte, wenn Sie Informatiker und Neuro-Wissenschaftler sind, schütteln Sie sich nicht! Ein Modell sieht so aus:

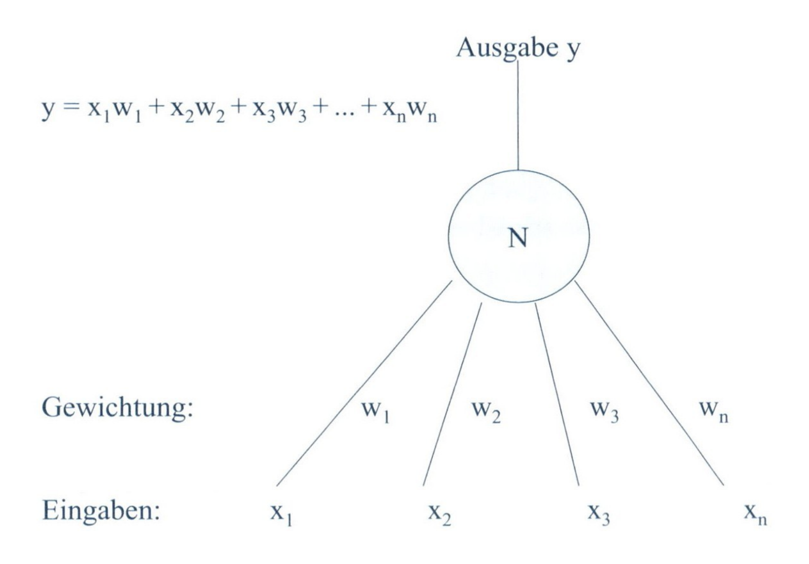

Der Kreis in der Mitte symbolisiert das Neuron N. Ein Neuron verarbeitet Eingangssignale. Diese Eingangssignale fließen als x-Werte „in das Neuron hinein". Gehirnanschaulich gesprochen: Eine Gehirnzelle, das Neuron, wird durch Eingangssignale gereizt oder angeregt. Aus diesen n verschiedenen Eingangssignalen wird nun im Neuron eine Reaktion y berechnet, also ein Ausgangssignal. Dieses Ausgangssignal wird unter Umständen dann in ein weiteres Neuron als dessen Eingangssignal hineinfließen. Dort kommt wieder ein Ausgangssignal heraus usw. Ein Neuron mit nur einem einzigen Ausgangssignal heißt Perzeptron. Man kann sich natürlich auch Modelle mit mehreren Ausgangssignalen modellieren. An den Eingangsbahnen stehen Gewichtsparameter w (w wie weight). Diese Parameter geben, wie der Name schon sagt, das Gewicht an, das dem einzelnen Eingangssignal beigemessen wird. Manche Signale sind wichtiger, andere weniger wichtig.

Solche Perzeptronen stecken wir nun zusammen. Die Eingangslinien zeigen in die Kreise hinein, die Ausgangslinien hinaus.

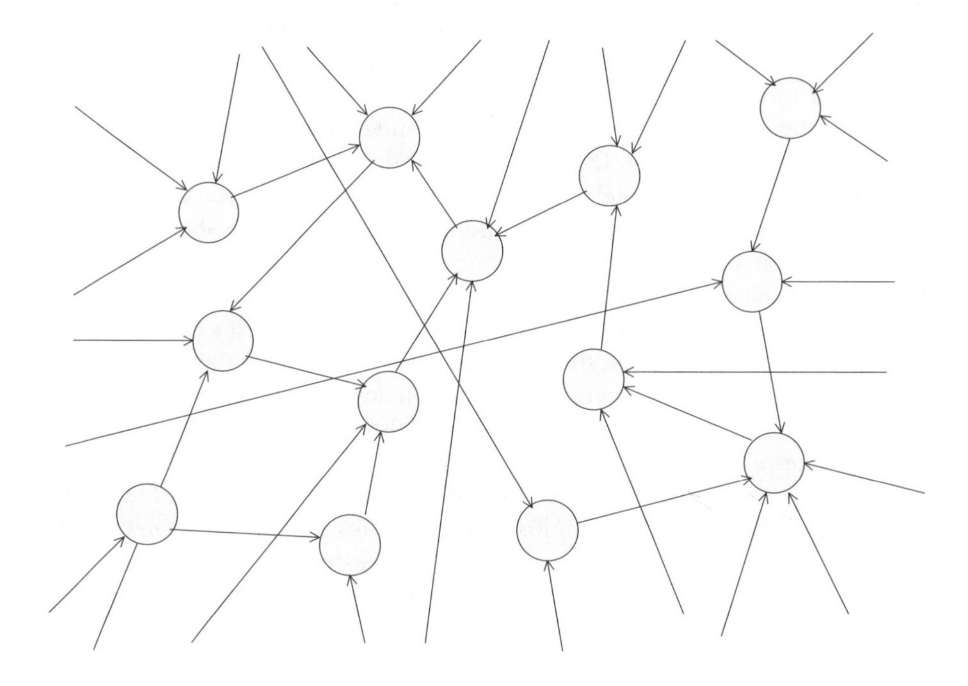

Die Mathematiker haben nun folgenden Lehrsatz bewiesen: Unter der Annahme, dass man beliebig viele Neuronen oder auch nur Perzeptronen verschalten darf, kann man „praktisch" jede berechenbare Funktion mit einem neuronalen Netz approximieren. Da wir ja im Gehirn ziemlich viele Neuronen haben, ist diese Menge von Neuronen sicher nicht problematisch!

Sehr praktisch ausgedrückt, ohne zu viel Exaktheit in die Formulierung zu legen, lautet dieser Lehrsatz:

Mit vielen Neuronen und Verbindungen können wir prinzipiell praktisch alles mit einem neuronalen Netz berechnen, was es zu berechnen gibt.

Das klingt erst einmal sehr eindruckvoll, hat aber einen Haken. So wie der Taschenrechner erst den Sinus berechnen kann, wenn er die Konstanten 1/6 und 1/120 etc. kennen gelernt hat, so können wir mit neuronalen Netzen alles nur *prinzipiell* berechnen. Wir können etwas erst dann wirklich berechnen, wenn wir die irre vielen Gewichte an unseren Perzeptronen-Inputsträngen, also alle die vielen w-Gewichte, richtig eingestellt haben. Diese müssen wir aber erst mühsam bestimmen. Nicht wie oben mit meinem Mathcad-Programm, sondern im Computer. Das neuronale Netz, so sagt man, muss die Gewichte „lernen“ oder: Das neuronale Netz muss das Berechnen lernen. Man meint damit immer: Man muss die Gewichte richtig einstellen.

In den künstlichen neuronalen Netzen, die so wie oben in Computern abgebildet werden, vollzieht sich das Lernen folgendermaßen. Der Computer bekommt Eingangsdaten oder Inputs $x_1, ..., x_n$, aus denen er den Output $F(x_1, ..., x_n)$ berechnen soll. Zum Beispiel könnten die x'se Koordinaten von Städten sein und $F(x_1, ..., x_n)$ könnte die kürzeste Rundfahrt durch alle diese Städte bezeichnen. In diesem Beispiel werden dem neuronalen Netz also n verschiedene Städte(koordinaten) eingegeben und es soll dann angeben, wie viele Kilometer die kürzeste Rundtour durch alle diese Städte erfordert. Dieses Berechnungsproblem heißt *Traveling Salesman Problem* oder in deutsch das *Problem des Handlungsreisenden*. Man trainiert ein neuronales Netz folgendermaßen:

Man rechnet zuerst mit einem anderen Verfahren für ganz viele Städtesysteme die kürzeste Rundtour aus (soweit es geht; das ist irre schwer!). Dadurch gewinnt man eine Menge bekannter Problemlösungen. Diese große Menge an schon vorher bekannten Problemlösungen heißt Testmenge für das neuronale Netz. (Das sind seine Übungsaufgaben. Die Testmenge besteht also aus Übungsaufgaben mit deren Lösungen, wie in einem Lehrerheft!) Dann gibt man diese Städteprobleme zufällig durcheinander in das neuronale Netz ein. Das neuronale Netz antwortet jedes Mal mit einer km-Länge. Wir vergleichen die ausgegebene km-Länge mit dem richtigen Ergebnis und bilden die Differenz, die also den Fehler angibt. Mit diesem Fehlerwissen berichtigen wir alle Gewichtsfaktoren w ein kleines bisschen in eine viel versprechende Richtung. Dann zeigen wir dem neuronalen Netz wieder eine Städtekombination. Es macht wieder einen km-Vorschlag. Wir berechnen den Fehler und wackeln ein wenig an den Gewichten herum. Immer wieder zeigen wir, lassen berechnen, verändern die Gewichte. Das können unter Umständen Tausende oder Millionen Lernvorgänge werden.

Ich unterbreche für einen Vergleich mit dem früheren Beispiel: Ich hatte Ihnen geschildert, wie ich mit einem Superthermometer wirr in der Welt herumlaufe und lerne, Temperaturen mit meiner rechten Hand zu schätzen. Ich schätze erst, vergleiche anschließend die Schätzung mit der Wahrheit und versuche dann zu reagieren, es also besser zu machen. Wir besprechen hier genau denselben Vorgang, nur eben in neuronalen Netzen! Ich vergleiche beim Temperaturfühlen immer das „Übungsresultat" mit dem echt gemessenen Wert. Daraus lerne ich Temperaturen schätzen und mit demselben Herumprobieren finde ich eine ungefähre Sinusfunktion. Probieren, mit der Wahrheit vergleichen, weiter probieren, mit der Wahrheit vergleichen, weiter probieren.

So lange, bis ich es kann? So lange, bis das neuronale Netz Städtetouren planen kann?

Es stellen sich jetzt die folgenden Probleme:

- Dauert es vielleicht viel zu lange? Kann es sein, dass mein Herumprobieren länger dauert, als ich oder der Computer leben?
- Kann man durch bloßes Herumprobieren oder durch stetes Bessermachen schließlich das richtige Verhalten erreichen und dann immer fast richtig rechnen oder schätzen?

Die bedauerlichen Antworten: Ja, es kann unter Umständen lange dauern. Nein, auch „irre langes" Lernen muss nicht dazu führen, dass man es am Ende gelernt hat!

Dass es lange dauern kann, hätten Sie sicher gedacht.

Aber dass es trotz beliebig langem Lernen nicht zur gewünschten Fähigkeit führen muss, das wundert Sie vielleicht? Ja? Aber, aber! Schauen Sie sich doch um! Wie viele Leute lernen sich halbtot, ohne *es* jemals zu lernen! Ja, das kennen Sie. Aber es klingt doch sehr erstaunlich, dass der Erfolg trotz aller Mühen ausbleiben kann? Mühe wird doch nach unserem Glauben belohnt? Oder nicht? Der klassische Lateinunterricht lehrt uns: „Ut desint vires, voluntas laudatur." Wenn auch die Kräfte fehlen, so ist doch der Wille zu loben. Oder das Mühe geben. Sisyphus gibt sich auch Mühe.

4. Lokale und globale Optima – und die Zeit

Das Einstellen von Gewichtsparametern ist ein Optimierungsproblem. Die allermeisten praktisch vorkommenden Optimierungsprobleme mit vielen Parametern sind extrem schwer zu lösen. Ich habe darüber in meinem Buch *Wild Duck* ausführlicher berichtet. Ich gehe hier nur so tief in die Materie hinein, wie es unbedingt nötig ist.

Zumindest das Einstellen von Gewichtsparametern in einigermaßen großen neuronalen Netzwerken gehört zur Klasse der extrem schweren Optimierungsprobleme. Das Finden exakt bester Lösungen für solche Probleme kann jahrhundertelanges Rechnen auf Großcomputern erfordern. Erst seit etwa 30 Jahren wird das Optimieren in größerem Stil betrieben: für Fahrplanerstellung, Tourenplanung, Arbeitseinteilung, Fließbandkontrolle. Erst seit wenigen Jahren sind die Computer so leistungsfähig geworden, dass man Lösungen herausbekommt, bevor „die Arbeit fertig sein muss". Ich habe schon erlebt, dass ein Computer zehn Stunden brauchte, einen Tourenplan zu berechnen. In dieser Zeit musste der Paketdienst leider schon längst zurück sein!

Die Schwierigkeit bei allen diesen Problemen besteht darin, dass es massenweise viele lokale Optima geben kann, aus denen es gilt, ein allgemeines globales Optimum zu finden.

Ich erläutere es am besten an einem Beispiel, an dem wir den Sachverhalt leicht nachfühlen können.

Stellen Sie sich vor, ich setze Sie auf einem unbekannten Planeten aus. Ich verrate Ihnen vorher, dass es auf diesem Planeten einen höchsten Berg mit 8888 Metern Höhe über dem Meeresspiegel gibt. Sie bekommen von mir einen wunderbar genauen Höhenmesser in die Hand, mit dem Sie jeweils die Höhe Ihres jeweiligen Standortes bestimmen können. Sie bekommen einen neuen IBM Thinkpad mit vielen Batterien, in dem Sie alle Erkenntnisse speichern können, so viele Sie immer wollen. Nun los! Sie sollen den höchsten Berg finden. Ich gebe Ihnen ein halbes Jahr Zeit. Nach einem halben Jahr komme ich mit einem Hubschrauber. Wir messen genau die Höhe der Stelle, auf der Sie dann gerade stehen. Je nach Höhe zahle ich Ihnen dann Ihr Gehalt aus. Wenn die Stelle, an der ich Sie finde, unter 2000 Meter Meereshöhe misst, erkläre ich Sie glatt für unfähig. Sie bekommen dann kein Geld.

Was tun Sie jetzt?

Sie könnten ein paar Tage gequält umherlaufen. Überall Hügel, dann eine Ebene. Die höchste Stelle war 530 Meter bisher. Das kann ganz schön nervös machen! Nach zwei Wochen Wanderung kommen Sie an einen Schwarzwald. Herrlich! Sie steigen empor, messen die anscheinend höchsten Stellen. 1000 Meter. Höchstens. Sie sind sehr enttäuscht. (Ich werde Ihnen hinterher die verschwendete Zeit vorwerfen. Sie sehen doch schon von weitem, dass der Schwarzwald nicht höher als 2000 Meter ist! Warum kraxeln Sie da hinauf? Sie werden stammeln: „Es war so schön, wenigstens mal einen einzigen Berg gefunden zu haben. Zum Üben. Ich dachte ja nur!") Sie sehen von den Bergspitzen kein neues Gebirge und verzagen. Sie wandern weiter, kommen an die Alpen. Schneekuppen! Sie klettern hinauf und messen vor lauter Freude. 1500 Meter, 2000 Meter! Sie sind nicht mehr unfähig! Sie bekommen jetzt schon ein mäßiges Gehalt für die Arbeit! 2200 Meter. Sie versuchen nacheinander verschiedene Gipfel auf. Sie jauchzen. Zugspitze, mit ein wenig Wohlwollen 3000 Meter. (Ich werde Ihnen später vorwerfen, dass Sie schon vom Fuß des Gebirges aus hätten sehen können, dass es vielleicht so um die 3000 Meter bringt. Warum kraxeln Sie da herum? Ich hatte Ihnen doch schon verraten, dass der höchste Berg 8888 Meter hoch ist. Was halten Sie sich hier so lange auf? Sie haben nur ein halbes Jahr Zeit!) Sie wandern weiter, um das Gebirge herum, um einen höheren Berg zu suchen. (Warum? Sie können doch mit bloßen Augen sehen, dass hier kein 8000er ist!) Sie machen Abstecher von diesem Gebirge ins ferne Land. Überall ist Ebene. Sie bekommen Angst. Sie müssen ja am Ende des halben Jahres an einem hohen Punkt stehen, wenn ich Sie auszahlen werde.

Sie machen noch weitere Abstecher. Sie finden Flachland. Das ist nicht weiter schlimm, weil bekannt ist, dass zwischen mächtigen Gebirgen Flachland liegt. Flachland ist kein Grund zur Panik. Sie wissen aber nicht genau, wann das nächste Gebirge kommt. Sie bekommen schließlich so große Angst, dass Sie zurückkehren und dann in den Alpen bleiben. Sie suchen hier die höchste Stelle. Sie finden eine mit 4500 Metern. In der Ferne ist ein weißer Berg. Der könnte noch höher sein. Es ist zu spät. Ich komme mit dem Hubschrauber. Sie bekommen nur das halbe Gehalt, weil Sie nur schwach mehr als die Hälfte der möglichen Höchsthöhe von 8888 Metern geschafft haben.

Sie mögen eher erleichtert sein, dass es gut ausging. Die Hälfte ist ja auch etwas. Der Durchschnittsverdiener bekommt die Hälfte vom Spitzenverdiener.

Bleiben Sie bitte mental in dieser Bergwelt. Es gibt Tausende Berggipfel auf Erden. Rundherum sind oft Ebenen. Wer weiß, wo der höchste Gipfel ist? Nur wenn Sie ein Himalaja fanden, können Sie sicher sein, in der Nähe des Höchsten zu sein.

Stellen Sie sich aber vor, ich hätte Ihnen *nicht* verraten, wie hoch der höchste Berg ist? Das ergäbe dann eine noch pikantere Lage.

Die Berggipfel sind lokale Maxima auf der Erde. Ein Gipfel hat die Eigenschaft, dass es in jeder Richtung abwärts geht. Neben einem solchen lokalen Maximum oder Optimum sind in einer Umgebung alle Punkte niedriger. Ein Berggipfel mit der allerhöchsten Höhe (wie ein Mount Everest) stellt dann das absolute Maximum oder Optimum dar.

Beispiel: Sie wohnen in einem Bergdorf ohne Verbindung zur Außenwelt. Ohne Fernsehen und Telefon. Dort leben Sie als Bergbauer. Sie haben sich eine Flöte geschnitzt und spielen virtuose Melodien und Lieder. Sie gelten als der beste Musiker weit und breit.

In mathematischem Slang: Sie sind in Musik das absolute globale Optimum auf diesem Berg. Wenn Sie sich aber in der ganzen Welt betrachten, mögen Sie in der nur ein beklagenswertes kleines Licht sein, ein kleines lokales Optimum. Sie sind kein Star, sondern, wie der Volksmund zu lokalen Optima sagt, eine „Lokalgröße", ein „Lokalmatador" oder ein Provinzkönig. Sie sind lokal das Beste, was es gibt. Da Sie als Bergbauer von der Welt abgeschnitten sind, muss Sie das nicht stören. Sie sind dann das Höchste in der Ihnen bekannten Welt! Das liegt daran, dass Ihnen die Qualität des Allerhöchsten nicht bekannt wurde. (Also das, was den 8888 Metern in der Musikwelt entspräche!) Da Sie das Allerhöchste nicht kennen, trainieren Sie Ihr neuronales Netz zum Flötespielen, so gut Sie können. Sie spielen den Bauern etwas vor und fragen: „War es schön?" – „Schön wie immer", brummeln die. Nur selten einmal ruft einer: „Das klingt besonders schön!" Dann können Sie in Ihrem neuronalen Netz die Gewichte verändern und probieren und dazulernen.

Nur ganz wenige Menschen vergleichen ihr Flötenspiel mit einem Traum. Sie versuchen dann nicht, am besten Flöte zu spielen. Sie erträumen Musik. Es wäre, als wenn sie sich Berge mit Milliarden Höhenmetern vorstellen würden. Und wenn sie sich diese Musik in dieser himmlischen Höhe im Traum denken und vorstellen können, dann nehmen sie die Flöte zur Hand und spielen. Sie sind auf der Suche nach dem Unendlichen. Ein Narr ist für sie, der einen Höhenmesser dabei hat! Träume sind über Höhenmesser erhaben. Ein Narr ist für sie, der auf die Zeit drängt, auf die Konzerttermine! Es gibt keine Zeit. Der Traum von der Musik und der Höhe ist das Leben. Wenn das Leben endet, träumt jemand anders hier weiter. Das Unendliche ist ewig. In der Höhe und in der Zeit.

Das ist jetzt schon eine bewegende Stelle im Buch. Ich reiße Sie trotzdem heraus. Es geht ja um die Optimierung von neuronalen Netzen, also um das Einstellen der besten Gewichtsfaktoren, damit sie so funktionieren, wie es am besten ist.

Wenn Sie in Bücher über neuronale Netzwerke schauen, dann kommt irgendwann die Stelle, an der der Wissenschaftler sagen muss, wie er die Gewichte neu einstellt. Er hat also das Netz mit Eingabedaten versehen. Das neuronale Netz hat ihm geantwortet. Er hat einen Output bekommen. Der Fehler ist noch beträchtlich. Wie verändert der Trainerwissenschaftler nun die w-Werte im Netz? In den Büchern heißt es in fast allen Fällen etwa so: „Das Einstellen der Gewichtsfaktoren ist ein ausgesprochen schweres Problem. Es hat sich bewährt, nach der Methode des größten Anstiegs zu maximieren. Es wird dabei versucht, in jedem Einzelschritt die größtmögliche Verbesserung zu erzielen. Diese Methode findet natürlich nur lokale Optima. Man muss hoffen, dass diese gefundenen lokalen Optima nicht allzu schlecht sind. In vielen Problemstellungen ist das so. Dann kann man mit der Verbesserungsmethode zufrieden sein. In anderen Fällen wieder scheinen die globalen Optima nicht erreichbar. In diesen Fällen bewähren sich neuronale Netze nicht in der erwarteten Form."

Ich übersetze das: Die Wissenschaftler benutzen vor lauter Schwierigkeiten die Methode des gierigen Anstiegs. Stellen Sie sich diese Methode bei der Mount-Everest-Suche vor: Dort würde man so verfahren: Sie versuchen, nur bergan zu gehen. Immer bergan! Wenn das nicht mehr geht: Stopp. Fertig.

Das ist nicht gut, gell? Wenn Sie auf einem Maulwurfshügel stehen, haben Sie ja ein lokales Optimum gefunden. Deshalb etwas klüger: Sie steigen auf einen Hügel und schauen, ob Sie einen anderen Hügel in der Nähe sehen, der höher ist. Dort gehen Sie hin und machen so weiter. Von München aus können Sie zum Beispiel die Alpen sehen, dort gehen Sie hin. So machen Sie immer weiter. Sie enden, wenn alles gut ausgeht, an der Spitze des Mont Blanc.

Das ist also genau die Methode, die ein normaler Mensch wählen würde!

Und jetzt, lesen Sie den folgenden Gedanken ganz genau, er ist entscheidend: *Beim Optimieren neuronaler Netze (die nach unserem Gehirn konstruiert sind) benutzen die Mathematiker dieselben Methoden zum Einstellen der Gewichtsfaktoren, die wir selbst beim Berggipfelsuchen wählen würden!*

Daraus ergibt sich:

- Künstliche neuronale Netze sind unserem Gehirn nachempfunden.
- Sie optimieren sich (oder „lernen") nach natürlichen menschlichen Prinzipien (also nicht nach abstrusen oder hochwissenschaftlichen Konstrukten, die dem Menschen fremd wären).
- Sie sind immer in Gefahr, nur lokale Optima zu finden.

Künstliche neuronale Netze „sind also ungefähr wie Menschen".

Ich spekuliere hier im Buch: Wir nehmen einmal als wahr an, dass diese Verwandtschaft besteht. Wir widmen uns den philosophischen Implikationen.

5. Der intuitive Mensch als naturbelassenes neuronales Netz

Ich möchte nun einfach als ein adäquates Vorstellungsmodell annehmen, dass die rechte Gehirnhälfte wie ein selbstlernendes neuronales Netz funktioniert.

Die linke Gehirnhälfte stelle ich mir weiterhin wie einen PC vor.

Ich weiß, dass das Hirn links und rechts vom Gewebe her ähnlich aussieht, viel komplizierter gebaut ist, als es aussieht, und überall, links wie rechts, aus Neuronen besteht. Ich möchte nur ein Vorstellungsmodell entwickeln, das den Menschen besser erklärt.

Sigmund Freud hat in uns Menschen ja auch ein Über-Ich, ein Ich und ein Es hineinverlegt, die ja nicht wirklich physisch in uns sind. Wir haben auch keinen Geist in uns herumspuken oder eine Seele im Herzen. Dies sind alles Vorstellungsmodelle von uns selbst. Und ich versuche hier im Buch, ein noch genaueres Vorstellungsmodell darzulegen, das dann schon relativ nahe an den neurologischen Tatsachen liegt.

Ich möchte jetzt also annehmen, dass die menschliche Intuition so etwas ist wie der Ausdruck eines neuronalen Netzes in uns. Von Kindesbeinen an wird dieses neuronale Netz in uns trainiert. Immer wieder überlegen und phantasieren wir, führen Selbstgespräche in Tagträumen oder Rollenvorstellungen. Wir denken und denken und reagieren und lernen. Mathematisch gesehen verändern wir fortwährend die Gewichte im neuronalen Netz (biologisch: Wir verstärken oder schwächen die Nervenbahnen im Gehirn). Das Ganze ist also eine in vielen Jahren angewachsene ungeheure Kathedrale von Gewichtsdaten (oder Nervenstrangattributen).

Sehr simplizistisch auf den Punkt gebracht: Das Netz in uns mit den Gewichtsfaktoren sind in gewisser Weise wir selbst.

Das Faktenwissen auf der linken Gehirnseite gehört zu uns und bereichert uns. Es ist Ausdruck des allgemein Bekannten, Ausdruck unserer Kultur, eine Bibliothek vor allem des Wertvollen (hoffentlich) unserer Menschheit.

Die Gewichte im neuronalen Netz in uns haben wir selbst durch Probieren, Erfahren, Spüren und Reagieren bewusst („das habe ich mir als Regel vorgenommen") oder „unbewusst" eingestellt. Die Gesamtheit dieses gewaltigen Konstruktes ist für mich die Intuition.

Da ist ein neuronales Netz in mir. Und ich bin es.

Meine Augen schauen ein Bild an. Diese Eingangssignale erreichen das neuronale Netz. „Wie hässlich!", gibt es als Output aus. Da habe ich gesagt: „Wie hässlich." – „Sie verstehen nichts von Kunst", kommentiert neben mir ein Kundiger. Mein neuronales Netz empfängt dies als Eingangssignal. Ich versuche, meine Gewichte zu ändern. Aber wie? Soll ich das Bild am Ende schön finden? Ich fürchte, ich bin kunstmäßig in einem lokalen Optimum gefangen ...

Vielleicht ist alles in einem lokalen Optimum gefangen?

Ich kann nicht tanzen. Das habe ich ja schon erzählt. Da stehe ich bergmäßig gesprochen wirklich auf einem Maulwurfshügel. In Mathematik bin ich vielleicht auf dem Kilimandscharo. In allem und jedem habe ich es zu mehr oder weniger oder ganz wenig gebracht. Es scheinen ganz viele kleinere neuronale Netze in mir zu sein. Für Tanzen eben oder Programmieren, für das Kochen oder das Autofahren. Manche sind gut eingestellt, ganz wenige erstklassig, das meiste à la Provinzfürst.

Ich bekomme Eingangssignale und mein Netz gibt Ausgangssignale. Das bin ich.

Und jetzt wieder eine Kernerkenntnis:

Mein Netz ist eine **Black Box**.

Diese Black Box ist wie ein Taschenrechner. Ich gebe etwas ein, es kommt ein Ergebnis heraus. Drinnen ist die Taylor-Formel, das weiß aber nur ich als Mathematiker. Wenn ich die rechte Hand hebe, um die Temperatur zu erspüren, dann sagt etwas in mir die Gradzahl. Was in der Black Box passiert, weiß ich nicht. Ich habe im Laufe meines Lebens die Gewichtsfaktoren durch Hin-und-Herprobieren verändert und fein eingestellt. Jetzt funktioniert alles ganz brauchbar. Ich muss immer wieder etwas leicht ändern, weil ich eine Brille bekommen habe und ich mir eine Meinung zu meinem Cholesterinspiegel bilden soll. Aber meine rechte Hirnhemisphäre ist wie eine Black Box.

Signal rein, Signal raus. Das dazwischen ist mein ganzes Leben.

All mein Leben liegt darin. Ich habe gespürt, gesehen, gehört. Die Eltern haben mich trainiert und mich dazu gebracht, meine Gewichtsfaktoren anzupassen. Die Lehrer, Mitschüler und Freunde haben mit mir gestritten und diskutiert. Die Ausgangssignale meiner Black Box sind immer wieder geprüft, kritisiert und diskutiert worden. Manchmal schrie ich: „Ich bin doch kein Kind mehr! Lasst mich voll gelten!" – „Ich bin doch erwachsen!" – „Ich bin jetzt ein erfahrener Mitarbeiter!" – „Ich habe zwei Kinder großgezogen!" Aber immer wieder wird kritisiert und verändert. Meine Black Box ist nie fertig. Sie muss ja mit meinem Alter Schritt halten, sie muss immer wieder lernen, neue Zeiten einpassen. Das Netz ist wie mein Ich, das sich fortwährend verändert, mal schnell, mal schwerfällig. Beim Tanzen ist es bewegungsunfähig ängstlich eingefroren, beim Bücherschreiben ist es noch voller Sturm. Das Netz hat alle Eingangssignale verarbeitet.

Deshalb ist alles aus meinem Leben darin.

Ich weiß nicht wie. Ich verstehe nur wenig, weil ich alles nur ungenau in meinem Innern sehen kann. Aber da drin ist die Summe von mir und der Welt, von Vater, Mutter, vom Beruf. All mein Erleben, die Gefühle, die ich hatte, die Melodien, das Schöne und die bösen verzweifelten Stunden. Dort im Gewühle der Neuronenverbindungen, die die Gewichte tragen, sind die Komplexe verborgen, die Sigmund Freud als Erster im Menschen sehen konnte. Das alles bin ich.

Ich habe diese letzten Sätze bewusst überemotionalisiert. Ich selbst bin sehr intuitiv, also mehr ein naturbelassenes neuronales Netz als ein Lexikon. Ich fühle das, was ich da schreibe. Ich hebe das hervor, um Ihnen die Argumentation mit diesem Netz und den Millionen von Gewichtszahlen absolut ernst ans Herz zu legen. Es ergeben sich einschneidende Folgerungen, die im Laufe des Buches immer klarer werden sollen (nicht wirklich hier, weil zur vollen Argumentation noch vieles Vorbereitende gesagt werden muss):

- Da neuronale Netze so etwas wie eine Black Box sind, muss jeder Sigmund Freud, der den Begriff des neuronalen Netzes nicht kannte, staunend vor so einer Black Box ganz bestimmt auf den Begriff „Unterbewusstsein" kommen.
- Ein neuronales Netz bezieht seine Qualität aus den gut eingestellten Gewichten, die unter Jahren Zeitaufwand mit ungeheurer Lernmühe langsam unter Tausenden Änderungen entstanden. Stellen Sie sich vor, ein Psychologe kommt nun und sagt: „Ändere Dich!" Oder Sokrates ruft: „Erkenne Dich selbst!" Das klingt ganz leicht, bedeutet aber, dass ein neuronales Netz im Grunde ganz neu wiedererzogen werden muss. Es dauert Jahre und Jahre, genauso lange wie das Ersttraining oder noch länger. Deshalb dauern Psychotherapien so lange.
- Stellen Sie sich eine „durchschnittliche" oder neurotische Persönlichkeit wie ein ausoptimiertes Netz vor, das in ein „durchschnittliches" oder sehr mäßiges lokales Optimum hineinstrebte und dort verharrte. (Im Beispielbild: Mensch auf der Zugspitze oder auf dem Schauinsland) Eine Änderungsforderung an ein neuronales Netz bedeutet, alles, aber auch alles umzustellen. (Im Bild: Von der Zugspitze herunter, lange Wanderungen über Tiefebenen bis zu einem hoffentlich höheren Gebirge, was man von ferne nicht sieht.) Diese Umstellung muss einer Black Box bedrohlich erscheinen, fühlen Sie das? Deshalb reden die Psychologen von dem so genannten Widerstand des Patienten gegen eine Veränderung oder eine Therapie. Widerstand ist die Weigerung, ein lokales Optimum als ein

schlechtes lokales Optimum zu erkennen und zu akzeptieren. („Hier auf der Zugspitze ist es am höchsten, so weit ich sehen kann!") Von einem lokalen Optimum aus kann eine dorthin optimierte Black Box nicht erkennen, dass das lokale Optimum so schlecht ist. Sonst wäre man ja nie so weit gekommen! Den Berg zu wechseln, würde bedeuten: Milliarden Gewichte in mir neu einstellen! Wie geht das einfach?

- Schließen Sie kurz die Augen und denken Sie nach: Was bedeutet in einer solchen Black Box „Freiheit des Willens"? (Hat der Taschenrechner Willensfreiheit? Darf man einem Taschenrechner in der Kirche sagen: „Du musst selbst entscheiden. Einmal grundsätzlich im Leben. Was willst du mit deiner Freiheit anfangen? Wähle frei und gut: Du kannst dich entscheiden, immer richtig zu rechnen oder auch falsch. Wähle frei und trage die Konsequenzen! Wenn du oft falsch rechnest, wechselt dein Platz vom Schreibtisch in die Müllhölle.") Eine Black Box hat eingebaute „Grundüberzeugungen", wie ein intuitiver wahrer Mensch sagen würde. „Diese Grundüberzeugungen haben sich mein ganzes Leben lang in mir ausgebildet. Zu ihnen stehe ich. Ich wäre bereit, für sie zu sterben." Hören Sie, wie die optimierte Black Box spricht? Sie hat keine Freiheit, wenn sie im Optimum ist. Sie antwortet nach den optimal eingestellten Gewichten. Nicht anders. Nie anders.

Wenn ich selbst das neuronale Netz in mir spüre, erbebe ich vor Bewunderung für diesen komplexen Edelstein in mir. Obwohl es nur simple Mathematik ist, dieses Anpassen der Gewichte.

Aristoteles schrieb in seinem frühen Werk *Dialog über die Philosophie*: „Die Vorstellung der Menschen von den Göttern entspringt einer doppelten Quelle: den Erlebnissen der Seele und der Anschauung der Gestirne."

Immanuel Kant spricht am Ende seiner *Kritik der praktischen Vernunft*, zum „Beschluss" die berühmten Worte, die sich fast „wie Aristoteles" anhören:

„Zwei Dinge erfüllen das Gemüt mit immer neuer und zunehmenden Bewunderung und Ehrfurcht, je öfter und anhaltender sich das Nachdenken damit beschäftigt: *Der bestirnte Himmel über mir, und das moralische Gesetz in mir.*"

Ich bewundere dieses ur-einfache Prinzip des neuronalen Netzes in mir. Ich bin mein Netz. Ich bin das, worauf es Gewichte legt. Wenn es im lokalen Optimum angekommen ist (auf einem „Berg"), dann bin ich „fertig". Mein Geist ist dann „angekommen". Schrecklich, nicht wahr? Wenn ich angekommen bin, ändert sich nichts mehr, weil sich alles optimal anfühlt. Ich sehe keine bessere Möglichkeit mehr. Von diesem Moment ab wird mein geistiges Leben unverändert verharren. „Ich bin auf meinem Berg." Deshalb flehe ich Sie an: Kraxeln Sie nicht auf Berge! Bleiben Sie unten. Gehen Sie den Weg weiter. Es gibt viiiiel höhere Berge, irgendwo anders. Gehen Sie weiter, halten Sie nicht an. Tao.

6. Learning und Overlearning von neuronalen Netzen

Beim Trainieren von neuronalen Netzen gibt es einen schlimmen Effekt, der neuronale Netze fast untauglich machen kann. Er heißt Overlearning oder Overtraining. Ich erkläre ihn an einem Beispiel.

Eine Bank trainiert ein neuronales Netz zur Prognose des DAX, des Deutschen Aktienindex. Dazu wird dem neuronalen Netz immer wieder und wieder und noch einmal und wieder eine Kursreihe aus einem vergangenen Monat „gezeigt", also als Eingangssignal eingegeben. Dez. 1951, Okt. 1987, Nov. 1990, Sept. 2001, Tausende Male. Das neuronale Netz soll den Stand des DAX einen Monat später schätzen. Dann wird anhand der vorliegenden historischen Daten nachgeschaut, um wie viel das Netz daneben geschätzt hat. Dann werden die Gewichte neu eingestellt. Es folgt die Eingabe einer neuen Monatskursreihe. Wieder und wieder. Es stellt sich heraus, dass ein neuronales Netz lernt und lernt. Zwischendurch testet man den Lernerfolg zum Beispiel an heutigen Kursen und schaut nach, ob das Netz „jetzt Ahnung" hat. Man testet das Netz also mit Monatsreihen, die es noch nie beim Training gesehen hat. Das Netz lernt und lernt dazu. Die Tests fallen nach vielen Lernschritten immer besser aus. Dann aber ... wird das Netz schlechter und schlechter, je länger es lernt. Es wird schlechter, je länger es lernt!! Das ist erst einmal erstaunlich.

Dieser gefürchtete Overlearning- oder Overtraining-Effekt erklärt sich folgendermaßen: Irgendwann werden die Gewichte im Netz so irre gut eingestellt, dass das Netz implizit „weiß", *welcher* Monat ihm als Prüfungsinput gegeben wird! Das Problem bei den Kursen ist es, dass wir nur knapp 100 Jahre Börsenkurse haben, also 1.200 Monate. Das ist nicht viel. So ein Netz wird schließlich gewissermaßen perfekt, wenn es bei Eingabe der 30 Werte sagen kann: „Aha, sieh da, das ist wieder April 1954. Bei April 1954 habe ich ein paar Mal daneben gelegen und bin korrigiert worden. Ich weiß noch, wie es sein muss." Dann gibt das Netz den Wert des DAX vom Mai 1954 aus. Wenn Anfängerinformatiker Netze trainieren, bekommen sie vor Verwunderung glänzende Augen. Das Netz ist perfekt! Dann geben sie aber dem Netz eine Monatsreihe, die es noch nie gesehen hat: Das Netz versagt kläglich, obwohl es in der Trainingsrunde nur Null-Fehler-Ergebnisse hat. Voll daneben. Warum? Das Netz nimmt die neue Monatsreihe an und vergleicht sie mit den gelernten Monaten der Vergangenheit. Es entscheidet schließlich, dass der Monat September 2002 am ähnlichsten zu Januar 19xy ist. Dann spuckt es als Ausgabewert den Stand des DAX vom Februar 19xy aus.

Das ist natürlich schrecklich.

Weil dieser Sachverhalt so ungeheuer wichtig ist, gebe ich zu diesem wahren Beispiel noch ein fiktives zum besseren Vorstellen:

Ich mache 1100 Fotos von Menschen. Ich schreibe hinten auf die Fotos drauf, ob der abgebildete Mensch nett ist oder nicht. Ich mache es so, dass 550 der 1100 Menschen nett sind, die anderen nicht so arg. Die Fotos mische ich und lege Sie auf einen Stapel. Sie müssen nun die ersten 1000 Fotos des Stapels durcharbeiten und immer tippen, ob es ein netter Mensch ist oder nicht. Anschließend drehen Sie die Karte um und sehen, wie die richtige Antwort lautet. Das ist Ihre Trainingsphase als neuronales Netz. Jetzt mache ich mit Ihnen Ernst: Sie bekommen die letzten 100 Bilder. Sie müssen wieder tippen, aber Sie bekommen die Rückseite nicht gezeigt! Ich zähle nur die Anzahl Ihrer Treffer.

Das ist die ganze Aufgabe. Denken Sie, Sie schaffen das ganz gut? Mit 75 % Treffern?

Und nun ein neuer Versuch. Sie kommen jeden Tag zu mir ins Büro. Ich mische die 1000 Trainingsfotos jeden Morgen neu. Sie arbeiten alle 1000 Fotos durch. Ich zähle, wie gut Sie sind. Wir machen das jeden Tag, so lange, bis Sie 99 % Trefferquote haben. Das schaffen Sie mit der Zeit, weil Sie nach und nach alle 1000 Menschen kennen lernen und bald alle „genau kennen". Dann wissen Sie ja die Auflösung genau. Sie müssen nicht mehr raten. Sie lesen nicht mehr die Gesichtszüge: Sind diese nett? Wirken diese distanziert verschlagen? Wirken sie unhöflich? Nein, das müssen Sie nicht mehr überlegen. Sie erkennen jetzt die Personen genau.

Sie kommen also irgendwann bei 99 % an. Jetzt zeige ich Ihnen die 100 Ernstfallfotos für den Abschlusstest. Denken Sie nach! Was passiert? Sie sind schlechter als im ersten Fall! Sie haben nämlich verlernt, „das Nette" zu erkennen. Sie erkennen die Personen. Diese 100 aber sind unbekannt. Sie werden nun eher versuchen, sie ähnlichen Personen zuzuordnen, die es unter den 1000 geben mag. Das hat aber nichts damit zu tun, „das Nette" zu verstehen. Sie haben das nach dem ersten Durchgang gekonnt! Nun haben Sie es verlernt, weil Sie übertrainiert sind.

Der übertrainierte Mensch, der vorhersagen soll, orientiert sich also ganz in die Vergangenheit oder in das Abspeichern der Trainingsmenge, weil diese Strategie die einzige ist, perfekt vollkommen zu werden. Der Mensch geht „unbewusst" davon aus, dass sich Muster der Vergangenheit deterministisch wiederholen. Damit ist er für die Zukunft bzw. die ernsthafte Testmenge nicht mehr „sensibel". Er versagt, weil er alles weiß und die Musterwiederholannahme gemacht hat!

Dieses Phänomen zeigt sich in der Mathematik der neuronalen Netze. Bei fast *jedem* neuronalen Netz! Es ist in unzähligen Versuchen beobachtet worden. Und ich hoffe, Ihnen ist das Phänomen anhand des netten Fotobeispiels auch wirklich sonnenklar geworden. Und ich hoffe weiter, dass Sie jetzt den Hauptschluss innerlich nachvollziehen können:

These: *Das neuronale Netz legt mit zunehmender Trainingszeit implizit innen drin einen Speicher an, in dem es implizit die Trainingsmenge und deren richtige Antworten nach und nach abspeichert.*

Und daraus folgere ich jetzt („Licht aus!" – „Spot an!" – „Vorhang auf!"):

These: *Das neuronale Netz legt sich „eine linke Gehirnhälfte an", einen Speicher, wenn es zu lange trainiert wird. Es greift dann bei Wiederholungsaufgaben auf den Speicher der richtigen Antworten direkt zu, weil das den Erfolg auf der Trainingsmenge bis auf 100 Prozent hebt. Das Netz verliert dabei die Fähigkeit, im Unbekannten richtig zu liegen. Es verliert die eigentliche Intuition, weil es jetzt alles richtig weiß.*

Wir können also spekulativ die Entstehung der „linken Gehirnhälfte" in einem natürlichen neuronalen Netz begreifen. Sie entsteht aus der ursprünglichen Intuition durch „(zu) oft wiederholtes Lernen von Mustern". Wenn ich jetzt ganz hemmungslos über den Menschen drauflos spekulieren darf (und hier beginnt das Eis dann wirklich, dünn zu werden):

Die linke Gehirnhälfte ist der Musterspeicher der rechten. Hierhin wandert das Bewährte, Bekannte, Gelernte, sicher Beherrschte, die Sprache natürlich (die ja ein Speicher für fest gelernte Bedeutungen und Bezeichnungen darstellt), Namen, Fachausdrücke. In die linke Hirnhälfte geht das Feste. In der rechten Gehirnhälfte wird weiter intuitiv entschieden. Die Frage ist, welche Grundstrategie ein Mensch verfolgt: Vertraut er seinem Speicher oder seiner Intuition? Auf das Richtige, das allgemeine Wissen? Oder auf das Wahre, das ihm die naturbelassenen neuronalen Netze zuflüstern? „Sehe ich" das Richtige? Oder „höre ich" auf die Intuition?

Ich gebe Ihnen diese These als Vorstellungsbild für Ihre linke und rechte Hirnhemisphäre.

Für mich ist (ob es biologisch nun genau so stimmt oder nicht) diese These absolut wahr (im intuitiven Sinne) und sie hilft mir zu verstehen, wie ich funktioniere oder „bin". Ich selbst „bin" in der rechten Hälfte, aber links ist das, was ich mir als das Reale aufgehoben habe.

Das Fotobeispiel, mit dem ich den Unterschied zwischen Erkennen und Wissen erkläre und die nur scheinbare Überlegenheit des Wissens entlarve, treffen wir dann im Alltag sehr oft wieder:

- Der übertrainierte, übererzogene 1,0-Abitur-Mensch, der zu Hause alles richtig gelernt hat, versagt manchmal „draußen" völlig, weil er sich auf sei-

nen Speicher (links) verlässt und die Fähigkeit, intuitiv zu entscheiden nicht anwendet, weil er ihr weniger vertraut.
- Der überzüchtete Wissenschaftler weiß in „seinem" Fachgebiet bald so sehr „alles", dass er allwissend ist, aber keine Forschungsleistungen mehr erbringt. „Elfenbeinturmsyndrom"? Die wahren Leistungen der Wissenschaften vollbringen die jungen, unverbrauchten Gehirne. Nobelpreisträger sagen: „Ich hatte Glück, ich war neu in dem Gebiet. Es war von Vorteil, dass ich wenig wusste. Hätte ich alles gewusst, wäre ich auf das Neue nicht gekommen."

Später mehr. Diese Anfangsabgründe gebe ich Ihnen nur zur ersten Beunruhigung zu bedenken.

Overtraining hat noch eine zweite Bedeutung.

Es ist der bewusste Versuch, Menschen zu Automaten zu machen, indem man sie Handgriffe vielfach öfter trainieren lässt, als es zum Lernen nötig wäre. Bei Piloten wird Overtraining angestrebt, bei Soldaten ebenfalls. Das Gelernte soll „sitzen", wie wir sagen. Das Gelernte soll vor allem bei Soldaten „bombenfest sitzen", weil nur normal Gelerntes unter Bombenhagel oder Stress leicht vergessen werden kann. „Sie müssen eine Woche durchmachen. Dann schlafen. Nach einer Minute wecke ich Sie mit einer Handgranate am Ohr auf. Dann müssen Sie in einer Zehntelsekunde das Richtige tun können. Aufwachen dürfen Sie meinetwegen später, Hauptsache, Sie handeln automatisch."

Das ist eine sehr spezielle Sicht der richtigen Menschen. Overtraining führt, wie ich sagte, zu einer starren Speicherbildung neben der Intuition, die starres Handeln bevorzugt. Manchmal aber ist es wohl das, was eben so sein soll? Denken Sie noch einmal kurz an die Stichpunkte am Ende des letzten Paragraphen: Willensfreiheit, Änderungsfähigkeit. Und dann lassen Sie dieses Buch kurz sinken und denken Sie an die Kritik der „Pisa"-Studie an den deutschen Schülern. Die deutschen Schüler, so heißt es, wüssten vielleicht ziemlich viel, seien aber vergleichsweise schwach im *Lösen von Problemen*. Sie kennen also Gelerntes sicher und können aus vollen Speichern schöpfen, können es aber in der praktischen Wirklichkeit nicht adäquat einsetzen. Sie können es „nicht anwenden". (Meine These würde in diesem Kontext bedeuten: Das deutsche Schulsystem schult die linke Gehirnhälfte. Es schult Wissen, nicht *Fähigkeit*.)

Und was sagt unsere liebe Regierung und alle Schulverantwortlichen zu „Pisa"? *Mehr* Lernen! Noch mehr Lernen! Wäre es nicht angebracht, zu überlegen, ob wir die deutschen Menschen nicht schon jetzt übertrainieren? Und dann merken, dass sie damit „draußen" versagen? Müssten wir dann nicht umkehren? Das werden wir nicht! Denn unsere „Bildungsexperten" werden noch stärkeres Übertrainieren anordnen, damit alles bombenfest sitzt und wir alle gute Roboter werden. Dabei wissen wir aber alle: Roboter lösen selten Probleme. Sie erledigen das Gröbste. Wenn Deutsche keine Probleme lösen können, werden sie bald für das Gröbere da sein. Die Bildungsdiskussion darüber verläuft erschreckend ungebildet.

7. Das Übersetzen in die linke Hemisphäre

In der linken Gehirnhälfte liegt das Fachwissen, die Regeln und die Sprache.

Rechts habe ich eine Black Box, die sich auf das richtige Tun trainiert hat, ohne selbst zu wissen, was sie tut.

Mein Vorstellungsbild: In meiner rechte Hemisphäre höre ich Melodien, spüre ich Gefühle, die Liebe zu anderen. Ich verstehe das Innere anderer Menschen und sehe die Problemlösungen in diffusen Bildern. Wie Träume ziehen mathematische Bilder vorbei, blitzt ein Einfall eines Philosophen hervor, den ich vor zwanzig Jahren hörte. Es tönt und hämmert wie in einer Schmiede, es herrscht Ideentrubel, alles jagt einander mit abwechselnden Phasen völliger Stille. Ich sitze vor meinem Computer und schreibe ein Buch. Ich versuche mich auf das Thema zu konzentrieren. Es heißt: „Das Übersetzen in die linke Hemisphäre". Meine rechte Gehirnhälfte weiß genau, was das ist, aber die Black Box signalisiert nur, dass ich mich gut fühle, weil ich es *weiß*. Sie sagt mir aber nur widerstrebend in Worten, was das nun wäre: das Übersetzen in die linke Hirnsphäre. Wenn ich schreibe, wandere ich in einem noch nie gesehenen Land umher, von dem ich vorher nur Prospekte angeschaut habe. Die Prospekte geben mir eine Idee, was dort ist. Es ist die Idee des Themas. Ich habe etwa ein halbes Jahr nur über den paar Seiten der Inhaltsgliederung dieses Buches gebrütet. Ich habe mein Gehirn mit Ideen geflutet und jede Idee mit einer Zeile im Inhaltsverzeichnis gewürdigt. Es sind so viele und viel zu viele gewesen. Ich habe sie nie gleichzeitig „präsent". Sie versinken wieder, aber ich erinnere mich noch an sie. Wenn ich dies hier schreibe, steigen sie wieder aus den Tiefen der rechten Gehirnhälfte herauf, ganz undeutlich und vage. Ich erkenne die Ideen wieder.

Ich empfinde sie nicht als vage. Sie sind eigentlich klar.

Ich kann sie aber nicht aussprechen. Es macht mir nichts aus.

Nun aber wollen Sie wissen, was das ist, was ich „denke", wie also in meiner Black Box die Gewichte eingestellt sind. Dann geht es nicht anders. Meine linke analytische Gehirnhälfte muss aus dem Stammeln der Black Box eine einfache Erklärung anfertigen, die Sie und meine linke Hälfte schließlich verstehen können. Die linke Hälfte ist wie ein Zweifler in mir: „Was soll das heißen, der Wein hat eine feine Brombeernote? Die Musik ergreift? Was ist das, eine Brombeernote? Was soll das heißen, „ergreifen"? Sind das Kriterien für Geschmack oder Musik?" – Meine Black Box zuckt hilflos mit den Achseln. Der Verstand will es immer so genau wissen! Es gibt nichts genau zu wissen, weil es nur auf die Idee ankommt. Was Wein ist. Was Musik ist. Diese Idee ist in mir, in meinen Neuronenverbindungsgewichten. Ich selbst bin in gewisser Weise die Gemeinschaft der Ideen in mir. Die Liebe ist in mir. Das Wissen um das Wahre in der Mathematik. Das Gefühl für das Neue im Computerbereich. Ein tiefes Schönheitsgefühl für Wörter. Die Liebe zu Pflanzen und Büchern.

Intuitive Menschen haben im glücklichen Falle eine harmonische Black Box, die gut eingestellt ist und sicher und ausgeglichen innerlich ruht. Die linke Gehirnhälfte will immer nur kontrollieren. Sie nervt eher. Ja, sie zwingt mich, nützlich zu sein. Bücher zu schreiben. Sie will, dass ich Erkenntnisse der Mathematik auch beweise, nicht nur „weiß". Sie sagte mir: „Du musst den Doktor machen und habilitieren. Sonst kommst du im System nicht weiter!"

Die richtigen Menschen leben eher mit der linken Gehirnhälfte. Sie machen alles richtig und bestrafen drakonisch das Falsche. Aber manchmal sagen sie: „Es ist alles richtig, aber etwas in mir fühlt sich nicht wohl dabei. Strafe muss sein, das wird jeder unterstützen. Deshalb haben wir die Frau hart bestraft. Es muss sein. Aber ich war erschrocken, als ich ihre Augen sah." Sie fühlen, dass etwas in ihnen an den Nerven zerrt. Das ist ihr Rechts.

Ich kann das Übersetzen in die andere Gehirnhälfte am Beispiel der Mathematik erklären: Da sind neue Gebiete zu erforschen, neue, knifflige Welten, Rätsel der Menschheit. Und dann sitze ich tagelang da und denke mir nebelhafte Lösungen aus. Ich bin oft euphorisch, besonders am Abend. Ich scheine nun kurz vor dem sagenhaften Durchbruch in ein neues Reich zu stehen. Ich bin berauscht von Erkenntnissen, ohne klar sagen zu können, worin sie bestehen. Sie fühlen sich an wie ein Werden in mir. (Die Gewichte stellen sich beim Denküben immer besser ein, das spüre ich!) „Ich erkenne! Ich sehe! Ich weiß! Ich verstehe!" Dieses unnennbare Fortschreiten in der Erkenntnis ist die wahre Wissenschaft: das Suchen und Finden im Neuen Land. Ich wandere in unbekannten Gefilden und stehe schließlich vor einem Berg, in dem eine Goldader ist. Das weiß ich genau. Das weiß meine Black Box. Ich bin fündig geworden und unsäglich glücklich. Das ist wahre Wissenschaft. Wahre Wissenschaft ist wie Lichtsturm in der rechten Hemisphäre.

Leider sagt mein eigenes Links, der scharfe Verstand, er wolle das Gold erst sehen, bevor er's glaube. Mein Rechts sagt: „Ich spüre, es ist im Berg! Ich erkenne es! Die Suche ist beendet! Der Gral gefunden. Alles ist Glück und Licht." Aber das Links entgegnet: „Ich glaube nur an Gold, das ich bei Licht sehen kann. Hole es heraus."

Das Herausholen bedeutet Leiden für den Mathematiker. Er ist sicher, dass er erkannt hat, kann es aber nicht beweisen! Sein Links quält ihn mit höhnischem Lachen: „Bewiesen ist etwas nicht etwa dann, wenn du es erkannt hast. Es muss nach den Logiksystemen bewiesen sein, die ich regiere! Das Bewiesene wird Teil des Systems, aber das nur Erkannte bleibt draußen!"

Das Rechts versucht vage Erklärungen des Erkannten.

Das Links gibt Ohrfeigen. „Schau, was da noch für ein dicker Fehler drin ist!" So kann es wochenlang Tag für Tag gehen. Das Rechts kennt nun bald alle Schliche, begeht keine Fehler mehr, hat aber keinen Schimmer mehr, wie eine logische, bewiesene Lösung aussehen könnte. Totenstille.

Wochenlange Totenstille.

Die Black Box, das Rechts, ist aber immer sicherer, kurz vor dem Beweis zu stehen. Alles dreht sich in Farben und Bildern und Vorstellungen, die immer fieberhafter abwechseln. Das neuronale Netz im Rechts wird unablässig mit neuen Prüf- und Eingangsdaten gefüttert. „Hier, denk darüber nach – und hierüber!" Das Rechts denkt und arbeitet. Das Links mault ungeduldig, dass nichts herauskommt. „Das wird ein schlechtes Forschungsjahr, noch keine echte Neuerung bis jetzt und es ist schon September." Das Links nervt und stört. Ideen entstehen nicht neben Nörglern. Niemals. Also, Links, sei ruhig. Geh schlafen.

Kennen Sie das?

Manchmal blitzt eine neue logische Erklärung hervor. Oft in fiebrigen Zuständen der absoluten Konzentration! Manchmal aber auch geschieht es (viel erfüllender!) ganz unvermittelt unter der Dusche oder (das tut mir leid, aber es ist so) beim Anhören sehr schlechter Vorträge, weil das irgendwie meine Black Box mit Eingangsdaten versorgt, mit denen sie normalerweise nicht in Berührung kommt. Das macht sie kreativ, glaube ich. Wenn eine große „Beweisidee" aufblitzt, ist es ein Lichtgefühl ohnegleichen. Dieses Lichtgefühl signalisiert klar das Ende des Leidens. Es ist eine kurz aufflammende Stimmung absoluter Gewissheit. Da! Da! Heureka! Das ist es. Genau. Dieses Lichtgefühl ist eines in der linken Gehirnhälfte! Ganz bestimmt!

In diesem Augenblick kann mein Links einigermaßen klar verstehen, was die Idee meines Rechts war, die diesem die ganze Zeit bekannt war. Der Mathematiker sagt: „Das ist der Beweis." Der Beweis ist das einzige zugelassene Kommunikationsmittel zur linken Gehirnhälfte. Der Beweis ist ein plötzliches Licht in meiner Black Box, die für einen Augenblick der linken Gehirnhälfte erlaubt, einen Blick in das Innere zu werfen. Der Beweis ist wie Gold *sehen*. Das Erkennen ist wie Gold *orten*.

Was ist denn das eigentlich, Wissenschaft treiben? Was ist denn das, Mathematik treiben? Das Erkennen des Neuen in der Black Box, ohne es klar ausdrücken zu können? Oder das Licht, das das Erkennen des Neuen in der „amtlich richtigen" linken Gehirnhälfte möglich macht? Die rechte Hemisphäre jubelt über das Neue. Die linke über das konkret Bewiesene.

Unsere Kultur belohnt das Bewiesene, aber das *Eigentliche*, das Erkannte, bildet einen wesentlichen Teil des Ichs. Für den wahren Wissenschaftler ist das Erkennen das Wahre und die Zeit des Jubels. Für die richtigen Menschen muss erst ein Haken daran, ein Strich darunter und ein Prüfsiegel. In unserer Gesellschaft zählt, was in die linke Gehirnhälfte übersetzt werden kann. In diesem Moment kann das Erkannte als allgemeines Wissen gespeichert werden. Es ist nun im Prinzip *jedermann* zugänglich. (Man muss lächeln, wenn man an die Verständlichkeit oder Zugänglichkeit faktisch aufgeschriebener mathematischer Beweise denkt, nicht wahr?) Erkenntnis ist Wissen geworden. Das Weiche der Erkenntnis ist nun hart. So sagt man, „weiche Wissenschaften" wie die Psychologie würden durch empirische Überprüfungen langsam hart. Aus „Glaube" oder Spekulation wird Gewissheit. Das Gewisse wird abgespeichert. Es wandert in die Bibliothek.

Ich bin als Intuitiver damit sehr unglücklich. Das Erkennen ist viel wichtiger als das Beweisen. Das Erkennen geht immens schneller als das Beweisen. Stellen Sie sich vor, ich sollte alles das, was ich in diesem Buche spekuliere, hieb- und stichfest beweisen! Zehn Menschenleben würden nicht reichen. Wären sie gut verwendet? Warum denken wir nicht alle zusammen im Team nach, bis wir intuitiv sicher sind? Reicht das nicht, intuitiv sicher zu sein? Ich bin unglücklich, weil die richtigen Menschen immer Beweise sehen wollen. Deshalb verwechseln die meisten Wissenschaftler schon das Erkennen mit dem Beweisen. Das Erkennen bringt ihnen ja keine Publikationen ein, keinen Doktortitel, kein Geld, keine Fördermittel. Erst beim Beweis winken alle Belohnungen, zuoberst Anerkennung der führenden Wissenschaftler. Deshalb genießen Wissenschaftler fast nur diejenigen Lichtblitze, die direkt zu einem Beweis führen. Sie sagen: „Ich hatte eine geniale Idee." Das ist nicht die Idee! Das ist das gelungene Übersetzen in die linke Hälfte. Wissenschaftler genießen nicht das langsame Werden in der Intuition. Sie sitzen grimmig und einfallslos und einsam vor einem leeren Blatt Papier. Das quält sie. Dabei erkennen sie in dieser Phase. Sie könnten glücklich sein, aber sie warten auf ein Lob des Links: „Gut, das war mal ein verwertbarer Einfall. Brav!"

Die meisten Wissenschaftler holen sich bei einem „akademischen Vater" ein Problem, um es zu lösen. Wenn sie es gelöst haben, dann haben sie sich als Wissenschaftler ausgezeichnet. Sie haben eine Transferleistung erbracht.

Aber: Alle Nobelpreisträger dieser Welt sagen immer und immer wieder, dass nicht das Problemlösen irgendwie wichtig wäre, sondern das Problemstellen! Derjenige, der ein Problem gestellt hat, das später gelöst wird, hat in seiner Intuition *erkannt*! Problemstellen heißt, einen Berg mit Gold gefunden haben. Problemlösen heißt, das Gold heraufzuholen. Das Problemstellen ist

„die Idee haben". Das Problemlösen ist „Transfer in Logik". Der Erkennende *weiß* alles, kann es nur nicht in der Sprache der logisch-analytischen richtigen Menschen ausdrücken. Der wahre Wissenschaftler ist jemand, der erkennt. Er kann diese Erkenntnis als „Problem" vage niederlegen, auf dass jemand das Problem „löst". Das Problemlösen ist aber nicht Wissenschaft. Es ist mehr wie Kunsthandwerk.

Oft gibt es finstere Streitigkeiten im Wissenschaftsbereich, wenn akademische Väter und Problemsteller sich den Anschein geben, die Leistungen des Lehrstuhles ganz allein vollbracht zu haben. „Ich habe es vollständig ohne Hilfe gelöst!", klagen empörte Assistenten, „Und dann tut der Herr Ordinarius auf Tagungen so, als habe er alles allein geleistet. Er setzt sogar seinen Namen auf *meine* Publikation!" Daran sehen Sie, wie sehr unsere Gesellschaft auf das Lösen starrt, nicht auf das Erkennen. Wenn junge Assistenten „ein Thema zum Lösen" bekommen, ist es ja schon erkannt worden! Will das niemand erkennen?

Es gibt zweierlei Licht: Rechts und Links. Das Licht des Wahren und das Neon des Richtigen im sonst dunklen Schummer des Archivs.

Bitte, erschrecken Sie nicht, wenn ich nun fast alle Wissenschaftler zu Rechts-nach-Links-Transfer-Kunsthandwerkern ernenne, sie also für manchen von Ihnen vielleicht degradiere. Kunsthandwerker sind aber doch etwas? Später folgt mehr dazu. Haben Sie ein wenig Geduld.

8. Die ewigen Ideen und die Idee von Platon

Links wird also gespeichert, was einst mit dem Rechts intuitiv erkannt wurde. Was mit dem Links gespeichert werden kann, ist allgemein oder kann es im Prinzip sein. Im Links ist das „vom Menschen unabhängige" Wissen, das allgemein verstanden werden kann.

Das neuronale Netz im Rechts lernt durch immer besseres Einstellen der Gewichte, also durch Verstärken von Nervenzellenverbindungen oder durch Abschwächen derselben. Das Einstellen des Netzes geschieht mit der Absicht einer Verbesserung im Sinne eines Optimierungsalgorithmus.

Ich hatte Ihnen das Optimieren am Beispiel der Berggipfelsuche veranschaulicht. Berggipfelsucher können auf dem Brocken im Harz stehen und das Übertreffen von 1000 Meter Meereshöhe für das globale Optimum halten, weil weithin nichts Höheres zu sehen ist. Das ist ein stabiles Gefühl. Auch dann, wenn andere behaupten mögen, es gebe Mount Everests und Berge Ararat.
Ich spekuliere: Eine Idee ist so wie ein Berg, wie ein Optimum, das sich in uns gebildet hat. Unsere Black Box hat eine lokal optimale Einstellung gefunden,

die eine Art Höhegefühl auslösen mag. „Das ist wahr. Das ist meine Überzeugung." So mögen wir etwas in uns sagen hören. Berge sind nicht Berge. Es gibt *hohe* Berge und *niedrige* Berge.

Ein hoher Berg mag eine der vornehmen, großen Ideen der Menschen sein, etwa: Die Idee des Guten. Die Idee der Freiheit. Die Idee der Gerechtigkeit. Die Idee des Maßvollen. Die Idee der Liebe. Wenn mein neuronales Netz gewisse optimale Einstellungen hat, bin ich in einem Gesamtzustand im Rechts, der mich ganz durchdrungen findet von einer solchen großen Idee. Ich kann durchdrungen sein von der Idee der Liebe. Sie ist ein große Idee und bildet so eine Art Himalaja-Massiv in der Welt der lokalen Optima von Netzgewichtseinstellungen. Wer einmal mit seinen Einstellungen auf ein solches hohes Gebirge gelangte, „bleibt durchdrungen" von der zugehörigen Idee, weil alle Änderungen der Gewichte zu dramatischen Abstiegen oder Verschlechterungen im Netz führen würde.

Menschen, die leiden, die im Leben versagt haben, sich schuldig oder ungeliebt fühlen, werden in dieser „Niederwelt" stabile Ideen finden, die dort gewisse niedrige lokale Optima bilden, also wie Hügel in der Tiefebene. „Niedrige" Ideen mögen sein: Die Idee des Bösen. Die Idee des Kampfes. Die Idee der Notwendigkeit des Leidens. Die Idee des Überlebenmüssens. Die Idee der Vergeltung. Die Idee des Vergleichs von Menschen.

Wer auf dem Mount Everest steht oder auf dem Brocken im Harz, der hat dasselbe Gefühl: Nämlich das, oben zu sein. So können Menschen vom Guten im Menschen vollständig durchdrungen sein, während andere nur von der Notwendigkeit beherrscht werden, sich hart und rücksichtslos durchs Leben kämpfen zu müssen. („Niemand schenkt niemandem etwas; teile aus und schütze dich!")

Im neuronalen Netz von uns Menschen hat sich das neuronale Netz auf ein lokales Optimum eingestellt. Wir stehen also sinnbildlich auf einem Berg und sehen in das Land unter uns. Wir sind von dieser Einstellung unseres neuronalen Netzes „durchdrungen"; wir sind also durch und durch von dieser Einstellung beherrscht. Eine Veränderung würde einen weiten Marsch erfordern und eine ungeheure Umstellung im neuronalen Netz. Es würde eine komplette Umwertung der Gewichte notwendig machen, eine Umwertung aller Werte. Deshalb ist es so schwierig, weise zu werden.

Wenn wir uns also spekulativ die großen und vielleicht auch kleinen Ideen als lokale Optima in Netzeinstellungen vorstellen können, dann entdecken wir in diesen mathematischen Strukturen die Ideenlehre von Platon wieder:

Platon war überzeugt, dass die Ideen unabhängig von den einzelnen Menschen existieren würden. Die Ideen seien ewig. Sie brächen in den einzelnen Menschen immer wieder neu hervor. Es sähe so aus, als würden sich die Menschen an diese ewigen Ideen erinnern. Platon sagt, der Mensch habe eine ewige

Seele, die nach seinem Tod in einem neuen Menschen wieder zum Leben komme. Die Seelen trügen die Ideen, die jeder neue Besitzer wieder neu in sich entdecken würde. Dieser Vorgang des Wiederentdeckens in sich selbst sei eine Art Wiedererinnerung, wie ein Wiederaufdämmern von Vergangenem oder Verlorenem.

In Platons *Menon-Dialog* lockt Sokrates aus einem zufällig beistehenden Knaben, einem Diener von Menon, durch geschicktes Fragen die Überlegung heraus, dass die Fläche eines Quadrates quadratisch mit der Seitenlänge steige. Diesen mathematischen Lehrsatz kann der Knabe nie gewusst haben, aber er erschließt ihn sich unter einigen behutsamen Fragen von Sokrates. Sokrates sagt: „Und jetzt sind bei ihm diese Vorstellungen nur noch wie ein Traum in Bewegung. Wenn man ihn aber oftmals um dies nämliche befragt und auf vielfach Art, so erkennst du, daß er am Ende nicht minder genau als irgendein anderer um diese Dinge wissen wird." Die Zuschauer sehen, wie der Knabe denkt und unklar schaut, dann stückweise Wissen artikuliert, bis er zu einer Lösung hinfindet. Sokrates: „Ohne Belehrung also, auf bloße Fragen hin, wird er es wissen und wird die Erkenntnis nur aus sich selbst hervorgeholt haben." Es sieht aus wie Erinnern! Der Knabe erinnert sich als Ungebildeter an etwas, was ihm ganz fremd sein muss!

Sokrates spricht: „Weil nun die Seele unsterblich ist und oftmals geboren und alle Dinge, die hier und in der Unterwelt sind, geschaut hat, so gibt es nichts, was sie nicht in Erfahrung gebracht hätte, und so ist es nicht zu verwundern, daß sie imstande ist, sich der Tugend und alles andern zu erinnern, was sie ja auch früher schon gewusst hat. ... Denn Suchen und Lernen ist demnach ganz und gar Erinnerung."

Platons große Idee ist es, dass alle Ideen in uns schlummern und nur aufgeweckt werden müssen. Sokrates, der die Menschen durch Fragen beunruhigt, bringt Menschen dazu, sich zu erinnern. Die Ideen sind unabhängig vom einzelnen Menschen immer existent. Wir müssen sie nur in uns entdecken!

Ich habe Ihnen aber sagen wollen, dass wir die Idee der *ewigen Seelen* nicht brauchen, um die Existenz der *ewigen Ideen* zu erklären. Die Ideen sind Einstellungsoptima von neuronalen Netzen. Wenn wir unterstellen, dass alle rechten Menschenhirne technisch als neuronale Netze gesehen ungefähr gleich sind, so können sie alle in den Zustand aller dieser Ideen gelangen, wenn sie sich in etwa gleichen Lebenszuständen befinden. So ist es nicht erstaunlich, dass wir Menschen alle, unabhängig von unserer Hautfarbe und Herkunft oder Kultur, die Idee von Gott erzeugen, die Idee der Schönheit, die Idee von der Erhabenheit von Sonne und Gewitter. Wir spüren alle die Schönheit von Symmetrie (ein klares mathematisches lokales Optimum!) und von Einfachheit. Wir bewundern Strukturen und Regelmäßigkeiten. Wir spüren das Edle und die Eleganz. Wir entwickeln Ideen von Wasser, Feuer, Himmel, für „das Tier“ oder „das Fliegen“. Die großen Ideen sind universelle mathematische Gleichgewichtsstrukturen neuronaler Netze, die unabhängig vom Einzelmenschen existieren.

Ideen bilden die Richtungen unserer Sehnsucht.

Wenn wir aber in der Menschheitsgeschichte weiterkommen, durch technologischen Fortschritt etwa, dann können wir mit der Zeit neue und wieder neue große Ideen bekommen. Große neue Ideen hatten zum Beispiel Darwin, Einstein, Freud oder Gandhi.

Wir können Ideen in Kindern quasi *wach* küssen, wenn wir in ihnen, etwa durch behutsame Fragen, Sehnsucht und Interesse *wecken*. Sehnsucht und Interesse sind die Triebkräfte der rechte Gehirnhälfte. (Ach, Pisa!)

9. Aristoteles hatte keine richtige Idee von der wahren Idee

Ich wiederhole ein Zitat von Aristoteles aus seiner *Metaphysik*:

„So kam Plato zu der Ansicht, daß es sich im wissenschaftlichen Verfahren um andere Objekte als um das Sinnliche handle, durch die Überlegung, daß von dem Sinnlichen, das in steter Umwandlung begriffen sei, es unmöglich sei einen allgemeingültigen Begriff zu bilden. Dieses in Begriffen Erfaßbare nannte er Ideen; das Sinnliche aber, meinte er, liege außerhalb derselben und empfange nur nach ihnen seine Benennung; denn in der Form der Teilnahme an den Ideen habe die Vielheit dessen, was nach ihnen benannt wird, sein Sein. An dieser »Teilnahme« ist nun nur der Ausdruck neu. Denn schon die Pythagoreer lehrten, das Seiende sei durch »Nachahmung« der Zahlen; Plato aber lehrt, es sei durch Teilnahme an den Ideen. Welcher Begriff indessen mit jener Teilnahme oder mit dieser Nachahmung zu verbinden sei, das haben sie als offene Frage stehen lassen. Außerdem kennt Plato noch als ein drittes zwischen dem Sinnlichen und den Ideen die mathematischen Objekte, die sich von dem Sinnlichen dadurch unterscheiden, daß sie ewig und unbeweglich sind, von den Ideen aber dadurch, daß sie jede in unbestimmter Vielheit gleichartiger Exemplare existieren, während die Idee als solche ein schlechthin Einheitliches für sich sei.“

Platon sieht also drei verschiedene Kategorien im Erkennen:

- Die mathematischen Objekte
- Die Ideen, die das Ganze erfassen
- Das Sinnliche und Wahrnehmbare, wie wir es mit den Körperfunktionen aufnehmen

VI. Der Flash-Mode und die mathematische Identifikation

1. Der Blitz in uns: Stressalarm und Nichthinschauen

Oh Schreck.
Es ist etwas Unerwartetes eingetreten.

Jemand bremst vor mir, rotes Licht. Ein Glas mit Rotwein kippt klirrend um. Das Baby rollt vom Wickeltisch. Die Pferde erschrecken und gehen durch.

Etwas sagt in mir: Eine Katastrophe bahnt sich an. Ein Blitz zuckt durch mich hindurch und „schießt Adrenalin ein". Das heißt: Mein Körper wird in einen anderen Zustand eingestellt. In Bruchteilen einer Sekunde „lässt er alles fallen" und reagiert, als würde ihm ein Angriff drohen.

Wir agieren in einem solchen Fall oft „in Panik", wir handeln also, „bevor wir denken". Wir greifen das Baby im Fallen (sinnvoll) oder patschen hilflos im Rotwein herum (schrecklich), während ein etwas Unbeteiligterer mühelos „Holt Zewa und Salz" sagen kann – er hat ja den Flash oder Blitz im Körper nicht mitbekommen und *denkt* normal drauflos. Er denkt zuerst und handelt dann besonnen.

Das blitzartige Reagieren rettet Leben. „Ich konnte noch instinktiv ausweichen. Ich habe erst später erkannt, wie gefährlich das war. Wenn ich Zeit zum Nachdenken gehabt hätte, wäre ich vor Angst gestorben." Das blitzartige Reagieren kostet Leben. „Etwas blitzte. Ich trat instinktiv auf die Bremse, weil ich seit Monaten um meinen Führerschein zitterte. Ich darf nicht noch einmal erwischt werden. Deshalb habe ich beim Fahren Angst. Ich habe andererseits keine Zeit, langsam zu fahren. Es ist ein Balanceakt, der mich ganz schön stresst. Durch das Bremsen kam es dann zum tödlichen Unfall. Es tut mir leid. Meinen Führerschein habe ich noch. Aber Sie sehen ja, ich sitze jetzt im Rollstuhl."

Das blitzartige Reagieren scheint vor dem Denken zu geschehen. Es geschieht etwas, fast ohne Beteiligung des normalen Gehirns. „Automatisch."

Hans Selye hat uns 1956 das Buch *The stress of life* geschenkt, das heute berühmte klassische Buch zum Stress. Hans Selye selbst ist mit dem Nobelpreis ausgezeichnet worden und hat zig Bücher und weit über tausend Artikel zum Thema Stress geschrieben.

Seine bahnbrechenden Arbeiten befassen sich mit dem organischen Reaktionsrahmen, mit dem unser Körper auf Unerwartetes reagiert. Selye hält das „stress syndrome“ oder die Stressreaktion für die universelle Antwort des Organismus auf Bedrohungen und Gefahren. Seither befasst sich die Forschung stark mit den physiologischen Stressvorgängen in unserem Organismus. Was geschieht in uns, wenn wir Gefahr wahrnehmen?

Das klingt biochemisch etwa so: Das Gehirn bittet den Hypothalamus, CRF („cortico-releasing factor“) auszuschütten. Das CRF setzt sich in Bewegung zur Hypophyse und bringt dort die Freisetzung von ACTH (adrenocorticotrophische Hormone) und Endorphinen in Schwung. Endorphine lindern den Schmerz und ermöglichen sein Ignorieren für eine Zeit lang. Sie können helfen, die Aufmerksamkeit von der Gefahr abzulenken oder die Gefahr für einige Zeit zu verleugnen oder einfach nicht zu sehen. ACTH erhöht die Empfindung von Schmerz und fokussiert die Aufmerksamkeit auf ihn.

ACTH lenkt also die Aufmerksamkeit blitzartig auf die Gefahr, um uns zur Reaktion zu zwingen. Stellen Sie sich vor, Sie werden im Dunkeln von mehreren Menschen ergriffen, man öffnet Ihnen mit Gewalt den Mund und einer der Angreifer nähert sich mit einer Zahnzange ... Sie werden zappeln, zu schreien versuchen.

So etwas passiert uns aber nicht. Wir werden mit sechs oder sieben Jahren das erste Mal zum Zahnarzt geführt („er schaut nur in deinen Mund“). Dann wird nachgebohrt. „Sei tapfer, beiß die Zähne zusammen, es tut nicht mehr weh als notwendig.“ Falsch! Ssssss! Wir erleben blanke Grausamkeit. Weinen. Anklagende Blicke auf unsere „Notwendiger“, unsere Peiniger. Lebenslange Angst. ACTH-Rausch. (Ich verstehe noch etwas davon: 1958 wurde der Bohrer wie auch damals eine Nähmaschine mit dem Fuß irgendwie angetrieben; überall waren mechanische Übertragungsriemen an dem Gerät. Natürlich niemals Spritzen, keine Gnade.)

Aber! Es soll doch so sein: Wir lassen uns einen Zahnarzttermin geben. Zu diesem Zeitpunkt signalisiert der Magen Gefahr. Das Ungute schwebt in uns, aber der Termin ist erst in acht Wochen. Kurz vorher beginnt das Ungute wieder in uns zu steigen. „Ich mag heute nichts essen, ich denke schon an das Geräusch und das Spritzen des hellroten Wassers.“ Wir ächzen unnötig lange im Wartezimmer und blättern blicklos in abgegrabbelten Illustrierten. Nach und nach wandern Augentote hinter einem weißen Hilfsgeschöpf auf den Behandlungsstuhl. Jetzt: Ich!!

Ich setzlege mich, es schlingt sich etwas Weiß-Raschelndes um meinen Hals. Es ist Zeit.

Es ist die Zeit des Endorphins. Es lindert den Schmerz und lässt mich das Ernste für eine kurze Zeit ignorieren. So erwarten Todbestrafte ihr Ende, lammgeduldig unter Endorphin.

Fühlen Sie das Wechselspiel von ACTH und Endorphin in sich drinnen? Es kommt auf das Verhältnis der beiden chemisch eng verwandten Stoffe in unserem Körper an, ob wir die Aufmerksamkeit auf etwas richten („Schmerz!") oder die Aufmerksamkeit ablenken („da ist nichts zu machen").

Die Wissenschaftler haben das alles nicht gerade bei meinem Zahnarzt in Gaiberg nachgemessen, aber es wurde Ratten klar gemacht, dass sie in die ausweglose Lage kämen, geschlagen zu werden – und dann schlug man zu. Zur Belohnung der Wissenschaftler zeigen die Messapparate sofort einen steigenden Endorphinspiegel in den Ratten an. Man kann auch einzelne Affen mit Raubtieren vor ihrem Gitter allein lassen – dann bekommen sie ganz schön Stress. Wenn man aber mehrere Affen gemeinsam in diese ärgerliche Situation bringt, dann haben sie kaum noch Angst, weil sie sich mental stützen. Und so weiter. Die Wissenschaftler glauben, dass dies für Menschen ähnlich gilt, obwohl der Mensch über dem Tier steht. Manchmal wird das nicht stimmen, denke ich. Wenn ich mutterseelenallein hinter einem Gitter mit einem Raubtier zusammen bin, kann ich gut ein Buch lesen, während Wissenschaftler an mir Messungen machen. Wenn ich mir aber vorstelle, ich wäre zusammen mit geliebten Frauen dort eingesperrt, dann wären die anderen wohl nicht so sicher mit dem Gitter, obwohl sie wissen, dass Wissenschaftler nur Daten wollen, aber keine Unfälle. Dann würden die anderen ACTH-Anfälle bekommen und mich nicht weiterlesen lassen, worauf ich dann einen Endorphinschock bekommen muss, um weiter leben zu können. Es kommt auch hier auf das richtige Verhältnis an, zu Gittern und Mitmenschen.

Der Stressalarm fokussiert so sehr unsere Aufmerksamkeit, dass wir alle Energie auf die Bewältigung lenken sollen. (Als Kind habe ich, im Kinsey-Report, glaube ich, heimlich gelesen, dass ich während eines Orgasmus nicht einmal hören kann, dass neben mir eine Pistole abgefeuert wird. Donnerschlag! Das konnte ich damals nicht wirklich glauben. Heute? Ich weiß nicht. Ich muss allerdings zugeben, noch nie eine Pistole dabei gehört zu haben.)

Unsere heutigen Erkenntnisse sagen, wir würden bei Stressalarm erst die Aufmerksamkeit auf etwas richten, dann kurz prüfen, ob wirklich eine Bedrohung vorliegt, und dann erst gegebenenfalls in einen anderen biochemischen Zustand übergehen. Also so: Schussartiges gehört? Hektischer Blick – noch etwas? Dann: Alarmentwarnung oder volle Deckung.

Auf ein Ereignis folgt eine „Orientierungsreaktion", dann eine „Taxierung" oder „Einschätzung" des Ereignisses, danach kommt es gegebenenfalls zur Stressreaktion. Noch einmal: Sie spielen im Büro ein Schießspiel am Computer. Da springt die Tür laut auf. Sie orientieren sich – schauen: Es ist Ihr Kollege mit dem Kaffee. Stress absagen. Oder: der Chef. Jetzt sitzen Sie schön da. Echter Stressalarm.

Sie bewältigen jetzt die Situation. „Wir machen gerade Kaffeepause. Der Kollege holt gerade Kaffee." – „Gut.", sagt der Chef. Dann fahren Sie bitte Ihr ACTH wieder herunter.

Oder: „Sie wissen genau, dass auf Dienstcomputern die Installation solcher Anwendungen untersagt ist. Ich prüfe Sie jetzt längere Zeit unregelmäßig. Bei nochmaligem Verstoß bekommen Sie einen Eintrag in die Personalakte."

In diesem Fall haben Sie noch gar nichts bewältigt. Schlimmer noch – es droht Dauerstress von mehreren Monaten, wenn Sie Spiele lieben. Die Stresserregung hält an. Sehr lange. Sie können den Stress lindern, indem Sie schimpfen, alles schnell vergessen, eine Beruhigungstablette schlucken oder dem Chef ständig aus dem Weg gehen. Wenn der Stress im Körper bleibt, verteilt er sich unklar, führt zu Stresssymptomen wie Schlaflosigkeit, Befürchtungen, Gereiztheiten. Im Extremfall werden Sie krank. „Dieser Vorfall hat mich bestimmt die Beförderung gekostet. Das werde ich in zwei Jahren sehen, wenn ich eigentlich dran wäre." So kann Stress in Daueraufmerksamkeit übergehen und dann langsam in Angst. Immer wieder, in Zwischenzeiten, können Sie sich endlos denselben Rat von lieben Menschen holen. Er heißt: „Nimm es nicht so tragisch. Er hat schon etliche erwischt. Er will nur Macht demonstrieren. Er hat noch nie einen Eintrag gemacht." Diese lieben Menschen fordern Sie auf, eine realistische Neueinschätzung vorzunehmen. Das wirkt wie Endorphin. Und dann – nachts – flüstert Ihnen etwas zu: „Wenn er noch nie einen Eintrag gemacht hat – dann wäre ich ja als Erster dran! Wie schrecklich!" Das ist ein neuer Alarm. Es zuckt in Ihnen. Sie müssen jetzt noch nachprüfen, ob wirklich eine Bedrohung vorliegt. Es ist dunkel in der Nacht. Niemand da. Sie sind ganz entsetzlich allein, weil Sie niemanden wecken wollen. Der Stress frisst an Ihnen, während Sie den gesunden Schlaf der anderen verfluchen. „Ich will nicht darüber nachdenken. Nie mehr. Ich will versuchen, cool zu bleiben. Ich zeige den anderen meine Gefühle nicht mehr, damit sie mich nicht weiter belehren. Ich kann nicht mehr, alle reden darüber. Ich bin tagsüber ganz benommen. Ich kann mich schlecht konzentrieren. Meine Gedanken kreisen immer um meinen Chef. Ich arbeite besser, wenn er nicht da ist. Ich vergesse Arbeiten, die er von mir will. Ich kann meinen Körper nicht mehr richtig spüren. Ich träume bei der Arbeit von Urlaub und Lottogewinnen. Ich würde dann ganze Tage am Computer schießen, bis er mir kündigt. Dann sage ich: Tschüss!"

2. Seismographenalarm oder System-Teilabschaltung

Ich möchte dieses Zucken der Aufmerksamkeit mit einem Seismographen vergleichen. In uns scheint ein System zu wirken, das blitzartig die Aufmerksamkeit auf Neues, Überraschendes, Unerwartetes richten kann, auch auf Unverhofftes, Wunderschönes. Stefan Pappe, hier nebenan bei IBM, hat gerade gemeinsam mit seiner Frau Erika bei den ZEIT-Kreuzworträtseln zusammen mit 24 anderen Wettbewerbern wochenlang überhaupt alles richtig gemacht. Unter diesen 25 Besten wird ein VW-Beetle ausgelost. Nun schauen Sie sich den Stefan einmal an! Das ist ebenfalls Stress. Er fühlt sich aber nicht bedroht.

Verliebtsein wäre da ein weiteres Thema. „Beim ersten Mal, da tut's noch weh!", singen die Schlagersterne und sie meinen, dass die Seismographen nicht mehr so scharf eingestellt werden, wenn wir häufige Erfahrungen mit gleichartigen Situationen machen durften. „Wieder bin ich unter den letzten 25. Wieder Verlosung. Mal sehen, was herauskommt. Nach meiner Erfahrung gewinne ich mit 4 Prozent Wahrscheinlichkeit." So cool redet dann auch Mephistopheles zu Faust, als dieser so verzweifelt über Gretchens Schicksal ist: „Sie ist die erste nicht." Und Faust bellt zurück: „Hund – abscheuliches Untier ..."

Es ist immer eine Frage der Einschätzung. Welcher Seismograph alarmiert wen? Wann? Wie stark?

Das ACTH ist immer das gleiche ACTH. Wenn die Geliebte schmollt: ACTH. Wenn mich ein grüner Kaktus sticht: ACTH. Wenn ich auf einer Bananenschale ausrutsche. ACTH. Wenn ich in einen Hundehaufen trete: ACTH. Diese Substanz ist nicht wandelbar. Sie würdigt nicht, dass eine Banane edler ist als wenn wir auf den Hund herunterkommen. Unser Körper stellt uns unerbittlich auf mehr Aufmerksamkeit ein, wie einen Roboter, bei dem ein rotes Lämpchen blinkt oder die Sirene heult. Es geht, ganz unabhängig von der Sache, nur darum, ob das Rotlicht aufleuchtet oder nicht. Ja oder Nein. Im Computer hieße dies: Null oder Eins.

Jeder Schmerz ist vor dem Körper gleich, auch wenn die Intensität schwanken kann.

Bei einem Autocrash versinken wir in Schockzustände. Es ist furchtbarer, als wir ertragen könnten. Vor Prüfungen sitzen manche von uns apathisch da. Der Chef tobt über uns schon Betäubten in ärgerlichem Wortschwall. Ich habe meinen Hausschlüssel verloren und sitze in der Kälte, 40 cm entfernt vom Glück, drinnen zu sein. Ich sehe einem Zug nach, der eine Minute weniger Verspätung hatte, als ich gebraucht hätte. (Von München nach Heidelberg habe ich einmal den letzten Zug so um 19.37 Uhr verpasst – und dann musste ich über Karlsruhe reisen und kam um halb vier morgens nach Hause!) Da lassen wir unter Endorphin die Schultern hängen, schicken uns in unser Schicksal und schalten einfach ab. Auch hier geht es, ganz unabhängig von der Sache, nur darum, ob wir unser System ganz angeschaltet lassen oder nicht. Ja oder Nein. Null oder Eins. Auch vor dem Endorphin sind alle erstickten Jammerzustände gleich. Es wird abgeschaltet.

Ich bringe diese Argumentation vielleicht mehr auf den Punkt, als ich das biochemisch, nach neusten wissenschaftlichen Erkenntnissen sollte. Aber wenn wir den Sinn des Lebens nicht zu kompliziert sehen wollen, dann gehen Sie mit mir diesen Gedanken weiter: Da sind zwei Vorrichtungen in unserem Körper, die Teilsysteme aktivieren oder alarmieren oder die Teilsysteme lähmen oder abschalten.

Bei Ihrem PC zu Hause würde es bedeuten: Ihr PC hat nur eine bestimmte Menge Hauptspeicher zur Verfügung. Sie können ihn also nicht gleichzeitig zig Anwendungen fahren lassen, etwa E-Mail, Drucken, Word, Spiele gleichzeitig nebenher. Er wird dann mit Überlasterscheinungen reagieren: „Die Zentraleinheit (CPU Central Processing Unit) ist überlastet. Bitte schließen Sie Anwendungen, die Sie nicht unbedingt benötigen." Im schlimmsten Überlastungsfall kann sich Ihr Computer nicht einmal mehr diese freundliche Aufforderung abringen. Er ist dann abgestürzt. Schockzustand. Sie müssen ihn dann ein paar Sekunden in Ruhe lassen und sanft wieder hochfahren, eine Anwendung nach der anderen. Wie bei Schockpatienten.

Ihr Computer kann aber auch zusammenzucken. Das höre ich sogar. Es ist ein ganz ekliges Geräusch, das mir wirklich unter die Haut geht (ACTH für mich selbst!). Es hört sich wie Zischklick an. Dann sagt das Norton-Anti-Virus, IBM-Luxusversion: „Ich werde vom @bamm-damage-worst-Virus angegriffen!" Dann erscheint da in Blau: „Soll ich den Virus killen?" - „Ja!", klicke ich voller Grauen und Hoffnung. Killen ist immer eine gute Idee bei Angriff. „Ging nicht. Soll ich den Virus in Quarantäne legen?" (Also ein undurchführbares Programm daraus machen?) „Ja, ja, rette mich nur!", klicke ich, nun bis an den Rand voller Sorgen, wenn das Killen nicht geht. „Ging nicht." Jetzt merke ich, wie das Verhängnis naht. Zwei Stunden Blutschweiß auf der Stirn. Wenn ich einen Virus habe, kämpfe ich so konzentriert wie selten!

Die Seismographen bestimmen, was Vorrang hat. („Alarm!" – „Sollen wir kämpfen?")

Teilsysteme, die uns nicht mehr rettbar erscheinen, schalten wir ab. („Ich mache Schluss mit dir!" – „Sollen wir es in Quarantäne geben, abschalten, ignorieren, übersehen?")

Null oder Eins. Wir lenken uns nach den Prinzipien von Maschinen.

3. Identifizieren von guten Anzeichen ist unendlich leichter als Erfassen: Nur Ja oder Nein!

Im Jahre 1986 wurde unser Sohn Johannes geboren, noch ganz knapp 5 vor 12, vor Mitternacht, am Rosenmontag. Ich habe meiner Frau „Am Rooosenmooo-ontag, da bin ich gebo-ho-ren ..." vorgesummt. Johannes ist immer schon ein aufgewecktes Kind gewesen, er musste nicht viel schlafen und wollte uns Eltern bis zu zehn Mal in der Nacht sehen. Monika und ich waren mindestens ein Jahr lang auch ziemlich oft aufgeweckt. Ich war schwach verzweifelt, weil ich als Mathematikprofessor nicht nur aufgeweckt, sondern auch ausgeschlafen sein sollte, wenn ich forschen wollte. Aber in diesem Jahr habe ich meine besten Forschungsergebnisse erzielt. So irren wir uns? Oder alles Zufall?

Eines Tages kam mein Doktorvater Rudolf Ahlswede, an dessen Lehrstuhl in Bielefeld ich Professor war, in mein Zimmer und zeigte mir eine Arbeit von Joseph Ja´ Ja´, University of Maryland. Sie hieß *Identification is easier than decoding* (Das Identifizieren ist leichter als das Dekodieren). In der Arbeit sahen wir das erste Mal die Fragestellung des Identifizierens. RA sagte: „Das sieht irgendwie wichtig aus. Schauen Sie mal rein." Sprach's, legte die Arbeit auf meinen Schreibtisch und ging. Die Arbeit war leicht zu verstehen. Sie führte eine neue Fragestellung ein. Es ging um das Identifizieren.

Die klassische Theorie der Information wurde nach dem Krieg von Claude E. Shannon begründet. Man nennt sie auch shannonsche Informationstheorie. Es geht darum, Information über gestörte Kanäle zu übertragen. Ich behandle hier nur einen einfachen Fall. Ein Raumschiff startet auf weite Reise und soll per Morsealphabet „piep-piep-piep"-artig Information zur Erde funken. Leider kreisen im Weltraum alle möglichen Partikel herum, außerdem stören andere Radiostrahlen die ausgesendeten Signale. Ein weiteres Problem ist der Zwang zum Energiesparen auf der Seite des Raumschiffes. Man wird ja nicht gerade alle Energie zum Senden von Information verbrauchen wollen. Deshalb kommen die Piep-Signale vom Raumschiff in der Regel mehr oder weniger stark gestört auf der Erde an. Diese so genannten verrauschten Morsesequenzen müssen nun wieder zu der ursprünglichen Nachricht zusammengesetzt werden.

Die ursprüngliche Nachricht sind Daten von Experimenten oder Bilder von einem Planetoiden oder Kontrolldaten von den Bordcomputern.

Stellen Sie sich vor, auf Ihrem Telefaxgerät kommt solch eine Nachricht an:

„Die klaxxischx Txeorie dxr Ixforxation wxrde naxx dex Kriex von Claude E. Shaxxon begxündet. Max nennt sie axch shannonsxxe Inxxxmationstxxorie. Ex geht daxum, Ixxxxmation übxr gextörte Kaxxle zu übxxtragen."

Ein klassischer Dekodieralgorithmus würde nun versuchen, diesen Text zu rekonstruieren. Das ist hier in dem Beispiel nicht so schlimm, weil das Wort Shannon einmal richtig geschrieben ist. Wir sagen: Der Text enthält ziemlich viel Redundanz, die diese Rekonstruktion erleichtert. Wenn im Text gar keine Redundanz wäre, so könnten wir nie herausbekommen, was es ursprünglich war!

Zum Beispiel könnte ich zum Raumschiff funken: „Hey, Leute, die Lottozahlen sind 11, 23, 24, 45, 46, 49." Und es kommt an: „1x, 2x, x4, 45, x6, 4x". Das wäre arg, gell? Die Lottozahlen enthalten dabei immer noch Redundanz, weil sie der Größe nach aufsteigend geordnet sind. Das x hinter der 1 ist nicht mehr entzifferbar, das x hinter der zwei ebenfalls nicht. Das x vor der 4 kann keine 1 sein, weil ja schon 2x vorkam. Das x vor der 6 muss unbedingt eine 4 gewesen sein. Das letzte x kann nur eine 7, 8 oder 9 sein. Mehr ist nicht mehr herauszubekommen.

Man sagt, die Nachrichten werden über gestörte Kanäle übertragen. Je mehr Störungen vorkommen, desto schwieriger ist die Übertragung. Die shannonsche Theorie handelt davon, wie die Mathematiker und Nachrichten-Ingenieure minimal viel Redundanz einfügen, so dass der Text immer gerade noch vollständig sauber dekodiert werden kann (bis auf unwahrscheinliche Pannen). Normale Schriftsprache ist ziemlich redundant, wie Sie am Beispiel gesehen haben. Deshalb können Eltern Diktate ihrer Kinder meist korrigieren, ohne zu wissen, was diktiert wurde.

Der Vorgang in Kurzform:

- Eine Nachricht ist zu übermitteln.
- Sie wird in einen „Morse"-Text verwandelt und eventuell redundant gemacht (etwa durch Wiederholungen und bessere Tricks als diesen schlechten). Dieser Vorgang heißt Kanalkodierung.
- Diese „Morse"-Folge wird übertragen.
- Dann rauscht die Nachricht durch den Äther und wird dabei gestört.
- Die gestörte Nachricht wird empfangen.
- Sie wird dekodiert.

Die shannonsche Theorie befasst sich mit der optimalen Redundanzeinfügung, also mit der bestmöglichen Übertragung. Die Mathematiker tüfteln immer schlauere Verfahren aus. Die Ingenieure bauen „leider" immer schlauere Sendeautomaten mit weniger Stromverbrauch und gleichzeitig viel stärkeren Signalen. Stärkere Signale wirken wie „lauteres Rufen". Wenn wir laut schreien, kommt es bekanntlich besser an. So ist es bei Maschinen eben auch.

Die Arbeit von Joseph Ja´ Ja´ befasste sich aber mit dem Identifizieren.

Ein paar Beispiele. Als ich 1980 nach Ungarn reiste, musste ich meine Papiere abgeben und auf einen Visumstempel warten. Die Namen der Glücklichen wurden per Lautsprecher aufgerufen. Sie bekamen die Einreisepapiere und durften los. 1980 schnarrten und rauschten die Lautsprecher unerträglich. Man verstand kaum etwas, auch nicht in ungarisch. Es warteten Massen von Menschen im Gewühl. Die Stimme der Ansagerin war undeutlich und ungarisch gefärbt. Und am schlimmsten war: Ich heiße Dueck, mit ue. Wie würde „sie“ *das* aussprechen? Würde „sie“ es oft wiederholen, wenn ich nicht verstünde?

Das Warten und Hören undeutlicher Namen war ein wahre Qual, sage ich Ihnen. Aber es kam nicht darauf an, den Namen, der ausgerufen wurde, zu verstehen! Ich musste ihn nicht dekodieren, also wissen, welcher Name es war. Ich musste nur entscheiden können, ob „Dueck“ gerufen wurde oder nicht. Dueck ja! oder Dueck nein!

Bei Ja oder Nein sind Sie hoffentlich zusammengezuckt und haben „Aha!“ gedacht – im Zusammenhang mit dem letzten Abschnitt. Aha! ACTH-Aufmerksamkeit für Ja und Nein.

Ein anderes Beispiel: Wenn Sie unbedingt Millionär werden wollen und sich lange Zeit nehmen können, sollten Sie Lotto spielen. Sie sitzen dann jeden Mittwoch und Samstag vor dem Fernseher und fragen sich: Million ja? Million nein? Sie sind aber überhaupt nicht an den Zahlen an sich interessiert! Sie wollen nur wissen, ob die gezogenen Zahlen die Ihren sind. Ja oder Nein. Die Nachricht, die gesendet wird, ist für Sie absolut unwichtig. Genau wie alle anderen Namen außer Dueck an der ungarischen Grenze.

Wenn der Blick der Deutschlehrerin umherkreist und jemanden sucht, der heute Stundenprotokoll schreibt, dann zittern wir Schüler und bangen. Wer wird der Glückliche sein? Ich saß immer da und wartete. Wird sie „Dueck!“ sagen oder nicht?

Wenn ich ein ziemlich krankes Zebra bin und in einer großen Herde weide: Wenn da eine Löwenschar herbeischlendert, prüfend und wägend, wen es zu fressen gälte. Dann sehe ich mit wunden Augen nur darauf, ob sie *mich* meinen werden. Dueck ja? Dueck nein? Wenn die Löwen ein anderes Zebra im Auge haben, brauche ich mich nicht mehr zu fürchten.

Im Grunde geht es sehr oft darum, ob *wir* es sind oder *andere*.

Es interessiert nicht, *was* geschieht.
Es interessiert, *ob* etwas Bestimmtes geschieht. Ja oder Nein.

Wer eine Nachricht dekodiert, will wissen, was gesendet wurde. *Welcher Text genau?*

Manchmal will ich aber nur *identifizieren*, ob das, was gesendet wird, das ist, was ich fürchte, erhoffe, erwarte: Ja oder Nein. Wenigstens aber möchte ich ein *Anzeichen*, ob das eingetreten ist, was ich fürchte oder erhoffe. Ein kleines *Anzeichen* würde oft schon reichen, damit die Gefahr eingegrenzt werden könnte. Oft gibt es zwei verschiedene Möglichkeiten, A und B. („Die Kleiderordnung wird entweder sehr formal sein oder sehr sportlich, je nachdem, was wir auf dem Schiff bei der Feier anstellen. Ich verzehre mich danach, zu wissen, was ich anziehen muss.") Dann möchte ich Anzeichen spüren, die entweder nur für die eine oder nur für die andere Möglichkeit sprechen. Ich lauere: Kommt A heraus? Oder B? Dies oder das?

Versetzen Sie sich bitte wieder in das Lottobeispiel und denken Sie, Sie wären auf dem Raumschiff, das ich oben diskutierte. („Hey, Leute, die Lottozahlen sind 11, 23, 24, 45, 46, 49.") Wenn Sie nun die Lottozahlen nicht völlig rekonstruieren oder dekodieren wollen – reicht dann die Information „1x, 2x, x4, 45, x6, 4x" nicht oft völlig aus? Sie könnten eventuell schon bei Zahl 45, die als einzige richtig übertragen wurde, erschrocken ausrufen: „Wieder nichts! Ich Unglücksvogel! Ich Pechrabe!" Sie wollen ja die Zahlen nicht wirklich *wissen*. Ihnen hilft ja schon ein *Anzeichen* weiter, ob Sie *verloren* haben oder nicht.

Joseph Ja´ Ja´ zeigte in seiner Arbeit, dass *das Senden guter Anzeichen für eine Ja/Nein-Entscheidung oder für eine Dies/Das-Entscheidung* viel einfacher geht als das vollständige Dekodieren. Das sehen Sie sofort an dem Lottobeispiel. Trotz der vielen Störungen durch etliche x in der empfangenen Botschaft lässt sich sehr viel für die Frage Gewonnen/Verloren herauslesen. Es ist Ihnen sicher auch sofort klar, dass sogar noch mehr x-Zeichen die Originalzahlen vermasseln könnten und dass es trotzdem fast immer noch möglich wäre, richtig zu entscheiden. Und die Entscheidung ist ja leider fast immer: Nein, verloren.

Wenn Sie aber zum Beispiel 11, 22, 44, 45, 46, 47 getippt hätten? Na? Und dann käme die Nachricht „1x, 2x, x4, 45, x6, 4x"?

Da würden Sie aber ganz rot vor Aufregung, nicht wahr? Dann sähe es alles bis auf die x-Felder gut aus. Sie könnten hoffen, Sie wären jetzt Millionär. Sie würden innerlich rasen!

Sie würden sofort bebend die Sendestelle anrufen: „Bitte sendet noch einmal! Bitte sendet wenigstens die erste Zahl! Bitte!" Das heißt: Sie brauchen noch ein weiteres *Anzeichen*. Bis jetzt könnten Sie noch Millionär sein. Das Anzeichen sagt zwar „Ja, kann richtig sein", aber dieses Anzeichen allein reicht nicht aus, um zu *wissen*.

Nehmen wir an, der Sender wiederholt die erste Zahl, wie Sie es sich gewünscht haben. Nehmen wir an, es kommt an: „x1." Beim ersten Mal kam 1x, jetzt x1. Das bedeutet: 11 ist richtig. Sie haben ja 11 getippt. Dieses neue Anzeichen sagt wieder: „Ja, noch alles richtig!" Sie *wissen* aber noch nicht, ob Sie Millionär sind.

Sie rufen wieder an: „Bitte! Ich bin vielleicht Millionär! Sendet die zweite Zahl!" Die Antwort ist: „23." Oh weh. Falsch. Sie haben ja 22 getippt.

Joseph Ja´ Ja´ zeigte, dass man fast nur x-Zeichen in der Übertragung haben kann, also fast völliges Rauschen – und doch kann man noch gute Anzeichen für Ja/Nein-Entscheidungen senden oder, wie er sagte, die Nachricht als die erwartete *identifizieren*. Identifizieren im Sinne des Modells hier bedeutet nur, dass Sie *verwertbare Anzeichen* für eine Ja/Nein-Entscheidung erhalten. Das heißt: Wenn Sie „Millionär sein sollten", dann soll die Nachricht Ihnen positive Anzeichen geben. Wenn Sie falsch getippt haben, soll Ihnen die Nachricht negative Anzeichen geben. Ein Identifikationscode sendet also *nicht die ganze Wahrheit, nicht einmal einen kleinen Teil*. Es werden nur *Anzeichen* übermittelt, die positiv („Ja!") oder „unterstützend" sein sollen, wenn die wahre Antwort Ja ist; sie sollen negativ („Nein!") oder „dementierend" sein, wenn die wahre Antwort Nein lautet.

Diese Arbeit von Joseph Ja´ Ja´ las ich am Nachmittag und sagte mir: „Ja, klar. Das ist eine interessante Frage und eine natürliche, gute Lösung. Was will Ahlswede damit sagen?" Rudolf Ahlswede ist berühmt für seinen Spürsinn für das Große. Ich habe praktisch alle wichtigen Entwicklungen der Forschung in der Informationstheorie sehr früh von Rudolf Ahlswede auf den Schreibtisch gelegt bekommen. „Interessant, oder? Schauen Sie einmal rein." Rudolf Ahlswede ist ein echtes Phänomen. Er ist ein gutes *Anzeichen* für das Große. Genau im Sinne dieser Theorie hier.

Am Abend dämmerte mir, dass ich ja gar nicht die Lottozahlen senden muss! Ich könnte doch noch kürzer die Quersumme schicken. Ich könnte sagen, wie viele Zahlen durch 5 teilbar wären oder wie viele Nullen in den Lottozahlen vorkommen. Das würde ja meist auch schon zur Feststellung „Wieder eine Niete!" ausreichen. Ich könnte die Quersumme der Quersumme schicken oder noch weniger! Viel weniger! Noch viel weniger! Noch viel, viel weniger! Mir wurde – und nur dieses eine Mal beim Forschen irgendwie schwindelig. So, als sähe man das Unendliche, aber natürlich andersherum. Viel weniger, unendlich wenig.

Am nächsten Morgen traf ich Rudolf Ahlswede mit großen Augen. Wir hatten beide große Augen. Ich sagte, es sei unendlich wenig nötig. Er sagte: „Es ist doppelt exponentiell, glaube ich." Das ist für Mathematiker ziemlich viel, ungefähr unendlich. (Mathematiker: Verzeihung!)

Ich möchte hier, wie schon versprochen, kein Mathematikkapitel schreiben. Der ganze Abschnitt ist schon ganz an den Rand der exakten Korrektheit geraten, damit Sie ihn leicht(er) verstehen können. Ich bleibe einmal bei dieser Übung. Lesen Sie die folgenden unexakten Sätze durch. Sie müssen Sie nicht ganz genau verstehen; sie sind auch nicht exakt richtig und fast überhaupt nicht definiert. Sie sollen nur ein Gefühl für die Größenordnungen bekommen. Weiter nichts. Wenn Sie mir glauben, dass ein Anzeichen unendlich viel schneller zu bekommen ist als die ganze Information, müssen Sie die folgenden ausführlicheren Überlegungen nicht lesen. Sie haben in diesem Fall schon jetzt alles Mathematische dieses Buches überstanden.

Betrachten wir Texte nur aus Nullen und Einsen. Diese Texte oder Folgen sollen eine feste Länge haben. Der Mathematiker nimmt den Buchstaben n für die Länge. (Nicht l wie Länge, weil das kleine l in vielen Schriftarten wie 1 oder Eins aussieht.). Es gibt 2^n verschiedene Texte der Länge n, also Folgen der Länge n aus nur Nullen und Einsen. Wenn wir an ein Raumschiff Texte unter Störungen übertragen wollen, müssen wir diese Texte untereinander genügend verschieden machen, damit sie dekodiert werden können. Der shannonsche Hauptsatz sagt: In dem genannten Übertragungsmodell lassen sich

2^{nC} verschiedene Texte finden, die auch unter Rauschen nicht verwechselt werden können.

Die Zahl C ist eine Zahl zwischen null und eins. Sie heißt Kanalkapazität. Sie hängt vom Rauschen in „der Leitung" ab. Ist das Rauschen stark, so ist C klein, dann können nicht so viele verschiedene Texte trotz des Rauschens unterschieden werden. Ist gar kein Rauschen da, dann ist C gleich 1. Dann können ja überhaupt alle Texte der Länge n, also alle 2^n Texte unterschieden werden, weil ja alles so ankommt, wie es gesendet wurde.

Rudolf Ahlswede sagte geheimnisvoll: „Es ist doppelt exponentiell." Dann dachten wir beide wieder nach. Am nächsten Morgen sagten wir uns beide: „Ja, es ist doppelt exponentiell." Und ich, von Psychologen amtlich getesteter naiver Überoptimist (Ich musste einmal bei einer Repräsentativ-Studie von Prof. Amelang teilnehmen. Ich bekam Prozentrang 100 in naivem Optimismus. Ich wurde aufgeklärt, dass das für den Berufserfolg neutral sei, aber wohl mehr Spaß mache.), also ich sagte: „Ich weiß, was herauskommt." Ich tippte auf:

2 hoch 2^{nC}.

Zwei hoch zwei hoch nC! Sehr ästhetisch, genau visuell passend zum shannonschen Hauptsatz.

Wir schauten uns an und wussten es. Sic!

Um also eine Ja/Nein-Entscheidung über 2 hoch 2 hoch nC verschiedene Texte zu unterstützen (noch einmal, ganz penetrant: zu unterstützen, nicht völlig richtig zu treffen!), muss ich nur einen Text der Länge n über einen verrauschten Kanal übertragen.

Betrachten wir zum Beispiel n=100. Ich will Ihnen demonstrieren, dass schon 2 hoch 2 hoch 100 nahezu unendlich ist. Mehr will ich nicht mit diesem Beispiel sagen. Nehmen wir C=0,5. Wieder nur als Beispiel. Dann ist 2 hoch 2 hoch 50 über einen dicken Daumen ungefähr gleich 2 hoch 10^{15} oder noch einmal über den Daumen ungefähr

$$10^{300000000000000}.$$

Das wäre also eine unvorstellbar große Zahl mit 10^{14} Ziffern. Der Lehrsatz sagt dann grob aus:

Angenommen, es gibt insgesamt $10^{300000000000000}$ verschiedene Lottokombinationen. Dann muss ich nur 100 Zeichen senden, damit fast alle Leute ziemlich gut Bescheid wissen, ob sie Millionär werden oder nicht. Wenn alle Leute die echten Lottozahlen wirklich dekodieren wollen, muss ich dagegen um die 300000000000000 Zeichen senden.

Überzeugt das? Statt 3 mal 10^{14} nur 100?

Das meinte ich mit „sehr, sehr wenig – fast unendlich wenig".

Stellen Sie sich die Zeitdauer vor! Wenn mein Gehirn 1000 Zeichen pro Sekunde schluckt, dann sind 100 Zeichen schnell „erkannt". Wie lange brauche ich für 300000000000000 Zeichen? 300000000000 Sekunden, also mehr als 9500 Jahre, sagt mein Taschenrechner.

Deshalb der Titel dieses Abschnittes: Identifizieren („Ich bin's! Ich bin's nicht!" – „Sie liebt mich! Sie liebt mich nicht!" – „Der Löwe frisst mich! Er frisst einen anderen!"), also Anzeichen für Ja/Nein zu finden, geht unendlich schneller als das Herausfinden, *wen* sie liebt oder *wen* der Löwe frisst! Im Leben will ich aber meist nur wissen, *ob* sie *mich* liebt oder *ob* er *mich* frisst. Deshalb ist das Erkennen unter Umständen totaler Unsinn, wenn das Identifizieren von Anzeichen reicht.

Identifizieren von guten Anzeichen ist unendlich leichter als das genaue Erfassen.

Das alles meinten Rudolf Ahlswede und ich, als wir „doppelt exponentiell" andächtig flüsterten. Am darauf folgenden Tag wussten wir die Lösung und die Beweisidee. Und dann gingen wir an den Beweis. Es war 1986. Johannes war immerzu wach. Ich hatte für März 1987 einen Vertrag bei IBM. Ich habe Nächte und Tage und Nächte an diesem Beweis gearbeitet. Es kamen 50 abstrus schwierige Seiten heraus, die nur noch wir beide einigermaßen verstanden. Dabei sah die dreistöckige 2-hoch-2 hoch-nC-Formel so einfach wie die einsteinsche Weltformel aus! Wir arbeiteten Monat um Monat.

Die Reviewer bei der Hauptzeitschrift der Informationstheorie, IEEE Transactions on Information Theory, verstanden den Beweis nicht und verlangten eine Überarbeitung nach der anderen. Zum Schluss erbarmte sich ein wirklicher Experte und versuchte, den Beweis einfacher zu führen. Es misslang ihm. Er schrieb schließlich resigniert: „Druckt es so, wie es ist. So etwas Kompliziertes können nicht viele Leute denken." (Inzwischen gibt es doch einigermaßen einfachere Beweise.) Die Arbeit erschien 1989, also viel später, unter dem Titel *„Identification Via Channels"*. 1990 wurde sie zur weltweit besten Arbeit der Informationstheorie gewählt. Im Januar 1991, am Tag, als die USA und ihre Verbündeten in den Irak einmarschierten, um Kuweit zu schützen, rief mich jemand an.

„Wir speichern alle paar Sekunden detailgenaue Bilder vom Luftraum von Irak bis Israel. Wir studieren diese Gigapixelbilder daraufhin, ob eine Raketenspur nach Israel drauf ist. Wir wollen nicht jede Sekunde den Luftraum bewundern. Wir wollen nur wissen: Ist da eine Rakete? Ja oder Nein? Kann ich eine Exemplar Ihrer Arbeit haben? Wo ist sie publiziert?"

Ein Bild einer Digitalkamera hat heute 5 Megapixel, also 5 Millionen Bildpunkte. Ein gestochen scharfes Großbild kann ein Gigapixel haben, also eine Milliarde Bildpunkte. Jede Sekunde eines. Alle Computer laufen über, wenn man wissen oder dekodieren will, *was* da ist. Wer aber nur identifizieren will, *ob* da eine Rakete ist, braucht fast nichts!

Wie viele Gigapixelbilder gibt es?

Für jeden Punkt der 1 Milliarde Pixel können Sie eine von, sagen wir, 100 Farben wählen. Also gibt es 1000000000 hoch 100 verschiedene Bilder. Das sind 10^{18}. Am Telefon wusste ich, dass das Herausfinden von Anzeichen für eine Rakete um die 100 bis 200 Zeichen erfordern würde. Ich habe es Ihnen ja oben grob vorgerechnet.

Ich hatte immer geträumt, als Wissenschaftler etwas zu bewegen.

Ich legte den Telefonhörer auf – und ich war *sehr* bewegt. Ich habe ziemlich lange aus dem Fenster gestarrt, aus dem zweiten Stock bei IBM auf den Neckar.

Und Sie sollten jetzt aus diesem etwas vagen Abschnitt, der nur zur besseren Verständlichkeit vage blieb, vor allem dies und noch einmal dies fühlen können:

Identifizieren von guten Anzeichen ist unendlich leichter und schneller als das genaue Erfassen.

Und noch einmal zu Ihrer Beruhigung: Das war jetzt die Hauptsache an Mathematik für dieses Buch.

4. Das Identifizieren von Anzeichen: Dies oder das?

Rakete oder nicht Rakete? Blitzentscheidung! Frisst mich, frisst mich nicht? Blitzentscheidung!

Sie merken, worauf ich hinaus will?

Unser Körper ist geschult, blitzartig zu entscheiden, ob er angegriffen wird oder nicht. Er bekommt dann diesen Stich, diese urplötzliche Wut, dieses Zucken in sich drinnen.

Was wäre, wenn wir Menschen solch ein Identifikationsverfahren von Anzeichen in uns hätten?

Was wäre, wenn wir gar nicht erkennen, sondern nur Ja/Nein-Entscheidungen träfen? Denken wir dann nur noch quasi ausnahmsweise? Nur noch, wenn es sein muss?

Um mit der Tür ins Haus zu fallen: Das genau denke ich.

Sie können einwenden, dass das praktische Verfahren der Identifikation mathematisch so merkwürdig sein könnte, dass es unmöglich im Körper sitzen kann. Deshalb schildere ich Ihnen, wie Identifizieren ungefähr geht, wenn es von einem Mathematiker optimiert wird. Und für mich ist klar: Dieses Verfahren ist in meinem eigenen Körper drin.

Rudolf Ahlswede und ich haben uns das beste mathematische Verfahren ausgedacht, wie man Anzeichen übermittelt, die eine Ja/Nein-Entscheidung richtig unterstützen. Das war gar nicht so schwer, im Grunde ziemlich leicht. Die Hauptarbeit bestand darin, einen Beweis zu finden, dass unser Verfahren wirklich das bestmögliche ist. Da sind die Mathematiker oft komisch. Sie finden das Erkennen von Neuem eher weniger spannend als den Sport des Beweisens. Ingenieure experimentieren mit Maschinen, die dann irgendwann funktionieren. Dann freuen sie sich. Mathematiker beweisen erst noch, dass es keine bessere Maschine geben kann! Das finde ich heute in meinem nun mittleren Alter merkwürdig. Ich finde jetzt die praktischere Lebensart von Ingenieuren ganz gut.

Das beste Verfahren zur Identifikation zerlegt die Information in möglichst viele Einzelanzeichen. Im Beispiel: Die Lottozahlen werden zerlegt in Quersummen, Eigenschaften der Einzelzahlen etc., in wirklich immens viele Anzeichen. Wenn ich dann eine Lottokombination habe, wähle ich zufällig eines der Anzeichen aus und sende das. Das ist schon alles! Mehr nicht!

Warnung, weil Sie leicht darüber wegsehen können: Ich wähle nicht immer dasselbe Anzeichen, sondern eines von vielen möglichen.

Ein fiktives Beispiel (ich schlafe normal!): Meine Frau ist abends weg. „Es wird spät", hatte sie gesagt. Ich liege im Bett – es ist stockdunkel. Ich wache schweißnass auf. Ich hatte einen Angsttraum. Einbrecher bedrohten mein Haus. Ich bin jetzt wach. Da höre ich plötzlich ein Geräusch. Das ist ein Anzeichen!

Das Problem ist, dass sowohl ein Einbrecher als auch meine Frau ein Geräusch machen würden.

Ich erkenne ein weiteres Anzeichen: Es ist eine Person!

Das Problem ist, dass sowohl ein Einbrecher als auch meine Frau eine Person sind!

Ich erkenne ein weiteres Anzeichen: Die Person vermeidet, laut zu sein.

Das Problem ist, dass sowohl ein Einbrecher als auch meine Frau vermeiden würden, laut zu sein!

Ich rufe laut: „Monika!"

Jemand flüstert ganz leise im Flur, aufgeregt: „Warum schreist du so?"

Hm. Ein Einbrecher wäre auch aufgeregt. Vielleicht ist noch ein zweiter Einbrecher da und der glaubt, der erste habe gerufen. Dann würde er sich ebenfalls das Schreien verbitten.

In diesem Beispiel gab es zwei Möglichkeiten. Es konnte meine Frau oder ein Einbrecher sein. Ich wollte nur wissen, ob es ein Einbrecher oder Monika ist. Die ersten Anzeichen, die ich gesammelt hatte, waren aber von der unangenehmen Art, dass sie mir nicht erlaubten, mich für eine der Möglichkeiten zu entscheiden. Das letzte Anzeichen sprach mehr *für* meine Frau, nicht wahr? Und *gegen* Einbrecher? Ich weiß auch nach der letzten Wahrnehmung noch nicht ganz genau, was die Wahrheit ist. Aber ich bin mir schon ziemlich sicher. Die zuerst gesammelten Anzeichen sprachen also weder für „Ja, Einbrecher" noch für „Nein, keine Einbrecher". Diese Anzeichen waren für meine Ja/ Nein-Entscheidung irrelevant! Deshalb ist es gut, nicht immer dasselbe Anzeichen wahrzunehmen, sondern ein zufällig gewähltes. Dann ist die Gefahr klein, in solch eine Falle zu geraten.

Wir können an dieser Stelle das Denkmodell noch ein klein wenig erweitern. Bisher ging es immer darum, Ja oder Nein zu unterstützen. Ich kann dieselben Gedanken auch für „A oder B" verwenden. Nehmen wir an, ich schwanke nicht zwischen Ja oder Nein, sondern zwischen A oder B. Ich hatte oben schon ein Beispiel genannt: Wie wird die Kleiderordnung sein? Schwarzer Anzug? Oder dicker Pullover? In diesem Fall möchte ich Anzeichen wahrnehmen, die entweder für A und gegen B oder die gegen A und gleichzeitig für B sprechen. Ich kann überhaupt keine Anzeichen gebrauchen, die für beide, A und B, sprechen.

Das, was ich wahrnehme, oder das, was „gesendet“ werden soll, soll möglichst zwischen A und B *differenzieren*. Das wird im Verfahren von Rudolf Ahlswede und mir gewährleistet, wenn das Anzeichen von der Sendestation zufällig gewählt wird.

Damit ist das Verfahren auch als Unterstützung von „Dies-oder-das-Entscheidungen“ beliebiger Art wirksam.

So also funktioniert das bewiesen bestmögliche Verfahren zur Übermittlung von Anzeichen. Ich wiederhole kurz die Essenz:

Eine Sendestation kennt eine bestimmte Information. Ich will diese Information nicht *genau* wissen. Ich will nur wissen, ob ein bestimmter Fall A eingetreten ist oder, zusätzlich vielleicht, ein anderer Fall B. Ich bin also an einer Entscheidung „Ja, A!“/„Nein, nicht A“ oder an einer Entscheidung „Eher A oder eher B“ interessiert. Die Sendestation weiß dabei *nicht*, was A oder B wäre. (Der Sender kennt zwar die Lottozahlen oder die Festgestaltung; er weiß aber nicht, *welche* Zahlen *ich* getippt habe oder welche Vermutungen, A und B, ich über die Kleiderordnungen hege!) Die Sendestation kann von der ganzen Information nun massenhaft viele Anzeichen aller beliebigen Art ableiten, ein Anzeichen davon zufällig wählen und dieses senden.

Wenn ich dieses kleine Anzeichen empfangen habe, ziehe ich Rückschlüsse. Ist es Ja oder Nein? Dies oder das? A oder B?

Das mathematische Ergebnis besagt, dass das Hinweisgeben fast unendlich viel schneller geht als das Übertragen der gesamten Information. Das ist das, was Sie unbedingt verstehen sollten. Natürlich ist Hinweisgeben einfacher als das komplette Senden. Das ist praktisch klar. Aber es ist fast *beliebig* viel schneller.

Sind Hinweisgeben oder Anzeichensenden oder Vorzeichenwahrnehmen nicht völlig natürlich? Ist es nicht genau das, was wir den lieben langen Tag tun? Schnappen wir denn nicht immer nach kleinen Informationsanzeichenhäppchen, die uns leiten können, wenn wir wissen wollen, ob A oder B eintrifft oder besser wäre?

Ich behaupte hier kühn: In uns ist wirklich ein solch effizienter Algorithmus, ein Flash-Mode-Verfahren, das in kürzester Zeit Anzeichen verwertet, um blitzschnell entscheiden zu können.

5. Flash-Mode, Stress und Körper

Unser Körper zuckt unter Stressreaktionen oder verfällt in Lähmungen: ACTH oder Endorphin. Das ist wie Ja oder Nein.

Ich komme an die Haustür (dieses Beispiel hatten wir schon). Ich lange lässig nach dem Schlüssel. Blitz durch den Körper. Das ist ein Anzeichen. Der Schlüssel ist nicht am gewohnten Platz. Stress-Voralarm.

Ich greife in meine Ledertasche, ruckartig fischend, ruckelnd, auf Klingelgeräusch hoffend. Anzeichen Ledertasche: nichts. Anzeichen Geräusch: nichts. Zuck!

Stressalarm. Angst würgt.

Das andere Beispiel: Ich lese auf einer Bank am Spielplatz und „passe auf ein kleines Kind auf". Ich schaue ab und zu auf. „Weg!" Blitz durch den Körper. Stress-Voralarm.

Ich rase mit den Augen über die laute Kindermenge. Anzeichen? Nichts. Ich schaue wild um mich, ziellos. Nichts. Kein Anzeichen. Stressalarm.

Unser Gehirn nimmt Gefahren als Körpersignal wahr. Es zuckt über Anzeichen, ohne schon zu denken. Wenn der Stressalarm ausgelöst ist, atmen wir schwer durch und suchen „genau". Nicht nach Anzeichen, sondern wir suchen jetzt „systematisch". Wir suchen alle Taschen und Tüten und Winkel systematisch nach dem Schlüssel durch. Wir mustern Kind für Kind genau.

Die Theorie der blitzschnellen Verwertung von Anzeichen kenne ich nun seit 15 Jahren. Ich habe sie lange in mir selbst leben und wirken fühlen können. Ich war oft überrascht, was in mir passiert. Ich finde manchmal mein Auto in der Tiefgarage nicht wieder. „Weg."

Ich gehe die Autoreihen durch. Wo ist es? „Weg!"

Dann fällt mir ein, ausnahmsweise mit dem Auto meiner Frau zur Arbeit gekommen zu sein. Es hat eine andere Farbe oder sieht anders aus. Jedenfalls erkenne ich das andere Auto an anderen Anzeichen. (Ich könnte aber nicht sagen, an welchen!) Der Seismograph in mir war auf *mein* Auto scharfgestellt. Er sieht nur Anzeichen für mein Auto. Den Volvo meiner Frau erkennt dieser Seismograph nicht. Wenn ich mich an den Volvo erinnere, finde ich ihn auch, offenbar aber dann mit einer anderen Schaltung in mir. Ich habe oft Menschen im Gewühl nicht wiedergefunden, weil sie ihre Jacke ausgezogen hatten. Ich war ganz ratlos. „Weg." Im Nachhinein konnte ich mir erklären, dass der Seismograph in mir auf eine bestimmte Farbe, eine Stoffart, eine Form abgestimmt war, die es nach dem Ausziehen der Jacke nicht mehr gab. Ich sah dann buchstäblich nichts mehr.

Ich sehe also besonders gut, wenn ich etwas sehen will?! Ist das so?

Ich habe mich lange beobachtet. Mein Körper ist seismographisch auf verschiedene Dinge fest eingestellt. Ich bekomme manchmal sogar heraus, worauf er genau eingestellt ist. Meistens war es mir nicht klar. Ich sehe also vorzugsweise das, worauf meine Seismographen lauern. Wenn sie lauern, sehe ich blitzartig und mit körperlicher Intensität.

Die Menschen, die ich kenne, haben ganz verschiedene, manchmal witzige Seismographen.

- „Da ist ein Fleck." (Fleckenerkennung überall!)
- „Das Bild sitzt schief."
- „Die Farben passen nicht zusammen. Geschmacklos."
- „Es ist nicht gelüftet."
- „Da ist schon wieder ein Druckfehler."
- „Dieses Produkt gibt es woanders billiger."
- „Du bist zu spät."
- „Die Brille ist fettig."
- „Du bist schmutzig."
- „Warum liegt dieser Zettel hier herum?"
- „Es ist nicht aufgeräumt."
- „Du sitzt untätig herum. Hast du nichts zu tun?"
- „Die Pflanze ist übergossen. Da ist eine Laus dran."
- „Ich höre eine Mücke."
- „Ich erwarte einen Anruf, dass sie angekommen sind."

Menschen mit Seismographen kommen nicht etwa in die Wohnung, schauen sich um, betrachten alles und denken nach und sagen: „Das Bild ist schief." Oh nein. Sie kommen in die Wohnung und sagen sofort: „Das Bild ist schief." Andere sagen unmittelbar, blitzartig: „Hier riecht es nach Rauch." Und wieder andere: „Schon wieder die Glotze an." Das ist nicht Erkennen. Das sind die Ausschläge von Seismographen, die darauf gelauert haben.

Wenn ich mit Kollegen essen gehe und jemand sich die Krawatte bekleckert und den Fleck unabsichtlich zu verwischen droht, dann könnte ich ihn aufmerksam machen. „Du, sei vorsichtig. Schau, da ist dir etwas passiert." Wenn aber eine Mutter das Kind an der Haustür empfängt und in Millisekunden ausruft: „Da ist ein Fleck!", dann ist das keine Überlegung, sondern eine voreingestellte Reaktion. Diese Reaktion läuft im Körper ab. Worte wie die oben aufgezählten riechen doch nach ACTH, nach Adrenalin und Ärger, nicht wahr? Ich kann überrascht sagen: „Ich höre eine Mücke. Mitten im Dezember. Erstaunlich." Das mag eine normale Beobachtung sein. Aber vor dem Schlafengehen, beim Lichtausmachen: „Ich höre eine Mücke." Das ist lauernde Angst aus einem Seismographen. Flash-Mode, Stress.

6. Ein Leben als Megaseismograph

Ich stelle mir den Menschen wie einen Kaktus vor – nur dass er statt Stacheln Fühler und Tentakeln hat. Jeder Fühler lauert.

Schnürsenkel zu? Hose zu? Rasiert? Lippen o.k.? Fingernägel? Rauchgeruch? Angebrannt? Chef in der Nähe? Treppe sauber? Eis vor der Tür? Auto zum TÜV? Rechnungen überwiesen? Genug Heizöl im Tank?

Ich stelle mir den Menschen wie ein riesiges Armaturenbrett vor, mit unendlich vielen Warnblinklichtern, die sofort ausschlagen, wenn etwas passiert.

„Margrets Geburtstag vergessen!" – „Meine Aktie um 5 % gefallen!" Diese Warnleuchten blinken auf und geben uns einen Stich ins Herz. Sie schlagen uns auf den Magen oder führen zu Kopfschmerz: „Der Tadel vom Chef hat mich ganz fertig gemacht. Ich bin so erschöpft."

Vieles in uns lauert auf Anzeichen.

Wir sind mit diesem Flash-Mode unglaublich schnell.

Jeder einzelne Seismograph lauert auf seine Spezialanzeichen, auf die er reagiert und ausschlägt.

Jeder Seismograph verbraucht nicht sehr viel Energie oder Gehirnlast. Im Computerjargon: Ein Seismograph ist eine ganz klitzekleine Computeranwendung, die nur einen ganz speziellen Teil der Umgebung bewacht. Wenn insgesamt nicht viel passiert, schlägt immer mal wieder einer der vielen tausend Seismographen im Körper an und fordert eine angemessene Reaktion über den Körper vom Gehirn. Immer wieder einmal wird die Aufmerksamkeit auf einen Alarmpunkt gelenkt.

Vorsicht! Pass auf! Da, Achtung!

Das ganze System lenkt uns wie eine Automatikanlage, wie sie zum Beispiel Flugzeuge automatisch steuert. Immer mal wieder zuckt Alarm im Körper. Dann müssen wir als Pilot eingreifen.

Wo kommen die Seismographen her?

Da spekuliere ich. Es sind Instinkte darunter, die ererbt sind. Ducken, zur Seite springen, fliehen. Die meisten Seismographen werden von den Eltern gesetzt sein. Sie haben sie in uns gepflanzt. „Pass doch auf!" Die Seismographen entstehen durch den körperlichen Eindruck, den Beschimpfungen, Zurechtweisungen, Demütigungen, Ermunterungen, Liebesentzug, Liebesbezeugungen, Belohnungen auf uns machen.

Im schlimmsten Falle hat jemand gesagt: „Was du nicht erkennst, prügele ich dir ein!" In unauffälliger Form: „Jetzt hat dich Mutti bis morgen nicht lieb." Oder: „Entschuldige dich, oder es passiert etwas." Alle diese Erziehungsriten sind körperliche Einwirkungen auf das Stresssystem. Unser Stressapparat lernt, wann er Stressalarm zu geben hat.

Wir fallen von Mauern, fassen auf Herdplatten, werden vom geärgerten Hund gebissen: Die Umwelt lehrt uns körperlich durch Schmerzen, wo es schwierig wird. Aus unseren Umwelterfahrungen erwachsen uns eine Unmenge weiterer Tentakeln und Sensoren.

Zum Schluss sind wir ein Megaseismograph. Jeder von uns. Jeder auf ganz andere Weise, je nach Eltern, Umwelt und Glück. Wir sind ein Anzeichensystem, ein Vorzeichensystem. Wir reagieren über das Flash-Mode-System, ohne viel denken zu müssen.

7. Das bewusste Denken als Restprogramm („alles in Fleisch und Blut“)

Die Seismographensysteme steuern uns über Anzeichen. Das ist meine These dieses Kapitels. Wir sind voller körperlicher Warnmechanismen, die auf die Anzeichen lauern. Wenn diese Anzeichen auftreten, reagiert der Körper mit Stressalarm. Wir reagieren, um den Stress loszuwerden.

Meine bange Frage: Denken wir viel?

„Frau Maier, bitte holen Sie mir eine Rolle Tesa-Film. Ich brauche sie heute Nachmittag.“ Zehn Minuten später: „Frau Maier, haben Sie Tesa geholt?“ – „Nein, Sie sagten, Sie brauchen ihn heute Nachmittag. Ich gehe in einer Stunde ohnehin nach unten, dann bringe ich Tesa mit.“ – „Frau Maier, ich möchte jetzt sofort Tesa. Es macht mich nervös, wenn dieser Vorgang unerledigt ist. Ich will es erledigt wissen. Es quält mich.“

Das Anzeichen „Tesa fehlt“ befürchtet „heute Nachmittag muss ich etwas verpacken und dann sitze ich ohne Tesa da“. Diese Befürchtung können manche Menschen nicht loswerden. Sie sitzt als Schreck im Körper. „Tesa fehlt.“ Es ist etwas nicht in Ordnung, hat einer der Seismographen gesagt. Frau Maier kommt seufzend und bringt Tesa. Der Seismograph schweigt. Liebevoll gleitet der Blick über das Tesa. „Jetzt kann nichts passieren.“ Frau Maier ist sauer. „Blöder Hund. Er vertraut mir nicht. Irgendetwas passt ihm an mir nicht. Ich werde dieses Gefühl nicht los. Ich arbeite hier nicht gerne. Etwas in mir sagt, ich bin nicht o.k.“ Ein Seismograph in Frau Maier schlägt Alarm. Er wird nie richtig zur Ruhe kommen. Nie. Er ist nämlich schlecht gesetzt. Er schlägt auf falsche Anzeichen hin aus.

Normale Gehirnlogik vernünftiger Menschen würde Frau Maier recht geben, weil Tesa-Zwang als merkwürdiger gilt als „leicht einschnappen". Aber Sie wissen wie ich, dass die Welt ihr nicht Recht gibt. Es läuft im Leben eher so wie im Beispiel ab. Die Menschen arbeiten nicht logisch. Sie versuchen, die Ausschläge der Seismographen loszuwerden. Sie versuchen, vor Ausschlägen der Seismographen zu fliehen. („Ich mache heute Urlaub, weil Glatteis ist.") Sie geraten zwischen die Seismographen. („Mich quält es schon lange, meinen Chef nach einer Gehaltserhöhung fragen zu müssen." Das ist Daueralarm eines Warnlichtes. „Ich fürchte, er lacht." Endorphinlähmung und Nichtstun aus lähmender Furcht.)

Meine bange Frage: Wie viel unserer Handlungen ist ein Reaktions- und Angstgemisch in einem schlecht oder zufällig eingestellten Megaseismographen? Denken wir viel? Entscheiden wir vernünftig? Oder optimieren wir nur unseren Körper, also unsere biochemischen Lenkungswirkstoffe?

Wenn wir nicht denken, sondern auf Ausschläge des Flash-Systems reagieren, dann geben wir den Anzeichen, die die Ausschläge auslösen, den Charakter von Erkenntnis. Die Anzeichen von Gefahr sind aber nicht die Gefahr selbst. Das Anzeichen „jetzt kein Tesa da" ist kein Anzeichen einer wirklichen Gefahr, weil Frau Maier ja bald losgeht, um Tesa zu holen. Wir wollen aber oft nur die Anzeichen oder die Symptome zum Verschwinden bringen, damit unsere Seismographen nicht mehr ausschlagen. Sollte es also so sein, dass wir uns vor allem auf das Schweigen der Warnblinklichter, nicht so sehr auf das Problem selbst konzentrieren?

Ich habe ausführlich begründet, dass die Anzeichen nur unendlich kleine Bruchteile des Ganzen sind. Das Ganze ist fürchterlich komplex, die Anzeichen oder Symptome nur ein winziger Ausschnitt, auf den unser lauerndes Körpersystem eingestellt ist. Ein gutes Seismographensystem wird die Anzeichen als Anzeichen nehmen und dann bei solchen Warnungen nachdenken und überlegt handeln. Ein gutes System wird nach einer Warnung über das Gehirn nach einem überlegten Urteil suchen und dann erst entsprechend agieren.

Ein Anzeichen aber ist nichts als ein Vorurteil, etwas „vor dem Urteil". Wir brauchen Vorurteile als Anzeichensammlung, aber mehr sind sie nicht. Ein Anzeichen ist eine Warnung, aber längst nicht alles. Es wäre fatal, Vorurteil mit Urteil zu verwechseln oder ein Symptom oder ein Anzeichen mit dem Ganzen. Wer das tut, benutzt das Seismographensystem falsch.

Wer aber benutzt das Flash-Mode-System richtig? Kennt sich jemand überhaupt mit solchen Systemen aus? Reden wir darüber? Lernen wir den Umgang damit? Befassen wir uns damit? Weiß derjenige, der uns diese Fühler anerzieht, dass die Fühler sich besser nicht gegenseitig widersprechen sollten, dass sie koordiniert werden müssen?

Wir befüllen in der Erziehung die linke Gehirnhälfte mit Wissen. Wir bringen Kindern „Manieren bei". Dies geschieht vor allem über die mehr oder weniger zufällige Ausbildung eines Megaseismographen im Kind. Der spätere Mensch besteht zum großen Teil aus Sensoren, Tentakeln, Warnblinklichtern, von denen er kaum welche selbst kennt, die ihn daher unerkannt quälen, die von Eltern und Umwelten stammen, die in ihn gepflanzt sind ohne durchdachtes System. Der Mensch kennt sich selbst nicht, weil er unablässig über Wissen, Logik, Pflicht und dergleichen philosophiert. Tatsächlich aber reagiert er aber auf das Ziehen im Körper, auf sein Gewusel von Fühlern, auf ACTH und Endorphin.

Denkst du, Mensch?

8. Freuds Zensur

Sigmund Freud ging davon aus, dass der Mensch sensorische Signale empfängt, also hört, sieht, riecht, vielleicht auch Gedanken, „die ihm einfallen". Diese Signale werden durch Augen, Ohren und Gehirn transformiert, überarbeitet und bearbeitet. Danach werden die Signale in verschiedenen Gedächtnisregionen „sensorisch gespeichert", als eine Art flüchtiger Eindrücke. Diese Eindrücke sind laut Freud auf dieser Stufe immer unbewusst.

„Was wir unseren Charakter nennen, beruht ja auf den Erinnerungsspuren unserer Eindrücke, und zwar sind gerade die Eindrücke, die am stärksten auf uns gewirkt haben, die unserer ersten Jugend, solche, die fast nie bewusst werden", sagt Freud in seinem Buch *Traumdeutung*.

Nur manches Unbewusste gelangt durch eine Art Pforte oder Schleuse in den Bereich des Vorbewussten. Das Vorbewusste stellt die Verbindung zwischen dem Unbewussten und dem Bewussten dar. Das Bewusste selbst hat nach Freud keine direkte Verbindung zum Unbewussten. Das Vorbewusste wirkt wie ein Filter, der das Verbotene ausblendet. Das Verbotene bleibt immer unbewusst, wo es nach Freuds und unserer eigenen Erfahrung aber immer noch Wirkung entfaltet. Nur das, was in den Bereich des Vorbewussten gelangt, kann überhaupt bewusst werden.

Es muss nicht bewusst werden, es kann es aber im Prinzip, weil es ja den Filter passiert hat („Zensur"). In das Bewusstsein kommt schließlich nur ein kleiner Teil des Vorbewussten, nämlich das, was „wichtig" ist bzw. mit genügend hoher psychischer Energie betrieben wird.

So stellt sich Freud modellhaft unsere Psyche vor.

Wenn ich mit wirklichen Psychologen oder Psychologiestudenten über Freud spreche, so winken sie ab. „Alter Quatsch. Freud kommt in der Uni nicht vor." Auf der anderen Seite lese ich oft in Büchern von ganz prominenter Fachseite, dass seit Freud/Jung/Adler eigentlich nichts in der Psychologie passiert sei. Neben mir liegt ein solches Buch – die *Lebenslügen* von Daniel Goleman, der durch das spätere Werk *Emotionale Intelligenz* weithin bekannt wurde. In *Lebenslügen* werden die Gedanken Freuds nach dessen Buch *Traumdeutung* (1900) wiedergegeben. Goleman äußert sich zu Freuds Modell der Informationsverarbeitung: „Bemerkenswert an dem Modell ist, wie gut es bereits beschreibt, was jetzt – nach mehr als einem Dreivierteljahrhundert – unsere bestmögliche Erklärung derjenigen Prozesse ist, wie das Denken Informationen aufnimmt, verarbeitet und speichert, und wie diese Prozesse durch den Tauschhandel zwischen Angst und Aufmerksamkeit beeinflusst werden können."

Ich gebe Ihnen hier eine alternative Sicht. Als Mathematiker oder Manager kann ich kaum glauben, dass da Extrarechner in meinem Kopf die Informationen nur daraufhin durchsuchen, ob etwas Verbotenes darin ist. Das dauert nämlich ganz schön lange.

Zumindest ist es extrem aufwendig gegenüber einem vorgestellten Flash-Mode, der mit einem Identifikationsverfahren blitzartig Anzeichen sichtet.

9. Wie wir (unbewusst?) steuern, was überhaupt bewusst wird

Ich stelle mir hinter der reinen Wahrnehmung ein Gewühl von Einzeltentakeln oder Einzelsensoren oder Einzelseismographen vor, die nur auf jeweils einzig für sie bestimmte Anzeichen lauern.

Ich stelle mir vor, dass wir einige Tausend solcher Seismographen rund um die Uhr laufen haben. Immer mal wieder schlägt einer Alarm. Dann erst geschieht etwas.

Aber was?

Da gibt es viele Möglichkeiten.

- Blitz! Ich muss sofort reagieren. ACTH.
- Schock! Jemand sagt, ich sei ihm unsympathisch.
- Blitz! Es ist der stündlich wiederaufblitzende Weckruf, an etwas zu denken.
- Dauerstress: Ich will unbedingt befördert werden.

- Dauerstress: Ich lauere auf Anerkennung.
- ... und so weiter

Unser Alarmsystem ist dafür gedacht, schnell auf Gefahren zu reagieren. Wenn *Anzeichen* (ich betone immer: *Anzeichen*, nicht das Betreffende selbst) einer solchen Gefahr im Flash-Mode erkannt wurden, dann wird Stressalarm gegeben. Dieser tritt in das Bewusstsein, welches sich dann um die Gefahr kümmert oder vorprogrammiert, „instinktiv", „unwillkürlich" reagiert. Wenn die Gefahr überwältigend ist, kann eine Schockreaktion erfolgen. Ein Teilsystem wird abgeschaltet, weil nichts mehr geht. Später mag es heißen: „Ich kann mich nicht mehr erinnern!" Sicherungen können abgeschaltet werden. „Ich bin der Letzte, der Gesetze nicht achtet. Aber in diesem Augenblick ging es nicht anders. Im Grunde weiß ich nicht mehr, wie es dazu kam. Ich schlug zu." Das Alarmsystem erinnert mich unaufhörlich an Dinge, die ich zu erledigen habe. Das stört bei der Arbeit. Ich spüre diese Alarme, aber sie haben niedrige Priorität. Ich versuche, sie so schnell wie möglich aus meinem „Arbeitsgehirn" zu wischen.

Es gibt ganz grundsätzliche Dauerstresssymptome. Zum Beispiel (fiktiv, hoffe ich): Alle finden mich unsympathisch, einfach, weil ich unsympathisch bin. Das merke ich als Dauerstress. Der wäre aber so groß, dass ich daran zu Grunde gehen könnte. Oder: Mein Chef sagt mir explizit, dass ich sehr wenig leiste. Er bittet mich, noch vor seinen eigenen Maßnahmen über eine eigene Kündigung nachzudenken, weil ich den Erfolg aller störe. So etwas wäre Dauerstress allerhärtester Art. Mein Gehirn und mein Herz würden bombardiert: Versager! Unsympath! Versager! So etwas ist fast so schlimm wie das tägliche Nachhausekommen schlechter Schüler. Es gibt auch Eltern, die mit ihrer Versager-Unkerei nicht einmal vor normalen oder gar sehr guten Kindern Halt machen. „Du bist nicht so, wie ich es mir wünsche! So bekommst du nie und nimmer einen Nobelpreis oder eine Gräfin zur Frau." Halten Sie das nicht für übertrieben. So funktioniert unsere Gesellschaft. Alle unsterblichen Werke von Franz Kafka verdanken wir solchem „Urteil" oder solchem „Prozess". In unserer Gesellschaft fühlen sich viele wie „In der Strafkolonie". „Das Urteil" wird in der Strafkolonie auf den Rücken gestochen, keiner sieht es je selbst ... (Lesen Sie noch einmal Kafka ...)

Unter Dauerstress kann der Mensch eine ihn betreffende Katastrophe in gewisser Weise selbstgefördert (natürlich unbewusst) schlimmer empfinden als sie ist. Dann ändert der Körper die Chemie und „schleust Endorphin ein", also eine Betäubung wegen Ausweglosigkeit. Das fühlt sich an wie eine Depression und wird von dem Unterbewusstsein sehr vieler Menschen offenbar für akzeptabler gehalten als dauernde Versagerrufe des Stresssystems. Unter Dauerstress kann unser Körper mit zusätzlichen Ersatzfühlern ausgestattet werden. Wenn mich der Chef dauernd mobbt, kann ich einen Ersatzfühler aufstellen.

Er soll Alarm schlagen, wenn mein Chef, dieser böse Mensch, mich als Mensch beleidigt und angreift.

Wann immer also mein Chef meine Arbeitsleistung angreift, schlägt der Fühler „Versager“ aus. Gleichzeitig aber schlägt der Fühler „Der Chef hält mich für einen schlechten Menschen!“ aus, der auf persönliche Beleidigungen lauert. Dieser letzte Fühler ist viel gekränkter als der mit der Arbeitsleistung, schlägt also stärker Alarm. Dadurch wird mein Bewusstsein vorrangig mit dem Beleidigungsanzeichen bombardiert, ich sei ein schlechter Mensch. Dann wehre ich mich gegen diesen Vorwurf. Das tue ich völlig zu Recht, denn ich weiß, dass ich ein guter Mensch bin. Darauf bin ich stolz, denn ich kenne nur wenige gute Menschen. Mein Chef ist keiner. Das erhebt mich über ihn. Das gibt mir das Recht zum heiligen Krieg.

Meine Vorstellung von der menschlichen Psyche ist es, dass wir ein ausgeklügeltes Warnsystem von sehr vielen, im Flash-Mode arbeitenden Identifizierern von *Anzeichen* haben, die alle gleichzeitig nebeneinander her, also parallel arbeiten. Wir nehmen so etwas wie die Summe der Ausschläge bewusst wahr. Dieser Gesamtausschlag lenkt unsere Aufmerksamkeit.

Es gibt sehr viele Tricks, unerwünschte Dauerstressalarme durch geeignete neugesetzte und dabei stärkere Alarme unerkennbar zu machen. Die schwächeren Alarme (im Beispiel: „Versager!“) werden durch die Hyperstärke neugesetzter Alarme („Sie schlechter Mensch!“) nicht mehr wahrnehmbar gemacht. Die alten, ursprünglichen Alarme werden damit „verdrängt“. Deshalb kann der Sachverhalt, vor dem die schwächeren Alarme warnen, nicht mehr ins Bewusstsein treten, obwohl sie dauernd warnen.

Die *Identifizierer* von Anzeichen können also so von der Psyche selbst (unbewusst, zum Teil bewusst) dadurch verfälscht, verzerrt oder zum Schweigen gebracht werden, dass sie von anderen, stärkeren Stressreizen systematisch „überschrieben“ werden.

Freud erforschte Verdrängungen. Er fand heraus, dass das Verdrängte von Menschen, wenn man es je wieder ins Bewusstein brachte, noch ganz unangetastet, wie jungfräulich, ganz unverformt offen lag (wenn es freigelegt worden war). Nach meiner Seismographenvorstellung liegt es *natürlich* noch da, genau wie immer. Noch immer ist Daueralarm („Versager“), aber der andere Seismograph („Schlechter Mensch“) hat immer gesiegt. Also hat sich das Bewusstsein noch niemals mit dem ursprünglichen Sachverhalt („Versager“) befasst. Deshalb ist hier im Gehirn noch alles wie immer.

In meiner Vorstellung findet die Zensur durch Überbetonen von anderem statt, das sich wie ein Schutzschild um das Dauerbedrohliche oder Verbotene legt. Ich glaube, wir setzen in unserer Psyche „Gegenalarme“, mit denen wir unser Leben optimieren.

Der viel beschriebene Seismograph „Ich hasse meine Frau" wird eben systematisch übertrumpft durch einen neu gesetzten, etwa „Ich bin ein sehr hilfsbereiter Ehemann". Durch das Neusetzen der mathematischen Anzeichen-Identifizierer „verschieben" wir das Problem, wie die Psychologen sagen. Ich glaube nicht, dass wir es verschieben, sondern mächtiger überschreiben oder übertönen.

Menschen könnten zum Beispiel Seismographen einrichten, die nur darauf lauern, ob es der Katze gut geht. Dann können sie nicht mehr aus dem Haus. „Es ist so aufwendig wie ein Baby zu pflegen. Ich komme kaum zu etwas anderem." Sie können alle anderen Seismographen durch Fixierung auf einen riesenhaften Monsterseismographen in der Wahrnehmung verschwinden lassen. Menschen könnten sich vor anderen Menschen zu fürchten beginnen (Paranoia) oder allein bleiben (Schizoide).

Und so weiter.

Ich stelle mir die Psyche des Vorbewusstseins als Dominanzspiel von Seismographen vor, die auf einer Mathematik wie Anzeichen-Identifizierer basieren: Blitzschnell, unendlich viel schneller als Erkennen. Da die Anzeichen-Identifizierer damit unendlich viel weniger Gehirnressourcen als das Denken verbrauchen, kann der Mensch in meiner Vorstellung eben auch fast unendlich viele Seismographen nebeneinander arbeiten lassen. Das Zusammenspiel dieser Seismographen und das Management dieses Zusammenspiels ist für mich der wirklich interessante und aufregende Teil des Menschen.

Ich schließe diesen Abschnitt mit einem persönlichen Beispiel von mir, das mich sehr bewegt hat.

Ich gestehe: Ich kaue schon immer an den Nägeln. Alle Menschen wissen, was mir fehlt. „Kalkmangel!", befand meine Mutter und ich schluckte morgentlich Kalktabletten. „Selbsthass!", findet Alfred Adler in seinen Werken. Ich hasse mich aber nicht, so weit ich das ohne Psychotherapeut sagen darf. „Nervös!", sagt meine Frau, und „Du müsstest dich mal sehen, wie es aussieht. Grässlich."

Soweit die Lage.

Bei einem Aufnahmegespräch für ein Stipendium hatte mir ein Kandidat von NLP (Neurolinguistic Programming) vorgeschwärmt. Das würde alle Probleme lösen. Er schwor auf Bücher von Anthony Robbins. Ich sollte unbedingt *Grenzenlose Energie. Das Power-Prinzip* lesen. Es wäre wie eine Offenbarung. Ich habe das Buch gekauft und während des nächsten Flugs in die USA gelesen. Ich musste oft mit dem Kopf schütteln. Es las sich für mich wie eine Märchenstunde! Menschen sollten sich so einfach umdrehen lassen? Ich hatte nur dieses Buch mit. Mist. Ich kaute an den Nägeln. Ich begann im Buch schneller und diagonaler zu lesen und bekam einen Zorn. Ich beschloss, das doofe Buch im Flugzeug zu vergessen. Ich blätterte noch ein bisschen. Dann stand da irgendwo „Nägelkauen." Aha. Davon verstehe ich etwas! Ich las, wie der Autor sich selbst das Nägelkauen abgewöhnt hatte. Das Verfahren ist einfach: Jedes Mal, wenn ich mich beim Nägelkauen ertappe, atme ich tief durch, fühle mich dabei glücklich und sage irgendetwas Nettes zu mir, zum Beispiel: „Ich bin so sehr glücklich, ich habe es nicht nötig, an den Nägeln zu kauen. Ich bin nämlich sehr glücklich." Robbins erklärte mir, dass ich nach wenigen Tagen das Nägelkauen vergessen würde.

Ich habe so gelacht! Meine Frau hat so viel versucht! Ich habe so viel versucht! Meine Mutter hat so viel versucht. Keiner von uns hatte es allerdings mit Glücksgefühlen versucht, das musste ich zugeben. Da habe ich das Buch zwar nicht weggeworfen, aber zugeklappt und mich mehr der Speisefolge gewidmet. Beim Herumdösen sprach mein Daimonion in mir, meine innere Stimme, es sei nicht fair von mir. Ich müsste mich mindestens drei Tage beim Nägelkauen glücklich fühlen und *dann* über NLP oder über Robbins schimpfen. Das Daimonion rang mir dann das heilige Versprechen ab, während der ganzen USA-Woche „Ich bin glücklich, so glücklich, dass ich so etwas nicht nötig habe!" zu flüstern und dabei glücklich zu atmen.

Ich halte immer, was ich verspreche.

Nach vier, fünf Tagen hatte ich das Nägelkauen vergessen.

Heute schneide ich die Nägel, glauben Sie's oder nicht!

Einige Monate später hatte ich ein Gefühl wie „ein Gesicht", eine „Erinnerung". Vor mir stand das Bild meiner Mutter, die von der Feldarbeit schmutzige Hände hatte. Ich stand als kleiner Junge daneben. Jemand vom Dorf sagte zu ihr: „Du hast Greifwerkzeughände." Meine Mutter zuckte zusammen: „Es ist von der Arbeit." Der andere sagte: „Es sind bestimmt keine Klavierhände. Ganz ungleichmäßige Nägel." Das tat meiner Mutter unsäglich weh. (Die echten Formulierungen schreibe ich nicht. Ich muss nicht noch einmal weh tun. Sie verstehen?)

Dieses Bild tauchte schmerzend in meiner Erinnerung auf und verschwand wieder. Ich beachtete es nicht sehr. Meine Mutter hatte diese Geschichte einige Male erzählt. Früher. Vor vielen, vielen Jahren. Die Geschichte verschwand wieder.

Am Abend desselben Tages schaute ich meine Fingernägel an und dachte nach. Ich hielt meine Fingernägel wie ein Tiger, der seine Krallenschärfe kontrolliert. Alle Nägel auf einen Blick. Es war diese Haltung, die meine Frau so mag. Sie weiß dann: Bald geht es wieder los.

Ich schaute auf die Nägel – und es entstand ein zweites Bild vor mir, diesmal mit merklichem körperlichen Erschauern. Ich sah mich als kleinen Jungen in meinem alten Zimmer auf dem Bett sitzen. Der kleine Junge schaute die Nägel genau wie ich an. Und er zuckte zusammen, ganz schrecklich zusammen. Er sah, dass seine Nägel wie die der Mutter waren. Nicht schön. Keine Klavierhände. Die Nägel wuchsen nicht gerade aus der Hand heraus. Der Junge kaute sie einigermaßen gerade und kontrollierte, ob sie jetzt schöner wären. Der Junge war traurig und nicht zufrieden.

Und ich, Gunter Dueck, alt, sah dieses Bild. Und ich wusste alles.

Das ist meine Geschichte, wie ich sie Ihnen erzählen wollte.

Sie hat gerade noch ein weiteres, ganz bestürzendes Ende. Es ist jetzt. Jetzt genau. Mir schießen ein wenig die Tränen in die Augen. Beim Schreiben ist etwas aufgebrochen. Das ist mir noch nie passiert. Ich —

Ich habe mir Kaffee mit den ganz neuen Euromünzen geholt. Ich bin ganz erfüllt.

Ich wollte Ihnen dies sagen:

Als ich auf dem Bett saß, damals, da sagte etwas in mir, dass ich hässlich wäre. Ein Seismograph entstand. Den habe ich beschwichtigt durch Nägelkauen. Ich habe nie registriert, dass da ein neuer Fühler in mir entstanden war, durch eine einmalige bedrohliche Entdeckung. Heute, alt, wäre meine ungleichmäßige Nagelform keine Beachtung wert; nie würde ein Seismograph entstehen. Durch das „Glücklichsein" à la Robbins habe ich wohl den Seismographen schon durch bloßes Glücksgerede übertönt.

Er ließ sich leicht übertönen, weil hinter ihm kein Stressalarm war. Die Ursache für den Stress war nicht mehr gegeben, weil keine Bedrohung mehr bestand. Das Kontrollieren der Nägel musste nicht mehr sein. Einfaches, glückliches Atmen war schon stärker. Und dann sind in vier, fünf Tagen beide Gewohnheiten, beide Seismographen gemeinsam gestorben. Der Nagelseismograph war da, obwohl es keinen Grund mehr gab! Er hatte keine Verbindung zu den wirklichen Empfindungen oder Wahrnehmungen mehr. Er alarmierte unabhängig von der Motivation für seine anfängliche Installation, die damals auf der Bettkante stattfand.

10. Traum, Symbol und kollektives Unterbewusstsein

Spüren Sie, wie wir unter der Seismographenvorstellung die Welt in uns ganz neu interpretieren können? Alles fügt sich so langsam zusammen?

Jetzt wäre zu allem, was ich hier berühre, so vieles zu sagen.

Aber: Es geht jetzt nicht.

Dieses Buch soll von den groben Grundstrukturen handeln, über die Basisunterschiede zwischen uns Menschen. Auf die „Lebensbewältigungs- oder Lebenserleichterungslügentechniken" gehe ich im zweiten Teil ein, der *Supramanie*. Ich muss Sie also vertrösten.

Hier, im ersten Band, will ich zunächst den Gesamtrahmen stecken. (Springer will bestimmt nicht 1300 Seiten drucken! Bestimmt nicht! Es liegt daran, dass Sie nicht so viel auf einmal lesen wollen.)

Wenn Sie mir folgen und sich ebenfalls vorstellen, wie wir hauptsächlich erst auf Anzeichen-Identifizierer bewusst reagieren, die wir überhaupt in unserem Bewusstsein zulassen können, dann können Sie mit mir ganz kurz weiterträumen:

Die Traumforscher, allen voran Sigmund Freud, sprechen immer von merkwürdigen Verkürzungen der Wahrheit in den Träumen. Wir träumen von Kronen, vom Fliegen, werden verfolgt oder widmen uns penibel den Schlangen, Türmen, Säulen. Wir bewundern einen Zaubergarten verwirrender Symbolik: Baum, Frosch, Pferd, Vogel, Blume, Rose, Waffe, Höhle, Meer, Kreuz, Quadrat, Ei, Sonne, Keller, Hängen, Schweben, Gleiten, Schwimmen, Aufplatzen.

Sigmund Freud vermutete dahinter meist verklausulierte sexuelle, „verbotene" Bedeutungen, die der Psychotherapeut entschlüsseln müsse. Jung sieht hinter den Symbolen ganz eigene psychische Gebilde, die rational nicht richtig verstanden sind. Diese Gebilde, sagt Jung, gehen weit über die reine Tatsächlichkeit hinaus. Das geträumte Ding sei der zurzeit bestmögliche Ausdruck für den eigentlich zu Grunde liegenden (unbekannten) psychischen Tatbestand.

Und ich stelle mir vor: Wenn wir nun nicht real träumen, sondern nur von den Anzeichen? Ist es nicht vielleicht eine bessere Vorstellung, wenn wir annehmen, wir träumen von den Seismographenausschlägen? Diese Seismographen versuchen wir in unseren Träumen zu *sehen*. Wir möchten ihnen Namen und Gestalt geben, aber wir kennen ja nur die Ausschläge der Flash-Mode-Anzeichen-Identifizierer. Wir wissen nicht einmal genau, welche die Anzeichen sind!

In unseren Träumen *sehen* wir sie, diese Ausschläge der Alarmsysteme. Wir können sie dann nur als Symbole sehen, nie real. Wir sehen diese Symbole oder Anzeichen wie Wächter, Mahnmale, Abgesandte, Schlüssel oder Gleichnisse. Denn die Anzeichen sind nur ein unendlich kleiner Teil des Realen! Das habe ich Ihnen ja mit meinem Ausflug in die Informationstheorie begründet. Die Anzeichen sind daher radikal zusammengeschrumpfte „Dinge" unserer Vorstellung, die wir sehen können. Das sind dann die Symbole.

Die Forscher berichten, dass Kinder meist von Lusterfüllungen träumen, während Erwachsene im Traum wohl eher Schwierigkeiten aufarbeiten oder verdauen. Wenn Sie meiner Vorstellung folgen, wir träumten von Anzeichen, die wir uns in Symbolen vor die Traumaugen führen, dann klärt sich alles: Die „unschuldigen" Kinder haben dann natürlich eher nur Lust-Anzeichen! Sie beginnen ja erst, das Leben als Seismographensystem in ihnen zurechtzurütteln. Wir Erwachsenen kennen dann bald auch die düsteren Symbole.

Ich stelle mir vor, wir versuchen im Traum, die Schläge des Seismographensystems mit der realen gespeicherten Welt im Gehirn in Einklang zu bringen. Wir fügen die uns aufregenden Tagesreste (solche Tagesreste findet Freud in fast jedem berichteten Traum wieder) in das System neu ein. Vielleicht ändert sich im Traum langsam auch die Scharfeinstellung der Seismographen. Neu am Tag hinzugekommene Seismographen müssen mit den alten kämpfen. (Siebzig Jahre sind etwa 26.000 Tage. Wir können gut alle paar Tage Neuerwerbungen machen.) Wer stört oder überschreibt wen? Ein Traum mag auch ein Einarbeitungsnachtlauf unseres Flash-Mode-Systems sein.

Goethe schreibt in *Maximen und Reflexionen*:

„Das ist die wahre Symbolik, wo das Besondere das Allgemeinere repräsentiert, nicht als Traum und Schatten, sondern als lebendig-augenblickliche Offenbarung des Unerforschlichen."

Das Besondere ist das Anzeichen? Und das Allgemeinere wäre wie das Ganze, das Reale, auf das uns das Symbol nur hinweisen will?

Wenn wir ein gutes Anzeichen-Identifizierungssystem besitzen, so sollten wir nicht zu viele verschiedene Anzeichen und Symbole in uns haben. Je nach Kontext können dann Anzeichen etwas anderes bedeuten. Deshalb sind ja Symbole so vieldeutig. „Wasser" oder „Feuer" oder „Vogel" steht jeweils für Hunderte von Vorstellungen von unseren Tausenden von Seismographen-Anzeichen. Wir haben einfach nicht so viele verschiedene Traumbilder. Wir brauchen nicht so viele Traumbilder, weil es im Grunde Symbole für Sensorausschläge sind. Und die Sensorausschläge bedeuten Angst, Frust, Erregung, Nervosität, Rache, Empörung, Freude etc. Es sind wohl nur wenige hundert. Deshalb ist die Symbolsprache des Traumes begrenzt, weil sie nur Anzeichen und Ausschläge in Bilder verwandelt.

Und deshalb, weil eben fast jedes Symbol für sehr viele Seismographen-Anzeichen als Bild dient, deshalb gelingt es Sigmund Freud zum Beispiel, aus fast jedem Symbol *auch* eine sexuelle Bedeutung herauszulesen. Das ist seine Sicht neben vielen anderen. Freud dachte, die Symbole seien eine Verhüllung des Verbotenen.

Nach meiner Vorstellung sind sie ganz profan ein sehr stark summarisches komprimiertes Kernbild von vielem Einzelnen. Deshalb sind Symbole keine Verhüllung von Realem, sondern als Komprimiertes eben ein *Vielsagendes*.

Jung führte uns seine Vorstellung des kollektiven Unbewussten vor Augen. Er sieht darin eine Art Bibliothek oder volle Festplatte der Menschheit, zu der wir alle kollektiv in irgendeiner Art Zugang haben. Diese Bibliothek spiegelt das ganze kulturelle Umfeld und die Erfahrung aller Vorfahren. Sie steht als gesamtes Wissen der Menschen uns allen offen, allerdings, so Jung, nur selten außerhalb des Traumes.

Umgedeutet in mein Seismographenbild: Die Symbole der Menschen erscheinen kollektiv, weil sie Bilder von Ausschlägen unserer Alarmglocken sind. Sie stammen aus Stresssituationen, rühren her von ACTH-Ausstößen und Endorphin-Flutungen. Die aber sind bei allen Menschen „gleich". Es besteht daher die Tendenz, gleiche Symbolbilder zu verwenden, insbesondere in einem gemeinsamen kulturellen Umfeld.

11. Im „Kern des Betriebssystems": Inside the tornado!

Parallelverarbeitung von Prozessen

Die Anzeichen-Identifizierer sitzen also zu Tausenden in uns und quälen uns manchmal bis in die Träume hinein. Sie laufen alle parallel nebeneinander her.

Wir vertrauen im normalen Leben darauf, dass nicht zu viele dieser Aufmerksamkeitslenker gleichzeitig alarmieren. Das halten wir nicht so gut aus.

„Ich verliere den Faden." – „Ich verliere den Kopf" – „Ich weiß nicht mehr, wo mir der Kopf steht." – „Ich habe viel zu viel um die Ohren." – „Ich weiß nicht, wo ich als Erstes anpacken soll." – „Der hohe Stapel hier macht mich völlig verrückt." – „Ich kann nicht auf allen Hochzeiten tanzen." – „Ich werde nicht mehr allen Rollen gerecht."

Tausende von Sensoren lauern auf ihr Anzeichen, auf das sie eingestellt sind.

Und wehe, wenn es Anzeichenkombinationen gibt, auf die sehr viele Sensoren lauern. „Ich hatte es sehr eilig, sprach noch am Handy, als der Motor nicht ansprang. Ich schaute verzweifelt vorne nach und hatte dann überall schwarze Flecken im Kostüm. Ich schrie." Abgeschaltet.

Wenn wir im Leben Stress oder Lähmungszustände vermeiden wollen, müssen wir so viel Ordnung in unser Leben bringen, dass wir nicht von zu vielen Signalen hin und her gezerrt werden. Eine Überflutung von Alarmzeichen sollte die Ausnahme bleiben dürfen.

Ich erkläre es mit einer Computermetapher.

Jede Anwendung, die auf einem Computer läuft, benötigt einen gewissen Platz im Hauptspeicher des Computers. Der Hauptspeicher ist der Ort, an dem der Computer gerade das Wissen ablegt, an das er jetzt gerade denken muss. Wenn ich hier das Buch schreibe, dann hat es eine Größe von 2 Megabyte und es liegt zusammen mit dem Word-Programm im Hauptspeicher. Mein E-Mail-Programm Lotus Notes ist geöffnet, daran muss der Computer ebenfalls denken.

Der Internet-Browser ist geöffnet. Im Hintergrund laufen viele Prozesse, wie etwa die Computervirenerkennung, automatisch ab. Insgesamt könnten es um die 30 Prozesse sein, die unbemerkt von mir im Hintergrund laufen. Alle muss der Computer gleichzeitig „im Kopf“ haben. Alle „verbrauchen“ also Teile seiner derzeitigen Aufmerksamkeit, also Platz im Hauptspeicher.

Erinnern Sie sich noch an Zeiten um 1990, als wir Spiele auf kleinen Computern zum Laufen bringen mussten? Die Spiele waren oft so sehr ausgereizt programmiert, dass es erforderlich war, möglichst den gesamten Hauptspeicher des Computers für diese einzige Anwendung zu reservieren. Der Computer sollte sich also vollständig auf diese eine Anwendung konzentrieren. Es war eine Art Geheimkunst, alle Hintergrundprozesse abzuschalten oder in andere Speicherbereiche auszulagern. Der Computer sollte nur dieses eine einzige Spiel „im Kopf“ haben dürfen. Erst bei Vollkonzentration liefen die Spiele optimal. Jede kleine Störung („automatische tägliche Virenerkennung“) brachte das Spiel und meist auch den ganzen Computer zum Absturz. Wir mussten damals sehr sensibel mit diesem stressempfindlichen Computer sein. Er war nicht so richtig belastbar. Ein Hauch von Erregung von einer anderen Anwendung genügte damals zum Absturz.

Genau so sind wir auch. Wir können nicht alles im Kopf haben. Wenn wir zu viele Termine, Verpflichtungen, Erledigungen, Kränkungen, Konflikte, Streitereien, also „offene Rechnungen“ oder, im Computerjargon, „geöffnete Anwendungen“ mit uns herumschleppen, bekommen wir schwere Stresssymptome bis hin zu Teilabschaltungen. „Ich war so fertig, dass ich mir prompt eine Grippe zuzog. Auch das noch!“ Dabei hat uns die Grippe gerettet. Sie führte zur heilsamen Teilabschaltung vieler Prozesse.

Wir müssen also unseren „Hauptspeicher“, also unser verfügbares System, das die vielen verschiedenen Seismographenausschläge koordiniert, vernünftig managen. Wir dürfen uns nicht zu sehr dem Stress aussetzen. Wir müssen behutsam mit dem hohen Gut unserer Aufmerksamkeit umgehen. In vieler Hinsicht ist das Problem guter Lebensführung auch das Problem, die Aufmerksamkeit optimal zu verteilen.

Wir müssen also über das strategische Verteilen der Aufmerksamkeit wie auch über das bewusste „Setzen“ und Beeinflussen unserer Seismographen nachdenken. Das geht nicht pauschal. Denn die richtigen Menschen konzentrieren sich zum Beispiel auf das System. Die wahren Menschen fixieren ihre Aufmerksamkeit auf das Umfeld einer Idee. Und zu den natürlichen Menschen kommen wir erst noch!

Physiologisch verschiedene Maschinenzustände des Menschen

Computer haben es sehr viel leichter als Menschen.

Wenn Computer eine neue Anwendung starten, weisen sie dieser Hauptspeicherplatz zu. Die Anwendung bekommt also die notwendige Portion Aufmerksamkeit. Wenn nicht genug Platz verfügbar ist, versucht der Computer, der Anwendung schlechte Plätze außerhalb des Hauptspeichers zuzuweisen, also etwa auf der langsamen Festplatte. Er ist dann aber, weil ja der Hauptspeicher „verbraucht" ist, chronisch überlastet und wird langsam. „Das dauert!", jammern wir über ihn. Wenn wir ihn noch mehr überlasten, „stürzt er ab", wie wir sagen.

Bei uns Menschen ist es ähnlich, aber viel schwieriger.

„Männer" können zum Beispiel Zeitung lesen, dabei frühstücken und noch ein paar Worte mit der Ehefrau brummeln. „Frauen" können sich mit umgehängtem Mobiltelefon beim Bügeln unterhalten und dabei fernsehen. Fluglotsen können bis zu sieben, vielleicht acht „gegenseitige Annäherungen von Flugobjekten" gleichzeitig koordinieren, für kurze Zeit neun. Bei zehn, elf, zwölf gleichzeitigen Vorgängen stürzen Fluglotsen mental ab. Für so viele Vorgänge reicht die Aufmerksamkeitsspanne eines Fluglotsen nicht mehr aus. Er hat nicht genug Hauptspeicher. Bis hierhin ist also der Mensch dem Computer ähnlich.

Nun kommt das Problem. Ich kenne es gut. Ich komme also am Morgen in mein Arbeitszimmer.

Ich soll eine lustige und tiefsinnige Kolumne für die FAZ am Sonntag schreiben. Ich werde gebeten, jemandem, der sich schon an drei Termine nicht gehalten hat, den Kopf abzureißen. Jemand ruft an, ob ich ersatzweise am nächsten Tag eine Rede in Aurich halten kann. Nichts gegen Aurich, aber wie komme ich da hin? Und wieso, bitte, *ersatzweise*? Im Sekretariat zanken sie sich, ich soll entscheiden, wer Recht hat. Das ist normale Arbeit. Wenn ich ein Computer wäre, würde ich nun jedem Job eine Nummer zuweisen, Hauptspeicher und Abarbeitungszeit zuordnen und loslegen. Im Menschen aber rasen die Seismographen:

Eine lustige Kolumne schreiben erfordert ruhige, selige Kreativität in mir, am besten lachende Gesichter auf dem Flur und ein Riedel-Glas voller St. Julien neben mir. Wenn ich jemandem den Kopf abreißen soll, wie man sagt, muss ich aggressiv werden. Es kann sein, dass ich echt gerne aggressiv bin, weil mich die Nichteinhaltung der Termine selbst schon so verärgert hat, dass mein Sensorsystem ACTH freigemacht hat. Es kann auch sein, dass ich mich *künstlich* aufregen muss, wenn ich nur für Ordnung sorgen muss, wo ich selbst gar nicht tangiert war. Ich muss dann „kalten Zorn" simulieren, den mein Körper nicht „warm" hergibt. Ich muss nachdenken, wie ich nach Aurich komme. Ich muss wohl nach Bremen fliegen und dann ein Mietauto nehmen. Das geht ans

Hertz und gibt einen Ganztagesreisestress für nur eine Stunde Rede. Ich fürchte mich schon innerlich. Ich bin etwas gekränkt über das Wort „ersatzweise“. Das frisst an mir, die Seismographen haben Alarm geschlagen. Ich male mir aus, wie ich jetzt meinen Flugbuchungswunsch ins Sekretariat trage, wo sie darauf warten, dass ich etwas schlichte. Ich spüre, dass ich in der Hauptsache heute lustig und kreativ sein sollte!

Der Mensch unterscheidet sich vom Computer dadurch, dass die Aufmerksamkeit nicht einfach platzmäßig verteilt werden kann, sondern dass die Aufmerksamkeit an die Seismographen geknüpft ist, die gerade Alarm schlagen. Wenn ich also die genannten Anwendungen an meinem Arbeitstag beginnen will, befinde ich mich in verschiedenen biochemischen Körperzuständen wieder. Ich soll lustig kreativ, aggressiv, beschwichtigend sein. Ich muss die Nervosität wegen der langen Reise am nächsten Tag unterdrücken und ruhig meine Termine für den nächsten Tag umplanen. Ich muss unbedingt den beleidigten Stachel wegen des Wortes „ersatzweise“ loswerden. Aber wie? „Ersatzweise“ sagt doch, ich sei zweite Wahl. Bedeutet es etwas Dunkles? Bin ich wirklich zweite Wahl? Ich merke, wie beim Nachdenken noch mehr Seismographen ausschlagen. Hat da nicht vorige Woche jemand gesagt, ich solle mir nur nichts einbilden? Ich horche in das Universum. Weitere Seismographen schlagen aus. Ich setze mich an den Schreibtisch und spitze erst einmal die Bleistifte an. Das wollte ich schon immer erledigen. Gut, dass ich jetzt daran denke. Und bevor ich daran gehe, die Bleistifte zu spitzen, hole ich Kaffee. Hoffentlich habe ich Kleingeld ...

Der Computer arbeitet ab. Aber wir Menschen müssen für die verschiedenen Arbeiten in einem günstigen physiologischen Zustand sein.

Das jeweilige Hinüberschwingen in günstige Zustände kostet sehr viel Zeit. Lustig werden? Eine halbe Stunde vielleicht. Den Seismographen, der bei „ersatzweise“ ausschlug, ertränke ich in Kaffee und sinnlosen Arbeiten, wie Aufräumen oder Zeitung lesen mit leerem Blick. Künstlich wütend werden? 10 Minuten in Rage reden und hoffen, dass mein Gegner mich beleidigt (ich bin leider ziemlich aggressionslos). Abrauchen, nachdem ich den Gegner besiegt habe? 20 Minuten. Überwinden, den Streit nebenan zu schlichten? 15 Minuten.

Wenn Sie diese Aufzählung auch nur annähernd für sich nachvollziehen können, verstehen Sie, wie unsagbar ineffektiv wir arbeiten, wenn wir uns biochemisch in Mischzuständen bewegen.

Unser Wunschtraum wäre: Einen Tag schreiben, einen Tag schuften, einen Tag reisen, einen Tag streiten. Dann würden wir viel besser arbeiten und die Arbeit wie „Flow“ empfinden und genießen. Leider, so sagen wir, kommt immer etwas dazwischen. Wermutstropfen. (Hier könnte ich ein ganzes Buch über Arbeitsplanung schreiben! Die Organisationshandbücher vergessen die biochemischen Zustände oder raten dazu, sie mit Disziplin zu überschreiben. Ein schrecklicher Irrtum.)

Der Mensch braucht also verschiedene Strategien, wie er nicht nur seine Aufmerksamkeit, sondern auch seine zugehörige Augenblicks-Physiologie angemessen ausrichtet. Die verschiedenen Menschen verfolgen dabei wieder verschiedene Strategien. Die richtigen Menschen trimmen ihre Physiologie relativ gnadenlos nach der Pflicht und den Handbüchern, wozu sie Arsenale von Gegensensoren setzen müssen. Die wahren Menschen bemühen sich, die Physiologie nicht ernst zu nehmen. Sie versuchen, Geist/Seele vom störenden Körper zu trennen. Die natürlichen Menschen konzentrieren sich nur auf eine Aufgabe: JETZT. Ich beschreibe diese Strategien nun in jeweils eigenen Kapiteln.

VII. Der Flash-Mode im richtigen Menschen

1. Richtige und natürliche Menschen

Ich habe bis jetzt, und wir sind schon mitten im Buch, noch gar nicht richtig erklärt, was denn überhaupt natürliche Menschen seien, wogegen ich die richtigen und die wahren Menschen schon in extenso besprach. Sie werden jetzt sehen: Es ging nicht anders, weil ich für das Begreifen des natürlichen Menschen erst gründlich über unsere Seismographensysteme spekulieren musste.

Bitte folgen Sie mir weiter auf dem Pfad der Vorstellung, wir hätten außen, um das eigentliche Denken, um Vernunft und Einsicht herum, ein Stachelgewirr von Sensoren, Tentakeln, Seismographen, die, jedes für sich einzeln, auf fest definierte Anzeichen lauern, um gegebenenfalls heftig Alarm zu schlagen.

Nehmen wir an, ich wäre ein kräftiges, starkes, strotzendes, energieüberquellendes, frohes Kind. Nehmen wir es an. Ich hätte dann einen Riesenappetit, liebte das Karussellfahren, das Fangen von Tauben vor dem Kaufhof, das Stehlen von Äpfeln und Kirschen. Ich hätte ein Arsenal von Außenfühlern, die auf Schneebälle, Pudding, Hamburger, Hunde, Lärm, Laufen, Singen, Fangen spielen, Schnitzeljagd, Drachenbauen, Radfahren, Colatrinken, Böllerschüsse, Farbenschmieren und vor allem Freunde reagieren, und zwar überaus heftig und erwartungsfroh. „Das Leben ist schön, es ist voller Möglichkeiten. Überall ist Freude!"

Das ist die eine Sicht des Menschen. Der richtige Mensch Aristoteles nennt den Menschen das Zoon Politicon, also ein soziales, sich in der Gemeinschaft handelnd entfaltendes Wesen. Und deshalb würde mich, das kräftige Kind, nun der ganze soziale Zoo in den Schwitzkasten nehmen: „Du hast schon sechs Scheiben Brot gegessen. Es reicht. Du frisst ja. Das ist kein Spaß mehr. Tauben sind pfui. Sie sind krank und das aufgescheuchte Flattern stört die Käufer. Äpfel dürfen nur gegessen werden, wenn sie über den Zaun herabfallen oder der Ast weiter als 2 Meter 75 über den Zaun ragt oder von einer Kuh erreicht werden könnte. Dann darf es ein Mensch auch."

Das System der richtigen Menschen ist darauf angelegt, dass der Mensch an das System gewöhnt wird. Gewöhnung bedeutet: Dem jungen Menschen werden durch Strafe und Belohnung Seismographen eingesetzt. Der junge Mensch wird gezwungen, unter den Gemeinschaftsbedingungen zu leben, bis er sich gewöhnt hat. Der Griff wird erst gelockert, wenn die Seismographen fest verankert sind.

Jetzt gebe ich ein ganz wichtiges Argument. Bitte hören Sie:

Diese Seismographen werden mir als energiestrotzendes Kind eingesetzt, damit sie Alarm schlagen: „Kirschen sind verboten. Zwei Tage Stubenarrest." Sie werden später wirklich Alarm schlagen. Sie sind in mich hineingepflanzt und wirken im Sinne der Gemeinschaft. Aber es sind NEUE Seismographen. Die alten sind noch da! Der alte schlägt weiter beim Anblick reifer Kirschen im Nachbargarten Alarm. „Pflück mich!", so raunt dieser Sensor mir zu, als wäre er die Kirsche selbst. „Iss mich!" Leider schlägt auch der neue Sensor Alarm: „Strafe!". Er ist stärker, viel stärker. So gehe ich an den Kirschen vorbei.

Ich zitiere Ihnen ein paar Sätze aus Rousseaus *Emil oder über die Erziehung*: „Natur, sagt man uns, ist nur Gewöhnung. Was heißt das? Gibt es nicht etwa Gewohnheiten, welche man nur gezwungen annimmt und welche die Natur niemals ersticken? So verhält es sich zum Beispiel mit der Gewöhnung der Pflanzen, deren aufrechte Richtung man gewaltsam verändert. Die wieder ihrer Freiheit zurückgegebene Pflanze behält zwar die Neigung, die sie gezwungenerweise angenommen hat; aber der in ihr kreisende Saft hat deshalb seine ursprüngliche Richtung nicht aufgegeben, und wenn die Pflanze zu wachsen fortfährt, so kehren die neuen Triebe zu der senkrechten Richtung zurück. Ebenso verhält es sich mit den Neigungen der Menschen. Solange man in den nämlichen Verhältnissen verharrt, kann man diejenigen, welche der Gewohnheit entspringen, selbst wenn sie unserer innersten Natur widerstreben, bewahren, sobald aber die Lage wechselt, schwächt sich die Gewohnheit ab und das natürliche Wesen kommt wieder zum Vorschein. Die Erziehung ist sicherlich nur Gewöhnung. Gibt es nun aber nicht Leute, welche ihre Erziehung vergessen und verlieren, und andere, welche sie bewahren? Woher kommt dieser Unterschied?"

Stellen Sie sich vor, ich bin erwachsen geworden. Ich bekomme keinen Stubenarrest mehr. Na? Ich würde Kirschen naschen! Oder nicht? Ja, doch, das würde ich tun! Aber ich kenne auch Menschen, die, erwachsen geworden, sagen: „Ich könnte die Kirschen nehmen. Aber ich muss dabei immer an meinen Vater denken, wie er geschimpft hätte. Nein, Kirschen sind mir seit jener Zeit zuwider." Und Rousseau fragt: „Woher kommt dieser Unterschied?"

Dieser Unterschied ist genau der zwischen dem richtigen Menschen und dem natürlichen. Ich versuche, ihn genauer herauszuarbeiten.

Der natürliche Mensch hat starke Seismographen an Stellen, wo eben ein natürlicher Mensch sie haben sollte. Ich habe etliche solcher Stellen genannt.

Um diese Seismographen zu übertönen, muss ihm das System der richtigen Menschen einen Gegenimpuls einimpfen, der gewöhnlich in einer Strafandrohung oder einer Wohlverhaltensbelohnung besteht. Dieser Gegenimpuls gewöhnt ihn, ein guter richtiger Mensch zu sein. Aber: Der natürliche Mensch ist sich dieser Gegenimpulse stets bewusst. Sie sind für ihn feindlich gesetzt. Wenn sie ausschlagen, raunen sie: „Lass die Kirschen in Ruhe, solange jemand dabei ist." Die Regeln des Zoon Politicon sind für den natürlichen Menschen wie das Wissen um widrige Umstände. Wenn sich die Umstände ändern, fallen die Seismographen wieder weg.

(Wenn ich den Gesichtspunkt der Fingernagelunschönheit nicht mehr wichtig finde, kann ich den Seismographen abbauen.)

Für den natürlichen Menschen sind die vom System gesetzten Seismographen vorläufig eingesetzt. Sie werden beseitigt, wenn die Einsetzungsgründe wegfallen oder sich entscheidend ändern.

Die richtigen Menschen sind dem System verhaftet. Sie haben sehr viele Sensoren und Einsichten, die sie belohnen, wenn sie brave, gesetzestreue, zuverlässige, verantwortungsvolle, strebsame, vorbildliche, freundliche, Eigentum achtende Mitbürger sind. Diese Sensoren fehlen den natürlichen Menschen in weitgehender Weise, weil sie Systemzwänge als vorläufig ansehen und im BEWUSSTSEIN tragen. Wenn also ein richtiger Mensch, der das System als solches akzeptiert, wenn also ein echtes Zoon Politicon an Kirschen vorbeigeht, dann wird er die Schönheit der Früchte bewundern, die schmelzende Reife, die viel versprechende Süße. Er wird ein Erinnerungsfoto knipsen und beim nächsten Tengelmann 250 Gramm Früchte kaufen, aus Spanien, von Wespen umschwärmt. Beim Anblick der vollreifen Früchte denkt der richtige Mensch: „Ach ja, Tengelmann." Aber der Gedanke, einen Zweig nieder zu biegen, kommt ihm nicht.

Tief in ihm drinnen ist da der Sensor, der sagt: „Iss mich! Pflück mich!", aber gleichzeitig drohen im Hinterhalt ganz viele, vielleicht zehn? zwanzig? dreißig Sensoren: „Eigentum missachtet. Schande vor Nachbarn. Spricht sich herum. Ordnungsstrafe. Klettern gefährlich. Reinigungskosten. Schmutzige Hände beim Spaziergang. Was würde Vater sagen!" Deshalb transformiert sich „Iss mich, pflück mich!" in Gedanken beim Spaziergehen. „Du, Schatz, wenn du beim Tengelmann vorbeigehst, könntest du ein paar Kirschen mitbringen." – „Es gibt nur spanische, die deutschen sind noch nicht ganz reif. Sie werden bald billiger werden. Warte mit deinem Heißhunger noch zwei Wochen, Schatz. In Heidelberg ist das Wetter schöner und die Kirschen kommen früher. Im Laden aber nicht. Es tut mir leid, Schatz."

So reden richtige Menschen. Aber das kann doch nicht ganz wahr sein? Damit habe ich Ihnen hoffentlich auch ein erstes Gefühl für den natürlichen Menschen gegeben.

2. Systemfilter für „Darf nicht“ und „Muss“: Das Über-Ich

Wenn ein junger Mensch insgesamt die Gewöhnung an ein System innerlich akzeptiert hat, so ist er ein richtiger Mensch der Gemeinschaft geworden. Erziehung ist Gewöhnung. Kommunions- und Konfirmationsunterricht ist Gewöhnung. Schule ist zum großen Teil Gewöhnung.

Alles ist gegründet auf die alten Worte von Aristoteles *(Nikomachische Ethik)*: „Der Gesetzgeber macht die Staatsangehörigen tüchtig durch Gewöhnung; das ist die eigentliche Absicht jedes Gesetzgebers, und wer das nicht in rechtem Sinne vollbringt, der handelt fehlerhaft.“

Und weiter dort:

„Von den beiden Arten der inneren Trefflichkeit des Menschen, der intellektuellen und der ethischen, verdankt jene, die intellektuelle, Ursprung und Wachstum am meisten der Belehrung; sie bedarf deshalb der Erfahrung und der Zeit. Die rechte ethische Beschaffenheit dagegen wird durch Gewöhnung erlangt und hat davon auch ihren Namen (Ethos mit langem e) erhalten, der sich von dem Ausdruck für Gewöhnung (Ethos mit kurzem e) nur ganz leise unterscheidet. Es ergibt sich daraus auch dies, daß keine der ethischen Eigenschaften uns durch die Naturanlage zuteil wird. Denn kein Naturwesen wird durch Gewöhnung umgebildet. Ein Stein hat von Natur die Richtung nach unten; keine Gewöhnung könnte je bewirken, ...“

Seit jeher bildet die Gesellschaft durch Gewöhnung ein starkes Seismographensystem im jungen Menschen. Die Gesamtheit dieser Sensoren, die vor allem auf Regeleinhaltungen, Konventionsbeachtung und Unnützlichsein im weitesten Sinne lauern, bildet in meiner Interpretation so etwas wie das Über-Ich oder das System-Ich im richtigen Menschen, also in solchen, bei denen das Festsetzen dieses System-Ichs in besonderem Maße gelingt.

Unter natürlichen Menschen möchte ich solche Menschen verstanden wissen, die sich zwar in vielfacher Weise dem System beugen, die es aber innerlich nie per se akzeptieren, sondern es quasi wie ein System naturgegebener Umweltbedingungen hinnehmen, gegen das ein Kampf oder Widerstand ohne weiteres erlaubt ist.

(Zu den intuitiven, „wahren“ Menschen komme ich im nächsten Kapitel.)

Der wirkliche Unterschied ist vielleicht dieser: Wenn ein Mensch während der Erziehung/Gewöhnung und seiner Einordnung in das System eben dieses System als Ganzes akzeptiert oder verinnerlicht, weil es ihm auch Geborgenheit, Sicherheit, Berechenbarkeit, Planbarkeit und Vertrautheit gibt, dann schlagen bei jeder Übertretung gleichzeitig viele Sensoren nach ihm. Ich habe das an dem Kirschbeispiel im vorigen Abschnitt zeigen wollen. Blitz! „Eigentum missachtet. Schande vor Nachbarn. Spricht sich herum. Ordnungsstrafe. Klettern gefährlich. Reinigungskosten. Schmutzige Hände beim Spaziergang. Was würde Vater sagen!“ Diese vielen Sensorschläge vereinigen sich in einer einzigen Richtung. Sie heißt: „Du bist kein *richtiger* Mensch!“

Damit landet das Seismographensystem in einer starken Ballung eine Art Superschlag gegen den schwachen „Iss mich! Pflück mich!“-Seismographen, der ganz alleine für Augenblickslust steht. „Du bist kein richtiger Mensch!“ Das ist sehr massiv. Es droht Schuldgefühle an, Gewissensbisse, Generalvorwürfe der Eltern.

Die Wirkungen aller gesetzten Seismographen vereinigen sich. Es bleiben zwei Hauptbefehle stehen: „Bleib dem System treu.“ Und: „Werde dort ein nützliches Mitglied.“ Und in einer mehr globalen Über-System-Form: „Sei vernünftig.“ Vernunft ist schlussfolgernder, logischer Verstand. Vernunft ist Ratio. Das Schlussfolgern aber beginnt mit den Grundsätzen, den Axiomen, den Bedingungen, Regeln, Gesetzen, aus denen gefolgert und logisch geschlossen werden müsste. Diese Fundamente sind aber durch das System vorgegeben. Der richtige Mensch repräsentiert daher die „Vernunft im System“.

Natürliche Menschen sind solche, bei denen diese Zentrierung der Systemabwehr nicht gelungen ist. Sie akzeptieren das System als solches nicht. Natürliche Menschen sind wohl eher die, die keine Geborgenheit oder Sicherheit brauchen, also auch kein System. Sie sind eben kräftig, froh, energiestrotzend. Wenn ein natürlicher Mensch eben einfach so, ohne Hilfe, ohne Eltern, ohne System sicher auf der Erde steht, hilft ihm ein System nur wenig. Es beschränkt ihn aber sehr. An diesen Schranken schüttelt er wie an Gitterstäben, als ginge es um sein Leben. Darum geht es auch. Wirklich! Er kämpft für das Lebensfrohe, Freie, Kraftvolle. Und das System schießt zurück: Lustorientiert! Tier! Pfui! Kein richtiger Mensch!

Seit Demokrit aus Abdera uns das Folgende in *Fragmenten* hinterließ, sagen uns Systeme dies und vieles mehr der gleichen Art:

„Freiwillige Mühen gestalten das Ertragen unfreiwilliger leichter.
Fortgesetzte Arbeit macht sich leichter durch die Gewöhnung.
Mehr Leute werden durch Übung tüchtig als durch Anlage.

Alle Mühen sind angenehmer als die Ruhe, wenn man das Ziel der Mühen erreicht oder weiß, daß man es erreichen wird.

Bei jedem Mißlingen aber ist alle Mühe in gleicher Weise lästig und peinvoll.

Auch wenn du allein bist, sprich, und tu nichts Schlechtes. Lerne aber dich weit mehr vor dir selber schämen als vor den andern."

Der letzte Satz heißt so etwas wie: „System, sei immer bei mir, auch wenn ich allein bin."

Nie würde ein natürlicher Mensch so denken!

Solch ein System würde ihn nicht glücklich machen. Und die richtigen Menschen hassen ihn für diese Einstellung.

In unseren Tagen vollzieht sich, bedingt durch die Erfindungen des Computers und des Internets, ein ungeheuerlicher, kaum jemals gekannter Wandel der Welt. Die Führenden in dieser Zeit klagen und zetern über den Unwillen der Menschen, den Wandel froh mitzumachen. Der starre Mensch, so spüren sie jeden Tag, hinkt in seiner Entwicklung dem technologischen Wandel sehr schleppend und unwillig hinterher. Das Zauberwort heißt „Change Management". Wie führe ich eingefrorene Strukturen in ein neues Zeitalter? Die Erfahrung ist betonharter Widerstand der Menschen. Die Führer der Menschen sind empört: „In euren Köpfen muss sich etwas ändern!" Immer wieder werden Misserfolge damit begründet, dass die Köpfe sich nicht wandeln, dass im Kopf nichts geschieht.

Wissen Sie, was im Kopf ist?

Das System.

„... ist doch auch der Grund, weshalb die Gewöhnung schwer zu ändern ist, eben der, daß sie zur zweiten Natur geworden ist." (Aristoteles in *Nikomachische Ethik*)

Das System der Seismographen ist zur zweiten Natur des richtigen Menschen geworden. Deshalb ist es ein mühevoller, langer Prozess, ihn wieder umzugewöhnen. Unsere unwissenden Politiker, selbst meist richtige Menschen, fordern von den richtigen Menschen „lebenslanges Lernen" und sie meinen aber: „leichte Umgewöhnung". Umgewöhnung aber *darf* nicht leicht sein, oder? Warum hätte man dann die richtigen Menschen so fest und starr in das System gewöhnt? Die Politiker meinen, man müsse zum Wandel nur das Wissen in der linken Gehirnhälfte austauschen gegen neues, besseres Wissen. Es geht beim Wandel des Systems nicht um besseres Wissen, sondern dann um das Einpflanzen einer dritten, vierten Natur.

Deshalb sitzen die richtigen Menschen heute im Elend, weil die Seismographen sich nicht ändern wollen. Deshalb nehmen Stresserkrankungen zu. Depression greift um sich. Schuld- und Versagensgefühle peitschen auf die richtigen Menschen ein.

Es ist nur die Forderung nach der unmöglichen leichten Umgewöhnung, die ihren Körper zeichnet. Die richtigen Menschen verstehen sich selbst nicht! Wie ginge das denn – fliegender Über-Ich-Austausch, am besten rollierend während der Arbeit?

Die natürlichen Menschen freuen sich dagegen auf die Freuden der Zukunft. Wechsel bedeutet Abwechslung oder, wie man heute sagt, Fun. Sie wandeln sich gern. Aber nicht im Sinne von Gewöhnung, denn ein neues System würde ja wieder versuchen, ihnen eine zweite Natur überzustülpen. Sie lieben aber ihre erste.

Im nächsten Kapitel bespreche ich den typischen Umgang des *wahren* Menschen mit seinen Seismographen. Hier kurz vorweg: Seine Intuition stellt ihn unter eine Leitidee. Der wahre Mensch ist eine Art Priester für einen Glauben, ein Jünger einer Wissenschaft, ein Protagonist einer neuen Kunst, einer der neuen Computervirtuosen. Sein leidenschaftliches Interesse gilt dem Echten, dem Wahren, dem Schönen, dem Guten, dem Hochtechnologischen, je nach seiner eigenen Ausrichtung. Er ist Idealist.

Bei der bloßen Vorstellung, ihn mehr oder weniger zwangsweise durch Gewöhnung in ein System einzufügen, das als Ganzes natürlich *nicht* wahr, schön oder gut ist, bei dieser Vorstellung nur wird er in ungeduldigen Zorn ausbrechen. Wahre Menschen wehren sich gegen willkürlich gesetzte Seismographen. Sie wehren sich gegen das Gewöhnen noch mehr als gegen das System selbst, in dem sie immer das Hässliche, Unwahre, Unedle, Böse, das Rollengespielte, das Verdeckte und Doppelbödige anprangern. Wahre Menschen hängen in ihrer Vorstellung an den Lippen von Sokrates, Buddha und Jesus. Sokrates dringt auf Handeln aus *Einsicht*, nicht aus Gewöhnung. Jesus bittet um Handeln aus *Liebe*. Buddha hofft auf Handeln aus *Mitleid*. Diese wirklich wahren Menschen kommen nicht einmal selbst auf die Idee, das Wort Gewöhnung zu benutzen. Sie gehen einen Schritt weiter: Sie wollen am liebsten gar nicht auf den Körper hören. Gar nicht! Sie hören *weder* auf seine Lust, die sie am natürlichen Menschen belächeln, *noch* (und das ist hier das Entscheidende, warum ich diesen Absatz nach vorne ziehe) wollen sie sich der Angst unterordnen, mit der die richtigen Menschen ihre Seismographen ausschlagen lassen! Karen Horney beschrieb in ihren Werken drei Menschenstrategien: Anpassen, kämpfen, wegbleiben. Richtige Menschen passen sich an, natürliche Menschen rebellieren, wahre Menschen machen den Krieg nicht mit.

3. Reiz und Reaktion, Konditionierung und Verstärkung

Sigmund Freud dachte ein Leben lang über die Wirkmechanismen innerhalb unserer Psyche nach. Er spekulierte über das Nichtfassbare in uns, über Träume und innere Strukturen des Denkens. Schon 1913 wurde ihm heftig widersprochen. John B. Watson (gest. 1958) schrieb den Artikel *Psychologie, wie sie der Behaviorist sieht*. Er beginnt mit den berühmten Worten: „Psychologie, wie sie der Behaviorist sieht, ist ein vollkommen objektiver, experimenteller Zweig der Naturwissenschaft. Ihr theoretisches Ziel ist die Vorhersage und Kontrolle von Verhalten. Introspektion spielt keine wesentliche Rolle in ihren Methoden, und auch der wissenschaftliche Wert ihrer Daten hängt nicht davon ab, inwieweit sie sich zu einer Interpretation in Bewusstseinsbegriffen eignen. Bei seinem Bemühen, ein einheitliches Schema der Reaktionen von Lebewesen zu gewinnen, erkennt der Behaviorist keine Trennungslinie zwischen Mensch und Tier an. Das Verhalten des Menschen in all seiner Feinheit und Komplexität macht nur einen Teil der behavioristischen Forschungen aus."

Das war 1913 eine Kriegserklärung gegen alles Freudsche und gegen eine allgemeine Menschheitskultur, die damals noch an eine Trennungslinie zwischen Mensch und Tier glauben wollte. Seit Watsons Artikel gibt es den Behaviorismus, der sich ganz dem naturwissenschaftlichen Studium des Verhaltens annehmen wollte. Der Behaviorismus wurde für lange Zeit eine beherrschende Strömung in der Psychologie. Der nachfolgend so genannte S-R-Behaviorismus untersuchte die Beziehungen zwischen einem objektiv beobachtbaren Reiz (publicly observable stimulus) und der nachfolgenden objektiv beobachtbaren Reaktion (publicly observable response).

Burrhus Frederic Skinner (1904–1988) führte den Behaviorismus von Watson weiter und entwickelte die Verhaltensanalyse. Skinner geht davon aus, dass sich ein Großteil unseres Verhaltens auf sehr einfache elementare Lernprinzipien zurückführen lässt. Er selbst hat dazu recht radikale Thesen in den 60er und 70er Jahren publiziert. Skinner untersuchte das Erlernen von Reaktionen auf Reize unter positiver Verstärkung (Belohnungen, „Kino + Hamburger", Gehaltsbonus), unter negativer Verstärkung (nach dem Gehorchen *keine* Strafen mehr, *kein* Tadel, „alles ruhig, seit ich das so mache"), unter aversiven Reizen (Strafen aller Art) und unter Entziehung positiver Verstärkung („kein Kino", „leider keine Beförderung", „ich mag dich nicht, solange du nicht lieb bist und nicht tust, was ich sage").

Die Verhaltensanalyse untersucht, wie Reiz und Reaktion unter verschieden hohen Verstärkungen zusammenhängen. „Für jede Eins in Latein bekommst du 5 Euro." Steigt jetzt die Anzahl der Einser? Wie stark? Wenn sie stark gestiegen ist und die Belohnung wegfällt: Bleibt es bei Einsern? Oder wird der untersuchte Schüler wieder schlechter?

Ja, der Schüler wird im Durchschnitt unter Belohnungen besser. Ja, er wird im Durchschnitt wieder schlechter, wenn die Belohnungen ausbleiben. (Da müssten noch die Unterschiede zwischen richtigen und natürlichen Menschen gemessen werden!) Wenn die Belohnungen wieder erneut einsetzen, wird er *schneller* wieder besser als beim ersten Versuch. Klar. Vielleicht „macht er es billiger", für 4 Euro. (Das ist extrem interessante Forschung: Ich könnte Sie eine Weile für Arbeit gut bezahlen und nach einer gewissen Zeit verlangen, Sie möchten diese interessante Arbeit doch umsonst weiter für mich verrichten. Das tun Sie wahrscheinlich nicht sehr lange, denke ich, wie ich Sie kenne. Nun aber biete ich Ihnen die Weiterbeschäftigung für 80 Prozent des ursprünglichen Lohns an. Sie werden sehr erleichtert sein. Bin ich nicht ein cleverer Arbeitgeber?)

Die Forschungen ergeben, dass man konditionierte Reaktionen auch wieder dekonditionieren kann. Dies kann zum Beispiel einfach dadurch geschehen, dass alle Verstärkungen im Zusammenhang mit dem Reiz wegfallen. Das nennt man das Löschen von erlernten Reaktionen.

Es zeigte sich, dass sich Furchtreaktionen nur schwer wieder löschen lassen(!). Leider lässt sich das nicht so gut erforschen, weil wir dazu am besten Freiwilligen oder Kindern Furcht einimpfen müssten, die wir dann wieder zu entfernen versuchten. Deshalb wird immer wieder von einem frühen Experiment von Watson und Rayner berichtet, die dem kleinen Albert Furcht vor seiner geliebten weißen Ratte konditionierten und dann feststellten, dass Albert sich „vor allem mit Fell dran" fürchtete. Was nun? „Leider" wurde Albert von seiner Mutter vor der Wissenschaft gerettet.

Es heißt: Klassisch konditionierte Reaktionen werden nicht durch scharfes Überlegen oder analytisches Abwägen und eine saubere Entscheidung gewonnen, also nicht durch bewusstes Denken. Deshalb kann man sich selbst ihrer auch nicht wieder ohne weiteres entledigen. Nicht durch Vorhaltungen, nicht durch gutes Zureden.

Sie spüren schon: Die Psychologen, die Menschen konditionieren, spielen mit dem Feuer. Zumindest in meinem Vorstellungsmodell, das von der Existenz von Anzeichen-Identifizierern ausgeht.

Wenn es solche Flash-Mode-Algorithmen in uns gibt, ist es sehr einleuchtend, dass sich der kleine Albert vor Fell fürchtet. Das Fell ist das *Anzeichen*, bei dem ein neuer Seismograph Alarm schlägt! Die Behavioristen, speziell die Skinnerianer, setzen also nicht nur Reaktionen in Menschen hinein, die sich wieder verlieren können, wenn die verschiedenen Verstärkungen ausbleiben. Nein! Sie setzen Alarmglocken in uns, Anzeichen-Identifizierer, weil wir eben über diese Mechanismen die Welt „vorscannen", bevor wir denken oder tun.

Das Hineinpflanzen von Reaktionen durch Verstärkung kann also und wird sicher ein relativ unkontrollierbarer Prozess sein.

Wir geben dem Kind 5 Euro für einen Latein-Einser. Das ist ein objektives („publicly observable") Experiment. Wir sehen objektiv, wie das Kind Einser in zunehmendem Maße nach Hause bringt. Ein schönes Experiment!

Was aber passiert mit dem Seismographensystem des Kindes? (Das wurde nicht beobachtet?!)

Albert fürchtet sich vor Fell.

Entstehen so Phobien?

Das Einser-Kind aber wird Einser an dem Anzeichen *Geld* identifizieren?? Es liebt also Geld. Es wird bald fragen: „Bekomme ich auch 5 Euro bei Mathe-Einsern?" Später heißt es: „Dieses Kind arbeitet nur noch für Geld. Wir müssen ihm das wieder löschen." Niemand weiß mehr, dass wie fast alles in der Welt auch diese Sache mit Latein angefangen hat.

Weiß jemand, wie Seismographen gelöscht werden?

Weiß jemand, wie Seismographen punktgenau gesetzt werden?

Gibt es also Punktseismographen genau auf Latein-Einser?

Seismographen, die genau auf einen ganz bestimmten Punkt reagieren, gäben uns ja Informationen, nicht aber nur Anzeichen. Dekodieren von Informationen dauert aber lange. Deshalb kann es im Menschen nicht so viele Punktseismographen geben. Es kann aber sehr wohl viele Anzeichen-Identifizierer geben. Deshalb wird es wohl so sein, dass willkürlich durch Konditionierung gesetzte Seismographen noch auf anderes reagieren als auf das, was eigentlich beabsichtigt war. Das Beispiel von der einen *einzigen* weißen Ratte und den Ängsten vor *allen* Tierfellen wird also quasi ein Paradigma oder den allgemeinen Fall beschreiben.

Wenn das aber so ist, wird heute Konditionieren von Menschen sehr leichtfertig oder unverantwortlich betrieben. Wir verstehen ja die Nebenwirkungen im Flash-Mode-System nicht.

Es wäre interessant zu wissen, wie denn diese Manipulationsmechanismen auf natürliche, wahre und richtige Menschen wirken. Ich sage voraus: Natürliche Menschen lassen sich gut konditionieren, wenn sie für die gewünschte Reaktion volles Leben bekommen. Ohne Belohnung verlieren sie die Konditionierung wieder fast völlig ohne Schaden. Richtige Menschen werden viele Konditionierungen mit ihrem Seismographensystem verbinden („Versager!"). Beim Ausbleiben der Belohnungen wird die Reaktion relativ gut beibehalten (das ist die „Gewöhnung" der Philosophen und Pädagogen), weil sie vom Seismographensystem stabilisiert wird. Wahre intuitive Menschen entwickeln eher Seismographen für das nicht Authentische, das Manipulative. Sie könnten reagieren, wenn sie die Belohnungen wollen. Sie werden aber, zumindest weit ins

Bewusstsein hinein, alle Konditionierung verachten. Sie sind es ja, die Konditionierung anprangern. Sie hassen dies: „Steuerleichterungen für meine Wähler! Romreisenlotterie für den eifrigsten Kirchgänger! Eine Plakette für je 100 Gute-Tat-Punkte!" Sie sehnen sich meist leidend nach echter Politik („Inhalte!"), nach Glauben oder nach dem Guten.

Die Philosophen zanken sich seit den Worten von Sokrates in den Dialogen von Platon über die Frage: „Ist Tugend lehrbar oder lernbar? Oder muss sie irgendwie anders in uns kommen?" Die Konditionierer werden sich das Lehren schon Zutrauen, denke ich. Die wahren Menschen werden intuitiv wissen, dass Tugend von selbst wächst, und zwar *nicht* im Seismographensystem.

Es folgt insgesamt: Die richtigen Menschen, die ängstlich im System bleiben wollen, werden nach meiner Ansicht am meisten durch die Konditionierung beeinflusst. (Als Intuitiver hätte ich fast geschrieben: geschädigt. Aber das schreibe ich lieber nicht. Es wäre wieder so eine Sicht von mir.) Die richtigen Menschen bekommen ein undurchschaubar komplexes Seismographensystem mit einer Fülle immer neuer Angstmöglichkeiten.

Auf der anderen Seite ist die Denkweise des Behaviorismus eine nicht intuitive, objektive, empiristische Denkweise. Das bedeutet, dass die richtigen Menschen gerade diese Auffassung der Psychologie lieben werden. Das tun sie auch wirklich, wie ich gleich ausführe. Zugunsten des Systemheimatgefühls vernichtet ihre eigene Denkweise also vor allem ihr eigenes „Glück", nicht unbedingt dasjenige derer, die durch Konditionierung vor allem in Schach gehalten werden sollen, nämlich das der natürlichen Menschen.

4. Der Omnimetrie-Komplex des modernen richtigen Menschen

Die Hauptkonditionierung unserer Neuzeit ist das universelle Messen. Im Buch *Wild Duck* habe ich etwas ironisch von einer Welt der *Omnimetrie* gesprochen. (Der Titel dieses Buches hier würde eher „überall Sinn" assoziieren; aber mindestens wird überall Maß genommen, da bin ich sehr sicher.)

Es gibt da einen Satz, unter dem sich stets meine ganz persönliche Psyche sträubt:

„What you can't measure, you can't manage."

„Was nicht gemessen werden kann, kann nicht gemanagt werden." Dieser Satz gehört heute zum Kern-Kredo des überwiegenden Teiles der Manager, die meist richtige Menschen sind – deshalb. (Es gibt Tests wie den MBTI oder den Test von David Keirsey auf, bei denen unter anderem getestet wird, ob man intuitiv ist oder nicht. Rechts oder Links. Es gibt ganze Berufsgruppen, die zu zwei Dritteln diese Tests mit „Links" ablegen, also eher im hier verwendeten Sinne richtige Menschen sind. Statistiken finden Sie im *Atlas of Type Tables* von Gerald P. Macdaid, Mary H. McCauley, Richard L. Kainz. Diese Statistiken sind nicht völlig repräsentativ, aber wenn Sie darin blättern, werden Sie überzeugt sein: Zwei Drittel der Manager, Schuldirektoren, Offiziere, Bankangestellten und Verwaltungschefs sind *richtige* Menschen.)

Die richtigen Menschen urteilen mit Vorliebe durch Messungen.

Es gibt Ranglisten von Mitarbeitern, Schulnoten, Examensnoten aller Art, Bilanzen, Hitlisten, Halls of Fame, Charts, Top-Ten-Listen für alles, Stechuhren, Uhren aller Art, Geldranglisten von Sportlern, Ranglisten der Reichen oder schlecht Gekleideten.

Die Zahl ist ein Teil von uns. Sie spricht ein Urteil über uns.

Der Vergleich *unserer* Zahlen mit den Zahlen *anderer* bestimmt, wer der Bessere ist, der Sieger, der Bevorzugte.

Die gesamte „Gewöhnung" des Systems wird über diese Zahlen und deren Vergleiche gesteuert. Es wird geradezu abgestritten, dass man irgendetwas ohne Vergleiche, Prüfungen und Nachmessen erreichen könnte. (Gute Bücher schreiben? Geniale Wissenschaft? Komponieren?) Dies sagt jedenfalls der obige Satz.

- Gute bis sehr gute Messungen bilden eine positive Verstärkung für das oder den Gemessenen. „Weiter so! Versuch doch, noch einen Schnaps drauf zu legen! Du bist zu höheren Messungen bestimmt."
- Überdurchschnittliche Messergebnisse führen zum graduellen Ausbleiben von Lob. „Ordentlich, sehr ordentlich, wenn du dich noch ein bisschen anstrengst. Mühe dich stärker. Arbeite härter. Gut so, wenn du es tust. Gut so."
- Unterdurchschnittliche Messergebnisse führen zu „Liebesentzug" im weitesten Sinne. „Leider keinen Bonus. Der ist dieses Jahr nicht drin."
- Schlechte Messungen führen zu Strafen. „Suche dir eine andere Stelle!"

Im Grunde lauern auf *jedes* Urteil Seismographen in uns. Ein paar Punkte irgendwo verloren? Blitz! „Versager!" Ein schmollender Chef? Blitz! „Gefahr."

Der Vater hat die Mutter lieber als mich? Blitz! Ödipuskomplex.

Sigmund Freud hat *nur diesem einen* Vergleich, nämlich dem der Liebesintensität im Beziehungsnetz der Kernfamilie, lange Jahre des Nachdenkens gewidmet. Und er gab dem Problem das Attribut „Komplex". Nur dieser *eine* Vergleich („Die Mutter gehört eher dem Vater als mir.") führt zu einer hochkomplexen Problematik, die uns das ganze Leben prägen kann. Nur dieser *eine* Vergleich setzt ungekannte Zahlen von Angst-Anzeichen-Identifizierer in uns ein. Nun kommen aber noch viele, viele Vergleiche hinzu. Immer heißt es: Die Vergleichsguten sollen die Nummer Einsen werden, die Überdurchschnittlichen gut, die Unterdurchschnittlichen besser werden, die Schlechten sollen ins „Kröpfchen", weg! Der Megakomplex des Menschen nach dem Säuglingsalter ist der Omnimetrie-Komplex. Im Namen der Konditionierung durch Messen werden unglaubliche Rohheiten gegen Menschen begangen, die Menschen bis an den Hals und höher bis in die Haarspitzen mit „Komplexen" befüllen, also mit Seismographen bepfropfen.

Als Manager sehe ich ironischerweise sogar, dass die schlechten Mitarbeiter oft weniger gestraft aussehen als etwa die unterdurchschnittlichen oder die überdurchschnittlichen. Bei schlechten Ergebnissen gibt es eine Strafe. Das ist dem Mitarbeiter klar. Das nimmt er hin. Er muss es nicht mit der Hilfe von Anzeichenseismographik herausbekommen. Er ist so schlecht, dass das angstvolle Lauern auf bloße *Anzeichen* aufhören kann. („Ist der Ruf erst ruiniert, lebt es sich ganz ungeniert.") Dagegen gibt es bei unterdurchschnittlichen Leistungen fordernden Liebesentzug. Dieser ist aber für viele Menschen die *Höchststrafe*! Höchststrafe also für ein paar Punkte unter dem Durchschnitt. „Versager!", heißt es, wo auf Anerkennung gelauert wird. Die wahren Menschen halten Omnimetrie für einen sinnlosen Selbstverbesserungsversuch des Systems. Das führe ich im nächsten Kapitel aus. Die natürlichen Menschen ducken sich unter Messlatten und versuchen, heil aus allem herauszukommen. Für sie ist Omnimetrie eine gezielte Aggression gegen den natürlichen Menschen. Die richtigen Menschen aber bilden den Omnimetrie-Komplex aus, ein völlig beherrschendes Seismographensystem des Messens und des Vergleiches.

„What you can't measure, you can't manage."

Wenn also das Machbare aus Sicht des richtigen Menschen notwendig das Messbare ist, so wird alles Reale im Sinne des richtigen Menschen gemessen werden. Dann aber ist die Messlatte in allem Realen. Dann aber ist alles Gemessene fast mit dem realen System identisch.

Der Omnimetrie-Komplex ist also ein übermächtiger Metaseismograph, der den Hauptteil aller Angst des richtigen Menschen enthält.

„Wie stehe ich da? Was werden die Leute sagen?", beunruhigt sich der Richtige.

Und im Grunde wünscht er sich eine heile Welt.

5. Die injizierte Minderwertigkeit des richtigen Menschen

Der Omnimetrie-Komplex injiziert planmäßig Minderwertigkeit des Vergleiches und des Messens.

Der Vater des Minderwertigkeitsgedankens ist Alfred Adler. Er beobachtete von Anfang an, wie sich Menschen unter organischen, körperlichen Minderwertigkeiten krümmen. Ich habe ein Minimalbeispiel von mir und meinen Fingernägeln oben schon säuberlich herausmanikürt, weil es mir gerade auf der Hand lag. Das chronische Leiden des körperlich versehrten Menschen führte zu Adlers Begriff des Minderwertigkeitskomplexes. Der organisch geschwächte Mensch erkennt sich in einer nachrangigen Ausgangslage, die ihn unter den mehr bevorzugten Menschen unten einordnet. Er befindet sich in einer Situation, in der er potentiell überfordert ist. Aus dieser Lage muss er sich freikämpfen. Nach oben! Er beginnt, das Ziel der Überlegenheit ins Auge zu fassen.

Da der organisch geschwächte Mensch von unten beginnen muss, steht er vor der Aufgabe, mehr zu leisten als die bevorzugten anderen, um mitzuhalten oder zu siegen. Er muss „überkompensieren", wie uns Alfred Adler erklärte. Vielfach geschieht dies im Wege einer übertriebenen, engen Sichtweise, die dann in eine Erkrankung, in eine Neurose münden kann.

Der Omnimetrie-Komplex induziert quasi *planmäßig* diese Minderwertigkeitskomplexe in jeden von uns hinein. Das Gesellschaftssystem der Neuzeit verlangt vom Menschen außer „seiner Gewöhnung" nun auch die Freisetzung aller seiner Energie in das Siegen oder das Überdurchschnittlichsein.

„Wie stehen wir da?"

Es wird bald üblich, sich Zähne, Busen, Haare, Oberschenkelhaut zu korrigieren oder zu optimieren. Sonst droht ein Minderwertigkeitskomplex, weil uns eben die ganze Gesellschaft für minderwertig hält. Das Fernsehen zeigt uns auffällig oft erbarmungswürdige Aufnahmen von Brüsten, die am Ende nicht zum Glück verhalfen, weil der Herd des Omnimetrie-Komplexes gar nicht so weit vom Herzen entfernt war, wie man dachte. Wenn irgendwo Messungen schlecht ausfallen können, gibt es gegen gutes Geld Produkte oder Ratschläge, wie die Messungen besser werden können:

Kosmetik, Mode, Autos als Persönlichkeitsaddendum, Fitness, Bräunung, Urlaubsimage, Nachhilfestunden, Höherqualifizierungen, „Eigentum", Wohlhabenheit, Bildungsgrad, Titel, Preise, Ehrungen, Publizität. Das meiste ist gegen Geld zu haben, weshalb der Besitz von Geld eine der besten Möglichkeit darstellt, Minderwertigkeiten überzukompensieren.

Farbteil

The Metropolitan Museum of Art, Harris Brisbane Dick and Fletcher Funds, 1998; and Purchase, Lila Acheson Wallace Gift, and Dodge and Rogers Funds, 1999. (1998.69, 1999.99)

Quelle: 5555 Meisterwerke der Digitalen Bibliothek

Quelle: 5555 Meisterwerke der Digitalen Bibliothek

Foto: © PETRA SPIOLA

Diese Beschwichtigungen des Omnimetrie-Komplexes setzen neue Seismographen in unseren Körper, die noch lauter Alarm schlagen sollen als das Toben schlechter Messwerte. Diese neuen Überkompensationsseismographen sollen darauf lauern: „Ach, du hast einen Doktor bekommen? Wie aufregend!“ – „Deine Zähne sind soo weiß! Wo hast du die machen lassen?“ – „Du bist in den Schulneubauausschuss des Gemeinderates berufen, alle Achtung!“ – „Du bist mit Bild in der Zeitung!“

Dadurch schweigen die alten Seismographen nicht. Sie werden nur zeitweise übertönt. Der minderwertig gemessene Mensch muss immer wieder Futter für die Alarme der Lobseismographen finden, damit es niemals leise wird.

Wenn es nämlich einmal still ist, ganz still, dann hören wir: „Gewogen und zu leicht befunden.“

Unser Gesellschaftssystem beruht nicht auf der Gewöhnung allein, sondern vor allem darauf, dass es nicht in dieser Weise still um uns werden darf.

Der Omnimetrie-Komplex des Systemmenschen verlangt vom richtigen Menschen zweierlei: Er kann sich im System im Prinzip fast so verhalten, wie er will, muss aber für alles Unerwünschte oder formal Unerlaubte bezahlen. Er fällt damit an einigen oder vielen Messpunkten zurück. Verkehrsübertretungen kosten Geld oder die Fahrerlaubnis. Das Stehlen, Schwarzfahren oder Steuerhinterziehen wird mit hohen Bußen bestraft, die grob im Verhältnis zum angerichteten Schaden stehen. Starke Übertretungen kosten den Job oder die Berufszulassung. Diese Strafen sind schon im Allgemeinen härter als die früher üblichen Gefängnisstrafen, die nur noch vorzugsweise auf Menschen angewendet werden, die für ihre Vergehen nicht genug bezahlen können. Alles wird gemessen und angemessen honoriert oder bestraft.

Innerhalb dieses Rahmens wird erwartet, dass der Mensch in möglichst ehrgeiziger und ausdauernder Weise das Beste aus sich macht.

Der ideale Systemmensch zielt mit seiner ganzen ausdauernden Lebensenergie auf das Erstreben der Höherwertigkeit, der Karriere oder des Aufstiegs, hält aber im Maße seines Strebens noch (hoffentlich) vor der Neurose an.

Im Grunde wird die durch den Omnimetrie-Komplex eingeimpfte Minderwertigkeit vom System in psychische Energie umgewandelt, die mit der systemgenährten Hoffnung auf Höherwertigkeit verbunden ist. Allem wird suggeriert, es müsse steigen. Der Omnimetrie-Komplex stellt an den Menschen die gleichen unnachsichtigen Forderungen wie das Prinzip der Optimierung des Shareholder-Value an unsere Unternehmen.

„What you can’t measure, you can’t manage.“ Das heißt auch: Was wir messen können, werden wir auch verbessern! Die neue Zeit misst, evaluiert und prüft den Menschen. Sie ist überzeugt, sie bekommt den Menschen dadurch besser. Das ist zumindest die Überzeugung des richtigen Menschen.

Konditionierung und Omnimetrie „bringen den Menschen zur Vernunft". Vernunft ist die Krone des richtigen Menschen. Konditionierung und Vergleich zwingen ihn zu einem Verhalten, das im Idealfall wie vernunftgesteuert aussieht. Die setzen ihm aber nicht die wahre Krone auf. Eher einen Dornenkranz.

6. Das ES im Menschen: Systemtrieb und Systembefriedigung

Der Omnimetrie-Komplex zäunt den Freiraum des Menschen ein. Er verkleinert die erwünschten Lebensräume und beschränkt die mögliche Nahrungsvielfalt. Der Mensch soll ausdauernd arbeiten und die Wirtschaft durch den Kauf der von ihm produzierten Produkte in Gang halten. Er ist ein Teilrad eines großen Arbeitsprozesssystems, das früher im Buch mit „Räderwerk" bezeichnet wurde. Der Mensch wird durch systemgesetzte Seismographen „motiviert", sich vor allem seiner Höherwertigkeit im System zu widmen. Sein Minderwertigkeitskomplex wird ihm als Höherwertigkeitsanspruch vorgegaukelt, den er an sich selbst stellt und dem er zweifellos bei hoher Leistung gewachsen ist. „Der Mensch hat Höherwertigkeit verdient, wenn er immer strebt."

Diejenigen Menschen aber, die im System zu den nachgemessen Minderwertigen gehören, werden vom System gequält, jetzt endlich besser zu werden. Viele bleiben dauerhaft in der gemessenen „schlechteren Hälfte". Diese Menschen beginnen, im System zu lavieren, nur scheinbar gut zu arbeiten. Sie beginnen, andere anzuschwärzen, schlecht zu machen, ungerechtfertigtes Lob auf sich zu ziehen, sich aufzuspielen, andere um Lob und „Liebesbezeigungen" zu erpressen, Leistungsdaten zu erschwindeln. Sie kämpfen um das seelische Überleben und werden im Grunde wie „Massenzuchttiere".

Gierige, lüsterne, süchtige natürliche Menschen, die unter zu starkem Trieb, also ihrem Es, „leiden", werden immer wieder mit wilden Tieren verglichen. Sie gehören in dieser extremeren Erscheinungsform zu der untüchtigeren Hälfte der *natürlichen* Menschen. Diejenigen richtigen Menschen aber, die den „Versagen"-Hieben ihrer Mitmenschen und des Systems nicht mehr ausweichen können, verkommen zu verängstigten, armseligen, handzahmen Farmtieren. „Unvermittelbare Arbeitslose." Das System als Ganzes verwechselt meist arbeitslose oder arme *richtige* Menschen mit den vermeintlich faulen, arbeitsscheuen Menschen der bekämpften *natürlichen* Sorte. Politiker nennen diese Menschen „faule Säcke", „arbeitsloses Pack" oder „Unterstützungsschmarotzer".

Das System hat also verschiedene Wirkungen im Seismographenapparat des Menschen. Es versenkt das Über-Ich in uns hinein, das in uns rigoros für das ganze Regelwerk unserer Kultur steht. Das Über-Ich erzieht uns zu Moral, Pflicht, gutem Benehmen, Höflichkeit und gutem Geschmack.

Daneben aber bekommt der Mensch so etwas wie einen Systemtrieb eingepflanzt. Er wird von Seismographen gepeinigt, die auf Lob lauern, auf Ehre, Anerkennung, Respekt, Erfolgsmeldungen. Wenn diese positiven Meldungen des Flash-Mode-Systems im Körper ausbleiben, dann kommen die dunklen, gefürchteten, verdrängten, übertönten Seismographenausschläge wieder ins Bewusstsein: „Versager!" Der richtige Mensch entwickelt also der Lust des natürlichen Menschen ähnliche Triebe und Sehnsüchte. Ich will sie in ihrer Gesamtheit den Systemtrieb oder das ES des Menschen nennen.

Das ES ist gewalttätig wütig im Menschen und verängstigt ihn unter Minderwertigkeitskonvulsionen. Richtige Menschen mit einem stark wütenden ES werden feindselig, passiv aggressiv („Dienst nach Vorschrift"), können sich hündisch unterwürfig vor allem Mächtigen in den Staub werfen („Was darf ich tun, um zu besänftigen?") oder versuchen mit allen Mitteln, Erfolge vorzuweisen und Punkte zu sammeln. Richtige Menschen können keine Schuld auf sich sitzen lassen und beißen sich lieber Zungen ab, als „Entschuldigung" zu sagen. Das können sie so schlimm empfinden wie der natürliche Mensch eine echte Niederlage im Kampf. Richtige Menschen können aus Systemtrieb putz- oder ordnungssüchtig werden, sie verzweifeln, wenn sie unbeachtet und ungeehrt bleiben, wenn ihnen nicht gedankt oder der gebührende Respekt versagt wird.

Um im System ehrbar zu erscheinen, verstecken sie alles Nichtkonforme. Der Vordergarten und der Schreibtisch sind aufgeräumt, die Kleidung ist angemessen, Schimpfwörter werden gemieden. Vor jedem Besuch erfolgt eine Putzorgie. Im Management heißt es: „Der Boss kommt." Da werden Zahlen geschönt, Teppiche ausgelegt, Essen besorgt, Seidenanzüge angezogen. Helle Aufregung! Rehearsal für alle! (Rehearsal bedeutet: Alle müssen ihre Reden zur Probe schon einmal halten; die Reden werden sorgsam abgeklopft.) In der Kaserne schrecken alle zusammen: „Der General kommt!" Die Wache wird geimpft, ihn zu erkennen und nicht um den Ausweis zu bitten. Die Kaserne wird geputzt. Die Soldaten werden getrimmt, „dienstgeil" zu wirken. Etc. Immer, wenn das System in der Form einer Autorität (Schulrat, Kardinal, ...) erscheint, sehen wir ein Zusammenzucken aller Seismographen. Der Systemtrieb zeigt sich ganz offen und brutal. Die Menschen „rotieren".

So, wie der Sexualtrieb im Menschen befriedigt werden will, muss auch das System befriedigt werden. Es verlangt Verehrung, um sich seiner sicher zu sein. Deshalb wird in Reden der Politiker immer wieder endlos geleiert: „Ich trete für Frieden ein, für Gleichheit, Soziales, für Einigkeit und Demokratie. Ich setze mich für unsere Werte ein, für die Kultur, die Umwelt und die Religion. Ich habe ein hohes Ethos, ich opfere mich und meine Familie in 24-stündiger Arbeitspflicht meinem Vaterland." Da sagt das System: „Brav, mein Guter."

Deshalb heißt es, wenn der Boss kommt: „Ich zeige Enthusiasmus für das Geschäft. Ich übernehme die volle Verantwortung für überhaupt alles, was ich richtig gemacht habe. Ich spare Geld. Ich verschwende keine Zeit. Ich habe die Monatsziele der Firma voll verinnerlicht. Ich sage sie noch einmal hier auswendig auf, damit es alle sehen. Wir wollen Gewinnsteigerung, nicht nur gewöhnlichen Profit. Ich zerreiße mich jeden Tag. Ich schlafe kaum ..." Auch das ist Systemverehrung, keine Information.

Deshalb heißt es, wenn der Schulrat zum Fest kommt: „Wir danken der Schulverwaltung. Wir sind stolz, dass unser Abgeordneter unter uns weilt, weil nächste Woche Wahl ist. Wir danken den Eltern, die gleich den Höhergestellten Sekt servieren werden. Wir danken den Schülern, die in Gestalt eines Musterschülers unser Herz mit einem dreiminütigem Harfenstreichen erfreuten. Wir freuen uns an diesem Tag und wollen gerne das Gelernte spontan demonstrieren, was wir schon seit acht Wochen üben, damit sich keiner verplappert."

Systeme feiern sich andächtig, wenn das Höhere naht.

Systeme wollen befriedigt werden wie Triebe.

Die Einzeltriebe der Systeme heißen: Intoleranz selbst gegen nur verbale Systemgegner, Unduldsamkeit gegen Ausnahmen, Uniformität, Gleichheit von allen, Einheitlichkeit der Regeln, Unabänderlichkeit, lückenlose Regeln ohne Schlupflöcher, gnadenlose Härte gegen Verletzungen der Regeln, unbedingte Prozesstreue, Loyalität und so weiter.

„Jede einzige Ausnahme unterhöhlt das System. Wir werden keine Extrawürste braten (Extrawurst = einmaliges Privilegium für Hierarchieniedere). Wir sind stolz auf weltweite Einheitlichkeit. Unser Räderwerk läuft, wie eine Katze schnurrt. Bei jeder Störung werden wir mit gebotener Härte reagieren und alles verschärfen, was jetzt noch vorläufig zu gnadenreich ist. Wir sind ja keine Unmenschen, so lange alle gehorchen."

Vor allem richtige Menschen werden also vom implantierten Seismographensystem gepeinigt. Das Über-Ich verlangt Höherwertigkeitsstreben, das ES oder der Systemtrieb verlangt Befriedigung. Sonst rächt sich das ES bitterlich: Mit Schuldgefühl, Scham und Selbstanklage.

Die natürlichen Menschen wehren sich gegen das Implantat der Systemtriebe. Sie siegen im Kampf (das ist *ihr* Höherwertigkeitsansatz), erbeuten auf der

Jagd, ernten als einsamer Bauer oder verdienen ihr Brot als freier Handwerker oder Selbstständiger. Sie werden durch Idole und ihr Es getrieben. Bald mehr dazu!

7. Der reine, wirklich richtige Mensch, die Vernunft und die Tugend

Die Menschen werden in ihrer Kindheit „gewöhnt". Sie bekommen die Systemkräfte implantiert, die als Seismographensystem fest im Körper verankert sind, also fest auch im biochemischen Sinne. Wie ich ausführte, können wir Anzeichensysteme wegen ihrer Winzigkeit in der Programmierung nicht richtig rational erfassen, also nur sehr schwer ändern.

Die Implantationsprozeduren der Erzieher, Eltern und Bosse sind den Experimenten der Behavioristen entlehnt, auch schon, bevor es Psychologie gab. Vernunft wird „beigebracht". Der Satz „Ich bringe dir Vernunft bei." verheißt nicht Gutes. Er bedeutet: „Ich bläue dir Vernunft ein." – „Wer nicht kapiert, muss spüren." Bis in unsere Tage ist sich die Welt ziemlich sicher, Vernunft am schnellsten einprügeln zu können.

Aber ja! Richtig! Durch Prügel werden sehr, sehr mächtige Seismographen eingesetzt, die schon bei kleiner Reizschwelle mit Angstflutung beginnen und alles andere übertönen. Je härter die Erziehung, je stringenter die Gewöhnung, umso besser sitzt das Systemimplantat, sitzen Über-Ich und ES im Körper verankert.

Aus dem Tier, das der junge Mensch aus der Feindsicht des richtigen Menschen auf den natürlichen Menschen in jedem Baby sieht, aus diesem Tier ist jetzt ein Haustier geworden. Der Wille ist gebrochen worden wie in einem Pferd oder wie im zitierten Monty Roberts selbst. Der richtige Mensch ist auf ein rationales, kühles System von Strafe und Belohnung konditioniert: „Du bekommst alles im System, alles! Ja, wenn du vorher brav warst!"

Die Philosophen denken nun viel über Vernunft nach. Sie schaudern vor den ihnen so maschinenhaft erscheinenden Menschen, die nach Triebbefriedigung gieren oder nach Systemtriebbefriedigung lechzen (Lob, Gehaltserhöhung, Plaketten, Ehrennadeln). Philosophen eifern gegen den Trieb der Macht, der Eitelkeit, des Narzissmus, der Aggression um eitler Weltlichkeit willen. Wo bleibt die Vernunft?

Das klingt so (etwa Bayle in *Verschiedene Gedanken über einen Kometen*): „Die Vernunft gab es den Weisen des Altertums: Man müsse das Gute aus Liebe zum Guten tun, und die Tugend müsse sich selbst für die Belohnung ansehen, und das sei eine Eigenschaft eines bösen Menschen, wenn er aus Furcht vor der Strafe sich vom Bösen enthielte."

Oder lesen Sie § 55 von Lessings *Die Erziehung des Menschengeschlechtes*, wo von sehr ferner Zukunft die Rede ist. Lessing denkt bestimmt mehr als 250 Jahre voraus, finde ich. „Das ist: dieser Teil des Menschengeschlechts war in der Ausübung seiner Vernunft so weit gekommen, daß er zu seinen moralischen Handlungen edlere, würdigere Bewegungsgründe bedurfte und brauchen konnte, als zeitliche Belohnung und Strafen waren, die ihn bisher geleitet hatten. Das Kind wird Knabe. Leckerei und Spielwerk weicht der aufkeimenden Begierde, eben so frei, eben so geehrt, eben so glücklich zu werden, als es sein älteres Geschwister sieht."

Dazu noch einen Satz von Kant aus *Die Metaphysik der Sitten*: „... wiewohl Tugend (in Beziehung auf Menschen, nicht aufs Gesetz) auch hin und wieder verdienstlich heißen und einer Belohnung würdig sein kann, so muß sie doch für sich selbst, so wie sie ihr eigener Zweck ist, auch als ihr eigener Lohn betrachtet werden."

Wo also bleibt die Vernunft? Ich weiß es.

Es ist keine da.

Das Systemimplantat des Seismographenapparates simuliert etwas im Menschen, was wie Vernunft aussieht. Die Seismographen werden so aufeinander abgestimmt, dass ihr komplexes Geflecht nach außen hin der Vernunft ähnlich wirkt, wo aber nur ein System von Angst und Belohnung herrscht.

Vernunft wäre in der linken Gehirnhälfte, frei von Angstschlägen. Vernunft ist klar und unbestechlich! Insbesondere verspürt Vernunft keine Stiche der Seismographen. Vernunft ist fest und hell. Vernunft könnte in der linken Gehirnhälfte residieren und sie könnte dort wie die Sonne regieren. Leider geben wir uns kaum Mühe, Vernunft zu erzeugen. Wir erziehen Menschen so, dass Über-Ich und ES im Körper oberflächlich wie Vernunft aussehen. Wir biegen die Triebe so, dass sie nach dem Vernünftigen (dem Belohnten) gieren. Es gibt ganze Managementschulen, die sich auf das Werkzeug der extrinsischen Motivation verlegen: Mitarbeiter sollen durch kunstvolle Belohnungs- und Bonussysteme so „motiviert" werden, dass sie genau tun, was das System „vernünftigerweise" will. Viele Mitarbeiter verwechseln deshalb Vernunft mit Belohnung, auch die Manager, die ihnen das predigen, haben es als Mitarbeiter vorher so implantiert bekommen. Deshalb verschwimmt die Grenze zwischen dem im System Belohnten und dem Vernünftigen immer mehr. Die Triebe des Menschen sind erbärmlich verhunzt worden. Sie treiben den Menschen zu Belohnungen, die ihm die Nähe der reinen Vernunft anzeigen. Belohnung = Vernunft.

Ich will sagen: Die Systeme streben keine Vernunft an, sondern nur ihre naturgetreue Simulation. Es scheint den Systemen einfacher, Vernunft zu simulieren als sie zu „erwecken". Beides, das Prügeln und das Belohnen, sind einfach.

Deshalb bin ich gewiss, dass die Vernunft nicht da ist. Sie ist nur scheinbar täuschend ähnlich dargestellt. Die Darsteller aber, die richtigen Menschen mit Systemimplantat, verlangen Gage. Ohne Belohnung spielt keiner mit.

Deshalb ist die Forderung der Philosophen unsinnig, der Mensch solle Vernunft ohne Belohnung lieben. Es ist ja keine Vernunft da!

Reine Vernunft ohne Systemimplantat kennt gar keine Belohnung! Das Problem der Belohnung stellt sich der Vernunft nicht! Die linke Gehirnhälfte denkt sich das Gute und tut es. Befehlen und Gehorchen wäre nur eins. Erkennen und Tun wäre eins! Nach der Vernunft erfolgt kein Zucken im Körper, das Belohnungsmöglichkeiten checkt!

Die Hoffnung der Systeme ist es, dass die Gewöhnung der Kinder an das System sie sehr schnell vordergründig scheinbar vernünftig macht und dass in ihnen im Laufe des Lebens sich langsam die reine Vernunft durchsetzt. Die Hoffnung besteht weiterhin darin, dass mit wachsender Vernunft des Erwachsenen die Krücke oder der Prügel des Systems weniger und weniger eingesetzt werden muss. Danach würde der Mensch langsam aus eigener Vernunft tun, was er einst nur für Gage tat. Das System kann dann im Körper langsam mehr und mehr zurücktreten. Der systemgetriebene Mensch ist sozusagen „allein“ lebensfähig und braucht das System nicht mehr. Er erlöst sich selbst nach und nach vom System. Der Mensch durchschaut das System und beginnt, wie in einer Glasscheibe dahinter die wirkliche Vernunft zu sehen und zu lieben. Der Mensch wird vernünftig, edel und weise. Er reinigt sich vom Über-Ich und vom ES. Er wird ein richtiger Mensch.

Hören Sie kurz Sokrates, aus Platons Dialog *Phaidon*. Es ist nur ein einziger Satz, etwas verschachtelt. Atmen Sie ihn nur ein, das reicht und wäre besser: „O bester Simmias, daß uns also nur nicht dies gar nicht der rechte Tausch ist, um Tugend zu erhalten, Lust gegen Lust und Unlust gegen Unlust und Furcht gegen Furcht austauschen und Größeres gegen Kleineres, wie Münze; sondern jenes die einzige rechte Münze, gegen die man alles dieses vertauschen muß, die Vernünftigkeit, und nur alles, was mit dieser und für diese verkauft ist und eingekauft, in Wahrheit allein Tapferkeit ist und Besonnenheit und Gerechtigkeit, und überhaupt wahre Tugend nun mit Vernünftigkeit ist, mag nun Lust und Furcht und alles übrige der Art dabei sein oder nicht dabei sein; werden aber diese, abgesondert von der Vernünftigkeit, gegen einander umgetauscht, eine solche Tugend dann immer nur ein Schattenbild ist und in der Tat knechtisch, die nichts Gesundes und Wahres an sich hat, das Wahre aber gerade Reinigung von dergleichen allem ist, und Besonnenheit und Gerechtigkeit und Tapferkeit und die Vernünftigkeit selbst Reinigungen sind.“

Der Weg zur Vernunft führt den richtigen Menschen erst über eine Erlösung vom System. Der richtige Mensch strebt Vernunft der linken Gehirnhälfte an. Im Irrglauben, Seismographenimplantate seien dem Ziel der Vernünftigkeit dienlich, verdirbt der richtige Menschen seine ganze Art durch effizientes, preisgünstiges „Einbläuen". Danach sieht er seinen beschwerlichen Weg vor sich, sein ganzes Restleben der Erlösung vom selbst erzeugten Unheil zu widmen. Ich glaube nie und nimmer, dass das bei vielen Menschen so funktioniert! Ich lebe im Management. Es hagelt Ziele und Anforderungen. Durchhalteappelle jagen einander: Arbeite härter, länger, mit stärkerer Disziplin! Beiße die Zähne zusammen, alles muss wachsen! Erstrebe die Höherwertigkeit! Sonst bist du minderwertig! Und dann verströmen wir unsere Energie in die Höherwertigkeit, hetzen unsere biologischen Herzen, erkranken, werden nervös, zucken vor dem Burn-out und trompeten immer noch wie Gotteskrieger: „Ich verbrauche mich restlos! Ich bin stolz auf mich!" Die andere Seite, die „Erlösung", kommt vom Betriebsarzt. Er sagt: „Sie können nur dann dauerhaft 24 Stunden am Tag arbeiten, wenn Sie zusätzlich noch zwei Stunden am Tag Sport treiben, entspannen und in dieser begrenzten Zeit keinen Schnaps trinken."

Wissen Sie, was das ist?

Die Vernunft wird simuliert und führt zu Erosion.

Nun wird als Gegenmittel die Erlösung simuliert.

Schnell und effizient! Opfern wir also unsere Freizeit der Arbeit, der Höherwertigkeit und dem wachsenden System! Opfern wir dann den Rest für Erlösungspflaster gegen genau dieses System!

Wir simulieren Vernunft und Tugend, weil dieses Vorgehen einfacher zu managen ist. Echte Vernunft und Tugend entstehen anders. Rousseau etwa hat es in *Emil oder Ueber die Erziehung* längst schon geahnt und auf den Punkt gebracht:

„Tut das gerade Gegenteil der herkömmlichen Erziehung und ihr werdet fast immer das Richtige treffen. Da man aus einem Kinde nicht ein Kind, sondern einen Gelehrten bilden will, so meinen Väter und Lehrer nicht früh genug damit anfangen zu können, es ausschelten, zu bekritteln, zu tadeln, zu liebkosen, zu bedrohen, ihm Versprechungen zu geben, Leben zu erteilen und Vernunft zu predigen. Macht es besser. Seid vernünftig und sucht euren Zögling nicht mit Vernunftgründen zu überreden, vor allem nicht, um ihm Gefallen an dem einzuflößen, was ihm mißfällt; denn wenn man in solcher Weise in alle Angelegenheiten, welche ihn unangenehm berühren, stets die Vernunft mit hineinzieht, so macht man sie ihm dadurch schließlich langweilig und lästig und schwächt ihr Ansehen schon frühzeitig bei einem Geiste, der noch nicht imstande ist, sie zu verstehen. Uebt seinen Körper, seine Organe, seine Sinne, seine Kräfte, aber seine Seele erhaltet so lange wie möglich in Untätigkeit. Hütet euch, ihn mit Ansicht bekanntzumachen, ehe er Verstand genug besitzt, sie zu würdigen."

In meinem Buch *Wild Duck* habe ich schon die Geschichte erzählt, wie unser Johannes einst „sauber" wurde. Hier kurz: Er wollte im Urlaub am Strand keine Pampers mehr tragen. Er war zweieinhalb Jahre alt. Wir erklärten ihm, dass er ein potentieller Umweltverschmutzer sei. Er bestritt das auf dem ganzen Heimweg ins Ferienhaus. Ich ging mit ihm vor dem Haus an ein Rosenbeet, tja ..., machte also vor seinen Augen hinein und forderte ein Gleiches vom ihm, zur Probe. Er verstand schon, dass Rosen gedüngt werden müssten ... Seit diesem Tag war er trocken. Die Rosen werden uns verzeihen.

Für unsere Tochter Anne gibt es eine ähnliche Geschichte. Rezept? Warten wir doch einfach, bis die Kinder verstehen! Wenn Trockenlegen von Kindern mit Vernunft fünf Minuten dauert – warum impfen wir ihnen an dieser Stelle so schrecklichen Zwang ein, dass Sigmund Freud dann über diese erste Gewalttätigkeit der geliebten Eltern gegen das Kind „im Namen des Systems" etliche Bücher schreiben kann? Warum bescheren wir Kindern eine Katastrophe? Unser System sagt: Mit zwei Jahren können Kinder den Schließmuskel beherrschen, also physisch trocken bleiben. In diesem Augenblick setzen wir sofort mit Gewalt Seismographen ein. Tränen, Schläge, Bitten, Angebote der Eltern: „Baby, mach' irgendeinen Scheiß, und du bekommst eine Belohnung dafür." Das ist Simulation des Richtigen. Wir können auch so sagen: Ein halbes Jahr nach dem möglichen Beherrschen des Schließmuskels kann das Kind reden und verstehen. Ein Wort reicht. Es hat nichts mit Belohnung zu tun. Die erwachende Vernunft muss nur das Wort „sauber" im und am Körper schätzen lernen.

Das Drama entsteht dadurch, dass die richtigen Menschen alles so früh wie möglich in ihr Kind einprügeln wollen, weil das Kind dann den Nachbarn höherwertig erscheint. Sie warten fast nie auf die Vernunft des Kindes. Diese erwachende Vernunft bleibt unbeteiligt, weil alles schon immer vorauseilend in Angst gegossen implantiert wurde. Die Vernunft wird als Erklärung für die Implantationsgewalt gebraucht. Das Kind selbst handelt also nie richtig aus eigener Vernunft, sondern nur im Namen der offiziellen Vernunft, wenn es offiziell richtig handelt.

Da also wenig Vernunft da ist, gibt es nur wenige reine richtige Menschen, die nur aus reiner Vernunft handeln, die nicht wesentlich von einem ängstigenden Systemtrieb stammt.

Es gibt nur wenige Erlöste.

VIII. Der Flash-Mode im wahren Menschen

1. Der Ideefilter: Das Ichideal

Wahre Menschen, die intuitiven also, sehen immer das jeweilige Ganze mit dem neuronalen Netz der rechten Gehirnhälfte. Diese Black Box gibt Resultate des Denkens heraus, auf die der Intuitive vertrauen muss. Das Ganze seines Denkens ist im Netz repräsentiert.

Wahre Pfarrer sind erfüllt von einem Ganzen des Glaubens. Wahre Mathematiker leben quasi in ihrer Theorie. Wahre Krankenschwestern leben in der Ganzheit der Idee „liebevolle Pflege". Wahre Lehrer mögen in der Ganzheit „liebend Knospen pflegen und zur Blüte bringen" leben und denken.

Dann kommen Boten des Systems: Der Lehrplan der Schulen wird zum Pauken hin geändert, Knospen hin oder her. Krankenschwestern sollen möglichst nicht mit den Patienten reden, das kommt zu teuer. Mathematiker sollen nur noch denken, was *nützlich* im Sinne des Systems ist, und daher *brauchbare* Computeranwendungen entwickeln. Psychologen und Sozialarbeiter sollen Arbeitslose gefälligst von der Straße treiben und nicht etwa zur Blüte bringen: zu teuer.

Das System der Gesellschaft verlangt unermüdliche Nützlichmachung bei gleichzeitigem Streben zur Höherwertigkeit, wozu es heute hauptsächlich drohende Vergleichsmessungen vornimmt und bei Abweichlern bessere Messwerte verlangt.

Dieses ES aber greift damit in die wahren Werte des wahren Menschen zum Teil mit unerhörter Grausamkeit ein.

Der richtige Mensch identifiziert sich mehr mit seiner Rolle im System. Er lauert auf Anzeichen, dass diese Rolle nicht richtig ausgefüllt wird. Er lauert nach Möglichkeiten zu einem Höherwertigkeitserlebnis. Er hat Angst vor Fehlverhalten in der Rolle und vor Minderwertigkeit.

Der wahre Mensch identifiziert sich mit einer Idee, einem Glauben, einer Haltung, einer Wissenschaft, einer Kunst, einer Liebe. Die Idee stellt entsprechend Forderungen:

- Die Idee steht als Stern über seinem Leben.
- Die Idee verlangt Verehrung.
- Die Idee muss gegen andere Ideen und gegen Systeme verteidigt werden.
- Die Idee fordert Pflege, also Reinhaltung.
- Die Idee soll wachsen und damit das Ich hinterdrein.
- Die Idee verachtet das Lustvolle des Tierischen, wenn nicht gerade das Lustvolle ihr Gegenstand wäre.

Sein Seismographensystem schlägt daher auf die Dinge hin Alarm, die er am meisten fürchten muss:

- Kleinheit oder Nichtigkeit (Invalidität) „seiner" Idee.
- Einhergehende Nichtachtung und Nichtliebe seiner Person.
- Gefährdung der Reinheit der Idee.
- Stagnation des Wachstums der Idee.
- Kampfmaßnahmen des Systems gegen seine Idee und seine Person, die fast in jeder Kompromissforderung des Systems lauern können – da jede Einordnung in ein System die Reinheit der Idee bedroht.
- Kampfansagen anderer Ideen.
- Aufbäumen der Natur bzw. der eigenen Natur gegen die Idee.

Die Idee wird wie eine Art Religion, wie ein Glauben. Die Religionen selbst erklären jede andere Idee für eine Ersatzreligion und würdigen sie damit mit gutem Erfolg herab. Die großen Ideen sind die Ideen der Einsicht (wie Sokrates), die Ideen des Guten (wie Platon), die der Liebe (Jesus), die des Edlen (Konfuzius). Menschen können aber auch einfach das Vegetariersein zu einem Lebensstern erheben.

Nichts gegen das Essen von Pflanzen.

Aber sehen Sie: Vegetarier essen nicht einfach Pflanzen, weil es zum Beispiel richtig wäre. Sie verehren das Nichtessen von Tieren. Sie kämpfen gegen das normale System der menschlichen Nahrungsaufnahme. Sie ordnen ihr Leben zum Teil völlig der Idee der richtigen Nahrungsaufnahme unter. Sie beginnen, untereinander zu streiten, welche Art von Vegetariertum die beste oder heldenhafteste oder gesündeste wäre. Sie unternehmen erhebliche Anstrengungen, die ökologischsten Nahrungsmittel zu kaufen. Sie sind als Gruppe erfolgreich gewesen, alle Welt dahin zu bringen, immer mehr vegetarische Gerichte anzubieten, so dass sie „außer Haus" gehen können. Vegetarier können Tieresserfeinde werden und dann folglich Menschen, die noch Fleisch essen, mit Bann oder Ablehnung belegen. Sie müssen es verdrängen, wenn sich ihr Körper bei Bratwurstgeruch noch nach dem Kiosk dreht. Keine Abweichung wird geduldet! Keine Ausnahmewurst wird gemacht! Die Reinheit stünde in Gefahr.

So wie der richtige Mensch fürchtet, beim Nachgeben gegen Lust das System aufzuweichen, so fürchtet die Idee ihre Beschmutzung.

So kann eine Idee den wahren Menschen vollständig erfüllen.

Sie wird dann in gewisser Weise sein System.

Party. Zwei Gäste essen im Stehen von Papptellern. „Einige Salate sind mit echtem Parmesan überstreuselt. Furchtbar." – „Du Witzbold, das ist echt amerikanischer Cesar Salat, und zwar einer der besten Sorte. Da kann ich mich reinsetzen vor Genuss." – „Käse ist Käse. Ich bin strenger Vegetarier. Ein Veganer." – „Wegen so ein paar Schnitzchen solltest du dich nicht aufregen. Parmesankäse ist sehr teuer. Ich weiß das bei den Gastgebern zu würdigen." – „Es ist blanke Nichtachtung, nichts weiter. Sie haben in fast alle Salatsaucen Miracle Whip hineingerührt. Das enthält Eigelb, das ist vom Tier. Ich bin empört, denn ich bin hier eingeladen." – „Na ja, das sind doch nur Spuren, oder?" – „Es geht ums Prinzip. Wir kämpfen schließlich gegen Eier." – „Aber dann würden ohne Miracle Whip doch die Hühner aussterben?" – „Sie wollen mich ins Wanken bringen. Dieses dumme Argument habe ich schon oft widerlegt." – „Wie denn?" – „Die Hühner werden doch gebraten." – „Nein, das sind nur die Männchen." – „Legehennen werden Suppenhühner." – „Die kauft doch keiner. Die Legehennen werden so unwürdig gehalten, dass man sie nicht mehr essen mag." – „Sehen Sie." – „Aber sie würden aussterben, oder?" – „Sie sind dumm!" – „Sie wissen nicht weiter! Ätsch!" – „Sie wollen mich nur besiegen, aber nicht für Tiere eintreten." – „Ach, besiegen! Die Nomaden füttern Kamele mit Grünpflanzen. Dann kommt hinten Kot heraus, der getrocknet wird. Den brauchen Nomaden zum Leben wie wir Kohle, damit sie Feuer haben. Wäre das bei Veganern erlaubt?" – „Nein, es ist ein Tierprodukt." – „Aber Kot ..." – „Kot ist Tierprodukt." – „Aha, und wenn wir zum Beispiel Muttermilch von menschlichen Frauen verkaufen würden? Darf die ein Veganer trinken?" – „Das ist unwürdig. Sie selbst sind unwürdig! Merken Sie das nicht?" – „Ihre Theorie widerlegt sich an Muttermilch." – „Und Sie sind unwürdig. Sie sind zum Kotzen. Wie definieren Sie denn *Ihren* Wert?" – „Ich bin Anti-Fernseher, weil Fernsehen dumm macht." – „Haben Sie als Kind ferngesehen?" – „Nein, natürlich nicht, warum?" – „Immerhin gibt es im Fernsehen Filme über Veganer, die verpassen Sie. Hallo! Ja ... bitte, wir haben ein Gespräch. Was, Abschied? Warum gehen Sie schon nach Hause?" – „Es hat einer eine Zigarette auf dem Balkon angesteckt, es ist Rauch hereingeweht, mir ist ganz schlecht geworden." – „Verstehe. Trinken Sie doch wenigstens das Glas aus. Oder lieber nicht. Es ist Campari." – „Wieso?" – „Die rote Farbe ist ebenso wie die von Lippenstiften aus zentrifugierten Blutläusen gewonnen." – „Ach so, Läuse sind Tiere, nicht wahr? Nein, nein. Das war früher mal. Heute werden die Läuse längst künstlich hergestellt. Campari ist völlig unnatürlich, er sollte für Veganer o.k. sein. Hallo, Gerda!" – „Wer ist die denn?" – „Ein Superweib. Sie kämpft gegen Silvesterraketen, Salzstreuen im

Winter, Rindergelatine in Weingummis, gegen motorisierte Briefträger und gegen die Ausbreitung des Euro. Alles auf einmal." – „Das halte ich für Prahlerei. So viel auf einmal kann man nicht schaffen. Glauben Sie denn das? Sie müssen doch auch schon den ganzen Tag über aufpassen, dass Sie nicht fernsehen, oder?"

Das war aber jetzt eine Art Tiefschlag. Ich weiß. Ich wollte aber nur nicht dozieren. Die Spannbreite der Ideen ist immens. Sie reicht von den Ideen der Philosophen bis zu jedem ernst genommenen Hobby. Menschen unter Ideen sind dann für Vereine engagiert, sind Computerfreaks (heute: Linux-Freaks zum Beispiel), züchten Pflanzen oder Tiere und so weiter und so weiter.

Sie stellen gewissermaßen ihr Leben unter ein Leitthema. Dieses Leitthema ordnet ihr Leben wie ein System. Es ist aber ein eigenes, selbst geschaffenes System, das wie eine durchdringende Idee die ganze rechte Gehirnhemisphäre erfüllt. Dieser Leitgedanke des Lebens definiert ein Ideal, an dem die Intuitiven ihr Leben ausrichten. (Es gibt auch Menschen mit mehreren Idealen, ebenso Menschen, die ihre Ideale wechseln, wie wenn man sich wegen eines neuen Partners scheiden ließe.)

Sigmund Freud geht von der Vorstellung aus, dass uns ein Über-Ich beherrscht, das unnachsichtig von unserem Ich fordert, alle Regeln einzuhalten. Das Über-Ich steht für den Inbegriff aller moralisch-hemmenden Kräfte, aller Zwänge, sich in das soziale System einzugliedern. Es setzt Verhaltensnormen und fordert Unterwerfung. Das Über-Ich ist der Gegenpol des Es, des Unkontrollierten, des Unterbewussten, des Triebes.

Sigmund Freud spricht vom „Ichideal oder Über-Ich." (zum Beispiel in *Das Ich und das Es*). Er benutzt die Wörter *Über-Ich* und *Ichideal* synonym.

Hier, in diesem Buch, möchte ich einen Unterschied zwischen diesen Begriffen machen. Sigmund Freud hat mit dem Es und dem Über-Ich nach meiner Vorstellung nur die Gegenpole des „guten richtigen Menschen" auf der einen Seite und des „triebhaften natürlichen Menschen auf der anderen Seite" thematisiert. Das Wort *Intuition* etwa kommt bei ihm in der gesamten 18-bändigen Ausgabe nur acht Mal vor. Zum Beispiel: „Der sogenannten Intuition traue ich bei solchen Arbeiten wenig zu; ..." (*Jenseits des Lustprinzips*) Oder: „Ihr Beitrag [der Beitrag der Psychoanalyse] zur Wissenschaft besteht gerade in der Ausdehnung der Forschung auf das seelische Gebiet. ... Nimmt man aber die Erforschung der intellektuellen und emotionellen Funktionen des Menschen (und der Tiere) in die Wissenschaft auf, so zeigt sich, daß an der Gesamteinstellung der Wissenschaft nichts geändert wird, es ergeben sich keine neuen Quellen des Wissens oder Methoden des Forschens. Intuition und Divination wären solche, wenn sie existierten, aber man darf sie beruhigt zu den Illusionen rechnen, den Erfüllungen von Wunschregungen." (Dies und das folgende Zitat stammen aus: *Neue Folge der Vorlesungen zur Einführung in die Psychoanalyse.*) Oder: „Von den drei Mächten, die der Wissenschaft Grund und Boden bestreiten können, ist die Religion allein der ernsthafte Feind. Die Kunst ist fast immer harmlos und wohltätig, sie will nichts anderes sein als Illusion. Außer bei wenigen Personen, die, wie man sagt, von der Kunst besessen sind, wagt sie keine Übergriffe ins Reich der Realität. Die Philosophie ist der Wissenschaft nicht gegensätzlich, sie gebärdet sich selbst wie eine Wissenschaft, arbeitet zum Teil mit den gleichen Methoden, entfernt sich aber von ihr, indem sie an der Illusion festhält, ein lückenloses und zusammenhängendes Weltbild liefern zu können, das doch bei jedem neuen Fortschritt zusammenbrechen muß. Methodisch geht sie darin irre, daß sie den Erkenntniswert unserer logischen Operationen überschätzt und etwa noch andere Wissensquellen wie die Intuition anerkennt."

Wir können über so etwas Vages wie die Intuition natürlich sehr lange streiten, aber Freuds Konzept des Ich, des Es und des Über-Ich ist nach meiner Vorstellung eine der wenigen absolut genialen Intuitionen der Menschheitsgeschichte. Freuds Konzepte gelten heute vielen als bloß intuitiv erfasste Modelle, die nicht empirisch begründet sind. Ich will hier nur aufzeigen, dass sich Freud nicht mit der Intuition wie ich hier auseinander gesetzt hat. Die Asymmetrie des Gehirns war ja nicht bekannt und neuronale Netze gibt es noch nicht lange im Vorstellungsvermögen der Menschen.

Ich möchte also einen Unterschied zwischen Über-Ich und Ichideal machen. Den Begriff des Ichideal möchte ich abweichend von Freud für den Inbegriff der ordnenden Kraft im Intuitiven, im wahren Menschen, verwenden.

Der wahre Mensch wird nicht durch moralisch-hemmende Regeln zur Sozialisierung, also zur Gewöhnung, geleitet. Er steht unter einer Leitidee.

Ich habe mit Absicht so einen satirischen Ausrutscher über die armen Veganer begangen. Ich wollte Ihnen damit vor Augen führen, wie schon relativ kleine Leitideen von großen Teilen eines Menschenlebens quasi Besitz ergreifen können. Freud sieht besonders Künstler, Philosophen und Mönche, die sich unter intuitive Ideen stellen. Damit ahnte er ja, wo „das Andere, das Intuitive" im Menschen sitzt. Er hat den wahren Menschen vor lauter Gedanken an ordentliche Methodik nicht erkannt. Das ist für mich sein Kardinalirrtum schlechthin gewesen.

Das Über-Ich wird in den Menschen hineingepflanzt. Es residiert in meinem Vorstellungsmodell in der linken Gehirnhälfte und herrscht durch die entsprechend implantierten Seismographen des Sozialisierungssystems. Das Ichideal reift durch lebenslanges Arbeiten im neuronalen Netz der rechten Gehirnhälfte heran. Es entsteht im Intuitiven. Es ist bestimmt nicht die *Sozialisation*, die den Menschen zum Künstler, Philosophen, Computerfreak, zum Schauspieler, zum Komponisten macht. Ist denn das nicht klar?

2. Ein Auf und Ab der Leitsterne

Intuitive benutzen ihr Anzeichen-Identifizierungssystem nicht stark als Prügel des Über-Ich zur Gewöhnung oder zur Sozialisation. Bei wahren Menschen dient dieses System vor allem zum Aufbau einer Ordnung unter einem Leitstern und gleichzeitig zur Annäherung des Ich an das Ichideal, das sich dabei weiterentwickelt.

Gewissen, Schuldgefühle oder Scham richten sich nicht gegen ihr Ich, um die Sozialisation aufrechtzuerhalten oder zu erzwingen. Sie beziehen sich auf die Unterordnung des Ich unter die Leitidee bzw. das Ichideal.

Stellen Sie sich vor, jemand bewiese, dass es keinen Gott gibt. Was geschieht dann in einem Mönch? Dieser Fall ist ein Paradigma.

Er tritt im Alltäglichen so auf: Kunstrichtungen kommen und gehen. Wissenschaften entstehen, während in „klassischen" Disziplinen die Professorenstellen wegfallen. Alle Restaurants der Welt und die Fluggesellschaften bieten Vegetarisches an, während der Fleischgenuss durch immer stärkere Horrormeldungen von der Tierzucht verdorben wird. Nouvelle Cuisine kommt auf, das Alte wird nicht mehr gegessen. Das gemütliche Rauchen als Gemeinschaftserlebnis wird als Massenmordversuch geächtet. Die Ideen von Vaterland oder Nationalstolz verschwinden. Die Ichideale kämpfen mit Systemen und anderen Ichidealen.

Ich selbst bin Mathematikprofessor gewesen, als sich die Informatik in größerem Umfang zu entfalten begann. Ich habe mich sofort freiwillig gemeldet, um einen Informatiknebenfachstudiengang an der Fakultät für Mathematik zu gründen. Mein Ichideal war nicht betroffen. Viele Kollegen sahen schwarz: „Die Ministerien werden die freiwerdenden Mathematikstellen langsam zugunsten der Informatik umwidmen. Es geht bergab." Im Kontext hier: Die Idee der Mathematik schrumpft, weil ein neuer Leitstern erschien. Die Mathematiker litten und leiden noch immer unter ihren Informatikkollegen. Ihr Ichideal, der unsterblichen Mathematik zu dienen, zuckt unter allen Fortschritten der Informatik. Es sind Anzeichen, dass die Mathematik vielleicht nicht gerade völlig stirbt, dass sie aber als Idee kleiner wird. Sie steht nicht mehr neben dem Thron, auf dem die Philosophie einst saß. Die Philosophie schrumpfte schon früher.

Im Innern – verzeihen Sie den schnöden Vergleich – fühlt es sich genau so an, als wenn Gott verschwände. Es ist endloses Verlassenwerden. Jedes Zeichen, das ein Mathematikerkörper identifiziert, zuckt wie Schmerz in ihm. Wie wenn Matheas und Linux Brüder wären und der Vater sagte: „Ich liebe euch beide, aber Linux steht inzwischen meinem Herzen näher." Mit dem Siechen des Leitsterns siecht der Mensch.

Es fühlt sich an wie Trauer. Wenn der Leitstern sinkt, gibt es nur Trauer. Das Flash-Mode-System schlägt nicht wütend aus, wenn es wieder ein Anzeichen identifiziert. Es macht im einst sonnenhellen Thronsaal der Idee ein Licht nach dem anderen aus. Die Kerzen brennen herunter und blaken. Es wird dunkel und kalt.

Die Reinheit des Leitsterns wird verteidigt wie das Ich selbst. Um beim Beispiel zu bleiben: Es gibt (immer noch) viele Widerstände in der Wissenschaft, auch in meiner angestammten Mathematik, Anwendungsforschung zu betreiben. Die Reinheit der Wissenschaft muss völlige Freiheit der Forschung postulieren. Der einstige Leitstern war die Grundlagenforschung, die ganz zweckfrei um der Erkenntnis willen betrieben wurde. Die Forderung des Systems der Gesellschaft, Nutzen zu stiften oder gar Geld zu verdienen, beschmutzt die Leitsterne der Wissenschaft.

Wenn der Stern sinkt, fühlt sich das Ichideal mit der sterbenden Idee niedergezogen und zurückgestoßen. Leiden breitet sich aus.

Neue Ideen bekämpfen die alten. Alte Ideen belächeln die neuen, solange sie noch schwach leuchten. Systeme rotten Ideen aus. Systeme verletzen Leitsterne durch folgenlose Lippenproklamation von Ideen.

Zum Beispiel sagen Manager unserer Zeit fast täglich: „Der Mitarbeiter ist das höchste Gut unseres Unternehmens." Das verletzt die Ichideale derjenigen Idealisten, die an diese Idee glauben, in ungeheuerem Maße. Politiker drucken Werte der Idealisten auf Plakate: Freiheit, Liebe, Achtung, Würde, Toleranz, Zuneigung zu Fremden. Das ist eine Form von Kampf gegen diese Ideen. Sie sehen schön auf Plakaten aus, es sieht aus, als würden Taten folgen können. Die Idealisten sehen den guten Willen. Danach regiert wieder das Über-Ich der Systemsozialisierung.

Am Anfang, wenn ein Leitstern aufstrahlt, wenn über einem Menschen das Licht aufgeht, dann bedankt sich das Flash-Mode-System mit flammender Begeisterung. Der junge Mensch findet eine Idee, einen Leitstern, ein Vorbild, dem er nacheifern wird. Der Leitstern zieht ihn mit sich fort, wird heller und heller. Der Idealist widmet sich einem Lebensthema.

Sehnsucht umhüllt ihn.

Im Leben schwankt er dann zwischen Begeisterung und Leiden, zwischen Himmel und Tod.

Der wahre Mensch jubelt und weint, er strahlt und verdunkelt, er steigt gen Himmel und ächzt vor Verzweiflung.

Die Sehnsucht zieht ihn nach oben, aber überall, an der Seite, lauern Grauen, Ekel, Leid, Verzweiflung.

Dieses Ringen seiner Idee mit der Welt ist ein wichtiges Lebensthema des wahren Menschen. Systeme wie Kirche, Staat oder Kultur sind oft so stark, dass die richtigen Menschen die Außenkämpfe des Systems nur am Rande verfolgen und schon gar nicht selbst im Seismographensystem spüren. Die wahren Menschen bewegen sich unter Leitsternen, also auf sehr viel schwankenderem Boden. Für sie ist der Außenkampf mit anderen Ideen und den Systemen ein Hauptbereich des Seismographensystems.

3. Zweifel, Ablehnung, Einsamkeit

Oft ist die Welt des wahren Menschen bewölkt. Er sieht seinen Leitstern im Nebel verschwimmen.

Er verzagt und zweifelt.

Der Gläubige hadert, dass sich Gott nicht zeigt. Er hadert, dass er den Gegnern des Glaubens nicht mit einem Flammenschwert entgegentreten kann.

Fundamentalisten von Ideen stehen im Dauerfeuer der anderen Ideen, der Systeme und der allgemeinen Skepsis. Sektenmitglieder, Nichtraucher, Alkoholgegner, Friedenskämpfer, Kernkraftgegner, Feministinnen – sie alle kämpfen fast ununterbrochen schon gegen oberflächlichste Skepsis, die im Grunde gar nicht die Idee angreifen will, sondern nur vor allem Extremen zurückschreckt.

Menschen, die sich entschieden einem Leitstern verschrieben haben, werden oft in angriffslustige Diskussionen verwickelt, so dass sie in Zweifel geraten können. Der Zweifel des wahren Menschen ist ein starker Angriff auf sein Ichideal. Ist denn der Schirm über seinem Leben gar schäbig, löcherig oder gar nicht da? Es reicht viel weniger als Zweifel. Das Seismographensystem des wahren Menschen reagiert schon auf kleinste Widersprüche in der Idee selbst. Es identifiziert Anzeichen, dass der eigene Leitstern sinkt.

Die Widersprüche in der Idee selbst werden dem Diener der Idee fast täglich mitgeteilt. Der Mönch ist umgeben von Ungläubigen, die Nichtraucher von Kippen auf dem Boden, überall, die Alkoholgegner sehen überall Flaschen. Warum wollen die anderen Menschen von der eigenen Idee definitiv nichts wissen? Warum schütteln sie Missionsversuche aggressiv ab? Der wahre

Mensch fühlt sich manchmal wie ein Redner im Hyde Park, der verzweifelt Interesse für seinen Leitstern wecken will. „Hört denn niemand?“ Unter einem Leitstern mag ein wahrer Mensch einsam abseits stehen.

Unter dem Aufschrei des Flash-Mode-Systems beginnen wahre Menschen wahrhaft zu leiden. Sie versuchen, für ihre Idee Anhänger zu gewinnen und zu werben. Damit besänftigen sie die Schläge im Innern. Das Ichideal braucht Verehrung! Unter dem Aufschrei werden wahre Menschen fundamentalistischer und ziehen sich in einen Teufelskreis hinein, der mit immer noch stärkeren Angriffen auf ihre Idee in die jeweils nächste Abwärtsrunde geht.

Unter dem Aufschrei werden wahre Menschen intoleranter und militanter gegen alles „außen“.

„Ich suche Trost.“ – „Ich finde manchmal Ruhe im Gespräch mit Gleichgesinnten.“ – „Ich halte das permanente Sticheln gegen meine Ideale nicht aus.“ – „Ich verstehe die Blindheit der Menschen nicht, wo doch meine Idee Glück verheißt.“ – „Es ist generell zu viel Böses in den Menschen. Ihnen fehlt jedes Interesse für das Wahre. Nur Geld zählt für sie.“ – „Ich bin müde vom Kampf, ich bin allein.“ – „Ich biete Hilfe an, aber sie wollen sie nicht. Ich bekomme keine Unterstützung.“ – „Es wird so vieles gefördert, warum übergehen sie mich?“ – „Nur das Laute gewinnt, das Marktschreierische, das Unwahre, das Aufgebauschte.“ – „Sie laufen Goldenen Kälbern nach.“ – „Niemand glaubt wie ich an die einende Liebe.“

„Ist meine Idee denn nicht das Wahre?“

Und so sehnen sich die wahren Menschen nach etwas, was die Christenheit unter dem Begriff „Gottesbeweis“ kennt. Ein solcher würde eine unendliche süße Ruhe geben ...

4. Der Stern zu hell für mich ... – Selbstzweifel

Viele Gläubige einer Idee quält das Seismographensystem mit harten Schlägen, wenn sie der Idee nicht vollkommen dienen. Wahre Menschen werden sehr oft von einer Art Hochstapler-Syndrom geschüttelt.

Sie zweifeln an sich selbst, weil sie innerlich nicht richtig glauben können, schon wirklich wahrhaft zu glauben. Es gibt sehr wenige Gläubige, die ohne jedes Zittern in der Stimme sagen: „Ich glaube.“

Ich habe während meiner Arbeit bei der IBM sehr oft mit den größten Gurus bestimmter Fachrichtungen zu tun (Knowledge Management, E-Business, Computerarchitektur etc.). Glauben Sie, da würde einer hervortreten und sich zu sagen trauen: „Ich bin nach bestem Wissen und Gewissen einer der fünf Besten auf diesem Feld." Kaum einer würde es sagen. Es geht dabei nicht darum, dass es Angeberei wäre. Sie trauen der Aussage innerlich nicht. Das Hochstapler-Syndrom ist ein Zittern im Innern.

Es fühlt sich so an.

Ich sitze Tag für Tag vor meinem Thinkpad und schreibe in aller verfügbaren Zeit, solange ich konzentriert denken kann, an Omnisophie. Ich sage darin, dass ich eine andere Meinung als Freud habe und über vieles von Aristoteles unwillig werde. Ich sage damit indirekt, dass ich das Recht hätte, deren Ideen anzugreifen, die doch viel größer sein müssten als meine. Verstehen Sie, dass da in mir alles zuckt und zittert? Ich beginne Alpträume zu haben. Es schleichen sich Menschen hinter mich, beim Schreiben. Sie lesen mit hochgezogenen Augenbrauen eine Weile hinter meinen erscheinenden Sätzen her. Sie schütteln den Kopf. Eine Kommission betritt das Zimmer im Dunkel hinter mir. Der Anführer legt von hinten eine Hand auf meine Schulter und spricht mit harter, feststellender Stimme: „Sie sind nicht der große Fachmann, für den Sie sich ausgeben. Wir haben alles geprüft. Es sind Widersprüche und unsaubere Stellen in Ihrem Buch. Vieles ist bekannt falsch, was Sie hier neu erfinden wollen. Sie sind ein *kleiner* Geist. Heben Sie sich hinweg."

Das Ichideal prüft mich, ob ich würdig bin. Ich spüre blanke Angst, kein wahrer Jünger zu sein.

Diese Selbstzweifel, diese Angst vor dem Ichideal spürt man in den relativierenden Sätzen, mit denen Idealisten von sich selbst sprechen.

„Die Mathematik ist die Königin der Wissenschaften. Ich bemühe mich, so viel wie möglich in sie einzudringen." – „Gott ist herrlich und groß. Ich bin ein kleiner Diener, unwürdig, ..." – „Weltfrieden ist das höchste Gut. Ich tue dafür, was ich als Einzelner kann."

Geniale Computerarchitekten bei IBM sagen: „Ich hoffe, dass das die beste Lösung für Sie als Kunden ist." – „Je nachdem, wie es läuft, sind wir ungefähr in sechs Monaten fertig." – „Ich glaube, Ihnen damit im Augenblick bei dem derzeitigen Stande die beste Empfehlung gegeben zu haben." – „Genau? Genau kann man es nie sagen. Wollen Sie, dass ich einen unserer Nobelpreisträger frage?" Die richtigen Menschen (meist dann Manager) werden bei solchen kleinmachenden Äußerungen ganz nervös. Sie erwarten Aussagen wie diese: „Ich bin der Chefarchitekt und es wird gemacht, was ich sage." Oder: „Meine Empfehlung ist gleichzeitig die der IBM." Dann wüsste doch ein richtiger Mensch, woran er wäre! Genau so will er es hören! Aber diese weiche Zurückhaltung der Gurus! Verstehen die denn nun wirklich, wovon sie so weich reden? Und dann versuchen sie es ein letztes Mal mit dem Guru: „Können Sie garantieren, was Sie sagen? Geben Sie Ihr Wort?" – „Bei solchen Sachen kann man nie etwas garantieren. Es ist immer ungewiss, was kommt."

Die Seismographen des Gurus zittern. Der Fachmann soll nämlich schwören, dass seine Intuition, also der Output aus seiner Black Box, objektive Wahrheit ist. Das kann er nicht. Die Seismographen des Managers schlagen wild aus. Sie erwarten vom Guru, dass er nur in seinem PC-Hirn nachschauen soll, ob da gespeichert ist, ob es richtig ist oder nicht! Der Manager sieht ihm beim angenommenen Nachschauen zu: Da scheint nichts zu stehen! Ist er denn dann ein Guru?!

5. Die injizierte Fragmentierung des wahren Menschen (Leiden unter dem Diktat des Systems)

Wenn nicht einmal Sigmund Freud etwas mit Intuition anfangen kann!

Das in der Gesellschaft dominierende analytische, zerteilende Denken ordnet die normale Welt in Rahmen und Schemata. Wir benehmen uns jeweils in verschiedenen Situationen anders. In der Oper, während einer Sitzung, am Strand.

Menschen liegen mit unansehnlichen, weiß-roten Bäuchen in der Sonne. Am nächsten Tage mobben sie jemanden, der ohne Krawatte zur Besprechung erscheint. Menschen sprechen am Sonntag das Glaubensbekenntnis, um sich beim Mittagessen danach hässlich zu streiten. Eltern erklären Kindern Abstinenz und Fleiß und stecken sich danach eine Zigarette an.

Ein ganzheitlicher Mensch findet dieses Verhalten in Rahmen oder Schemata nicht tolerierbar. Er bemüht sich, ein einziger, einsichtiger Mensch zu sein. Wenn er nicht an Gott glaubt, wird er dies nicht behaupten wollen, auch wenn der Papst ihn danach fragt. Wenn ein Produkt fehlerhaft ist, wird er dem Kunden nicht verkaufen wollen, es sei perfekt.

Das Rollenverständnis der richtigen Menschen würde solche Verhaltensweisen erlauben. Es gehört zu gutem Benehmen, dem Papst zu sagen, man glaube an Gott. Was der richtige Mensch zu Hause tut, ist eine andere Sache. Es gehört sich für einen Verkäufer, sein Produkt zu loben. Es spielt keine Rolle, was es für ein Produkt ist. Der Verkäufer verkauft. Was wäre das für ein Verkäufer, der vom Kaufen abriete? Wäre er nicht illoyal? Der richtige Mensch im System bezieht sich sehr stark auf die jeweilige Situation und auf seine Rolle in dieser Situation.

Der wahre Mensch ist nach Möglichkeit immer derselbe. Er nennt das „authentisch". Der wahre Mensch hasst das Spielen verschiedener Rollen in verschiedenen Situationen. Er klagt richtige Menschen dieses Verhaltens an: „Warum sagst du einmal so und dann anders?" – „Es ist eine andere Situation!" – „Nein, es ist genau dieselbe Sache."

Richtige Menschen sagen: „Das ist etwas ganz anderes."

Wahre Menschen sagen: „Entweder immer so oder immer so. Entscheide dich."

Natürliche Menschen meinen: „Ich sage, was mich weiterbringt."

Die Gesellschaft zwingt den wahren Menschen in vielen Situationen, sich „anders" zu benehmen. Er muss JA sagen und lächeln, wenn hohe Würdenträger erscheinen. Er soll im Angesicht einer Macht seine Idee hintan stellen. Das heißt nicht, seine Idee zu verraten, das verlangt niemand. Nur – wenn die Macht erscheint, huldigt man ihr. Das ist Systembefriedigung und Systemverehrung. Wahre Menschen aber sehen das Erscheinen der Macht als einzige Gelegenheit, ein Gesuch zu Gunsten ihrer Idee vorzubringen. Sie versuchen, die Mächtigen zu missionieren, die ihrerseits aber als Vertreter des Systems Huldigung verlangen. Die wahren Menschen verlangen von der Macht Respekt vor ihrer Idee.

Ein Beispiel: Wenn der Vorstandsvorsitzende kommt und die Mitarbeiter fragt, ob sie glücklich sind, dann nicken alle richtigen Menschen, weil es im Sinne der Systembefriedigung angebracht ist. Die wahren Menschen aber melden sich zu Wort und bringen Missstände zur Sprache, also Lebensumstände im Unternehmen, die gegen die wahren Ideen verstoßen. Wahre Menschen wollen partout immer ganz sie selbst bleiben!

Die Gesellschaft aber verlangt zerteiltes Denken und Handeln in Schemata und Rahmen. „Dies ist nicht der richtige Rahmen, das jetzt zur Sprache zu bringen!", zürnen die richtigen Menschen. „Sie fallen mit Ihrer fixen Idee schon wieder aus dem Rahmen und nerven an Stellen, an denen Ihre Idee nichts zu tun hat!"

Die wahren Menschen sehen aber den Leitstern, ihre Idee, überall. Wenn sie sie nicht zeigen dürfen, weil die Gesellschaft „angeblich so funktioniert", fühlen sie, dass sie ihre Idee verleugnen sollen. Sie fühlen sich wie Petrus am Morgen, als er Jesus drei Mal verleugnet hatte. Sie fühlen sich vom System in Stücke zerrissen. Sie wurden in gewisser Weise selbst fragmentiert.

Sie verstehen nicht, wie an einem Tag die Mitarbeiter das Wertvollste sind, am andern tausend von ihnen entlassen werden. Sie verzweifeln, wenn prinzipiell der Teamgeist beschworen wird, am andern Tag die „notwendigen Härten" Vorrang haben.

Wahre Menschen verstehen im Allgemeinen das zerteilte Denken nicht. Sie werden selbst nicht in ihrer Ganzheit verstanden. Deshalb sind wahre Menschen sehr oft tief zermürbt und bestürzt über etwas, was sie aus ihrer Sicht „Heuchelei, Bigotterie, Scheinheiligkeit, Doppelgesichtigkeit, Kadavergehorsam, Betrug, Hinterhältigkeit, Gemeinheit" nennen. Und jedes Mal schlägt ihr Flash-Mode-System aus: Ihre Idee ist in Gefahr! Sie selbst sind in Gefahr!

So schlägt die Gesellschaft oder das System unaufhörlich die Krallen in den wahren Menschen.

6. Sehnsuchtsvolle Energieverwendung für die jeweilige Ganzheit

Wahre Menschen folgen ihrem Leitstern. Was soll ich da lange erklären?

Am besten hat es der Dichter und Flieger Antoine de Saint-Exupéry ausgedrückt:

Wenn du ein Schiff bauen willst,
so trommle nicht die Männer zusammen,
um Holz zu beschaffen
und Werkzeuge vorzubereiten
und Aufgaben zu vergeben –

sondern lehre die Männer die Sehnsucht
nach dem endlosen, weiten Meer ...

Diese Formulierung taucht auf endlos vielen Präsentationsfolien für Manager auf. Ich höre dieses Zitat in Vorträgen bis zum absoluten Überdruss. Trotzdem bekomme ich beim Eintauchen in seinen Sinngehalt so etwas wie sehnende Gänsehaut, was bei mir sehr selten bei Texten ist. Ich schaue dann am Verhandlungstisch in sehr sanfte, helle Augen und ganz viele leere. Ich habe das Empfinden, dass die Reaktion eines Menschen auf diesen einen Satz des träumenden Dichters fast immer enthüllt, ob er ein wahrer Mensch ist. Wahre Menschen leuchten innerlich beim Lesen dieses Satzes auf. Richtige Manager vergeben natürlich Rollen und Aufgaben, sorgen für Geld und Werkzeug. Natürliche Menschen „verstehen" ein wenig, hätten aber den Schlussteil des Satzes lieber anders, etwa: „... sondern verrate den Männern, dass wir Abenteuer erleben werden."

Den richtigen Menschen treibt Disziplin im System.

Den wahren Menschen rührt der Traum. Ihn erfüllt die Sehnsucht. Sein Leitstern zieht ihn hinan.

7. Der reine wahre Mensch und der Ideenbefriedigungstrieb

Ein System will verehrt werden und verlangt Huldigung. Es induziert eine Art Systembefriedigungstrieb im Menschen.

Das Gleiche sehen wir bei Ideen. Jemand kann geradezu eine „fixe Idee" haben, an der er unbedingt und unter allen Umständen festhält. Sie zwingt eine ganze Persönlichkeit unter ihre Macht.

Den Ideenbefriedigungstrieb treffen wir am ehesten, wenn wir von Idealisten eine Unreinheit, also eine Ausnahme, erbitten.

Wird ein eingefleischter Nichtraucher einmal nach einem Prachtdinner zum Digestif eine angebotene Havanna rauchen? Wird ein Wissenschaftler ohne Murren etwas komplett Unlogisches tun, weil alle anderen im Raum es für sinnvoll halten? Kann ein Computerfreak aus freiem Willen nach Hause gehen, ohne dass er den Fehler in seinem Programm berichtigt hat oder die Absturzursache kennt?

Das Lebenssystem, hier eben eine Idee, verlangt genauso Unterordnung wie das System.

Meine Frau, selbst eher ein Pflichtmensch, kann nicht verstehen, dass ich nicht schlafen kann, wenn mein Computer unbeherrschbare Mucken hat. Ich bin ja Techie – und eine Computermacke ist demütigend. „Du bist nicht der Experte!", sagt es in mir. „Versager!"

Ich habe einen neuen Computer bekommen. Einen sehr leistungsstarken, aber winzig klein und nur etwas mehr als ein Kilo schwer. Den hat mir meine Firma als Zweitgerät zum Reisen und Bücherschreiben im Zug präsentiert. Ich war so stolz, als ich ihn das erste Mal mitnahm! Ich probierte im Hotel am Vorabend kurz meine Präsentation aus. ZACK! Absturz. „Internal Error." Das ist ziemlich furchtbar. Nach drei Stunden und zehn Abstürzen habe ich den Computer mit dem Netz verbunden und die Programme neu installiert. Das Laden ins Hotel dauerte sechs Stunden. Um halb vier in der Nacht war alles fertig. ZACK! Absturz. „Internal Error." Ich probierte, ob alle anderen Präsentationen laufen würden. Manche ja! Andere? ZACK! Ich vermutete, die großen Datensätze würden nicht laufen, dann hätte ich Speicherprobleme. Aber es liefen manche winzige Präsentationen ebenfalls nicht. Das Problem war in alten und in neuen Datensätzen, nicht aber in ganz alten. Ich legte mich ins Bett und grübelte. Fünf Uhr in der Nacht! Damit Sie mich richtig verstehen: Ich hatte ganz am Anfang eine schwach andere Vortragsversion auf dem Computer gefunden, die reibungslos lief. Es war nicht in Frage gestellt, dass ich meine Rede halten könnte! Es ist das neuronale Netz in mir, das offenbares „Nichtwissen" oder besser offenbare Widersprüche in meinen Sachkenntnissen nicht erträgt. Um sechs

Uhr fiel mir im Halbschlaf ein, dass alle Präsentationen, die defekt waren, ein bestimmtes Bild enthielten. Probe! Noch einmal! Es stimmte. Aufatmen. Tief durchatmen. Ich habe bis um sieben Uhr alle Datensätze repariert. Dieses eine Bild war beim Übertragen aller Datensätzen in den neuen Computer konsistent korrumpiert worden. Das war die Lösung. Verstehen Sie diese tiefe Befriedigung, zum Hotelfrühstück zu gehen, im Bewusstsein, dass alles in Ordnung ist und dass ich wirklich alles verstehe?

Sie verstehen mich wahrscheinlich nicht. Ich habe dieses Phänomen mit Ehefrauen von Freaks aus unserer Firma diskutiert. Alle Ehefrauen waren so grässlich gefühllos in dieser Sache wie meine eigene Frau. Die sagt: „Du hast bisher jedes Problem am Computer gelöst. Wenn du das weißt, kannst du dir vertrauen. Deshalb kannst du ruhig schlafen und es nach deiner Rede im Zug nach Hause regeln. Was du tust, ist exzessiv dämlich." Niemand versteht mich! Es ist Ideenbefriedigung eines Experten, der um seines Lebens willen das Gefühl haben muss, alles im Griff zu haben.

Ihr anderen Menschen mögt euch sorgen, wenn Kinder nachts nicht nach Hause kommen! Die habe ich nie, denn sie kommen *immer* wieder, nur *zu spät*! Ihr anderen Menschen mögt verrückt werden, wenn der Nachbar am Samstag nicht die Straße fegt! Das habe ich nicht! Mag er später fegen! Aber mein Computer muss funktionieren – und ich muss immer sofort Missverständnisse mit anderen bereinigen, weil ich die Widersprüche nicht aushalte. Es sieht aus wie Systembefriedigung, ist aber reine Angst. Diese Angst bricht aus, wenn in meinem neuronalen Netz im Rechts Dinge berechnet werden, die im Links offenbar unlogisch sind.

Ich halte es nicht wirklich aus, wenn das Rechts dummes Zeug berechnet. Wenn meine Intuition den Computer nicht versteht – wenn meine Intuition nicht Harmonie in meinen Beziehungen schafft, dann steigt Angst hoch, dass etwas in mir nicht stimmt. Im Rechts. Ich blieb also die Nacht mit dem Computer auf, weil ich mich selbst reparieren musste (rechts), nicht den Computer. Bitte verstehen Sie das. Es ist Ideenbefriedigung.

Reine wahre Menschen werden nur durch Sehnsucht getrieben. Sie werden nicht intolerant, fanatisch oder zu fundamentalistisch gegen sich selbst und gegen die, die sich nicht zusammen mit ihnen unter den Schirm ihrer reinen Idee stellen wollen.

IX. Der natürliche Mensch und sein Impulssystem

1. Natürliche Menschen

Nun wird es Ernst mit dem natürlichen Menschen. Ich versuche mich hier einmal an einer Definition. Vorher muss ich aber etwas beichten:

Der Betriebsarzt, der die IBM-Executives ganztägig untersucht, hat den von mir ausgefüllten Vorfragebogen studiert und mit drohender Miene auf den Eintrag „Sport: ———" gedeutet. „Keinen Sport? Ich meine, wenn Sie eine halbe Stunde in der Woche etwas tun, sollten Sie es hier eintragen. Ein Strich im Formular sieht hässlich aus. Ändern Sie das bitte?" Ich dachte nach und schüttelte sachte den Kopf. „Nein." – „Aber ein bisschen?" – „Ich arbeite ein paar Tage im Jahr richtig tierisch im Garten, weil wir zu viele Bäume haben, aber sonst nichts." – „Achten Sie nie auf Ihren Körper?" – „Doch, ja." – „Und spüren Sie, was er will?" – „Er will nichts. Er sitzt ruhig dabei, wenn ich Bücher schreibe." – „Und was sagt Ihre Familie?" – „Kennen Sie den Dialog von einer Frau mit ihrem Mann von Loriot, wo der Mann immer beteuert, er wolle in Ruhe im Sessel sitzen, die Frau ihm aber das ganz Entscheidende raubt, nämlich Nerven und Ruhe?" – „Aber Ihr Körper! Ihre Blutwerte sind ganz o.k., der Blutdruck hervorragend, Sie können ihn doch nicht ganz verkommen lassen ..."

Ich möchte damit sagen, dass ich das Gefühl habe, jetzt über etwas schreiben zu müssen, was mir nicht ganz geheuer ist. Ich komme an Grenzen. Das ist bei allen Psychologen und Philosophen so, oder wenigstens bei fast allen. Sigmund Freud kennt Intuition nicht wirklich, C. G. Jung hält das Denken gegenüber dem Fühlen für überlegen und ist selbst eindeutig Denker. Ich selbst bin intuitiver Denker und lästere eher über Systemmenschen, habe aber im Management so viele *gute* davon in der Nähe, dass ich sehr eingehend feststellen kann, wo die Unterschiede liegen. Ich bin selbst also nicht neutral und verhalte mich auch normalerweise nicht neutral, aber ich glaube von mir selbst, dass ich das weiß und dieses Wissen ein bisschen ausstrahle. Ich selbst fühle mich als Intuitiver richtig gut! Das war nicht immer so. Als Junge war ich „anders" als ein normales Kind. Nun aber, wo ich das Intuitive an mir endlich schätze, weil es mir bewusst wurde, bin ich sicher nicht zu sehr „gegen die anderen" eingestellt. Ich möchte in diesem Buch dem Titel„*Omnisophie* gerecht werden und eben „alles" beleuchten, ob ich es mag oder nicht, ob ich es verstehe oder nicht.

Natürliche Menschen verstehe ich eventuell nicht richtig. Diese könnten sagen: „Sunshine rules. Wenn die Sonne scheint, gehe ich an die frische Luft, nehme Urlaub! Die Farbe des Lichtes, die Stimmung des Körpers regiere den Terminplan, nicht der Boss!" Ich selbst aber gelte als „ausgeglichen". Ich merke beim Schreiben nicht, ob die Sonne scheint oder nicht. Ich schaue ja auf die Wörter oder ich träume neue Gedanken.

Also: Ich bin jetzt gezwungen, über etwas zu schreiben, was ich nicht genau zu verstehen glaube. Und jetzt los! Wissen Sie, was ich spüre? Mein Körper mault und zuckt. Er mag nicht, dass ich das tue. Er will, dass ich einen Kaffee am Automaten ziehe. Das macht er immer, wenn ich die Souveränität verliere. Viel Kaffeetrinken ist nicht schädlich, aber wenn ich unbedingt viel Kaffee trinken *will*, dann war da etwas Schädliches, glaube ich.

Ich habe also einen Körper. Er zuckt öfter. Aber er zuckt nicht bei Sonne oder bei Beleidigungen, da bin ich relativ ausgeglichen. Er zuckt, wenn dieses Buch nicht vorankommt oder, noch schlimmer, wenn er spürt, dass einzelne Seiten schlecht geschrieben sind. Dann drückt er mich wie ein Alp. Mein Körper steht also mehr im Dienst der Idee. Er zuckt bei Unreinheit oder bei Unwahrem. Richtige Menschen stellen das Seismographensystem in den Dienst des Systems. Ich habe meines für die Idee abgerichtet.

Es gibt aber noch eine andere Strategie. Die des natürlichen Menschen. Ich versuche einmal zu schreiben, wie ich mir das denke. Los! Ich muss doch auch schreiben können, wovon ich nichts zu verstehen glaube. Das müssen viele Leute tagtäglich tun!

Ich meine also:

Natürliche Menschen sind diejenigen, die sich unter das Primat des Willens stellen.

Der Wille des Menschen „sitzt in seinem Leib".

Das ist schon eine schöne Definition, die mir jetzt nur noch übrig lässt, den Willen zu erklären.

2. Der Wille des Menschen als Zielpunkt eines Anzeichenalarms

Der Wille hat ein Ziel.

Das Wort *Ziel* kennen die anderen Menschen auch. So meine ich es nicht. Deshalb formuliere ich es anders, um den Begriff abzugrenzen:

Der Wille hat einen Fokus, einen Brennpunkt.
Der Wille ist ein gleichzeitiges Aufblitzen eines Super-Anzeichens eines Identifizieres zusammen mit der sofortigen Mobilmachung des Menschen in diejenige Richtung, deren Fackelträger das Zeichen ist. Dieses Zeichen symbolisiert ein Willensziel, das jetzt mit fokussierter Bewegung angesteuert wird.

Der Wille wird nach meiner Vorstellung durch stärkere Impulse des Flash-Mode-Systems ausgelöst. Ein „Super-Anzeichen" zeigt eine Chance, eine Jagdbeute, einen „Schatz" oder auch eine Gefahr an. Der Körper wird dadurch stark durch einen Seismographen erschüttert, der die Nähe von „Gold" anzeigt. Der Wille mobilisiert nun die Kräfte und strebt dem zu, was durch das Anzeichen symbolisiert wird.

Ich denke mir – so:

„Mir bot sich die Chance, einmal nach Neuseeland zu kommen. Ich brach meine Lehre ab und ging auf das Schiff." – „Es war nicht beim ersten Mal. Ich hatte San Francisco schon oft im Fernsehen gesehen. Aber diesmal spürte ich körperlich, dass ich dort hingehöre. Ich zog um, auch zu meiner eigenen Überraschung." – „Ich sah in der kleinen Firma die Riesenchance, aus ihr ein nationales Unternehmen zu machen. Ich tat es. Ich musste es tun. Niemand durfte mir damals in den Weg treten." – „Ich wusste plötzlich: Das wird meine Frau. Ich habe nicht locker gelassen. Sie war nicht einfach zu haben. Bald feiern wir Silberhochzeit." – „Ich war bei IBM ein kleines Licht als Vertriebler. Da sah ich plötzlich die Chance meines Lebens. Ich habe alle meine Arbeit liegen gelassen und meine ganze Karriere auf diesen einen Großauftrag verwettet. Ich habe den Kunden alle Tage umworben und gedrängt. Ich schaffte einen zwanzigfach höheren Umsatz und bekam zwanzig Jahresgehälter. Es geht nicht um das Geld. Da könnte ich aufhören. Es ist das Fieber in dir, weißt du? Du bist jetzt Großwildjäger, nicht so ein Büroheini. Ich will es noch einmal wissen, noch größer. Es ist mit nichts zu vergleichen, wenn du Blut geleckt hast. Es ist nicht der Erfolg am Ende. Es ist das Ringen. Dann bist du ganz du selbst. Kennst du Moby Dick?" – „Ich wusste, dass ich Weltmeister werden würde. Jede Faser in mir wollte das. Ich trainierte wie ein Wahnsinniger. Ich war besessen. Und ich wurde Weltmeister. Ich habe dann sofort Einbrüche gehabt. Ich war verzweifelt. Alles stürzte ab. Heute weiß ich, was passiert ist. Das Ziel war erreicht. Ich wollte Weltmeister werden. Schade. Mein Körper wollte nicht mehr. Nur Weltmeister. Dann erlosch alles in mir. Mein Körper hätte darauf brennen müssen, Rekordmeister zu werden. Dann wäre ich es heute. Du kannst leider den Willen nicht neu entfachen. Wenn du das Ziel erreicht hast: game over. Du kannst deinen Körper nicht zwingen, noch einmal so etwas zu fühlen wie das Einschießen der ersten Liebe zu einem Ziel. Das geht nicht von außen. Das muss der Körper irgendwoher empfangen. Ich habe es nie mehr gehabt, dieses Brennen. Over." – „Als ich schließlich Chef der Firma war, hatte ich einen echten Einbruch. Ich konnte nichts mehr dazugewinnen. Ich war oben. Ich wollte aber nicht mehr hinunter. Nie mehr hinunter. Ich habe eine Menge Disziplin aufbringen müssen, um nicht wieder nach unten zu müssen. Die Arbeit war nie wieder wie damals. Aber ich blieb oben." – „Ich jagte diesen Mann durch den ganzen Wilden Westen. Der Wille brannte immer stärker. Alles habe ich opfern müssen. Ich wollte ihn nur bezwingen. Sieg! Ihr versteht mich nicht. Keiner versteht mich, ihr dummen Hunde, die ihr alle sagt: Was hast du davon. Bezwingen! Dort, seht ihr? Dort! Dahinten haben wir uns duelliert. Hier – seht ihr – ist meine Narbe, es war derb schlimm. Er lachte damals, als er fortritt. Ich bin dann hier geblieben. Wo sollte ich hin." – „Ich habe meine Beine an diesem Berg gelassen. Erfroren. Ich habe mir geschworen, ihn im Rollstuhl oder wie immer zu bezwingen. Ich war schließlich im Rollstuhl oben. Nun bin ich ruhig. Er hat meine Beine bekommen, aber ich trat auf seine Spitze."

So sind natürliche Menschen. Sie werden durch ein Ziel wie magisch angezogen. Der Seismograph hat sie elektrisiert. Er hat den Willen entfacht, der unermüdlich die Bewegung auf das Ziel hin mobilisiert. Alles gerät unter Strom. Der Wille ist unbedingt. „Ich will das unbedingt." Der Wille *hasst* Bedingungen! („Du bekommst deinen Willen, aber es kostet dich ..."). Wille kann furchtbar stark sein, so dass die Zielerreichung kosten kann, was sie will. Wille setzt alle Hebel in Bewegung. Wille nimmt keine Rücksicht auf andere Ziele oder auf Ziele anderer. Keine Rück-Sicht. Keinen Blick zurück auf die abgebrochenen Brücken. Der Wille ist fokussiert auf seinen Brennpunkt: das Ziel.

Wir *anderen* haben ebenfalls unseren Willen. Er flammt auf. Aber dann sehen wir die Mühen, der Verstand präsentiert uns ein paar Zahlen oder Gegenargumente. Etwas in uns zählt eins und eins zusammen. Wir sehen Chancen und Risiken. Wir vergleichen und prüfen unsere Optionen. Dann sehen wir alles realistischer und nüchterner. Wir beginnen, alle Schwierigkeiten zu sehen, die sich unserem Willen entgegensetzen werden. Wir machen einen Plan. Aber der Wille erkaltet dabei. Wer einen Plan hat, ist nicht heißspornig.

Der Wille der natürlichen Menschen soll nicht erkalten. Ich sehe es so: Ein Blitz-Impuls einer Chance trifft den natürlichen Menschen. Der Wille ist jetzt wach. Dieser Anzeichen-Impuls definiert ein Ziel des Willens. Der natürliche Mensch ruht erst, wenn das Ziel erreicht ist. Zwischendurch scheint er die anderen Impulse nicht wirklich zu spüren. („Ach, das wollte ich ja auch erledigen – ja, ich hatte es versprochen. Ich habe es einfach in der Hitze des Gefechtes vergessen.") Deshalb erscheinen natürliche Menschen oft unzuverlässig. Oder sie scheinen nur das Ziel im Auge zu haben und die Restwelt zu vergessen.

Beispiel: Da sieht man reife, dicke Brombeeren tief in einer Hecke, die Früchte an der Wegeseite sind schon alle gepflückt. Der richtige Mensch bleibt stehen, sieht die Dornen, rechnet die Chancen aus, zuckt betrübt mit den Achseln und geht weiter, ohne Bedauern. Ebenso geht er am Dornröschenschloss vorbei. „So viele ließen bereits ihr Leben hier!" Es lohnt sich nicht. Das natürliche Kind streckt seine Händchen durch die Brombeerdornen und probiert. Es sammelt Stöcke, um Triebe zur Seite zu biegen. Es versenkt sich in einen Kampf. Er wird eine Stunde dauern. Das Kind wird die Beeren alle essen. Es bringt zerkratzte Beine und einen Riss im T-Shirt mit heim. Es hat Flecken von einer Art, die Mütter verzweifeln lässt. Die Schuhe haben Schrammen im Leder. Das Kind aber ruht im Sieg. Es hört die Eltern nicht.

Der richtige Mensch möchte säen und ernten.

Der natürliche Mensch will bezwingen.

Zum Bezwingen darf der natürliche Mensch nicht zu viele Anzeichen-Identifizierer in sich haben, die ihn „zur Vernunft bringen wollen" und ihn womöglich in der Zielerreichung unterbrächen. Etwas in ihm verschiebt die Prioritäten ganz auf das Gewollte. Er spürt hindernde Impulse unter Willen nicht mehr oder nur kaum.

Er wird die Schmerzen erst spüren, wenn das Ziel erreicht ist. Dann löst sich der Wille in süße Ruhe auf. Der Körper entspannt.

Wille ist Seismographen-induzierte Bewegungsenergie, die sich bei Zielerreichung auflöst. Der Wille muss neu angestachelt werden, nachdem er erlahmte. Die starke Bewegung ist möglich, weil die Gegenseismographen so lange nicht wahrgenommen werden, wie der Kampf dauert. Der Körper des Wollenden ist also in ungebremster Bewegung, in voller Dynamik, die genau auf das Ziel steuert. In diesem Zustand fühlt sich der Mensch eins mit sich. Nichts lenkt ab. Das fühlt sich an wie Flow oder Glück.

3. Wille, Disziplin, Idee sind je eines, nicht zwei, nicht drei – oder doch?

Richtige Menschen bekommen in der Regel ihre Ziele vom System. „Mach' Abitur!" – „Zehn Prozent Mehrumsatz ist Pflicht!" Der richtige Mensch geht an die Erfüllung einer solchen Aufgabe. Das Erfüllen dieser Aufgabe ist sein so genanntes Ziel. Es ist aber nicht Ziel seines Willens im engeren Sinne, es ist Gegenstand seiner Pflicht. Es könnte sich beim Lösen der Aufgabe oder beim Erfüllen der Pflicht herausstellen, dass vorher nicht erkannte Umstände Schwierigkeiten machen, so dass sich die Aufgabenerfüllung unangemessen verteuert. Dann würde der richtige Mensch das System darauf hinweisen und gegebenenfalls die Aufgabenerfüllung abbrechen. Es gibt auch richtige Menschen, die eine völlig als sinnlos erkannte Aufgabe wie in Nibelungentreue abarbeiten, weil sonst ihre Ehre in Gefahr käme oder Strafe drohte. So folgen die richtigen Menschen Plänen und Umständen, nehmen Rücksicht auf alles und haben statt des unendlichen Willens auch gelegentliche unbedingte Grundsätze, denen sie treu sind. Dieses Unbedingte gegen das Bedingte würde dann unverbrüchliche Treue, eiserne Disziplin oder absolute Loyalität heißen, nicht Wille. Treue, Disziplin oder Loyalität speisen sich aus Energien, die durch *systemgesetzte* Seismographen freigesetzt werden.

Richtige Menschen nennen Willen oft blind, bedenkenlos, unbedacht, gierig, schrankenlos, über die Grenzen schießend, unbeherrscht, unberechenbar – eben von einem System nicht fassbar, kontrollierbar oder vorhersehbar. Solcher Wille sieht sich als „frei", eben frei vom System oder von einer Idee.

Der Wille ist unmittelbar da. Der richtige Mensch aber setzt sich selbst nach einer Entscheidungsprozedur ein Ziel und versucht sich dann anzuspornen, das Ziel auch zu erreichen. Er denkt also erst und befiehlt dem Körper, die beschlossene Aufgabe zu erfüllen. Das heißt: Der Verstand befiehlt dem Körper. Danach bringt der Körper den Willen für die Aufgabe auf. Den Willen für eine befohlene Aufgabe aufzubringen, heißt Gehorchen oder Dienen. Der richtige Mensch befiehlt das Vernünftige und gehorcht sich selbst. Er diszipliniert damit den Willen unter das Diktat der Vernunft. Aus der Sicht des richtigen Menschen *erscheint* also der Wille wie zweigeteilt, in sich selbst befehlen und sich selbst gehorchen. In Wirklichkeit kennt der richtige Mensch seinen Willen nur als Diener der Vernunft. Wille aber als Diener der Vernunft nenne ich hier Disziplin. Disziplin oder Pflichtbewusstsein gehorcht der Vernunft, dem Befehl des Systems oder der linken Gehirnhälfte. Wenn die Pflicht aus Neigung ausgeübt wird, wenn der Mensch also Pflicht *gerne will*, so hat sich sein körperlicher Wille quasi in die Vernunft aufgelöst. Er ist Teil der Vernunft geworden. So verlangt es der kategorische Imperativ von Kant. Der richtige Mensch besiegt also den ursprünglichen Willen in sich. Er überwindet Zustände, in denen der Wille sich an etwas heftet, was die Vernunft verurteilen würde. Der richtige Mensch wird besonnen. Er ist jetzt der „reine" richtige Mensch.

Für den natürlichen Menschen ist der Wille ungeteilt, also eins. Er ist damit oft sehr viel stärker und energiegeladener als die Disziplin. Denn die Vernunft befiehlt sozusagen leichten Herzens wie ein abgehobener Herrscher. Aber der Körper muss erst gezwungen werden, die Energie aufzubringen. Es ist ein erheblicher Unterschied in der Energiestärke, ob der Wille der Herr über die Vernunft oder Diener derselben ist. Die Vernunft mag bessere, vernünftigere Ziele haben als der unmittelbare Wille. Aber der blanke Wille hat mehr Kraft und Entschlossenheit.

So strotzt der freie Wille vor Schaffenslust. Die Vernunft dagegen optimiert die Energie, mag aber Probleme haben, sie freizusetzen. Der freie Wille ist eins mit dem natürlichen Körper. Die Disziplin ist eins mit dem Befehlenden der Vernunft oder des Über-Ich oder des ES.

Und die wahren Menschen? Sie stehen unter einer Verfassung, einer Idee, einem Grundgesetz, einer Bergpredigt, die in wenigen Sätzen andeutbar sind. Wahre Menschen leben nicht unter Vernunft, sondern unter intuitiver Einsicht. (Ich interpretiere selbstherrlich Einsicht wie EIN-Sicht, eine ganzheitliche Sicht.) Einsicht ist unmittelbar. Das neuronale Netz sagt: Ja oder Nein. Ganzheitliche Einsicht ist *nicht* ein Kompromiss des vernünftigen Denkens über alle Umstände, sondern eben der unmittelbare Output des Netzes.

Verstehen Sie diese Aussage zu den wahren Menschen? Da ich selbst einer bin, verstehe ich etwas davon. Und ich schwöre, dass für mich Einsicht ein Eins ist und das Handeln mit der Einsicht eins ist. Ich irritiere offensichtlich meine Umgebung damit. Sie rechtfertigen sich und diskutieren mit mir, sie wollen und fordern. Und schließlich sage ich: „Gut, das sehe ich ein. Nun geh. Ich muss etwas anderes tun." Dann stehen sie da! Völlig entsetzt. Und sie zetern weiter. Und ich sage: „Geh! Ich will es nicht weiter bereden!" Und sie schreien: „Ich will nichts einsehen, ich will, dass es getan wird!" Und dann staune ich und entgegne: „Ich tue es ja. Ich tue immer, was ich eingesehen habe." – Und sie schütteln den Kopf: „Das ist nur der erste Teil: einsehen. Danach muss man gehorchen." – „Nein! Nein!", erwidere ich. „Einsehen und Tun ist eines." Sie glauben mir nicht.

Mein Zahnarzt aus Gaiberg sagte mir neulich, ich müsse nun die und die Kur für mein Zahnfleisch als Prophylaxe über mich ergehen lassen. Er schaute meinem zweifelnden Blick entgegen und seufzte. Dann setzte er sich neben mich und erklärte mir naturwissenschaftlich die Zusammenhänge. Ich nickte und sagte, ich würde es verstehen und einsehen (einsehen = wahr finden). Da war er erleichtert. Er meinte: „Ich habe Ihnen schon so oft etwas geraten. Sie schauen immer erstaunt und zweifeln und denken nach. Sie tun aber nicht, was ich sage. Irgendwann habe ich gemerkt, ich müsse es Ihnen so lange erklären, bis Sie sagen, Sie sähen es ein. In diesem Moment bin ich sicher, dass es auch geschieht. *Sie sind merkwürdig*, nicht wahr? Anderen drohe ich einfach mit Krankheiten und sie machen, was ich will." Mein Zahnarzt Armin Senghaas hat mich entweder besser verstanden als die meisten in meiner Umgebung. Oder er hat herausbekommen, wie man mich behandeln muss. Er behandelt mich gut.

Ich habe als Manager dazu gelernt! So sage ich denn, hoffe ich, viel weniger oft: „Sehe ich ein." Ich bemühe mich, zu unterschreiben oder zu schwören, dass ich es tun werde. Das glauben die anderen mir halbwegs. Es sieht für sie wenigstens richtig aus.

Wahre Menschen beziehen ihre Energie aus Sehnsucht nach einem Ideal (etwa: Einsicht).

Wenn aber der Körper sich gegen Einsicht sträubt?

(Das tut meiner nicht. Aber Ihrer vielleicht?)

Ich glaube, der wahre Mensch lebt am besten so, dass sich seine Idee nicht zu stark mit dem Körper anlegt. Die richtigen Menschen finden ja ihre Eltern und ihr System als Über-Ich-Grundlage zum Einimpfen von Pflicht und Angstseismographen vor. Sie können nicht richtig wählen. Idealisten können sehr wohl aus vielen Möglichkeiten wählen. „Die Idee" ist individueller und flexibler als Universalvernunft. „Für mich ist das wahr" ist persönlicher als „Das ist richtig." Ich frage mich also: Wird jemand Vegetarier, der kein Gemüse mag und am liebsten Braten verzehrt? Wird jemand Mathematiker, weil er damit meint, Geld verdienen zu können? Zwingt sich jemand, Bilder zu malen? Gewöhnt sich ein Ungläubiger planvoll an Kirchgänge, damit irgendwann der Glaube über ihn kommt? Wahre Menschen lieben etwas und geben sich diesem hin. Wahre Menschen „gewöhnen" sich nicht disziplinierend an ihre Idee. Nein, sie lieben die Idee. Sie lieben das Lehrersein, das Arztsein – sie gewöhnen sich nicht daran. Sie fühlen sich dazu berufen. Sie leiden entsetzlich, wenn sie sich *nicht* berufen fühlen.

Da sie aber eben eine Wahl haben, da sich ihre Lebensidee langsam bis zum ersten Erwachsenenalter heranbildet, werden sie nicht so sehr mit dem Körper und seinem nackten Willen in Konflikt kommen. Der wahre Mensch fühlt sich eher vom System und dessen Vernunft bedroht, die sein Ichideal angreifen. Seine Alarmsensoren sitzen mehr um die Idee herum, nicht „am Körper".

Der Philosoph Arthur Schopenhauer hat in seinen Werken bekanntlich das Primat des Willens erklärt. Ich zitiere hier für Sie einige Passagen aus *Die Welt als Wille und Vorstellung*:

„In der Reflexion allein ist Wollen und Thun verschieden: in der Wirklichkeit sind sie Eins. Jeder wahre, ächte, unmittelbare Akt des Willens ist sofort und unmittelbar auch erscheinender Akt des Leibes: und diesem entsprechend ist andererseits jede Einwirkung auf den Leib sofort und unmittelbar auch Einwirkung auf den Willen: sie heißt als solche Schmerz, wenn sie dem Willen zuwider; Wohlbehagen, Wollust, wenn sie ihm gemäß ist. Die Gradationen Beider sind sehr verschieden. Man hat aber gänzlich Unrecht, wenn man Schmerz und Wollust Vorstellungen nennt: das sind sie keineswegs, sondern unmittelbare Affektionen des Willens, in seiner Erscheinung, dem Leibe ..."

Und weiter:

„Jeder wahre Akt seines Willens ist sofort und unausbleiblich auch eine Bewegung seines Leibes: er kann den Akt nicht wirklich wollen, ohne zugleich wahrzunehmen, daß er als Bewegung des Leibes erscheint. Der Willensakt und die Aktion des Leibes sind nicht zwei objektiv erkannte verschiedene Zustände, die das Band der Kausalität verknüpft, stehn nicht im Verhältniß der Ursache und Wirkung; sondern sie sind Eines und das Selbe, nur auf zwei gänzlich verschiedene Weisen gegeben: ein Mal ganz unmittelbar und ein Mal in der Anschauung für den Verstand. Die Aktion des Leibes ist nichts Anderes, als der objektivirte, d.h. in die Anschauung getretene Akt des Willens."

Und ebendort an anderer Stelle:

„Dieses Alles nun aber beweist, wie sehr sekundär, physisch und ein bloßes Werkzeug der Intellekt ist. Eben deshalb auch bedarf er, auf fast ein Drittel seiner Lebenszeit, der gänzlichen Suspension seiner Thätigkeit, im Schlafe, d.h. der Ruhe des Gehirns, dessen bloße Funktion er ist, welches ihm daher eben so vorhergängig ist, wie der Magen der Verdauung, oder die Körper ihrem Stoß, und mit welchem er, im Alter, verwelkt und versiegt. – Der Wille hingegen, als das Ding an sich, ist nie träge, absolut unermüdlich, seine Thätigkeit ist seine Essenz, er hört nie auf zu wollen, und wann er, während des tiefen Schlafs, vom Intellekt verlassen ist und daher nicht, auf Motive, nach außen wirken kann, ist er als Lebenskraft thätig, besorgt desto ungestörter die innere Oekonomie des Organismus und bringt auch, als vis naturae medicatrix, die eingeschlichenen Unregelmäßigkeiten desselben wieder in Ordnung. Denn er ist nicht, wie der Intellekt, eine Funktion des Leibes; sondern der Leib ist seine Funktion: daher ist er diesem ordine rerum vorgängig, als dessen metaphysisches Substrat, als das Ansich der Erscheinung desselben."

Für Schopenhauer ist der Wille unmittelbar und ungeteilt. Friedrich Nietzsche aber ist mehr der wahre Denker. Er beobachtet eher die Zweiteilung des Willens in Befehlen und Gehorchen. Ich zitiere ein ganzes Kapitelchen (19) aus *Jenseits von Gut und Böse*:

„Die Philosophen pflegen vom Willen zu reden, wie als ob er die bekannteste Sache von der Welt sei; ja Schopenhauer gab zu verstehn, der Wille allein sei uns eigentlich bekannt, ganz und gar bekannt, ohne Abzug und Zutat bekannt. Aber es dünkt mich immer wieder, daß Schopenhauer auch in diesem Falle nur getan hat, was Philosophen eben zu tun pflegen: daß er ein Volks-Vorurteil übernommen und übertrieben hat. Wollen scheint mir vor allem etwas Kompliziertes, etwas, das nur als Wort eine Einheit ist, – und eben im einem Worte steckt das Volks-Vorurteil, das über die allzeit nur geringe Vorsicht der Philosophen Herr geworden ist. Seien wir also einmal vorsichtiger, seien wir »unphilosophisch« –, sagen wir: in jedem Wollen ist erstens eine Mehrheit von Gefühlen, nämlich das Gefühl des Zustandes, von dem weg, das Gefühl des Zustandes, zu dem hin, das Gefühl von diesem »weg« und »hin« selbst, dann noch ein begleitendes Muskelgefühl, welches, auch ohne daß wir »Arme und Beine« in Bewegung setzen, durch eine Art Gewohnheit, sobald wir »wollen«, sein Spiel beginnt. Wie also Fühlen und zwar vielerlei Fühlen als Ingredienz des Willens anzuerkennen ist, so zweitens auch noch Denken: in jedem Willensakte gibt es einen kommandierenden Gedanken – und man soll ja nicht glauben, diesen Gedanken von dem »Wollen« abscheiden zu können, wie als ob dann noch Wille übrig bliebe! Drittens ist der Wille nicht nur ein Komplex von Fühlen und Denken, sondern vor allem noch ein Affekt: und zwar jener Affekt des Kommandos. Das, was »Freiheit des Willens« genannt wird, ist wesentlich der Überlegenheits-Affekt in Hinsicht auf den, der gehorchen muß: »ich bin frei, 'er' muß gehorchen« – dies Bewußtsein steckt in jedem Willen, und ebenso jene Spannung der Aufmerksamkeit, jener gerade Blick, der ausschließlich eins fixiert, jene unbedingte Wertschätzung »jetzt tut dies und nichts andres not«, jene innere Gewißheit darüber, daß gehorcht werden wird, und was alles noch zum Zustande des Befehlenden gehört. Ein Mensch, der will –, befiehlt einem Etwas in sich, das gehorcht oder von dem er glaubt, daß es gehorcht. Nun aber beachte man, was das Wunderlichste am Willen ist – an diesem so vielfachen Dinge, für welches das Volk nur ein Wort hat: insofern wir im gegebnen Falle zugleich die Befehlenden und Gehorchenden sind, und als Gehorchende die Gefühle des Zwingens, Drängens, Drückens, Widerstehens, Bewegens kennen, welche sofort nach dem Akte des Willens zu beginnen pflegen; insofern wir andrerseits die Gewohnheit haben, uns über diese Zweiheit vermöge des synthetischen Begriffs »ich« hinwegzusetzen, hinwegzutäuschen, hat sich an das Wollen noch eine ganze Kette von irrtümlichen Schlüssen und folglich von falschen Wertschätzungen des Willens selbst angehängt – dergestalt, daß der Wollende mit gutem Glauben glaubt, Wollen genüge zur Aktion. Weil in den allermeisten Fällen nur gewollt worden ist, wo auch die Wirkung des Befehls, also der Gehorsam, also die Aktion erwartet werden durfte, so hat sich der Anschein in das Gefühl übersetzt, als ob es da eine Notwendigkeit von Wirkung gäbe; genug, der Wollende glaubt, mit einem ziemlichen Grad von Sicherheit, daß Wille und Aktion irgendwie eins seien –, er rechnet das Gelingen, die Ausführung des Wollens noch dem Willen selbst zu und genießt dabei einen Zuwachs jenes Machtgefühls, welches alles Gelingen mit sich bringt. »Freiheit des Willens« – das ist das Wort für jenen vielfachen Lust-Zustand des Wollenden, der befiehlt und sich zugleich mit dem Ausführenden als eins setzt – der als solcher den Triumph über Widerstände mit genießt, aber bei sich urteilt, sein Wille selbst sei es, der eigentlich die Widerstände überwinde. Der Wollende nimmt dergestalt die Lustgefühle der ausführenden, erfolgreichen Werkzeuge, der dienstbaren »Unterwillen« oder Unter-Seelen – unser Leib ist ja nur ein Gesellschaftsbau vieler Seelen – zu seinem Lustgefühle als Befehlender hinzu. L'effect c'est moi: es begibt sich hier, was sich in jedem gut gebauten und glücklichen Gemeinwesen begibt, daß die regierende Klasse sich mit den Erfolgen des Gemeinwesens identifiziert. Bei allem Wollen handelt es sich schlechterdings um Befehlen und Gehorchen, auf der Grundlage, wie gesagt, eines Gesellschaftsbaus vieler »Seelen«: weshalb ein Philosoph sich das Recht nehmen sollte, Wollen an sich schon unter den Gesichtskreis der Moral zu fassen: Moral nämlich als Lehre von den Herrschafts-Verhältnissen verstanden, unter denen das Phänomen »Leben« entsteht."

Jetzt bin ich mit Ihnen Achterbahn gefahren. Was denn nun?

Ist der Wille eins mit dem Tun?

Oder wird der Wille noch einmal vor dem Tun von der Vernunft oder der Idee gecheckt?

Ist die Vernunft eins mit dem Tun?

Oder ist die Vernunft, vernünftig, das „Fleisch aber schwach"? Vernunft befiehlt – Körper will nicht?

Ist das Wahre unter der Idee eins mit dem Tun?

Oder strahlt das Ideal nur hell, während der Körper nicht kann oder „nicht für die Idee sterben will"?

Ist es eins, was da herrscht? Oder sind es zwei oder gar drei?

Das ist in jedem Menschen anders. In Schopenhauer ist der Wille das *eine*, das herrscht. In Nietzsches Vorstellung scheinen es zwei zu sein, einer, der befiehlt, und einer, der gehorcht. So mag die Vernunft befehlen, der Körper gehorchen – aber die Idee könnte dem Tun der beiden verächtlich den Rücken drehen. So befiehlt oft ein harter Herr und es dient ein unterwürfiger Knecht, aber das, was sie tun, entspricht nicht dem Ideal. In diesem Modell wären alle drei „dabei".

Die reinen richtigen Menschen stellen die Vernunft obenan. Der Wille dient der Vernunft und die Ideen schmücken die Vernunft aus. (Gesetze sind etwa Vernunft, Verfassungen aber enthalten die Ideen und sind leider oft nur Schmuck.) Wenn Vernunft absolut und unwidersprochen herrscht, dann ist Pflicht und Neigung identisch. Der Mensch wird durch den kategorischen Imperativ regiert und ist erlöst.

Die reinen wahren Menschen stellen eine möglichst große Leitidee obenan (Liebe, Einsicht, ästhetische Schönheit). Die Vernunft und der Wille sind ihre Hilfskräfte.

Die reinen natürlichen Menschen leben unter dem Primat des Willens. Die Erreichung des Ziels steht im Vordergrund. Vernunft dient. Ideen werden eventuell als Leitlinien akzeptiert.

Die Menschen, die zwei oder drei Herren haben, sind entweder „gemischte" oder auch „noch nicht fertige" Menschen, die fallweise wechselnde oder ungeklärte Herrschaftsverhältnisse in sich haben. Diese Menschen können große Teile ihrer Energie durch innere Kämpfe oder innere Synchronisation verlieren. Sie könnten eventuell oder im Einzelfall den reinen Menschen überlegen sein, wenn diese Synchronisation ohne allzu große Reibung gelingt und wenn die Energieverluste durch die Vorteile einer „Harmonie aller inneren Kräfte" mehr als aufgewogen werden. Für mich selbst scheinen Menschen, die mit etwa drei gleich starken Herrschern als Team reibungslos klarkommen, wie ein theoretischer Wunschtraum, damit die Philosophie eine formale Krone bekommt. Ich glaube nicht, dass es nennenswert viele „edle" gemischte Menschen geben kann. Es ist schon so schwer, die reinen drei Denkungsarten, also insbesondere die Vernunft in der Gemeinschaft, die Einsicht in das Wahre und den Willen für das Erstrebenswerte, in Einklang zu bringen! Aber dann sind ja da noch die widerstreitenden Seismographen des Es, des ES und des Ideenzwanges, die das ganze System nun völlig unüberschaubar machen können!

4. Training und Beherrschen des Flash-Mode

Die natürlichen Menschen versuchen, ihre Anzeichen-Identifizierer zu beherrschen und in den Dienst des natürlichen Lebens zu stellen. Sie trainieren die körperliche Geschicklichkeit, lenken ihre Kraft. Sie versuchen und probieren, fassen an, „begreifen", schütteln, drehen. Das sind die Kinder gewesen, die alles erforschen und untersuchen, eventuell kaputt machen. Sie suchen das Abenteuer und die Gefahr.

Das Leben des natürlichen Menschen dreht sich um das Bezwingen von Herausforderungen.

Wer ist der Stärkste unter den Jungen? Wer ist das Mädchen, das mit den Jungen „klarkommt", ihnen an Mut ebenbürtig ist, sie oft übertrifft? Wer triumphiert oft über Schwierigkeiten?

Als ich vorgestern schrieb, bei mir sei die Einsicht eins mit dem Tun und der Körper verbrauche gar nicht so viel Aufmerksamkeit, da wachte ich um drei Uhr in der Nacht auf. Es ist die Zeit, zu der mich oft neue Ideen, meistens aber leider Fehler aufwecken. „Hast du nicht die Kollegin mit deinem Witz gekränkt? Wie, wenn sie es anders aufgefasst hätte?" Meine Einsicht sagt: „Ich kläre es morgen. Ich spreche sie darauf an." Es wird um mich wieder ruhig und ich schlafe ein. (Und ich kläre es.) Dieses Mal klagte in mir eine Stimme. Sie sagte: „Du hast mich vergessen. Du hast nicht immer an einem Buch gesessen, weißt du das nicht mehr? Du warst in vielen Dingen Meister. Du konntest als Schnellster den Schulweg barfuß über die verletzenden Aschewege zurücklegen, weil du alle plattgetretenen Stellen im Dorf kanntest. Du konntest wie der Wind barfuß über Weizenstoppeln laufen, die Fußflächen auswärts gedreht, um die Stoppeln im Laufen zur Seite zu biegen. Du konntest als einziger Kopfsprünge ins Kinderplanschbecken machen, mit dieser speziellen Hand-nach-vorn-Technik, um sich sofort wieder nach oben zu drücken. Du warst weit und breit der einzige, der vom Drei-Meter-Brett so springen konnte, dass die Haare trocken blieben. Du kannst ein Auge wie eine Eule schließen. Du bist aus vier Meter Höhe in der Scheune mit Salto auf ein einziges Strohbund gesprungen. Du bist auf den Dächern des Hofes herumgelaufen. Du hattest einen eigenen Garten und hast wunderschönen farbigen Mais und tonnenweise für das ganze Dorf Zierkürbisse geerntet. Du hast drei Stunden geweint, weil sie die Kronknospe einer ganz kleinen Kastanie beim Sensen des Grases abschnitten – und niemand tat je dem Baum wieder etwas zu Leide, so sehr hast du allen eingeheizt. Du hast drei Tage lang einen großen Eimer mit altem Motoröl brennen lassen und darüber Kartoffeln an Metallspießen gebraten, drei Tage Maschinenöl mit Kartoffeln! Du hast Tierfutter probiert und andere mit Milch aus Kuhzitzen bespritzt. Du hast versucht, über ein Pferd zu pinkeln, was es übel nahm, als der Druck nachließ. Du hast vier Armbrüche erlitten, das letzte Mal, als du im Hechtsprung auf ein Mädchen zu in der Badeanstalt ausrutschtest. Du konntest alle Straßen im Dorf mit allen Kurven freihändig mit dem Rad befahren ... hallo! Hallo! Weißt du das nicht mehr? Und dann schreibst du: Der Körper sitzt beim Bücherschreiben brav da?" – Ich sagte: „Ach damals, das war schön! Aber das jetzt ist auch schön, verstehst du?" – „Ja, deshalb mische ich mich nicht so viel ein. Wir sind ja glücklich, nicht wahr? Aber ich bin schon noch da. Ich habe nur keine Idee, womit ich das Träumen toppen kann." – „Also bist du nicht böse?" – „Nein. Ich bin nicht böse. Aber ich wollte dich nur wecken, um zu sagen, dass ich da bin, wenn du mich brauchst."

Dann schlief ich wieder ein. Ich war ein paar Minuten in meiner Kindheit gewesen. Eine halbe Stunde später wachte ich wieder auf. Ich hatte einen Traum gehabt, den ich mir sicherheitshalber aufschrieb. Ich träumte, ich säße in schwach weißem Dunst an einem Schreibtisch, der irgendwie eine Mischung aller meiner Schreibtische war. Meine Frau trat herein und sagte leise: „Es ist ein Schlüssel gefunden worden. Der große Schlüssel, den wir vergessen hatten." Ich schrieb am Schreibtisch, sah nicht zu ihr hin und erwiderte: „Lege ihn auf den Beistelltisch." Und in mir war ein unbeschreibliches zufriedenes Gefühl, den Schlüssel gar nicht zu brauchen.

Diesen Traum schrieb ich auf, in der Nacht. Und ich dachte über den Abschnitt in diesem Buche nach, was die Traumsymbole bedeuten.

Und dann erinnerte ich mich an einen Mathematikstudenten, der als Bester der letzten zehn Jahrgänge einer ganzen Uni bezeichnet worden war und den wir für die Aufnahme in die Begabtenförderung prüfen sollten. Er wusste außer Mathematik absolut nichts. Das kommt öfter vor und die langjährige Konvention ist, solche Kandidaten ohne Gnade abzulehnen. Dieser eine aber hatte gesagt: „Ich freue mich an Kunst, Musik, am Leben, an Filmen, an Sport, an allem Leben. Aber die Forschung ist so ungeheuerlich viel schöner, dass ich es nicht über mein Herz bringen kann, etwas Zweitschönstes zu tun. Ich liebe auch das, aber nur in zweiter Linie. Ich komme nicht dazu. Verzeihen Sie mir." War das ein typischer Fachidiot? Wir nahmen ihn auf.

Als ich klein war, stand niemand hindernd dabei, wenn ich herumtobte. Nur einmal musste ich ein ganzes Monatstaschengeld zahlen, weil wir das ganze Eis vom Dorfteich mit Beilen in doppelbettgroße Stücke zerhackt hatten, dann bis auf drei solcher Schollen alles Eis aus dem Wasser gehoben hatten und schließlich Seeräuberangriffe auf die anderen Eisfloße fuhren, wobei wir uns mit den Floßstangen stießen wie Ritter mit Lanzen. Meine Mutter stellte die Prognose, dass es zu Schwimmübungen kommen könnte und verlangte einen gewissen Verzicht, wenn diese einträfe. Eine Stunde später mussten wir alle heiß baden. Es war es wert. Einer wäre fast erfroren. Er war draußen stehen geblieben, bald wie ein Eiszapfen. Seine Eltern, sagte er, „schlügen ihn tot".

Zum Dank habe ich meinen Kindern nicht einmal Prognosen geben wollen. Zum Beispiel: Der vierjährige Johannes wollte einen Baum mit dem nagelneuen Beil fällen, das ich frisch gekauft hatte. Ich wies ihm eine Tanne im Garten zu. Er zog los, ich arbeitete weiter. Nach weniger als zwei Minuten kam er wieder und sagte: „Es funktioniert nicht." Er gab mir das Beil zurück. Der Stiel des Beiles war eine Handbreit über dem Metall geborsten, so wie der Wirbelsturm manchmal Bäume nicht richtig knickt, sondern wirklich abdreht, so dass alles in Fasern geht. Ich konnte nicht klären, wie ein Vierjähriger so viel Kraft mobilisieren kann. Ich wollte auch nicht zu viele Erwachsene um Rat fragen.

Ich war, glaube ich, in vielen Aspekten ein natürliches Kind. (Ich konnte nur eben nicht zuhauen und fürchtete mich immer ein wenig vor dem Rauen. So begann das Intuitive in mir zu wachsen? Weil ich hinter unterdrückten Tränen das Wahre zu sehen begann?)

Diese schauerlichen Beispiele habe ich Ihnen mit finsterer Absicht aufgezählt. Ich hoffe, in Ihnen hat sich das System gemeldet. Das Über-Ich in Ihnen hat gesagt:

„Altes Treckerdieselöl! Braten! Ich würde wahnsinnig! Kinder mit einem Beil hantieren lassen!"

Wenn Sie kleine Kinder irgendwo in der Nähe haben: Achten Sie bitte einmal einen vollen Tag auf solche gesprochenen Sätze:

„Fass die Gabel richtig an. Wie oft soll ich es sagen." – „Runter von der Mauer. Das ist gefährlich." – „Hände von dem fremden Hund. Er kann Würmer haben." – „Du sollst keine Blätter abreißen." – „Heb das auf." – „Da ist wieder ein

Fleck. Glaubst du, ich bin zum Waschen da?" – „Gurgel nicht mit Apfelsaft." – „Setze die Füße richtig hin." – „Zappele nicht." – „Rede nicht dazwischen." – „Sei leise." – „Kippele nicht mit dem Stuhl, das ist gefährlich." – „Eine Woche Stubenarrest für das Wegwerfen der Schulstulle." – „Knaller sind ab 18."

Das ist das normal Harmlose.

„Frag nicht so viel." – „Hör auf zu reden." – „Das verstehst du nicht." – „Das kannst du nicht." – „Lass das Werkzeug liegen." – „Es ist gefährlich." – „Traue keinem Fremden." – „Rede nie über Dinge, die du zu Hause hörst. Gib niemals über uns Auskunft." – „Achte auf Diebe." – „Schließe immer die Tür. Einbrecher lauern überall." – „Binde den Schal um." – „Zieh einen Mantel an. Ich finde es zu kalt."

Das ist das Einpflanzen des Systems. Das System muss in den kleinen Menschen hinein, der so sehr gerne die Welt selbst erkunden würde!

Der kleine Mensch möchte üben, auf Bäume zu klettern, über Abgründe zu balancieren, selbst Bratkartoffeln zu machen, Mäuse zu fangen. Er will sich selbst entdecken, seine Fähigkeiten prüfen, sich schulen, mit seinen Reaktionen zu spielen, erfahren, was sein Körper hergibt.

Vor allem will er Gefahr körperlich spüren, um sie zu bezwingen. Es geht zumindest dem natürlichen Menschen darum, zu wissen, was er wirklich leisten kann. Wo sind seine echten Grenzen? Welche Bäume kann er ausreißen? Wann tut es weh beim Hinunterspringen? Wie hoch oben im Baum steigt die Angst in die Kehle, wenn er schwankt?

Es geht um das Spüren der Grenzen im Körper selbst. Um das Schulen der Reaktion, um den Kampf im Seismographensystem. Das Überschreiten von Grenzen soll die Seismographen setzen! Wenn ein kleiner Mensch es schafft, möglichst alle seine Grenzen selbst zu erfahren, dann bleibt er in meinem Sinne hier natürlich. Er lernt aus Fehlern (hoffentlich und so weit es geht), wird flexibel, reaktionsschnell und entschlossen. Er wird mental und körperlich stark, mutig und tapfer.

Die richtigen Menschen finden diese abenteuerliche Selbstbildung des Seismographensystems durch Versuch und Irrtum zu anstrengend und auch zu teuer. Richtige Menschen möchten nicht dauernd vor Anblicksangst bibbern und mit Pflaster bereitstehen. „Dann geh doch weg!", entrüsten sich die Natürlichen. „Du musst nicht dabei stehen oder dich sorgen. Wir verhindern gerade dann Gefahren, wenn wir üben, mit ihnen umzugehen!" Richtige Menschen müssen Gefahren verhindern, weil sie sich sorgen müssen. Sorgen heißt oft: Aufpassen, kontrollieren, dass alle Regeln eingehalten werden. Natürliche Kinder rauben den richtigen Menschen „jeden Nerv". Richtige Menschen kennen nur die Gefahren, die sie gelesen haben oder von denen sie hörten. Es sind Regeln des Systems. Sie sehen Gefahren schon meilenweit vor allen Grenzen. Sie saugen geradezu Gräuelgeschichten in sich hinein, die als echte „Lebenserfahrungen, mein Kind" als Beweis für das System herhalten. Im Grunde wütet in den richtigen Menschen das ES.

Das System zuckt aus allen Seismographen, wenn etwas Unanständiges, Gefährliches, Schmutziges, Verbotenes droht. Das System brüllt: „Die Gewöhnung misslingt!"

Meine Mutter sagte manches Mal: „Es ist nicht so schlimm, was du gerade eben *einmal* getan hast. Das ist nicht das Problem. Aber wenn ich denke, dass du dir das *angewöhnst*, dann graut es mir." Das heißt: „Die Gewöhnung meines Kindes misslingt! Das System wird verachtet!"

Wenn also die richtigen Menschen so böse werden, wenn natürliche Kinder etwas Neues bezwingen wollen, dann ist das Wüten in *ihnen selbst*! Nicht im Kind. Die Lehrer und Eltern bekommen Nervenkrankheiten, nicht *zuerst* die natürlichen Kinder. Und deshalb ist das System so unerbittlich und setzt seine Grenzmarken überall, wo das ES mit Seismographen schlägt.

5. Das Leben ist mehr jenseits der Grenzen

Natürliche Menschen müssen bezwingen, probieren, Neues erfahren. Sie wollen immer anspruchsvollere Ziele erreichen, ihren Willen stählen, etwas vollbringen. Bezwingen ist Sieg und Freude! Sie wollen nur aus *selbst gemachten* Fehlern lernen.

Das Flash-Mode-System soll sich selbst langsam schulen und bilden und reifen.

Was soll das „Heiß, heiß!"-Getue! Jedes natürliche Kind fasst *genau einmal* auf die heiße Herdplatte.

Das Leben des natürlichen Menschen wird in gewisser Weise ein Eroberungszug in die Welt hinein. Es geht nicht unbedingt um die Weltherrschaft, sondern um das Spüren des vollen Lebens. (Denken Sie noch an die Studentin, die für ein eigenes Flugzeug schuftet?)

Erlebnisse – das sind: Siege aller Art, neues Spüren aller Art, Bewältigen von Schwierigkeiten, Überwinden von Niederlagen. (Kämpfen, verlieren, später gewinnen, erobern von Männern oder Frauen, einen großen Deal an Land ziehen, ein Geschäft abschließen, glänzend verhandeln und dabei die Höhen und Tiefen auskosten, Nächte durcharbeiten, um noch alle Programmfehler zu finden oder doch noch den Auftrag zu bekommen, sich selbst besiegen und etwas einsam vollbringen, Berge besteigen, Schätze finden, den schwarzen Gürtel tragen, die Bank sprengen ...)

Natürliche Menschen wollen stets unter voller Kraft, unter der unbehinderten Energie arbeiten, also ohne Neben-Schläge des Seismographensystems, die sie mahnen würden, an anderes zu denken. Es geht um die volle Fokussierung der ganzen Energie auf den einen Brennpunkt! Alles andere soll schweigen!

Das, was sie tun, wollen sie ganz tun. Ganz: Das bedeutet, unter Aufmerksamkeitsstress, unter ACTH. Der *chemische Zustand* des Körpers soll ganz auf die Sache gerichtet sein können, ausschließlich und ganz und gar. Am schönsten wären immerwährende Grenzerfahrungen in immer neuen Grenzsituationen.

So steigern sie Körperbeherrschung und Selbstbeherrschung, werden wendig, flexibel, virtuos.

Selbstbeherrschung ist für den richtigen Menschen die Fähigkeit, die Begierden den Notwendigkeiten unterzuordnen. Selbstbeherrschung bei natürlichen Menschen liegt in der Fähigkeit, sich selbst zum Bezwingen einsetzen zu können, sich selbst auf einen Brennpunkt zu fokussieren, sich selbst in eine unaufhaltsame Lokomotive zu verwandeln.

Die Systeme aber definieren sich durch Regeln und Gesetze. Systeme selbst sind wie eine Bibliothek in Teile und Unterteile zergliedert, in Zuständigkeiten und Trennlinien.

Systeme bestehen also zu großen Teilen aus Grenzen.

Deshalb ziehen Eltern, Lehrer, Erzieher, Bosse und Polizisten für den Menschen vor allem Grenzen. Sie tun dies besonders hartnäckig für die natürlichen Menschen, die immerfort Grenzen überschreiten wollen, um zum Leben zu gelangen.

Der natürliche Mensch wird also systematisch in ein Spinnennetz von Grenzen einzufangen gesucht. Der Wille soll gebrochen werden. „Ein Kind mit Willen bekommt was auf die Brillen." – „Sie wollen doch, dass man ihnen Grenzen setzt." (Sie wollen Grenzen zum Überwinden, nicht als Betonwand.)

Lesen Sie vielleicht hier noch einmal die Überlegungen von Monty Roberts zu Pferden vom Anfang des Buches. Traditionell wurden Pferde gebrochen. Wenn wir aber gut zu ihnen sind, reiten sie gerne mit uns aus!

Noch einmal: Bei Pferden litten wir unter der falschen Idee, dass sie böse wilde Tiere sind. Sie sind aber nur ängstliche Tiere, die vor allem Vertrauen fassen müssen.

Bei Kindern leiden wir unter der falschen Idee, dass die Einbläuung eines ES die einzige Möglichkeit ist, ein Kind besser zu erziehen als ein wildes Tier.

Es wäre viel wert, wenn wir uns daranmachten, unsere Anzeichen-Identifizierer besser zu verstehen! Dann hätten es Menschen ebenso gut wie modern gezähmte Pferde.

Gebrochene natürliche Menschen finden Abenteuer und Erleben im Spiel, im Alkohol, im Sex, unter Autoradiodröhnen, in Drogen, All-Inclusive-Reisen, im Fast-Food-Schlingen, in Tabletten, im Kaufen. Inmitten von Beton bleibt von Sehnsucht nur Sucht. Die Forderung nach reinem Bravsein stellt für den natürlichen Menschen diese Betonwände auf.

Bravsein bedeutet „die Grenzen respektieren", die *nicht selbst erfahren wurden*, sondern die von der Vernunft oder dem System aufgestellt oder gesetzt sind. Wer brav innerhalb dieser Grenzen verharrt, kann den Körper und das Leben und die Adrenalinstöße nicht mehr spüren, er ist abgeschnitten vom Kampf und vom Erleben des Überraschenden, Neuen, Noch-nicht-Erlebten. Bravsein bedeutet die Übernahme eines fremden Anzeichen-Identifizierungssystems in den Körper. Der Körper des Braven warnt vor den *fremddefinierten* Grenzen, die nie körperlich erfahren oder getestet werden sollen. Der Brave wird *nicht erst* durch Schaden klug, sondern *vorher* durch Aufsaugen des Systems.

Wenn also der natürliche Mensch dadurch gebrochen wird, dass man ihn zu Bravsein zwingt, dann fühlt er sich wie in einem fremden, übernommenen Körper. Das Leben fühlt sich an wie Langeweile, tötende, gleichmäßig ruhige Langeweile.

Kennen Sie diese Verzweiflung von Kindern, wenn sie sich langweilen? Kennen Sie diese Tiere im Zoo, die unruhig im Käfig hin und her gehen? Die Kinder werden sich später betäuben, wenn ihnen keine Revolution oder kein Ausbruch gelingt. Hoffentlich „kommen sie frei", die natürlichen Menschen. Hoffentlich werden sie Selbstständige, Freiberufler, Freie Mitarbeiter, Freelancer, Handwerker, Taxifahrer, Gewerbetreibende, Ärzte, Versicherungsagenten, Außendienstler, Reisende, Künstler oder Unternehmer, die eine eigene Firma gründen. Überall da sind sie ihr eigener Herr. Sie können ganz im Einklang mit dem Willen sein, der hier sein Primat behalten darf.

Ich möchte nicht missverstanden werden, Ihr richtigen Menschen!

An richtige Menschen: Sie werden innerlich aufbegehren, weil ich sage, dass Sie von natürlichen Menschen kein Bravsein und keine Vernunft verlangen dürfen und auch mit der Dauerdebatte über Grenzen aufhören sollten, vor allem aber mit dem moralischen Erniedrigen wie „Du bist nicht brav." – „Du Schwein, schau dich mal an." – „Ich könnte dich erwürgen, du ..." – „Mit welchem Kind bin ich geschlagen. Das habe ich nicht verdient." – „Du kannst froh sein, dass die Prügelstrafe abgeschafft ist, sonst bekämst du noch ein paar Ohrfeigen mehr."

Ich will damit nicht sagen, dass natürliche Menschen überhaupt nicht erzogen werden sollten oder müssten. Erziehung ist hier nicht ein *Erklären* des Systems. Natürliche Menschen müssen *trainiert* werden, um mit dem System gut klarzukommen. Für sie ist das System nicht das Heilige im Innern, das als ES und also als Teil von ihnen selbst von innen regiert. Für sie bedeutet das System eine Unmenge von Umweltbedingungen, mit denen es fertig zu werden gilt. Erziehung würde hier bedeuten, natürlichen Menschen zu helfen, mit diesen Bedingungen leben zu können. *Das* meine ich. Insbesondere lassen Sie die natürlichen Kinder erst einmal Fehler machen; danach können Sie mit ihnen sachlich besprechen, wie es das nächste Mal besser ginge. Nicht: „Siehst du wohl? Was habe ich gesagt? Ätsch, ich gönne dir diesen Mist von Herzen, wenn du nicht vorher auf mich hörst!" Sondern: „Das und das hast du unterschätzt. Daran und daran hättest du die Gefahr eher spüren können. So und so beseitigen wir diesen Schaden wieder und entschuldigen uns bei deinen Opfern." Natürliche Menschen brauchen Trainer oder Coaches und keine Oberlehrer.

Beim Leistungsturnen kommt es vor, dass jemand mit Schmerzen vom Gerät sinkt oder stürzt, weil er mit einer Gefahr nicht umgehen konnte. Es gilt als wichtig, diese Übung auch unter Schmerzen sofort zu wiederholen, bis sie erfolgreich war. Dadurch ätzt sich im Anzeichen-Identifizierungssystem keine neue Gefahr ein. Angst bleibt beim nächsten Mal aus. Der Körper darf sich bei einem Fehlschlag beim Turnen keinesfalls merken, dass er Angst bekommen muss! Viele Sportlerkarrieren können nach einem Unfall beendet sein. Nach einem Autounfall, einem Absturz von der Schanze etc. heißt es dann: „Er ist nicht mehr angstfrei." Dasselbe droht auch von schmerzlichen Niederlagen von bis dahin Unbesiegten. („They never come back."). Natürliche Menschen werden besser angstfrei gehalten. Das ist ganz, ganz anders als bei richtigen Menschen!

6. Der Aufmerksamkeitsfilter: Die Schar der Ichidole oder Götter

Insbesondere haben natürliche Menschen nicht so richtig ein starkes Über-Ich, wie es sich die richtigen Menschen wünschen würden. Der richtige Mensch saugt die Regeln des Systems als Abbild wie ein ES in sich hinein. Hinterher wundert er sich, als Folge des Hineinzwingens fremder Anzeichen-Identifizierer, dass sich von selbst Ängste in ihm melden, wenn er gegen Systemregeln verstößt. Der richtige Mensch weiß noch, dass man ihm Regeln beigebracht hat. Er weiß auch noch, wie er lernte und belehrt wurde, oft auch bestraft. Er kann also erwarten, dass in seiner linken Gehirnhälfte alle diese Regeln gespeichert sind.

Er ist aber voller Verwunderung, wenn sich bei Regelübertretung nicht die linke Gehirnhälfte mit Vernunft meldet, sondern der Körper quasi chemisch ausschlägt. Das sind die Qualen des Gewissens. Das beißt ordentlich zu, macht Unruhe. Es peinigt und gibt einen Vorgeschmack der Hölle.

Viele Philosophen erschauern vor Bewunderung dieser Gewissensschläge, die sie dann feierlich auf göttliche Weisungen oder Eingebungen zurückführen. Wie ich hier erklären wollte, ist das Melden des Gewissens einfach ein körperlicher Seismographenausschlag des in den Körper eingepflanzten Systems. Ein Anzeichen-Identifizierer schlägt Alarm, sonst nichts. Gewissen ist nicht göttlich.

Weil natürliche Menschen sich ein eigenes Seismographensystem durch das Trainieren von Gefahrenbezwingung ausbilden, haben sie im Sinne der richtigen Menschen kein richtiges Gewissen. Es ist also lächerlich, fortwährend an dieses fehlende Gewissen im natürlichen Menschen zu appellieren.

Ich meine also: Der natürliche Mensch hat ein nur schwaches Über-Ich und auch kein wirkliches Ichideal wie der intuitive wahre Mensch. Die wegweisende Funktion des natürlichen Menschen möchte ich hier Ichidol nennen.

Idole sind in der eigentlichen Bedeutung „Götzenbilder". Das Wort Idol stammt aus dem griechisch-lateinischen und steht für: „Gestalt, Bild, Trugbild" und bezeichnet so etwas wie „Abgott". Diesen Sinn von Idol, der so ein wenig in Richtung „Goldenes Kalb" zeigt, will ich hier nicht so negativ belegt sehen. Diese negative Deutung in Richtung „Abgott" stammt eben aus Sicht der wahren und richtigen Menschen. Diese haben ja keine Idole, oder? Sie haben Vernunft und Ideale.

Wir sprechen heute von Idolen der Jugend. Das sind manche Fußballspieler, Tennisstars, Schauspieler, Topmodels, Sängerinnen, Boy-Group-Stars.

Heute beim Schreiben fallen mir Namen ein: Madonna, Boris Becker, Britney Spears, Sven Hannawald, Che Guevara, Mehmet Scholl, Mohammed Ali, Verona Feldbusch, Arnold Schwarzenegger, John F. Kennedy, Naomi Campbell ...

Es sind Helden, die uns „voll Erlebtes" anzeigen. Es kommt nicht (nur) darauf an, viel geleistet zu haben. Das „volle Erleben" ist das Essenzielle. Deshalb sind etwa Michael Stich, Caroline von Monaco, Claudia Schiffer oder Steffi Graf „Vorbilder", aber keine Idole. Sie sind Prototypen *richtiger* Menschen und werden deshalb als *Vorbilder* herangezogen. Vorbilder sind „Götter" der richtigen Menschen, während „Idole", die für intensives Erleben stehen, ihnen eben wie „Abgötter" erscheinen. Buddha oder Jesus werden verehrt, fest verwoben mit den Idealen, die sie repräsentieren. In neuerer Zeit könnte ich Gandhi oder Joan Baez verehren, weil sie meine Seele bewegen. Ich könnte in Richard von Weizsäcker den Inbegriff des „Edlen" der konfuzianischen Lehre sehen.

Ein Idol aber ist etwas, das mit den chemischen Reaktionen des Körpers zu tun hat. Es bewegt etwas im Seismographensystem. Idole sind für mich hier Sinnbilder für Willensbrennpunkte. Sie stehen uns als Rollenbeispiele für bestimmte Lagen unserer Körperchemie zu Verfügung: Für Gefahr, Revolution, Aufbäumen, Lust, Sieg, Rausch, Bezwingen, auch für das heldenhaft feste

Standvermögen neben dem System der richtigen Menschen, das immer wieder von etwa Madonna oder Britney „geschockt“ wird.

Idole sind Metaphern für das, was mit ACTH und Endorphin in uns geschieht. Idole geben uns ein Vorstellungsvermögen für das „volle Leben“, das wir stellvertretend in ihnen ahnen mögen. Idole sind unsere Märchenfiguren. Wir wollen sie ganz, vor allem ihre Seismographenschocks.

Für mich sind diese Idole wie auch die Traumsymbole oder die Archetypen der Menschheit Vorstellungsbilder des „chemischen Körperzustandes unter Stress oder starkem Ausschlag des Körpers“.

Die Griechen bevölkerten ihren Olymp mit Göttern des Feuers (in der Schmiede: Hephaistos, am Herd: Hestia), des Wassers (Poseidon), des Donners (Zeus), des heroischen und blutigen Krieges (Sieg: Athene, grausamer Kampf: Ares), der Jagd (Artemis), der Zwietracht (Eris), des Weines (Dionysos), der Fruchtbarkeit (Demeter), des Lichtes (Apollon), der Sonne (Helios), des Mondes (Selene), der Morgenröte (Eos), der Liebe (Aphrodite, Eros), der Kaufleute und Diebe (Hermes), der Natur (Pan), der Unterwelt (Hades) und der Jugend (Hebe). Sind das Götter des freudschen Über-Ichs? Sind das Ichideale? Sind das Vorbilder für richtige Menschen? Na, Hera vielleicht, die für die Ehe stand (nicht ihre eigene – für Ihre!).

Die Naturgötter, Träume, Märchen, Mythen, Archetypen und unsere Idole geben uns vorstellungsbildende Symbole des gespürten Urgewaltigen in uns. Es sind Bilder von „Anzeichen“, die wir sehr stark spüren, aber eben als Anzeichen nie wirklich sehen. Es sind Vorstellungen von diesem „Heißen“, dieser Leidenschaft in uns, insbesondere keine des kalten logischen Denkens.

Natürliche Menschen haben nach meiner Ansicht Ichidole – vielleicht nur eines oder einige wenige oder eine ganze Schar davon. Idole zeigen erstrebenswerte Willensrichtungen an.

7. Der konzentrierte Wille als Triebkraft des Natürlichen

Natürliche Menschen treibt der konzentrierte Wille, der auf einen Brennpunkt gerichtet wird. In starker Fokussierung entfalten so die natürlichen Menschen eine ungeheure psychische Energie. Die Fokussierung verlangt, dass im Körper keine weiteren Notwendigkeiten als eben die eine gespürt werden. Alles andere muss verblassen oder weit in den Hintergrund treten.

Natürliche Menschen sind stark frustriert, wenn sie unter „chemisch widerstreitenden Anwendungen“ in ihrem Körper unter Spannung gehalten werden. Bitte nicht dies: Schularbeiten bei herrlichem Wetter und dem Wissen um viele Freunde im Schwimmbad. Oder: Lustvolles Umhertollen mit minütlichem „Pass-doch-auf"-Bombardement. Dann können sie ignorieren, vergessen, revoltieren.

In ihrem Körper „darf es nur eines geben".

Nur Arbeit, nur Vergnügen, nur Unternehmung, nur Abenteuer. Kein Morgen, kein Gestern, kein „Vielleicht", keine Angst vor dem Später.

Sie sind im Jetzt. Sie bezwingen hic et nunc. Unter positivem Stress.

Deshalb kommen sie immer mit dem System in Konflikt, das die Menschen eher nach Art eines Über-Ich durch negativen Stress vorantreibt: „Du musst. Du solltest. Versage nicht."

X. Alles Bisherige zusammengepackt!

1. Vorstellungsbilder

Zum Ende dieses Buchteils möchte ich die Ergebnisse des Denkens kurz zusammenfassen. Ich schreibe für viele meiner Leser, besonders für die gradlinigen richtigen Menschen, zu spiralig, zu assoziativ, langsam ausholend und immer mehr ins Zentrum pendelnd. Die mehr intuitiven Leser genießen das eher, wenn ich den E-Mails an mich glauben darf. Richtige Menschen atmen nicht so gerne nur Ideen. Sie möchten ein Executive Summary, eine Kurzzusammenfassung. Was will der Autor auf den Punkt gebracht nun eigentlich sagen?

Es gibt drei verschiedene Arten des Denkens, die durch verschiedene mathematische Algorithmen erklärbar sind. Denken kann wie ein Computerprogramm ablaufen. Nach diesem Modell sind die so genannten Expertensysteme der Künstlichen Intelligenz (KI) gebaut: Wissen und Regeln und Prozessabläufe simulieren hier das vernünftige Denken.

Denken kann wie eine Berechnung in einem neuronalen Netz verstanden werden. Datenströme erreichen das Gehirn, das innen unter selbstgebildeten Gesetzen, die außen nie richtig sichtbar werden können, eine fertige Entscheidung oder Meinung berechnet.

Diese beiden Denkungsarten führen jeweils zu verschiedenen Ergebnissen. Das Richtige kann etwas ganz anderes sein als das Wahre. Die verschiedenen Denkungsarten scheinen in den beiden Gehirnhemisphären eine natürliche Heimat zu haben. Im Links sitzt in meinem Vorstellungsmodell die ruhige Vernunft, die um das Wohlergehen der Gemeinschaft bekümmert ist. Die Vernunft kennt die Gesetze, die Ordnung und die Tradition. Im Rechts sitzen die Ideale oder Ideen, an denen Leidenschaften, Emotionen und Sehnsüchte/Abneigungen hängen. Dem Idealisten oder wahren Menschen geht es im Leben vorrangig um das Wachstum der eigenen Persönlichkeit und danach um das Wachstum der Persönlichkeiten aller anderen Einzelpersonen in der Gemeinschaft. Es geht dabei immer um Einzelpersonen und deren Lebensideen sowie um den Wert dieser Ideen. Die Vernunft der Gemeinschaft regiert in allgemeinen Gesetzen, die manchmal Einzelne benachteiligen. Die Vernunft verlangt Solidarität und Opfer. Das Rechts aber verlangt Ideenfreiraum für jedes Individuum. Daher werden Idealisten viel mehr Toleranz und Freiheit für jeden, aber auch jeden Einzelnen verlangen. Deshalb rufen im Staat die richtigen Menschen immer nach neuen Gesetzen, die alles regeln sollen. Die wahren Menschen aber fordern unentwegt mehr Unabhängigkeit vom als intolerant empfundenen Gesellschaftssystem. „Meinungsfreiheit! Pressefreiheit! Religionsfreiheit!" rufen die so genannten Intellektuellen.

Die natürlichen Menschen erhoffen sich ein glückliches Leben, das sich in ihren Idolen konkretisiert, die sehr verschiedenartig sein können. „Wein, Weib und Gesang!" Sie möchten in einem Zustand der Stärke und Freude leben, im Einklang mit den Signalen ihres Körpers. Die richtigen Menschen verlangen Unterordnung unter die Gemeinschaft. Die wahren Menschen verachten Zustände des Nicht-Wertvollen im Sinne der leitenden Ideen oder Werte. Beide Gruppen verwerfen besonders das Glücksstreben des natürlichen Menschen als minderwertig.

Diese Dreiteilung der idealen Lebensvorstellungen entdreit die Philosophen schon immer. In der *Nikomachischen Ethik* stellt Aristoteles fest:

„Darum stellen denn auch manche das äußere Wohlergehen, wie andere die Trefflichkeit des Wesens mit der Eudämonie auf gleiche Linie."

Immer der gleiche Streit: Geht es um Wohlergehen in der Gemeinschaft, um Persönlichkeitsentwicklung oder um schieres Glück?

Ich entscheide diesen Streit hier so: Es gibt einfach drei verschiedene Arten von Menschen: die richtigen, die wahren und die natürlichen.

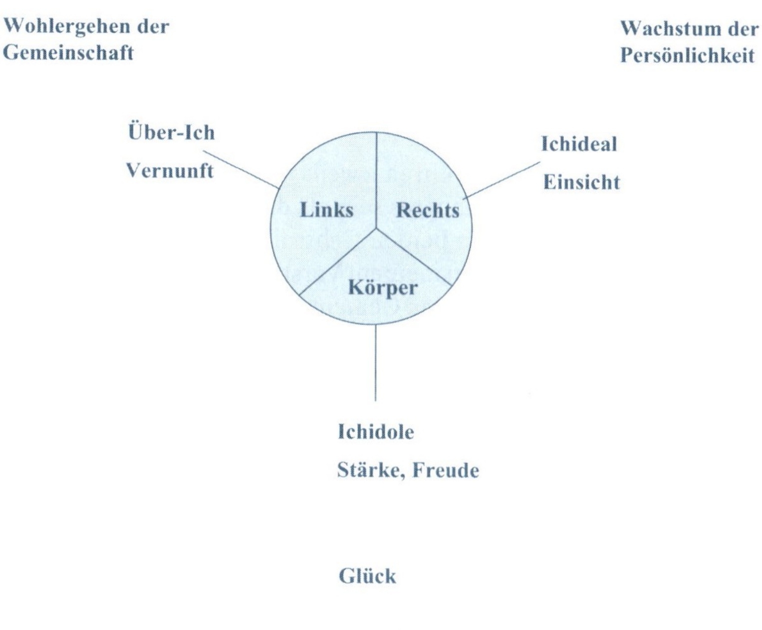

Da sich aber die richtigen und wahren Menschen einig sind, dass das einfache Glück zwar offenbar erstrebenswert ist, wenn „man auf die Straße oder in die Taverne schaut", dass aber Einsicht und Vernunft etwas Höheres als Glück im Leben erkennen – da das so ist, wird das Streben nach Glück hauptsächlich mit den tierischen Trieben in Verbindung gebracht, die unersättlich den Menschen fernab von Einsicht und Vernunft halten.

Die Vorstellung von Trieben und dem Irrationalen im Menschen rührt daher, dass zu viel Geheimnis um diese dunklen Kräfte herrscht.

Ich habe versucht, durch das Vorstellungsbild des „Anzeichen-Identifizierers" sichtbar zu machen, wie diese Mechanismen in uns durchaus einer logischen, mathematischen Erklärung zugänglich werden können.

Ich sage: Wir werden in großem Umfang durch ein Seismographensystem beherrscht, das vor allem Einfluss darauf nimmt, wohin unsere Aufmerksamkeit gelenkt wird. Die Seismographen bestimmen, was uns sorgt, was uns drückt, was eilt, was angestrebt werden soll.

Die richtigen Menschen erziehen dieses Seismographensystem völlig zugunsten des Gemeinschaftssystems um, indem sie durch Strafe und Belohnung ein neues Seismographensystem über das ursprüngliche, „natürliche" System lagern. Dadurch wird „das Tier im Menschen" zurückgedrängt, ist aber noch da. Dadurch entstehen alle diese entsetzlichen Kämpfe zwischen dem Über-Ich und den „Trieben", dem Es – eben weil die Gemeinschaft nur Ersatzsystemtriebe über die originalen „Tiertriebe" implantiert. Die richtigen Menschen verurteilen das Glücksstreben des natürlichen Menschen als „niedrig". Sie diffamieren das Glücksstreben durch konzentrierte Kritik der negativen Auswüchse im natürlichen Menschen. Das sind: Gier, Sucht und Verschwendung und der damit einhergehende naive Egoismus.

Dafür wird dem Menschen über den Umweg der Angst vor Minderwertigkeit durch fortwährendes Leistungsmessen der Systemtrieb zur Höherwertigkeit und zur Systemkonformität eingeimpft. Diese Triebe werden durch Belohnungs- und Strafsysteme implantiert oder konditioniert. Sie müssen sehr stark gemacht werden, um die gewöhnlichen Triebe nach Glück zu übertönen, die aber noch im Körper verbleiben. Dadurch wird der Mensch zwar gesellschaftstüchtiger, ist aber in vielfältig-individueller Weise in seinem Wesen uneins und zerrissen. Der gesellschaftstaugliche Mensch soll nach der reinen Lehre der richtigen Menschen ein reiner, richtiger Vernunftmensch werden, also seine Pflicht aus Neigung tun.

Die Implantation eines Ersatztriebsystems zur Systembefriedigung simuliert diesen richtigen Menschen nur. Das liegt aus meiner Sicht vorrangig daran, dass die Mechanismen des Flash-Mode-Systems überhaupt nicht durchschaut wurden. Richtige Menschen glauben, sie würden die Triebe besiegen. Sie verhunzen den Menschen aber nur zu einer bloßen richtigen Fassade. Die meisten richtigen Menschen sind also Rollenkünstler, die durch die Systemangst zusammengehalten werden. Ich wettere damit nicht gegen die richtigen Menschen an sich, sondern *ich entrüste mich über deren unprofessionelle Produktion.* Die gängigen Anreizsysteme sind der Kern allen Übels, weil sie Fassadenmenschen formen, die nicht nur meilenweit weg vom Ideal des kantischen „Neigung = Pflicht"-Menschen sind, sondern fast nicht mehr heilbar, eben „verhunzt" sind. Ein reiner richtiger Mensch könnte nur noch in ihnen entstehen, wenn man die natürlichen und die implantierten Triebsysteme wieder entwirrt. Wenn ich aber mit meiner Vorstellung der Flash-Mode-Systeme im Menschen nur irgendwie richtig liege, ist es ziemlich hoffnungslos, aus Fassadenmenschen kantische Ideale zu formen. Die Anreizsysteme verderben den Menschen fast unrettbar in einen Höherwertigkeitswahn. Deshalb sind die Heilquoten der Psychiater so kläglich, oder? Es geht eben nicht mehr so einfach, das Heilen, wenn das ES überstark ist.

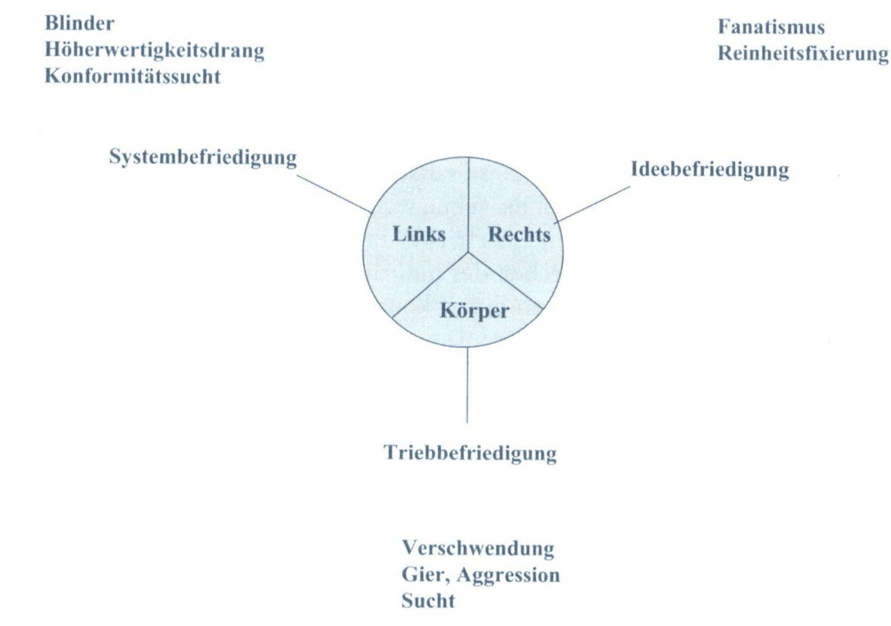

Die wahren Menschen werden von den richtigen Menschen nicht wirklich bekämpft. Die richtigen Menschen schmücken sich ja gerne mit Idealen, soweit sie in etwa zur Fassade des Gemeinschaftssystems passen. Wahre Menschen leiden mehr unter den richtigen Menschen, die ihnen eben wie Rollenfassaden erscheinen, was ja – das sagte ich gerade – durch die Produktionssysteme der richtigen Menschen wohl auch in großem Umfange so stimmt. Wahre Menschen leiden also ein Leben lang an der „Lüge". Sie weinen über die Falschheit, das Nicht-Authentische, den Wahn zum Höheren, die Konformitätssucht. Damit stemmen sie sich nicht gegen den reinen richtigen Menschen in seiner weisen Vernunft, sondern schütteln sich angewidert vor dem „Verhunzten".

Zur Abwehr errichten sie hohe Ideale, in deren Namen sie kämpfen. Sie werden zu Kriegern von Ideen, deren Heiligkeit gegen das Triebhafte des natürlichen Menschen und das Verhunzte des normal richtigen Menschen grell absticht. Viele wahre Menschen schwenken damit die Fahne der Idee nur zur Abwehr gegen das „Normale". Die Idee wird zur Waffe. Der wahre Mensch wird zum angreifenden Fundamentalisten, zum Fanatiker oder zum „Reinheits-Spinner". Der wahre Mensch wird tendenziell zermalmt von seiner Angst, vom Trieb, von der Höherwertigkeit oder der Konformität überwältigt zu werden. Unter der Furcht, besiegt zu werden, bildet er ein eigenes Seismographensystem aus, das ihn warnt. Am Ende ist der wahre Mensch oft rettungslos in seiner Idee gefangen, die ihm als einziger Hort der Sicherheit zu verbleiben scheint. Aus einem Idealisten ist ein Ideenbefriediger geworden.

So sind wir Menschen alle in großer Gefahr, hauptsächlich voreinander und vor unseren falschen Vorstellungen von unserer vermeintlichen Gleichheit und unseren inneren Funktionen.

2. Die mathematischen Metaphern für unser Inneres

Das Vorstellungsmodell dieses Buches vergleicht nur die angenommene Funktionsweise der linken Gehirnhälfte mit einem Expertensystem oder einem Computer.

Die Wirkungsweise der rechten Gehirnhälfte vergleiche ich mit einem neuronalen Netz. Ein neuronales Netz verarbeitet Inputs und „verkündet" ein Ergebnis, ganz ohne den Rechenweg zu diesem Ergebnis mitzuliefern. Das ist ein fundamentaler Unterschied zum analytischen Expertendenken. Ein Expertensystem auf einem PC erklärt die Grundannahmen, die Schlussweisen und die Datenkombinationen. Es entscheidet nicht nur nach Regeln, sondern es gibt neben der reinen Entscheidung auch die gesamten Überlegungen an, die zum Ergebnis führten. Das lernen wir in der Schule. Wir erklären in einer Mathematikklausur, unter welchen Voraussetzungen und Ansätzen wir begannen, wie wir logisch Schluss an Schluss reihten, welche Rechenschritte schließlich zum Ergebnis führten.

Ein neuronales Netz teilt nur das Ergebnis mit. Es fühlt sich an wie eine Bauchentscheidung oder eine Entscheidung aus der Intuition heraus oder „aus dem Herzen". Ein neuronales Netz muss sich nicht an Logik halten. Es berechnet durch Approximation an allen bisherigen Lebenserfahrungen. Die Ergebnisse der Berechnungen sind also von der Lebensgeschichte des „neuronalen Netzes" abhängig. Sie hängen also von dem Menschen ab, der entscheidet, während analytisch-logische Entscheidungen nur im Logiksystem stattfinden.

Logik ist unpersönlich, wie auch Vernunft.

Intuition ist notwendig an die Person mit dieser Intuition gebunden.

Die Entscheidungen nach Logik oder Vernunft auf der einen Seite und die Entscheidungen nach persönlicher Einsicht oder Intuition auf der anderen Seite können erheblich unterschiedlich sein. Dieser erhebliche Unterschied sowohl in der Berechnung als auch in den Ergebnissen führt zu verschiedenen Menschenarten:

Richtige Menschen vertrauen mehr der unpersönlichen oder besser überpersönlichen Logik. Diese Art von Denken ist mit der Vorstellung einer Gemeinschaft von Menschen besser vereinbar. Wenn alle Menschen die gleichen Denkregeln und Schlüsse benutzen würden, kämen sie alle zum gleichen Ergebnis. Die Menschen wären sich immer einig.

Wahre Menschen vertrauen auf ihre Intuition, die an die Person und ihre Lebenseindrücke gebunden ist. Sie hängt davon ab, wie der wahre Mensch diese Eindrücke bewertet und verarbeitet hat. Das Denken des wahren Menschen ist also durch und durch personenbezogen.

Auf der anderen Seite hängen die intuitiven Menschen relativ ähnlichen Leitideen in ihrem Leben an. Ich habe es so erklärt, dass neuronale Netze trainiert werden und lernen. Sie verbessern sich ständig durch Anpassung der Verbindungen zwischen den Neuronen des Netzes. Mathematisch gesehen streben neuronale Netze optimalen Konfigurationen zu.

Ideen wie etwa das Gute im Menschen, die Nächstenliebe oder das Helfen bei Not erfassen praktisch alle wahren Menschen. Das liegt daran, dass „große" Ideen sehr, sehr starke mathematische Optima in normalen menschlichen neuronalen Netzwerken darstellen. Es ist nun nicht so, dass jeder wahre Mensch genau dieselbe Vorstellung zum Beispiel von der Idee der Liebe hätte. Die Vorstellungen sind nur ziemlich ähnlich.

Ich habe im Buch *Wild Duck* eine Menge Vorstellungsbilder für das Optimieren aufgebaut. Stellen Sie sich das Optimieren, also das Finden bester Lösungen, wie das Suchen höchster Berge auf einem unbekannten Planeten vor. Eine gute Idee entspricht einem hohen Gebirge in dieser Welt. Wenn ich nun sage, dass die wahren Menschen dieselben Ideen groß finden, so haben sie nicht ganz genau dieselbe Vorstellung von der Idee. Es ist so als, würden sie alle einen hohen Berg auf dem Planeten finden; nicht alle denselben, sondern alle einen im selben Gebirge. Jeder säße dann auf einem individuellen Gipfel, aber es säßen alle in demselben Gebirge.

Alle Menschen sehen also eine Idee aus dem Blickwinkel ihres persönlichen Berges in einem gleichen Gebirge. Wenn Sie sich das Gebirge als Ganzes wie die Idee an sich vorstellen: Dann sind Ideen absolut da und unabhängig vom

Menschen. Sie sind als ewige mathematische Konstrukte, als Gebirge in technischen neuronalen Netzwerken vorhanden. Aber die einzelnen Menschen nehmen diese ewige und gleiche Idee verschieden wahr, nämlich auf ihre eigene, persönliche Art (von ihrem eigenen Gipfel aus).

Die Idee ist also auch ohne den Menschen da. Ein normal entwickeltes menschliches neuronales Netz aber wird zu einer persönlichen Wahrnehmung dieser Idee hingezogen. Der Mensch, der die Idee in sich spürt, hält sie für seine Idee. Es ist aber nicht seine, sondern nur eine persönliche Erscheinungsform von etwas Absolutem, was mathematisch klar da ist und immer da war.

Die Menschen werden sich im Sinne Lessings weiterentwickeln und mit der Zeit findet wirklich eine Art Erziehung des Menschengeschlechtes statt.

Die Menschen werden im Laufe von langsamen Veränderungen fähig, immer wieder neue Gebirge auf dem unbekannten Planeten zu entdecken, die noch höhere Gipfel haben als die bisher bekannten. Ich meine: Es gibt immer wieder neue, höhere Ideen für das Menschengeschlecht. Deshalb schreitet auch das Denken um den Sinn des Lebens fort. Homer besang noch Heldentum, Cicero huldigte der Vernunft und ganz wenig später brachte Christus der westlichen Welt die Vorstellung der reinen Liebe. Es folgte etwa die Idee der Kunst und der Schönheit. In dieser Zeit, 2002, Afghanistankriege hin oder her, verwandelt sich langsam der wehmütige Ur-Traum der Menschheit vom Weltfrieden in eine feste Idee. Jeder wahre Mensch hat eine eigene Vorstellung davon, aber die Vorstellungsvarianten sind nicht mehr weit auseinander.

Mathematisch gesehen erreichen die Menschen im Laufe der Zeit Ideengebirge von größerer Höhe.

Für mich ist eine solche etwas höhere Idee die Vorstellung des Flash-Mode-Systems im Menschen, deren Verständnis dazu führen kann, uns von ES-Implantaten durch die Erziehungssysteme der Gesellschaft verabschieden zu können. Ein tieferes Begreifen unserer Seismographen sollte nach dem Weltfrieden untereinander und auch den Frieden in uns selbst näher rücken können. Wir sollten darüber nachdenken, wie der Krieg in uns selbst entsteht: durch effizientes Einprägen künstlicher Triebe, weil das Simulieren von Menschen billiger und effektiver erscheint als das Erziehen reiner richtiger Menschen. Wir sollten überdenken, warum wir, du und ich, im Kriege liegen: Wir sind wahrscheinlich anderer Art, du und ich!

(Und dafür ist dieses Buch geschrieben!)

3. Der Weg in uns hinein

Menschen nehmen über das Flash-Mode-System Anzeichen wahr. Ist da etwas? Da ist etwas? Was? Gebt mir ein zweites Anzeichen! Wir wittern: Ist da ein weiteres Anzeichen? Ja! Und weiter? Es sammeln sich Indizien.

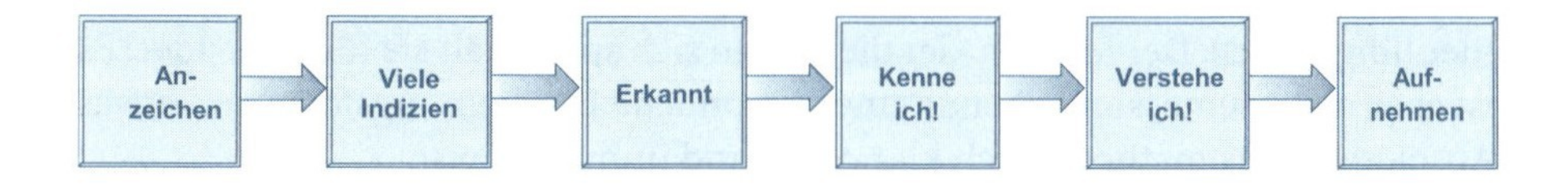

Die Indizien verdichten sich. Wir wittern nicht nur, ob da etwas ist. Der Nebel lichtet sich, Anzeichen für Anzeichen, Indiz für Indiz. Irgendwann sagen wir: Ja, das ist es. Ich habe es erkannt. Zum Erkannten suche ich mein Gehirn ab, ob etwas zu diesem Erkannten passt. Aha, das kenne ich! Wenn ich etwas sehr gut kenne, sage ich: Das verstehe ich! Und schließlich kann ich das, was ich verstehe, zum Teil meines Lebens machen, es also in mich aufnehmen. So kann der Weg vom Zucken des Aufmerksamkeitssystems bis zum Teil von uns selbst aussehen. Am Anfang ist der Anzeichen-Identifizierer, fast nichts! Am Ende ist etwas zu uns dazu gekommen.

Die verschiedenen Menschenarten erkennen jeweils anders. Die richtigen Menschen vertreiben den Nebel in erkannten Anzeichen durch Benennen. Sie bezeichnen etwas Erkanntes mit der Sprache, mit einem Wort, einem Satz.

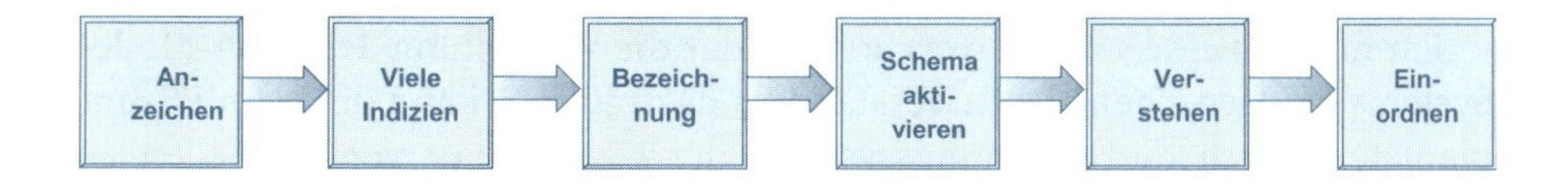

Dieses Schlüsselwort oder die benannte Vorstellung aktiviert ein Schema, wie der richtige Mensch sich in dieser Situation zu verhalten habe. In diesem Schema versteht er die Situation. Er ordnet das Neue in sein Bild der Welt hinein. Explizit, in ganzen Sätzen! Erinnern Sie sich an mein Vorstellungsbild einer Bibliothek? Das Neue wird im richtigen Menschen vernünftig explizit in die existierende Bibliothek der bestehenden Schemata hineingebaut. Größeres Aufräumen der Organisation erwägt der richtige Mensch nur in seltenen Fällen.

Der wahre Mensch vertreibt den Anzeichennebel mit einer Idee. Er steht stirnrunzelnd oder witternd in einer neuen Situation und sagt plötzlich: „Ich habe eine Idee, wie es sein könnte." Er aktiviert dann aber kein Schema, sondern eine Theorie. Diese leitet ihn zur Einsicht und verhilft, das Neue zu durchdringen.

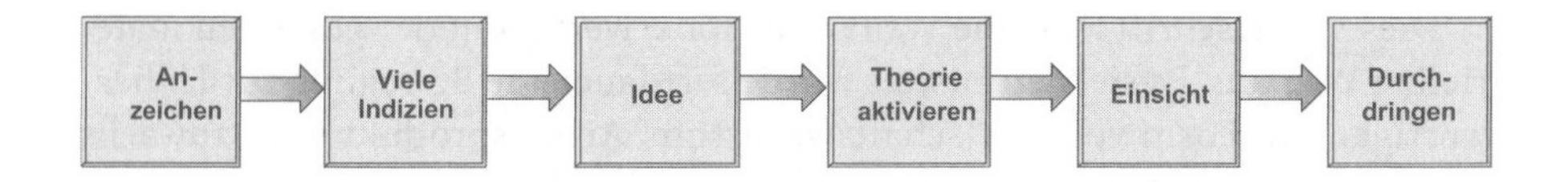

Natürliche Menschen spüren wohl mehr ein Erleben in sich. Sie aktivieren ein Erfahrungsmuster in ihrem Körper. Sie „begreifen" im ursprünglichen Wortsinne.

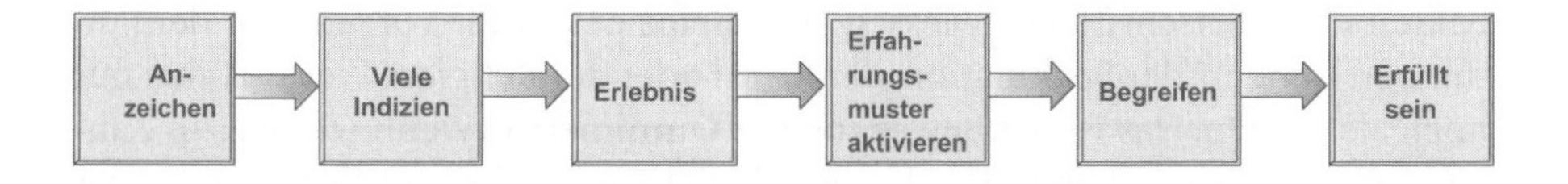

Die Psychologie kennt eher nur den Begriff des Schemas. Menschen, sagt sie, aktivieren Schemata und zugehöriges Wissen. „In dieser Situation greift das Handelsgesetzbuch für den Sonderfall ... §§§§ ..." Intuitive aber aktivieren keine Situationen oder Schemata. Sie spüren intuitiv in sich, ob das Neue verfassungskonform ist (mit der Idee verträglich). Fügt es sich in die minimale Konstruktion der Grundgebote ein? Muss manchmal die Verfassung schwach geändert werden? Auch das Denken des natürlichen Menschen folgt wieder einer besonderen Kette.

Die richtige Wissenschaft aber kennt normalerweise nur den richtigen Menschen.

4. Welt der richtigen Menschen

Es ist nicht weithin bekannt, dass es in solchem Sinne verschiedene Menschen gibt. Die meisten wissenschaftlichen Erkenntnisse sind ganz offenbar nur für die richtigen Menschen gültig, weil sie ebenso offensichtlich unter der Annahme entstanden, alle Menschen seien richtige Menschen.

Das Wissen in Form der richtigen Menschen, so wie wir es in Bibliotheken stehen haben, wird angebetet. Es gibt zwei wesentliche Triebfedern dabei.

Die Wissenschaft feiert Triumphe, seit sie nicht mehr nur nachdenkt, sondern so genannt „naturwissenschaftlich" experimentiert und empirisch oder (in der Mathematik) tatsächlich *beweist*.

Das Management der Wirtschaft feiert Triumphe, seit es mit harten Zahlen und Fakten agiert und experimentell mit Hilfe der Wissenschaft einen ungeahnten Effizienz-, Rationalisierungs- und Innovationsboom ausgelöst hat.

Dieser Fortschritt löst eine Welle von Höherwertigkeit der gesamten materiellen Welt aus. Es sieht so aus, als würde fortdauernde Bewegung zur Höherwertigkeit in Form von Wirtschaftswachstum, Arbeitsproduktivitätszuwachs und Bildungsoffensiven alle Nöte und Sorgen der Menschen vertreiben können. Höher und höher dreht sich die Spirale des Wohlstandes.

Diese Höherwertigkeit ist ganz zweifellos dem „Naturwissenschaftlichen" im Ganzen zu verdanken. Der Fortschritt kam mit der rigorosen Einführung der Zahl.

Die Ergebnisse von Experimenten und die Zahlen in Bilanzen schaffen harte Fakten und Fortschritt. Das Messen allen Seins bekommt Vorrang vor dem intuitiven Denken, der Spekulation, der Kunst oder der Religion. Werte zählen nur noch als Zahlen. Das ist die Bewegung der Omnimetrie. Wenn wir alles in Zahlenwerten vorliegen haben werden, werden wir mit Hilfe von Computern alles berechnen und entscheiden können. Der Computer geht uns in diesen Tagen sogar an die Gensequenzen. Er entschlüsselt uns selbst, damit wir einen Quantensprung in der Medizintechnik erleben werden. (Es ist so, als würden wir Dynamit erfinden, um in Steinbrüchen besser abbauen zu können. Es gibt dort viel weniger Arbeitsunfälle, als wenn Schwarzpulver verwendet wird. Deshalb rettet Dynamit Leben und wird vom Arzt und Apotheker empfohlen.)

Ich will diesen Fortschritt weder anzweifeln noch diskreditieren.

Ich sage hier nur, dass der Fortschritt von Wissenschaftlern erzeugt wurde, die als Einzelpersonen mehrheitlich Intuitive sind, jedenfalls nach allen Statistiken, die ich im dicken Band *Atlas of Type Tables* von Gerald Macdaid, Mary McCaulley und Richard Kainz vorliegen habe.

Die wahren Menschen haben also vor allem diese neue Wendung in der Welt bewirkt: Hin zur Zahl! Sie werden sicher dabei gedacht haben: Hin zur Wahrheit.

Die Zahl aber ist das Hauptwerkzeug des Richtigen, nicht des Wahren. Die Ideen sind nicht in den Zahlen. Zahlen sind abgemagerte Messzahlen einer Idee. Wenn alles in Zahlen messbar wird, ist die Welt der richtigen Menschen viel besser in der Lage, alles an einem einzigen allgemeinen Wertmesser aufzuhängen, über dem die Werte der Welt in Zahlenform verhandelt werden. Dieser einzige allgemeine Wertmesser wird immer mehr, wie es Aristoteles voraussah, das Geld.

Strafen, Belohnungen und Anreize wechseln immer mehr in die Geldartigkeit. Die anderen Werte folgen. Künstler, Sportler, Philosophen werden in Weltcup- oder Buchverkaufsranglisten gegeneinander bewertet. „Wenn sich eine Philosophie nicht verkauft, wird sie nichts wert sein."

So hat die Wissenschaft der vorwiegend Intuitiven das Primat der Disziplin, der Zahl und des Geldes geschaffen. In Deutschland wird in diesen Tagen begonnen, nach Jahrhunderten der absoluten Forschungsfreiheit der Universitätsprofessoren auch deren Leistungen numerisch zu bewerten und dann in

Geldanreize umzurechnen. Nun erreicht die Zahl sie selbst. Nun gräbt sie sich als ES in ihr Gehirn. Hinter den kreativen Ideen läuft der Gehaltsgeldzähler mit.

Die Wissenschaftler, die diese Entwicklung heute schon verstehen, weinen in diesen Tagen. Sie sind es aber selbst gewesen!

Das Natürliche und das Wahre werden von der Zahl unterdrückt, weil sie sich nicht so gut und effektiv messen lassen wie das Richtige. Wenn nur das Gemessene zählt („What you can't measure, you can't manage"), dann hat es das Messbare leichter gegenüber dem nur Vagen. Das Richtige ist messbar, die Wahrheit nicht. Denn das Intuitive ist persönlich, das Richtige überpersönlich. Das Natürliche ist vielleicht am allerpersönlichsten.

Es ist keine leichte Zeit für die wahren und natürlichen Menschen. Sie werden jetzt vom Höherwertigkeitswahn der richtigen Menschen erfasst, weil sie den richtigen Menschen die wissenschaftlichen Messmethoden überantwortet haben. Deshalb geht der Trend zur Höherwertigkeit. Das Ziel der Selbstverwirklichung wird vom Prinzip des Richtigen als Arbeitsscheu angesehen. Das Prinzip des Natürlichen wird seit jeher als Lustorientierung verurteilt. Heute verachtet das Richtige das Natürliche als „Spaßgesellschaft".

Auf der anderen Seite steuern wir in eine neue Wissensgesellschaft, in eine Zeit der Innovation und des Unternehmertums. Diese Seite der Gesellschaft wird von den wahren und natürlichen Menschen getragen. Wie wird es weiter gehen? Werden die Ideen und die Freude dem Gelde entfliehen können?

5. Es stimmt doch! Ob Sie's glauben oder nicht!

Die Thesen aller meiner Bücher kann ich ja, bevor sie der Wissenschaftsverlag Springer auflegt, in vielen Reden vorher auf Widersprüche testen. Ich habe schon so viele ironische, sarkastische, provozierende Reden bei großen Tagungen gehalten. Ich habe stunden- und tagelang diskutiert, insbesondere einmal vierzehn Tage auf einer Sommerakademie der deutschen Studienstiftung und des DAAD. Ich habe alle diese Gedanken täglich von 9 bis 12 Uhr erläutert und dann endlos jeden Tag bis zwei Uhr in der Nacht gestritten. Ich habe noch niemals zuvor zwei Wochen am Stück um Wahrheit gerungen. Ich kann gar nicht sagen, wie dankbar ich für solche Gelegenheiten bin!

Ich kenne jetzt sehr viele Argumente derer, die mit meiner Erklärung der Unterschiede zwischen den Menschen nicht richtig leben können. Ich habe diese Argumente sorgsam sortiert und einzeln durchdacht.

Ich falle Ihnen gleich mit der Tür ins Haus: *Die Gegenargumente passen ganz genau zum Typ der Menschen.*

Ein paar Beispiele:

Wahre Techies wie ich zweifeln grundsätzlich an Theorien. Sie versuchen Löcher zu finden: „Ist der Typ abhängig vom Tag oder der Stimmung?" – „Ist er angeboren?" Wenn die Theorien einen Tag lang bei einer Diskussion standhalten, kaufen sich Techies ein paar Bücher, lesen sich den Stoff an und denken anschließend nach. Dann bekomme ich E-Mails von ihnen: „Stimmt. Ich befasse mich gerade mit der Klassifikation meiner Mitmenschen. Hochinteressant."

Wahre Menschen der Unterrubrik Liebe (wie Pfarrer oder Sozialarbeiter) sind absolut unwillig, Menschen in Klassen einzuteilen. Sie protestieren, dass es drei oder 15 verschiedene Menschen geben soll. Denn sie selbst verstehen die Menschen genau. Und sie wissen: Es gibt nicht 100 verschiedene Menschensorten, sondern jeder Mensch ist für sich einzigartig, seine Seele ist vor Gott ein Unikat. Diese wahren Menschen wollen nicht Gesetzmäßigkeiten und Rubriken studieren. Sie lieben jeden Menschen für sich. Auf der anderen Seite sind diese Menschen über jeden Angriff auf die richtigen Menschen absolut glücklich. In allen diesen Aspekten verschlingen sie alle Argumente glühend leidenschaftlich.

Natürliche Menschen kennen meist ihre Feinde, die richtigen Menschen. Aber sie glauben nie und nimmer, dass Menschen entweder nur so oder nur so sein könnten, weil sie eine starke Präferenz in der Gehirnnutzung zeigten! Natürliche Menschen lachen. Sie sagen: Ein Mensch ist von Natur aus wendig, flexibel und biegsam. Er müsse sich ja im Kampf durchsetzen und daher situationsbedingt reagieren können! Eine starre Haltung sei ja gerade der Tod im Leben!

Richtige Menschen reagieren etwas beleidigt, weil ich doch irgendwie leidenschaftlich ich selbst in den Büchern bin. Ich sage ja, dass die Übermacht des Richtigen zu weit geht und im Interesse der wahren Menschheit zurückgedreht werden müsste. Diese Übermacht sehen die richtigen Menschen absolut nicht. Sie leiden immer noch unter den Idealisten („Spinner") und den Lustorientierten („Faule Säcke"). Die richtigen Menschen wollen ja die Allmacht. Für sie ist der Weg dahin noch weit. Richtige IBM-Manager sagen bei meinen Reden: „Wir verdienen das Geld als Linienmanager. Und der Dueck hält die Festreden. Na gut. Andere Firmen wären nicht so freiheitlich. Immerhin ist unsere Firma so stabil, dass sie einen wie ihn als Hofnarr aushalten kann." Das schreiben mir immer Techies, die daneben saßen: „Wenn alle klatschen, denk daran: Nicht wirklich alle klatschen!"

Psychologen hassen Theorien wie diese hier im Buch, weil ich Entweder-oder-Aussagen mache. Sie sagen: „Alle Dinge sind mehr in der Mitte, nicht am Rand. Es gibt Künstler und Manager als einseitige Spezies, aber fast alle

Menschen sind in der Mitte. Wir als Wissenschaftler messen das alles. Was Sie da sagen, kann man nicht messen. Es ist deshalb reine Spekulation."

Ich will sagen: Ich habe erfahren, dass die Einzelmenschen durch ihre Art der Entgegnung im Grunde nur die Meinung ihres Typus wiedergegeben haben. Ich habe es schon so weit gebracht, dass ich nach einer kurzen Diskussion mit Gegnern aus deren Argumentation ihren Typus schätzen kann. Auf der schon genannten Website *www.keirsey.com* wird insbesondere getestet, ob Menschen intuitiv sind oder nicht. Ich wusste also von sehr vielen Menschen, die diesen Test gemacht hatten, deren theoretischen Typus. Diese haben dann mit mir diskutiert. Sie bringen genau die Argumente, die zum Testergebnis passen. Das bedeutet: Alle haben mit ihren Argumenten unrecht, weil eben ja die Argumente die Theorie hier bestätigen: Jeder Mensch denkt hauptsächlich entweder richtig oder wahr oder natürlich.

Bei der Sommerakademie der Studienstiftung haben sich 20 Studenten in jeweils drei Minuten vorgestellt. Wir haben eine Stoppuhr gestellt. Drei Minuten. Jede Studentin und jeder Student hat drei Minuten über das eigene Leben berichtet. Stopp. Danach haben wir über jede Person vier Mal abgestimmt: Ist diese Person intuitiv oder nicht? Fühlend oder denkend? Extrovertiert oder introvertiert? Planend oder flexibel-„chaotisch"? Diese Dimensionen werden in dem Test abgefragt. Die Gruppe der 20 Menschen hat also über jeden einzelnen vier Abstimmungen vorgenommen, insgesamt 80 Abstimmungen. Die Mehrheitsvoten haben wir anschließend mit den Testergebnissen der Personen verglichen. Ergebnis: 79 von 80 Abstimmungen ergaben das reale Testergebnis. Das einzige falsche Ergebnis: Wir hielten eine Studentin, die sehr schlecht deutsch konnte und kaum selbst etwas sagte, für introvertiert. Sie hielt sich selbst aber für extrovertiert. Verzeihen Sie das? Dann können wir vielleicht so sagen:

Ich gebe Ihnen vor 20 Menschen drei Minuten Zeit, sich vorzustellen. Danach stimmen wir ab, was für ein Mensch Sie sind.

Und das Ergebnis ist richtig.

In drei Minuten sind Sie erkannt!

(Es war nicht so, dass Einzelne von uns sehr viele richtige Tipps abgegeben haben. Jeder Einzelne hat nicht so oft richtig gelegen. Aber die *Mehrheit* lag immer richtig.)

Ich kann nun seitenlang so weiter schreiben. Ich möchte nur fragen: Sind die Menschen denn so sehr in der Mitte? Wenn man sie doch nach drei Minuten ziemlich sicher erkennt? Wenn wir nach drei Minuten schon sehen, ob sie richtige, wahre oder natürliche Menschen sind? Ich kann es schon bei meiner Arbeit auf Konferenzen an den Vortragsfolien erkennen. Ich muss die Menschen manchmal nicht einmal sehen ...

Wenn Sie also zweifeln, ob Menschen so unterschiedlich sind, fragen Sie einfach andere Menschen. Dann erschrecken Sie. Und ich hoffe, Sie lesen weiter. Ich habe ja erst die groben Unterschiede der Menschen erklärt. Jetzt kommen die feinen.

Teil 3
Strategie, Sinn und das Heil

XI. Lebensstrategien

1. Die Stellung des Menschen zur Welt

Nun kennen wir also drei Arten von Menschen. Die Andersartigkeit der richtigen, wahren und natürlichen Menschen ist auf verschiedene Denkstrukturen und auf das Maß zurückführbar, in dem sich Menschen an Systeme „gewöhnen lassen".

Ich möchte die Menschen nun weiter in Spezialgruppen unterteilen. In diesem Kapitel soll von ihrer grundsätzlichen Haltung zur Welt die Rede sein, im nächsten von möglichen bestimmenden „Fachrichtungen" in der Welt.

In der Psychologie der Traits, der Eigenschaften von Menschen, sind die beiden Merkmale der Extroversion und der Introversion eine feste Größe. Diese beiden Begriffe gehen auf C. G. Jung zurück, der sie in *Psychologische Typen* ausführlich besprach. Ich gebe hier kurz eine Beschreibung dieser beiden Charakteristika:

Extroversion: Extrovertierte Menschen sind gemeinschaftszugewandt, lieben Interaktionen mit anderen Menschen, haben breite Interessen, haben viele Bekannte. Sie orientieren sich an externen Begebenheiten. „Speak, then think." Sie sprudeln über in Erzählungen und entwickeln ihre Ideen dabei.

Introversion: Introvertierte Menschen sind territorial, sie haben eine reservierte Privatsphäre, orientieren sich stark an ihrem inneren Seelenleben. Sie haben tiefe Interessen, relativ wenige Bekannte. Sie denken lange nach, bis sie sich äußern.

Ich habe oft das Gefühl, dass ich mir diese beiden Eigenschaften wie folgt in Computermetaphern vorstellen kann:

Extrovertierte Menschen denken interaktiv, quasi „online". Sie verarbeiten Informationen sofort, entwickeln neue Gedanken, verändern sie, antworten, provozieren neue Antworten.

Introvertierte dagegen staunen mit großen Augen, saugen alles Gesagte in sich hinein. Sie antworten nicht spontan oder denken etwa mit ihren Lippen.

Nein, sie sagen oft: „Das muss ich mir überlegen. Da denke ich noch drüber nach. Interessant. Ich zeichne mir das einmal auf." Ein Computer würde sagen: „Wir haben Ihre Daten erhalten. Sie sind im TEMP-Space auf der Festplatte gespeichert. Wir arbeiten diese Daten im Nachtlauf (Batchbetrieb) in das System ein. Jetzt ist das nicht möglich. Wenn sie verarbeitet sind, melden wir uns wieder mit dem Ergebnis bei Ihnen." Ein introvertierter Manager spricht so: „Ich glaube, ich habe Ihre Gründe und Ihre Einwände verstanden. Inhaltlich wünschen Sie in diesem Vorgang hier eine Genehmigung. Ich habe jetzt alles zusammen, was ich für eine Entscheidung benötige. Ich danke Ihnen. Ich werde diese Angelegenheit entscheiden. Bitte kommen Sie in drei Tagen und fragen nach." Introvertierte Ärzte: „Ich habe jetzt alle Werte. Ich warte noch die Krebszellenanalyse ab. Sie bekommen Bescheid." (Und wir haben solche Angst! Kann er uns nicht beruhigen?)

Extrovertierte entscheiden meistens sofort, wenn sie alles wissen und entscheiden können. Sie sind schnell mit Entschlüssen. Manchmal aber sagen sie am nächsten Morgen: „Ich habe mir das anders überlegt. Ich habe ein Argument übersehen. Wir machen es anders." Introvertierte überlegen ein paar Tage und nehmen die Entscheidung *niemals* mehr zurück! Sie finden, das würde sie lächerlich machen. Drei Tage nachdenken und später dann andersherum entscheiden? Nicht denkbar.

Extrovertierte sind nicht gerne allein und arbeiten lieber in Teams. Introvertierte möchten so gerne ein Einzelbüro, in dem sie Zeit haben, lange über alles in Ruhe nachzudenken. „In Ruhe" sagen sie oft, ganz besonders die Wahren unter ihnen. Daran erkennt man sie.

Man sagt, der Unterschied liege in der Energieproduktion. Extrovertierte füllen sich mit Energie auf, wenn sie unter Freunden oder Kollegen sind. Je länger die Party, umso besser! Wenn sie aber lange allein zu Hause sein müssen, werden sie trübe. Es ist dort nicht auszuhalten. Nicht allein!

Introvertierte füllen sich mit Energie auf, wenn sie allein sind. Sie verbrauchen Energie in Gegenwart von anderen. Sie müssen einmal Pause haben. Deshalb gehen sie bei Partys früh nach Hause („Ich muss morgen sehr früh raus." So die Standardnotlüge.) oder sie müssen ab und zu einmal um den Hausblock spazieren gehen, den Hund hinausbringen oder wenigstens auf die Toilette gehen. Sie müssen ab und zu allein mit sich sein.

Extrovertierte wirken eher ein bisschen offensiv. Sie reden viel mehr und – so sagen die Introvertierten – sie sind oft aufdringlich. Introvertierte wirken defensiv. Sie sind schweigsam und – so sagen die Extrovertierten – sie sind oft abweisend, reserviert oder distanziert.

So ungefähr überlegen sich das die Psychologen. So sehen sie den Menschen von außen. Redet er viel? Entscheidet er auf der Stelle? Ist Alleinsein herrlich oder langweilig? Ist Großparty herrlich oder bedrückend („Ich kenne da keinen.")?

Ich habe mir überlegt, wie sich Menschen von innen heraus fühlen, wenn sie von außen extrovertiert oder introvertiert *aussehen.*

Es gibt nach meiner Meinung vier verschiedene Verhaltensweisen der Menschen, die mit der Extroversion oder der Introversion zusammenhängen. (Wenn Sie die MBTI/Keirsey-Tests kennen, dann führen meine Überlegungen in ganz grobem Sinne zu Menschenklassen wie EJ, IJ, EP und IP. Lesen Sie dazu *Please Understand Me* von David Keirsey. Meine Einteilung ist etwas anders, aber die Idee dazu hatte ich beim Studieren und Nachdenken über jene.)

Ich schildere Ihnen kurz vier verschiedene Strategien, es mit dem Leben aufzunehmen und es zu bewältigen. Ich sehe diese Strategien tagtäglich im Management. Sie scheinen ziemlich fest in die Menschen eingebrannt zu sein. Menschen sind nicht mal so, mal so. Sie haben eine relativ gleich bleibende Gesamtstrategie.

Diese vier Grundstrategien sind – ganz kurz charakterisiert:

- Dominanz über andere Menschen erstreben („Leithirsch“, „Hai“)
- Erlebnisse oder Beute jagen („Bär“, „Fuchs“)
- Unauffällig im Verborgenen leben („Zaunkönig“)
- Unangreifbare Stärke erwerben („Elefant“)

Ich gebe nun in vier Abschnitten eine Menge Beispiele, damit Sie sich in die Menschenstrategien einfühlen können. Ich schreibe die Beispiele bewusst mit betrübtem Sinn. Sie sollten spüren: Wer sich auf eine spezielle Strategie im Leben verlegt, „kommt damit um“. Ich meine: Der Mensch ergreift zu viele Möglichkeiten, sich zu spezialisieren. Er konzentriert sich auf bestimmte Denkungsarten, auf Strategien, auf Richtungen. Am Ende? Am Ende muss ja das meiste Leben an ihm vorübergegangen sein.

2. Geplante Offensive (Die „dominante“ Seite)

„Im Leben wird uns nichts geschenkt. Man muss sich durchsetzen können. Der Gewinner bekommt alles. Alles ist geben und nehmen. Es herrscht allzu oft das Gesetz des Dschungels und des Wassers. Das Starke frisst das Schwache. Jeder ist auf seinen Vorteil bedacht. Das ist gut so, denn darauf gründet sich der Fortschritt und alle Energie in dieser Welt. Es steht jedermann frei, aus seinem Leben das Beste zu machen. Der Beste siegt und er soll auch siegen. Nur Leistung soll belohnt werden. Angriff ist die beste Verteidigung. Wer nicht zurückschlägt, ist selber schuld. Wer rastet der rostet. Wer immer strebend sich bemüht, der wird erlöst. Niemals darf man sich eine Blöße geben, darauf warten die Gegner, und es sind viele. Kontrolle ist besser als Vertrauen. Verliere niemals die Kontrolle! Handle selbst oder andere handeln für dich, aber bestimmt nicht zu deinem Vorteil."

Solche Grundüberzeugungen drängen den Menschen, sein Leben offensiv aktiv oder – wie man heute sagt – proaktiv – in die Hand zu nehmen. Er will seines Glückes Schmied sein.

Menschen, die im Grunde dominieren möchten, hören sich so an:

Dominanter Manager (richtiger Mensch): „Ich übernehme gerne Verantwortung. Ich treibe Dinge an. Ich glaube, dass ich dafür gebraucht werde. In Umgebungen, in denen sich die Leute einfach nicht aufraffen mögen, bin ich die willkommene treibende Kraft. Ich werde als der Mobilisator der Energie geschätzt. Die Leute wissen, was sie an mir haben. Sicher muss manchmal auch hart durchgegriffen werden. Das Leben ist ja kein Spaß. Aber das ist klar und es wird allgemein akzeptiert. Meine Mitarbeiter lieben die Arbeit in meiner Abteilung, weil ich der Garant für den Erfolg bin. Bei mir läuft alles, das wissen sie. Ich schmiede das Team. Unser Erfolg lässt für jeden etwas übrig. Wir können über Gehaltserhöhungen und Beförderungen verfügen, solange das Team Erfolg hat. Ich gönne das meinen Leuten, aber ich erwarte Einsatz, harte Arbeit und Loyalität."

Dominanter Manager (natürlicher Mensch): „Bei uns ist es nie langweilig. Wir arbeiten hier nicht, um ein bisschen Brot zu verdienen. Wir wollen etwas Wirkliches erreichen. Bei mir haben bloße Zahlenfritzen und Papiertiger nichts zu lachen. Wir wollen den Markt erobern. Dafür krempeln wir die Ärmel hoch. Ich hasse nichts so sehr wie schlappe Mitarbeiter. Ich will schweißglänzende Leiber um mich sehen. Wir wollen das Unmögliche und wir packen das. Für den Triumph am Ende, dieses Rauschgefühl des Sieges, ist jeder Einsatz gerechtfertigt. Niemand sollte sich mir in den Weg stellen. Jetzt komme ich!"

Dominante Mutter (richtiger Mensch): „Ich will letztlich stolz auf meine Kinder sein können. Wir sind eine vorbildliche Familie. Die Kindererziehung ist für den Erfolg des späteren Menschen ausschlaggebend. Ich setze mich mit aller Kraft ein, dass aus meinen drei Sprösslingen etwas wird. Natürlich maulen sie manchmal, wenn ich sie antreibe, ein Instrument zu lernen und schon selbst Geld zu verdienen. Ich höre so oft, wie später die erwachsenen Kinder ihren Eltern dafür danken. Sie sehen dann genau, wem sie den Erfolg zu verdanken haben. Üben, üben, üben – geduldig, beharrlich, fleißig. So liebe ich meine Kinder und das akzeptieren sie gern. Die Nachbarn sind neidisch auf uns."

Dominante Mutter (natürlicher Mensch): „Ich muss heute wieder zur Schule, weil sie sich gewehrt haben. Meine Kinder haben bei der Prügelei mehr ausgeteilt, das sage ich Ihnen. Ja, ich weiß, es gehört sich nicht, aber heimlich bin ich stolz, dass uns niemand unterkriegt. Wir sind stark. Alle wissen das. Alles ganze Kerle, meine Söhne. Sie werden sich später überall durchsetzen. Sie sind nicht auf den Mund gefallen und werden niemals Dienertypen. Das normale Leben ist für Angsthasen."

Wahrer Radler: „Ich werde nicht eher ins Grab steigen, bis in unserer Stadt alle Straßen Fahrradwege in beiden Richtungen haben, auf denen niemand parkt. Wir können auf diese Weise im Grunde alle Autos einsparen. Es ist nicht zu ertragen, wie der Gestank die Umwelt verpestet und unsere Körper durch die Autos bequem und übergewichtig werden. Erst bezahlen wir Autos, dann Straßen, dann Umweltreparatur, dann die Krankheiten des Fettes. Unsere Initiative wird am Ende siegen, weil sich in der Bevölkerung langsam Einsicht breit macht. Seit wir wenigstens schon in der engen Stadtmitte Radwege haben, reden die Leute mit uns darüber, wie es weitergeht. Und es wird weitergehen, weil ich mich dahinter klemme. Ich sitze am Lenker. Ich bekomme Vorfahrt."

Wahrer Pfarrer: „Ich binde sie an allen Ecken und Enden in die Gemeinde ein. Wir haben eine Menge zu tun. Wir verkaufen Kaffee zum fairen Preis, wir organisieren ökumenische Reisen. Wir haben Ausländer-Freundschaftsgruppen und andere, die Lebensmittel und Kleidung für Länder sammeln, mit denen wir Krieg führen. Zwischendurch gibt es Eiscremepartys und Kinderfeste. Ich will jeden in der Gemeinde für die Kirche und den Glauben begeistern. Solange ich sie zusammen habe, wächst ihr Glaube weiter. Er darf nur keine Zeit bekommen, vom Zweifel gepeinigt zu werden. Ora et labora. In der Bewegung herrscht Einigkeit. Und ich setze Seelen in Bewegung."

Die offensiv dominanten Menschen mobilisieren Energie und kämpfen. Viele von ihnen sind die Modelltiere aus Darwins Reich. The fittest will survive. Das Schwache wird bei der Selektion nicht durchkommen, es ist dafür selbst schuld. Dominante Menschen nehmen die Rolle des Leithirsches ein. Sie sind gerne Bürgermeister im weitesten Sinne: Manager, Lehrer, Offiziere, Eltern, Politiker, Führungsfußballspieler, Unternehmer, Protagonisten von Bewegungen.

Sie ernten oft reich: Erfolg, Respekt, Huldigung, Anerkennung, Reichtum. Höherwertigkeit eben.

Heimlich hoffen sie oft, dass sie für ihre Erfolge mehr herzlich geliebt würden – oder besser noch – dass sie einfach so geliebt würden, ohne Ansehen der Erfolge. („Sie hat mich aus Liebe geheiratet. Sie wusste nichts von meinem Reichtum. Auch meine hohe Stellung hat keine Rolle gespielt, obwohl ich manchmal wünschte, sie würde ein wenig mehr stolz auf mich sein.") Sehr viele Manager sagen heute: „Mein irres Gehalt ist leider nur im Grunde Schmerzensgeld, mehr nicht."

Am Ende:

„Ich hatte Erfolg, seit ich denken kann. Ich war Vorzeigemensch. Sie brauchten mich. Ich habe alles gegeben. Ich hätte mehr für mich nehmen sollen. Nicht Geld oder Ehre, die bekam ich reichlich. Etwas anderes. Liebe? Ruhe? Frieden? Glück? Ich weiß es nicht. Ich schoss durchs Leben und flog an allem vorbei, was mit Anhalten und Gewährenlassen zu tun hat."

3. Offensiv auf Erlebnis und Beute aus (Die „hungrige" Seite)

„Das Leben ist voller Chancen und Möglichkeiten. Für jeden ist genug da. Die Natur sorgt für alle, die Äcker sind übervoll. Jeder bekommt sein Stück vom Kuchen. Das Leben ist ein aufregendes Auf und Ab, auch ein Drunter und Drüber. Das Leben ist voller Höhen und Tiefen. Wer heute oben ist, mag morgen unten sein. Und übermorgen werden die Karten neu gemischt. Im Grunde muss man freudig das Gegebene nehmen, wie es kommt. Man lebt nur einmal. Am Ende will der Mensch auf ein erfülltes Leben zurückblicken. Das, was zählt, sind die Highlights. Dafür muss man ein paar Schrammen hinnehmen. Wer nicht wagt, der nicht gewinnt. No risk, no fun. Das Geld liegt auf der Straße. Man muss immer die Augen auf haben. Überall lauern Chancen, aber sie sind leicht zu übersehen. Man darf im Leben aber absolut nichts verpassen. Man muss alles probieren. Es ist niemals zu spät. Jeder kann zu jeder Zeit alles vollbringen. Das Leben ist jetzt und wahrscheinlich nicht unbedingt nur hier. Es ist überall." Carpe Diem!

Wahrer Erfinder: „Wenn ich neue Ideen habe, fühle ich reines Glück. Es gibt kein Größeres. Das Brüten ist schön. Sicher, niemand versteht das langsam wachsende Grauen, wenn ich wochenlang ohne gescheite Idee bin. Es beginnt zu nerven. Das leere Papier vor mir, der fragende Blick meiner Kollegen. Ich bin in der Firma der geniale Tüftler. Die Mühe hinter den Glücksmomenten wird nicht verstanden. Es zerreißt mich. Ich kann es nicht zwingen. Dann habe ich wieder eine Idee! Es ist nicht schön, dass es so ein Wechselbad ist. Aber ohne das wäre es wohl nicht erregend genug. Ja – ich muss für jede Idee mental viel bezahlen."

Wahre Lehrerin: „Die schönsten Momente liegen in den begeisterten Augen von Schülern. Ich habe sie aufgeweckt, ich habe Faszination in sie wie Zauber gefüllt. Dafür lebe ich. Für diese seltenen Momente. Meistens sind sie noch von der vorigen Stunde dumpf. Sie haben gestritten und sind überfordert. Sie brauchen Liebe. Ich komme nicht allein dagegen an. Ich sehe die Familienkatastrophen und all diese Leere in ihren Blicken. Manchmal möchte ich alles hinwerfen, aber die Kleinen brauchen mich ja. Und dann, mitten im Leiden, sehe ich das wache Interesse, die Liebe zur Sache, die Klarheit und die naive Begeisterung in ihnen. Das wiegt alles auf. Ich habe einen erfüllenden Beruf. Wenn nur das Auf und Ab nicht wäre. Aber sonst wäre es wohl langweilig. Ich beneide Kollegen, die den Stoff beharrlich gleichmäßig durchziehen. Aber ich hasse dies so."

Natürlicher Verkäufer: „Ich könnte längst befördert sein und einen Vertriebsbereich leiten. Aber das wäre nicht das satte Leben. Ich will zu Kunden und mit ihnen um Verträge ringen. Ich will ab und zu das Riesengeschäft machen. Dieses Triumphgefühl ist alles. Und dann den dicken Bonus hinterher und die Weltreise durch ein Meer von Champagner. Ich will vom Sieg etwas haben, aber klar. Ich hatte auch schlechte Jahre und habe ein paar Mal den Arbeitgeber gewechselt, um anderswo Erfahrung zu sammeln. Es ist Jagd! Und manchmal lauerst du wochenlang, und keiner kauft. Du verzweifelst. Aber ich habe erst ein einziges Jahr von meinem Fixum leben müssen, das war hart. Das werde ich nicht vergessen. Nie wieder, schwöre ich dir. Ich bin ein guter Verkäufer. Der beste."

Natürliche Schauspielerin: „Schau, da an der Wand! Ich war eine schöne Frau. Ich hatte gute Rollen. Drei Abende hatte ich die Hauptrolle, wegen Krankheit. Den großen Auftritt hatte ich nie, aber ich konnte von der Schauspielerei leben. Wer kann das von sich sagen? Dass er sogar davon leben kann? Das schafft fast keiner. Ich bin geliebt worden. Es war eine herrliche Zeit. Ich musste oft die Bühne wechseln, es ist ein Affentheater, wenn du verstehst. Missgunst überall, du kannst dich kaum halten. Du musst stark sein. Ich habe mein Leben genossen. Ich bekam nicht viel Geld, ich habe alles sofort ausgegeben. Meist war ich eingeladen. Ich spiele noch heute kleine Rollen. Ich muss das, weil Schauspieler keine Rente bekommen. Das ist schlimm. Ich verstehe es nicht. *Was* willst du? Ein Autogramm? Ach, du Charmeur. Darauf falle ich nicht herein. Ich habe doch einen kleinen Spiegel in der Handtasche. Aber es ist nett. Ich habe noch Fotos, ganz alte. Ich habe einmal für eine ganze Gage einen Haufen Autogrammkarten bestellt. Sieh mal!"

Matrosen, Maler, Musiker, Spieler, Versicherungsagenten, ... – viele sind hinter dem Erleben her. Aristipp lässt grüßen! Seine Philosophie ist die des extrovertierten, offensiven, natürlichen Jägers, der das Unstete des Lebens für die Erlebnisse und Abenteuer in Kauf nehmen will. Wahre Jäger jagen Ideen und Begeisterung.

Am Ende:

„Ich habe alles gesehen und hatte Glück ohne Ende. Ich hatte genau das pralle Leben, wie ich es mir immer gewünscht hatte. Heute ist es ruhig geworden und ich habe auch nicht mehr die Energie. Manchmal wünschte ich, ich hätte mehr Stetigkeit und Heimat. Und ein paar liebe Menschen um mich, die mich aushalten, wie ich eben bin."

4. Defensive und Unauffälligkeit (Die „zurückhaltende" Seite)

„Es ist überall Krieg. Sie alle verwunden sich, um Vorteile zu erlangen. Das viele Blut kann das Eroberte nicht aufwiegen. Sie zerfleischen sich und jeder zeitweilige Vorteil schmilzt irgendwann dahin. Niemand hält es lange aus, ohne Schaden zu nehmen. Hochmut kommt vor dem Fall. Niemand kann so viel Macht erlangen, die er nicht wieder durch einen einzigen Fehler verlieren könnte. Der Sieger wird immer gejagt und gehetzt. Er wird niemals Ruhe finden, inmitten seiner zahlreichen Herausforderer. Wie gewonnen, so zerronnen. Das Beste ist es, man hält sich aus allem heraus. Der Wetterhahn auf der Spitze bekommt jedes Wetter ab. Wer sich keck hervorwagt, bekommt eins auf die Schnauze. Es ist weit besser, in der Menge oder in die Stille unterzutauchen. Wer nicht auffällt, dem wird nicht nachgestellt. Bescheidenheit ist die größte Tugend. Es ist irrsinnig, etwas Besseres werden zu wollen. Schuster, bleib bei deinen Leisten. Tu deine Pflicht. Das ist viel und es ist genug. Geh deiner Bestimmung im Stillen nach. Halte besser den Mund. Schau nicht überall hin. Lass dir nicht in die Karten gucken. Kümmere dich nicht um den Kriegslärm. Das Schönste im Leben riecht wie ein Schrebergarten."

Richtiger Angestellter: „Ich arbeite seit 24 Jahren Akten ab. Es ist eine schöne Arbeit. In letzter Zeit verlangen die neuen Chefs mehr. Sie müssen sich natürlich profilieren. Aber sie verstehen die Paragraphen nicht. Beim Bearbeiten von Akten sind so viele Feinheiten zu berücksichtigen. Darin bin ich einsamer Experte. Deshalb habe ich Ruhe vor ihnen. Ich könnte ihnen ja sagen, wie sie die Bestimmungen vereinfachen könnten. Dann ließen sich zweimal mehr Akten bearbeiten. Als ich jung war, habe ich versucht, darüber zu reden. Es war für sie eine Einmischung. Seitdem erledige ich mein Pensum. Ich gehe nicht für sie in den Krieg. Ich habe schon viele kommen und gehen sehen. Sie versuchen, das System zu ändern. Niemand kann das System ändern. Es hilft nichts, etwas davon zu erwarten. Ich lebe hier in Frieden. Mich beunruhigt die Diskussion um die Renten. Ich finde, man darf nicht ständig die Zukunft verändern wollen. Ich habe die Versicherungen, Hypotheken und die Ausbildungen meiner Kinder mit meiner Frau geplant. Was denken die denn? Mein Ältester hat schon einmal das Studienfach gewechselt, so etwas möchte ich nicht noch einmal erleben. Wir hatten bis dahin gedacht, uns könnte kein Unglück treffen. Alles war in Ordnung."

Wahrer Mathematiker: „Ich forsche an einem bestimmten Problem. Ich komme stückchenweise weiter. Es hat keinen Sinn zu erklären, worum es geht. Früher habe ich es versucht. Im Grunde interessiert es keinen. Ich verstehe das. Ich muss unbedingt ein Axiom in den Annahmen des vierten Hauptsatzes abschwächen. Das ist die Idee. Ich habe schon einige Entschärfungen vorgenommen, aber nun ist es so, dass statt einer starken Voraussetzung, die sehr schön einfach aussieht, nun 24 verschiedene, sehr komplizierte Bedingungen erfüllt sein müssen. Insgesamt sind diese 24 Bedingungen schwächer als die eine sehr einfache, also ist ein Fortschritt erzielt worden. Es ist mit den Steuergesetzen vergleichbar. Man ersetzt eine einfache Bestimmung durch 24 komplizierte, die aber insgesamt das Problem besser beschreiben. Ich habe schon bei mehreren Konferenzen vorgetragen, auch in Vietnam. Die Reisekosten zahle ich selbst. Konferenzen sind meine Heimat. Ich forsche ja sonst allein. Wir hören einander zu. Ich verstehe kaum etwas von den anderen. Es interessiert mich auch nicht. Ich denke Tag und Nacht an mein Problem. Nur an meins. Ich versuche, die anderen davon zu begeistern."

Wahre Krankenschwester: „Ich pflege seit langen Jahren postoperative Krebspatienten. Viele sind aus der Lebensbahn geworfen. Ich höre ihnen beim Aufräumen und Essenbringen zu. Viele wissen, dass sie sterben müssen. Da scherzen wir miteinander. Zum Glück, sagt der Patient, habe er bei der Bahn nur die Hinfahrkarte gelöst. Ich habe einen schweren Beruf, der kaum bezahlt wird. Sie verstehen die Seelen nicht und operieren nur, wie wenn es Leistungssport wäre oder um Effizienz ginge. Ich bleibe bei den blutenden Herzen. Sie verlangen, dass ich schneller aufräume und weniger mit den Kranken rede. Es geht nicht um das Reden. Ich muss zuhören, nicht reden. Sie verstehen den Beruf nicht. Das Essen bringt jetzt die Reinigungsfirma mit, die diesen Service zur Optimierung dazugepachtet hat. Ich soll nur die wichtigen Sachen machen. Schnell! Aber ich muss zuhören. Warum machen sie einen Kampf daraus? Es geht um das Überleben des Krankenhauses, sagen sie."

Natürlicher Handwerker: „Ich lege Fliesen. Es ist ein Traumjob. Ich kann meine Arbeit einteilen, wie ich will. Nur im Winter ist es sehr kalt. Ich versuche dann, keine Neubauten zu machen. Ich frage alle Leute, die neue Bäder wollen und für die ich sonst keine Zeit habe. Fliesen legen ist ehrliche Arbeit und ich komme gut aus. Im Grunde rutsche ich mein ganzes Leben lang auf den Knien herum, aber nicht so unehrenhaft wie die meisten in ihren Abhängigenberufen. Ich bin frei. Ich kann nach Hause gehen, wann ich will. Ich mag Leute, die meine Kunst zu würdigen wissen, die Fliesennähte harmonisch die Kellertreppe hinunterzudrehen. Ich kann sogar Us aus Fliesen schneiden, um die Türzargen herum. Das tue ich für nette Leute. Ich mache gerne Quatsch für kleine Jungen und lasse sie mitwerkeln. Meistens haben aber die Eltern Angst, dass ich dann zu langsam arbeite, obwohl der Preis nach Quadratmetern zählt. Leute gibt es! Solange es mit Fliesen zu tun hat, ist mein Leben ruhig und schön. Es gibt vielleicht nur einen einzigen besseren Beruf: Lastwagen durch Amerika fahren. Stundenlang einsam brausen. Aber sie haben jetzt Funk und werden unterwegs vom Chef gedrängelt."

Am Ende:

„Es war ein gleichmäßiges, ruhiges Leben voller Zufriedenheit. Ich kann nicht klagen. Manchmal war ich ein bisschen neidisch. Ich hätte mir als Junge ein paar Frauengeschichten gewünscht. Ja. Oder ich träume von einer Weltreise. Das Geld hätte ich jetzt, aber ich traue mich nicht. Meinen Kindern geht es gut. Ich bringe ihnen bei, auch mal den Mund aufzumachen, das soll ja heute möglich sein. Ich hoffe, sie haben es dann besser. Ich hatte immer Angst. Im Grunde war ich ein Rad im Getriebe. Ich saß wie ein Zaunkönig unscheinbar im Gesträuch. Aber ich habe immer – immer! – gut funktioniert. Es hätte einen Tag geben sollen, an dem ich Held gewesen wäre. Ich lese solche Bücher gern. Oder ich möchte gerne etwas Besonderes können und ein klein bisschen bewundert werden. Das wäre dann die Sahnehaube auf meinem Leben."

5. Defensive in ausgebauter Festung (Die „sturmfeste" Seite)

„Die Welt ist niemals sicher. Alle haben es auf dein Geld und Gut abgesehen. Alle wollen etwas von dir. Du musst wachsam sein. Prüfe, wem du vertraust. Die Welt ist voller Lüge und Unwahrheit. Überall sind Masken und Rollendarsteller, die etwas im Schilde führen. Man muss in der Lage sein, hinter die Dinge schauen zu können. Man muss den Grund der Dinge sehen. Verstehen, wirklich verstehen, ist alles. Wer alles durchschaut, weiß, wie die Maschinerie des Lebens funktioniert. Im Grunde kann man nur fest auf sich selbst bauen. Das eigene Ich ist das einzige Verlässliche in dem ganzen Strudel der Welt, der alles zu verschlingen und zu vermengen droht. Das Gute kann sich kaum im Gemenge vor dem Bösen in Sicherheit bringen. Im Grunde muss man das Leben wie aus einer sicheren Burg heraus betreiben. My home is my castle. Man darf sich nicht vermischen oder einlassen. Das Andere ist voller Gefahr. Das Andere ist unwahr, unrein und gespielt. Deshalb muss man ein Leben auf Fels bauen."

Richtiger Manager: „Ich bin die Zuverlässigkeit in Person. Ich arbeite als Controller. Ich bin stolz darauf, dass meine Zahlen immer stimmen. Sie fürchten mich in der Firma, weil ich Unregelmäßigkeiten rieche. Das ist mein großes Talent. Die Buchhaltung ist eine Festung in dieser Firma. Ich weiß, dass das nicht geliebt wird, aber sie wissen es zu schätzen. Andere Firmen stürzen über Unregelmäßigkeiten ab und verlieren das Vertrauen der Anleger. Mir kann man vertrauen, weil ich niemandem vertraue. Ich bin das Gewissen.“

Richtige Mutter: „Meine Kinder sind absolut gut erzogen. Sie benehmen sich angemessen, sind höflich und immer korrekt gekleidet. Sie sind weder laut noch jemals ungezogen. Sie bedanken sich artig, benutzen keine Schimpfwörter und haben Respekt vor den Lehrern. Sie sind untadelig.“

Wahre Großmutter: „Ich beschäftige mich hingebungsvoll mit den Enkelkindern. Wir sprechen viel miteinander. Ohne dass sie es merken, festige ich ihr Herz. Das Herz muss stark sein. Es ist das einzig Wirkliche, was wir besitzen. Das Leben draußen ist voller Hässlichkeit. Sie müssen gefeit sein. Sie müssen innerlich gegen alles gewappnet werden. Es ist nie richtig, den Kindern zu verbieten oder Disziplin einzuprügeln. Nein. Sie müssen das Gute in ein starkes Herz hineinnehmen. Dann sind sie unverwundbar. Die Kinder behandle ich wie Blumen. Ich gieße sie. Sie merken es nicht. Ich bin im Hintergrund für sie da.“

Wahrer Professor: „Ich habe eine eigene Schule um mich versammelt. Einer allein kann es nicht schaffen, mein ganzes Theoriegebäude vollständig auszubauen. Es braucht dazu viele. Meine Theorie wird von Fachkollegen im Ausland kritisiert. Wir werden alle Kritiker widerlegen. Meine Theorie hat das Zeug zur Unsterblichkeit. Im Grunde wissen sie es und versuchen, es abzuwehren. Wir sind aber schon zu viele, die der Theorie anhängen. Im Grunde gilt es nur noch, den Angriffen eine Weile standzuhalten. Sie werden an den nächsten Dissertationen zerschellen, die ich gerade betreue.“

Natürlicher Sportler: „Ich übe praktisch mein ganzes Leben. Ich bin entschlossen, lange die Nummer 1 zu bleiben. Ich habe lange gebraucht, um nach oben zu kommen. Es ist schwer oben zu bleiben. Es erfordert viel höhere Konzentration, weil die Siege Gewohnheit werden und nicht mehr Energien aufputschen wie früher. Aber ich halte stand. Ich will unbesiegbar bleiben, solange ich kann. Mein Traum wäre ein Rekord an der Spitze. Ich will in die Geschichte des Sports eingehen. Als einer, der sich vollständig selbst bezwingen konnte. Mein Leben war es wert, will ich sagen können.“

Am Ende:

„Ich habe mein Leben wie eine Festung ausgebaut. Sie ist unbesiegbar geworden. Die Angriffe sind abgeebbt und haben später aufgehört. Die Feinde wurden still. Im Grunde ist es seitdem einsam geworden. Es wäre schön, wenn jemand auf einen Tee zu Besuch käme. Ich lasse die Zugbrücke hinab, bestimmt. Ich fürchte, der Anblick der Türme nimmt ihnen den Mut. Ich möchte im Innersten zugänglich sein.“

6. Strategien und Philosophien

Durch solche Lebensstrategien legen sich die Menschen im Grunde sehr stark fest. Zu stark? Warum suchen wir uns jeder eine Lebensnische? Warum sehen wir nicht das Leben in ganzer Breite?

Aristipp sucht Lust-Highlights im Leben. Das Leben ist Jagd, in dem Erlebnisse erbeutet werden. Ein Leben im Auf und Ab, voller Höhen und Tiefen. Nach der Tiefe ist das Auskosten neuer Höhe ungleich süßer, wie das einfache Essen nach langem Hunger. Aristipps Philosophie ist die des natürlichen Menschen mit Jagdstrategie.

Die Philosophie der Stoa verlangt mindestens Gleichgültigkeit gegen alles, was sich nicht ändern lässt. Man muss hinnehmen, wie alles kommt. Nur im Innern kann niemand verbieten, für Ruhe zu sorgen. Zenons Philosophie ist eine des Rückzugs für richtige Menschen.

Epikur will Ruhe im Leben. Er wünscht uns einen Zustand schmerzfreier unbewegter Ruhe der Seele. Der Mensch soll einen Weg finden, einfach und schmerzlos mit dem Leben fertig zu werden. Er soll in Freundschaft mit seinen nächsten Nachbarn leben, zurückgezogen von den Kämpfen der meisten Menschen, die, auf sich selbst gestellt, eher nur Macht anstreben würden. Epikur lehrte auf einem in Athen erworbenen Gartengrundstück. Seine Jünger hießen „Die aus dem Garten". Epikur lehrt also mehr die Strategie des natürlichen Menschen, Abteilung: zurückgezogen. Aristipp jagt Lust, Epikur vermeidet Schmerz.

Epikur richtet sich scharf gegen die Ethik der Pleonexia, des Rechts des Stärkeren. In der Natur ist danach der Stärkere im Recht. Anisthenes schreibt eine Fabel von den Löwen, denen die Schafe vorschlugen, im Tierreich solle gleiches Recht für alle herrschen: Sie lachen. Platon kommt im Dialog *Gorgias* zu der Auffassung, dass der Mensch die Macht ergreift, wo immer er sie fassen kann. Es wird dort diskutiert, ob nicht etwa der Staat und die Kultur dazu führten, dass die Masse der Schwachen den Starken ungerechte Zügel anlege. Ist vielleicht bürgerliche Gerechtigkeit nur dazu erfunden, die Schwachen zu sichern?

Die Ethik der Pleonexia ist „the winner takes it all". Sie ist die des Leithirsches, eine der Bosse. Heute bezeichnet Pleonexia neben Habsucht und Unersättlichkeit auch den Drang, trotz mangelnder Sachkenntnis überall mitzureden. Das ist auch ein Recht des Stärkeren.

Aber die meisten Philosophen errichten eher Festungen, nicht wahr? Wie den kategorischen Imperativ? Unangreifbar im gestirnten Himmel über uns? Diogenes in der Tonne lebt in seiner realen Festung, die selbst für Alexander den Großen uneinnehmbar scheint.

So gibt es also seit Alters her für jede Strategie zugehörige entsprechende Weisheitslehren, damit jeder von uns innerhalb jeder lebensengen Strategie noch vollkommen glücklich werden kann.

Die Leithirsche berufen sich also auf das Recht des Stärkeren, das heute in der Form „Leistung muss sich lohnen" ausgedrückt wird. Sie wettern gegen die Schwachen, die sie grundsätzlich für faul und genusssüchtig, labil und untüchtig halten. Die zurückgezogenen Zaunkönige verbrennen sich immer wieder die Finger, wenn sie in Kontakt mit Leithirschen kommen. Sie schimpfen aus sicherer Entfernung, dass die typischen bösen Menschen machthungrig und brutal seien und an nichts als an Anhäufung von Tand dächten. Und so weiter. Leithirsche rekrutieren sich eher aus richtigen Menschen (Typ Manager) und natürlichen Menschen (Typ Unternehmer). Jäger sind eher nicht richtige Menschen. Zaunkönige sind eher richtige und wahre Menschen, die sich nicht in den Krieg begeben wollen oder die schon beim Kampf um Höherwertigkeit ausgeschieden sind, mit gehörigen Wunden, philosophischen Erkenntnissen zur Höherwertigkeit und einem zuckenden Seismographensystem. Die Festungserbauer schließlich sind oft wahre Menschen mit unangreifbaren Ideen und richtige Menschen mit unangreifbaren Lebensrollen.

Nun haben wir drei Menschenarten und vier Grundstrategien. Zu allen diesen zwölf gibt es nun noch Vorzugsrichtungen ihres Lebens. Diese stelle ich jetzt vor und gehe erst im nächsten Buch noch eine Dimension weiter. Dort wird viel von Leistungsträgern, normalen Menschen und Verlierern die Rede sein. Jeder Mensch kann ja nach Wahl seiner Strategie damit gut zurechtkommen oder scheitern. Ich unterscheide also drei Menschenarten, vier Strategien und fünf Richtungen. Im Prinzip sind es dann sechzig verschiedene Menschen, von denen aber etliche nicht häufig vorkommen.

Über alle diese Menschen gebe ich im nächsten Kapitel einen kurzen Überblick, damit einmal alles an einer Stelle zusammensteht. Ganz ohne Wiederholung geht es dabei nicht. Ich bemühe mich aber, es kurz zu machen und nicht langweilig zu werden. Es ist ein Überblick. Es werden in diesem keine neuen Ideen vorgeführt, bis es dann am Ende des Kapitels wieder um Genies und um Symbole geht.

XII. Die drei „Sinnsterne“

1. Vorläufig fünfzehn Himmelsrichtungen für den Menschen

Ich habe bis jetzt die Unterschiede der Denkweisen und der Strategien gegenüber der Welt beleuchtet. Die Menschen unterscheiden sich aber auch in den präferierten Denkrichtungen. Manche Menschen streben nach Macht, andere nach Liebe, wieder andere sind Künstler. Abraham Maslow untersuchte solche Fragen und schenkte uns das Vorstellungsbild oder die Idee der Bedürfnishierarchie. Diese hierarchische Anordnung der Bedürfnisse des Menschen ist als *Bedürfnispyramide* bekannt geworden. Das Vorstellungsbild der Pyramide beherrscht heute viele Menschen. Ich bin immer wieder erstaunt, wie viele Menschen, denen ich begegne, es absolut verinnerlicht haben.

Maslow sagt im Grunde:

Zuerst müssen wir essen und trinken etc. (Genau dieser Satz, so trivial er ist, hat sich wie selbstverständlich in die Menschen eingegraben.) Wir müssen unsere so genannten *Grundbedürfnisse* befriedigen. Wenn diese Grundbedürfnisse befriedigt sind, gehen wir an die Befriedigung der nächsthöheren Bedürfnisse. Wir streben nach Maslow zunächst nach Sicherheit. Maslow beschreibt in *Motivation und Persönlichkeit* dieses Sicherheitsbedürfnisensemble mit den folgenden Schlüsselbegriffen: Sicherheit; Stabilität; Geborgenheit; Schutz; Angstfreiheit; Bedürfnis nach Struktur, Ordnung, Gesetz, Grenzen, Schutzkraft. Maslow schreibt dann: „Wenn sowohl die physiologischen wie die Sicherheitsbedürfnisse zufriedengestellt sind, werden die Bedürfnisse nach Liebe, Zuneigung und Zugehörigkeit auftauchen, und der ganze beschriebene Zyklus wird sich rund um diesen neuen Mittelpunkt wiederholen.“ Wenn schließlich Sicherheit *und* Liebesbedürfnis befriedigt sind, will der Mensch Achtung, Status, Ruhm, Anerkennung, Würde oder Bedeutung. Wenn er alle diese höheren Bedürfnisse befriedigt hat, melden sich wiederum höhere Bedürfnisse, nämlich die nach Selbstverwirklichung. Maslow: „Musiker müssen Musik machen, Künstler malen, Dichter schreiben, wenn sie sich letztlich in Frieden mit sich selbst befinden wollen.“ Dann bespricht Abraham Maslow noch gesondert das Verlangen nach Wissen und Verstehen und würdigt auf einer halben Seite im Buch die ästhetischen Bedürfnisse des Menschen. Maslow:

„Ich habe versucht, dieses Phänomen auf einer klinisch-persönlichen Grundlage mit ausgesuchten Personen zu untersuchen und habe mich überzeugt, dass es bei *einigen* Personen ein wirklich grundlegendes ästhetisches Bedürfnis gibt. Sie werden (in einer besonderen Weise) durch Häßlichkeit krank und werden von schöner Umgebung geheilt; sie haben ein aktives *Verlangen* und dies kann *nur* von Schönheit befriedigt werden.“

Maslow spricht selbst von Ausnahmen in der Hierarchie, von Menschen, die *nach der Sicherheit direkt Achtung und Respekt erstreben, ohne geliebt werden zu müssen.* Er sieht, dass es „geboren kreative“ Menschen gibt, denen Kreativität vor allem anderen steht. Und dann sagt Maslow: „Wichtiger vielleicht als alle diese Ausnahmen sind diejenigen, die sich auf Ideale, hohe gesellschaftliche Maßstäbe, hohe Werte und ähnliches beziehen. ... Solche Menschen kann man, zumindest zum Teil, durch den Bezug auf ein grundlegendes Konzept (oder Hypothese) verstehen ...“

Konzept?

Ich habe hier gesagt: Die *wahren* Menschen leben in einer *Idee*!

Vielleicht sehen Sie schon, worauf ich mit dieser sehr kurzen Darstellung von Abraham Maslows Gedanken hinaus will. Ich will sagen: Sie zielen alle in eine für mich *richtige* Richtung. Die Beobachtungen Maslows sind genau, fein und richtig. Aber die Konstruktion einer allgemeinen Hierarchie oder einer Pyramide der menschlichen Bedürfnisse ist für mich kein *wahres* Konzept.

Ich sage:

Jeder Mensch hat eine eigene Hierarchie seiner Bedürfnisse. Es gibt nicht so sehr viele verschiedene Hierarchien, es gibt also wenige wichtige Typen von Hierarchien und damit Typen von Menschen. Ja, es stimmt, die meisten Menschen wollen Sicherheit und Geliebtsein. Es sind die vielen *normalen* Menschen. Sie wollen aber dann in der Regel *nicht* Selbstverwirklichung! Das bloße Wort *Selbstverwirklichung* ist zumindest hier in Deutschland eine Art Schimpfwort für eine Attitüde von Menschen, die sich nicht wirklich voll in die Gemeinschaft integrieren wollen. „Ich arbeite hart, aber die nebenan verwirklichen sich selbst. Was es ist, sehe ich nicht und weiß ich nicht. Es sind Faulenzer.“

Die wahren Menschen stellen sich unter eine Idee. Es geht ihnen *zuerst* um Selbstverwirklichung und nicht in erster Linie um Sicherheit oder Geliebtsein.

Die natürlichen Menschen wollen Freude und Freunde, nicht so sehr Sicherheit oder Selbstverwirklichung.

Alle diese Beispiele um Beobachtungen und Ausnahmeerscheinungen lösen sich auf, wenn Sie sich mit mir auf das Vorstellungsmodell der drei Sinnsterne einlassen:

Die Zacken dieser Sterne drücken fünfzehn Hauptrichtungen des Menschen aus, je fünf für den richtigen, den wahren und den natürlichen Menschen.

Die Richtungen bezeichnen *nicht* die Hauptbedürfnisse des Menschen! Sie bezeichnen die Richtung, um die sich ein Mensch am meisten *kümmert*.

Ich behaupte: Es geht nicht primär um die Bedürfnisse des Menschen, sondern um das, was ihn umtreibt, etwa auch, was er selbst produziert. Ein Beispiel (verzeihen Sie das Klischeehafte daran, bitte!):

In der noch heute ziemlich typischen Familie kümmert sich der Vater um Sicherheit, die Mutter um liebende Erziehung. Der typische Mann ist für die Ordnung zuständig, die Frau für die Beziehungen. Der Vater kümmert sich also im Sinne von Maslow verstärkt um das Sicherheitsbedürfnis der Familie. Die Mutter kümmert sich um das allseitige Geliebtwerden. Dann ist es meist so, dass der Vater für das Kümmern um Sicherheit einen Lohn erwartet: Er möchte also tatsächlich als Ziel seiner Bemühungen Sicherheit für die Familie erreichen, also Erfolg mit seinen Bemühungen haben. Für das Erreichen seiner Ziele möchte er den Respekt, die Achtung und die Anerkennung. Es ist also nach meiner Meinung nicht so, dass nach der Sicherheit nun auch das höhere Bedürfnis für Achtung befriedigt werden müsste. Dieses Bedürfnis nach Achtung ist für mich kein wirklich höheres Bedürfnis des Menschen, sondern nur ein Folgebedürfnis, dasjenige nämlich nach einer Anerkennung des Erfolges seiner Bemühungen um Sicherheit (hier: für die Familie). Wenn ein Mensch also Sicherheit auch für andere schafft, möchte er Achtung in irgendeiner Form (Anerkennung, Ehre, Würde, ...). Die typische Mutter kümmert sich um die Beziehungen. Wenn das sehr erfolgreich ist, herrscht in der Familie ein Klima allgemeiner Zuneigung. Den Erfolg ihrer Bemühungen fühlt die Mutter selbst an ihrem *eigenen* Geliebtwerden, als Dankbarkeit oder Zärtlichkeit ihr gegenüber. Sie hat danach das vermeintlich höhere Bedürfnis nach „Verehrung als gute Mutter“.

Die Zacken der Sterne stehen also mehr für die *Aufgaben* der Menschen. Die Menschen kümmern sich in der Gemeinschaft oder als Einzelperson um die Produktion spezieller Bedürfnisse. Diese Produktion möchten sie erfolgreich gestalten und anschließend auch den Erfolg „feiern“ oder belohnt sehen oder auch nur in sich jubelnd spüren.

Die richtigen Menschen scheinen diese Richtungen anzupeilen:

- Ordnungserhaltende, die Respekt und Achtung wünschen
- Beziehungs- und Moralstabilisierende, die Dankbarkeit und Verehrung erwarten
- Geschmackshüter, die lobendes Gesehenwerden erhoffen
- Geschickte, die ihre Kunstfertigkeit gewürdigt wissen wollen
- Offene, die Anerkennung erwarten, wenn sie neue Chancen wahrnehmen

Die wahren Menschen sehen in diese Richtungen:

- Erleuchtungssuchende („Buddha“, etwa Philosophen)
- Menschenliebende (wahre Christen, viele Ärzte, Pfarrer etc.)
- Schönheitsanbeter (Künstler, Dichter)
- Helden
- Pioniere (Erfinder)

Die natürlichen Menschen verfolgen diese fünf Richtungen:

- Freiheitssuchende
- Liebebedürftige, Beziehungssuchende
- Lebensentzückte, die schöne Erlebnisse suchen („Ach, war das schön!“)
- Kraftvoll Sieg-Erstrebende
- Neugierige Abenteurer

Die wahren Menschen suchen in ihrem Fach Selbstverwirklichung. Sie erwarten also eigentlich damit den *eigentlichen* Erfolg ihrer Bemühungen, das sind: Erleuchtung, ein Kunstwerk, eine neue Technologie. Die Anerkennung ist ihnen nicht ganz gleichgültig, aber nicht wirklich primär. Die wahren Menschen sind primär für ihr „Lebensfach" motiviert. Selbstverwirklichung ist ja primär im Selbst, nicht in den anderen Menschen. Die richtigen Menschen produzieren Sicherheit und Liebe eben hauptsächlich auch für ihre Umgebung mit. Sie messen den Erfolg ihres Lebens damit viel stärker am Feedback ihrer Gemeinschaft. Deshalb brauchen sie Symbole der Anerkennung, sie arbeiten auch oft stark sekundär motiviert. Sekundär motivierte Menschen haben also vor allem das Bedürfnis, für die Produktion gelobt zu werden, unabhängig davon, ob sie das Gewünschte produziert haben oder nicht. Maslow hat zu wenig beachtet, dass es Menschen gibt, die ein sehr starkes so genanntes höheres Bedürfnis nach Respekt und Achtung oder Bonusmonatsgehältern haben, *bevor* sie ihre Sicherheitsbedürfnisse befriedigt haben. Es gibt viele, die ihre Sicherheit nur deshalb befriedigen, weil sie dafür Respekt bekommen, nicht deshalb, weil sie Sicherheit brauchen. Solange aber diese Menschen für die Produktion von Sicherheit Respekt bekommen, produzieren sie Sicherheit. Immer mehr! Keiner *braucht* so viel Sicherheit! Aber sie brauchen mehr Respekt und deshalb produzieren sie drauflos. Genauso produzieren viele Menschen andauernd Liebe, damit ihnen gedankt wird. Es soll ja vor allem Dank *erwirtschaftet* werden, nicht Liebe *produziert* werden. Sinnbild: Die festhaltende, überbeschirmende Mutter.

Wenn wir diese fünfzehn Richtungen anschauen, dann erklären sie Maslows Ausnahmen: Ja, es gibt Schönheitssuchende, ja, es gibt kreative Abenteurer. Ja, es gibt Menschen, die Sicherheit produzieren und sofort Respekt wollen, ohne das Zwischenbedürfnis des Geliebtseins befriedigen zu müssen. Alles wird klar, wenn wir das Vorstellungsmodell einer Hierarchie oder einer Pyramide aufgeben.

Ich habe natürlich hier eine andere Hierarchie eingeführt:

Ich meine, dass sich die Menschen *erst* entsprechend der Präferenz der Gehirn-/Körpernutzung einteilen (richtig, wahr, natürlich). *Danach* wählen sie einerseits ihre Strategie (Hai, Fuchs, Zaunkönig, Elefant) und andererseits ihre Richtung des „Lebensfaches", welche in engem Zusammenhang mit ihrem persönlichen Hauptbedürfnis zu sehen ist.

Damit wäre alles harmonisch geordnet. Ich habe bei der IBM eine Menge Leute nach Verhaltenspräferenzen getestet (Dank an alle die Freiwilligen, die das für mich „Verrückten" auf sich nahmen!). Die Prozentsätze sind danach auf die fünf Richtungen wahrscheinlich sehr ungleichmäßig verteilt. Es gibt wohl viele richtige und natürliche Menschen und nicht so viele wahre Menschen. Es gibt sehr viele Menschen in Richtung Sicherheit/Ordnung/Freiheit, dann ziemlich viele in Richtung Moral/Liebe. Ästheten sind nur schwach vertreten, die Pioniere/Abenteurer nehmen in der heutigen Zeit der technologischen Umwälzungen bestimmt sprunghaft zu. Bei IBM haben wir viele davon.

Maslow ist zu sehr von den scheinbaren Mehrheitsverhältnissen ausgegangen. Er nahm etwa Ästheten als Ausnahme wahr, nur, weil sie nicht oft vorkommen. Dennoch bildet das „Gesehene“ oder „Wahrgenommene“ (Ästhetik, Geschmack, Entzücken) einen theoretisch eigenständigen Zacken in den Richtungssternen. Ebenso die Sehnsucht nach dem Neuen (Ktisis, Abenteuer, Weltoffenheit).

Ich werde später noch auf den Hauptfehler sehr, sehr vieler Wissenschaftler eingehen: Sie fixieren sich hauptsächlich auf den großen Block der richtigen Menschen, die sich als gut studierbar und strukturiert erweisen. Sie halten (wie die richtigen Menschen es tun) die natürlichen Menschen für noch unfertig diszipliniert und nehmen also an, alle Menschen sollten *richtig* sein. Alles Übrige ist dann selten und muss als Ausnahme der Theorie erklärt werden. Freud sagt, wahre Menschen hätten wohl den frustrierten Sextrieb auf Kunst oder Wissenschaft umlenken können („Sublimation des Sextriebes“), Maslow hält Selbstverwirklichung für ein wirklich *höheres* Ziel des Menschen, bis zu dem leider noch nicht so viele Menschen gekommen sind. (Dabei gibt es eben nur relativ wenige wahre Menschen, ganz banal.) Ich habe schon oben gesagt: Diese Welt, in der wir leben, ist vorwiegend eine der richtigen Menschen. Es ist de facto und ganz real so. Ja. Aber deshalb darf unser Denken doch nicht das zeitbedingt Faktische zur Grundvoraussetzung erheben! Viele Denker nehmen das Richtige als richtig und normal an, alles andere ist dann nicht richtig und unnormal. Deshalb erklären sie dann das Wahre als eine unnormale, halbwegs hinnehmbare Ausnahme und das Natürliche als das noch nicht Richtige.

Bevor ich jetzt ins Einzelne gehe, werden Sie noch fragen wollen: Warum diese fünf Richtungen pro Menschentyp? Warum nicht zehn?

Es mag ja 10 geben, oder? Ich habe aber so lange über diese Frage nachgedacht, bis mir bei der Konstruktion der fünfzehn Einzelrichtungen die Phantasie für Menschen ausgegangen ist, die noch wirklich anders sein könnten. Ihnen fallen sicher noch Depressive, Schizophrene oder Narzissten ein. Diese mehr kranken Menschen sind aus diesem meinem Modell als Gescheiterte erklärbar. Wir kommen dann nämlich in das Gebiet, in dem Menschen mit ihrem linken PC-Hirn oder dem rechten neuronalen Netz Unsinn anstellen. Das ist ein ganz weites Feld. Dazu schreibe ich in *Supramanie* und *Topothesie* eine Menge mehr. Hier in diesem Buch stelle ich nur mein Idealvorstellungsbild der verschiedenen Menschen im Prinzip vor.

2. Die Richtungen des Geistes und des Denkens

Denkweisen

Die indische Philosophie kennt zwei Verstandesarten in uns: Manas und Buddhi. Manas ist der scharfe, analysierende Verstand. Buddhi ist die intuitive „Schau". Sie steht im Indischen hoch oben im Menschen. Die indische Welt ist nicht die des richtigen Menschen, mehr eine des wahren. Sie steht dadurch fremd und mystisch neben unserer richtigen westlichen Welt. Das indische Denken glaubt nur vom Buddhi, dass es den Menschen über sein Ich hinausschwingen könnte.

Die Erkenntnis von mindestens zwei Verstandesarten – die des richtigen und die des wahren Menschen – ist also schon uralt. Je nach Kultur sehen wir die eine oder andere als maßgeblich an. Wir profitieren in der westlichen Kultur noch immer von der Einführung der Logik und Schlussweisen und von der Grundlegung der exakten Wissenschaften durch Aristoteles – oder wir leiden noch darunter, je nach Standpunkt.

Der analytische Verstand sammelt Wissen und lernt ständig weiter. Das Links in uns speichert Informationen. Diese Informationen werden durchdacht, gesichtet, geordnet, strukturiert und zu höherem Wissen verarbeitet und veredelt.

Die Intuition sammelt alle Informationen als Input für das neuronale Netz. Immer wieder werden Informationen in den Apparat hineingespült. Sie werden nicht etwa vorzugsweise gespeichert. Sie dienen der Vervollkommnung des Netzes. Während der analytische Verstand lange lernt und das Gelernte in Strukturen abspeichert, nimmt die Intuition alle Informationen begierig auf, um die Idee oder den Urgrund in den Informationen zu entdecken. Der Urgrund des Staates wäre hinter der Verfassung, der Urgrund des Christentums irgendwo in der Bergpredigt, der Urgrund der Welt im Tao, im Weg. Es geht um Erkennen, nicht um Wissen. Im Wissen ist das Erkennen nicht.

Der praktische Verstand des natürlichen Menschen *begreift*. Er hat etwas mit dem Anfassen, dem tatsächlichen Begreifen von Gegenständen zu tun. Er wendet sich den zu begreifenden Dingen mit den fünf Sinnen zu, wendet sie, beschnuppert sie und probiert mit ihnen praktisch herum. Es geht hinterher darum, zu *können*, nicht zu erkennen oder zu verstehen. Der praktische Verstand hat das Ziel, zum besten Handeln fähig zu sein.

Der analytische Verstand speichert; er wird dadurch vollkommener. Sein Ziel ist es, alles zu wissen und dadurch zu kontrollieren oder zu beherrschen. Der analytische Verstand sammelt Allmacht.

Der praktische Verstand kann mit dem Erprobten umgehen, er vervollkommnet sich durch immer neue Stufen von Erfahrungen. Er bewährt sich. Sein Ziel ist die Virtuosität.

Die Intuition strebt nach höheren Ideen, die ich als Energieoptima von neuronalen Netzen beschrieben habe. Es gibt kleine und große Ideen. Die Intuition träumt von der allumfassenden Idee, unter deren Hoheit der Mensch in Weisheit entrückt wäre. In Harmonie mit der allbedeutenden Idee, dem Urgrund, ist der Mensch erleuchtet. Der wahre Mensch ist auf der Suche nach dem Licht, das in ihm durch Meditation oder Versenkung oder Nachdenken oder Philosophieren entsteht. Alle diese Namen stehen für Lichtsuche, was in Wirklichkeit die Ausformung des Netzes ist.

So, jetzt folgen drei Abschnitte über das verschiedene Denken der richtigen, wahren und natürlichen Menschen. Dann kommt das Fühlen dran, wieder mit Einleitungen, dann den drei Abschnitten der verschiedenen Fühlweisen. Und so weiter, bis wir ganz durch sind. Ich bemühe mich, linkshirnig vollständig zu sein, obwohl mir das nicht liegt. Eigentlich ist ja die Idee klar.

Ordnung, Gemeinschaft, Weisheit

Der analytische Verstand sammelt Herrschaftswissen. Er hat eine Vorliebe für Systematiken und Strukturen. Was ist richtig, was ist falsch? Das Richtige wird gespeichert, das Falsche verworfen. Das Richtige materialisiert sich quasi in Vorschriften, Gesetzen, Richtlinien und Verhaltensvorgaben.

Die richtigen Ordnungsmenschen sind die Garanten des Systems. Sie verteidigen die Ordnung und bekämpfen die Unordnung. Das Ordentliche wird gefördert und gelobt. Das Unordentliche wird behindert und getadelt oder bestraft.

Das Leben wird wie eine Stufenfolge gesehen. Der richtige Mensch lernt und lernt. Er wird beständig besser und erfolgreicher. Stufe für Stufe geht seine Karriere oder Laufbahn bergan. Er will immer das Optimale tun.

Das Beste wird durch Analyse berechnet und geplant. Wie in einem PC werden Daten und Informationen verarbeitet. Wie in einem mathematischen Optimierungsalgorithmus werden die Alternativen erwogen und sortiert. Schrittweise wird die Welt verbessert. Sie wird ständig reorganisiert und umstrukturiert. Immer wieder werden Schwachpunkte gesucht und beseitigt. Der richtige Mensch erzieht sich selbst zu unnachsichtiger Selbstkritik. Er will sich unermüdlich vervollkommnen. Was nicht vollkommen ist, muss aus seiner Sicht fehlerhaft sein. Was also vollkommen werden soll, muss auf Fehler durchgekämmt werden.

Der analytische Denker liebt Prüfungen aller Art, die die Unvollkommenheiten ans Licht bringen. Die Stufenleiter zum Perfekten besteht also aus einer Leiter von bestandenen schweren Prüfungen. Leichte Prüfungen sind sinnlos, weil sie kaum Fehlerausbeute erbringen. Die Eltern prüfen, die Lehrer prüfen, die Manager stehen ständig in der Tür des Mitarbeiters und verlangen Erfolgszahlen. Die Professoren prüfen gegenseitig ihre Theorien und kreiden sich Fehler an.

Wenn irgendwann keine Fehler mehr vorkommen, muss alles perfekt sein. Der Weg zur Weisheit oder zur Tugend führt über harte Selbstkritik und ständige Selbstüberprüfung. Immer wieder wird das Beste gewollt. Ständig wird darauf gedrungen, das erkannte Beste in die Tat umzusetzen. Zu dieser Lebensauffassung gehört fast zwangsläufig das Vorstellungsbild des Tieres im Menschen. Richtige Denker nehmen an, dass das Tier im Menschen besiegt und beseitigt werden muss. Das ist der Vorstellungskern der richtigen Menschwerdung.

Die richtigen Menschen haben meistens den Eindruck, dass ihre Systeme, ihre Traditionen und Gebräuche nicht weit von der Perfektion entfernt sind. Sie haben ja oft Jahrhunderte daran gearbeitet. Leider funktionieren die Gesamtsysteme nie wirklich gut. Das führen die richtigen Denker auf alle die anderen Menschen zurück, die sich nicht perfektionieren wollen. Viele andere Menschen sind lustorientiert, emotional, unberechenbar oder „Künstler". Die Systeme würden funktionieren, wenn alle Menschen richtige Denker wären. Weil sie so denken, beschuldigen die richtigen Menschen die anderen und verteidigen oft die Systeme. Im Grunde verbessern sie sie nicht. Sie denken immer nur darüber nach, sie zu verbessern oder die Feinde zu kontrollieren und zu bestrafen. Die richtigen Denker stellen einen sehr großen Teil der Führungselite (ich schätze nach Tests: gut die Hälfte).

Leithirsche in der Klasse der richtigen Denker übernehmen explizit überall die Verantwortung. Sie drängen darauf, die bestimmende Kraft zu sein. Sie mobilisieren unentwegt die Energie ihres Umfeldes: „Arbeiten!" Sie sind die geborenen Manager und Antreiber. Überall sehen sie Fehler und Verbesserungen. Sie kommen in einen Raum zu Mitarbeitern und sofort *schießen* sie los: „Wie sieht das aus? Was soll jenes! Warum machen Sie das gerade so??" Die natürlichen Feinde der verbessernden Mobilmachung sind die Faulheit, „Müßiggang" und die mangelnde Unterordnung (unter die Dominanz des Leithirsches). „Wir sind ein Team!", rufen dann die Mobilmacher drohend. „Gebt euch ununterbrochen Mühe!" Und sie peitschen an. Im positiven Sinne sind sie die treibende Kraft des Ganzen.

Beutesucher in der Klasse der richtigen Denker sind begnadete Verhandlungs- und Verkaufskünstler. Sie bereiten sich lange auf eine Schlacht vor, überlegen sich alle Winkelzüge und mögliche Taktiken des als Gegner angesehenen Kunden oder Verhandlungspartners. Dann wird gekämpft und gepokert.

Zaunkönige unter den richtigen Denkern arbeiten zuverlässig im Verborgenen. Sie lieben es, ganz hinten graue Eminenz zu sein. Sie streben Unentbehrlichkeit an. Sie verstehen sich oft auf das ganz klein Gedruckte, das kaum jemand sonst kennt. Sie aber haben alle Einzelheiten im Kopf. Wer diese wissen will, muss hingehen und fragen. Niemals kommt der Zaunkönig von selbst *hervor*. Wenn ihn aber jemand fragen muss, spürt er die Macht des Zaunkönigs. Er wird eine Weile zappeln müssen, derjenige, der an die Geheimnisse will! Die einzige wirkliche Methode gegen Zaunkönige ist, devot hereinzutreten, niederzuknien und zu bitten: „Nur Sie können mir noch helfen. Nur Sie!“ Zaunkönige verlangen diese Huldigung, von der sie leben. So wehren sie den Hauptfeind ab: Kontrolle. Zaunkönige leben ja deshalb im Unterholz, weil sie nicht unter Kontrolle geraten wollen.

Die *Burgenbauer* oder *Elefanten* unter den richtigen Denkern gründen sich auf Genauigkeit, Zuverlässigkeit und Sparsamkeit. Sie halten das Eigentum zusammen und vermeiden jeden Fehler. Gut ein Viertel der Führungskräfte rekrutieren sich aus diesem Kreis. Sie sind Controller und Innendienstbeamte. Sie wirken unbesiegbar. Sie haben das letzte Urteil: „Das geht.“ Oder: „Das können wir nicht bezahlen. Abgelehnt.“ Viele penible Lehrer gehören hierher und viele analytische Denker oder Gelehrte der Universitäten. Die Hauptfeinde der Burgenbauer unter den richtigen Denkern sind Nachlässigkeit, Unachtsamkeit und Verschwendung.

Immer geht es um richtiges Verhalten in der Gemeinschaft. Richtige Denker streben Weisheit oder Führung an. Sie bejahen Strukturen und Organisation. Sie nutzen das Einpflanzen von Seismographen in den Menschen, um Pflichterfüllung zu unterstützen. Dadurch gehen sie meistens einen gewissen Irrweg – weg von der reinen Vernunft. Die richtigen Denker brauchen Sicherheit im Sinne Maslows, nicht so sehr Geliebtsein. Etliche von ihnen entdecken den Wert des Geliebtseins sehr spät im Alter. Da heiraten sie noch einmal eine junge Frau, die harten ergrauten Männer. Aber erst, wenn sie beruflich und materiell sehr, sehr sicher sind.

Erleuchtung, Reinheit und Unabhängigkeit

Die wahren Denker suchen die reinen Ideen. Mathematisch gesehen spüren sie den starken Optima in den neuronalen Netzen nach. Der Vorstoß von einer niederen Ideenebene zu einer höheren ist wie eine Befreiung des Inneren. Er fühlt sich an wie eine Erlösung. „Es ist jetzt klar!“ Dieses Empfinden blendenden Lichtes ist unvergleichlich. „Heureka!“

Viele Geisteswissenschaftler widmen sich speziellen Ideen, denen sie ihr ganzes Leben weihen. Sie konzentrieren sich auf einen Ideenkomplex und durchdenken ihn von allen Seiten. Das Ziel ist das vollkommen intuitive, ganzheitliche Verstehen.

Wenn etwas vollkommen ganzheitlich verstanden ist, fühlt es sich natürlich und leicht an. Es ist nicht mehr anstrengend, alles darüber im Kopf zu behalten. Es ist kein Gezappel widerstreitender Prinzipien, mühevoll durch einen Plan zusammengehalten. Der Intuitive sagt: „Es ist jetzt klar! Alles liegt ruhig in der Sonne."

Und dann kommen die anderen Menschen und sagen: „Erkläre es! Mach' es uns ebenfalls klar!" Und dann ringt der Intuitive nach Worten. Die Klarheit bedeutet nicht, dass er nun den ganzen Sachverhalt, der vorher unklar war, in einigen Sätzen klar ausdrücken könnte. Die Klarheit ist nicht in Sätzen oder Gedanken. Die Klarheit ist ein höherer Zustand des inneren neuronalen Netzes, der durch konzentriertes Nachdenken gewonnen wurde. Wenn ein anderer eben dieselbe Klarheit erreichen will, muss er seine rechte Gehirnhälfte selbst mühevoll umtrainieren. Besonders die analytischen Denker erleben Durchbrüche des Denkens wie das Finden eines neuen Tricks, eines Kniffes, durch den ein Rätsel gelöst wird. Sie empfinden neu gespeicherte Erkenntnis mehr wie ein „Aha!"-Erlebnis.

Denken Sie etwa an Monty Roberts, der die Pferde verstand. Sein „Trick" war es, erkannt zu haben, dass Pferde lieb, furchtsam und liebebedürftig sind, nicht böse, wild und gefährlich. Diese Wahrheit kann eventuell schon in einem Satz ausgedrückt werden: „The horse is a flight animal, not a fight animal." Dieser Satz beschreibt den neuen Zustand von Monty Roberts. Sein Denken ist von dieser Idee *durchdrungen*. Für seinen Vater ist es eine Blödsinnsidee, die den Fakten widerspricht. Hier sind gähnende Abgründe zwischen dem „wahren" Zustand von Monty Roberts' Intuition und dem „richtigen" Wissen des Vaters. Wenn Sie nicht nur die Idee des lieben Pferdes als spannende Erzählung empfinden, sondern ganz und gar in Ihre Intuition aufnehmen, werden Sie hinterher ein anderer Mensch sein, einer, der von einer neuen (ich sage gleich: höheren) Idee erfüllt wurde. Monty Roberts versteht *Pferd* jetzt in höherer Weise. Dieses Verständnis kann in einem Buch ausgedrückt werden. Monty Roberts kann Beweise geben. Aber wenn Sie die Idee aufnehmen, verändern Sie eine Menge in Ihnen! Es ist nicht so, dass bei Pferd in Ihrer Hirndatenbank der Eintrag „wild" gestrichen wird und dafür „lieb" eingetragen wird. Nein, Sie werden ja über Kinder, über Menschen, über *alles* anders denken als vorher. Sie müssen durchdrungen werden. Es bedeutet, dass sich alle Gewichte in Ihrem neuronalen Netz neu einstellen. Auf ein höheres Energieoptimum.

Intuitives Wissen kann nicht wirklich beschrieben werden. Der Intuitive kann Wege aufzeigen, wo es ungefähr sein mag und wie es aussieht. Worte allein durchdringen aber nicht das Ganze. Das intuitive Wissen ist ein außerordentlich komplexer Zustand des neuronalen Netzes. Dieser ist nicht mitteilbar. Er ist ja dem Intuitiven selbst nicht bekannt oder bewusst, so dass er ihn beschreiben könnte. Monty Roberts weiß auf höherer Stufe alles um das Pferd, aber dieser höhere Zustand ist als solcher nicht beschreibbar. Wäre er aber dem Intuitiven bewusst, so wäre wohl die Zustandsbeschreibung ein tausendbändiges Werk, also etwas, was im Prinzip „aufzählbar“ wäre, aber so komplex und lang, dass es nicht wirklich als „Mitteilung“ aufgefasst werden könnte. Eine tausendbändige Botschaft ist keine Mitteilung, die wir je in einem Leben verstünden.

Der wahre Mensch strebt einen ganzheitlichen Zustand an, in dem er spürt, wie „alles Eines, alles ein Ganzes ist“. Der richtige Mensch strebt einen Zustand an, in dem alles rein ist, in dem also keine Flecken mehr existieren. Das sind vollkommen verschiedene Zustände.

Das Wahre ist ganz, das Richtige tadellos.

Intuitiv denkende *Leithirsche* sind bemüht, in militanter Weise andere Menschen zu Jüngern einer Idee zu machen. Es sind Prediger, die hoffentlich das Charisma mitbringen, das für einen wirklichen Erfolg nötig wäre. (Die Verbreitung einer Idee steht im Mittelpunkt. Es ist nicht so wichtig, dass es die *eigene* Idee ist.) Sie kämpfen gegen andere Ideen wie andere Parteien im Wahlkampf.

Intuitiv denkende *Jäger* lieben den Rausch der neuen Idee. Sie begeistern sich schnell für Ideen und genießen das Aufflammen des Lichtes in ihnen. Später ziehen sie weiter. Sie jagen Ideen hinterher und wechseln deshalb öfter ihre Leidenschaft.

Die intuitiv denkenden *Zaunkönige* sind wie stille Gelehrte in Elfenbeintürmen. Sie leben versteckt mit ihren Ideen, die sie bestimmt niemandem aufzwingen wollen – sie sind ja Zaunkönige. Sie sind so etwas wie Einsiedler.

Die *Burgenbauer* oder *Elefanten* unter den intuitiven Denkern erdenken gewaltige *eigene* Ideenmassive, in denen sie weithin sichtbar leben. Ihre Burg ist die Autorität der Idee, ihre Lehre. Sie sind die unnachsichtigen Kritiker und Propheten. Sie beharren auf der allgemeinen Gültigkeit der eigenen Vorstellungsbilder und bauen sie beharrlich weiter aus. Sie ignorieren leicht andere Vorstellungen und prangern die allgemeine Dummheit der Menge an, worunter sie auch oft das analytisch-sezierende Denken subsumieren.

Alle intuitiven Denker brauchen Freiheit für Ideen. Sie brauchen also Unabhängigkeit im Denken wie die Luft zum Atmen. Das intuitive Denken erfordert Konzentration und Zeit. Es ist wie das lang dauernde Trainieren von Netzen, das Durchdringen bis zum ganzen Verstehen. Deshalb fordern insbesondere diese Denker immerfort Freiheit der Forschung, womit sie eben Unabhängigkeit und speziell *Ruhe* meinen. Sie klagen immerfort, dass es ihnen an Ruhe ermangele. „Die anderen Pflichten fressen mich auf. Jeder Telefonanruf schreckt mich für bestimmt eine halbe Stunde aus der Konzentration. Ich kann nichts nebenher arbeiten, wie die Bonzen immer so einfach denken. Sie verstehen nichts vom Denken." Die richtigen Menschen halten dagegen Ruhe für Müßiggang. Sie halten also konzentriert denkende Intuitive für faul. Dieser Streit ist ebenso alt wie die Menschheit. Konfuzius nennt zum Beispiel in *Lunyu* „Lernen ohne Denken zwecklos", findet aber auch „Denken ohne Lernen gefährlich". Die indischen Denker meditieren. Sie versenken sich. Sie üben Yoga. Yoga, so sagen sie, sei das absichtliche Abschalten der spontanen Gemütstätigkeit. In meinen Termini hier: Intuitive versuchen während der Konzentration des Denkens das komplette Seismographensystem ruhen zu lassen. Wahres Denken ist ein Zustand ohne jeden Flash-Mode. Das Seismographensystem ist dafür gedacht, die Aufmerksamkeit zu lenken, wenn etwas passiert. Konzentration aber will ja die Aufmerksamkeit auf einem frei gewählten Punkt festhalten. Sie will absolut nicht auf irgendwelche Seismographen reagieren. Deshalb wäre es gut, wir könnten das System der Außenfühler für die Dauer des konzentrierten Denkens willkürlich abschalten. Das ist das, was sich die Denker wünschen. Meistens haben sie aber keine Vorstellung von diesen Zusammenhängen. Deshalb klagen sie über Ruhestörungen: „Ich komme kaum zur Ruhe." Sie halten die Störungen für Pech von außen. Dann können sie natürlich nur jammern und erfolglos bleiben.

Freiheit

Die natürlichen Menschen fühlen sich weder an Systeme noch an Ideen gebunden. Sie fühlen sich von ihnen frei. Sie haben daher zunächst alle Optionen offen. Wenn sie also nachdenken, was in einer Situation als Bestes zu tun wäre, suchen sie Möglichkeiten, die einen großen Vorteil für sie erbringen. Das macht sie richtigen und wahren Menschen verdächtig. Die wahren Menschen sind als Idealisten und als wahrscheinlich kleinste Gruppe daran gewöhnt, dass die Mehrheit der Menschen nicht idealistisch ist. Für sie sind die natürlichen Menschen wenigstens natürlich, nur eben ziemlich gierig, grob und taktisch. Das verzeihen die wahren Menschen noch eher als die Eigenschaften der richtigen Menschen. Wahre Menschen nehmen den richtigen Menschen das Spielen von Rollen übel, hinter dem sie das Falsche, Inszenierte und Heuchlerische sehen. Richtige Menschen erscheinen wahren Menschen wie potentiell schlechte Menschen, die aus Angst vor dem System dauernd vorspiegeln, gut zu sein. Insgesamt können die wahren Menschen mit den natürlichen besser auskommen als mit den richtigen. Die richtigen Menschen aber akzeptieren die wahren Menschen halbwegs, weil sie für die höheren kulturellen Insignien der Kunst und Wissenschaft stehen. Sie hassen die natürlichen Menschen als Beweis, dass der Mensch ursprünglich wohl ohne jedes System, Über-Ich und ohne Seismographenangst geboren sein muss, also als nacktes Tier, was der natürliche Mensch blieb, der sich nie erziehen ließ. Dabei haben die natürlichen Menschen nicht direkt etwas gegen Systeme und Kultur. Sie wollen sich nur frei darin fühlen, was die richtigen Menschen sich und jedem verbieten. Richtige Menschen nennen Freiheit egoistisch und verwechseln sie leicht mit Rücksichtslosigkeit oder gar Skrupellosigkeit, so wie sie Selbstverwirklichung des wahren Menschen mit Engagementverweigerung verwechseln.

Letztlich führt dieser Krieg zwischen den Menschenarten zur weitgehenden Ausgrenzung der natürlichen vorteilssuchenden Denker aus den Kernbereichen der Systeme.

Die natürlichen Denker wenden sich in die so genannten „freien“ Bereiche der Gesellschaft. Es gibt freie Berufe, eine freie Wirtschaft und ein freies Handwerk. Die Denker unter den natürlichen Menschen bewähren sich dort als Unternehmer und Selbstständige.

Leithirsche und *Burgenbauer* gründen am besten ein eigenes Unternehmen. Jener mag von hier aus die Welt erobern, dieser besetzt einen Teil des Marktes. Freie Denker könnten Makler, Agenten, Rechtsanwälte sein. Es ist manchmal eine Freude, dominante natürliche Denker bei Verhandlungen zu sehen. Sie diskutieren nicht wirklich wie die scharfen Analytiker. Sie messen nicht ihre Ideen oder Philosophien gegeneinander ab wie die wahren Denker. Sie kämpfen. Verhandlungen sind für sie wie imaginäre Judokämpfe. Es kommt auf den Körper an, auf die Körpersprache, auf die Siegerhaltung. Wenn freie Denker argumentieren, dann mit *Griffen*, nicht mit Begriffen. Die Verhandlung ist Körpersache, nicht kopfzentriert. Es ist eine ganz andere Art von Denken.

Unter den freien Denkern gibt es viele *Jäger*, die in der Wirtschaft als Trouble-Shooter brillieren können, die also schwierigste Projekte vom Eis ziehen, wenn alles ganz verfahren ist. Wenn wieder Ordnung eingekehrt ist, verlieren diese Virtuosen der Chaoszähmung schnell die Lust an der Sache. Sie lieben das Aufräumen als Aufgabe (ironischerweise also das Herstellen eines „richtigen“ Zustandes), aber sobald ihre Umgebung nach System riecht, gehen sie. Sie geben gute Firmengründer der ersten Stunde ab. Im Chaos ist der Mensch frei! Im Chaos zittern die richtigen Menschen! Im Chaos ist der natürliche Starke am stärksten. Das Chaos ist etwas Herausforderndes zum Bezwingen.

Zaunkönige unter den natürlichen Denkern können freie Rechtsanwälte, Berater oder Wohnungsmakler sein. Wir als Kunden suchen sie auf, erbitten höflich ihren Dienst (noch einmal: so herum ist es wichtig bei Zaunkönigen!) und erhalten eine Dienstleistung. Richtige Zaunkönige benutzen die Kenntnis des Kleingedruckten als Machtinstrument. Natürliche nutzen es zu ihrem taktischen Vorteil.

3. Die Richtungen der Seele und des Gefühls

Denken gegen Fühlen

Gefühlsorientierte Menschen richten ihr Leben mehr nach den sie umgebenden Menschen aus. Es geht ihnen um Liebe, Dankbarkeit, Hilfe, Unterstützung. Ich habe schon die maslowsche Bedürfnispyramide erwähnt. Ich glaube nicht, das Menschen erst Sicherheit und dann Geliebtsein anstreben. Ich meine: In einer Menschengemeinschaft wird *alles* gebraucht: Essen, Trinken, Fortpflanzung, Sicherheit, Ordnung, Hilfe, Liebe, Geborgenheit und dann auch Kunst, Wissenschaft, Vision, Zukunft, Technologie. In dieser Menschengemeinschaft fühlen sich nun verschiedene Menschen für die Produktion solcher Werte in verschiedener Priorität zuständig. Manche Menschen spezialisieren sich so auf das Kämpfen, auf die Kunst oder auch auf die Erziehung. Jeder nach seinen Prioritäten und Fähigkeiten. Deshalb lehne ich die Vorstellung ab, jeder Mensch habe eine gleiche Priorität der Bedürfnisse. Die Priorität der menschlichen Bedürfnisse in einer Menschengemeinschaft der heutigen Zeit ist nicht fix. Denn wir haben mindestens in den westlichen Industriestaaten genug zu Essen und genug Sicherheit und im Prinzip genug elterliches Potential, damit jeder geliebt würde. Wir leben ja nicht im Überlebenskampf, in dem wahrscheinlich ein Pyramidenkonzept von Bedürfnissen noch Sinn hätte. Unsere Grundbedürfnisse sind im Großen und Ganzen und im Prinzip relativ leicht zu befriedigen. Wir haben aber durch unsere Lebenshistorie und vielleicht auch aus unseren Genen heraus verschiedene Präferenzen. Wenn alles da wäre, was würden wir wählen? „Sicherheit oder Geliebtsein?" Das ist für jeden anders.

Wenn wir Gefühle anderen gegenüber haben, so arbeitet unser Gehirn in anderen Strukturen, als wenn wir das Beste erdenken. In der langen Einleitung über richtiges analytisches Denken habe ich schon einführend darüber gesprochen, dass Gehirnarbeit über Menschen notwendig anders organisiert sein muss als das Denken über Sachfragen.

Sachfragen werden in Strukturen, Regeln und Organisationen gelöst. Das Wissen ist wie ein Computer-Filesystem geordnet. Die Arbeitenden sind in Abteilungen und in Prozessen organisiert.

Eine Menschengemeinschaft in personeller – nicht sachlicher – Sicht hat eine Netzstruktur, in der jeder Einzelmensch Beziehungslinien zu anderen Einzelmenschen hat. Jeder einzelne Mensch hat also mehr oder weniger viele Beziehungen oder Nicht-Beziehungen. Gefühlsmenschen lösen ihre Probleme vor allem oder in erster Präferenz über ihr Beziehungsnetz oder sie sehen den Hauptschwerpunkt ihrer Aufmerksamkeit in dieser Richtung. Ihr Augenmerk gilt also in besonderem Maße dem Menschen. Gefühlsmenschen sorgen dafür, dass die Menschen in einer Problemlage miteinander klarkommen, dass sie sich einigen, vertragen, gut miteinander umgehen. Gefühlsmenschen fühlen sich für die Harmonie zwischen den Menschen verantwortlich. Die Denker glauben, Probleme systematisch durch Optimieren lösen zu können. Gefühlsmenschen dagegen sehen in allgemeiner Harmonie der Seelen und der Interessen den besten Weg zur Lösung. Denker lösen Probleme in der Sache und regeln Konflikte durch Interessenausgleich. Gefühlsmenschen lösen Probleme in den Menschen und ebnen Konflikte durch Rücksichtnahme, gegenseitiges Interesse am allseitigen Wohlergehen und durch die Pflege von Vertrauensverhältnissen.

Wer Sachprobleme per Optimierung lösen will, muss sich in der Sache auskennen. Die Denker sind sachzentriert und nennen sich selbst stolz *objektiv*. Eine Problemlösung ist für sie wie die optimale Lösung eines nüchternen mathematischen Programms. „Beziehungskisten" werden von Denkern meist abschätzig als „emotionaler Unsinn" abgetan. „Bitte lassen Sie uns nicht emotional werden. Persönliche Eitelkeiten und Empfindlichkeiten wollen wir hier nicht einfließen lassen. Die Probleme sind schon in der Sache schwierig genug. Wir wollen hier rein objektiv bleiben." Die Denker klammern die menschlichen Faktoren aus. Dann kann ein Problem rein durch Denken gelöst werden. Wenn es unbedingt sein muss, werden persönliche Faktoren durch Ausgleichszahlungen in irgendeiner Form als Zusatzerfordernis in das Sachproblem eingebracht. Denker reduzieren also Probleme schnell und effizient auf einen personenunabhängigen Sachkern. Sie fordern dafür insbesondere den Verzicht der Menschen auf das Grundbedürfnis *Geliebtsein*. Sachprobleme werden in der Bedürfnisebene *Sicherheit, Ordnung, Organisation, Nutzen* diskutiert und am besten nur dort.

Gefühlsmenschen wollen keine Lösungen, die „eiskalt" unter Ausklammerung des Menschlichen entstehen. Denker wollen das Emotionale oder Einzelmenschliche unbedingt ausklammern, weil dann bessere Lösungen herauskommen. Natürlich kann derjenige mehr Geld und Gut und Sicherheit erringen, der weniger Bedingungen erfüllen muss. Wenn also die Bedingungen des Gefühls außen vor gelassen werden können, so gibt es viel mehr Möglichkeiten für eine Lösung. Also kommt der zu besseren Sachlösungen, der alles Emotionale beiseite lässt.

(Leider machen das die gefühlvollen Menschen oft nicht mit und verwerfen „unmenschliche" Lösungen ganz.)

Wer Probleme auf der Beziehungsebene lösen will, muss „emotional intelligent" sein, er muss die „soziale Kunst" beherrschen und sich vor allem mit dem Menschen *an sich* auskennen und speziell mit den einzelnen Menschen, zwischen denen konkret Harmonie herrschen soll. Der Gefühlsansatz lässt sich auf die einzelmenschlichen Gefühle und Bedenken ein. Er nimmt bewusst in Kauf, dass viele Lösungen ausscheiden, wenn die Lösung „es möglichst jedem recht machen" soll. Dafür ist niemand gekränkt, übergangen, übervorteilt, unberücksichtigt. In einer solchen Lösungsumgebung sind Menschen geliebt, nehmen dafür „weniger Geld" in Kauf, sind motivierter und persönlich zufriedener. Sie beginnen, fruchtbar zusammenzuarbeiten anstatt herumzustreiten. Sie setzen sich nicht mehr auseinander, sie beginnen, sich zu vertrauen. Insgesamt – so sagen die Gefühlsmenschen – kommt bei einer „emotional intelligenten" Lösung mehr heraus als in einer nüchternen Sachlösung.

Heute wird von den Denkern im Management immer angestrebt, optimale Sachlösungen zu finden, die den Wert des Unternehmens steigern – ohne Ansehen der Mitarbeiter und der Manager. Darüber hinaus appellieren alle Manager, die Mitarbeiter sollen vertrauen, helfen, beistehen, teamfähig sein. Das heißt: „Gebt auch noch alle Liebe! Aber Geliebtwerden ist zu teuer! Gebt also alle Liebe der Firma und spendet alles Herzblut und seid dankbar, dass ihr einen Arbeitsplatz habt. Diese temporäre Sicherheit, mindestens morgen noch Arbeit zu haben, entschädigt für alles. Und deshalb wollen wir auch alles."

Das Denken ignoriert vor lauter Objektivität das Grundbedürfnis des Geliebtseins. Im Zustand des Geliebtseins aber arbeitet der Mensch – erfüllt von diesem Geliebtsein – gerne, im Team, zusammen, bereitwillig, harmonisch. In der Industrie dämmert langsam die Erkenntnis, dass der reine denkerische Verstand ohne Seele weniger Geld verdient als mit der Seele.

Leider sind wir noch nicht so weit, dass die Denker richtig verstünden, was denn Gefühl wäre. Es hat den Anschein, als ob die jetzige Unternehmenswertsteigerungswelle alle Seele herausoptimiert hätte. Nun sitzt der Verstand alleine da und spürt langsam den Verlust. Im Herzen *und* in der Bilanz.

Das Hauptproblem des Gefühlsmenschen liegt in seiner mangelnden wissenschaftlichen Zugänglichkeit. Für Computer sind Gefühle unberechenbar! Ich komme auf dieses unselige Reihenfolgeproblem in einem eigenen Kapitel zurück. Heute hat alles schlechte Karten, was nicht objektiv wissenschaftlich fassbar ist. Insbesondere sind das die Emotionen und die Seele ...

Ich will sagen: Zwischen den Denkern und den Gefühlsmenschen zieht sich ein tiefer Graben. Der schon mehrfach erwähnte Test bei *www.keirsey.com* will auch feststellen, ob jemand mehr denk- oder gefühlsorientiert ist. Es zeigt sich bei diesem auf C. G. Jung zurückgehenden Test, dass etwa 65 Prozent der westlichen Frauen gefühlsorientiert sind, aber knapp 70 Prozent der Männer denkorientiert. Uns erscheint daher der Gegensatz zwischen der Denkorientierung und der Gefühlsorientierung wie ein Gegensatz zwischen Mann und Frau. Das ist er nicht! (Ein wenig mehr dazu habe ich im Buch *E-Man* geschrieben.) Es gibt neuerdings auch Gehirnuntersuchungen, die Unterschiede zwischen Männer- und Frauengehirnen ausfindig machen wollen. Es ist heute sicher, dass der so genannte Balken im Gehirn, also die Verbindung zwischen der linken und der rechten Gehirnhälfte, bei Frauen statistisch gesehen stärker ausgebildet ist als beim Mann. Es gibt andere Charakteristika, bei denen männliche Homosexuelle statistisch ähnliche Merkmale aufweisen wie Frauen. Daraus schließen viele, dass Frauen anders als Männer seien. „Frauen denken mehr mit beiden Hirnhälften, weil die Verbindung zwischen ihnen so dick ist.“ Schade. Ich würde so gerne alle diese Untersuchten den Test von Keirsey machen lassen. Ist es vielleicht so, dass gerade die 65 Prozent Gefühlsfrauen und die 30 Prozent Gefühlsmänner den verdickten Balken aufweisen? Das könnte ich mir einfach gut vorstellen. Dann wäre nämlich das Fühlen auch in der Gehirnanatomie anders verankert als das reine Denken! Das habe ich jetzt aber ganz blank spekuliert. Einfach so, weil dann meine Gedanken hier ganz intuitiv bruchfrei erscheinen würden. Mir geht es persönlich gut, wenn ich das Vorstellungsbild des dicken Balkens im Gefühlsmenschen für wahr halte, bis jemand mir das Gegenteil nahe legt. Wenn nämlich Gefühlsmenschen, auch die unter den richtigen Menschen, für das Berechnen von Beziehungsnetzen und Biographielabyrinthen die rechte Gehirnhälfte hinzuziehen müssen, dann würde ein vager Begriff viel klarer, den wir oft benutzen: weibliche Intuition.

Wir würden verstehen, warum Frauen intuitiver erscheinen als Männer: Sie sind statistisch öfter Gefühlsmenschen und hätten statistisch mehr Zugriffe auf die rechte Gehirnhälfte.

Fühlen gegen Denken

Es gibt einen riesigen Bereich im menschlichen Leben, der sich nicht auf denkerische Sachfragen reduzieren lässt, so gerne die Denker es auch wollen, damit sie mit ihrer Methodik die Oberhand behalten. Dazu gehören insbesondere alle Fragen, bei denen im allgemeinsten Sinne „abgestimmt“ wird oder werden muss. In einer Ehe, in einer Familie, in einer Demokratie zählt formal die Stimme des Einzelnen, der sie erheben kann und sie zur Durchsetzung seiner individuellen Interessen einsetzen soll. Wer in einer nicht hierarchischen Gemeinschaft herrschen will, muss somit in der Regel Mehrheiten hinter sich haben. Die Denker versuchen, so viele Entscheidungen wie möglich sachlich oder hierarchisch zu behandeln, in klaren Strukturen, wie sie sagen. Die Gefühlsmenschen aber ordnen die Welt durch Freundschaften, Beziehungen und Mehrheitenbeschaffung. Oft scheint es so, als würden die Denker mit Typisch-Mann-Methoden herrschen. Ist das so? Sehen wir nicht oft die Frau in der Familie herrschen? Denken Sie an *Mensch und Übermensch* von George Bernhard Shaw. Dort ist klar herausgeätzt, wer in der Familie der Übermensch ist! Gefühlsmenschen herrschen indirekt über die Beeinflussung von Meinungen und die genaue Kenntnis der *Stimmungs*lagen.

Viele Systeme sind heute durch die Denker zu stark einbetoniert in Vorschriften und Regeln. Die Spielräume werden immer enger, etwas zu entscheiden. Die Denker ertrinken in Lobbytum und Interessenkriegen. Jeder läuft mit

Listen berechtigter Forderungen herum. Die Fronten zwischen Interessengruppen von Denkern werden starr und undurchlässig. Kleinste Fortschritte in der Politik erfordern monatelange, auch wahltaktische Abstimmung von partikulären Egoismen. Viele empfinden, dass das starre Denken in Interessen zum Stillstand durch Ersticken führt.

Es gibt aber noch Gefühlsmenschen, die genug Vertrauen genießen. Ihnen tut man aus Freundschaft zu Gefallen, was man anderen nur über die eigene Leiche gewährte. Gefühlsmenschen bringen Einigkeit in Zerstrittenheit und Zersplitterung. Sie harmonisieren divergierende Interessen und richten die Energie aus. Sie sorgen dafür, dass eine solide Mehrheit wieder in eine richtige Richtung zu marschieren beginnt. Oft macht in diesen Tagen das Wort die Runde, dass Frauen die besseren Manager seien, weil sie viel besser Gleichklang in die Systeme von Kampfhähnen bringen könnten. Man meint: Wir brauchen verzweifelt Gefühlsmenschen, die über denkerische prozessorale Strukturblockaden hinweg eine gewisse Einheit herstellen können. „Ich bin nicht zuständig." – „Dafür werde ich nicht bezahlt." So reden Denker, die sich in Abteilungen abgrenzen, die wie stadtmauerumzogen wirken. Gefühlsmenschen sagen: „Ich helfe dir. Hilf mir ein anderes Mal." Und viele von ihnen sagen nicht einmal den Nachsatz und helfen einfach so. Im Grunde geht es den Gefühlsmenschen dabei um die Harmonie zwischen den Parteien. Indirekt aber wirken sie damit mehr für das Ganze, während die Denker sich auf ihren Platz im System konzentrieren. Denker schaffen Organisationsstrukturen wie File-Systeme, wie Abteilungsstammbäume und grenzen alles gegeneinander ab. Jeder ist für einen Bereich verantwortlich und wird dort und nur dort im Erfolgssinne beurteilt. Das gefürchtete Lagerdenken nimmt hier den zwangsläufigen Anfang. Gefühlsmenschen denken in Beziehungsnetzen und „Communities" oder Gemeinschaften, die sie selbst aufbauen, unabhängig von den Strukturen der Denker.

Es sieht also so aus, als würden die Denker zwar faktisch meist die höchsten Positionen in Organisationen bekleiden; aber die wirkliche Macht an der Basis ist ganz anders verteilt. Da geht es um Menschen, Mehrheiten, Stimmungen, Harmonie und Wohlgefühl (im Gegensatz zu materiellem Wohlergehen).

Fühlweisen

Es gibt verschiedene Gefühlsmenschen, nämlich wieder richtige, wahre und natürliche.

Richtige Gefühlsmenschen verwalten eine Unmenge von Beziehungswissen in der linken Gehirnhälfte. Zu jeder Person kennen sie die ganze Biografie. Sie kennen alle Geschmacksrichtungen, Hobbys, Meinungen, Gefühle der Personen. Wirklich alles.

„Sie haben ein neues Service, hast du es gemerkt? Rosenthal, sehr teuer. Aber nur sechs, weil sie dem einen Kind noch einen alten Teller hingestellt haben. Wir waren sieben. Wenn schon, würde ich zwölf kaufen oder bei sieben auf alte Teller zurückgreifen. Es war nicht alles gleich. Ihre Servietten sind immer todschick, sie haben aber nur zu den sechs Tellern gepasst. Sie haben neue Ringe dafür gekauft. Die Gardinen sind schäbig. Sie wollen das Parkett abschleifen. Weißt du, wohin sie in Urlaub fahren wollen? Nach Alaska. Aber die Freundschaft von Sandra geht wohl den Bach runter. Sie nimmt seit viereinhalb Monaten die Pille, aber es ist wohl nicht das Richtige. Der Freund raucht. Er verdient nicht viel, weil er sich *weiterbildet*. Der haut irgendwann ab. Oder es sind Flausen. Sie haben unsere Meike bei der Fahrradtour gesehen. Meike hat nicht gegrüßt. Was die alles sehen! Überall haben sie Augen. Meike hat eine Fünf in Bio fabriziert, wusstest du das? Ich haue ihr das um die Ohren. Na, sie waren stolz, dass sie es wussten und ich nicht. Sie sind schadenfroh, dass wir die Kinder nicht im Griff haben. Sie sollen aufpassen. Ich weiß, wer den Walnussbaum geplündert hat. Da kriegst du ganz schwarze Hände, da kaufe ich lieber ein Kilo beim Aldi. Weißt du, wen ich da getroffen habe? Die Herterichs. Ha, sie wollten rausschleichen, aber ich hab ja schon das Auto draußen gesehen. Ich kenne ja alle Autos. Sie waschen es kaum. Martha hat sie bei einer Probefahrt gesehen. In metallic. Diesel. Sie fahren gar nicht so viel, warum das?“

Mit diesem Monolog wollte ich Ihnen ein wenig deutlich machen, wie komplex ein Wissensnetz dieser Form sein kann. Dieses Wissen ist nicht wirklich in Abteilungen geordnet wie das der Denker. Es besteht mehr aus Anekdoten, Erlebnissen oder Assoziationswolken. Es ist viel weniger strukturiert. Es kommt darauf an, den ganzen Kern einer Person, alle Gefühle von ihr und am besten noch deren gesamtes Seismographensystem zu kennen!

„Sprich sie heute nicht auf die Schwippschwiegermutter an, da ist der Teufel los. Die Alte hat eine Scheibe Jagdwurst oder Lyoner, was weiß ich, die im Sonderangebot jedenfalls, im Müll gefunden, sie war noch nicht ganz grün, nur silbrig, sie könnte noch aufs Schulbrot. Jetzt geht es seit einer Woche so, mit Bettelstab und Geld rausschmeißen. Sie will die Rente selbst verwalten. Die Verwandten kommen zu Besuch und bringen Geschenke. Das würde ich auch machen, aber wer will die denn dann nehmen. Sie streitet ja immer rum, völlig hysterisch. Klaus sagt, er hat manchmal Lust, ihr einen angebissenen Apfel auf den Rasen zu werfen, da kann sie sich wieder über Verschwendung aufgeilen, aber Klaus meint, sie würde sich vielleicht darüber freuen und den Rest essen.“

So, jetzt zeigen Sie mir gleich die gelbe Karte, weil ich mich ein wenig in den Abgründen zu sielen begonnen habe. Ich bitte um Verzeihung: Ich möchte wirklich daran erinnern, wie irrsinnig viel biografisches Wissen verfügbar ist!

Ich muss mir das selbst immer konkret vorstellen. Ich bin ja stark intuitiv. Wenn ich etwa vom Besuch eines neuen Bekannten heimkomme, fragt meine Frau selten noch (sie kennt ja inzwischen die Antwort): „Wie sind sie eingerichtet?“ Und ich sage: „Darauf habe ich nicht geachtet. Ich habe sofort gesehen, dass sie Zettels Traum im Regal haben. Ich habe ehrfürchtig drin geblättert.“ – „Haben wir doch auch!“ – „Ja, aber nur das Fischer-Taschenbuch zu 58 Euro.“ Ich bin intuitiver Denker, wissen Sie? Meine Frau ist bestimmt manchmal betrübt, dass ich es fast sträflich versäume, eine Menge Beziehungswissen aufzutanken, wenn ich schon einmal mit den Leuten rede. Ich erzähle dann aber lieber begeistert von diesem Buch hier. Das ist im Sinne von Beziehungswissenernte eine Katastrophenstrategie. Ich erfahre ja nichts. Es ist besser, Mein-Kind-hat-dein-Kind-hat-Gespräche anzufangen, da lernt man den Menschen wirklich kennen. Man piesackt andere Menschen ein wenig mit ihrem schlechten Dach, ihrer Glatze oder ungestrichenen Fenstern und dann sprudelt die Informationsquelle. Am besten ist das Schimpfen auf einen gemeinsamen Feind, etwa die Schuldirektorin oder die abgelaufenen Joghurts beim Tengelmann. Die Denker nennen solches Gerede „Kaffeeklatsch“, aber es ist in Wirklichkeit die Informationsbörse von Beziehungswissen. Denker stellen sich damit dumm an. Sie gehen entweder gar nicht hin oder sie schweigen verzweifelt beim Kaffeeklatsch (damit nutzen sie die Zeit überhaupt nicht!) oder, noch schlimmer, sie zerstören die ganze Veranstaltung durch das dominante Diskutieren von Sachthemen, die kein Beziehungswissen hergeben. Dann verschwinden die Gefühlsmenschen in die Küche oder in den Flur und isolieren den Denker, der dann im Auto heimwärts hört: „Musst du gelehrten Unsinn auftischen? Was soll das? Keinen interessiert es! *Keinen*!“ – „Aber sie haben doch alle begeistert zugehört!“ – „Weil sie mussten!“ Der Denker hat gespürt, dass sein Thema interessiert aufgenommen wurde. Er fühlt sich von dieser Kritik verletzt. Es geht aber nicht um das *Thema*, sondern darum, dass er das Beziehungswissentreffen „geschrottet“ hat. Normalerweise verstehen diesen Sachverhalt *beide* dort im Auto nicht, die da streiten. Und deshalb streiten sie ein Leben lang darüber, was interessant ist und was nicht. Dabei ging es immer um Herrschaft! Geburtstagsfeiern, Hochzeiten, Beerdigungen sind in hohem Ausmaß Beziehungswissentreffen der *richtigen* Gefühlsorientierten.

Die wahren Gefühlsmenschen diskutieren dagegen ihre Ideen. Sie wollen andere von ihren Ideen begeistern oder sich von Ideen anderer anstecken lassen. („Du, Martha war sehr beeindruckt von unserem Asylkreis. Sie denkt darüber nach, ob sie auch mitmachen will. Ich spreche mal mit allen. Ich denke, wir sollten ihr einzeln Mut machen. Das war ein toller Abend, wenn das klappt. Ich mag Martha.“) Es geht weniger um Beziehungswissen als um das Gleichgewicht der Ideen rund um den Menschen. Die wahren Gefühlsmenschen beschäftigen sich mit Facetten der Idee des guten Menschen. Jede Teilidee des Guten hat Anziehungskräfte oder Kraftfelder um sich herum. Mathematiker sprechen von Attraktorengebieten. Große Ideen ziehen von weitem in ihren Bann, können aber von der abstrakten Ferne her nicht zuviel Energie bündeln.

Kleine Ideen sind nahe! Der Mensch kämpft also nicht mit ganzem Herzblut für das Gute an sich. Es schwebt wie die wärmende Sonne ganz oben. Das Gute an sich hat als Idee ungeheure Kraft. Aber wir selbst sind als Einzelmenschen nur ein kleines Licht dagegen. Die kleinen Ideen sind hier in unserer Nähe und müssen wie Kerzen gepflegt werden, damit sie weiter leuchten. Sie brauchen uns selbst. Wahre Gefühlsmenschen arbeiten für diese kleinen Ideen in lokalen Friedensinitiativen, Bibelkreisen, Krötenrettungsteams, Bach-Chören oder als Todfeinde der Umgehungsstraße. Dort atmen sie gemeinsam unter einer Idee, unter *ihrer* Idee. Sie sorgen dafür, dass sie leuchtet. In der Nähe ihrer kleineren Idee, die sie zum Leuchten bringen, fühlen sich die wahren Menschen gebraucht, also voller Einfluss. Nur wenige wahre Menschen haben so viel eigene Leuchtkraft, dass sie eine große Idee des Guten verstärken könnten. Wir sind normalerweise nicht Mutter Theresa, Albert Schweitzer, Gandhi oder Martin Luther King. Deshalb geben die wahren Menschen ihr Herzblut am besten an eine größtmögliche Idee, die sie selbst noch merkbar verstärken können. In der Hingabe an diese finden sie Sinn und Erfüllung oder Selbstverwirklichung.

Natürliche Gefühlsmenschen bilden Mittelpunkte gemeinsamen Erlebens. Tanzen, trinken, miteinander etwas unternehmen! Während die richtigen Gefühlsmenschen bei den Feiern an den Tischen bei Wein die Beziehungen pflegen, tun das die natürlichen Gefühlsmenschen auf der Tanzfläche und an der Bar. Sie drehen die Lautsprecher auf, damit nicht zuviel geredet werden muss. Es geht schließlich beim Feiern nicht um reden! Es geht um das natürliche Gefühl, das mehr im Körper verhaftet ist. Kennen lernen ist hier „miteinander getanzt haben“. Natürliche Menschen verströmen natürliche Gefühle. „It’s a party. I can lose control.” So singt Madonna – haben Sie diesen Hit noch im Ohr? Madonna ist ein natürlicher Mensch.

Moral, Sitte, Gleichheit und Tugend

Gefühlsmenschen stellen also Harmonie in der Gemeinschaft her. Die richtigen Gefühlsmenschen ordnen die Beziehungen durch Einflussnahme, Rücksichtnahme und Höflichkeit. Sie predigen Tugenden und Moral. Sie versuchen, allen Menschen dadurch den unharmonischen Zahn zu ziehen. Die Leithirsche sollen Großmut und Großherzigkeit üben, die Jäger sollen Bescheidenheit üben, die Zaunkönige sich freuen, dass sie sanftmütig sind. Burgenbauer sollen weicher und verzeihender werden. Durch die Forderung nach Tugend wird alles in Watte gepackt, so dass die Menschen sich weniger gegenseitig anstoßen oder aneinander Anstoß nehmen. (Die Denker sprechen auch von Tugend, meinen aber damit mehr Tapferkeit oder Gerechtigkeit! Wenn Gefühlsmenschen von Tugend reden, meinen sie diese eher nicht. Sie stehen ja für Aussagen zu Mut, Tüchtigkeit und Interessenausgleich, sind also Denkervokabeln.)

Ich gebe hier nochmals ein Zitat Schopenhauers vom Anfang des Buches wieder: „... das Prinzip, der Grundsatz, über dessen Inhalt alle Ethiker eigentlich einig sind: neminem laede, immo omnes, quantum potes, juva – das ist eigentlich der Satz, welchen zu begründen alle Sittenlehrer sich abmühen ... das eigentliche Fundament der Ethik, welches man wie den Stein der Weisen seit Jahrtausenden sucht."

Ich glaube, dass der Stein der Weisen *offen daliegt*. „Verletze niemanden und hilf mit allen Kräften!" Dieser Satz lässt sich eben überhaupt nicht begründen. Gar nicht! Dieser Satz ist der heilige Grundstein des *richtigen Gefühls*menschen, Unterabteilung Burgenbauer (Elefant). Mehr nicht. Für solche Menschen ist er das Lebensgrundgebot. Für alle anderen Menschen, die nicht Gefühlsmenschen sind, ist dieser Satz *keine* Kernaussage ihres Daseins. Andere Menschen setzen sich zum Beispiel mit allen Kräften durch! Andere werden Einsiedler und helfen niemandem! Andere sind Grundlagenforscher, denen niemand helfen kann! Wieder andere Unternehmer oder Abenteurer. Die Moraltheoretiker wollen den Satz „neminem laede, immo omnes, quantum potes, juva" natürlich allgemein verbindlich begründen, weil sie damit das Herrschaftsprinzip ihrer eigenen Menschenart zum Allgemeinsymbol erheben könnten. Die Moraltheoretiker erstreben also quasi die Weltherrschaft. Das ist ihnen auch nach Schopenhauer bis heute nicht gelungen und wird nicht gelingen, weil es eben viele Arten von Menschen gibt. Und Moral taugt sicher weniger zur Weltherrschaft als vielleicht „the fittest will survive".

Die richtigen Gefühlsmenschen predigen also Moral, das Helfen, die Höflichkeit. Sie stellen unentwegt fest, dass alle Menschen gleich und gleichwertig sind, soweit sie nur moralisch sind. Die noch nicht moralischen müssen erst zur Tugend geführt werden. Der Grundsatz der Gleichheit stellt sich als Kampfparole gegen die Denker, die im Wesentlichen Ungleichheit nach Tüchtigkeit vertreten. Heute reden Denker von „leistungsgerechter Bezahlung" oder „hilf dir selbst, dann hilft dir Gott". Die richtigen Gefühlsmenschen sehen Erfolgsrechnungen im Leben als zweitrangig an. Der Wert des Menschen als Tugendportfolio ist die erste und vornehmste Kennzahl.

Mit der Forderung nach sittlichem Benehmen dämmen die richtigen Gefühlsmenschen die Denker ein. Sie verlangen gleichzeitig, dass der natürliche Mensch oder überhaupt jeder Mensch sein Seismographensystem so umschult, dass nichts Unmoralisches mehr geschehen kann.

Sie sehen hier sehr schön, auf welchen verschiedenen Ebenen die Tugenddiskussion geführt wird. Jede Menschenart benutzt den Begriff Tugend, benutzt ihn aber nur im Hinblick auf das eigene Selbstverständnis. Das gilt für sehr viele andere Begriffe auch.

Leithirsche unter den richtigen Gefühlsmenschen fordern Moral und Tugend ein. Sie wirken wie eine energische Mutter, die treusorgend für die Kinder dieselben zu anständigen Menschen formt. Sie bewahren Formen und Traditionen, organisieren würdige Feiern und kennen alle Geburtstage und Beziehungsdaten. Sie managen Beziehungen, Familien und Teams. Sie sind Vorsitzende von Kirchengremien oder von Ortsvereinen des Roten Kreuzes etc. Ähnlich wie die Denker unterdrücken sie gnadenlos unpassende Seismographenausschläge in sich selbst und in allen anderen. („Schäme dich!“) Sittlichkeit ist eben auch ein System.

Die *Füchse* oder *Beutesucher* engagieren sich in Zirkeln und Arbeitsgruppen, sie übernehmen helfende Aufgaben überall. Ihnen geht es um Dank, der die Beute darstellt, oder um Achtung für ihre engagierte Arbeit. „Ich organisiere den Elternabend!“ – „Ich begleite die Schüler auf der Klassenreise nach Ungarn!“

Die *Zaunkönige* helfen auf eine Bitte hin gern. Sie übernehmen die stillen Aufgaben. Sie gießen die Blumen in der Kirche und servieren den Sekt beim Empfang des Bürgermeisters. Sie wirken verbindlich und lieb. Sie besorgen Geschenke, die genau zum Beschenkten passen. Alles ist angemessen.

Die *Burgenbauer* wissen genau, was Moral ist. Sie achten auf die Strenge und das wirklich Richtige. Während die Leithirsche die Tradition organisieren, bewahren die Burgenbauer Traditionen in Reinheit. „Einer schmückt den Tannenbaum, während der andere genau weiß, wie er geschmückt werden muss.“

Ethik und reine Liebe

Die wahren Gefühlsmenschen stellen ihr Leben in Beziehung zu einer Idee des Guten im Menschen. Sie sind von allen Menschen die letzten, die Menschen als umzuerziehende wilde Tiere betrachten würden. Menschen sind prinzipiell gut und müssen gepflegt werden, damit sie zur Blüte gelangen und Früchte tragen. Wahre Gefühlsmenschen dehnen diese Liebe zu dem Wachsenden meist auf Tiere und Pflanzen aus. Viele sind deshalb Vegetarier, viele ernähren sich ökologisch. Wahre Gefühlsmenschen sind oft Ärzte, Psychologen, Soziologen, Mönche, Nonnen. Sie widmen ihr Leben dem wachsenden Guten im Menschen. Sie sind Heiler, Seelentröster, Therapeuten, oft Lehrer, Unternehmenstrainer.

(Ich interviewe schon seit langer Zeit Studenten aller Fachrichtungen für die Begabtenförderung. Medizinstudenten lassen sich zum Beispiel fast trennscharf in verschiedene Kategorien einteilen: Forscher wie intuitive Denker; patientenzentrierte Heiler wie intuitive Gefühlsmenschen; Chirurgen wie zupackende, trainierte natürlich-körperliche Menschen; Techie-Ärzte wie intuitive Innovatoren. Lehrer sind oft richtige Denker oder richtige Moralisten auf der einen Seite und oft die hier behandelten wahren Gefühlsmenschen. Ein Lehrer erzieht zur Ordnung oder er liebt das Erblühen, je nachdem. Die Menschen, die das Verstehen verehren, die intuitiven Denker, gehen anscheinend lieber zur Universität, nicht in die Schule zurück.)

Wahre Gefühlsmenschen *sind* ethisch. Richtige Gefühlsmenschen übernehmen eine Rolle zur Befestigung der Moral. Wahre Gefühlsmenschen sind wohl die authentischsten Menschen. Sie *sind.* Sie spielen nie nur eine Rolle. Richtige Menschen sagen dagegen: „Ich will eine (wichtige) Rolle spielen." Wahre Menschen *sind.* Um diesen Unterschied geht es in den Werken von Erich Fromm, der etwa die Welt des Seins und die Welt des Habens studiert. Das Richtige tendiert zum Haben, das Wahre zum Sein im Sinne Fromms. Erich Fromm *ist.* Und er wettert ganz besonders gegen das neuzeitliche Aufkommen des von ihm so genannten „Marketingmenschen", der nur *scheinen* will. Dieser Marketingmensch ist das Gegenteil des intuitiven Gefühlsmenschen – er ist ein Rollenüberperfektionierer.

Leithirsche unter den Gefühlsmenschen setzen ihre Ideen um (Gandhi). Sie sind Speerspitze von Bewegungen.

Beutesucher unter den wahren Gefühlsmenschen begeistern die Umgebung mit dem Funkensprühen wechselnder Ideen. Sie engagieren sich vielfältig und an vielen Stellen. Überall bringen sie Schwung, Energie und Passion hinein.

Zaunkönige wirken still im Hintergrund und helfen überall den Schwachen. Sie trauern mit den Verlorenen. Sie sind schweigsame Helfer des Guten in jeder Form. Angelehnt an eine Bibelformulierung fällt mir ein: „Sie nehmen hinweg das Böse vom Mensch." Da sie es still tun, wird ihnen nicht oft gedankt. Das würden sie brauchen, denn das hinweggenommene Böse ist oft noch eine Weile in ihnen selbst, weil sie es eben „hineingenommen" haben. Es ist schwer, selbst glücklich zu sein, wenn man immerfort das Böse für andere verdaut.

Burgenbauer sind die Ideen und verstehen wahrhaft (Buddha). Sie helfen den anderen Menschen sanft und beharrlich dabei, zu der Idee zu kommen. Sie reden nicht viel von sich, nur von ihrer Idee. Sie wirken dadurch als Menschen fern. Sie *sind* aber die Idee. Und die Idee ist der Mensch.

Freundschaft, Kameradschaft und Menschen im Verein

Natürliche Gefühlsmenschen sind die wärmsten Freunde, die durch das sprichwörtliche Dick und Dünn gehen. „Mein Haus ist auch dein Haus.“ Sie sind spontane Gastgeber („Nimm dir was aus dem Kühlschrank!“) und ideale Menschen, um Erlebnisse zu teilen. Gemeinsam erleben: Wandern, Fußball, Gesellschaftsspiele, Vereinsabende, Turniere, Wettkämpfe, lautes Grillen im Garten. Sie sind große Spielkameraden, die einander alle brauchen.

Sie sind die *Seelen* der Stammtische und Wandertage, sie organisieren Erlebnisse für Unternehmensabteilungen (also nicht gerade einen Opernbesuch, mehr Go-Cart-Rennen oder Kegelabende). Sie sind die Seelen, sagte ich. Nicht die „Vereinsmeier“, die Hierarchien diskutieren und Anwesenheitspflichten fordern. Sie geben den anderen Menschen Freude (nicht Hilfe, nicht Ratschläge). Sie singen bei der Arbeit, beim „Schaffen“. Natürliche Gefühlsmenschen sind eine „Seele von Mensch“. Es ist ihr Gemüt, ihr Charme, ihre freudige Ausstrahlung, die die anderen Menschen erhellt.

Leithirsche unter ihnen sind wie die Spielführer der Mannschaft, also Menschen, die eben natürlich führen.

Beutesucher unter ihnen haben unglaublich viele Bekannte; sie sind jedermanns Freund. Sie erbeuten Freude.

Zaunkönige sitzen als stille Genießer dabei, pflegen auch ihren Garten und haben Haustiere. Ihre Freude ist mehr zurückgezogen.

Burgenbauer empfangen ihre Freunde eher zu Hause. Mir fällt nicht so viel zur Charakterisierung ein. Spontan habe ich ein Bild vor mir wie: Treues Graugansehepaar.

4. Die Richtungen der sinnlichen Wahrnehmung

Sichtweisen

Die Wissenschaft von der sinnlichen Wahrnehmung heißt Ästhetik. Sie beschäftigt sich, würde Platon sagen, mit der Idee des Schönen. Andersherum sagt Kant in der *Kritik der Urteilskraft*: „Man kann überhaupt Schönheit (sie mag Natur- oder Kunstschönheit sein) den Ausdruck ästhetischer Ideen nennen: ...“

Es gibt wieder, wie bei Gefühl und Denken, die verschiedenen Arten, die Schönheit zu sehen: Die richtige, die wahre und die natürliche Art. Ich will Sie hier nicht mit den immer gleichen Ideen langweilen, ich bleibe so kurz wie möglich. Im Grunde müssen wir wieder bei Platon und bei Aristoteles hineinschauen und dann sehen wir aufs Neue die gleiche analoge Verschiedenartigkeit, das Schöne zu betrachten.

Erstaunlicherweise stellt sich den Philosophen gerade bei der Kunst nicht nur die Frage, was denn Kunst wäre. Sie diskutieren hier zusätzlich ganz ausgiebig, woher sie kommt. Ganz neue Kunst erscheint wie vom Himmel geschenkt! Ich zitierte ja schon Platon, der sich vorstellte, Kunst sei Eingebung in Verzückte.

Platon hielt künstlerische Darstellungen für problematisch. Ein Bild, eine Nachahmung, also die Mimesis von einer einzelnen Erscheinung gibt seiner Meinung nach die Idee hinter ihr nicht wieder oder bleibt hinter der Idee zurück. Kunst kann allenfalls einen Appell bewirken, von Anschauen der Idee auch zum Denken der Idee selbst zu gelangen. Kunst führt also zum Denken. Der späte Platon sah Kunst auch als Maßgebung für das Schöne. Ein Kunstwerk zeige das idealtypische Eine im Vergleich zur Vielheit, es verbinde das dargestellte Eine zur Vielheit.

Aristoteles betont in seiner *Metaphysik* dagegen: „Die wichtigsten Kennzeichen des Schönen sind Ordnung, Gleichmaß und sichere Begrenzung, und dies gerade zeigen die mathematischen Wissenschaften vor anderen auf. Und da diese Eigenschaften, ich meine zum Beispiel Ordnung und sichere Begrenzung, die Gründe für viele weitere Erscheinungen darstellen, so behandeln die mathematischen Wissenschaften offenbar auch diesen so gearteten Grund, der in gewisser Weise ebensogut Grund ist wie das Schöne selbst es ist." Aristoteles stellte an die Kunst (téchnê) das Nachahmungspostulat und das Vervollständigungspostulat. Kunstfertigkeit und Beherrschung von Regeln helfen bei der Aufgabe, das von der Natur unvollendet Gelassene zu vervollständigen.

Ars imitatur naturam. So sagt Thomas von Aquin. Die Kunst ahmt die Natur nach. Ars est recta ratio factiblium. Kunst ist das richtige Wissen, es umzusetzen. Leonardo meint: Diejenige Malerei ist am lobenswertesten, welche mit dem Nachgeahmten am meisten übereinstimmt.
Da sind sie also wieder, die wahre Sicht der Ideen und die richtige Sicht der Ordnung und des Maßes! Die einen drücken eine Idee aus, auch als Expression eines Künstlers, die anderen perfektionieren die naturgetreue Nachahmung.

Gibt es eine natürliche Sicht von Kunst? Sie fände wohl, Kunst diene der Freude. Und sie fände naturgetreue Darstellungen von nicht zu schlanken Frauen zulässig? Schön sei, so Kant, was „ohne alles Interesse" angeschaut schön sei. Die Philosophen lassen keinen Zweifel aufkommen, dass Kunst zur Freude zweifelhaft sei. Heute sagen wir Pop dazu, lassen Pop nicht wirklich als Kunst gelten, genießen ihn aber. Die wahre Kunst in den Museen verstehen wir meistens nicht mehr richtig, oder? Es gibt also viele Facetten der Frage, was schön sei. Ich will hier nur sagen: Wir finden wieder die typische Teilung der Kunstsichten der Analytiker, der Intuitiven und der Körperspürenden.

In der Einleitung habe ich schon zaghaft vorgeschlagen, vielleicht neben Geist und Seele noch ein Organ als Vorstellungsbild in unserem Körper zu definieren: den Schönheitssinn. Er müsste einen schönen Namen bekommen, wie „Seele“ für das Gefühlsheilige. Artima vielleicht – neben anima und animus? Oder Animago als Kreuzung zwischen anima und imago? Artima für den Sinn der Schönheit, den ich selbst im Subjekt sitzen habe? Animago für die Schönheit, die im schönen Objekt unabhängig vom betrachtenden Subjekt sitzt?

Wie auch immer: Das sagt Plotin in seinen *Enneaden* (von ennea wie griechisch neun), die zwischen 254 bis 270 n. Chr. entstanden:

„Die Schönheit wird aber erkannt durch ein besonderes dazu bestimmtes Vermögen, welches vollkommen befähigt ist in seinem Bereiche zu urtheilen, sobald die übrige Seele seinem Urtheile beipflichtet. Vielleicht aber entscheidet auch die Seele selbst darüber, indem sie den wahrgenommenen Gegenstand nach der ihr innewohnenden Idee bemisst, deren sie sich bei der Beurtheilung bedient, ...“

Sehen Sie? Er sucht auch nach einem Ort, wo in uns die Idee des Schönen wohnt. Sie wohnt neben der Idee des Wahren und der Idee des Guten, da irgendwo, aber sie ist wirklich eine *eigene* Idee.

Während die Idee des Guten und die des Wahren immer schon durch viel Sinnen und Denken langsam heller und heller in uns werden, so entsteht das Schöne, die Kunst, mehr revolutionär, plötzlich, wie eine Eingebung. Viele Menschen, die sich die denkerische oder die fühlende Intuition nicht richtig vorstellen können, finden aber doch, dass Künstler intuitiv wären. Ihnen werde das Kreative in den Schoß gelegt, wie eine Gnade geschenkt, es falle ihnen zu, sie seien naturbegabt. Wie durch Zauberei entstehen die wahren Kunstwerke! Die Idee überfällt den Künstler!

Diejenigen, die Kunst für eine geregelte Tätigkeit halten, die sich an Grundsätze, Leitlinien oder Techniken orientiert, drucksen etwas herum: Woher kommen denn die Regeln, nach denen Kunst entsteht und nach denen wir sie beurteilen können? Antwort: Die Regeln entstehen zusammen mit den maßgebenden Kunstwerken, aus Intuition. Wenn Maßgebendes entsteht, dann bilden sich nach ihm die Gesetze der Kunst heraus.

In seiner *Kritik der Urteilskraft* sagt Kant: „Genie ist das Talent (Naturgabe), welches der Kunst die Regel gibt. Da das Talent, als angebornes produktives Vermögen des Künstlers, selbst zur Natur gehört, so könnte man sich auch so ausdrücken: Genie ist die angeborne Gemütsanlage (ingenium), durch welche die Natur der Kunst die Regel gibt.“

Das Intuitive wird als Phänomen nie wirklich diskutiert. „Kunst? Angeboren." Das Problem wird an einen Platz geschoben, an dem kein Weiterdenken mehr geht. Ich gebe Ihnen jetzt noch ein gutes Stück Kant zu lesen, wie er das Genie definiert. Es ist ein Wesen, das etwas erschaffen kann, ohne Regeln vorher dafür gehabt zu haben. Es kann nicht darüber sprechen, wie die Idee über es kam. (Das sage ich ja das ganze Buch über! Das neuronale Netz „rechts" ist im wesentlichen eine Black Box, die zwar die Ideen liefert, aber nicht deren Entstehungsgeschichte!) Und am Schluss vermerkt Kant, dass sich Genie *nur* in der Kunst zeige, und da auch nur in der schönen. Zur Wissenschaft brauche man Genie nicht. Wissenschaft ist ja Denken! Aber Kunst? Das muss Genie sein.

Sie sehen, dass das Intuitive bis auf den heutigen Tag mit der Kunst verwoben bleibt. Na gut, und Einstein ist ein Genie. Im Grunde will sich niemand mit Intuition befassen, weil sie originär wortlos bleibt, wenn sie logisch werden soll.

Also – jetzt Kant (*Kritik der Urteilskraft*): „Was es auch mit dieser Definition für eine Bewandtnis habe, und ob sie bloß willkürlich, oder dem Begriffe, welchen man mit dem Worte Genie zu verbinden gewohnt ist, angemessen sei, oder nicht (welches in dem folgenden § erörtert werden soll): so kann man doch schon zum voraus beweisen, daß, nach der hier angenommenen Bedeutung des Worts, schöne Künste notwendig als Künste des Genies betrachtet werden müssen.

Denn eine jede Kunst setzt Regeln voraus, durch deren Grundlegung allererst ein Produkt, wenn es künstlich heißen soll, als möglich vorgestellt wird. Der Begriff der schönen Kunst aber verstattet nicht, daß das Urteil über die Schönheit ihres Produkts von irgend einer Regel abgeleitet werde, die einen Begriff zum Bestimmungsgrunde habe, mithin einen Begriff von der Art, wie es möglich sei, zum Grunde lege. Also kann die schöne Kunst sich selbst nicht die Regel ausdenken, nach der sie ihr Produkt zu Stande bringen soll. Da nun gleichwohl ohne vorhergehende Regel ein Produkt niemals Kunst heißen kann, so muß die Natur im Subjekte (und durch die Stimmung der Vermögen desselben) der Kunst die Regel geben, d.i. die schöne Kunst ist nur als Produkt des Genies möglich.

Man sieht hieraus, daß Genie

1) ein Talent sei, dasjenige, wozu sich keine bestimmte Regel geben läßt, hervorzubringen: nicht Geschicklichkeitsanlage zu dem, was nach irgend einer Regel gelernt werden kann; folglich daß Originalität seine erste Eigenschaft sein müsse.
2) Daß, da es auch originalen Unsinn geben kann, seine Produkte zugleich Muster, d.i. exemplarisch sein müssen; mithin, selbst nicht durch Nachahmung entsprungen, anderen doch dazu, d.i. zum Richtmaße oder Regel der Beurteilung, dienen müssen.
3) Daß es, wie es sein Produkt zu Stande bringe, selbst nicht beschreiben, oder wissenschaftlich anzeigen könne, sondern daß es als Natur die Regel gebe;

und daher der Urheber eines Produkts, welches er seinem Genie verdankt, selbst nicht weiß, wie sich in ihm die Ideen dazu herbei finden, auch es nicht in seiner Gewalt hat, dergleichen nach Belieben oder planmäßig auszudenken, und anderen in solchen Vorschriften mitzuteilen, die sie in Stand setzen, gleichmäßige Produkte hervorzubringen. (Daher denn auch vermutlich das Wort Genie von genius, dem eigentümlichen einem Menschen bei der Geburt mitgegebenen schützenden und leitenden Geist, von dessen Eingebung jene originale Ideen herrührten, abgeleitet ist.)

4) Daß die Natur durch das Genie nicht der Wissenschaft, sondern der Kunst die Regel vorschreibe; und auch dieses nur, in sofern diese letztere schöne Kunst sein soll.“

Ich komme auf diese Gedanken zu Genies und den Ideen wieder zurück.

Geschmack, Aussehen, Form, Design, Ebenmaß

Der richtige Mensch versteht unter dem Schönen das Richtige. Das sieht gut aus, ist geschmackvoll, vollendet geformt. Er findet Symmetrien sehr wichtig, die Perspektive muss stimmen. Die Farben müssen zusammenpassen. Der richtige Mensch redet wie Aristoteles über das Schöne. Es ist gleichmäßig, ebenmäßig und hat eine verständliche Form. Kreise und Quadrate sind schön. Alles Achsensymmetrische ist schön, besonders bei Frauen, die am liebsten alle so seitengleich aussehen wollen wie Naomi Campbell. Ich glaube, Cindy Crawford, die oft als Schönste an sich gehandelt wurde, hatte einmal einen Leberfleck auf einer Gesichtsseite. Der ist, glaube ich, weg. Dann ist alles völlig symmetrisch. Hexen haben immer Warzen, damit sie unsymmetrisch wirken. Es gibt zahllose Studien, was denn Kriterien des guten Geschmacks wären. Die richtigen Menschen müssen logische Kriterien haben. Ich wundere mich immer über Geschmacksurteile der Form Modediktat: „In diesem Jahr trägt man Nattergrün zu Fanta-Mango.“ Ich sollte oft rote Jacketts kaufen oder allerlei schrille Krawatten, weil das jetzt so getragen wird. Was Mode ist, ist zum Beispiel automatisch geschmackvoll. Was von Armani oder Gucci stammt, ist geschmackvoll. Was von Versace oder Gaultier erzeugt wird, ist seltsam am *richtigen* Geschmack vorbei. Es ist etwas für *natürliche* Menschen, nicht wahr? Die richtigen Menschen finden es schön, wenn dezente, sofort sichtbare Markenzeichen an den Anzügen prangen. Wenn dort BOSS, Joop! oder Betty Barclay aus Nussloch hier bei Heidelberg zu lesen ist, steigt die Kleidung mehr oder weniger sprunghaft im Wert. Vor zwanzig Jahren haben wir das einmal einen ganzen Abend mit russischen Gastwissenschaftlern diskutiert. Sie wollten sich selbstständig machen und an Pullover grüne Krokodile annähen, die damals alle Waren im Ansehen verdoppelten. Lacoste, was wolle. Ich habe neulich im richtigen Geschäftsleben einen Manager gesehen, der am linken schwarzen

Anzugärmel noch das schwarze-weiße, fünf mal zwei Zentimeter große Aufnähetikett trug: „Rosner". Da passt alles zusammen. Die Markenhersteller wissen sehr genau, was eine Marke wert ist. Die Marke ist der Orientierungsrahmen für den richtigen Menschen. Er weiß bei Marken, dass er das Beste kauft, dass es per definitionem geschmackvoll ist, weil alle es kaufen. Es gibt gerade heute eine Werbung der Art: „Wenn ich Iglo-Spinat esse, habe ich das wundervolle Gefühl, alles richtig gemacht zu haben." Sehen Sie? Dem richtigen Menschen kommt es nicht so sehr auf den Geschmack an, wenn er das Geschmackvolle sucht. Spinat muss *richtig* sein. „Dieser Spinat ist der meistgekaufte. Alle mögen ihn. Er wird gerne genommen." Der richtige Deutsche würde noch am liebsten dies hören: „Dieser Spinat ist der Mercedes unter den Spinaten." Ein Mercedes verkörpert das Richtige schlechthin. „Oh Lord, would you buy me a Mercedes-Benz?" So sang einst Janis Joplin. Hören Sie, wie ein wahrer Mensch über die richtigen denkt? Die natürlichen Menschen jagen lieber motoraufbrausend im Porsche herum. Die wahren Menschen sagen: „Das ist doch nicht wahr!" Die Richtigen schimpfen: „Du bist doch nicht richtig!"

Es gibt in neuerer Zeit einen ungehemmten Trend zum Visuellen. Das Fernsehen hält den Durchschnittsmenschen stundenlang am Tag gefangen und die Überdurchschnittsmenschen surfen seit einiger Zeit im Internet. Sie alle *sehen*. Musik ist per Fernsehen und Internet dabei, ebenfalls immer stärker sich visuell zu präsentieren. Die Interpreten der Musik müssen gut aussehen! Ohne Aussehen und notfalls zweimal 250 Gramm Silikon fällt die Musik formhalber durch. Sie ist nicht mehr vermarktbar. Die Stars bauen sich wie eine eigene visuelle Marke auf, sie werden zum Markenzeichen. Sie sind „perfekt". Die Musikgruppen werden nach Zielmärkten zusammengestellt. Die Form wird wesentlich!

Im Management sind schöne Vortragsfolien verpflichtend. Mediziner tragen mit Dias vor, mit wunderschönen Fotos oder zum Beispiel Shows von Studiodigitalbildern von Zahnstummelnahaufnahmen-vorher-Implantatschrauben-nachher. Es kommt immer auf die geschmackvolle Form an. Je mehr diese Entwicklung anhält, umso lauter zürnen mindestens die wahren Menschen, dass Form niemals mehr als der Inhalt gelten dürfe.

Aber unsere Kinder siechen schon psychisch dahin, wenn sie nicht mit den richtigen Bekleidungsmarken in die Schule gehen dürfen. Die richtige Form wird ausschlaggebend, die Marken definieren das Maß.

Ich verschärfe alles Gesagte zu einem mir wichtigen Punkt: Ein richtiger Mensch, der es sich zur Lebensstrategie machen würde, alles Hässliche aus dem Leben zu treiben, könnte nur mit dieser einen Strategie gut leben. Es ist klar, dass die richtigen Denker, die immer alles unter der Richtig-Falsch-Perspektive beurteilen, große Chancen als Führungskräfte besitzen. Sie sind die Gerechten. Die richtigen Gefühlsmenschen setzen die Gut-Böse-Brille auf und traktieren andere Menschen mit Moralgrundsätzen. Die richtigen Geschmacksmenschen aber weisen immer darauf hin: „Das sieht nicht gut aus. Das passt nicht zusammen. Die Farben sind hässlich. Der Vortrag war nicht gut gestaltet. Der Prospekt sieht hässlich aus. Die ganze Veranstaltung war bieder, kein Pep. Du bist billig gekleidet. Schau dich mal an – wie du aussiehst. So würde ich nicht herumlaufen. Du hast keinen Geschmack. Du bist unpassend.“ Seit etwa Angela Merkel die CDU in Deutschland führt, ist ihre Frisur ständig ein Medienthema. Frau Merkel gibt offensichtlich dem Druck nach: Frisörtermin für Frisörtermin evolviert etwas heran, das wir alle noch nicht endgültig kennen: Eine richtige Frisur im Sinne des Geschmacksmenschen. Frau Merkel achtet auf so etwas als Persönlichkeit nicht – ich wette, sie ist einer von den wahren „Techie“-Menschen, die eben wie „typische“ Mathematiker oder Physiker aussehen und eher zum Zaunkönig-Dasein tendieren und deshalb keine rauschenden Reden halten. Sie sehen: Das deutsche Geschmacksdiktat duldet das Wahre nicht.

Deshalb will ich hier absolut stark den Finger heben und nachdrücklich betonen: Zum Herrschen muss der richtige Menschen nicht mehr unbedingt nur Recht und Moral bemühen. Geschmack *allein* reicht schon aus. Es liegt daran, dass die Form und das Aussehen sich heute in alles hineinweben. Das Wichtige ist nicht mehr wichtig, wenn es nicht auch formvollendet und geschmackvoll ist. Wir erwarten, dass alles Wichtige heute politisch korrekt ist, moralisch in Ordnung *und* – ganz bestimmt – formal-geschmacklich perfekt ist. Der richtige Geschmacksmensch rückt damit neuerdings, seit es Fernsehen gibt, in eine Führungsrolle auf. Das ist der Grund, warum auch der Sinn des Lebens nicht nur vom Denken und Fühlen abhängen kann, sondern er muss sich etwas vom Schönen sagen lassen. Deshalb rückt die Ästhetik neben Ethik und Logik in den Olymp auf.

Leithirsche unter den richtigen Formmenschen sehen stets aus wie gelackt. Blanke Schuhe, schwarze Anzüge, passende Krawatten schon im Hörsaal oder als Azubi am Bankschalter. Sie bevorzugen eher gehobenen zeitlosen Stil, der dominant wirkt. Frauen würden nicht ungeschminkt aus dem Haus gehen. Man käme sich sonst wie in der Herde vor.

Die Jäger *werfen sich in Schale*. Das ist ein sehr treffender Ausdruck der deutschen Sprache. Die Form wird passend zum Anlass gewählt! Zu Hause tut es ein Jogginganzug.

Zaunkönige tragen unscheinbare Zeitlosigkeit. Das Auge darf nirgendwo hängen bleiben.

Burgenbauer tragen die üblichen gehobenen Marken, an denen niemand etwas aussetzen kann. Unangreifbar!

Ästhetik und wahre Schönheit

Die wahren Ästheten mögen Markenware nicht. Marken repräsentieren das geregelte Schöne. Ein Genie mag eine erste Idee des Schönen der Menschheit enthüllen. Danach wird dieses Schöne kommerzialisiert. Parfumflaschen, Grappaflaschen, ... Immer ist nur ein schmaler Grad zwischen der wahren Kunst und der nachfolgenden „Marke". Die Marke verlässt in der Regel den Weg der wahren Schönheit, weil sie ja auch ökonomisch effizient sein muss. Wenn sich also jeder wahre Schönheitsmensch zum Beispiel eine Wohnung einrichtet, wird er möglichst viele Einzelstücke erwerben, am besten in Antiquitätenläden. Er wird altes Getäfel, Stuck und Holzbalken bevorzugen und aus einer Armada schöner Einzelprachten ein kunstvolles Ensemble zusammenstellen. Bei richtigen Menschen würde man ausrufen: „Oh, du hast eine neue Wohnzimmerwand! Oh, alles WK, oder ist das Omnia?" Wahre Wohnungseinrichtungen fühlen sich nur schön an, ohne dass man sagen könnte, warum. Das Ganze ist niemals in Sätzen zu sagen. Es wird gespürt. Ich kenne einzelne solche Wohnungen. Sie sind schön, wahrhaft schön. Ich stelle mir vor, ich würde unbegrenzt viel Geld haben und alle Zeit der Welt, mir die erlesensten und seltensten Stücke zu erwerben. Ich wüsste aber nicht, ob ich es schaffen würde, sie wahrhaft schön zusammenzustellen. Würde ich je eine schöne Wohnung haben können? Ich glaube nicht.

Nicht dass Sie jetzt glauben, dass es hier bei mir zu Hause sonst wie aussieht. Ich bin ja verheiratet. Meine Frau *kann* Möbel kaufen. Sie liebt es, mit mir das Schöne zu besprechen. Ich bin dann immer etwas verlegen, als Denker. Ich liebe es, ihr meine Omnisophie zu erklären, insbesondere, dass sie einen Flash-Mode hat, was sie ohne mich gar nicht wissen kann. Da schaut *sie* dann mehr verlegen.

Die wahren Schönheitsmenschen stellen ihr ganzes Leben so zusammen wie die Wohnung oder den festlichen Tisch. Die Kleidung ist wahrhaft schön, die Reiseziele sind es ebenso. Sie hassen alle Fassade und alles Unechte. Wahre Schönheit ist nicht die von diesen wie gemalt herrlichen holländischen Strauchtomaten. Sie ist nicht unbedingt voller Ebenmaß, Symmetrie und Gleichklang. Wahre Schönheit braucht das offensichtliche Konstruktionsprinzip nicht im Gesicht zu tragen, wie es die richtigen Geschmacksmenschen verlangen. Wahre Schönheit kann ruhig *apart* sein, also „ungewöhnlich". Das berühmte Hundertwasserhaus ist zum Beispiel eben nicht symmetrisch. Es ist – ja, es ist – eben wahrhaft schön, ohne dass ich sagen könnte, warum. Es ist eine Idee eines Genies.

Foto: © PETRA SPIOLA
(siehe Farbtafel)

(Hundertwasser starb im Februar 2000. Er meinte, das Paradies sei durch die gerade Linie zerstört worden. Man sehe heute den Triumph rationalistischen Wissens und empfinde dabei Leere. Die Ästhetik sei von der uniformen Wüste verdrängt, Sterilität mache sich breit, Kreativität werde fabriziert ... Wahre Genies hassen eben das Richtige.)

Das wahre Schöne will sich in Kunst ohne Kommerz ausdrücken. Anne-Sophie Mutter spielt wahrhaft Geige. Sie spielt für die wahre Artima in uns, die Ästhetik-Seele. Vanessa Mae aber spielt Beethoven für die jubelnde Menschenmenge! Das ist natürliche Schönheit, keine wahre. Die wahre Schönheit verliert sich ein bisschen einsam zwischen dem richtigen Geschmack und Design und dem natürlichen Kommerz. Vielleicht weint sie leise? Für jede Art von Kommerz müsste sie Wahrheit lassen.

Die wahre Musik, die wahre Kunst oder das wahre Theater, das wahre Ballett oder der wahre Film leiden unter noch einem anderen Feind: Sie zerfließen unter dem zu raschen technischen Fortschritt. Filme und Töne werden vom Computer synthetisiert, überall winken neue technische Möglichkeiten. So wird die wahre Kunst ermuntert, mit allem Neuen zu experimentieren. Das wahrhaft Schöne tritt hinter das wahrhaft Neue zurück (das behandle ich noch: Ktisis). Unter dem so genannten Fortschritt eilt das wahre Schöne von Experiment zu Experiment. Es hat heute kaum jemals Zeit, eine wirkliche Idee zu gebären. Die zuschauenden Menschen sehen wohl, dass immer mehr moderne Kunst entsteht, aber sie verstehen die Idee nicht mehr. Und meist ist wohl keine drin? Wäre dann das Wahre in einer Fortschrittsfalle?

Ich habe – wie gesagt – im letzten Jahr 24-Ton-Musik gehört, bei der sich also Vierteltonschritte komponieren lassen, die so ein normaler Mensch wie ich kaum von Halbtonschritten unterscheiden kann. Mein Gehör ist noch nicht daran gewöhnt. Die Komponisten sagen, sie müssten noch Erfahrungen sammeln. Sie zeigen uns gelungene Sequenzen von Tönen, die wie eine neue Idee klingen. Im Ganzen aber sitzen sie im Experimentierfeld. Sie komponieren und komponieren und hören und lassen zuhören. Es ist wie das Trainieren des neuronalen Netzes in der rechten Hirnhälfte. Der Schönheitssinn wird trainiert, mit immer neuen Musikinputs und ungewöhnlicheren Tonfolgen. Und dann – eines Tages – wird ein Genie eventuell wahre 24-Ton-Musik finden, die uns anrührt und deren Idee wir verstehen. Leider wird es jedes Jahr wundervollere Synthesizer geben mit noch mehr Stimmen, noch mehr Tönen! Sollten wir nicht gleich zur kontinuierlichen Musik übergehen? Die Ideen keimen nicht aus! Sie hetzen vor dem Keimen zur neuen Technologie.

So ist es im Theater und im Film und in der bildenden Kunst: Die Technologie schreitet so rasch voran, dass die neuronalen Netze der Künstler nie mehr wirklich zu Ende reifen können. Das neuronale Netz wird besser und besser, der Künstler gewinnt ein gewisses Gespür für eine neue Kunstform, für eine Idee – und dann kommt eine neue Erfindung dazwischen, die es ermöglicht, alles ganz einfach noch anders und technisch bombastischer zu gestalten. Das Wahre braucht seine Zeit. Das Wahre kommt heute nicht mehr zu Atem.

Leithirsche unter den Ästheten tragen das Banner einer wahren Idee.

Jäger experimentieren mit allem Schönen, sie jagen Erlebnisse des Wahren.

Zaunkönige unter den Schönheitsmenschen lieben Kunst, die unauffällig wie das Natürliche ist. So wie japanische Gärten sehr kunstvoll sind, aber ganz wie Natur.

Burgenbauer suchen die große wahre Idee und widmen ihr wie Naturforscher ihr Leben, wenn sie sie finden.

Entzücken über Schönes

Die natürlichen Menschen wollen von Schönheit entzückt sein. Sie nehmen Schönheit durch den natürlichen, ungezähmten Körper auf und erlauben sich gar das *Berauschen* an Schönheit. In weiten Teilen ist das durch das Fernsehen transportierte Schöne das Schöne im Verständnis des natürlichen Menschen. *Er* geht am meisten ins Kino, *er* himmelt die Stars an und sieht wieder und wieder überzüchtet überdrehte Videoclips. Die Stars sind fast zu Sex-Appeal verpflichtet, es zuckt und blitzt in den Videos, die Sehgewohnheiten der natürlichen Menschen verlangen Abwechslung und schnelle Schnitte. Schönheit wie Blitzlichtgewitter.

Die Werbung zielt auf das spontane Kaufzucken der natürlichen Menschen. Natürliche Menschen wie Verona Feldbusch („Dort werden Sie geholfen.") und Boris Becker („Ich bin schon drin.") sind mit ihrer ungespielten Natürlichkeit Werbe-Ikonen. (Haben Sie die Fernsehdiskussion der beiden Frauen Verona Feldbusch und Alice Schwarzer gesehen? „Body meets brain", stand in der Bildzeitung, die dieses Buch noch nicht als Vorabdruck hatte, sonst hätte sie geschrieben „Der natürliche Mensch trifft auf den wahren." Alice Schwarzer ist nach meiner Meinung intuitive *Denkerin*, während Verona Feldbusch natürliche *gefühlsseitige* Freude verbreitet. In dieser Diskussion kam im Wesentlichen *nur* dieser Unterschied zu Tage. Frau Schwarzer – man sagt: *Frau* Schwarzer – wollte Verona – man sagt: *Verona* – zwingen, ganzheitlich zu denken, aber Verona zog dann dezidiert ihr Jäckchen aus, um Frau Schwarzer ganz natürlich blank mit Unbekümmertheit zu überfahren. Die Intellektuellen sind dann sehr verwirrt, dass das Natürliche in Diskussionen mehr Beifall erhält. Dieses „Duell" war ein Paradebeispiel der Konfrontation des Wahren mit dem Natürlichen, auch des Denkens mit dem Gefühl. Die starke Denkorientierung ist es, die Alice Schwarzer immer etwas in Schwierigkeiten bringt, denn durch sie wirkt sie nicht sehr „weiblich" im naiven Sinne. Genau das aber gelingt Verona! Und in der Diskussion suchte Alice Schwarzer stets *Gedanken* mit oberer Weite!)

Natürliche Menschen leben Schönheit in Lust aus, im Karneval, beim Tanz, im Sport, in der Popmusik, in den Illustrierten oder ganz natürlich im Playboy. Las Vegas ist für natürliche Menschen, die dort spielen und genießen, während die richtigen Menschen in den breiten Gängen zwischen den Spielautomaten dem Treiben der Freude zögerlich zuschauen. Die richtigen Menschen müssen wie jeder Mensch Las Vegas gesehen haben, aber sie gehen lieber in Disney Parks, wo alles richtig ist: das Essen, das Mineralwasser und das Schlangestehen für ein paar Sekunden richtiger Freude oder ein paar Momente natürlichen Wasserspritzens.

Natürliche Schönheit geht übergangslos in Kitsch und Schund über, so wie richtige Schönheit in geraden Linien und Spießbürgertum erstarren mag. Wahre

Schönheit verliert sich eher im esoterischen Wirren und in Unverständlichkeit. In diesem Sinne ziehen die Schönheitsmenschen übereinander her.

Leithirsche unter den natürlichen Schönen sind wie Medienstars. Sie fahren natürlich Porsche und lieben Symbole. Madonna? Naomi Campbell? Tigerkrallen?

Jäger sind wie Genießer, Verführer, Schönheitstrunkene. Farbenfroh, exaltiert, Gelbgoldschmuck, Lederjeans, Fußkettchen, Tattoos ...

Zaunkönige freuen sich vielleicht an der Schönheit der Natur, reisen viel herum, verlieren sich bei Popkonzerten in der Menge. Sie töpfern zu Hause oder versuchen sich an Kunstschreinerei.

Burgenbauer erschaffen natürliche Schönheit, allein im Turm oder allein unter Menschen, als Maler wie Toulouse-Lautrec?

5. Die Richtungen des Körperlichen

Wozu haben wir einen Körper im Leben?

Wahrscheinlich zum Sitzen vor Bildschirmen.

So sieht es mehr und mehr aus. Das Körperliche wird immer weniger gebraucht. Innerhalb weniger Jahrzehnte ist die körperliche Arbeit auf dem Bau, in der Landwirtschaft, unter Tage oder in Fabriken zum allergrößten Teil verschwunden. Starksein hilft heute nur noch in den Anfangsklassen der Schule weiter, wenn dort noch die Hackordnungsrangfolgen körperlich bestimmt werden.

Die Geschicklichkeit spielt noch im Handwerk eine große Rolle, wird aber auch hier zurückgedrängt. Handwerker werden mehr und mehr Fachingenieure, die vorgefertigte Technologien für bestimmte Zwecke zusammensetzen oder zur Reparatur austauschen.

Wir leben endgültig in einer mehr körperlosen Welt, die keinen Platz mehr für homerische Helden, für Herakles, König Artus, Richard Löwenherz, Ritter Ivanhoe oder Indianerhäuptlinge hat.

Unser Zeitalter beendet das Zeitalter der Richtung des Körpers. Seine Philosophie tritt immer weiter ins Nichts oder ordnet sich den anderen Richtungen unter. Der Körper soll heute vor allem Leistung bringen und kerngesund durchhalten. Das Fortpflanzen nehmen wir ihm bald ab.

Geschicklichkeit und Gesundheit

Die richtigen Menschen betrachten den Körper vor allem unter dem Begriff „Leibeserziehung". Der Körper soll zur Arbeit und zum Leben fit sein. The fittest will survive. Deshalb ist es unbedingt nötig, zwei Stunden Sportunterricht in der Schule anzubieten, weil sich Schüler, hin und her gerissen zwischen Fernsehen und Nachhilfestunden, kaum noch für Bewegung Zeit nehmen.

Der richtige Mensch könnte sagen:

„Leibeserziehung soll die Gesundheit und die Leistungsfähigkeit durch sportliche Betätigung fördern. Sie soll ihn zu biomechanisch einwandfreien Haltungs- und Bewegungsformen in Stand setzen. Der Mensch soll durch Leibeserziehung Freude an der Schönheit der Bewegung und an Bewegungserlebnissen empfinden."

Der richtige Mensch hält sich gesund und leistungsfähig, setzt also den Körper für das Ziel der Höherwertigkeit ein. Der richtige Mensch achtet das Kerngesunde und das Geschickte.

Im Management der heutigen Zeit herrscht das Gefühl irrsinnigen Stresses vor. Der Körper hält die Dauerforderung nach Höherwertigkeit nicht mehr aus, so scheint es. Im Grunde peitscht die linke Gehirnhälfte das Seismographensystem pausenlos mit der Mahnung: „Noch nicht genug! Mehr! Mehr! Schneller! Keine Fehler, um Himmels Willen jetzt keine Fehler!" Das Seismographensystem heult Daueralarm. Die Sirenen klagen ständig herzzerreißend. Notmaßnahmen jagen einander im Management. Nicht die Firma steht auf dem Spiel – das ließe sich verschmerzen. Nein, die eigene Person steht auf dem Präsentierteller, zum Abschuss, zur Disposition?

Die richtigen Menschen wollen die Probleme nicht in der heiligen Höherwertigkeit sehen und entdecken sie in Kopfschmerzen, Unkonzentration, Überlastung, Übergewicht und Hektik. Die Probleme werden also im Körper gesehen, weil man sich blind gegen sie an allen anderen Stellen stellt. Deshalb beachten wir nun den Körper wieder, wo er eigentlich keine Rolle spielt. Wir geben ihm Tabletten und Aufputschmittel, wir kaufen ihm einen Hometrainer und gehen mit ihm auf eine Kur. Damit wird er stressentlastet, so dass er sich wenigstens die ersten drei Wochen nach der Rückkehr zur Arbeit wieder besser anfühlt.

Ich muss öfter mal Pflichtvorträge über meinen Stress anhören, die uns Managern gegönnt werden. Da bin ich so richtig wutentbrannt. Körper! Der Burn-out entsteht im eigenen Höherwertigkeitswahn oder in der Unfähigkeit, den Höherwertigkeitsforderungen des Systems zu genügen.

In einem anderen Sinne kann der Körper als Fahnenträger der Höherwertigkeit instrumentalisiert werden: Der Sport modelliert Höherwertigkeitssituationen ganz rein: Wettbewerb und Konkurrenz um höchste Leistungen können dort unter absoluter Chancengleichheit organisiert werden. Gold für die Nummer eins.

(Ich weine hier einmal ein bisschen: Ich habe mir mit 14 Jahren beim Nachlaufen hinter einem lachenden Mädchen am Schwimmbecken den Ellenbogen gebrochen. Ich konnte nie mehr schmerzfrei Kugeln stoßen – und überhaupt bin ich eher klein. „Pech!", haben die Lehrer bis zum Abitur gesagt. Dafür empfanden sie meine „Mathe-Begabung" den anderen Menschen gegenüber „unfair" oder mindestens als „Gottesgabe". In Mathematik oder Musik herrscht eben keine Chancengleichheit – nur im Sport. Wer beim Prügeln stärker ist, den Colt schneller zieht oder andere mit einem Degen absticht – der ist im Recht! Es ist wie ein Gottesurteil! Sie sehen, das ist ein weites Feld.)

Ich kenne mich mit Körpermenschen nicht so richtig aus. Gibt es die noch in reinerer Form? Sie wären hier begnadete Handwerker, Orchestermusiker, Truckfahrer, Baggerführer? Sportler, die eiserne Disziplin zum Erfolg führt?

Heroik

Die wahren Menschen stellen den Körper unter die Idee. Sie meinen: Der Sportunterricht an den Schulen muss als wesentliches Element der Gesamterziehung gesehen werden. Die körperliche Erziehung soll also Teil eines Gesamtkonzeptes zur Menschenwerdung und Selbstverwirklichung sein. Mens sana in corpore sano. (Ein gesunder Geist ist erst durch eine gute Mensa möglich, so wussten wir als Studenten.) Mens sana in corporatione sana. Ein gesunder Geist in einer gesunden Firma?

Sport soll Kooperation anregen, Interaktion steigern und die Fähigkeit zu körperlichem Ausdruck und zur Gestaltung wecken.

In den *wahren* Schulen (etwa Waldorfschulen) wird der Sport nur in völliger *Abwesenheit* von jeder Konkurrenz gesehen. Er dient eben *nicht* der Höherwertigkeit! Viele Vertreter der wahren Linie lehnen zum Beispiel sogar das Tennisspiel als eine Art Kampfsport ab. Der wahre Sport würde sich über eine gute Segelausbildung freuen, die eben zu Kooperation und zu einem wahren Geist gegenseitiger Hilfe führt. Wahre Menschen sollen sich doch lieber im Rettungsschwimmen bewähren oder bei der Bergrettung arbeiten.

Segeln oder Rettungsschwimmen binden die Leibeserziehung in die Persönlichkeitswerdung des wahren Menschen ein. Sein Körper wird in Ethik und Ästhetik eingebunden. Der wahre Mensch widmet sich der Eurythmie (das ist die Kunst des Gleichmaßes von Wort und Körperbewegung in der Gemeinschaft).

Diese Haltung zum Leib ist vollkommen anders als die leistungsorientierte des richtigen Menschen. Der wahre Körper würde vielleicht ein Heros und Retter der Menschheit, aber kein Sieger.

Wo kommen wahre Körpermenschen noch vor? Im Ballett, im Theater, in der Oper? Als Kunsthandwerker? Im Eiskunstlauf?

Stärke, Großtaten

Für natürliche Menschen ist das Körperliche auch ein Feld der Freude und des Spiels. Sie lieben den Kampf und den Wettbewerb, aber nicht so sehr, um zu siegen, sondern um sich aneinander zu erproben, zu reiben und besser zu werden. Nur dann, wenn es um etwas geht, sind die Bedingungen echt. Nur, wenn der Gegner ebenbürtig ist und bewundert wird, ist der Wettkampf ein Fest der Sinne und des Körperlichen. (Im Fußball heißt es: „Gegen den Tabellenletzten taten wir uns gewohnt schwer. Es war mühsam. Es ist einfach nicht dasselbe wie gegen den Tabellenzweiten zu kämpfen.“) Wettkämpfe sind die Gelegenheiten, das Bezwingen zu üben. Sie ermöglichen das Hinauswachsen über das Selbst, die Selbstüberwindung und das Sprengen der Grenzen. („Ich habe heute meine eigene persönliche Bestleistung übertroffen. Ich bin total glücklich.“)

Über die Idee der Eurythmie oder nur die Vorstellung, Tennis sei ein Kampfspiel, dessen Ausübung die Charakterentwicklung beeinträchtige, lachen die natürlichen Menschen laut heraus. Sie finden das Wahre des Sportes absurd fern.

Es geht ihnen um das zufriedene Innengefühl, die Lust des Körpers, der sich bewährt, der sich fortwährend verbessert, der reaktionsschneller und wendiger wird. Richtige Fußballer sagen: „Ich habe meinen Gegenspieler diszipliniert niedergekämpft. Ich wollte den Sieg. Unbedingt. An manchen Tagen muss man eben Gras fressen. Dies war so einer.“ Natürliche Fußballer sagen: „Ich war irre gut drauf. Ich konnte das Spiel heute wie Champagner genießen. Es war Spaß pur. Ich rannte mit einem nach innen gerichteten Lächeln jedem Ball nach. Alles funktionierte – alles gelang. Ich fühlte mich herrlich. Man sah es mir bestimmt an. Das Tor kurz vor Schluss löste alles in mir – wie ein Rausch. Wir haben gezaubert.“

Momente des Gefühls großer Stärke sind Sternstunden natürlicher Menschen, die sie oft über Kampf erreichen. Der Kampf ist für sie aber nicht einer im Sinne der Aggression, wie sich das die wahren Menschen vorstellen. Sie gewinnen Charisma durch das Siegen. Es geht nicht um die Medaillen.

Wo kommen heute noch natürliche Körpermenschen vor? Sicherlich im Sport! (Ich tippe: Hackel Schorsch, Anni Friesinger, Lothar Matthäus, Franz Beckenbauer, Boris Becker. Dagegen sind Claudia Pechstein, Michael Stich oder Berti Vogts wahrscheinlich richtige Sportler. Die richtigen Sportler zanken sich immer mit den natürlichen. Die richtigen sind oft ein bisschen besser, aber sie neiden den natürlichen Kollegen das Charisma und damit die Vorteile bei Talkshows und auf Girokonten. Sie denken wohl, Charisma stünde automatisch und ausschließlich dem Erfolg zu, was manchmal stimmt.)

6. Die Richtungen der Phantasie für das Künftige

Die Zukunft ist anders

In dieser Zeit ist die Veränderungsgeschwindigkeit der Welt enorm gewachsen. Dieses Thema wird seit der Erfindung von Computer und Internet bis zum Erbrechen platt gewälzt. Bei IBM beginnen die Vorträge über das Neue formelhaft mit dieser Einleitung. Ich habe schon längst mit dem Lästern begonnen, dass dieses rituelle Schwallen wohl keiner mehr hören kann.

Wir wissen das alle.

Wir ändern uns kaum. Die Welt ändert sich, wir nicht so sehr. Wir sind ja inzwischen richtige Denker oder natürliche Ästheten.

Die *jungen* Menschen werden aber anders. Sie studieren das Neue an der Universität. Als ich 1969 Abitur machte, wollte die Intelligenz Medizin studieren, weil es wenig Studienplätze und zukünftigen Reichtum für Mediziner gab. Lehrer sollten wir alle werden, weil dieser Beruf die Grundbedürfnisse nach Sicherheit, Gehalt und pyramidalem Urlaub befriedigt.

Heute ist es schwierig geworden. Ein Studienabgänger kann nicht einmal mehr abschätzen, ob ein Fach nach seinem Abschluss fünf Jahre später noch viel bedeutet. Die New Economy ist in wenigen Monaten zeitweise kollabiert. Anfang 2001 bot man Höchstgehälter für Computerfachleute, ein Jahr später geht die Angst vor dem Niedergang um. Es sieht so aus, als käme jetzt (2002) ein Boom in Life Sciences, in dem alles Wissen rund um das menschliche Gen und um Proteinfaltungen gefragt sein wird. Ist das sicher?

Gibt es noch etwas Sicheres? Noch weiter gehend: Wird es je in der Menschheitsgeschichte etwas Sicheres geben?

Der Fortschritt kommt schneller in die Welt, als wir sie nach einem Leben verlassen. Wir erleben noch selbst, was wir anstoßen. Die jungen Menschen von heute werden sich im Laufe des Lebens sehr viel stärker ändern müssen. „Lebenslanges Lernen!", so rufen die richtigen Menschen, die sich vorstellen, dass man alle zehn Jahre in ein paar Lehrgängen nebenbei die linke Hirnhälfte neu bespeichert. Dabei hängen gerade die richtigen Menschen an ihrem Regelwissen, worauf sie so stolz sind. Sie wissen nämlich, was *richtig* ist. Sollte das

Richtige alle paar Jahre falsch sein? Das werden sie nicht glauben. Die wahren Menschen müssten ihre Lebenssinn stiftende Idee aufgeben – etwa alle 20 Jahre. Werden sie aufgeben können, was sie für wahr halten? Kann ein neuronales Netz alle paar Jahre alle Gewichtsfaktoren intern völlig umstellen? (Das ist mathematisch gesehen nur schwer denkbar und müsste mindestens durch ein Meer von Leiden gehen, hin zum nächsten Optimum.) Am ehesten traue ich den natürlichen Menschen zu, sich zu ändern. Sie ändern die Ziele ihres Willens. Das geht um Größenordnungen einfacher als das Verändern richtiger Regeln oder das Wechseln des Sinns. Ich habe darüber lange in meinem Buch *E-Man* nachgedacht und über den *Terror des Wandels* geschrieben.

Die jungen Menschen, die sich der *Ktisis*, dem unaufhörlichen Neuerschaffen, widmen wollen oder können, werden heute viele Führungsrollen in unserer Gesellschaft übernehmen. Der Körper, das Denken und das Fühlen sind die alten Richtungen des Menschen. Sie werden heute von Geschmack/Ästhetik und von der Ktisis verdrängt.

Offenheit für neue Chancen

Die richtigen Menschen, die sich in die Arme des Neuen werfen, werden vor allem nach neuen Marktlücken und Chancen für das Erlangen von Höherwertigkeit suchen. Richtige Menschen des Neuen studieren E-Business oder Betriebswirtschaftslehre. Sie suchen breites Wissen, das sie hinterher in ein breites Feld von Zukunftschancen begleiten kann. Richtige Menschen lernen Controlling, Investment Banking oder internationales Recht. Sie lernen noch eine Sprache dazu, sicher ist sicher. Japanisch? Chinesisch? Wo sind die besten Chancen? Sie befassen sich mit den Grundsätzen fremder Kulturen. Das wird bestimmt gefragt sein, wenn alles global ist! Wer sich im Internationalen zu Hause fühlt, wird im globalen Wettlauf Vorteile haben. Die wahren und die natürlichen Neuen tun unter Umständen Ähnliches, aber aus anderen Gründen. Die Wahren sehen die Chance auf das Umfassende, Weite – die Natürlichen lockt das Abenteuer des Globalen. Die Zukunft ist ja an ein paar realen Stellen in der Welt und ebendort versammeln sie sich, die Menschen des Neuen.

Ich zögere, die richtigen Menschen des Neuen in die vier Strategievarianten einzuteilen. Ich habe nämlich viele Mitarbeiter im E-Business-Bereich getestet. Bei einigen hundert Leuten von IBM stellte sich heraus, dass unter den *richtigen* Menschen fast nur die Arten Leithirsch oder Burgenbauer zu finden waren. Sie sind oft Projektleiter. Leithirsche unter ihnen treiben unaufhörlich an. Burgenbauer kennen die Serviceverträge auswendig und haben viele Projektpläne an einer großen Wand – und alles läuft fehlerfrei, ganz sicher! Leithirsche und Burgenbauer arbeiten nach längerfristigen Vorstellungen. Vielleicht braucht man die bitter nötig, wenn man offen für das Neue ist?

Ktisis, Kreation und Innovation

Der wahre Mensch des Neuen geht nicht den Weg der Chance, sondern eben den Weg. Tao. Er sucht sich einen Weg in die Zukunft, die ihn fasziniert, eine, die ihn wachsen lässt. Er versucht, einen Traum zu verwirklichen oder wenigstens beständig am Puls des Neuen zu arbeiten. Wahre Menschen sind eher ständig ungeduldig, weil der Fortschritt immer noch so elend langsam ist. Sie haben, eigentlich zu Unrecht, die Ungeduld der Könige in sich. Könige wollen noch erleben, was sie beginnen. „Schneller!", ruft etwas ständig in ihnen. Sie wollen nicht nur träumen und planen, sie wollen es sehen.

Die letzten Verse, die der sterbende Faust in Goethes Tragödie spricht, sind diese wohlbekannten Worte:

> FAUST.
> Das ist der Weisheit letzter Schluß:
> Nur der verdient sich Freiheit wie das Leben,
> Der täglich sie erobern muß.
> Und so verbringt, umrungen von Gefahr,
> Hier Kindheit, Mann und Greis sein tüchtig Jahr.
> Solch ein Gewimmel möcht' ich sehn,
> Auf freiem Grund mit freiem Volke stehn.
> Zum Augenblicke dürft' ich sagen:
> Verweile doch, du bist so schön!
> Es kann die Spur von meinen Erdentagen
> Nicht in Äonen untergehn. -
> Im Vorgefühl von solchem hohen Glück
> Genieß' ich jetzt den höchsten Augenblick.
> *Faust sinkt zurück, die Lemuren fassen ihn auf und legen ihn auf den Boden.*
> Es ist vorbei. Vorbei? Ein dummes Wort, findet Mephisto.

Der wahre Mensch möchte eine *Spur von seinen Erdentagen hinterlassen*. Er möchte etwas Ewiges bauen, Nachruhm erwerben, in den Lehrbüchern überleben, im Wissen sterben, dass eine Witwe die gesammelten Werke herausgibt. Die richtigen Menschen träumen eher davon, eine Lücke zu hinterlassen. In *richtigen* Traueranzeigen ist immer von einer Lücke die Rede, die kaum geschlossen werden kann. Der richtige Mensch ist unersetzbar. Er reißt durch den Tod diese Lücke. Der wahre Mensch stirbt ja gar nicht. Er ist in seinem unsterblichen Werk, in der Spur seiner Erdentage. Nur natürliche Menschen sind einfach weg, hoffentlich nach einem schönen Leben. Natürliche Menschen leben nicht für Lücken und Spuren, sondern für das Leben an sich. Wie sollten sie weiterleben? Das einzige, was nach dem Tod definitiv weg zu sein scheint, ist der Körper. Und mehr war da nicht.

Kreation und Innovation sind deshalb in vielerlei Hinsicht die Domäne des wahren Menschen. Die rechte Hirnhälfte ist ja gerade der Sitz des Kreativen! Die Dominanz der rechten Hemisphäre erzwingt geradezu Ansichten, wie sie der sterbende Faust vertritt.

Vergleichen Sie die allerletzten Worte mit den allerersten, die uns von Dr. Faust überliefert sind!

Der Tragödie erster Teil; Nacht; in einem hochgewölbten, engen gotischen Zimmer. Faust unruhig auf seinem Sessel am Pulte.

FAUST.
Habe nun, ach! Philosophie,
Juristerei und Medizin,
Und leider auch Theologie
Durchaus studiert, mit heißem Bemühn.
Da steh' ich nun, ich armer Tor,
Und bin so klug als wie zuvor!
Heiße Magister, heiße Doktor gar,
Und ziehe schon an die zehen Jahr'
Herauf, herab und quer und krumm
Meine Schüler an der Nase herum -
Und sehe, daß wir nichts wissen können!
Das will mir schier das Herz verbrennen.
Zwar bin ich gescheiter als alle die Laffen,
Doktoren, Magister, Schreiber und Pfaffen;
Mich plagen keine Skrupel noch Zweifel,
Fürchte mich weder vor Hölle noch Teufel -
Dafür ist mir auch alle Freud' entrissen,
Bilde mir nicht ein, was Rechts zu wissen,
Bilde mir nicht ein, ich könnte was lehren,
Die Menschen zu bessern und zu bekehren.
Auch hab' ich weder Gut noch Geld,
Noch Ehr' und Herrlichkeit der Welt;
Es möchte kein Hund so länger leben!
Drum hab' ich mich der Magie ergeben,
Ob mir durch Geistes Kraft und Mund
Nicht manch Geheimnis würde kund;
Daß ich nicht mehr mit sauerm Schweiß

Zu sagen brauche, was ich nicht weiß;
Daß ich erkenne, was die Welt
Im Innersten zusammenhält,
Schau' alle Wirkenskraft und Samen,
Und tu' nicht mehr in Worten kramen.

Faust hat also die ganze linke Gehirnhälfte voll von allem etablierten Wissen. Er ist damit sehr gelehrt. Respekt. Er sagt aber dann gleich: „Bild mir nicht ein, was rechts zu wissen." Haben Sie es gemerkt? Er vermisst, dass die *rechte* Gehirnhälfte nicht involviert ist!

Ja, gut – ich entschuldige mich für diese mutwillige Interpretation, aber es ist doch klar, dass der arme Faust erst linkszentriert zu klagen beginnt, dann in Auerbachs Keller und in Gretchens Armen das Natürliche oder eben *das* (natürliche) Leben kennen lernen soll und schließlich versteht, was näher an dem ist, was die Welt im Innersten zusammenhält: der Weg zum Erschaffen, zum Werden und zur Verwirklichung.

Wahre Menschen lieben die heutige innovative Zeit, weil sie jede Gelegenheit haben, Spuren zu legen und zu verwirklichen! (Nur macht die Geschwindigkeit des Wandels auch wieder Angst, dass die Spur nicht etwa erst nach Äonen, sondern schon nach Monaten vergessen ist.)

Leithirsche unter den wahren Innovatoren setzen technologische Konzepte um, versuchen, den Markt zu gewinnen, sind wahre Unternehmer. Es geht um den Sieg des Konzeptes (die Spur ihres Erdenlebens).

Jäger unter den wahren Innovatoren sind wie „Daniel Düsentrieb". Sie genießen Idee auf Idee, interessieren sich für alles, sind voller Begeisterung an ihren neuen Projekten. Manche tragen heute eigenwillige T-Shirts und haben einen Pferdeschwanz (Männer). Der alleroberste Forschungschef bei „uns", Paul Horn, Senior Vice President, trägt auch einen. Er ist aber Leithirsch.

Zaunkönige unter den Innovatoren sind wie schüchterne Mathematiker. Sie arbeiten still vor möglichst vier oder fünf Monitoren. Wir vom Management fragen öfter, ob man das alles braucht. Es scheint so. Es ist nicht wirklich sinnvoll danach zu fragen, weil sie statt einer Begründung sofort klagen, viel zu schlechte Rechner zu haben. Dann zeigen sie auf „den Schrott" in ihrem Raum. Zaunkönige sind so unentbehrlich, dass man sie in Ruhe lassen muss. Nachher machen sie noch einen Programmierfehler? Nicht auszudenken, was dann geschähe! *Zaunkönige* lassen sich prototypisch als Dilbert von Scott Adams beschreiben und sind damit die am besten bekannte Spezies, die sich in den Cartoons immer mit dem richtigen Denker anlegt, der Dilberts Manager ist und wirklich höchstens aus der linken Gehirnhälfte besteht.

Burgenbauer sind die Visionäre unter den Kreativen. Sie lieben das weite, ganzheitliche Schauen von oben auf die ganze, sich entwickelnde Welt. Sie leben mental in der Zukunft und wissen schon lange vorher, wie alles kommen wird. Leider irren sie sich manchmal fatal. Immer aber beklagen sie, dass man ihnen nicht folgt. Sie sind meist zu weit voraus. Sie verstehen nicht, dass die Zeit reif sein muss. „Time to market.“ Es gibt einen ganz bestimmten Zeitpunkt, wann plötzlich alle Menschen Handys wollen oder sich ein teures Digitalfernseh-Abonnement aufschwatzen lassen. Es ist viel schwieriger zu sagen, wann *das* genau ist, als zu erkennen, dass es *irgendwann* dazu kommt! Burgenbauer denken manchmal, sie waren es selbst, die die Welt gelenkt haben, wenn alles so kommt, wie sie sagten. Und manchmal stimmt es ein bisschen. Die Relativitätstheorie wäre ohne Einstein wohl noch länger unentdeckt geblieben. Dagegen kommt jeder von uns auf die Idee, mit Gentechnik bessere Skispringer zu züchten, was immens teure Schanzenneubauten erfordern wird.

Neugier und Fortschritt

Die natürlichen Innovatoren sind neugierig auf die Zukunft. Sie haben außerdem in einer sich umwälzenden Zeit alle Spielwiesen der Welt zur Verfügung, sich auszutoben und das Glück zu bezwingen. Überall ist Goldgräberstimmung und Abenteuer. Noch besser: Solange die neuen, kleinen Firmen der New Economy noch klein sind, sind die richtigen Menschen noch in der Minderzahl und bestimmen nicht in der Allmachtposition wie in Großbetrieben. Die Arbeit ist also wie Wettkampf und Kräftemessen (*nicht* wie Wettkampf, um die Profitziele zu übertreffen). Es ist die Zeit für Pioniere und Wagemutige. Arbeit macht Spaß! Es ist die Zeit, es allen zu zeigen, die ganzen Potentiale aufzubauen und sich auszuleben.

Es gibt ja noch keine Tests, um herauszufinden, wer ein natürlicher Mensch und wer ein wahrer Mensch ist. Mir scheint, dass sehr viele von den Computerfreaks natürliche Menschen sind. Der Computer im Kinderzimmer hat ihnen den Traum von der Raumfähre ersetzt. Sie messen am Computer die Kräfte – in nächtelangen Netzwerkpartys, in denen Half Life, Counterstrike oder Doom III etc. gespielt wird (2002). Sie sind die Helden am Computer, es ist Stimmung wie im wilden Westen. Die Freundinnen sitzen auf dem Schoß: „Oh, pfui, all das Blut! He, das war Pope Joe! Zeig es ihm jetzt aber.“ Pope Joe ist der Nickname von Karl-Heinz.

Alle Kreativen haben heute einen Computer. Die besten Computerfreaks sind nicht auffallend gut in der Schule. Viele öffentliche Stimmen kritisieren einen Numerus Clausus für Informatik, also die Praxis, bei Studienplatzmangel in Informatik die Studienplätze an solche Bewerber zu vergeben, die herausragende Schulnoten vorweisen können. Die *natürlichen* Experten haben bestimmt keine herausragenden Noten, weil sie die *richtige* Schule nicht leiden können (so wie die *richtige* Schule keine natürlichen Schüler liebt). Die echten natürlichen Freaks haben nicht einmal gute Noten im Schulfach Informatik, weil „da theoretischer Quark gelehrt wird oder nur das Benutzen des Computers oder der Textverarbeitung, also Babykram". Der Computer bietet heute ein wichtiges Feld für Kinder, sich den Erwachsenen überlegen zu zeigen. „Eltern haben keine Ahnung." Wenn das keine Motivation ist?

Die rasende Veränderung der Welt bietet die großartige Gelegenheit für alle natürlichen Menschen, der richtigen Welt zu entkommen, ihr Paroli zu bieten oder sogar geachtet zu werden. („Mein Sohn läuft abgerissen herum und programmiert. Er arbeitet zu unmöglichen Tageszeiten. Verrücktes Leben. Aber er verdient gut. Er muss wohl etwas Seltenes können. Ich verstehe davon ja *gar* nichts. Sein Beruf hat einen Namen, den keiner verstehen kann. Das sollte nicht sein. Wie stehe ich da? Ich kann nicht sagen, was er tut! Außerdem könnte er wenigstens heiraten.")

Leithirsche und *Burgenbauer* träumen von einem eigenen Unternehmen der New Economy. Da können jene es der Welt einmal richtig zeigen! Da sind diese beliebig frei und unabhängig!

Jäger benutzen eine neue Technologie wie einen Porsche, sie kämpfen mit ihr wie mit einem Drachen. (Ich war neulich verzweifelt und habe einen Jäger um Hilfe im Umgang mit meinem neuen Thinkpad gebeten. Er hat ein paar Stunden geopfert. Ich dankte und bedauerte, dass es so viel Mühe gemacht habe, nur, um so einen ganz dämlichen, seltenen Fehler zu finden. Ungläubiges Staunen. „Wieso? Es war Spaß! Ich habe fast nie so tolle Fehler!") Sie wirken dabei wie Ritter oder maschinenölige Autotechniker, die den Rolls Royce wieder zusammensetzen. Echt stark!

Zaunkönige kämpfen mehr im Stillen, ohne auf Zuschauer angewiesen zu sein. Sie sind zum Beispiel die Herren der Netzwerke. Sie beherrschen damit den ganzen Bereich. Wenn das Netzwerk nicht funktioniert, knien alle Mitarbeiter vor ihnen und hoffen auf Hilfe!

7. Das wahre Genie und neue Ideen

Nun, da ich mit Ihnen die Reise durch alle (?) Himmelsrichtungen des Menschen beendet habe, kehre ich noch einmal zum „Genie" zurück, das etwas Neues findet, wie ein Künstler.

Kant hat den Begriff des Genies mehr im Zusammenhang mit der Kunst gesehen. Heute würde man unter Genie vielleicht eher einen Erfinder verstehen. Trotzdem sind für uns Künstler immer noch die wahren Genies, weil sie oft ein wenig wie seltene Vögel wirken, was sie ja sind, weil sie manchmal abgehoben, manchmal egozentrisch, arrogant, verrückt, zumindest etwas „irrational“ tun oder sind. Erfinder – so denken wir – sind wohl rationaler. Das glaube ich nicht! Ihre Leidenschaft ist nur ganz anders. Geniale Techies sind zerstreut, geistesabwesend – oder sie reden unaufhörlich von irgendeiner neuartigen Schaltung; sie jammern den ganzen Tag, dass niemand auf sie hört, niemand in die wahre Zukunft investiert oder an das Langfristige denkt. Sie sind völlig zentriert in ihrer Idee.

Warum gibt es keine Genies in den Sparten des Denkens, des Fühlens und des Körpers?

Diese Richtungen des Menschen sind alt und entwickeln sich nicht mehr so stark. Es ist völlig klar, dass in den Richtungen der Ästhetik und der Ktisis noch lange Zeit revolutionäre Neuerungen immer wieder über uns hereinbrechen und unsere Sichtweisen und Lebensweisen stark verändern werden. Allein (zum Beispiel) die Idee des künstlichen Filmschauspielers wird uns noch einige Jahrzehnte Neues bescheren. Kann aber jemand noch Ideen neuer Staatsformen aufbringen? Oder Revolutionen des Gefühls oder des Umgangs mit anderen Menschen?

Aber ja! Wir bekommen bald eine elektronische Demokratie; wir müssen nachdenken, ob nicht immer nur die Bürger elektronisch abstimmen, die etwas von der Sache verstehen. (Wer soll heute über Stammzellenimporte abstimmen? Wer kann überhaupt sagen, was es ist und wozu es gut wäre? Es sind aber Menschheitsfragen, die da zur Debatte stehen!) Müssen wir einen Technologiestaat nicht ganz anders konzipieren? Wäre das nicht ein neues Paradigma des Denkens? Ja, aber Sie sehen, so viele neue Denkideen gibt es nicht, dass sie gegen die riesige Anzahl der Erfindungen ins Gewicht fielen. Mit Monty Roberts und seinen Pferden habe ich eine neue revolutionäre Idee des Fühlens vorgestellt. Aber auch solche sind zahlenmäßig gering.

Wir haben deshalb das Gefühl, dass das intuitive Denken vor allem in der „Kunst“ und in der Technologie zu Hause wäre. Nein, noch einmal, das stimmt nicht, das intuitive Denken ist in der rechten Hirnsphäre zu Hause, bei vielen Menschen. Es kann aber sein, dass sich die Intuitiven ganz besonders zur Ästhetik und zur Ktisis hingezogen fühlen, weil sie dort etwas bewirken werden können. Sie können träumen, selbst einmal ein neues Paradigma zu erschaffen, eine revolutionäre Idee, ein neues Energieoptimum im neuronalen Netz des Menschen, das andere Menschen dann auch erreichen können, also „verstehen“. Diese neuen Paradigmen sind die wesentlichen Aufbrüche in der Menschheitsentwicklung. Sie sind das Feld der Genies und der vielen, die zwar intuitiv auf Ideensuche ausschwärmten, aber nichts Wesentliches fanden oder

– noch tragischer – etwas fanden, es aber nicht in trockener linkshirniger analytischer Sprache mitteilen konnten.

Wahre Genies gibt es also überall, aber sie sammeln sich dort, wo die neuen Paradigmen zu finden wären. Das ist dort, wo sich viel ändert, wo alles jung ist. Es ist zwischen den Wissenschaften, nicht in deren erstarrten Zentren. Man sagt, das Neue sei vor allem „interdisziplinär". Nein, das ist es nur mittelbar. Das Neue ist einfach an den Grenzen des Alten, nur selten innen. Deshalb müssen Genies Grenzen überschreiten, also meinetwegen zwischen Disziplinen die weißen Landkartenflecken besetzen.

Wenn Ideen im Vorstellungsbild der Optimierung wie hohe Berge sind, dann ist eine alte Wissenschaft wie das Herumkrabbeln auf dem Alpenmassiv, um es völlig zu erforschen und am Ende auch die allerhöchsten Gipfel zu entdecken. Die Forscher messen den Mont Blanc aus und beweisen nach weiteren Jahrzehnten, dass der Mont Blanc der höchste Berg ist, was sich alle schon gedacht haben, weil man einen wirklich noch viel höheren Berg eigentlich hätte sehen müssen. Von weitem! Aber wenn jemand höhere Berge finden will, muss er in die Ebenen hinabsteigen! In das Flache, Triviale, in das vermeintlich wertlose Geröll. Wer dort im Einfachen watet, wird nach langer Wanderung wieder das neue Hohe am Horizont entdecken. Das ist das neue Paradigma, eine neue Wissenschaft, eine neue ewige platonsche Idee. Mancher bleibt immer in der Ebene, wie ein Dünnbrettbohrer, ein Trivialwissenschaftler, ein Amateur. Nur wenige sind so beharrlich, dass sie das nächste Gebirge erreichen. Diese feiern wir dann als Genies, allerdings nur, wenn sie so laut schreien können, dass wir zu ihnen hinschauen, und wenn sie uns überzeugen können, wir sollten uns selbst ebenfalls auf den Weg machen. Ob ein Berg vor uns im Dunst höher ist als der, von dem wir zögernd angstvoll herabgestiegen sind, das sehen wir nicht wirklich – und wir glauben *hergelaufenen* Genies bestimmt nicht. Es gibt so wenige Genies, dass Nicht-Glauben sowieso die beste Strategie ist.

Genies können ihre Ideen auch nie richtig in Sprache fassen. Ich habe extra so lange Kants Aussagen über das Genie zitiert – auch Kant betont, dass Ideen wie aus dem nebelumwobenen sprachlosen Nichts in das Bewusstsein des Genies treten. Die Idee ist im Genie, aber nur als Gewissheit und in den Gewichtsfaktoren des Netzes, nicht als Wissen oder ganz Bewusstes. Das Reden über die Idee ist wie Gestammel. Reden Sie doch einmal zehn Minuten flüssig über Ihre Überzeugung, ein ewiges Leben zu haben. Können Sie das? Wenn Sie davon überzeugt sind, muss es doch sehr wichtig für Sie sein. Dann aber müssten Sie lange darüber nachgedacht haben, dass Sie ewig leben, weil dies alles tief in das triviale Erdenleben eingreift, bis hin zur Wahl der Lebensversicherung. Die Menschen aber, die gewiss sind, ewig zu leben, wissen es als Gewissheit, können aber *nicht* darüber reden! Ich mache es etwas einfacher: Sie lesen ein modernes Gedicht und reden zehn Minuten flüssig darüber, was es Ihnen sagt. Sie werden sagen: „Ich habe ein vage Idee davon, was da ausgedrückt werden soll, aber ich kann es schwer in Worte fassen.“ Unsere Deutschlehrer bringen uns bei, Versfüße zu zählen und Alliterationen zu bewundern und allerlei technisches Blendwerk auf das arme Gedicht loszulassen. Dieser Vorgang heißt: Analyse oder Interpretation. Er besteht aus einem linkshirnigen Listenabarbeiten von Analysepunkten, die jeder wie ein Handwerk lernt. Spürt er aber, was im Gedicht zu ihm spricht? Dass es ihn anschreit? Um sein Leben fleht?

In einem Gedicht ist eine Idee! Die Versfüße und Wortspiele sind *Technik*. Meinetwegen virtuose, bewundernswerte Technik, aber Technik nach Regeln. Die Regeln sind nicht das, was Genie oder Idee ausmachen. Das Genie erschafft etwas Geniales. Die Menschen kommen überein, dass es wirklich genial ist, weil viele von dem Werk stark berührt sind. Dieses nun gespürte Geniale wird interpretiert und analysiert. Man extrahiert Regeln aus dem Genialen. Aus einem Gedicht dann Wortspiele und Doppelbedeutungen, Hinweise auf die Biographie des Genies selbst oder auf die seiner Mutter. Aus einem Gedicht entstehen 100 Seiten Daten.

Wo ist die Idee?

Sie muss ohne Sprache, ohne Analyse erfasst werden.

Das glauben Sie mir vielleicht nicht. Deshalb lesen die meisten von Ihnen nur Sekundärliteratur. „Ich informiere mich seit drei Semestern darüber, was Philosophen sagen. Bald werde ich einmal zur Krönung einen echten Urtext lesen können. Ich habe das immer wieder hinausgeschoben, weil ich mich noch nicht technisch fit fühlte, alles gleich erfassen zu können. Ich würde gerne einmal die bekannten 120 Seiten von Wittgenstein lesen, aber dazu müsste ich zwanzig Jahre Vorstudien auf mich nehmen, dafür habe ich einfach nicht die Zeit.“ So reden Studenten. Dahinter steht die irrsinnige Sucht, die Idee durch Analyse zu erhellen. Glauben Sie, Nietzsche schrieb in der Erwartung, dass Sie erst einen Doktor machen müssen, um ihn adäquat zu lesen?

Die Idee ist ohne Sprache: im Gedicht, im Design, im Gesicht. Sie muss „rechts“ erfasst werden, intuitiv. Beim letzten Theaterbesuch bin ich sehr berührt worden. Ich dachte in der Pause nach und wirkte dann wohl etwas grimmig, also wie bei der Arbeit. Und dann dieses Gewirr von Stimmen, die die Ohs und Achs gezählt haben und auch die Pointe herausgehört haben, die in der Zeitung stand! Linksanalytiker; ich litt. Ich hörte beim Denken meine Frau sagen: „Es gefällt ihm wohl nicht so.“ Und dabei sind wir schon so lange zusammen!

Es ist so wahr: Zwischen dem Erfassen der Idee und dem Reden darüber liegen Welten. Der Unterschied zwischen der Idee und dem sprachlich Gesagten ist wie der zwischen der schönen Helena und dem Zählen der Knochen an ihrem Skelett. Genau das sagt Platon, aber schon Aristoteles versteht es nicht. Deshalb kann man es auch keinem anderen vorwerfen.

8. Natürliche Symbole

Genau so, wie die Ideen sprachlich nicht fassbare Zustände des neuronalen Netzes sind, müssen wir uns bei dem Erfassen der Vorgänge unseres Seismographensystems ebenfalls *nichtsprachlich* vorstellen, was in uns vorgeht. Das Seismographensystem signalisiert uns, die Aufmerksamkeit auf Wichtiges zu lenken. In unserem Körper empfinden wir das wie folgt (und seien Sie so nett und lesen Sie die Aufzählung langsam durch – und horchen Sie in Ihren Körper hinein, was dieser empfindet, wenn er natürlich-innerlich die einzelnen Wörter spüren soll):

Bedrohung, Gefahr, Hoffnung, Liebe, Grauen, Erwartung, Wachsen, Sieg, Hunger, Kampf, Oben, Unten, Hinauf, Hinunter, Enttäuschung, Sicherheit, Unruhe, Stärke, Falle, List, Krankheit, Untreue, Geborgenheit, Verschlossenheit, Blendung, Unklarheit, Gefangensein, Zwang, Freiheit, Reinheit, Tiefe, Getriebensein, Versagen, Erfolg, Zufriedenheit, Wirrnis, Beharrlichkeit, Glaube, Geschlossenheit, Offenheit, Ehrgeiz, Begierde, Angst, Trunkenheit, Haarflattern, Frost, Schweiß, Eifersucht, Zorn, Sanftheit, Härte, Schmeichelei, Atem, Unterwürfigkeit, Ekel, Demut, Demütigung, Hass, Freundschaft, Klarheit, Ruhe, Entzücken, Müdigkeit, Ziehen, Glück, Bewegung, Angriff, Gurgeln, Widerstand, Süße, Reichtum, Schlaf, Tod, Nahrung, Siechtum, Ende, Geburt, Verwicklung, Gleichmut, Stich, Neid, Gleichmaß, Bosheit, Arglist, Labsal, Muße, Neugier, Frohsinn, Unbefangenheit, Schreck, Verfolgung, Verborgenheit, Schub, Schmerz, Zittern, Erfüllung, Unwillen, Übergangenwerden, Scheu, Zerstörung, Sturz, Ungleichgewicht, Fall, Flug, Schwere, Verlust, Lachen, Betrug, Kleben, Druck, Verkrusten, ...

Ich habe nur einmal losgeschrieben. Ich bin sicher, ich könnte noch ein paar Buchseiten mit solchen Wörtern füllen. Sie bezeichnen Seismographen-Output. Sie haben etwas mit der Aufmerksamkeit zu tun, die wir gerade auf etwas lenken; sie bezeichnen auch ein Gefühl oder einen körperlichen Zustand. Wenn wir zum Beispiel von diesen Körperzuständen träumen, müssen wir ihnen ein Bild geben, weil wir im Traum zu undifferenziert mit dem Körper verbunden sind, der sich im Schlaf ausruhen soll. Im Traum und auch im Wachleben geben wir dem Spüren einen Namen oder ein Vorstellungsbild, ein Symbol. Die Spinne symbolisiert das lauernd Böse und Giftige, das Unheimliche. Die Biene ist ihr Gegenstück im Guten, das zufrieden Fleißige oder das an der Blüte (einer Frau?) Naschende. Usw. Symbole sind:

Blitz, Donner, Blume, Brücke, Burg, Turm, Lamm, Krone, Axt, Kreuz, Stern, Sonne, Mond, Sichel, Schleier, Schlüssel, Spiegel, Stufen, Wasser, Rad, Pforte,

Gürtel, Fluss, Schiff, Rabe, Hand, Fisch, Fledermaus, Knoten, Höhle, Pfahl, Taube, Zunge, Wald, Baum, Rose, Waage, Salamander, Stier, Knochen, Kranz, Kerze, Quelle, Ring, Schwelle, Schmetterling, Zwerg, Ei, Drache, Distel, Dorn, Eber, Elefant, Honig, Pfad, Milch, Brust, Stier, Tod, Traum, Löwe, König, Jungfrau, Himmel, Feuer, Erde, Blut, Auge, Apfel, Schlange, Kugel, Hexe, Hammer, Kreis, Berg, Adler, Bock, Edelstein, Feder, Wolf, Teufel, Tempel, Gold, Regen, Riese, Pfeil, Perle, Hölle, Hund, Grab, Katze, Farbe, Dunkel, Brunnen, Verlies, Brot, Bär, Dreieck, Zahl, Bettler, Welle, Mühle, Blatt, Fackel, Seil, Glut, Kelch, Wasserfall, Erdspalte, Moos, Buch, Tor, Schlüsselloch, Eule, Falltür, Schwert, Herz, Efeu, Haar, Anker, Fuß, Hahn, Kleeblatt, Kröte, Nebel, Krake, Nuss, Sanduhr, Schnecke, Spirale, Maske, Wolke, Wein, Wind, Muschel, Kette.

Das sind ungefähr alle außer genau zwei, die ich explizit vergessen habe, damit sich jemand freud.

Diese Aufzählung sollte Sie zu einem „Spüren des Symbolischen“ hinleiten. Jetzt möchte ich etwas dazu aussagen. Versetzen Sie sich kurz in den Olymp. Die Götter feiern ausgelassen. Da muss Eris, die Göttin der Zwietracht, unbedingt Wirkung entfalten. Sie wirft unter die Götterschar einen Apfel. Auf ihm steht geschrieben: „Der Schönsten.“ Über Schönheit ließ sich damals schon trefflich streiten. Die Götter stritten und kürten drei Kandidatinnen für den Titel der Schönsten: Hera, die Ehefrau, Pallas Athene, die Göttin der Weisheit und der Herrlichkeit des Sieges, und Aphrodite, die Göttin der Liebe. Der damals schönste Mann auf der Welt war überraschenderweise einhellig bekannt: Paris. Er sollte das Urteil fällen, weil Menschen sicher den besseren Geschmack haben und unparteiisch sind.

Wir hätten also: Hera, Athene, Aphrodite.

Hera ist ein richtiger Mensch, nicht wahr? Athene ist ein wahrer, Aphrodite ein natürlicher. Und wenn wir also über Schönheit abstimmen, so fragen wir eigentlich: Was wählst du, Paris? Richtige Schönheit? Wahre Schönheit? Natürliche Schönheit? In diesem Sinne können wir alle hohen Begriffe einzeln durchgehen: Was wäre Gerechtigkeit? Tapferkeit? Liebe? Und wir haben immer die Antworten der *drei* Menschenfraktionen.

Was aber wäre die Antwort auf die Frage, was ein Edelstein ist? Ein Baum? Ein Adler? Eine Höhle? Ich tue mich schwer, zu sagen, wie der Unterschied der Baumvorstellung im linken oder rechten Gehirnteil sein könnte. Wir haben zwar zu allen möglichen Dingen verschiedene Einstellungen, aber die Symbole sind etwas, was wir ziemlich gemeinsam zu haben scheinen, so scheint mir. Symbolik wäre dann also unabhängig von unserem Links und Rechts? Wo aber wäre sie dann im Vorstellungsmodell? Ich meine: im Seismographensystem. Symbole sind Vorstellungsbilder von Körperzuständen. Wenn ich als Christ ein Kreuz in der Hand halte oder meine Hochzeitskerze anfasse, dann spüre ich den entsprechenden Symbolzustand oder ich gehe in einen entsprechenden Zustand über. Symbole gehören also zu unserem nicht sprachlich erfassbaren Seismographensystem. Sie sind ein Vorstellungszugang zu ihm. Sie spielen für natürliche Menschen vielleicht eine solche Rolle wie die Ideen für den wahren Menschen oder das System für den richtigen Menschen.

9. Der Flash-Mode, die Symbole und die Marken

Noch mehr Symbole! Lesen Sie die folgende Liste:

Goldmedaille, Orden, Titel, Sportwagen, Pokal, Seide, Kaschmir, Teppich, Ölbild, Marmor, Armbanduhr („Mann"), Schmuck („Frau"), Rose, Villa, Brille, Rahmen, Stuck, Pelz, Orchidee, Bulgari, Miyake, Camel, Johnny Walker, Davidoff, Chanel, Versace, Kenzo, Dior ...

Wir sprechen von Statussymbolen und Markenzeichen. Sie sind in unserer heutigen Zeit sichtbar gemachte Symbole. Sie beschreiben wie die Traumsymbole Körperzustände.

Ein guter Teil des Marketing befasst sich mit dem Aufbau von Symbolen für die Seismographensysteme der Verbraucher oder Mitarbeiter oder Bürger. Wir sollen etwas Bestimmtes und Gewolltes spüren, wenn wir das Wappen von Bremen, den aufsteigenden Strich der Deutschen Bank oder das geschwungene C von Coca Cola sehen. Immer wieder hämmert uns Werbung den Seismographen ein: Aufmerksamkeit! Aufmerksamkeit!

Die Symbole wie Ei, Brunnen, Rose sind der Versuch, unser Gespür des Seismographensystems hilflos in Wörter zu *fassen*. Wir suchen also Wörter, um schon gesetzte Seismographen zu *benennen*.

Markenzeichenwerbung verfolgt umgekehrt das Ziel, einen bestimmten Seismographen zu *setzen*. Sie verwendet unglaublich viel Mühe darauf, die Aufmerksamkeit auch an den *gewünschten* Körperzustand zu fesseln. (*Nicht* solche Werbung: „Haben Sie schon einmal einen toten Esel gesehen? Nein? Genau so selten ist ein defekter Mercedes!") Dann sind wir immer im gewünschten Aufmerksamkeitszustand, wenn wir mit dem Symbol in Berührung kommen. Es ist nicht wirklich der statistisch gemessene Bekanntheitsgrad, den eine Marke ausmacht, sondern es geht vor allem darum, was sie symbolisiert. Daran sehen wir, wie schwierig der Umgang mit Seismographensystemen ist.

Lesen Sie doch einmal die nächste kleine Liste von Wörtern:

Schule, Versetzung, Lehrer, zweite Stunde, große Pause, Schulorchester, aufpassen, lernen, melden ...

Frage: Spüren Sie beim Lesen die Würde, den Aufbruch, das Wachsen, das Vertrauen in Förderung? Das sollten Sie aber doch, oder? Wir erregen uns in diesen Tagen über eine Pisa-Studie, die Deutschland ein schlechtes Bildungssystem attestiert. Es wird über Lernen diskutiert, über das Neue, über Internet und schlechte Eltern, Lehrer, Politiker, Schüler. Als ich klein war, hatte ich einen Seismographen auf dem Symbol „*Gymnasium*“: viel wissen, studieren dürfen, ehrwürdig, „ich darf“, Interesse, Scheu, Aufregung. Diese Symbole sind zerstört worden. Diese Symbole sind nicht mehr die des heutigen Menschen, bestimmt nicht die des natürlichen, der unter dem Stichwort „Spaßgesellschaft“ verächtlich gemacht wird.

Nein! Das System hat die Symbole verkommen lassen. Sie starben in öffentlichen Diskussionen um Karrierenutzen und Lehrereinsparen.

Die linkshirnigen Systeme verstehen das Symbolische noch weniger als die Ideen.

Ich habe die Liste der obigen Symbole des Menschen daraufhin abgeprüft, ob ich ganz sicher eine gute Liste für Sie geschrieben habe. Meine Tochter Anne rief mir also vom de-Sede-Sofa (Symbol!) Symbole zu. Ich wollte ein Gefühl haben, ob ich das richtig erkläre. „Apfel!“ – „Habe ich.“ – „Teufel!“ – „Habe ich!“ – „Kelch, Gral!“ – „Oh, fehlt.“ Zwei Drittel „hatte ich“. Anschließend haben wir alles nochmals durchgelesen. Wir hätten noch alle möglichen Tiersymbole dazunehmen können, wie Esel oder Kuh, die ja etwas mit unserer Vorstellung von Menschen zu tun haben. Die Bemerkung, dass ich zwei Symbole ausgelassen habe, verstand Anne erst nicht. Da habe ich mich lustvoll gefreud und den betreffenden Nebensatz dazugeschrieben, der dann aus Annes Sicht alles glasklar macht. Ich muss jetzt zwei Sätze gewissenhaft vor Korrekturlesern schützen.

Und dann, beim Nochmalüberlesen, sah ich die Idee! Ich weiß nicht, ob Sie die wirklich mitspüren können, wenn Sie nicht so verspielt sind wie ich. Ich versuche es: Alle obigen Symbole zusammengeworfen kommen als Mischmaschklumpen genau so als Shooter- oder Adventure-Spiele im PC vor! Spielen Sie doch einmal Tomb Raider oder Heretic, was schwach verboten wäre. Aber dort ist Symbolik pur! Viele andere Spiele bevorzugen reine Weltraum- oder Vampirsymbolik – aber sie erfassen unser Gespür deshalb so sehr, weil sie das Seismographensystem ansprechen. Nicht so rein, aber zunehmend versuchen Fantasy-Filme dasselbe. Zum Beispiel ist das Alien bestimmt so konstruiert worden, dass man alle Schreckenssymbole zu einem Wesen gemixt hat: Schwarz, leise, böse, unbesiegbar, Schlange, Schleim, Würgen, Spinne, „in den Mund kriechen“ etc. Nun sitzen unsere Kids im Endergebnis *ruhig* vor Computern und nicht ruhig in der Schule.

Die Schule speichert uns mit unsymbolischem Lehrstoff voll, den sich Datenbanken ausgedacht haben. Die Schule wird mehr und mehr zu einem richtigen System. Das Wahre braucht Zeit zum Wachsen, die haben wir nicht. Das Natürliche muss Wissen spüren, begreifen, anfassen. Das versteht das Richtige nicht. Zur Not setzen wir statt Wissenssymbolik eben Punkteskalen und Strafen in den armen Menschen hinein. Alles wird schief. Pisa.

Wir haben das Symbolische nicht verstanden und nutzen es nicht. Das Symbolische muss ja mindestens langfristig angelegt sein, wenn es sich in uns einnisten soll. Dafür nimmt sich niemand mehr die Mühe oder die Zeit. Das Natürliche könnte also über das Symbolische „erzogen" werden, wenn die richtigen und die wahren Menschen endlich auch die Richtung des Natürlichen verstünden.

10. Omnisophie und Persönlichkeitstypen

Ich möchte kurz den Fluss des Buches unterbrechen und meine Theorien hier mit anderen abgleichen. Wenn es Sie nicht so sehr interessiert, können sie zum nächsten Kapitel übergehen.

In meinen Büchern *Wild Duck* und *E-Man* habe ich mich vor allem auf die Menschenunterschiede gestützt, die C. G. Jung in seinem Klassiker *Psychologische Typen* als die wesentlichen vorgestellt hat. Jung unterschied das analytische Denken vom intuitiven, das Fühlen vom Denken und das Extrovertierte vom Introvertierten. Isabel Myers und ihre Mutter Kathryn Briggs haben in den sechziger Jahren noch die weitere Unterscheidung von Menschen in solche, die ordentlich und geplant vorgehen, und solche, die alles flexibel auf sich zukommen lassen, eingeführt. Myers und Briggs entwickeln aus diesen Gedanken einen Persönlichkeitstest, den MBTI (Myers-Briggs-Type-Indicator), den man gegen eine Gebühr ablegen kann. David Keirsey, der am gleichen Thema seit Jahrzehnten forscht, hat einen analogen Test auf www.keirsey.com in vielen Sprachen publiziert. Ich habe bei meinen ersten Büchern diese Tests zu Grunde gelegt, weil sie die meistbenutzten Tests sind und mit C. G. Jung einen gesicherten Urheber haben. In der Psychologie sind sich offenbar die Wissenschaftler noch über absolut nichts wirklich einig, weil die richtigen Psychologen und die wahren noch kämpfen und weil es kaum natürliche gibt (wie Carl Rogers, glaube ich). Wenn ich also irgendetwas Psychologisches sage, fallen gleich große Prozentsätze der Fachleute über mich her. Deshalb habe ich den meistbenutzten Test genommen, den jeder selbst machen kann. Es hat gegen Proteste nicht richtig geholfen. Man sagt(e) mir, dass den MBTI zwar alle benutzen, ja, aber das mache ihn nicht anerkannt – nein! Tests dieser Form würden Menschen in Ja oder Nein, in Links oder Rechts, in Denken oder Fühlen einteilen. Das sei zu stark in Polen gedacht! Das wolle die richtige Psychologie nicht! (Es ist der Standpunkt der richtigen Menschen, dass die Wahrheit in der Mitte läge; Sokrates aber diskutiert immer die Pole!) Usw.

Ich habe bei Diskussionen nach vielen satirisch-provozierenden Vorträgen von mir immer wieder Menschen kennen gelernt, die enttäuscht waren, dass bei dem Test das Ergebnis gar nicht zu ihnen passe. Ich habe erst gedacht, das sei eben manchmal der Fall, und manche Menschen seien wohl diffus in der Mitte. Als ich langsam mehr Beispiele sammeln konnte, merkte ich, dass die falsch klassifizierten Menschen immer so eine Art Künstler waren oder dass sie in Sport gut waren und den Eindruck von Kraftmenschen machten. Der Test bei Keirsey klassifizierte sie meist als Intuitive, aber sie hatten keine Idee, was das wohl bedeuten möge. (Nur für Sie, die Sie sich auskennen, genauer: ENTJ sind bei Keirsey intuitive Entrepreneure, aber ich kenne heute viele mit dem Testergebnis ENTJ; sie sind aber mehr natürliche Menschen und keine Intuitiven!) Diese Seltsamkeit hat lange mein Denken gefesselt, bis ich darauf kam, dass „alle“ Wissenschaftler nur immer streiten wie Platon gegen Aristoteles, dass sie aber das Epikureische einfach beiseite ließen.

Eines Tages hatte ich die Idee, dass neben dem Denken und dem Fühlen noch etwas Körperliches stehen müsste. Dann machte ich riesige Pläne von Menscheneinteilungen. Den echten Durchbruch fand ich in der Verbindung zur Identifizierungsmathematik und irgendwann „erfand“ ich den natürlichen Menschen. Damit brach mein Vorstellungsmodell mit so ziemlich allem anderen. Das machte mir zu schaffen – mir ist immer noch mulmig.

Ich habe deshalb aber alle MBTI-Bezeichnungen aus meiner Betrachtung herausgelassen, die ich in meinen früheren Büchern angestellt habe. Ich erkenne im Alter noch Neues und erkläre mit diesem Buch deshalb in gewissem Ausmaß den Abschied von einigen Facetten meiner früheren Bücher. Das ist vielleicht nicht sehr schön, aber es ist wunderschön.

Natürlich habe ich nicht alles fallen gelassen und Sie erkennen vieles noch wieder. Es stammt bestimmt noch von Jung ab. Klar.

XIII. Über das Heil

1. Wo wäre das Paradies, wenn es das denn gäbe?

Worin bestünde nun ein höchstes Leben? Ich sitze jetzt gerade in Orlando in einem Disney-Resort in der Sonne. Eine Konferenz ist um 12 Uhr zu Ende gegangen. Es ist Anfang März. Vögel zwitschern; es ist warm. Um mich herum ist ein künstliches Paradies aufgebaut. Helle, freundliche Farben – die Vögel genau dazu abgestimmt. Alle 10 Yards ist eine andere Pflanzenart um den See gesäumt, nie verschiedene Pflanzen durcheinander. In dieser Reihung ist alles leichter zu pflegen oder zu ändern. Die Menschen gehen in freundlichen Uniformen herum und sorgen sich, dass ich mich freue – ich, noch im Sakko, den ich gleich für den Flug gegen einen Fleece umtausche. Ist hier das Paradies? Alle lächeln heiter. Ich sehe mich nachdenklich um und erkenne plötzlich: Es ist das Paradies der richtigen Menschen, Fachrichtung Denken. Sie lassen sich hier einmal für ein paar Tage „*richtig*" gehen. Es gibt Orangewassereis mit Mausohren, niemand stört beim Schlangestehen, hier ist alles so ungeheuer richtig, dass ich es kaum glauben kann. Ich muss keinerlei Verantwortung tragen. Beim Besuch eines Parks oder einer „Attraction" beruhigen sie mich: „Watch your step. Hold on. We'll serve." Ich lasse mich fließen und reihe mich in Track fünf zum Fahren durch eine Art Museum ein. Es ist wie gigantisches Fernsehen während einer Karussellfahrt, ich bin ganz ruhig. Zwischendrin, immer etwa nach sechzig Prozent der kurzen Sekunden des Vergnügens, kommt Gefahr auf. Irgendwer schreit, sie schießen ein bisschen herum, wir lachen oder es spritzt etwas, wenn sie diesmal mit Wasser spaßen. Hui, das war jetzt aufregend für mein Flash-Mode-System. Hold on. Es wird weiter erklärt, warum es gesund war, wenn die Vereinigten Staaten das so machen. Jetzt bin ich stolz und etwas wackelig auf den Beinen, als ich aussteige. Ich habe mich vergnügt.

Als ich einmal in Las Vegas weilte, wollten sie überhaupt keine 48 Dollar Eintritt wie im Disney-Park. Sie lockten eher mit Gutscheinen für die Spielautomaten. Ich fühlte mich als Urlauber verpflichtet, eine Stange Quarters zu verlieren, wozu ich ja schließlich angereist war. Mein Körper reagierte aber nicht auf Gewinne. Ich wusste nach der Wahrscheinlichkeitsrechnung genau, dass ich wahrscheinlich der einzige Mensch des Abends sein würde, der viel gewänne. Mehr reiche Leute sind nach der Wahrscheinlichkeitsrechnung an einem Abend nicht drin. Ich bedauerte die Amateure um mich herum, mein Flash-System zuckte erbärmlich, wenn das Dollartackern einer Gewinnsträhne nicht aufhören wollte. Tack-Tack-Tack-Unendlich-Tack. Geld rieselte irgendwo in der Nähe. Meine Eingeweide verziehen sich stets dabei. *Andere* gewinnen! Ich nicht! Das Essen ist schwelgerischer in Las Vegas. Wer möchte, bekommt von natürlichen Männern kleine Zettel mit sehr natürlichen Frauen zugesteckt! Las Vegas ist nämlich das Paradies der richtigen Menschen Richtung Körper oder von solchen richtigen Menschen, die noch natürliche Reste besitzen. Las Vegas ist *auch* das Paradies der natürlichen Menschen, weil der Bau der Paradiese von richtigen Menschen geleitet wird. Las Vegas ist das Natürlichste, was ein richtiger Mensch gerade noch als Paradies verantworten mag. Und ganz ohne Paradies für natürliche Menschen verliert das Richtige die Kontrolle über das Natürliche. Unser Johannes war damals 14 Jahren und er musste immer zügig durch das Hotel marschieren, in dem wir wohnten. Er durfte nie den Blick an etwas heften. „Go on. Don't watch." Das Spielen ist nicht für die Kinder. Es ist zum Abreagieren der Verschwendungssucht. Kinder sollen nicht Erwachsenen beim Abreagieren zuschauen. Sie sollen ja erst aufstauen.

(Der richtige Mensch spart, damit er sich den Vergnügungspark leisten kann. Er zahlt den Eintritt, dann ist er blank, nachdem er die Hamburger bezahlt hat. Der natürliche Mensch verspielt sein Geld und ist dann blank. Das ist nicht richtig, weil er sich nicht selbst entschlossen hat, alles Geld auszugeben. Er gibt sich hemmungslos der Wahrscheinlichkeit hin, die immer mit Risiko verbunden ist und die der richtige Mensch deshalb meiden sollte. No risk, no fun. Wenn der Natürliche das Unwahrscheinliche eines Gewinns erlebt, genießt er es als Sieg. Der richtige Mensch aber leidet am Unverdienten des Glücks, das ihm die Götter mit Pech vergelten werden.)

Wahren Menschen schadet Las Vegas nicht. Ich habe mit 5-Cent-Stücken gespielt. Es ist theoretisch egal, womit ich spiele, weil ich ja alles verliere. Ich habe immer wieder zwischendurch gewonnen. Darüber muss ich mich theoretisch nicht freuen. Ein Dollar hat trotzdem den ganzen Aufenthalt gereicht. Zum Schluss, als uns das Taxi zum Airport abholte und hupte, habe ich mit der vorletzten Münze 3 Dollar 15 Cents gewonnen. Tack-Tack-Tack. Wow! Das Geräusch war das gleiche wie bei Dollars ... Ich bebte vor Glück; leider hat es keiner gehört, meine Familie saß schon im Taxi. Ich machte viel Geld und sie waren ungeduldig.

Das Münchner Oktoberfest ist viel mehr Gaudi, es ist nicht so stark *richtig*. Aber man geht anständig angezogen hin und ab zehn Uhr gibt es kein Bier mehr. Für ein paar Tage darf der Mensch hier gesittet natürlich sein, vor allem natürlich laut, bis ihm die Mandeln brennen.

Ist dies das Wahre? Nein, das Wahre scheint aus den Augen von Malern auf dem Montmartre. Es ist in der Seele der versunkenen alten Frau, die in der dunklen kleinen italienischen Kirche stumm betet. Das Paradies ist in den Stunden, in denen ich umgebungsvergessend schreibe ...

Wollen wir selbstvergessenen Flow? Ehrungen auf Podien? Feierliches Umhängen von Orden? Einen liebevollen Kuss? Das Eine?

Ach, es gibt so sehr viele Vorstellungen von Paradiesen, vom rechten Leben! Und leider beißen sie sich beträchtlich.

„Gibt es im Himmel Bier?" – „Wie sehen wir denn aus, wenn wir tot sind? Hoffentlich kommt das Silikon mit in den Himmel? Ich würde mich zu Tode schämen."

2. Dimensionen des Heils und des Unheils

Der persönliche Systemwert, Ideewert, Glückswert

Das Paradies scheint uns wie ein Schlaraffenland. Alles ist im Überfluss vorhanden. Dabei ist ein Paradies wohl anders: Es sollte nichts schrecklich fehlen. Aber zu einer solchen Auffassung gelangen wir nicht – wir haben zu viel Phantasie. Wir haben aber bestimmt verschiedene Vorstellungen, was besonders im Überfluss vorhanden sein müsste und was auf keinen Fall fehlen dürfte. Ich möchte es für die verschiedenen Menschen so formulieren: Der richtige Mensch strebt Systemwert an, also einen hohen Wert seiner Rolle und seines Ansehens im System. Der wahre Mensch möchte relativ zu seinen Idealen gut dastehen oder seine Ideale in reiner Form repräsentieren. Der natürliche Mensch misst sein Leben danach, ob und wie viele Momente satten Glücks es bietet, wo immer er es persönlich spürt (im Triumph, im Überwinden, im Trotzen, im Lieben).

Systemwert: Die richtigen Denker streben die Höherwertigkeit im System an. Sie wünschen sich eine bedeutende Rolle, die ihnen Einfluss gewährt und Verantwortung überträgt. Sie möchten im System bestimmen, mitbestimmen, um Rat gefragt werden, unentbehrlich wirken. Soldaten tragen ihren Rang zusammen mit der Verantwortung auf schweren Schultern. (An meinem ersten Diensttag lernte ich Rangabzeichen, die Regeln des Gehorchens und das Grüßen!) Beamte kennen alle Besoldungsstufen genau, der ganze Staatsdienst ist streng hierarchisiert. Großunternehmen kennen viele Vergütungsstufen. Beim Staat gibt es zum Beispiel die Besoldungsstufen A1 bis A16 (was bei der Armee also von Soldat bis Oberst reichen würde). Darüber gibt es noch 11 B-Gehaltsstufen (von Brigadegeneral bis Bundespräsident). Die Grundgehälter reichen von 1.300 bis 10.000 Euro. Das macht 27 verschiedene Stufen des Menschseins, die noch in Alterstufen unterteilt sind. Die Einordnung in diese Messskala spielt eine erhebliche Bedeutung im Leben des Hierarchisierten. Die Türschilder und die Visitenkarten, die Krawatten, die Holzarten der Schreibtische, die Größe der Dienstzimmer oder der neue Computer (mit schwarzem 17" Flachbildschirm?) sagen etwas über die Eingruppierung des richtigen Menschen. Darf er Business Class fliegen, hat er einen Dienstwagen? So recht stolz kann er sein, wenn er eine Sekretärin oder einen Sekretär (wie ich) hat. Ein richtiger hochstehender Mensch nimmt niemals selbst den Telefonhörer ab. Ich mache das immer, ich bin ja kein richtiger Mensch. Ich komme dafür oft nicht allein durch die Sperrmauern der Systeme, wenn ich merkwürdigerweise selbst anrufe. Dann bin ich nicht richtig hochstehend. Hüter des Cheftelefons weisen mich ab. Dann muss mein Sekretär nebenan ran. „Hier ist das Büro von Prof. Dr. Dueck. Wir wünschen einen Termin." Wenn das nichts hilft, dann dieses: „Bitte helfen Sie mir. Mein Boss ist grausam, wenn ich bis Mittag nicht durchkomme. Ich habe ziemliche Angst." Denn die Sekretärin hilft meinem Sekretär schon, auch wenn sie *mir* nicht helfen will. Die Höherwertigkeit des Menschen drückt sich daneben vor allem in Noten, Zeugnissen und Messungen aller Art aus. Wie viel davon, wie hoch dort? Wie viele Menschen unter mir, wie viel Wachstum, wie groß die Macht oder nur die Zeichnungsbefugnis? („Was, Sie dürfen nicht einmal für 1000 Euro unterschreiben?") Dürfen Sie im Steigenberger übernachten? Oder müssen Sie in die Pension „Zur Kellerassel"? Sind Sie schon Oberstudienrat oder nur halbtagsangestellter Lehrer auf BAT? Sind Sie irgendwo ehrenhalber seit 25 Jahren? Schriftführer im Harmoniumverein? Helfen Sie beim Stimmenauszählen der Kirchgemeinderatswahl? In welchen Kreisen duldet man Sie? Sind Sie bei wichtigen Ereignissen dabei?

Hoffentlich sind Sie wegen meines Tons schwach entrüstet. Da wäre ich froh. Dann hätte ich nämlich einen Seismographen in Ihnen angetippt, der jetzt Ihr Flash-Mode-System alarmiert. Sie können auf diese Weise sehr schön erfahren, wie es Sie sticht. Das ES hat Sie im Griff. Mehr wollte ich ja nicht sagen. Sie legen dann auf Systemwert Wert.

Richtige Denker vermeiden vor allem Fehler. Dann züchtigt sie das ES mit Schuldgefühlen und lässt sie nicht schlafen. Werden sie zurückgestuft? Nicht gelobt? Nicht respektiert? Das ist wie ein Tod.

Die richtigen Gefühlsmenschen haben andere Skalen im System. Es geht ihnen nicht so sehr um Messungen, sondern um „Nettgefundenwerden" und „Zugehören", nicht so sehr um eine hohe Stellung. Eine Chefsekretärin im Vorstand hat unter Umständen ausschließlich mit Personen zu tun, die hierarchisch über ihr stehen (außer anderen Sekretären). Sie gehört dafür aber zum innersten Zirkel der Macht! Das kann sehr befriedigend für richtige Menschen sein! In welchen Gruppen sind Sie gern gesehen? Wer mag Sie? Wer spricht gut über Sie? Wer findet Sie nett? (Das wäre für Denker nicht so wichtig. „Wenn ich als Boss beliebt wäre, würde ich nach meiner Meinung etwas falsch machen.“) Wer grüßt Sie freundlich? (Denker: Wer grüßt Sie ehrerbietig?). Wen dürfen Sie umsorgen? Wie hoch ist dessen Dienstgrad? („Ich helfe gerade dem Pfarrer in sein Messgewand! Nächste Woche bin ich für das Kerzenputzen verantwortlich. Alle werden sie staunen, wie schön sie sein werden.“) Richtige Gefühlsmenschen vermeiden es, dass man schlecht über sie spricht. Werden sie als Menschen gefühlsmäßig abgelehnt? Gehen andere Menschen auf Distanz? Das wäre wie ein Tod. Sie stürben vor Scham oder würden krank aus Näheverlust.

Die richtigen Geschmacksmenschen kennen alle Marken und die Hierarchie dieser Zeichen untereinander. („Er trug immer BOSS, jetzt hat er oft Joop!-Hemden. Die sind schwerer zu bügeln, der Joop nimmt da keine Rücksicht, weil das Schöne die Mühe nicht scheuen darf. Das verstehe ich, aber sie sind teuer, diese Hemden. Ach, ich arme Gestalt, ich habe nur so wenig Geld und muss mit dem Hässlichen leben!“) Richtige Geschmacksmenschen sehen sich vor allem alles Schaufensterartige an. „Ach, ich leide! Ich bin so schrecklich gezeichnet! Alles, was ich schön finde, ist ausgerechnet am teuersten! Ich leide so sehr unter meinem treffsicheren Geschmack! Andere Menschen verlassen das Kaufhaus mit den abscheulichsten Billigkeiten, sie brauchen fast nichts zum Leben!“ Ein guter Geschmack kostet Geld. Die richtigen Denker haben es besser. Sie dürfen nur keine Fehler machen und die richtigen Gefühlsmenschen müssen nur nett sein. Dieser Sachverhalt, nämlich dass Schönheit Geld kostet, während Tugend, Gerechtigkeit und Moral gratis sind, macht wohl auch den Philosophen zu schaffen, die sich kaum mit Geschmacksmenschen befassen. Geschmacksmenschen müssen einfach gut aussehen. Alles muss zusammenpassen, chic eben. Man muss es ihnen ansehen, dass sie hohen Wert haben. Wenn sie dies durchgängig schaffen, können sie mit Blicken ungeheure Aggression ausstrahlen. In den Augen liegt der verächtliche Vorwurf der Geschmacklosigkeit. „Er ist zwar Boss, ab wie er aussieht!“ – „Sie mag nett sein, aber warum läuft sie so herum?“ Die Hierarchie bildet sich über den Sinn für Geschmack.

Es wäre wie ein Tod, wenn man sie selbst hässlich oder deplaziert fände. „Guck mal, das ist das Topp von H&M vom Plakat für 10 Euro. Sieht gar nicht schlecht aus, auch an dieser Normaltussi.“ Da müssten Geschmacksmenschen im Boden versinken.

Richtige Körpermenschen ... ich will nicht zu lang werden. Körpermenschen sind wohlaussehend in irgendeiner Form. Sie wirken gepflegt und treiben den *richtigen* Sport. Die richtigen Neuerer tragen rote Hosenträger wie Yuppies etc. Sie wissen schon.

Ich wollte ja nur erklären, was ich mit Systemwert meine. Es ist der Wert eines Menschen in seiner Richtung (Ordnung, Moral, Geschmack, ...) und in seinem System. Der Wert drückt sich im Höherwertigkeitsgefühl aus. Minderwertigkeitsgefühle vernichten richtige Menschen.

Ideewert: Wahre Denker vertreten eine Lehre, eine Idee, eine Lehrmeinung oder einen ganzen Strauß davon. Sind sie in diesem Rahmen Gurus und kennen die Geheimnisse? Oder sind sie Amateure oder Novizen, die noch ihre Eingangsriten hinter sich bringen müssen? Es geht ihnen nicht um die Hierarchien der Besoldungsstufen (obwohl es praktisch darauf hinauslaufen kann), sondern um die Nähe zur reinen Idee. Sind sie der wahre Vertreter der Idee, des Reinen? Reine Mathematiker sagen oft: „Ich bin stolz darauf, dass ich noch nie etwas Nützliches oder Anwendbares erdacht habe." – Wahre Denker sind exzellente Fachleute, Ingenieure oder Philosophen. Für sie zählt die öffentliche Anerkennung der Fachwelt als alleiniger oder hauptsächlicher Maßstab. Sind sie zu Vorträgen eingeladen? Gar zu Hauptvorträgen? Oder erklären sie nur drei Kollegen ihre neuesten Gedanken im Nebenraum, in dem man gedämpft durch die Wand den Jubel der Menge zum Plenumsvortrag des Nobelpreisträgers vernimmt? Wahre Denker sind am liebsten Gurus oder die führenden Vertreter der Idee, am besten der eigenen. Dann dürfen sie alle restliche Welt „dumm" nennen. Unbekannt sein ist ihnen dagegen das Schrecklichste. Nicht gehört, nicht gelesen, nicht beachtet zu werden. Ein Buch im Selbstverlag. Im Sterben der Selbstachtung verschenken sie immer wieder ihre eigenen Bücher. Am Ende ist Starre.

Wahre Gefühlsmenschen kaufen nur Holzspielzeug oder verdammen das Fernsehen. (Richtige Menschen kaufen *lehrreiches* Spielzeug oder messen sich etwa genau dreißig Stunden Fernsehen im Monat zu, die sich beliebig verteilen lassen, oder sie beschränken sich auf eine Stunde am Tag, weshalb sie zwingend einen Videorecorder anschaffen müssen.) Sie kaufen Theaterabonnements, weil sie Theater lieben (richtige Menschen sehen Theater als Pflicht). Wahre Menschen schauen ARTE. Nur ARTE.

Die wahren Gefühlsmenschen singen in Kirchenchören und führen Besonderes auf. Sie lieben alle Menschen, kämpfen gegen Krieg, Folter und schwere Strafen. Sie marschieren mit Kerzen, hoffen auf ökumenische Einigkeit der Herzen der Welt und schützen die Wale. Wie sehr engagieren sie sich? Wie streng sehen sie nicht fern? Sind sie vielfältig helfend und liebend tätig? Sie messen sich am Ausmaß der Wärme, die sie an die Welt abgeben. Wahre Lehrer lieben Kinder (richtige Lehrer erziehen sie durch Einpflanzen des ES). Wahre Gefühlsmenschen leben in Wärme und Liebe wie Pflanzen mit Wasser und Luft. Sie beschimpfen die Welt als „grausam", wie die wahren Denker „dumm" sagen. Wenn die Liebe fehlt, sterben sie in Leiden und Depression.

Die Ästheten umgeben sich mit dem Schönen. Mit wundervollen Möbeln, in herrlichen Gärten. Es geht um das Kunstvolle. Es gibt so viele Arten, Kunst auszudrücken! In ihrem jeweiligen Kunstausdruck oder Kunsthandwerk wollen Ästheten die göttlichen Schöpfer sein. Genial! Sie fürchten das Gewöhnliche, Abgeschmackte oder schon Vermarktete, den Massengeschmack und die Modesucht. Sie siechen in hässlicher Umgebung dahin. Sie leiden darunter, wenn neue Kunst in unserer Zeit schon fast sicher nicht verstanden wird. Ignoranz begräbt sie oft ganz.

Die wahren Menschen der Ktisis sehen nur den Neuigkeitswert in dieser Welt. „Unser Unternehmen verkauft fast nur Produkte, die noch nicht drei Jahre alt sind!“ Wahre Schöpfer fixieren ihren Blick auf das Unvollkommene in dieser Welt, besonders in technologischer Hinsicht. Jeder Handgriff könnte effizienter sein, wenn es angemessene Maschinen gäbe! „Sehen Sie sich diese Internetseite an! Man muss unnötigerweise hier klicken; diese Funktionalität kann ganz in die anderen Buttons integriert werden! Eine Schande ist das, solche ungenaue, gedankenlose Arbeit. Ich selbst könnte all das besser machen, ohne viel Aufwand. Die Welt strotzt vor Phantasielosigkeit.“ Menschen der Ktisis stöhnen laut, wenn besonders richtige Menschen die Dinge so lieben, wie sie schon immer waren. Dann fühlen sie sich einsam in Sinnlosigkeit.

Jetzt sollten Sie verstehen, was ich mit Ideewert des Menschen meine. Welchen persönlichen Wert hat ein wahrer Mensch relativ zu *seiner* Idee? Es ist dieser Ideewert, der ihn antreibt. Es geht ihm nicht um Höher- oder Minderwertigkeit, sondern um Einssein mit der Idee. Der Ideewert drückt aus, wie sehr der wahre Mensch Jünger oder Fahnenträger der Idee ist.

Der richtige Mensch misst in der linken Gehirnhälfte seinen Systemwert an Skalen des Systems ab. Der wahre Mensch spürt intuitiv in seiner rechten Gehirnhälfte, wie sehr er in der Idee aufgeht.

Der natürliche Mensch will Leben spüren: Freundschaft, Freiheit, Liebe, Freude, Sieg und Niederlage, Wettkampf, Neues, Abenteuer, Wind, Wetter, See. „Sunshine rulez.“ (Das muss man cool mit z schreiben, mit z ist alles im Amerikanischen cooler.) Es ist der Glückswert des Lebens. Dieser wird so oft diskutiert, dass ich mich hier mit diesem Wenigen bescheide. Glück? Das ist ihnen sicher klar: Sich körperlich frei wissen, geborgen und geliebt werden, gestreichelt. Es ist ein wundervolles Gefühl, sich begehrt zu wissen, Blicke von Bewunderern auf sich zu ziehen oder als Held der Muskeln andächtig bestaunt zu werden wie ein Ferrari. Jeder natürliche Mensch hat da so seine eigene Richtung.

Das Unheil lauert in Menschen, die noch mehr wollen – zum Beispiel alles. Viele richtige Menschen sehen, dass eine Höherwertigkeit im System den Verzicht auf Glück bedeutet. Besonders wenn sie einen hohen persönlichen Systemwert erreicht haben, zum Beispiel reich oder hochrangig sind, greifen sie wie selbstverständlich nach dem Glück, das ihnen nun – so glauben sie – zusteht. Der Reiche kauft sich Liebe und Harem, nimmt sich Rechte und Privilegien heraus, lässt sich auf Händen tragen – kurz, er beansprucht Glück aus der Höherwertigkeit heraus. Es macht ihn oft nicht oder nicht mehr glücklich, weil während des Kletterns auf der Karriereleiter sein ganzes Seismographensystem nur noch auf das Richtige trainiert ist. Es fürchtete sich ja bisher vor dem Glück, das die Höherwertigkeit gefährden konnte. Der richtige Mensch weiß ja nicht, dass er sein Seismographensystem in ein ES umwandelt, aus dem er nie mehr entrinnen kann. Der weißhaarige Manager mag noch einmal mit einem zwanzigjährigen Model schlafen, aber es ist nur ein weiteres Sternchen seiner Höherwertigkeit – oder manchmal die Erkenntnis, ein n(r)ichtiges Leben geführt zu haben. Pflicht und Glück gleichzeitig? Das ist ein schweres Problem, das sich aber *theoretisch* leicht lösen lässt: lustvoll die Pflicht tun. Das habe ich von Immanuel Kant gelernt.

Die wahren Menschen dürfen wegen ihrer Idee eben nicht das Abgedroschene des Glücks genießen. Liebe ist nie Sex, oh nein! Wahre Liebe ist ... Fernsehen macht dumm (Denker) oder roh (Gefühlsmensch) oder gewöhnlich (Ästhet). Urlaubsfreuden sind nur an einsamen Stränden ohne Dusche und Cocktails möglich. Im Rucksack ist ein Tagebuch oder ein Zeichenblock. Das Richtige ist weit weg. Die wahren Berufe werden schlechter bezahlt als die richtigen. Das Wahre muss also in den Skalen des Systemwertes für den Luxus des Wahren bezahlen. Professoren bekommen weniger Geld als in der so genannten freien Wirtschaft. Krankenschwestern lieben ihre Patienten für ein idealistisches Gehalt. Kindergärtnerinnen lieben Kinder, nicht ihre Bezahlung. Erfinder darben oft in der Bastelgarage für ihre Idee. Ktisis pur. Künstler leiden lieber sprichwörtlich Hunger, wenn sie nichts Richtiges zu Stande bringen, als dass sie für „die Masse", für die Galerie oder die Buchauflage schreiben, also die Wahrheit verraten würden. Das Wahre kostet Geld. Dieses Buch hier ist ein wahres Buch. Ich habe dem Springer-Verlag gesagt, dass ich dies so sehe. Es ist irgendwie nur für mich. In das Formular, in dem ich vor jeder Buchvertragsschließung die „Zielgruppe" eintragen muss, schrieb ich „Menschen" hinein. Das Buch hat keine Absicht, außer dass ich das mir Wahre aufschreibe und hoffe, dem Wahren zu helfen. Ich liebe dieses Buch am meisten von allem, was ich je tat. Da die anderen Bücher sich relativ rasch verkauften und gleich die zweite Auflage erreichten, wird der Verlag es überleben, wenn ich ein reines Nachdenkbuch schreibe, das noch viel kompromissloser als die anderen ist. Ich bin so glücklich, dass ich das darf. (Hört ihr das? Verlag? Mein Arbeitgeber? Meine Familie? Anne, beim Kommentarlesen?) Das nächste Mal schimpft der Betriebsarzt beim Radfahrbelastungs-EKG wieder mit meinem gut betreuten Executive-Körper herum: „Sie sind schlecht im Radfahren. Sie müssen mehr und kräftiger zutreten. Sie machen es nicht richtig!" Er meint, ich habe nicht die richtigen Werte. Er meint eventuell die natürlichen Werte, aber ich bin mir bei den Cholesterin-Tabellen nicht so sicher, ob sie mich natürlich fordern oder nur richtig im Sinne der Margarineindustrie. Was sind die wahren Werte? Ich bekomme nicht alles gleichzeitig hin, fürchte ich. Bücherschreiben und auf der Stelle treten.

Die natürlichen Menschen werden noch härter als die wahren mit Systemwertentzug bestraft. Das Wahre erfordert Verzicht auf etwas Richtiges, aber die natürlichen Menschen können sich geradezu auf etwas Richtiges gefasst machen, wenn sie natürlich bleiben wollen. Im Grunde wird Glücksuchen niedergeprügelt. Es geht dabei nicht darum, den einzelnen Glückssucher zu bestrafen. Es würde ja reichen, ihm weniger Geld zu geben, was bei den wahren Menschen gut funktioniert. Im Gegensatz aber zu den wahren Menschen werden die natürlichen Menschen als gefährliche Systemfeinde angesehen, die das Richtige zum Schlechten, Verantwortungslosen und Unmoralischen verführen. Sie geben nämlich ein schlechtes Beispiel, weil sie das Einpflanzen von Seismographen bei den richtigen Menschen behindern. (Natürliche Menschen stören beim Religionsunterricht oder lachen, wenn Lehrer richtigen Menschen Schuldgefühle injizieren.) Sie stören das Uniformisieren und Systematisieren der Menschen im System, wenn sie gerne lärmen, rauchen oder in der Sonne sitzen. Sie sind für das System aufreizend und werden daher bekämpft.

(Die Systeme werden allerdings am Ende immer von *Ideen* vernichtet, nicht von den „Lustorientierten" und „Faulen". Die Ideen, die zum Untergang führen, kommen sehr oft von den richtigen Menschen selbst! (Shareholder-Value, BSE durch Tiermehl oder Züchten von Multifunktionsspeisefischen in Kläranlagen.) Die Systeme verstehen ihre *wahren* Feinde nicht. Wenn sie unbewusst merken, dass sie schon von einer Idee vernichtet sind, sperren sie ein paar repräsentative wahre Menschen ein. Die sind dann schon eher froh, weil sie zu diesem Zeitpunkt praktisch gesiegt haben, was nur noch keiner richtig gemerkt hat. Es ist wie bei den richtigen Unternehmen: Wenn diese einen Verlust in der Bilanz sehen, ist meist schon nichts mehr zu machen.)

Zusammengefasst: Jeder Mensch hat drei Wertekonten. Er besitzt einen Rang im System, einen als Jünger eines Ideals und einen Glückswert seines Lebens. Die drei Menschenarten unterscheiden sich darin, auf welchen Kontostand sie am meisten Wert legen.

Sehr viele Verrücktheiten und Neurosen entstehen, wenn Menschen nicht verstehen, dass es sehr problematisch ist, zu viel auf allen drei Konten haben zu wollen, weil diese Sehnsucht zu Widersprüchen führt. Wir sehen heute diese belastenden Widersprüche sehr schön in der Grünen Partei, die jetzt (März 2002) in Deutschland mitregiert. Regieren ist das Metier vor allem des richtigen Menschen, weil die richtigen Menschen am meisten in der Politik engagiert sind und diese daher dominieren. Die Politik tritt tendenziell die Ideale mit Füßen. Die Grünen wünschen sich eine wundervolle Umwelt, keinen Krieg in Afghanistan oder einen gewissen Abstand zur Gen-Manipulogie. Sie müssen aber *regieren* und damit meist zum Richtigen ja sagen, also zum Wahren nein. Sie verzweifeln, wenn sie wirklich wahr sind.

Viele Denker sehnen sich nach Streicheleinheiten, viele an sich glückliche natürliche Menschen wollen mehr respektiert und geachtet werden (also Systemwert). Ein guter Mensch sollte wissen, was er gesunderweise auf seinen Konten haben kann oder haben sollte.

Werte vom System, von der Idee oder vom Glück

Bisher bin ich davon ausgegangen, dass das System oder die Idee prinzipiell vorhanden sind. Der Mensch misst sich dann in diesem System oder als Jünger dieser Idee. Er misst sich zum Beispiel am Dienstgrad als Beamter oder am Forscherrenommee des theoretischen Physikers.

Neben dem Rang innerhalb einer Kategorie hängt aber der Wert des Menschen ebenfalls sehr stark davon ab, welchen Rang sein System, seine Idee oder sein Glück innerhalb der Menge aller Systeme, Ideen oder Glücksarten einnimmt!

Es macht einen Unterschied, ob der Mensch Weltmeister im Tennis oder im Beach-Volleyball ist (darüber schrieb ich schon in *Wild Duck*). Es ist ein Unterschied, ob jemand Papst ist oder der Sektenchef eines Spezialglaubens mit 300 Anhängern. Ein Guru in Chemie gilt mehr als einer der Brunnenbohrologie. Es kommt sehr auf die Größe eines Harems an!

Ich bin zum Beispiel in verschiedenen Verbänden der Wissenschaft tätig. Ich höre die Diskussionen. Mathematiker sagen: „Mathematik ist die Schlüsseltechnologie schlechthin. Alles ist im Grunde Mathematik. Warum sind wir so schlecht angesehen?" Die Informatiker meinen: „Heute geht ohne Computer praktisch nichts mehr. Ohne Informatik müssten wir in die Steinzeit zurück. Die Informatik ist die hohe Disziplin des Menschen." Die Philosophen sagen: „Nach dem Denken kommt lange nichts. Der Sinn des Menschen besteht im Denken." Die Manager sagen: „Es gibt eine Menge wahre Besserwisser. Aber irgendwer muss auch handeln, nicht nur klug reden. Wir handeln. Ohne Management geht nichts. Man sieht es daran, dass Manager am meisten Geld verdienen. Warum wohl? Weil Führung das Wesentliche des Menschen ist."

Die Kirchenfürsten sehen ihre Ideen und ihren Glauben im Abwind. Die Kirchen leeren sich. Andere Ideen steigen auf. Bald arbeiten mehr Menschen an Gentechnologie als es wahre Gläubige gibt. In der Welt ist ein Kommen und Gehen von Systemen und Ideen. Die Arten des Glücks erleben einen großen Sprung. Wer hätte früher an Drachenfliegen oder Disney-Worlds gedacht? Wer wäre früher zu einer Musical-Reise aufgebrochen? Heute können wir bei

Traumreisen glücklich sein, in Gourmet-Tempeln schwelgen, Hubschrauberflüge genießen oder alle Golfspielen. Im Grunde sind viele neue, sehr teure Glücksarten für jeden von uns erreichbar, wenn wir dafür Geld mitbringen. Und die natürlichen Menschen beginnen zu behaupten, dass eine Reise zum Mond glücklicher machen würde als das Boule-Spielen. Wahre Menschen würden das noch diskutieren wollen.

Richtige Menschen identifizieren sich mit ihrem System. Es ist für sie wichtig, welchen Wert das System an sich oder nach außen hin hat, wie angesehen es ist. Ihr Systemwert im System ist eine Sache, der Wert des Systems als Ganzes eine zweite. Und dann streiten sie, was größeren Wert habe. Ist ein Hauptmann einer Kompanie (100 Soldaten) höher als ein Chef einer 5-Personen-Computerfirma oder als ein Dachdeckermeister mit drei Gesellen und zwei Lehrlingen? Der Hauptmann ist Chef von vielen Menschen, der Meister wird von noch mehr Menschen gegrüßt, und der Computerfachmann verdient am meisten. Schwer zu sagen, wer nun den höchsten Systemwert hat.

Wahre Menschen identifizieren sich mit ihrer Idee, natürliche leben in ihrer Leidenschaft. Es gibt große Gurus für kleine Ideen und durchschnittliche Fachleute für große. Was ist mehr wert? Ist die Liebe zu Bratkartoffeln der Leidenschaft für Trüffelrührei unterzuordnen?

Diese Wertfragen sind hochkritisch. Sie geben Anlass zu beliebigem Streit. Viele Lebenslügen nehmen hier ihren Anfang. („Sie ist bloß leitende Kindergärtnerin in einem 800-Einwohnerdorf. Das ist ihr zu Kopf gestiegen.“) Viele Menschen werden mit dem Niedergang ihrer Ideen oder Systeme depressiv. Während zu meiner Kinderzeit ein Oberstudienrat höchsten Sozialstatus genoss, muss er heute erleben, dass viele Eltern seiner Schüler auf ihn herabsehen. „Er soll lehren und sonst die Klappe halten. Du musst dir nichts sagen lassen, mein Kind.“

Wir sehen deshalb im Leben die Systeme gegeneinander kämpfen: Besonders die Firmen sind als Systeme bemüht, sich wertvoll darzustellen. Sie wollen als die besten Arbeitgeber wirken. „Kommen Sie zu uns! Fühlen Sie sich in einer Weltklassecompany geborgen! Hier arbeiten Sie mit den intelligentesten und nettesten und erfolgreichsten Köpfen der Welt! Nebenan aber werden Sie als Sklave gehalten!“ Länder buhlen um Arbeitskräfte. Viele in Deutschland trauern, wenn sie sehen, dass indische Computerfachleute lachend abwinken und lieber nach Amerika auswandern. Deutschland überzeugt sie als System keineswegs. Die Religionen kämpfen mit Systemen, Staat mit Kirche, Idee gegen Idee, System gegen Lust, Lust gegen Idee. Alles streitet mit allem. Was ist jedes wert?

Ich sagte schon, hier lauern die Ränke und Lügen. Den Rang im System oder als Jünger einer Idee kann man noch irgendwie objektivierbar machen. Der Streit untereinander aber, welcher Glaube der rechte sei, ist fast nach Belieben zu führen. Wenn sich Menschen also als etwas Besseres fühlen wollen, so bauen sie am besten ihre Lebenslügen hier. („Ich bin zwar schlecht in der Schule, aber ich gehe immerhin zu einer Waldorfschule." – „Mein Arbeitgeber sieht es nicht gerne, wenn ich meine ganze Freizeit mit dem Kunstklöppeln verbringe." – „Alle sagen, ich bin unsympathisch. Dabei bin ich nur ehrlich. Ich sage jedem beharrlich, was Gott von ihm denkt. Ich weiß das, weil ich denke wie Gott." – „Sie können sagen, ich bin *nur* Hausmeister – ja. Aber in einer Botschaft! Da dürften Sie nicht einmal hinein – und ohne meine Fürsprache schon gar nicht.")

Die Strategie geht auf – vier Wertmaßstäbe – wofür?

Ich habe vier verschiedene Strategien des Menschen vorgestellt. Menschen, die herrschen wollen, Menschen, die auf Beute aus sind, Menschen, die sich verstecken, und solche, die Burgen bauen. Alle diese Menschen freuen sich sehr, wenn ihre Strategie erfolgreich ist.

Die Herrscher erfreuen sich an der Ausdehnung des Reiches, an der damit verbundenen Höherwertigkeit, an Siegen und dauerhaften Unterwerfungen von Menschen. Die Jäger freuen sich an einem gelungenen Coup, einem preisgünstigen Hauskauf, einem eroberten Mann, an rauschendem Beifall. Die Zaunkönige lieben die Zeiten, in denen kein Feind sie aufscheucht oder in denen sie fliehen oder ausweichen konnten. Die Burgenbauer freuen sich über die vergeblichen Angriffe verzweifelter Angreifer, die unter Spott und Spucke von oben abziehen mussten.

In diesen befriedigenden Augenblicken liegt viel Heil für den Menschen.

Leider hat die Strategie, das Leben zu meistern, nichts mit dem Sinn des Lebens zu tun. Denken Sie sich in diesen Gedanken hinein!

Ist es Gott wichtig, ob Sie Zaunkönig oder Herrscher sind? Sie sollen doch nur dem Glauben dienen! Ist es dem Arbeitgeber wichtig, ob Sie Burgenbauer oder Beutesucher sind? Es geht um den Arbeitserfolg! Prüfe ich als Professor beim Mathematik-Diplom, ob der Kandidat extrovertiert oder introvertiert ist? Hat die Strategie etwas mit Wahrheit, Liebe, Schönheit, Innovation oder Körperbeherrschung zu tun?

Ich stelle fest: Nicht so viel.

Wir richten aber unser Leben sehr stark auf diese Strategie aus! Wir wählen eine Kampfesart aus, mit der wir am besten zurecht kommen. Sie ist aber unabhängig vom System oder von der Idee oder von der Natur! Die gewählte Strategie mag im ganz frühen Kindesalter erworben sein; sie mag von den Strategien der Eltern, von der Erziehung und von der Art und Zahl der Geschwister abhängen, sie mag angeboren sein: Sie hat aber nichts direkt mit dem Sinn des Lebens zu tun, wenn wir diesen Sinn irgendwo dort sehen, wo ihn irgendwer normalerweise vermutet.

Unsere Strategie ist eben eine Bewältigungsstrategie des Lebens.

Das macht zum Teil groteske Schwierigkeiten im Leben: Zaunkönige weichen allen Menschen aus, wollen aber oft respektiert oder geliebt werden! Zaunkönige wollen oft für klug gehalten werden, melden sich aber nie zu Wort! („Halt den Mund – du wirst bestimmt ausgelacht!", zuckt das Flash-Mode-System bei jedem ihrer glücklichen Einfälle in einer Menschenmenge.) Zaunkönige sind ehrgeizig, dürfen es aber nicht zeigen. Sie würden gerne glänzen, aber keiner darf es sehen! Sie wollen herausragen, ohne den Kopf vorzustrecken, auf der Bühne brillieren, ohne sie zu betreten. „Ach!", lautet die ständige Klage, „Ich möchte irgendetwas besonders gut können und bewundert werden!"

Jäger möchten gerne einen Ruhepunkt im Leben, eine beständige Partnerschaft – aber sie selbst suchen Abenteuer! Sie möchten gerne in einer sie begeisternden Idee aufgehen, ihr das ganze Leben schenken – aber sie begeistern sich während des Besuches des nächsten Kirchentages für etwas anderes, weil ein guter Freund um Hilfe bat! Sie würden gerne eine dauerhafte Stelle mit gutem Gehalt besetzen, aber sie langweilen sich bald wieder. Jäger brauchen oft andere Tapeten.

Burgenbauer möchten nicht immer verteidigen. Sie wünschen sich Sicherheit, draußen vor ihren Mauern. Sie wünschen sich Besuch, dem sie gerne die Zugbrücke hinunterlassen würden. Aber sie haben Angst, erobert zu werden. Sie wirken deshalb auch in Beziehungen distanziert, wollen aber eigentlich auch eine enge Beziehung! Besuch, aber nicht erobert!

Herrscher wollen auch Küsse und Herzlichkeiten – von diesen würden sie aber besiegt! Sie sind doch aber Herrscher! Sie möchten nicht *immer* gefürchtet werden: „Redet doch einer mal normal mit mir!" Mit einem Herrscher? „Ich bin doch auch ein normaler Mensch!", beteuern sie, aber Herrscher wollen genau dies nicht sein, wenn auch ein Prinz es ertragen mag, einmal mit einem Bettelknaben verwechselt zu werden.

Die Lebensstrategie steht quer zum Lebenssinn, fast in jedem Falle.

Wie lösen Sie das für sich?

Ich fürchte, wir müssen das Einseitige einer Spezialstrategie aufgeben, oder?

Richtig-Gut-Schön-Stark-Neu – Falsch-Böse-Hässlich-Schwach-Alt

Jeder Mensch hat eine Lieblingsrichtung. Sie auch? Hoffentlich nerven Sie die anderen Menschen nicht damit, so wie Sie genervt werden.

Die Denker reden immer von „richtig, falsch, wahr, unwahr, Dummheit, Fehler, Schuld, Verantwortung, Inkompetenz, Faulheit, Gewissen, Grundsatz, Prinzip, ..."

Die Gefühlsmenschen benutzen die Wörter „gut, böse, lieb, schlecht, Rücksichtslosigkeit, Gleichgültigkeit, Anteilnahme, Mitleid, Liebe, ..."

Die Menschen in der Richtung der Schönheit verwenden oft „schön, hässlich, schrill, geschmacklos, gewöhnlich, Banause, kulturlos, erhebend, ergreifend, Auge, passt, passt nicht, ..."

Die Menschen in Richtung Ktisis sagen oft „alt, neu, antiquiert, anachronistisch, innovativ, kreativ, fortschrittlich, Erfindung, geniale Idee, ..."

Die Menschen, die auf ihren Körper achten, benutzen die Wörter „gesund, geschickt, krank, schlapp, unförmig, fett, fit, elegant, anmutig, plump, ..."

Ich selbst bin so eine Mischung aus Denker und Innovator. Sie werden ja selbst wissen, wohin Sie sich gezogen fühlen.

Und dann fallen wir übereinander her. Die Richtungskämpfe fangen an. Unsere Richtung ist ja jeweils die wichtigste und wertvollste, für die wir uns einsetzen, also gegen die anderen Richtungen und damit gegen die allermeisten Menschen kämpfen. Das gibt Streit ohne Ende. Jeder fühlt sich der Masse überlegen, weil jede Richtung in der Minderheit ist. Die anderen sind merkwürdige Menschen, die wir umerziehen müssen! Wir müssen Lobby betreiben!

Besser wäre, wir gehen einfach unseren Weg allein – in Richtung Liebe, Denken, Schönheit, Heldentum, Kunst, was immer. Besser wäre, wir würden die anderen schätzen und uns gegenseitig nutzen und helfen. „Nerve niemanden mit dir selbst und hilf, so viel du kannst!"

Hat das Siegen Ihrer Richtung etwas mit Ihrem Lebenssinn zu tun? Wenn Sie ein guter Jünger Ihrer Richtung sind, kommen Sie schon in den Himmel. Sie müssen nicht siegen oder den anderen Richtungen beweisen, dass die Ihre überlegen ist. Wenn Sie nur ein wundervoller Mensch in Ihrer Richtung wären – das würde die anderen Menschen echt nachdenklich machen!

Mehr können Sie wohl nicht tun.

Der Vergleich unter Gleichen

Da die meisten Menschen gar nicht wissen, was ein wundervoller Mensch wäre, behelfen sie sich durch den Vergleich. Wenn wir nicht wissen, was ein guter Weitsprung wäre, so springen hundert von uns weit in den Sand. Wir bestimmen die Siegesweite. Sie zeigt das Wundervolle. So messen die Arbeitswissenschaftler, wie lange jede Arbeit dauert und wie viel Mühe dazu gebraucht wird. Daraus erschaffen sie Normen, die das Normale definieren. Alles Bessere ist gut, alles Schlechtere ist tadelnswert. Das Normale ist natürlich ganz einseitig eine Erfindung des richtigen Menschen und seiner linken Gehirnhälfte.

Die wahren Menschen sehen das Eine und das Andere wie Gegenpole, die weit auseinander liegen, wie unendlich gegen minus unendlich. Sie denken so, wie Sokrates in Platons Dialogen redet, nämlich in Vorstellungsgegensätzen. Wahre Menschen verstehen erst das Ungemischte, die Ideen. Alles Gemischte setzt sich ziemlich einfach aus dem Reinen zusammen. Daher wollen wahre Menschen immer nur über die Ideenpole reden.

Die richtigen Menschen wollen unendlich lange darüber reden, was normal ist, weil das Normale wie eine Nulllinie in ihrem Koordinatensystem erscheint.

Wenn Sie zum Beispiel ein Kind bekommen, lernen Sie, wann es normalerweise zahnt. Der erste Zahn erscheint nach durchschnittlich x Monaten, der zweite nach y Monaten. Ihr Kind wächst heran, aber es zahnt nicht. Es sind schon x+2 Monate herum. Sie gehen zum Arzt. „Ist das normal?" Er sagt Ihnen, es sei nicht mehr ganz normal, aber überhaupt nicht ungewöhnlich. Das beruhigt Sie bis Monat x+4. Dann gehen Sie wieder zum Arzt, führen exakt denselben Monolog, aber Sie beginnen am Arzt zu zweifeln. An Ihrem Kind wird etwas nicht stimmen. Sie spüren, dass es nicht normal ist. Sie hatten auch schon nach sechs Wochen Angst, als das Kind sechs Tage nicht zunahm, was ganz ungewöhnlich ist! Sie machen sich Sorgen, immer stärker. So sind richtige Menschen.

Ich habe eine Mutter vor einem Arzt knien sehen (nicht meine Frau, die könnte ich ja mit Statistik beharken). Sie weinte: „Es zahnt nicht. Ich habe solche Angst." Sie war tränenüberströmt. Der Arzt strich ihr über das Haar und sagte: „Haben Sie schon ein einziges Mal einen Menschen ohne Zähne gesehen?"

Das ist die intuitive Sicht auf das Ganze. Sie schert sich nicht um x und y und um Tabellen. Derselbe Arzt hatte zu meiner Frau gesagt, als unser Baby Anne nicht zunahm, was nicht normal war: „Sieht das Baby denn schlecht aus?" (Nein!)

Das Normale ist also eine Erfindung des Richtigen. Man muss nichts ganz verstehen, man muss nur das Normale aus Tabellen kennen. Normal ist es, wenn man 15 Wörter mit 6,13 Jahren schreiben kann. Das große Problem ist, dass fast keiner der richtigen Menschen auch nur einen einzigen Schimmer von Standardabweichungen oder Varianzen hat. Es gibt in allen Stichproben normale Abweichungen vom Normalen nach beiden Seiten. Man bezeichnet das Ausmaß der normalen Schwankung um den Mittelwert als Standardabweichung. Diese Größe gibt ein Gefühl für das Nichtnormale. Sie gibt ein Gefühl, wie groß die normale Schwankung ist, die wir auch als Risiko bezeichnen. Eine Autobahnfahrt etwa nach Stuttgart in die IBM Hauptverwaltung dauert 1 Stunde und 20 Minuten. Diese Zahl ist absolut unbrauchbar, weil ich praktisch nie zu spät kommen darf (Hauptverwaltung! Sie wissen schon.). Ich muss also wissen, welche Zeit ich einplanen muss, damit die Wahrscheinlichkeit des Zuspätkommens etwa 4 Prozent beträgt, so dass ich höchstens alle zwei Jahre ein Problem habe. Diese Zeit ist etwa 1 Stunde und 50 Minuten. Alles darüber ist „Extrempech".

Wenn also die richtigen Menschen das Normale zum Maßstab machen, sollten sie wenigstens etwas über das Unnormale lernen. Das aber fürchten sie nur als böse, schlecht, risikoreich. Sie implantieren den Menschen Seismographen gegen das Unnormale, so dass es praktisch unlösbar für die richtigen Menschen mit Angst und Zittern verbunden ist.

Für wahre Menschen erscheint dieses Haften am Normalen wie Einfalt, Spießertum oder Biederkeit. Sie hören sicher gleich aus diesen Wörtern heraus, was Künstler oder Intellektuelle über *richtige* Menschen denken, die ihnen fast synonym zu den *normalen* Menschen erscheinen. Der wahre Mensch denkt wie Kierkegaard „Entweder – Oder", nicht „Normal – Unnormal".

Natürliche Menschen stehen im Hier und Jetzt im Leben. Sie setzen sich mit dem auseinander, was jetzt gerade zu tun ist. Normal? Das Normale wird erwartet, damit man sich darauf einstellen und das Normale einplanen kann. Das Außerplanmäßige, Unpünktliche, Unerwartete ist dann für einen Seismographenausschlag gut. Panik! Hektisch reagieren! Gefahr! Natürliche Menschen benutzen ihr Seismographensystem zum Ringen mit dem, was jetzt ist – was immer jetzt ist. Sie erwarten gar nichts, deshalb gibt es auch keinen Begriff des Normalen in ihnen. Sie finden höchstens die richtigen Menschen „echt unnormal". Sie meinen: unnatürlich.

Das Normale gibt allen Dingen das Maß und die Einheit.

Am Normalen wird die Welt ausgerichtet. Über der Normallinie wird geliebt und gelobt. Darunter wird geprügelt und bestraft. „Ach, Kind, wie sehr könnte ich dich lieb haben, wenn du nur etwas normaler wärest!" Richtige Menschen lieben, wenn der Pegel über Normalniveau steht. Wahre Menschen weisen auf Jesus, der die Menschen liebt. „Was, alle? Wo bleibt die Gerechtigkeit? Wie *kann* man unnormale Menschen lieben?" Das ist eine gute Frage. Wenn ein Mensch in Gegenwart eines richtigen Menschen etwas Unnormales tut (er wirft eine nur ein Drittel angerauchte Zigarette hin, weil sie beim Handyanruf stört), stechen im richtigen Menschen die Seismographen unbarmherzig zu. Gefahr! Verschwendung! Ungehörigkeit! Wie *kann* er diesen Menschen *jetzt* lieben? Wahre Menschen lieben weiter! Aber sie werden todtraurig, weil überall das Böse erscheint.

Alles orientiert sich in der richtigen Welt am Normalen, besonders die Bezahlung, die verlangten Schulleistungen, die erlaubte Freude etc. Die Bewertung aller Dinge erfolgt durch den Vergleich mit der Norm oder, wenn keine Norm definiert ist, durch den Vergleich untereinander.

Die richtigen Menschen verstehen nie richtig, dass es erbärmlich wenige Normen gibt, eben weil man fast niemals etwas wirklich normieren kann. Beliebtes Beispiel: Welcher Schulaufsatz ist besser – der oder der? Für die meisten Vergleiche gibt es so viele Kriterien, dass man sofort in Kaisers Bart Haare spalten kann. Noch ein Beispiel: Beim Eiskunstlauf gibt es mehrere Kriterien. Deshalb versteht fast niemand mehr irgendwelche Urteile. Dennoch vergleichen die richtigen Menschen unverdrossen.

Das führt zu unglaublich viel Lüge um die wahren Kriterien herum.

Denn das Vergleichen ist Kampf. Es soll im Wesentlichen den Systemwert des Menschen ermitteln. Die wahren Menschen graust das. Die natürlichen Menschen lachen über die Urteile, denen sie sich aber meist fügen müssen.

Im Vergleich liegt ein großer Teil des Bösen, sagen die wahren Menschen: Er erzeugt Egoismus (das soll er auch – in Form von Höherwertigkeitssucht im System) und Neid und Krieg. „Nein, aus ihm kommt alle Energie!", widersprechen die richtigen Menschen. „Der Vergleich mobilisiert die Kräfte! Er motiviert und spornt an, weil niemand unten sein will!"

„Das Unendliche, das Wahre zieht alle Kräfte hinan!", schreien die wahren Menschen ergrimmt und verzweifelt, grau im Gesicht. Die richtigen Menschen glauben es nie, weil sie nichts Unendliches kennen. Das Unendliche liegt über dem Normalen, ja, aber wie weit? Wie können wir es messen?
Das Vergleichen erzeugt immer das Minderwertige. Das ist ja das erklärte Ziel! Das Weniger soll zum Mehr angestachelt werden! Deshalb weinen immer etwa ein Drittel der Menschen, diejenigen nämlich, die unter dem Durchschnitt liegen. Haben die einen Lebenssinn?

„Ach, wie viel Sinn könnte dein Leben haben, wenn du nur ein wenig durchschnittlicher wärest!"

Der Vergleich scheidet die reale Welt in Himmel, Fegefeuer und Hölle.

Der richtige Mensch weiß, dass dies auch in höheren Sphären richtig erscheinen muss. Ist das wahr, Christus? Lässt das Vergleichen irgendetwas heil? Mindestens das Unterdurchschnittliche wird unheil. Immerhin eine Hälfte.

Das Ziel und das ES, die Ideenbefriedigung, der Trieb

Das ES ist vorstellbar als das Seismographensystem, das immer Alarm schlägt, wenn irgendetwas unnormal oder unter Plan ist. („Schuld!") Die Seismographen des Ideenbefriedigungssystems schlagen aus, wenn etwas gegen die Idee spricht, wenn deren Reinheit bedroht ist oder wenn der wahre Mensch nur armselig in der Idee verwurzelt ist. („Sünde!") Der natürliche Körper schlägt aus, wenn er seinen Willen nicht bekommt. („Frustration!")

Diese Systeme sind wie geschaffen dazu, in einem körperlichen Sinne die Einhaltung der Ziele zu kontrollieren. Sie werden auf Karriereziele geeicht, auf Ziele innerhalb von Ideen oder Glaubens- oder Kunstrichtungen oder auf Ziele des Begehrens. „Ich will Vorstand werden." – „Ich muss zehn Prozent Mehrumsatz schaffen, sonst bin ich in dieser Firma tot." – „Ich will genau diese Frau und keine andere." – „Ich muss den Beweis für dieses mathematische Problem finden. Ich muss." – „Er hat vor 20 Jahren gesagt, er sei etwas Besseres als ich. Das wird er mir nicht vergessen. Ich werde ihn demütigen. Ich verdiene jetzt schon halb so viel wie er." – „Ich will in die Top Ten. Einmal. Egal wie." – „Wir wollen Meister werden. Wenn ich das nicht schaffe, wechsle ich den Verein. Ich werde langsam alt. Ich fürchte, alles war sinnlos."

Das ES lenkt durch Seismographen die Aufmerksamkeit auf das Ziel im System. Wahre Menschen werden gequält, die Aufmerksamkeit ganz auf ihre Kernidee zu fixieren. Natürliche Menschen müssen das Ziel ihres Begehrens bezwingen.

Die Flash-Mode-Systeme halten uns auf etwas fixiert!

Wissen wir genau, was es ist? Wollen wir das so? Wollen wir so ausschließlich das Ziel erreichen? Wollen wir es so dringend? Unbedingt so hoch gesteckt? Ist es richtig, sich vernichtet zu fühlen, wenn das Ziel verfehlt wird oder in die Ferne rückt?

Es ist gut, wenn die Seismographen unsere Aufmerksamkeit lenken. Im Prinzip ist es hilfreich. Aber sind wir Herr über die Seismographen? Wir könnten es vielleicht sein, wenn wir es versuchten. Aber wir sind uns gar nicht so sehr bewusst, dass hier ein Problem entstehen kann oder schon besteht.

So zucken wir zusammen, wenn ein Ziel in Gefahr ist. Wir fühlen uns vernichtet, wenn der Chef uns nicht grüßt, jemand an uns vorbei befördert wird, wenn wir angeschrieen werden, wenn uns jemand warten lässt. Dabei soll uns das Seismographensystem nur helfen, in der Spur zu bleiben. Es soll uns doch sicher nicht beherrschen oder, weil wir uns mit ihm als solchem nicht befassen, unkontrolliert wirken, wie es will.

Wir Menschen programmieren nämlich nur Seismographen mit Strafen und Belohnungen in uns hinein, kümmern uns aber kaum darum, dass in der Gesamtheit eine Art Ungeheuer in uns entstehen kann, unter dem wir leiden. Wir leiden ja nie unter dem Ungeheuer, sondern wir leiden unter den Vorwürfen des Ungeheuers, dass wir uns schuldig fühlen müssten, uns schämen sollten, Fehlern und Sünden und Lüsten entsagen sollten. Das klingt überzeugend.

Aber es ist verkappte Schreckensherrschaft. Sigmund Freud hat viel über dieses Über-Ich-Artige geschrieben.

Wie können wir ein sinnvolles Leben führen, wenn wir die Energie zur Zielerreichung durch eingepflanzte Ungeheuer mobilisieren lassen? Reichen Vernunft oder Einsicht oder reiner Wille nicht auch?

Die schmerzliche Sehnsucht nach dem Verzichteten, das Glück und das Pech

Kann ich Sie überzeugen, dass es auf so viele Dinge ankommt, wenn wir Sinn spüren wollen? Alle diese Faktoren, die unser Leben wesentlich bestimmen, arbeiten weitgehend unkoordiniert nebeneinander oder sogar gegeneinander. Wir kennen sie meist nicht wirklich, haben also kaum Einfluss auf das, was geschieht.

„Niemand tut etwas, alles geschieht."

Die vielen Widersprüche in uns merken wir an dem, was uns fehlt: Arbeit, Geld, Zeit, Liebe, Respekt, Frieden, Ruhe, Erfolg, Schönheit, Fehlerfreiheit, ...

„Du, Schatz! In der Zeitung steht, dass 70 Prozent der Eheleute mit ihrem Sex nicht zufrieden sind. Viele gehen deshalb fremd, steht hier. Schatz, hast du das gelesen? Was sagst du dazu?" – „Ein Glück, das wir uns aus Sex nichts machen. Es kommt nur Unfrieden und Untreue heraus. Findest du nicht?" – „Ja, sicher, das mag stimmen."

Manche spielen Lotterie, damit sie träumen können, eine Weltreise zu gewinnen oder die Macht in der Familie an sich zu reißen. „Ihr lacht, wenn ich spiele. Die Million aber gehört mir. Ich könnte mich scheiden lassen. Ich muss euch nichts geben. Ihr müsst schön bitten, sage ich euch." Wussten Sie das Folgende? Die Gewinnausschüttungsquote beim Lotto in Deutschland ist dramatisch niedriger als bei der staatlichen Klassenlotterie. Warum spielen alle Lotto? Gibt es dafür irgendeinen rationalen Grund? Es geht nur um die irre Hoffnung, dereinst den Widersprüchen entfliehen zu können.

Wir leiden, wenn wir verzichten müssen. Wir verdrängen es nur mühsam. Immer wieder schwappt es hoch. Es muss mit Seismographen beständig unter Strafe gehalten werden. „Ich hätte damals das kleine Zusatzstudium machen sollen. Es war wegen des Babys, aber eigentlich hatte ich Angst vor der Prüfung." – „Meine Eltern wollten, dass ich dort wohnen bleibe." – „Ich dachte immer, ich kann so etwas nicht. Jetzt, wo ich es besser weiß, ist es zu spät." – „Ich habe immer Pech gehabt. Eine schwere psychische Krankheit warf mich schließlich aussichtslos zurück. Jetzt ist nichts mehr zu machen." – „Ich bin vor allem am Glück der anderen verzweifelt. Niemand musste sich anstrengen, wo ich nichts vermochte." – „Ich bin leider für nichts begabt. Anderen wird alles geschenkt, viele sind reich geboren."

In unserer Ratlosigkeit über unsere inneren Widersprüche bemühen wir Glück und Pech sowie alle Feinde und Bösartigkeiten dieser Welt, um zu erklären, warum wir dahinvegetieren. Es sind leider die Umstände nicht günstig. Schade um unser Leben.

Abschalten von Teilsystemen

Viele suchen ihr Heil in Teilabschaltungen ihrer selbst, um ihre Widersprüche los zu werden. Manche schalten alles Körperbegehren ab.

„Ich mache Karriere. Bis dahin ist an Spaß oder eine eigene Familie nicht zu denken. Später hole ich alles nach. Dann bin ich oben. Bis dahin gebe ich alles für den Aufstieg."

„Ich erkannte, dass alles Böse von meinen Körperlüsten ausgeht. Ich ignoriere den Körper oder besser: Ich beherrsche ihn jetzt vollständig. Ich muss kaum noch etwas essen. Ich wiege nur noch 30 Kilogramm."

„Ich bin in dieser Firma nicht glücklich. Das Klima tötet. Ich sehe noch die Chance, Gruppenleiter zu werden. Dafür schlucke ich einiges. Ich denke auch, man darf nicht immer gleich fliehen, wenn man auf Schwierigkeiten stößt. Wir sind doch alle erwachsene Menschen, nicht wahr?"

„Ich glaube an Gott. Das ist gar nicht so einfach, glauben Sie mir. Alle anderen leben eher besser, ganz ohne Gott. Da kommen mir manchmal Zweifel. Aber der Verzicht wird ja mit einem ewigen Leben belohnt. Es ist mehr wert als ein neues Auto. Deshalb bemühe ich mich, fest zu glauben. Dafür vergesse ich alles andere."

„Ich hasse emotionale Menschen. Alles wird bei mir sachlich entschieden. Das Herz tut nichts zur Sache. Ich habe eines, glauben Sie mir, aber es schadet der Sache, immer das Herz zu fragen. Es kommt letztlich auf Objektivität an, nur darauf. Alle anderen Argumente dürfen nicht zählen. Ich hasse Menschen, die dann weinen, weil sie so labil und schwach sind."

„Ich mache jeden Tag ein paar Stunden Atemübungen, um meinen Körper zu kontrollieren und mein Denken zu disziplinieren. Ich schalte langsam meine Körpersysteme ab. Ich will gleichgültig gegen das Äußere werden. Dann kann mir nichts mehr passieren."

„Ich tue meine Pflicht, ohne Ausnahme. Ich tue es gern. Wenn ich es nämlich nicht gerne tue, macht die Arbeit trübe. Deshalb tue ich alles gern, was ich tue. Ich habe mir angewöhnt, Lieder dabei zu summen, weil Musik dabei hilft, alles gern zu tun. Seitdem ich mir vorgenommen habe, alles gern zu tun, möchte ich das nicht mehr missen. Ich kann schon praktisch alles Unangenehme tun, wobei ich früher Magenkrämpfe gehabt hätte."

„Ich lebe allein. Menschen sind im Allgemeinen böse. Ich sicher auch. Wenn ich allein bin, ist das Haupthindernis für das Leben aus dem Weg. Ich tue keinem mehr was, die anderen sollen mich in Ruhe lassen. Ich habe für alle Fälle eine Waffe zu Hause."

„Ich bin heimlich froh – ich darf das ja kaum sagen – ich bin eigentlich froh, dass ich so starke Flugangst habe, denn ich will nicht so viel Geld wie die anderen Menschen verschwenden. Ich habe mir vorgenommen, jeden Monat 200 € zu sparen. Die werden mir nicht in die Wiege gelegt, wie es bei vielen anderen der Fall ist."

Die Menschen verlassen die Welt oder sie schalten die Seismographen möglichst ganz ab, was lange Konzentration erfordert. Sie entsagen dem sündigen Körper. Sie unterwerfen sich buchstabengetreu einem System. Sie zwingen sich in eine kleine Idee. Sie widmen sich ganz dem Studium einer Winzigwissenschaft. Sie gründen eine spezielle Partei, schenken ihr Leben einem Verein oder verlieren sich an eine Leidenschaft.

Es scheint so, dass es einfacher ist, nur teilweise zu leben.

Dann müssen wir nicht mit so vielen Widersprüchen leben, sondern nur mit diesem einen, nur teilweise zu leben.

Wechsel und Zelte abbrechen

Besonders die Zaunkönige und die Jäger lösen öfter zu große Widerspruchskomplexe dadurch radikal auf, dass sie auswandern, den Beruf wechseln, den Wohnort verändern. Burgenbauer verlassen die Burg nicht, Kapitäne verlassen eher kein sinkendes Schiff.

Wechsel macht frei! Die Verantwortung für ein gerade fehlschlagendes Projekt ist wie weggeblasen. Der Lebenspartner ist zusammen mit allen Konflikten verlassen. Frei von den Kindern! Frei! Anders! Neu! Weg! Die frische Luft wird wohl tun!

Es wird immer wieder erzählt, wie angeschlagene Menschen in neuer Umgebung zu blühen beginnen, wenn sie frisch und ohne Vorbelastung neu begannen.

Meist aber ist der Zaunkönig wieder Zaunkönig, die Widersprüche zwischen Ziel und Realität beseitigen sich nicht, meist bleiben Unterdurchschnittliche bei neuerlichen Vergleichen am neuen Ort wieder unter der Normallinie.

Das Wechseln lindert ab und zu den größten Schmerz.

Wann passt alles so zusammen, dass alles heil bleibt?

Das Leben stellt sich uns jetzt als ausgesprochen schwieriges Koordinationsproblem dar. Wir haben eine Präferenz als Kind erworben oder ererbt, ein richtiger, wahrer oder natürlicher Mensch zu sein. Die Wahl der Präferenz oder ihre Herausbildung oder Vererbung erfolgt ohne jede Berücksichtigung unseres einstigen Lebenserfolgs. Die Eltern und die Geschwister prägen uns. Wir werden etwas, was wir unter Umständen nicht wählen würden! In meinem Buch *E-Man* habe ich länger darüber nachgedacht, dass es in grauer Vorzeit sicher am besten gewesen wäre, ein natürlicher Mensch zu sein. Es gab ja keine Systeme mit Regeln; es gab keine Kunst oder Wissenschaft. Die Menschen mussten stark und tapfer sein und Tiere erlegen.

Bis vielleicht vor zwanzig Jahren ist es am besten gewesen, ein richtiger Mensch zu sein, der eine sichere Laufbahn in Banken, Versicherungen oder im Staatsdienst anstreben kann.

Heute schwenken wir in eine Wissensgesellschaft, in der alles Wissen im Internet verfügbar ist. Ein Mensch soll das leisten können, was ihn über den Computer und das Internet hinaushebt: Er soll kreativ, innovativ, teamfähig, flexibel, emotional intelligent sein. Wegen des Computers und des Internets wandelt sich derzeit die Welt grundlegend: Wir erleben den Wechsel vom Zeitalter des richtigen Menschen zu einem neuen Zeitalter, das den wahren Menschen in eine neue Führungsrolle drängt.

Alle diese Entwicklungen gehen leider am Kind vorbei, wenn es seine Persönlichkeit ausbildet, wenn es also beginnt, entweder der Disziplin, der Sehnsucht oder dem Willen die höchste Priorität einzuräumen.

Kinder beginnen, sich durchzusetzen, mit Charme zu gewinnen, erste Klugheit zu zeigen, mit Werkzeug umzugehen, Bilder zu malen oder mit technischen Baukästen zu spielen. Hier entwickeln sie Präferenzen, die sie später zu Denkern, Fühlern, Ästheten, Innovatoren oder Handwerkern werden lassen. Diese Präferenzen bilden sich, ohne dass sie wüssten, was man vernünftigerweise sein sollte.

Insgesamt entsteht nun ein Mensch, der in seine Persönlichkeit mehr hineinschliddert, als dass er sie kontrolliert ausbildet. Die Systeme erwarten uniform vom Kinde, dass es ein richtiger Mensch würde. Sie sehen mit Freude, wenn dies gelingt. Sie kämpfen bis zur Ausgrenzung des Kindes, wenn es nicht gelingen will. Die Systeme lassen also die richtigen Kinder bei Kontrollen unbehelligt („o.k., Stempel drauf!"). Sie überziehen alle restlichen Kinder mit Veränderungsversuchen. Im Grunde beteiligen sich damit die Systeme kaum an der „artgerechten" Persönlichkeitsentwicklung.

„Niemand tut etwas, alles geschieht."

Das Kind ist spätestens im fortgeschrittenen Kindergartenalter ein kommender Herrscher, ein Burgenbauer, ein Jäger oder ein Zaunkönig. Wer hat es so gewollt? Es kommt einfach dazu.

Später sieht sich ein Jugendlicher in einer vorgegebenen Welt, die fast unabhängig von seiner Persönlichkeit existiert. Er muss diese Persönlichkeit nun für diese Welt passend machen. Dabei hat er mit Sicherheit nicht dieses Buch bis hierher gelesen, weiß also zu fast keiner Zeit, welches Problem das Menschenwerden eigentlich mit sich bringt. Das einzige, was den Jugendlichen wirklich hart beschäftigt, sind die Vergleichszwänge des richtigen Menschen.

Die Jugendlichen werden unnachsichtig in Schulnotenklassen eingeteilt. Sie werden mit Ängsten geimpft, nicht normal zu sein. Diese Ängste führen zu Cliquen-Bildungen. Manche Kinder bekommen schon Angst, nicht normal zu sein, wenn sie nicht die richtige Turnschuhmarke tragen. Die Pädagogik stellt fest: Die Kinder orientieren sich nicht mehr so sehr an den Eltern, sondern an ihren Peer-Gruppen, an ihresgleichen. Es ist das Angstdiktat, nicht normal in der normalen Umgebung zu sein. Später werden sie am Arbeitsplatz normal sein müssen ...

Die Persönlichkeit entsteht also nicht in zweckmäßiger Weise, die auf das Leben vorbereiten würde. Sie entsteht quasi zufällig, je nach Eltern und Geschwistern. Die planmäßige Ausbildung der Systeme führt zur „Richtig"-Stellung des Kindes, mehr geschieht nicht. Die wahren Menschen dulden stumm und sehnen sich nach der besseren Zukunft. Sie lesen Harry Potter. Die natürlichen Kinder lesen eher nichts und leisten Widerstand, der sie in große Gefahr bringt, der sie allerdings auch stark machen kann.

Was aber sind dann, wenn man nun einmal mit einer Persönlichkeit gesegnet ist, die besten Formen des Menschen? Welche passen zu welchem Menschen? Darüber haben die Philosophen, streng genommen, noch nicht nachgedacht, weil sie in der Regel jeweils nur eine *einzige* Lebensweise beschreiben. Diese ihre Philosophie ist meist das Denkergebnis ihrer eigenen Entwicklung. Philosophen sagen, ein Mensch solle so sein, wie sie es sich selbst einrichten würden, wenn sie noch einmal leben müssten und dabei alles Wissen schon hätten, was sie jetzt haben.

Glücklicherweise gibt es richtige, wahre und natürliche Philosophen, so dass sich der ratlose Mensch doch einigermaßen orientieren kann. Man sollte nur das ganze Rechthaberische und Streitende überlesen. Der Streit besteht im Wesentlichen aus drei Lehrmeinungen: „Der richtige Mensch ist am besten." – „Der wahre Mensch ist am besten." – „Der natürliche Mensch ist am besten." Da die Philosophen Denker sind, ist die Richtung klar: Denken ist die Hauptsache. Da die Philosophen Bücher schreiben und Vorträge halten, sind sie eher Zaunkönige oder Burgenbauer. Damit stellt sich dann doch das Problem, dass es für viele von Ihnen keine richtige artgerechte Philosophie gibt, die neben den berühmten Standards von Platon, Kant & Co bestehen könnte.

Ich habe mich selbst umgeschaut, was gute artgerechte Lebensweisen sein könnten, die zusammenpassen und zum Heil führen könnten. Ich habe versucht, mich in alles hineinzudenken, weil ich ja nur ein einziger Menschentyp unter 60 verschiedenen bin. (Ich bin intuitiv, denkend/innovativ, Burgenbauer.) Es ist schon seit der ersten Seite dieses Buches nicht so einfach, sich vorzustellen, wie zum Beispiel Sie denken. Es ist eine richtige Herausforderung. Früher, als ich langsam zu begreifen begann, wie Sie denken, habe ich oft und lange mit dem Kopf geschüttelt: Warum tun Sie das nur? Warum so? Heute bin ich eine Stufe weiter und schätze Sie schon hoch: Wie Sie das machen! Donnerwetter!

Ich bekomme mit der Zeit eine Vorstellung, dass ich sehr davon profitieren könnte, wenn ich vieles so übernehme, wie Sie es tun. Wohin führt mich das?

Das weiß ich jetzt noch nicht.

3. Das Ich oder das Ego

Sigmund Freud sieht im Menschen eine Instanz des Ich, die zwischen den Interessen des Systems (vertreten durch Eltern, Regeln, Kultur, ...) und den zwingenden Forderungen des animalischen Triebs in uns vermittelt. Das Ich steht zwischen dem Über-Ich und dem von Freud so genannten Es.

Ich habe jetzt dargestellt, dass sich die Koordinationsaufgabe einer Ich-Instanz viel schwieriger gestaltet. Es gibt zwei Gehirnhälften, die verschiedene Ergebnisse in gleichen Lagen errechnen. Was tun? Wie organisiert das Ich den „Trieb" oder das ES bzw. sein Flash-Mode-System? Hat das Ich überhaupt einen *Zugang* zum Seismographensystem? Es könnte sogar wirklich einen haben, aber wir *kennen* ihn ja nicht! Wir haben unser Seismographensystem ja noch nicht erkannt! Wir haben noch nichts darüber gelernt!

Normalerweise richtet das Seismographensystem die Aufmerksamkeit auf etwas in unserer Umgebung. Hat das Ich darauf Einfluss? Erst danach, wenn die Aufmerksamkeit durch die Seismographen auf etwas gerichtet wird, treten die beiden Gehirnhälften in Aktion und denken sich etwas. Das Ich muss nun entscheiden, ob es überhaupt zustimmt, die Aufmerksamkeit dort zu lassen, wo sie vom Seismographen erregt wurde. Will sich das Ich damit befassen? Oder lehnt es das ab? („Nein, jetzt kein Eis!")

Danach muss das Ich entscheiden, welche der verschiedenen Meinungen den Ausschlag geben soll. (Links: „Sieht vernünftig aus." Rechts: „Mein Bauch hat ein merkwürdiges Gefühl." Oder rechts: „Ich bin begeistert!" und links:

„Das scheint mir nicht erlaubt. Nicht explizit, aber es ist mir zu sehr am Rande.“)

Das Ich koordiniert nicht immer alles neu. Es bildet bestimmte Stile aus, hat manchmal schreckliche Fehler gemacht und in anderen Fällen glücklich entschieden. Das Ich stellt fest, dass es in bestimmten Sparten (Gefühl, Denken, Ktisis, ...) besser und kompetenter entscheidet als in anderen. Es spezialisiert sich, erwirbt Strategiemuster und ändert die Person langsam zum Beispiel in einen Zaunkönig oder in einen Herrscher. Im Zuge dieser unausgesetzten Vermittlung und Koordination des Ich entfaltet sich die Persönlichkeit.

Wenn das Ich oder das Ego unter Druck steht, wenn es sich hilflos vorkommt oder überfordert ist, neigt es zu etwas gewaltsamen Entscheidungen:

Es wird egoistisch.

Es gibt viele Gelegenheiten, unter Druck zu kommen. Die hauptsächlichen Schläge gegen das Ich sind Seismographenausschläge, die schlechte Vergleichsmessungen anzeigen.

Zum Beispiel: schlechte Noten, in den Sand gesetzte Projekte, Streit mit Kollegen, Furcht vor Arbeitsplatzverlust, Schuldgefühle, Schamgefühle, Angriffe von Stärkeren, ... Es gibt so viele Gelegenheiten, die ein Ich zur Arbeit zwingen. In unendlich variantenreicher Färbung heißt es: „Du wirst besiegt und überrascht. Du bist nicht sicher. Andere überflügeln dich und nehmen dir etwas weg. Du bekommst nicht, was dir zusteht. Du bist schlecht angesehen. Es ist Gefahr! Gefahr an allen Enden, vom Chef, von den Turbulenzen der Schulkinder, vom Ehepartner, der etwas ganz anderes will! Nichts ist in Ordnung, alles muss geregelt werden! Wo bleibst du, Ich? Hier ist wieder eine neue Angst! Was sollen wir tun! Entscheide!“

Die Seismographen schlagen Alarm. Wenn das Ich nicht schnell genug arbeitet, stauen sich die Alarme, die dann wieder höhere Alarme auslösen. „Chaos! Notbremse!“ Der Körper reagiert eventuell mit sofortiger Grippe, mit Adrenalin, mit Ruhigstellung oder Depression.

Unter solchen Lebensbedingungen soll also das Ich die Entscheidungen treffen und alles sauber abarbeiten. Es hat aber, ich stellte es schon fest, keinen rechten Einfluss auf die Seismographen. Erst wenn das Ich noch die Aufmerksamkeit in den Griff bekäme, sollten wir eigentlich vom Ich sprechen. So aber haben wir nur ein sehr schwaches Ich, das im Wesentlichen nur reagiert, wenn Alarm ist.

Nebenbei kommen die Philosophen, Eltern und Manager und sagen dem Ich, es solle gleichzeitig noch für die anderen Ichs der andern Menschen umher sorgen, sich um das Gemeinwohl kümmern, um die Menschwerdung aller Menschen, um ihren Weg zu Gott und dergleichen.

Viele Ichs der Menschen ziehen in Panik die Reißleine.

Sie werden eben, wie gesagt, egoistisch.

Sie beginnen, erst für sich zu sorgen, dann für die anderen. Sie beginnen zu schummeln, zu lügen, Schwierigkeiten vorzutäuschen, Hilfe abzulehnen. Sie stöhnen sichtbar unter allen Belastungen, gehen neuen aus dem Weg, leiden laut unter Zeitmangel, rufen jeden gearbeiteten Handschlag als Verdienst aus. Andere Menschen hören dies heraus: „Ich! Ich! Ich! Ich zuerst, ich in Not, ich bin am besten!" Das heißt: „Ich will am besten sein, damit die Not endlich ein Ende hat. Ihr anderen, bitte! Akzeptiert, dass ich keine Not mehr leiden will. Akzeptiert einfach so, ohne weitere Demonstration, dass ich der Beste bin! Kniet vor mir, küsst und respektiert mich, dann ist mein Leiden eingedämmt und ich kann wieder Atem schöpfen! Ich wünsche mir so sehr Ruhe vor meinem Seismographensystem, vor meinen Kollegen, vor meinem Terminkalender. Ich schaffe es nicht mehr allein! Habt ein Einsehen und helft mir!" Ach, die anderen sagen, sie seien *noch* schlimmer dran!

Mir scheint das, was wir einen schlechten Menschen nennen, wie ein überlastetes oder unfähiges Ich, das dieser Koordinationsaufgabe nicht gewachsen ist. Die „nichtguten" Menschen entscheiden mal so, mal so, haben kaum gute Referenzerfahrungen, auf die sie zurückgreifen können, müssen also alles immer neu entscheiden. Jede neue Entscheidung ist wieder nur ein Versuch, es diesmal brauchbar zu gestalten – die Angst vor Seismographen flackert dauerhaft in den Augen. Das Ich, das die Kontrolle verliert, verrennt sich in Sackgassen, in Sucht oder ins Armenhaus. Es wirkt übersteigert, aggressiv, gehetzt, gestresst oder apathisch, niedergeschlagen, deprimiert. Das überforderte Herrscher-Ich schlägt um sich und versucht sich am letzten verzweifelten Endkampf um den Endsieg – alles auf eine Karte, alles wieder gut machen! Die überforderten Zaunkönige verschwinden ganz, die Jäger versuchen sich an immer waghalsigeren Aktionen – Beute notfalls unter Suizid (schauen Sie einmal in die Zeitung, unter Nahost oder unter Amok in der Schule). Die Burgenbauer lassen niemals mehr ihre Zugbrücke hinunter und schießen irrtümlich auch auf Touristen.

Das, was wir einen guten Menschen nennen, erscheint mir wie ein Ich, das der Realität gewachsen ist. Es ist ein Ich, das mit allen Anforderungen klarkommt und sich auch in wechselnden Umfeldern bewährt. Es baut einen Erfahrungsschatz von guten Entscheidungen auf, der kurze Entscheidungswege ermöglicht. Das gute Ich koordiniert reibungslos. Die Seismographensysteme schlagen kaum noch Alarm. Es ist nämlich fast alles gut. Kaum Stress. Das Ich konzentriert sich auf die wirkliche Arbeit – es ist nicht nur mehr Katastrophenabwickler.

Die Frage ist nun: Wie sieht denn ein gutes Ich aus? Gibt es Ratschläge oder einfache 10-Punkte-Programme, wie ein Ich seine Welt regieren soll? Ich stelle im Folgenden drei Beispiele dar, drei von vielen anderen möglichen. Ich stelle ein richtiges, ein wahres Ich und ein natürliches Ich dar und gebe „kluge" Anmerkungen dazu ab, wie mein Ich das sehen würde. Ich habe Ihnen ja schon gesagt, dass mein eigenes Ich eher ein Minderheiten-Ich ist und nicht so repräsentativ sein mag. Aber es will Ihnen nachher sagen, was das Eigentliche an der Sache ist. Das will es unbedingt.

Eine Abschweifung: In unserer Zeit des Shareholder-Value erscheint ein gut koordinierendes Ich als zu stressfrei, also eher wie faul und untätig. Ein guter Mensch, der froh vor sich hin arbeitet und dem alles gelingt, muss sich die Unterstellung gefallen lassen, dass er noch nicht „am Anschlag“ arbeite, wie man heute so sagt. Er ist aus Sicht der Bosse noch nicht an die Grenze des Ertragbaren gegangen. Aber in einer Zeit des Überlebenskampfes einer darwinistischen Wirtschaft soll jeder Einzelne bis an seine Grenzen gehen und das Bestmögliche leisten. Das Nahen der Grenze für ein Ich bemerkt man an Fehlern, Ermüdungen, am Verstummen der Gesänge, dem Milchnebel im vorher glänzenden Auge. Es ist die Grenze des Ich zu einem schlechten, überforderten, überlasteten Ich. Die Bosse nehmen den Menschen erst an der Grenzen zum schlechten Menschen ab, genug gearbeitet zu haben. Sie fragen nie wirklich, wo das Profitoptimum wäre! Das ist längst mit dem Summen bei der Arbeit in Vergessenheit geraten.

Weil aber deshalb die heutige Welt nicht im Profitoptimum arbeitet, sondern im Stressdesaster, deshalb müssen wir viel mehr arbeiten als früher, wenn wir das gleiche Gehalt mit unintelligenter Arbeit unserer Ichs verdienen wollen. Da wir das Profitoptimum planmäßig verlassen, weil wir dies alles nicht verstehen, häufen unsere Firmen Verluste auf. Sie sterben. Darwin. Die Bosse sagen, dass wir noch mehr arbeiten müssten. Wir müssten lernen, mit noch mehr Stress umzugehen. Wir werden noch mehr Verlust machen und weiter sterben. Darwin.

Leider liegt es nicht an der Auslese der Besten, in deren Folge die Schlechten sterben. Das würde Darwin sagen. Wir insgesamt verstehen das Beste nicht und verbieten es. Deshalb begehen wir Selbstmord im Ich-Chaos. Das steht an jeder Wand geschrieben. Wir aber haben keine Zeit zuzuhören. Wer Zeit hat, könnte noch mehr arbeiten. Wer Zeit hat, ist ein schlechter Mensch. Unsere Zeit sieht uns wie einen Hühnerhaufen, der sich erbittert um die Körner auf dem Hofe zerkratzt; niemand aber legt Eier, weil keine Zeit dazu ist.

4. Tugend des „Edlen“ und Wohlergehen für alle

Lassen Sie uns einen Ausflug in das Konfuzianische machen. Ich würdige jetzt nicht den Menschen Konfuzius, seine Lehren oder seinen Einfluss auf China und die Welt.

Ich gebe hier nur kurz einige Aussagen zum Leben des von ihm so genannten „Edlen“ (junzi). Dabei kommt heraus: Konfuzius ist ein *richtiger* Mensch, konkret und im Detail. Er will die Welt in concreto verbessern. Es geht ihm weder um intuitives Brüten über bessere Welten noch um einen Weg in Einfachheit, wie ihn die Taoisten gehen.

Konfuzius ist kein Denker, sondern in meinem Verständnis dieses Buches ein Gefühlsmensch. Ich zitiere hier nur zwei Sätze aus seinen *Gesprächen* oder *Lun-yu*: „Will man Gehorsam durch Gesetze und Ordnung durch Strafe, dann wird sich das Volk den Gesetzen und Strafen zu entziehen versuchen und alle Skrupel verlieren. Wird hingegen nach sittlichen Grundsätzen regiert und die Ordnung durch Beachtung der Riten und der gewohnten Formen des Umgangs erreicht, so hat das Volk nicht nur Skrupel, sondern es wird auch aus Überzeugung folgen.“

Ich interpretiere: Konfuzius ist ein Vertreter der Notwendigkeit eines Systems. Deshalb ist er ein richtiger Mensch. Er erteilt dem reinen Regel-/Gesetzesgedanken eine Absage. Er setzt auf Sittlichkeit oder Moral, auf Ritus und Tradition, auf Höflichkeit und guten Umgang miteinander. Das ist fast prototypisch genau: *richtiger Gefühlsmensch.* Man kann von Konfuzius annehmen, dass er sehr ehrgeizig war und als „Edler“ eine hohe beratende Funktion im Staatsdienst für sich adäquat sah, die er einige Zeit auch sehr erfolgreich wahrnehmen konnte. Was er empfahl, lebte er beispielhaft vor.

Konfuzianer sehen den Menschen verpflichtet zu Jen (Menschlichsein), I (Rechtlichkeit), Li (Sittlichkeit und Ritus), Dsche (analytischer, scharfer Verstand) und Hsin (Zuverlässigkeit), wobei Konfuzius selbst in dieser Liste Jen an die höchste Stelle gestellt hätte. In dieser Liste steht implizit wieder: Linke Gehirnhälfte, erst Gefühl, dann Ordnung.

Platon nannte Weisheit, Gerechtigkeit, Besonnenheit, Tapferkeit als Kardinaltugenden (Denker!), Aristoteles setzte die Gerechtigkeit ganz nach oben (Denker!). Die katholische Kirche ist irgendwie auch so geworden, finde ich, wie ein Denker – mit Dogmen, Hierarchien, Unfehlbarkeiten und ähnlichen Systemattitüden. Dadurch wirkt unsere Kultur mehr wie „Denker“, obwohl Jesus als Mensch und in seinen Worten Äonen davon entfernt ist. Als Mensch wäre Jesus ein wahrer Gefühlsmensch.

Es scheint so zu sein, dass die ursprüngliche Richtung des Gefühls und des Menschlichseins immer wieder von den Denkern in Regeln und Gesetze umgeleitet wird, weil das Denkerische sich schriftlich besser darstellen lässt. Dies gilt insbesondere für das Westliche, dessen Sprache für das analytische Denken geschaffen zu sein scheint.

Das Konfuzianische sieht aber das Hauptmerkmal des vollkommenen Menschen darin, dass er die Gründe des Herzens kennt, also um die Natur des Menschen und seiner Gefühle weiß. Zi-Gong fragte den Konfuzius: „Gibt es ein Wort, das ein ganzes Leben lang als Richtschnur des Handelns dienen kann?“ –

Konfuzius antwortete: „Das ist ‚gegenseitige Rücksichtnahme‘. Was man mir nicht antun soll, will ich nicht anderen Menschen zufügen.“ (*Lun-yu*, 15,24).

Das steht fast so ähnlich im Evangelium, aber Jesus hätte niemals *Rücksichtnahme* gemeint, sondern *Nächstenliebe*! Ich habe hier auch einen Text der *Lun-yu*, in dem der Übersetzer nicht Rücksichtnahme, sondern Nächstenliebe übersetzt. Ich bin da nicht Experte, wage aber einen Einwurf: Das Wort Rücksichtnahme bezeichnet eine Kardinaltugend der linken Gehirnhälfte, Richtung Gefühl. Es passt also zu Konfuzius. Das Wort Nächstenliebe bezeichnet dagegen eine Kardinaltugend der *rechten* Gehirnhälfte, Richtung Ethik. Das Konfuzianische ist konkret, praktisch, systematisch, bodennah. Die Worte von Christus aber sind Worte des radikal Intuitiven, ohne System, ohne Hierarchie, ohne Listen und Prioritäten, was zuerst und in welcher Reihenfolge getan werden müsste! Insofern scheint mir die seltsame Art des linkshirnigen Christentums, wie sie gewöhnlich praktiziert wird, absolut an der rechtshirnigen Konzeption vorbeizugehen. Jesus steht für das Rechte und würde – in diesem Sinne extrapoliert – mit Sicherheit hierarchische Kirchensysteme links liegen lassen wollen.

Die Übersetzer verwechseln dann leider Rücksichtnahme mit Nächstenliebe ...

Einiges von Konfuzius: „Sich selbst überwinden, die eigenen Wünsche und Begierden bezwingen und sich der Sitte zuwenden – das ist Jen.“ (Jen: *Menschlichsein*). Jen ist also auch linkshirn-gefühlsmäßig-richtig gemeint. Oder weiter hinten in *Lun-yu* (17, 6): „Überall fünf Grundsätze verwirklichen – das ist Jen.“ – Was sind die fünf? – „Höflichkeit, Großmut, Aufrichtigkeit, Eifer und Güte. [...] Wer Güte hat, kann anderer Menschen Herr und Leiter sein.“

Sehen Sie den Unterschied zu den gängigen Managementkursen, in denen wir lernen, wer die richtigen Führungspersönlichkeiten wären? Wir sehen heute Manager als durchsetzungsstark, zuverlässig, mobilisierend, energisch, tough, zielorientiert etc. Güte? Die heutigen Manager und Politiker sind zum größten Teil richtige Menschen des Typs „Ordnung, Denken, Gesetz“. Sie sagen: „Ein Unternehmen ist keine Sozialstation. Es geht ums Überleben.“

Jemand fragte Konfuzius: „Soll man mit Güte vergelten, wenn einem Unrecht geschieht?“ – „Womit willst du dann Güte vergelten? Unrecht ist mit Gerechtigkeit, Güte mit Güte zu vergelten“, entgegnete der Meister. Christus würde die rechte Wange hinhalten, weil eben seine Lehre rechts-intuitiv ist. Das analytische Denken setzt dagegen der Güte Grenzen.

Der Edle im Sinne des Konfuzius flieht nicht aus der Welt und propagiert keinen Egoismus. Er entwickelt sein Selbst (im linkshirnigen Sinne zur Vorbildlichkeit) und bejaht sein Ich. Es drängt ihn danach, in einer Gemeinschaft Verantwortung zu übernehmen, sei es in der Öffentlichkeit, in der Verwaltung oder schlicht im Rahmen der weiteren Familie. Der Edle integriert die Gemeinschaft und er selbst integriert sich in ihr.

Der Edle ist bis zum Äußersten *diszipliniert*. Er überprüft sich ständig selbst entlang den Worten: „Täglich überprüfe ich mich in dreierlei Hinsicht: War ich andern gegenüber treu und zuverlässig? War ich aufrichtig im Umgang mit Freunden? Habe ich geübt, was ich gelernt habe?" (*Lun-yu* 1,4) Und noch einige sehr erhellende Sätze von Konfuzius aus *Lun-yu* 15: „Der Mensch kann Großes denken und hohen Idealen folgen. Das bedeutet aber nicht, dass er selbst dadurch zu Ansehen und Einfluss gelangt." – „Ich habe schon tage- und nächtelang über die rechte Art zu leben nachgedacht, nichts gegessen und nicht geschlafen. Ich versuchte, selbst darauf zu kommen. Das aber hat keinen Nutzen. Besser ist es, von anderen zu lernen." Das beständige Lernen ist eine Grundhaltung des Edlen, der sich ausdauernd um das Studium der Klassiker bemüht.

Ich bin ja Intuitiver: Ja, man kann in der Bibliothek einiges lesen. Aber das Denken, also die reine Zeit ungestörten Ratterns des neuronalen Netzes in mir, *das* bringt die wahren Früchte! „Es hat keinen Nutzen, zu versuchen, selbst darauf zu kommen!" Wenn ich Konfuzius so höre, dann krampft sich mein ganzes Selbst zusammen und stöhnt. Er versteht es nicht! Links ist nicht das Wahre!

Aber für richtige Menschen sagt Konfuzius genau das Richtige.

(Abschweifung: Deutschland erleidet derzeit eine Bildungsdiskussion unter dem deutschen Trauma, nicht vorbildlich zu sein und nicht genug zu lernen. Das brachte diese Studie namens Pisa ans Licht. Ich erwähne sie hier noch einmal. Wie sehr sie sich alle aufregen und empören, die richtigen Menschen! Sie reagieren wie Konfuzius: Noch mehr Stoff lernen, denn selbst darauf zu kommen, hat keinen Nutzen! Ich könnte jetzt und hier ein ganz eigenes Buch abzweigen, ehrlich. In unserer heutigen Wissensgesellschaft sind mehr als die Hälfte der Akademiker Intuitive. Sie werden aber im System wie richtige Menschen traktiert. Da ist das Problem! Sie müssen „Problemlöseverhalten" eingeimpft bekommen, nicht Stoff! Das aber ist eine Doktrin des wahren Menschen. Unser Bildungssystem ist nur für richtige Menschen gedacht. Alle Kritik an diesem System beklagt den mangelnden Anteil des Intuitiven, Kreativen, Selbstdenkenden. Diese Kritik ist dem System unverständlich, es versteht nur die Links-Kritik „zu wenig Stoff drin". Deshalb sehe ich selbst ganz mutlos den schweren Gang Deutschlands in die Katastrophe. Es kommt nicht so schlimm. Eine Katastrophe wird es letztlich doch nicht. Deutschland wird eben nur sehr durchschnittlich. Aber selbst im Sinne des konfuzianischen Edlen ist dies die Katastrophe schlechthin.)

Die richtigen Philosophen sehen also das Heil des Menschen im vorbildlichen Verhalten, in der Pflicht, in der Selbstintegration in das jeweilige System. Täglich prüft sich der richtige Mensch, ob alles in Ordnung ist. Nach und nach wird er fehlerfreier, also gerechter, sittlicher, pflichtbewusster und ordentlicher.

Ich sehe es so: Dem richtigen Menschen pflanzt das System ein reiches Seismographensystem ein, wie er sich zu benehmen hätte. Die Eltern „erziehen" zu Regeln und Gewohnheiten. Die Schule addiert noch mehr Hausordnungen und Prüfungspunkte dazu und türmt immer mehr Stoff auf, der voraussichtlich nützlich sein wird. Im Grunde wird ein Grundstein im linken Hirn angelegt, eine Art Grundwissen, ein Grundverständnis. Dazu kommen alle möglichen Regeln und Vorschriften, Wünsche und Vorstellungen des Systems, die als Seismographen in den jungen Menschen eingebrannt werden.

Wenn der richtige Mensch danach als Anfänger, als Rangniedrigster in das System eintritt, schlagen alle Seismographen Alarm. Denn wir überprüfen uns ständig, und nicht nur in dreierlei Hinsicht. Dann verbessern wir uns, halten die Regeln ein, werden sittsam.

Wir bestehen Jahr für Jahr mehr und mehr Prüfungen. Die Kritik wird leiser. Wenn sie gestorben ist, ist das Seismographensystem ruhig und alles im Einklang mit den gespeicherten Vorschriften des linken Gehirns. Dann sind wir also weise geworden.

(Das ist nicht meine Meinung, nur die Idee der Konstruktion eines *richtigen* Lebens – in Wirklichkeit vergessen wir das Prüfen, wir messen falsch und betrügen die Seismographen durch das Vorgaukeln von schlimmen Widrigkeiten und das Fürchten vor Feinden. Überhaupt ist Angst vor allem Möglichen ein guter Ersatz für die Mühsal des Edel-Werdens. Man ersetzt Erziehungsseismographen durch Angstseismographen! Ein schreckliches Ende des richtigen Menschen und die implizite Hauptkritik an der Möglichkeit eines wahrhaft richtigen Lebens!)

Kann ein richtiger Mensch im konfuzianischen Sinne sein Leben erfüllen? Ja, er kann. Konfuzius lebte es selbst vor. Es ist allerdings nicht einfach! Es dauert lange, bis die Seismographen ruhen. Konfuzius hat wohl auch sicherlich gemeint, alles lieber gleich ganz ohne Seismographensetzen zu probieren, also mit reiner Vernunft des Richtigen. Geht das? Zumindest nicht praktisch für die große Menge der Menschen. Die Seismographen scheinen mir die wesentliche Möglichkeit des Menschen, Vernunft in Tatwillen umzusetzen, damit der Seismograph abgestellt wird. Wie setzen wir reine Vernunft direkt in Tatwillen um, ohne dass irgendetwas pressiert? Es müsste ein Hyperseismograph sein, der sagt: Vernunft hat das unbedingte Primat über den Willen. Aber der schlüge ja dann dauernd aus?

Das richtige Leben sähe also so aus: Der richtige Mensch wird mit Grundwissen und einer Unmenge von Regelseismographen bepflanzt und etwa mit 20 Jahren in diesem Zustande sich selbst überlassen, in dem er schon die Konsequenzen der Schläge selbst tragen kann. Das richtige Leben bestünde in einem langen Weg, all dem zu genügen, was als Forderung einst hineingepflanzt war. Wenn das gelingt, ist der Mensch weißhaarig geworden und weise.

5. Eines der höchsten Güter: Das Geschenk des Eigentlichen

Ich glaube nicht an diesen Weg der Pflicht, selbst wenn ich mich in den Vorstellungsraum des richtigen Menschen hineinversetze. Dieser Weg endet ja nie in Vollkommenheit. Denn „nobody's perfect". Das sagen selbst und vor allem die richtigen Menschen, immer ein wenig resigniert. Sie arbeiten auf Höherwertigkeit hin. Jeder kommt so weit, wie er kommt. Ständig wird gemessen und geprüft, wie weit er ist und wie weit im Vergleich zu den anderen. „Er ist in der zehnten Klasse. Er müsste in seinem Alter schon diese und jene Einsichten haben." Im Grunde ist der Weg der Pflicht einer des Linderns der Schmerzen, die durch Seismographen, die Hüter des intitialen Systems, verursacht werden. Insofern wird der richtige Mensch schon irgendwie glücklich: Er wird langsam respektiert, als Vorbild geachtet, nicht mehr so stark kritisiert.

Aber ist das alles? Nur gut zu funktionieren im Sinne der Systemdesigner und nur frei von Ego-Verletzungen zu bleiben und daneben genug Geld (Sicherheit) zu haben? Ja, ich weiß, das ist exzessiv interpretiert, wo es ja auch um Sitte, Güte und Gerechtigkeit geht. Aber bitte sehen Sie auch, dass die Seismographen gewöhnlich bei Ungerechtigkeit, Nichtgüte und Unsitte anschlagen. Der *richtige* Lebensweg vermeidet ja im Wesentlichen Fehler. Er ist also eine Wegbewegung vom Gegenteil dessen, wohin man will. Wenn ich mich dadurch einem Unbekannten zu nähern versuche, indem ich mich vom dem Gegenteil entferne, so mag ich die grobe, richtige Richtung treffen. Im Grunde kann meine Richtung aber wirklich nur grob sein.

Diesen Mangel, das Positive als Gegenbewegung zum Negativen zu begreifen, kann der richtige Philosoph heilen, indem er fordert, das Geforderte oder die Pflicht zu lieben. Wenn wir das vom System Geforderte als Ziel unserer Neigung empfinden könnten, dann wäre das richtige Leben so, dass man zufrieden sein könnte. Dann wäre mein Leben keine Wegbewegung vom Gegenteil, sondern die Neigung würde mich wie ein Magnet anziehen. Deshalb stellen uns so viele Denker das Lieben der Tugend als vornehmste Pflicht dar. Ich in Wirklichkeit kenne niemanden, der die Tugend liebt. Ich kenne etliche, die sagen: „Ich bin stolz darauf, die Tugend zu lieben." – Oder: „Ich mag Menschen grundsätzlich. Ich will da gar keine Ausnahme machen. Das gibt es bei mir nicht, dass ich einen Menschen nicht mag. So etwas kommt nicht in Frage, das ist doch klar." Das macht mir schwer Eindruck und solche Menschen bekommen von mir 100 Punkte extra, aber *sie lieben nicht*. Ihr Verhalten simuliert Liebe, damit das Seismographensystem sie nicht verletzt, das das Lieben von ihnen als Pflicht verlangt.

Für mich ist die Pflicht und die Tugend und die Neigung zu ihnen nicht das, was eigentlich von uns verlangt wird. Diese Begriffe treffen für mich nicht den eigentlichen Kern. Aber wenn ich nun erklären soll, was das Eigentliche ist? Da ringe ich wieder einmal um Worte. Ich versuche es mit einem Vorstellungsmodell des Innen und des Außen. Das Eigentliche ist in der Mitte. Es ist einfach zu sehen, aber schwer zu beschreiben oder nachzumessen.

Ich möchte am Beispiel der Berufsausübung erhellen, was ich meine. Es gibt eine „innere" Pflichtvorstellung von dem, was jemand von Berufs wegen leisten sollte. Dieser Jemand leistet seine Arbeit und tut seine Pflicht. Er mag gerne arbeiten und seinen Beruf lieben. Die anderen Menschen aber um ihn herum haben eine „äußere" Vorstellungswelt von dem, was dieser Jemand zu leisten hätte. Diese Vorstellung ist meist anders. In wirtschaftlichen Worten: Es gibt eine innere Vorstellung des Arbeitenden, wofür er zuständig ist und was er leisten sollte. Daran orientiert sich meist seine Dienstpflicht. Es gibt eine weitere, äußere Vorstellung, die man heute und nicht erst seit langer Zeit die Sicht des Kunden nennt, der zufrieden sein will. Der Begriff der Kundenzufriedenheit hat es auch heute noch schwer, in den mentalen Vorstellungsmodellen von Unternehmern und Mitarbeitern Fuß zu fassen oder gar in sie Eingang zu finden. „Ich tue meine Pflicht, 100 %, ganz sicher! Aber die Kunden sind unverschämt. Sie wollen natürlich immer mehr oder gleich alles." Wenn ich solche Worte im Geschäftsleben höre, bin ich meist schon argwöhnisch. Da liebt jemand seine Pflicht und spürt aber doch, dass er selbst von sich diese Pflicht verlangt, dass aber auf der anderen Seite „Kunden" eine andere Auffassung von dem haben, was er tun sollte. Es ist fühlbar, dass es eine Lücke oder eine Inkongruenz zwischen dem Innen und dem Außen gibt. Bei den meisten Menschen gewinnt die innere Sicht, die als maßgebend empfunden wird. Ein Beispiel:

Wenn ich mir vorstelle, ein richtiger Mensch zu sein ...

Ich hätte eine Rolle im Leben, ich wäre Bibliothekar oder Verwaltungsangestellter und hätte einen langen Aufgabenkatalog abzuarbeiten. Ich würde exzellent arbeiten, alles richtig machen, zu den Kollegen nett sein, nie aus der Rolle tanzen, weil ich als richtiger Mensch meine Rolle fast so ernst nehme wie mich selbst, so weit, dass ich sie nicht auseinander halten kann. Ich identifiziere mich mit meinem Job. Wenn jemand etwas will, was *nicht* zu meiner Pflicht gehört, lächle ich freundlich und erkläre bestimmt, dass ich nicht zuständig bin. Das kann ich notfalls anhand einer Tabelle beweisen. Ich gebe dem Kunden den netten Hinweis, welcher Kollege von mir tatsächlich zuständig ist. *Wenn* ich zuständig bin, setze ich meine ganze Kraft in Pflichterfüllung. Täglich überprüfe ich mich in dreierlei Hinsicht: War ich andern gegenüber termintreu und zuverlässig? War ich aufrichtig im Umgang mit Kunden? Habe ich geübt, was ich gelernt habe?

So werde ich langsam ein edler Mitarbeiter.

Dieses Verständnis des richtigen Menschen ist ein typisch philosophisches, weil es introvertiert ist. Ich setze mir selbst Kriterien, die ich erfüllen will. Zum Beispiel: Ich will alle Tugenden haben. Ich bemühe mich, mich so zu benehmen, dass ich diesen Kriterien gerecht werde, also alles richtig mache.

Leider sind meine Kriterien oft nicht wichtig, vielleicht falsch, oder sie ändern sich. Es kann ja sein, dass ein Bibliotheksbenutzer überhaupt nicht daran interessiert ist, ob ich alles richtig mache. Er will zum Beispiel nur ein bestimmtes Buch, das nicht ausleihbar ist. Ich sage ihm dann freundlich, dass es zum *Präsenzbestand* gehört. Er will es aber ausleihen, nur für einen Tag, weil es sein Schwager in der Firma umsonst kopieren kann. Eine kurze Ausleihe würde ihm also extrem helfen. Aber ich darf meine Pflicht nicht verletzen, die ich inzwischen liebe. Er schimpft mit mir, weil ich kleinlich bin, aber ich tue nur meine Pflicht. Er muss also, sage ich ihm, zu meinem Chef gehen und meine Pflicht ändern, wenn er das Buch haben will. Ich bin nicht selbst für meine Pflicht zuständig, sondern immer der über uns ist für unsere Pflichtdefinition verantwortlich. Irgendwo muss ja die Ordnung herkommen.

Wie gesagt: Es gibt einen Widerspruch zwischen der Pflicht in einer Rolle und dem Angemessenen für einen Kunden. (Vater zu Kind-Kunde: „Als wildfremder Mensch würde ich dir ein Eis kaufen, als richtiger Vater darf ich es nicht, weil du schon eins hattest. Und da ich meine Pflicht liebe, finde ich mich gut, wenn ich dir kein Eis kaufe, obwohl es mir bei diesem Wetter schwer fällt, und das bringt mir wieder Tugendpunkte in Liebe ein.“) Für diesen elenden Widerspruch zwischen den Pflichten und den verschiedenen Rollen haben die richtigen Menschen in den letzten Jahren den Begriff der *Kundenzufriedenheit* erfunden oder eingeführt. Man fordert nun, dass der Kunde zufrieden gestellt werden muss. Ich bin damit berechtigt oder aufgefordert, meine Pflichten selbst zu ändern, ohne das System zu ändern, aber so, dass ich alles später als Ausnahme rechtfertigen kann. Ich könnte nun mit dem Bibliotheksbenutzer zum Kopieren mitgehen, aber das System hat wieder noch höher Regeln, die mitgehen lassen am stärksten verbieten. Usw. Sie verstehen mich schon:

Es geht um einen Kompromiss zwischen denjenigen Kriterien, die meine *innere* Pflicht definieren, und denen, die in naiver Weise von mir von *außen* erwartet werden könnten. Man kann nun nicht einfach die naive Erwartung von außen zu meiner Pflicht machen, dann wäre ich quasi Sklave des Kunden, während ich in Wirklichkeit Sklave des Systems bin. Aber durch die Einführung der Kundenzufriedenheit als Begriff und Konzept werden sozusagen von außen Kriterien an mich, den Pflichtmenschen, herangetragen, damit ich nicht nur meine Innenpflicht tue, sondern auch eine im Sinne des Kunden sinnvolle Tätigkeit ausübe.

Wenn Sie noch ein bisschen Mathematik parat haben, kann ich Sie mit einem Vorstellungsbild beglücken. Wenn der Mathematiker oder Archimedes die Kreisfläche berechnen will, zeichnet er mit dem Zirkel („circulos meos!") einen Kreis auf Kästchenpapier oder Gittersand, also auf Rechenheftpapier mit Kästchen. Dann zählen wir, wie viele Kästchen ganz im Kreis liegen, *ganz drin*. Danach zählen wir noch die Kästchen, die vom Kreisrand durchschnitten oder berührt werden. Wir wissen dann: Die Fläche des Kreises ist mindestens so groß wie die Summe der Kästchenfläche *innen* und sie ist kleiner als alle Innenkästchen plus alle Randkästchen. Untersumme und Obersumme, sagt der Mathematiker. Die *wahre* Fläche des Kreises liegt dazwischen. Man kann also ziemlich schnell ungefähr sagen, wie groß die Kreisfläche ist, mit ein paar Kriterien von *innen* und ein paar von *außen*. Die eigentliche Wahrheit ist aber so sehr tief wie der Kreis einfach rund ist!

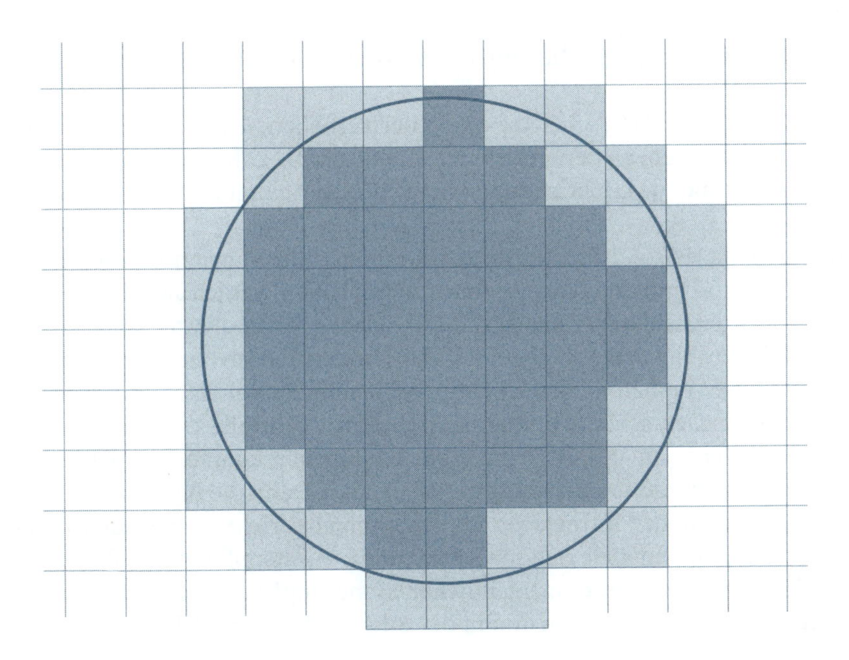

So ungefähr können Sie sich Pflicht von innen und Pflicht von außen vorstellen. Dazwischen ist eine gewisse Grauzone. Das System verpflichtet sich, dass ich etwas innen für Kunden tue. (Ich leiste die „Untersumme" als meine innere Pflicht.) Der Kunde sieht mich von außen in der Pflicht, dass ich für ihn zuständig bin. Er wünscht sich die „Obersumme". Wenn es gelingt, die Differenzen sehr klein zu halten, so dass sie kaum auffallen, dann ist alles *richtig* – von innen und von außen.

Die Philosophen kannten die Kundenzufriedenheit noch nicht. Sie messen also das Gute im Menschen an inneren Kriterien und beschäftigen sich unausgesetzt damit, was gerechte innere Kriterien wären, die also die Rolle des Menschen definieren. Noch heute, bei IBM, müssen wir Anforderungsprofile von Mitarbeitern und Arbeitsstellen aufschreiben oder Pflichtenhefte erarbeiten, aus denen hervorgeht, was genau laut Vertrag gebaut werden muss und wie es bezahlt wird. Diese Definitionen der Pflicht sind *Innenapproximationen* dessen, was noch entstehen soll und wozu wir uns verpflichten. Der Kunde will natürlich immer noch mehr haben, aber weniger bezahlen, er kommt mit so genannten Maximalforderungen, die so sind wie die Obersumme beim Kreisflächeberechnen.

Ich empfinde es so, dass die Tugendphilosophen die Innenforderungen erarbeiten.

Die Könige und Herrscher, die die Steuern erheben, stellen dann schon genug Außenforderungen, an denen sich der Philosoph die Zähne ausbeißen kann. Er denkt mehr über das richtige Innere nach und verteidigt es gegen das Äußere.

Mir erscheint es so, dass die Innenforderungen der Tugendphilosophen rein prinzipiell sind und oft nicht viel damit zu tun haben, was ich als Bibliothekar eigentlich zu leisten habe. Ich könnte als richtig tugendhafter Mensch einen schrecklichen Bibliothekar abgeben. Die Kunden fordern meistens Dinge, die weit über die Vorstellung des Pflichtmenschen hinausgehen. Zum Beispiel sind die Banken in Deutschland immer dann geöffnet, wenn alle arbeiten; sie sind geschlossen, wenn jemand im Prinzip zur Bank gehen könnte. In solchen Fällen kann es keine vernünftigen Kompromisse geben. Denn die Banken sind wie die meisten Philosophen introvertiert. Sie machen alles richtig, aber nur von innen gesehen. Es gibt sehr viele richtige Lehrer, die ihre Innenpflicht tun, aber von niemandem sonst als Lehrer im eigentlichen Sinne empfunden werden. Man nennt sie dann mit einem gewissen Ton in der Stimme den „Oberlehrer".

Ich habe Sie in eine lange Gedankenkette gezerrt – es musste sein. Jetzt kommt das Eigentliche. Wir wissen alle ganz genau, was eine gute Bank oder eine gute Bibliothek ist. Wir wissen, wie Tante Emma oder ein Lehrer sein soll. Wir wissen alle, was ein guter Maurer, Lehrer, Bürgermeister wäre. Es ist aber schwer zu sagen. Es ist einfach zu sehen, wir wissen es alle, aber es ist schwer zu sagen. Es ist wie in der Zeichnung die Kreisfläche. Der Kreis in der Mitte ist einfach und rund, aber schwer zu „greifen". Die Rechtecke drum herum sind so ähnlich, aber sie sind nicht dasselbe wie ein Kreis.

Ich sage:

Über der Pflicht, die nur eine Regel-Approximation an das Gewünschte ist, gibt es das *Eigentliche*. Ich habe viel in *Wild Duck* darüber geschrieben. Unsere Schneidermeisterin Fräulein Stoppel („Fräulein, bitte!", sie war sehr alt), die jedes Jahr auf unseren Bauernhof kam und für uns ein, zwei Tage nähte, war so ein eigentlicher Mensch. Der alte Herr Brand nebenan, der immerzu hustete, war ein eigentlicher Mensch. Er war Bergmann gewesen, mit Staublunge. Er war gütig und treu, lieb und geduldig zu uns Kindern. Ich kann mich nicht erinnern, einmal so etwas wie „na, bin ich gut?", „sag' mal danke", „das habe ich gut gemacht" gehört zu haben. Er war Bergmann.

Es gibt richtige Menschen, die das Eigentliche sind. Sie sind mit Leib und Seele Sekretärin, Eisverkäufer, Fahrlehrer oder Klempner. Sie *sind* es. Es gibt niemals eine Diskussion zwischen Minimalpflicht und Maximalwunsch. Sie sind es. Die Schneiderin schneidert und wir sind glücklich. Onkel Brand erzählt „von unter Tage" und wir Kinder lauschen. Der Fahrlehrer vermählt uns mit dem Auto, die Fahrprüfung ist leicht. Diese Menschen sind keine Kästchenkonstruktion, die wie Regeln aussehen. Sie sind so furchtbar einfach wie der Kreis innen, ganz rund. Trotzdem ist es schwer zu sagen, was *eigentliche* Menschen sind. Wir sehen es aber alle. Unfehlbar. Wir merken, wann Stars „Menschen" bleiben, wir bewundern das Eigentliche und Einfache in jeder Form. „Wie edel und schlicht! Wie treuherzig und ehrbar!" Das einfach Runde und Eigentliche tritt in vielen Formen auf. Es gehorcht keinen Regeln. Das Eigentliche ist nicht das im linken Gehirn Approximierte, es ist das, was es sein soll.

Die Obersummen- und Untersummenapproximationen im Bild oben sind hässlich und sehen komplex aus. Der Kreis in der Mitte ist nur einfach rund! Die komplexen Kästchen kann aber jeder fassen. Jeder kann durch Abzählen die Fläche der Kästchenflächen berechnen. Jeder! Zum Berechnen und Abhaken sind die Kästchen ideal. Wir können mit ihnen Regeln definieren, alles in Unterkästchen und Zuständigkeitskästchen einteilen. Kästchen sind gut zu organisieren. Insgesamt aber sticht das Hässliche des Gesamtgebildes der Kästchen ins Auge. Insgesamt müssten wir, um den Kreis, den so ewig einfachen, zu verstehen, wenigstens die Kreiszahl Pi kennen ... Im Sinne des linken Gehirns ist das Kästchengebilde das Angemessene. Im Sinne des Ganzen ist der Kreis einfach.

Ein Lehrer ist ein Lehrer, ein Rechtsanwalt ein Rechtsanwalt. Es riecht in der Nähe des Eigentlichen nach Echtheit, Reinheit, Einfachheit, Vertrauen, Nicht-Fragen, Nicht-Prüfen, Nicht-Ich, Nicht-Du, Nicht-Man – es ist nur da, was da sein soll. Von außen sagen wir nicht: Das ist ein feiner Mensch, diese Schneiderin. Wir sagen: Es ist Tante Stoppel. Meine Schwiegermutter war ein eigentlicher Mensch. Sie war „Mutti". Bei eigentlichen Menschen redet man nicht mehr über Messungen, weil sie ja das Eigentliche sind. Eigentliche richtige Menschen sind das, was sie sein sollen.

Die Frage der Pflicht stellt sich nicht. Die Frage der Neigung stellt sich nicht. Es wäre töricht zu fragen: „Stimmen bei dir Pflicht und Neigung überein? Ist bei dir Pflicht = Neigung?"

Verstehen Sie? Die Pflicht ist nicht das Eigentliche! Pflicht ist ein Katalog, der das Eigentliche approximiert. Wenn also Pflicht = Neigung wäre, dann wäre das Eigentliche nur mit großer Neigung approximiert! Dann wäre es nicht das Eigentliche, wenn man eine Neigung zur Approximation hätte!

Es gibt einen gewaltigen Sprung zwischen dem Richtigen und dem Eigentlichen oder zwischen der Tugend und dem Eigentlichen. Die Tugend prüft täglich nach, wie bei Konfuzius, kontrolliert die Vollkommenheit, approximiert sich immer mehr in die Nähe der Vollkommenheit, sieht immer wieder, dass sie das Ideal nie erreichen kann. Immer wieder arbeiten die Prüfsysteme und die Seismographen!

Das Eigentliche stimmt einfach, ohne Messen, ohne Gleichung, ohne Prüfen, ohne Seismographen. Es ist da. „Es ist erreicht." Was ist erreicht? Das weiß man nicht zu sagen. Das Eigentliche eben. (Es liegt wie rund und einfach in unserer Mitte.)

Da das Eigentliche nicht mehr misst und prüft und eben da ist, misst es auch nicht mehr, wie viel es für das Eigentliche bekommt. Deshalb ist das Eigentliche ein Geschenk.

Im Leben wird das Eigentliche eines Handwerkers hoch bezahlt. Aber wir geben den Lohn überhaupt nicht widerwillig, wir schenken ihn fraglos und prüfen nicht. In seiner Gegenwart schweigen auch wir, wir Uneigentlichen. Auch *unsere* Messsysteme ruhen, wenn der eigentliche Handwerker arbeitet, weil sie wissen, dass nichts zu messen wäre. Das Einfache und Eigentliche erkennen wir am Ruhen aller Koordinationssysteme der Ichs rundherum. Es ist nichts zu koordinieren, weil alles erreicht ist. Ich meine damit nicht, dass das Eigentliche vollkommen oder perfekt wäre. Es ist einfach.

Ein Beispiel: Die uralte Wanduhr mit der Melodie des Big Ben, die ich von meinem uralten Großvater erbte, erinnert mit jedem Ton an ihn und an das 19. Jahrhundert. Sie erstarb. Was kann man tun? Ich fürchtete das Schlimmste. Der Uhrmacher würde sich sicherlich so anhören: „Wir setzen Ihnen ein Quarzwerk hinein und machen neue, ganz gerade Zeiger dran, das wird jetzt viel verlangt." Ich fuhr bangen Herzens zum Uhrmacher in das enge alte Neckargemünd, stellte mich vor das Geschäfts ins absolute Halteverbot und wuchtete die Uhr hinein, wies auf die Polizeiproblematik hin und erwartete zügige Abfertigung. Das Personal flüsterte. Ich erfuhr über einen sich sorgsam bewegenden Herrn hinter einer Glasscheibe, dass es der Meister sei, der sein Werk erst beenden müsse. Es lag Ehrfurcht in den Stimmen. Es hörte sich gut für meine Uhr an. Ich wartete und wartete. Ich fürchtete die Polizeistation, drei Häuser neben dem Uhrmacher. Nach langer Zeit stand er langsam auf. Er sah die Uhr. Seine Augen begannen zu leuchten. Er trug die Uhr wie auf einem Luftkissen, so andächtig, hinter die Scheibe und wies mich mit strengen Augen an, hinter der Schwelle zu verharren, die den Laden von einem kuriosen Werkzeugchaos trennte. Tote Uhren mit offenen Eingeweiden überall. Er öffnete die meine. Sein Kopf wiegte hin und her, als sage sein Herz: Die Uhr ist hoffnungslos alt und reparaturbedürftig. Seine Augen leuchteten wie die eines Gourmets, dem die Spezialität des Hauses unter einer Silberkuppel herangetragen wird. Er musste *dies* denken, das sah ich: „Die *darf* ich reparieren.“ Er drehte sich besorgt um und sagte das erste Wort. „Es wird *sehr* teuer.“ Ich seufzte und entgegnete, dass ich auf alles gefasst sei. Er erschrak und schien innerlich neu zu kalkulieren, damit er sie reparieren *dürfe*. Er sagte gepresst: „150 Euro.“ Es tat ihm leid und er bat um Verzeihung, aber er werde mehr als einen Tag benötigen. Ich versprach, alles Nötige zu zahlen. Er urteilte vorsichtig, dass er die Uhr drei Wochen behalten müsse, damit er ihre Genauigkeit prüfen und einstellen könne. Ich willigte ein. Als ich ging, freute er sich. Als ich nach drei Wochen wiederkam, musste er die Uhr wieder hergeben.

Dieser Uhrmacher ist nicht vollkommen, nur eigentlich. Er ist nicht freundlich und lässt mich warten. Er hält sich kaum an Termine und verhandelt einen schlechten Lohn. Er macht bei der Arbeit keine Kompromisse. In meiner Firma wäre er nicht teamfähig und profitschädlich perfektionistisch. Aber ich bin so glücklich von einem Kunsthandwerker weggegangen wie vielleicht noch nie. Er sorgt sich um das Eigentliche für mich. Es ist sein Bedürfnis, es mir zu schenken. Im tiefen Grunde sorgt er nicht für mich, sondern für die Uhr, die er liebt.

Tugend? Ordnung? Nein: Es ist das Eigentliche. Wir sehen es von außen an und wissen: Es ist das, was sein soll. Das Eigentliche ist unendlich. Wir rechnen nicht auf, dass wir warteten. Wir rechnen nicht nach, was es kostete. Wir verlangen nicht, untertänig bedient zu werden. Gegen die im Eigentlichen geheilte Uhr ist das Endliche drum herum nichts. Messen aller Art ist sinnlos.

Richtige Menschen, die das Eigentliche erreichen, koordinieren nicht mehr bewusst, weil Koordination im Unendlichen nicht hilft. Das Ich ist ein Manager der verschiedenen Einflussfaktoren, es ist naturgemäß endlich und von begrenzter Komplexität. Das Ich des Richtigen kann im Eigentlichen verlöschen. Es wird nicht mehr gebraucht. Im Eigentlichen ist der richtige Mensch erlöst.

Es gibt bestimmt eine Menge erlöster richtiger Menschen. Es gibt sie in jeder Form, auch des „kleinen" Menschen. Das Eigentliche ist jedem zugänglich, der Mensch kommt ihm aber mit dem Doktortitel nicht näher. Das Eigentliche brennt und ist tätig, aber es kennt keine abweichende Flamme, eine Gier für anderes. Das Eigentliche geht den Weg, ohne Wegweiser, ohne Blick auf die Richtung. Das Eigentliche wird nur immer eigentlicher.

Das ist ein schöner Satz, nicht wahr? Völlig vage, und ich gebe Ihnen keine Liste in zehn Punkten, die die Merkmale des Eigentlichen aufzählen. Merkmale sind Approximationen! Nie das Eigentliche. Also gibt es keine Merkmale des Eigentlichen, außer dass es jeder erkennt. Charisma ist etwas dieser unendlichen Form. Ich lese oft in Managementbüchern, was Charisma ist. In Listen von zehn lächerlichen Punkten. Am Ende sagen die Autoren, dass ihr Beitrag nur eine Approximation oder eine Beispielsammlung sei. Was Charisma ganz genau sei, lasse sich mit diesen zehn Punkten nicht wirklich erfassen. Charisma ist nicht durch Merkmale zu erfassen, aber jeder sieht es! Es ist eben eine der Erscheinungsformen des Eigentlichen.

6. Licht suchen, Licht finden, Licht sein: Bewegung zur Weisheit

Die wahren Menschen erfahren sich selbst mehr über das „neuronale Netz" der rechten Gehirnhälfte. Für sie ist nicht das Wissen (links gespeichert) und das Lernen (links speichern) entscheidend. Für die wahren Mensch geben Informationen und Wissenselemente *Denkanstöße*!

Das ist ein gutes Wort für das, was passiert: Denkanstoß.

Ein neuronales Netz wird beim Trainieren mit Inputs gefüttert. Es verwertet diese Inputs, indem es lange denkt. Wenn ein Denkergebnis erwartet wird, so antwortet das Netz nach einiger Zeit mit einer Entscheidung. Darüber hinaus stellt das neuronale Netz die Gewichtsfaktoren neu ein. Dieser Vorgang bedeutet, dass das Netz aus dem Denkvorgang nicht nur eine Entscheidung herauszieht, sondern sich selbst in einen neuen, hoffentlich besseren Zustand versetzt. Das Netz ist nicht wie ein Computer, der ein Programm abarbeitet. Ein deutscher Bank-Computer kann hundert Mal gefragt werden: „Kann ich auch Dollar abheben?" Und der Computer sagt hundert Mal nein. Genau so funktioniert das linke Gehirn von Beamten. Aber ein Netz bekommt Sehnsucht! Es *möchte* gerne im Stande sein, auch mit Dollars zu dienen! Es berechnet durch Trainieren in sich eine bessere Welt. Deshalb sind die Intuitiven die Idealisten auf unserer Erde.

Die richtigen Menschen lernen. Für sie bedeuten Informationen neue Kenntnisse über Fakten, Regeln, Gebräuche, über Hierarchien, Bewertungen, Vorlieben anderer Menschen.

Die wahren Menschen saugen Informationen als Denkanstöße auf. Diese Denkanstöße lösen wie die Inputs in neuronale Netze eine heftige Denkbewegung aus. Das Neue wird wie in einer Art Denk-Magen verdaut und in das Netz verwoben.

Ich meine: *verwoben*. Ich meine *nicht*: eingebaut. Ich möchte auf diesem Unterschied den Daumen drauf halten. Das analytische Denken addiert neue Information. Es baut sie speichernd dazu. Das Neue ist eine neue Abteilung des Wissens, es ist ein Mehr. Das intuitive Denken nach Art eines neuronalen Netzes ändert die Gewichtsfaktoren im Gesamtsystem. Hinterher ist dort kein Mehr, überhaupt kein Mehr! Hinterher ist das Ganze anders. Das Netz ist neu justiert oder anders eingestellt. Im analytischen Denken ist das neue Wissen gespeichert, also immer wieder abrufbar. „Ich habe es mir genau gemerkt!" Das Wissen des Analytikers wird für spätere Verwendung gehortet. Der Intuitive verwendet alles Neue, um sein neuronales Netz zu erziehen. Er denkt und denkt. Die Information, die den Denkanstoß auslöste, wird aber nicht zwingend gespeichert, wenn das linke Hirn nicht darauf besteht. Die Originalinformation gibt es hinterher nicht mehr. Es sind nur die Gewichte anders geworden!

In der Regel führt das Lernen des analytischen Verstandes zu einem immer komplexeren Wissen, zu immer größeren, wuchernden Strukturen. Mein Lieblingsbeispiel: das Gesetz, zum Beispiel das Steuergesetz. Alle neuen Fälle werden dazukommentiert und resultieren in der Tendenz in neuen Paragraphen, so dass das Gesetz (es ist wie das linke Gehirn) wuchert und an Komplexität zunimmt. Das Intuitive versucht, aus den neuen Fällen oder Denkanstößen eine immer lichtere Struktur zu abstrahieren, die ein Dachgesetz über alle Fälle bilden könnte. Das Intuitive endet nach Ewigkeiten von Denkzeit mit einer Seite Verfassung oder Bergpredigt.

Die buddhistische Moral lautet: „Alles Böse meiden, das Gute tun und das eigene Herz reinigen: Das ist die Lehre der Buddhas." Das ist schon deutlich weniger als eine Seite. Das Hauptproblem des Intuitiven besteht nun darin, sein neuronales Netz so umzubilden, dass eben die gesamte rechte Gehirnhälfte, das gesamte Universum der Billionen Verbindungen im Netz mit noch mehr Billionen Gewichtsfaktoren so eingestellt ist, dass das gesamte Netz als riesiger Bau nur eben dieses kleine Eine ist: „Alles Böse meiden, das Gute tun und das eigene Herz reinigen."

Der *richtige* Mensch würde sich diesen Satz merken und zu Herzen nehmen. Er würde dann morgens nach dem Milchtrinken wie ein guter Konfuzianer sagen: „Ich prüfe täglich dreierlei: Mied ich das Böse? Tat ich das Gute? Reinigte ich mein Herz?" Das Intuitive versucht, eben gut zu sein und gereinigt zu sein.

Gereinigt sein, das heißt: rein für immer. Richtige Menschen meinen mit gereinigt: frisch sauber gemacht.

Ich versuche bis zum Verzweifeln, diese Unterschiede zu erklären, die die wesentlichen Differenzen zwischen den Menschen heraufbeschwören. Ich hoffe, Sie schütteln jetzt nicht auch den Kopf über scheinbar wirre Vorstellungen.

Der wahre Mensch entwickelt also in der Folge von Denkanstößen sein neuronales Netz. Dieses unentwegte Trainieren erfährt er selbst als Persönlichkeitsentwicklung (*nicht*: als Höherkommen, besser werden, Karriere machen). Er wird innerlich reicher durch *Vereinfachung* (nicht: durch Ansammlung). Vereinfachung in abstrakte Prinzipien wie die von Verfassungen oder Glaubensgrundsätzen führt zu der Vorstellung einer Leitidee, die über diesem wahren Menschen steht. Die Leitidee ist die Essenz eines Intuitiven. Es kommt nun darauf an, eine „gute" Leitidee zu entwickeln. Noch einmal: Es geht nicht um das Kennenlernen oder das Erfahren einer Leitidee. Es geht darum, dass das neuronale Netz als Ganzes diese Idee repräsentiert! Der Intuitive muss am Ende des Prozesses diese Idee selbst sein! Mit Billionen neu eingestellter Gewichte in seinem neuronalen Netz!

In der Überschrift habe ich gesagt, wie ich es mir vorstelle: Der Intuitive sucht das Licht.

Er sucht eine Leitidee, die ihn führt. „Ich bin Algebraiker." – „Ich lebe als Zeuge Jehovas." – „Mein Stern ist das Buch Mormon." Es gibt so sehr viele Leitideen. Kleine. Mittlere. Ganz große, zum Beispiel: „Ich liebe das Gute."

Es ist verhältnismäßig einfach, ein ganzes neuronales Netz so zu trainieren, dass der Mensch, der dazu gehört, Algebraiker ist. Es ist ungeheuer schwierig, als Gesamtsystem unter der Generalidee des Guten zu funktionieren. Die Algebra mag manchem wie eine Sonne erscheinen, aber das Gute an sich ist eher die Milchstraße dazu.

Wahre Menschen meinen oft ihre Leitidee, wenn sie sagen: „Ich bin Neurologe." – „Ich bin Atomphysiker." Richtige Menschen sagen das nicht so. Sie sprechen Sätze, die auf ihre Stellung im System hinweisen: „Ich leite die Hauspostabteilung." – „Ich wickle die Lohnbuchhaltung ab." – „Ich bin für die Reisekostenabrechnungen verantwortlich." Ich kann bei Bewerbergesprächen oft in Sekunden sagen, ob ein richtiger, wahrer oder natürlicher Menschen vor mir sitzt.

Wie ist das, wenn man Licht findet? Es ist das Gefühl der plötzlichen Erleuchtung. Es ist wie das Spüren eines gigantischen „Ja!". Es ist eine Art Schockzustand des neuronalen Netzes. Beim normalen Trainieren sieht es ganz plötzlich den Zipfel einer neuen Welt, schaut kurz genauer hin: „Ja!"

Dann folgt eine Phase unendlich süßer Entspannung, in der sich die Gewichte des Netzes der neuen, aufgestoßenen Welt anpassen. Erst geht es schnell, dann wird der Anpassungsprozess langsamer, schließlich wird wohl über Wochen, Monate, Jahre die Idee immer reiner, vollendeter. Sie beginnt das rechte Gehirn „zu beherrschen". Das „Ja!" bedeutet nur so etwas wie das erste Stoßen auf einen Schatz, wie der erste Anblick einer Goldader. Hinterher erfordert es Jahre an Grabungsarbeiten, bis alles frei gelegt ist. „Ja!" ist wie „Troja!", und dann erst geht Heinrich Schliemann wirklich an die Arbeit. Das Finden neuen Lichtes in dieser Plötzlichkeit gehört zu den herrlichsten Lebensaugenblicken des Intuitiven. Licht finden ist wie Erleuchtung, nicht wie wissen. Die großen Ideen sind ja im Allgemeinen von Kindesbeinen an dem Namen nach bekannt. Es geht aber darum, von ihnen erfüllt zu werden, ganz im Sinne der neuronalen Netze.

Danach folgt, wie gesagt, eine unter Umständen sehr lange Phase der Umbildung des Gehirns unter die neue Idee, die am besten noch größer, hehrer und einfacher ist als alle anderen zuvor. Diesen Vorgang will ich „Licht werden" nennen.

Buddha sagte: „Ich *selbst* habe die Erkenntnis erlangt."

Ein Buddha erlangt seine Idee aus eigener Kraft, er erfährt sie nicht im Wege einer Offenbarung. Er liest sie nicht aus heiligen Schriften heraus (die aber Denkanstöße sind). Er hört die All-Idee nicht von einem Lehrer.

(Haben Sie noch die Worte von Konfuzius im Ohr? Konfuzius sah im Brüten keinen Nutzen. Er hielt das Lernen aus den Schriften für das Beste! Hier ist genau die scharfe Trennlinie zwischen dem Richtigen und dem Wahren!)

Die Buddhisten lehren: „Eine richtige Anschauung entsteht durch die Stimme eines anderen und das eigene Denken." Erst ein Denkanstoß, der das neuronale Netz fruchtbar erschüttert, dann an die Denkarbeit! Und man besorge sich die *besten* Denkanstöße! Das sind diejenigen eines Gurus, eines Lehrmeisters oder, wie wir im Management sagen, eines Mentors oder eines Coaches. Heute erkennt man, dass Mitarbeiter einen Mentor haben sollten. Ohne diese Theorie hier zu kennen, bewegt sich der Arbeitsalltag langsam, ganz langsam, schon auf die Bedürfnisse der Intuitiven hin.

Die Buddhisten können nicht wirklich glauben, dass es einem einzigen Menschen vergönnt oder möglich sein könnte, so sehr erleuchtet zu werden, dass er noch in einem Leben Weisheit erlangen würde. Sie stellen sich eher vor, dass die Wiedergeborenen an Weisheit während vieler Leben zunehmen können, dass also ein Buddha die Endstufe des Ringes vieler früherer Inkarnationen darstellt!

Die buddhistische Lehre ist die eines wahren Menschen. Sie ist eine reine Lehre der Richtung des Denkens, während der Konfuzianismus eine des Gefühls ist. Die Buddhisten kennen auch so etwas wie Liebe. Es ist maitrî, was etwa „freundliche Gesinnung" bedeutet. Diese Art von Liebe ist aber nicht von sich aus aktiv und nicht voller Gefühl. Denn Gefühle hat ein Buddha nicht, wenn er am Ende ganz rein ist.

Ein Buddha hat alles das, was mit dem Bewusstsein des Selbst zusammenhängt und ihn an der Welt festhält, überwunden, vor allem den Hass, alle Leidenschaft, alle Gier, allen Hunger, alle Verblendung. Er ist ganz frei von den drei Grundübeln: Sinnenlust, Werdelust, Nichtwissen. Der Weg zur Befreiung von allen Übeln ist der edle achtfache Pfad: rechte Anschauung, rechte Gesinnung, rechtes Reden, rechtes Handeln, rechtes Leben, rechtes Streben, rechtes Überdenken, rechtes Sichversenken.

Der Buddhist kann durch Beschreiten des edlen achtfachen Pfades selbst „zum anderen Ufer" aufbrechen. Er sieht sich nicht wie die Christen auf Gnade angewiesen („Gott, nimm hinweg die Sünde der Welt!"). Der Buddhist erkennt diese Welt des Leidens, die er durch fortschreitende Läuterung langsam verlässt. Die Welt des Leidens ist nicht real, sie ist mâyâ, eine Täuschung.

Wenn ich dies in der Theorie hier interpretiere: Die Welt ist nicht real, nur das Wahre, das durch mein neuronales Netz als Ganzes repräsentiert wird, ist wahr. Die Erleuchtung des Buddhisten ist der grelle Lichtschein der großen Idee, dass er sich durch reines Denken, also durch eigene Formung des neuronalen Netzes von dem Unreinen der Außenwelt trennen könnte. Er trennt sich von seinem manas, dem analytischen, scharfen Verstand, also vom Wissen und der gespeicherten Welt in der linken Gehirnhälfte. Er trennt sich von seinem gesamten Seismographensystem, insbesondere von Systemen und vom Körper, und bildet es eventuell wieder neu aus im Sinne des neuen Lichtes.

Ich habe einmal ein Buch über das rechte Atmen in die Hand genommen. Dort wurde gleich zuerst verlangt, ich solle einmal versuchen, zwei Minuten ruhig zu atmen. Dabei dürfe ich an nichts meine Aufmerksamkeit heften. An absolut nichts! Versuchen Sie es einmal. Stellen Sie den Küchenwecker auf zwei Minuten und versuchen Sie, die Aufmerksamkeit auf nichts zu lenken! Ich schaffe nur eine halbe Minute, habe es aber auch nicht lange geübt. Was ich gespürt habe, war echte Erfahrung: Mein Fuß zuckt. Draußen sägt jemand. Die doofe Uhr, die vor mir steht, tickt plötzlich so laut, dass sie mich verrückt macht. Meine Frau räumt unten den Geschirrspüler aus, was man, hatte ich geglaubt, nie und nimmer von oben hören kann. Ein paar Versuche mit dieser Übung zeigen Ihnen, wie viele Seismographen Sie haben. Alles signalisiert Ihnen etwas im Hintergrund. Die Aufmerksamkeit zerfließt in all das viele Banale. Das Seismographensystem ist wie eine schmutzige Glasscheibe vor dem Licht ... Es behindert jegliche Erleuchtung. Am Ende soll dann der Erleuchtete natürlich noch selbst Licht sein!

Er soll sein Licht den anderen spenden, was wieder durch die schmutzige Glasscheibe hindurch muss. Der Erleuchtete soll Licht sein, weil er Mitleid hat mit dem Leiden der Menschen. Buddha musste der Legende nach erst überredet werden, seine Erkenntnisse zu überliefern. Wenn ein Buddha erkannt hat, dass die Welt nicht real ist, so könnten ja auch die Mitmenschen nicht real sein?! Warum müsste man sie wahrnehmen, die doch eine Täuschung wären?

So eben ruht ein Buddha nur in sich?!

7. Eines der höchsten Güter: Die Idee schenkt sich

Ich denke seit etlichen Jahren über diese Fragen nach. Menschen sprechen mich an: „Du gehst oft auf dem Flur im Kreis herum, ganz langsam, du siehst dann böse aus. Was bedeutet es?" – „Ich würde gerne einmal mit dir spazieren gehen, aber du gehst wahnsinnig langsam. Warum?" Ich denke dann. Niemals im Sitzen, jedenfalls nicht so gerne. „Warum sieht Denken so böse aus?" Es ist Konzentration. „Warum schaust du manchmal mitten im Gespräch, wenn ich etwas sage, ganz plötzlich so böse drein?" Da hatte ich eine Idee, zu der mir das Gesagte Denkanstoß war. „Lass doch das. Es irritiert. Hör doch zu." Ich muss nicht zuhören, ein kleiner Input genügt als Denkanstoß, dann denke ich. „Wenn du denkst und nicht zuhörst, weißt du hinterher nichts." Wissen ist nichts. Ich muss einsehen.

Ich habe viele Ideen für meine Bücher gehabt. Ich glaube bald fest, dass ich Neues erkannt habe. Ich kann es aber niemandem richtig erklären, außer ein wenig in Büchern und in langen Gesprächen, für die die Welt keine Zeit hat. Ich fürchte, irgendwann wird mir die Sprache fehlen, die hier schon manchmal stockt, wenn ich etwa über Intuition oder das Eigentliche schreibe. Erinnern Sie sich an meine Polemik zu Pisa und Bildung vor einigen Seiten? Da habe ich das Gefühl, dass dort eine große unerkannte Idee schlummert, die ich nicht zum Leuchten bekomme. Das ist ein verzweiflungsvolles Gefühl, wenn ich das Licht sehe, wenn ich es aber nicht auf die anderen Menschen richten kann. Ich leuchte nicht! Ich bin nicht Licht!

Eine etwas kümmerlichere Sicht auf mein Nicht-Licht-Sein wäre es, die Welt voller Jammer und Unwissenheit (das Wort der Philosophen für Dummheit) zu sehen und über sie zu stöhnen. Ich habe schließlich jahrelang nachgedacht. Plötzlich war da die Idee, das Licht. Sollte ich hoffen dürfen, dass nun jedermann nach 45 Minuten Vortrag von mir angestrahlt wäre? Wenn ich Jahre zum Werden meines neuronalen Netzes brauchte – werden denn alle anderen nicht auch so lange benötigen? In jedem Falle: Je mehr Licht ich sehe, umso dunkler erscheint das Normale. Und schließlich wende ich mich von ihm ab, weil ich es nicht mehr sehen kann, so dunkel?

So scheinen es viele Philosophen zu sehen. Sie gehen weg.

Ich selbst finde, sie sollten Licht finden und zurückstrahlen, also Licht sein. Sie sollen nicht aus Platons Höhle hinaus auf das Licht weisen! „Dort, seht, ihr Blinden, ist das Licht!“ Nein! Sie sollen das Licht den anderen Menschen schenken. Jesus war himmelhelles Licht. Sokrates war gleißendes Licht. Beide haben Licht und Leben geschenkt. Buddha hat sich geschenkt, seinen Reichtum zurückgelassen ... Sie alle scheinen in Platons Höhle hinein! Das *wahre* Höchste müsste sein: Sich als Licht schenken. Als Licht der Reinheit, der Wahrheit, der Liebe, der Schönheit, des Neuen. (Schenken? Licht ist unendlich. Was sollte sein Preis sein?)

Da bin ich jetzt voller Sehnsucht, schaue aus meinem Fenster direkt am Neckar, ich denke an mich – und mir fällt das Bild einer Glühbirne ein. Wie wahr. Es gibt große und kleinere Lichter.

8. May the force be with you

Natürliche Menschen treibt der Wille an. Der Wille mobilisiert die Kräfte, den Körper und das Flash-Mode-System. Der Wille formt aus Vernunft, Einsicht und Seismographensystem eine Einheit, die in günstigen biochemischen Zuständen auf das Ziel hin strebt.

In diesem Zustand der Einigkeit aller Teile des Menschen kann eine enorme Kraft in eine einzige Richtung geballt werden.

Der natürliche Mensch versucht sich besonders in dieser Kunst, alle Energien zu bündeln und zu fokussieren. Er ist dann so etwas wie stark, tapfer, der trotzige Held, der Hüne. Andere Menschen, die „nur“ Vernunft oder Weisheit haben, mögen zurückweichen. Sie fürchten den natürlichen Menschen in diesem Zustand, in dem er unabwendbar gegen sie siegen wird. Er wird sie mit der Waffe bezwingen, im Duell der Augen, wer den größeren Willen hätte, in der aufgewendeten Kraft, mit unwiderstehlicher Verführung oder mit durchdringendem Charme, je nachdem der Wille sich die Freiheit nimmt, über die Emotionen durch Reiz zu gewinnen.

Der natürliche Mensch ist nicht auf ein System oder eine Idee eingeschworen. Seine relative Freiheit schreckt die anderen Menschen im Kampf. Er scheint sich auch das „Unerlaubte“ herauszunehmen, das Unkonventionelle selbstverständlich zu finden, er verletzt die Tabus einer Idee, was ihm pragmatische Vorteile einräumt. Die richtigen und wahren Menschen sagen: „Er geht über jede Grenze. Er kennt keine Grenzen. Er versucht stets, die Grenzen weiter zu stecken oder über die Grenzen zu gehen.“ (Es sind ja nicht *seine* Grenzen!)

Wenn der natürliche Mensch als Streiter, Krieger, Beschützer, Herrscher, Unternehmer oder Mutter die anderen Menschen behütet, lieben sie ihn.

Wenn er lärmt, sich alles nimmt, Rache übt oder in Hass tobt, fürchten sie ihn. Sie fürchten den natürlichen Menschen meist mehr, als sie ihn lieben oder brauchen. Als Helden brauchen wir aber natürliche Menschen! Im Management brauchen wir sie als Trouble-Shooter, die noch in ganz verfahrenen und ausweglosen Situationen das Ei des Kolumbus finden oder den gordischen Knoten mit dem Schwert durchschlagen. Das ist die Art der Natürlichen, die Probleme mit Willen zu lösen, wo der Verstand nicht weiter weiß. (Das Ei und der Knoten stellen Probleme dar, die innerhalb von Idee und System nicht lösbar sind! Die Lösungen von Alexander und Kolumbus gehen über die Grenzen hinaus.) Wir brauchen solche Menschen, die das Hoffnungslose in Herausforderung umwandeln, die durch Unglücke, Schluchten und Dornbüsche gehen. Und wenn sie zerschunden, zerkratzt und verwundet das andere Ufer erreicht haben, dann strahlen sie voller Lebensglück!

Lieben wir unsere natürliche Tochter, die die Pfeilspitze eines Jungenschwarms bildet? Lieben wir unseren Sohn mit seinen aufgeschlagenen Knien und den dringlichen Briefen aus der Schule? Ja, wir lieben sie. Aber wir würden sie noch mehr lieben, wenn sie etwas weniger natürlich wären. Wir verlangen also, dass sie normal werden. Dann aber verlieren sie ihre Fähigkeit, alle Energie zu bündeln, die sie ja an System und Idee verteilen sollen! Im Grunde vernichten wir das Natürliche durch Erziehung. Wahrscheinlich bekommen wir sie nie dahin, ein richtiger oder wahrer Mensch zu sein, aber wir berauben sie auch der Fähigkeit, die Energie zu bündeln. Wir haben es ja fast unausgesetzt unter Strafe gestellt. Deshalb gibt es nicht so viele tolle natürliche Menschen!

Ich stelle mir herrliche natürliche Menschen vor wie Ritter auf der hellen Seite der Macht. Sie sind wie Richard Löwenherz oder König Artus oder ein wirklicher Jedi. „Möge die Macht mit dir sein!" Als der kleine Yoda im Star-Wars-Film Luke ausbildet, geht es immer wieder um diese Konzentration des Willens und des ganzen Menschen auf das eine Ziel. Der Wille versetzt Berge und hebt Flugzeuge aus dem Sumpf. Haben Sie noch Yodas Worte im Ohr? „... denn die Macht ist mein Verbündeter; und ein mächtiger Verbündeter ist sie. Das Leben erschafft sie. Bringt sie zur Entfaltung. Ihre Energie umgibt uns, verbindet uns mit allem. Erleuchtete Wesen sind wir, nicht diese rohe Materie. Du musst sie fühlen, die Macht, die dich umgibt. Hier, zwischen dir, mir, dem Baum, dem Felsen dort. Allgegenwärtig, ja. Selbst zwischen dem Sumpf und dem Schiff." Er fordert Luke auf, das Schiff mit der Macht des Willens aus dem Sumpf zu heben. Luke: „Also gut, ich werd's versuchen." Yoda: „Nein. Nicht versuchen. Tue es oder tue es nicht. Es gibt kein Versuchen." Schließlich hebt Yoda das Flugzeug. Luke: „Also das, das glaube ich einfach nicht." Yoda: „Darum versagst du." Der analytische Verstand wägt und versucht und weiß und glaubt oder glaubt nicht. Wille handelt.

Wenn der natürliche Mensch die Kraft auf der hellen Seite der Macht ausübt, dann liegen wir ihm gerne zu Füßen. Immer wieder aber erfahren wir die dunkle Seite des natürlichen Menschen. Darth Vader! Adolf Hitler! Voldemort! (Ich will nicht zu tagespolitisch werden und mache die Liste nicht länger.)

Es gibt nicht nur die helle und die dunkle Seite der Macht. Es gibt den unkonzentrierten, schwankenden, wankelmütigen Willen, der eigentlich wie schwacher Wille ist. Der unkonzentrierte, schwankende Wille wirkt wie eine Folge von wirren Impulsen, denen der Wille flackernd folgt. Mal hierhin, mal dorthin. Über einen solchen flackernden Willen erzürnen sich die wahren und die richtigen Menschen: „Faul, unzuverlässig, verschwenderisch, lüstern, gierig, aggressiv!" Oft wird der natürliche Mensch im Ganzen unter dieser Vorstellung gesehen. Er wird abgelehnt, weil der Anblick der unterdurchschnittlichen natürlichen Menschen schmerzt. (Der Anblick richtiger unterdurchschnittlicher Menschen schmerzt auch, besonders wenn sie Angst haben. Die wahren Menschen sind oft voller Zweifel. Richtige Menschen können zwanghaft sein, an Verfolgungswahn leiden oder hyperaggressiv werden – wahre Menschen ziehen sich in Elfenbeintürme zurück oder werden depressiv!)

Da blitzt in mir plötzlich die Idee auf, dass das Zusammenspiel von Willen, Vernunft und Einsicht sich in unserer Demokratie widerspiegelt, in Regierung, Parlament und Verfassungsgericht!

Verzeihen Sie eine Abschweifung:

Jeder weiß, dass die beste Staatsform die Diktatur ist, unter der Voraussetzung, dass der Diktator weise, klug und entschlossen ist und das Volk liebt.

Der ideale Diktator wäre der große Weltenherrscher, der die Welt und die Völker befriedet und eint. Im alten Indien, als Könige nicht von Gott eingesetzt waren und eben kraft ihrer persönlichen Macht herrschten, sehnte man sich seit Urzeiten nach dem mahâpurusha cakravartin, dem Großen Raddrehenden Übermenschen, der eine goldene Zeit festhalten könnte. So ein Cakravartin, wie er alle paar Zeitalter einmal auf die Erde kommen mag, wäre wie das Gegenstück zu Buddha auf der *weltlichen* Ebene, während Buddha ganz Geist ist. Der Cakravartin steht für den „hellen" Willen des Ganzen. Meist aber finden wir Diktatoren auf die dunkle Seite der Macht einschwenkend. Deshalb besinnen wir uns nicht auf die beste, sondern auf dauerhaft praktikable Regierungsformen, die im Durchschnitt am meisten Segen versprechen.

Wir teilen die Allgewalt des Willens auf. Wir designen die so genannte Gewaltenteilung.

Die Regierung und Exekutive setzt den Willen in die Tat um. Das Parlament kontrolliert die Regierung und legt alle Regeln, Gesetze, Vorschriften fest, so dass am besten alles, was dann noch gehandelt werden kann, vernünftig sein muss. Das Parlament dosiert die Energie vernünftig; es beschließt über den

Haushalt und die Geldmittel, die der Regierung, also dem Willen, zur Verfügung stehen. Es ist wie der Linkshirnfilter des Volkes.

Das Verfassungsgericht wacht darüber, ob das Ganze „intuitiv das darstellt, was es im einfachen Grunde sein soll". Sonst schreitet es im Namen der fast heiligen Verfassung ein. Es ist wie der Rechtshirnfilter des Volkes.

In einer Demokratie kann die Verfassung einen sehr hohen Einfluss haben, wie die Bergpredigt auf die Christenheit. Oder das Parlament reißt die Macht an sich und ist hauptsächlich bestimmend, lässt also der Regierung kaum eigenen Handlungsspielraum. Oder die Regierung zwingt das Parlament, Erfüllungsgehilfe zu sein, und sie ignoriert das Verfassungsgericht durch hinhaltenden Widerstand. Mischungen wie solche sind wie Bilder von verschiedenen Menschen.

Der natürliche Mensch sollte wie ein einiges, gutes Volk sein, mit einem Cakravartin an der Spitze. Er soll selbst die Energie, die er bündeln kann, für die helle Seite der Macht bündeln. Die helle Seite, das heißt: Hingabe an das Schenken der Energie an die Welt.

9. Höchstes Leben: Alle helle Energie für eine große Aufgabe

Höchstes natürliches Leben ist wie „Volle Kraft voraus!", wie „... three, two, one, zeroooo!" Die helle Seite der Macht oder die helle Energie konzentriert sich hingebend auf eine Mission.

Mihaly Csikszentmihalyi schrieb einige bemerkenswerte Bücher über den Flow. Ich habe hier *Flow – Das Geheimnis des Glücks* vor mir liegen. Es ist eine erstklassige Einführung in natürliche Menschen.

Ich habe es vor längerer Zeit gelesen und gestaunt, wie Glück sein soll. Es wird als Glück des Bezwingens von Herausforderungen besprochen. Bewältigung wird als das Erfreulichste im Leben gesehen. Mihaly Csikszentmihalyi begann seine Forschungen über das Glück durch das Studium an Malern, Athleten, Musikern, Schachmeistern und Chirurgen, weil er Glück zu finden hoffte, wo Passion ist. (Er fand in ihnen allen Flow.) Diese Berufsgruppen haben aber schon einen gewissen Touch in Richtung des Natürlichen?! Für mich ist das größte Glücksgefühl, wenn mir etwas signifikant Neues einfällt oder wenn sich Widersprüche im Denken in Harmonie auflösen, wenn also mein neuronales Netz einen neuen Weg nach oben zu einer größeren Idee findet. Es ist ein unbeschreibliches Gefühl. „Idee!" Davor kann stundenlanges selbstvergessenes Denken liegen, indem mein Zeitgefühl ruht. Näher besehen ist das Glück des Intuitiven also nicht so sehr verschieden, aber eben irgendwo anders.

Mihaly Csikszentmihalyi hebt wesentlich die Fähigkeit des Menschen hervor, bewusst die Aufmerksamkeit zu kontrollieren. Der Mensch soll sich auf das Eine konzentrieren, was er erledigen will. Wenn es getan ist, wählt er die nächste Aktivität. Ist das nicht schön und genussvoll, so zu arbeiten? Keine Anrufe zwischendurch? Kein flanierender Boss, den es zu agieren juckt? Ich bin nicht so sicher. Ich kenne eine Menge Menschen, die ohne Anrufe zwischendurch verrückt werden und auch solche, die sehr unruhig werden, wenn der Chef lange nicht gesehen wurde. („Wie kann er denn dann wissen, wie toll ich arbeite! Ich wollte ihm so gerne zeigen, was ich für ihn gemacht habe! Ohne ein Zwischenlob kann ich mich kaum zum Weiterarbeiten aufraffen! Wenn es ihm nun nicht gefällt? Schon eine ordentliche Nörgelei würde mich jetzt enorm weiterbringen!“)

Flow-Zustände stellen sich ein, wenn der Mensch frei über seine Aufmerksamkeitssteuerung herrscht und frei über sie verfügt. (Wie kann man aber die Seismographen steuern?) In diesen Momenten ist der Mensch absoluter Herrscher über die Verteilung seiner psychischen Energie. Mihaly Csikszentmihalyi nennt acht typische Erscheinungen, die im Zusammenhang mit Freude auftauchen: Eine Aufgabe, der man sich gewachsen fühlt. Konzentration. Klares Ziel. Unmittelbare Rückmeldung über Erfolg. Tiefe, mühelose Hingabe. Gefühl, die Kontrolle zu haben. Verschwinden von Sorge und Selbst. Zeitgefühle verschwinden.

Dann sagt der Mensch: „Das hat Spaß gemacht.“ Im Buch wird das Konzept der autotelischen Persönlichkeit entwickelt (autos wie griechisch Selbst, telos wie Ziel). Sie meidet unbedingt das Exotelische, also das Handeln aus „anderen“ Gründen. („Ich muss unbedingt heute noch vier Operationen mehr schaffen, damit ich für die Zeit von Weihnachten bis Silvester etwas vorarbeite.“) Die autotelische Persönlichkeit entwickelt sich am besten unter Klarheit, Konzentration der Wahrnehmung auf das Nicht-Exotelische, in Freiheit der Wahl, unter Vertrauen auf die Fähigkeit und unter Herausforderungen. Mihaly Csikszentmihalyi schreibt kurz über Joga („verbinden“) und betont gemeinsame Aspekte von Joga und Flow. Im Joga geht der Schüler durch acht Stadien. Er beginnt mit moralischer Vorbereitung (yama) und schreitet zum Gehorsam (niyama) fort. Er übt, Körperhaltungen über längere Zeit ohne Anspannung durchzuhalten (asana), erstrebt Atemkontrolle (pranayama) und versteht es, seine Aufmerksamkeit so zu steuern, dass er Herr über das ist, was ins Bewusstsein darf. Es folgt das Festhalten der Aufmerksamkeit über lange Zeit auf einen Punkt (dharna). Er lernt, unter höchster Konzentration das Selbst zu vergessen (dhyana) und kommt später in einen letzten Zustand von Einssein (samadhi).

In meinen Gedankengängen dieses Buches würde ich sagen: Es geht um Techniken, wie Menschen ihr Aufmerksamkeitssystem, also ihre Seismographen, beherrschen, lenken oder managen. Diese Kunst ist hier im Westen unbekannt, ungewürdigt, unwichtig oder gar „verdächtig". Im Joga geht es um Erziehung des Seismographensystems. Wir im Westen ersetzen es durch ein neues, das viel systematischer ist: durch das ES. Und noch einmal meine Meinung: Wir verderben dadurch *nicht nur* den natürlichen Menschen.

Ich glaube, es ist ein Spezifikum des natürlichen Menschen, die Aufmerksamkeit zu konzentrieren und zu lenken und dem reinen, ganz ungeteilten Willen auf ein einziges Ziel hin auszurichten. Der Mensch wird wie ein Pfeil, ein „Silverbullet". Er ist ganz volle Kraft voraus, eins mit der Bewegung. Außer der Bewegung ist nichts. Kein Selbst und keine Zeit.

Die richtigen Menschen richten die Aufmerksamkeit auf das Ziel an sich, nicht so sehr auf die Energie zur Zielerreichung. Das Ziel muss erreicht werden, alles andere ist egal. Der Weg dahin ist Mühe, nicht Leichtigkeit des selbstvergessenen Pfeils. Wie immer etwas zu Stande kam, wie viel Tränen und Blut es immer kostete – der richtige Mensch sagt: „Ende gut – alles gut." Der wahre Mensch liebt das Ziel in Form seiner Idee. Es ist „sein Baby", und so widmet er sich der Arbeit. Es geht nicht um die Mühe, es ist nicht die Frage, ob es Spaß macht. Es geht um das Baby.

Sie können sich vorstellen, dass natürliche Chirurgen sich beim Operieren pudelwohl fühlen, weil sie körperlich spüren, wie sie zu Virtuosen werden. Sie entwickeln eine wunderbare Eleganz und eine grenzenlose Geschicklichkeit. Richtige Chirurgen arbeiten vor allem genau und heilen den Patienten. „Ich setze auf bewährte Methoden, die sicher Erfolg haben. Ich habe inzwischen große Erfahrung und kann mich schon etwas rühmen, einiges besser zu können." Wahre Chirurgen? Ich habe einmal einen denkwürdigen Vortrag auf einem Zahnarztkongress von einem wahren Meister gehört. Er sprach über Zahnimplantate und zeigte seine Kunst an Beispielen. Er trank (ja – trank!) vor der Implantation neuer Gebisse die Persönlichkeit (meist) der Patientin. Er stellte sie sich voller Liebe und Hingabe nach der Implantation vor. Er sah mit verzückter Vorstellung ihr zukünftiges Lächeln mit *seinen* neuen Zähnen, er modellierte im Geiste einen besseren Menschen. Erst dann setzte er die Implantate hinein. Er tat es so, dass das Lächeln wunderbar wurde und eine schönere Frau als glücklicher Mensch seine Praxis verließ. Sie ist *sein* Mensch. Er sprach nur über das Lächeln und die Seele, nicht über Material, Bohrer und Methoden.

Die linke Gehirnhälfte konzentriert sich auf die Richtigkeit des Ergebnisses und seine sichere, termingerechte und effiziente Erreichung. („O.k., on time, within budget.")

Die rechte Gehirnhälfte verlangt ein Ergebnis, das es lieben wird.

Der natürliche Mensch konzentriert sich besonders auf das Wunderbare des Arbeitsprozesses.

Das Ideal des natürlichen Menschen ist wie ein Jedi. Er ist ein wundervoll kraftvoller natürlicher Mensch, der ein wahres oder richtiges Ziel hat. Sokrates spricht von „kluger Tapferkeit", die aus der Einsicht hervorsteigt (im *Laches-Dialog* von Platon). Ein Jedi der hellen Seite der Macht nutzt seine ungeheure Energie, um das ersehnte Ergebnis an alle zu verschenken. Das Ergebnis ist für den Jedi ohnehin nicht so wichtig, sondern der Vorgang des Erzielens an sich. Natürliche Unternehmer unternehmen nicht, um von der Dividende fett zu werden. Natürliche Ritter erobern nicht Burgen, um dort zu wohnen. Natürliche Komponisten komponieren nicht, um ihr Werk öfter in der Oper zu hören. Ich schreibe zwar auch ein Buch darüber, wenn ich etwas wissen will (Lichtsuche), aber ich trage dann doch die Fackel herum.

Wenn Sie bibelfest sind, wissen Sie, wo Sie das Wort „Jedi" schon einmal gesehen haben und von wem *dieser* Jedi gelernt hat. Die ganze Geschichte begann, nachdem Gott den König David für seine Liebe zu Urias Frau gestraft hatte, indem er beider Sohn an Krankheit sterben ließ.

„VND da Dauid sein weib BathSeba getröstet hatte / gieng er zu jr hinein / vnd schlieff bey jr / Vnd sie gebar einen Son / den hies er Salomo / vnd der HERR liebet jn. 25Vnd er thet jn vnter die hand Nathan des Propheten / der hies jn JedidJa1 / vmb des HERRN willen." (2. Buch Samuel 12, 24-25)

Salomo war so ein großer Cakravartin, ein Weltenherrscher, der es in einer goldenen Zeit möglich machte, dass alle Kinder des Reiches ungeteilt in Frieden lebten.

Ich stelle mir „Jedi" so vor. George Lucas hat „Jedi" aber 1976 nach dem Anschauen der Samurai Soap-Opera-Serie „Jidai Geki" erfunden. Das ist schade! Samuel hilf!

Wenn ich über die Macht und die Jedis nachdenke, fällt mir immer wieder eine denkwürdige Rede von Larry Prusak ein; Larry ist ein Kollege von mir. In ihr hörte ich das erste Mal das Wort *Metis* im Zusammenhang mit Wissen. Metis ist eine griechische Göttin, sie steht für eine besondere Art von Intelligenz. Larry Prusak, „unser" Guru auf dem Gebiet des Knowledge Management und Guru überhaupt, sprach über das altgriechische Verständnis des Wissens. Die alten Griechen kennen techne, das technische Know-how, eben das Wissen, wie etwas in die Tat umgesetzt wird, episteme, die Wissenschaft, das Abstrakt-Universelle, und phronesis, die praktische Weisheit der sozialen Praxis. Darüber hinaus gibt es eine Art Wissen, das sehr schwer in Worten zu definieren ist. Es ist metis. Es ist eine Fähigkeit, im Ungewissen und Uneindeutigen oder in Gefahr das Angemessene zu tun.

Metis, eine Göttin der Weisheit und eine der Ozeaniden, half Zeus dabei, Kronos ein Mittel einzuflößen, so dass er seine Kinder wieder ausspie, die er aus Gründen der Machterhaltung verschlungen hatte. Zusammen mit seinen Geschwistern besiegte Zeus seinen Vater und die Titanen, übernahm die Herrschaft und machte die ausweichende Metis zu seiner ersten Gattin. Als sie schwanger war, ward geweissagt, dass sie nach einer Tochter einen Himmelskönig als Sohn gebären werde. Da griff Zeus voller Furcht auf eine bewährte Methode zurück und verschlang Metis. Als Metis aber im Leibe von Zeus kreißte, öffnete Hephaistos mit einer Axt den Kopf des Zeus ein wenig, so dass aus der Spalte die Göttin Pallas Athene in voller Rüstung wie neu geboren heraussprang. Es liegt deshalb nahe, dass Metis bei Zeus im Kopf ihr Plätzchen gesucht hat. Sie soll ihm von dort immer noch Rat über das Gute und Böse zuflüstern, bis auf den heutigen Tag. Metis bezeichnet eine Art Weisheit der „Cleverness", im Amerikanischen die „cunning intelligence", das Listige, Verschmitzte, Schlaue, Geschickte. Metis steht für Vorausdenken, Feinheit, Wachsamkeit, auch Opportunismus und vor allem Erfahrung.

Es gibt schon ein paar Schriften über Metis, aber sie bemühen sich, in Punktelisten zu erfassen, was Metis genau sein könnte und wie man es in Zwei-Tages-Kursen lernen kann, so dass der Kursteilnehmer dadurch einen uneinholbaren Vorsprung gegenüber Konkurrenten gewinnt. (Ich muss das so ausdrücken, ich bekomme am Tag im Schnitt vier Einladungen zu solchen Veranstaltungen, elf war das Höchste. Ich lasse deshalb alle Post an mich, die mit weniger als normalem Briefporto frankiert ist, ungeöffnet vernichten. Ich habe seitdem nur einen einzigen wichtigen Termin versetzt, weil ein großes Unternehmen einen dringenden Brief schrieb, in dann fotokopierte und als Drucksache verschickte. Der ist nie angekommen. Gespart! Meine Poststrategie ist vielleicht Metis.)

Metis ist die Intelligenz, ohne Vision, ohne Mission, ohne Grundsätze, inmitten von Widersachern und Zankenden, ohne Kompass, ohne Sicherheit, ohne mögliche Planung das zu tun, was jetzt am besten ist. Solch eine Intelligenz ist die von Zeus. Sie ist nötig, um das Schicksal zu lenken und das Reich zu regieren.

Metaphysik denkt über die ersten Ursachen nach, über die Zusammenhänge und die ersten Gründe des Seienden. Sie sucht die Überideen. (Und die Empiristen unter den Philosophen bestreiten, dass eine solche Suche der wahren Menschen Sinn ergeben kann. Also sind sie mehr *richtige* Menschen?)

Metis muss wohl das natürliche Gegenstück zur Metaphysik sein? Metis steht für das oberste Vermögen, die Welt zu gestalten, über allen Ideen, Systemen und Prinzipien, mitten im Leben.

Metis flüstert – Zeus lenkt unser Schicksal.

10. Artgerechtes Leben für alle?

Warum verstehen wir das Andere nicht? Deshalb schreibe ich dieses Buch. Warum akzeptieren wir das Andere nicht? (*Es geht nicht*, weil wir es noch nicht als solches erkannt haben.)

Die feinen intellektuellen Diskussionen drehen sich immer um dieselbe Frage: Wer hat Recht? Und die Streitenden denken, sie würden verschiedene Standpunkte vertreten. Es sind aber immer etwa drei: der richtige, der wahre und der natürliche Standpunkt. Zusätzlich kann man dasselbe noch nach der Richtung der Menschen diskutieren.

Liebe: Ist das Partnerschaft/Fortpflanzung? Sex? Minne?

Gerechtigkeit: Ist das „Gleichbehandlung", „der Stärkere siegt", „jedem Einzelnen gerecht"?

Himmel: Gibt's da verdienten Lebenslohn, Haremslust, Gnade und Liebe?

Tapferkeit: Ist das Ertragen können, Fahnetragen, „Hier stehe ich und bleibe dabei?"

Todesstrafe: Ist das Ordnungserhaltung/Abschreckung, „Auge um Auge", Frevel gegen den Menschen?

Wir streiten also in unendlichen Schattierungen. Was ist am besten? Richtig? Natürlich? Wahr?

Implizit bedeuten die Diskussionen ja: „Ich selbst als Person bin von der besten Art."

Die richtigen Menschen kümmern sich um die Ordnung und das System. Damit erheben sie sich implizit über die anderen Menschenarten, die Freiheit und Reinheit anstreben. Der Kampf um die beste Menschenart entsteht dadurch, dass alle Ordnung davon ausgeht, dass das Richtige das Beste ist. Die anderen Menschen müssen sich wehren. Sie widerstehen also dummen und grausamen Systemen, Biedermenschen, Spießbürgern und prozessoraler Engstirnigkeit. Sie wehren sich gegen die Ansteckung durch Angst und das ES.

Hören Sie!

Ordnung ist Krieg!

Ordnung ist Kampf, solange die anderen Menschen nicht nur Mängelmenschen und Schmetterlinge für die Ordentlichen sind. Wir brauchen eine neue Ordnung, die den verschiedenen Menschen gerecht wird. Ich sehe keine. Das einzige wirklich tolerante System ist das des Hinduismus, ja, bis auf die *eine* Bedingung, dass wir uns unserer Kastenzuteilung vollständig unterwerfen sollen.

Wir müssen über eine Gemeinschaft der Menschen nachdenken, in der jeder Mensch in seiner eigenen Art „artgerecht“ leben kann. Über unseren Köpfen hängt der schreckliche Satz: „Was du nicht willst, was man dir tu, füg auch keinem andern zu.“ Konfuzius und Jesus sprechen in dieser Form. Daraus spricht die Annahme der Gleichartigkeit der Menschen! So sollten wir sprechen: „Tu für den Nächsten das, was er braucht.“ Nicht: „Liebe den Nächsten wie dich selbst.“ Sondern: „Liebe ihn, wie er ist.“ Ich glaube schon, dass Christus das so gemeint hat, aber er wird nicht so verstanden.

Wir müssen die gerechte Gesellschaft durch eine artgerechte Gesellschaft ersetzen.

Würde dies wenigstens von der Wissenschaft erkannt, dann kämen wir auch wirklich dorthin, denn das Wissenschaftliche ist das, was alle Arten und Unterarten von Menschen anerkennen.

Ich könnte also hoffen, dass das, was ich hier sage, bewiesen werden könnte. Dann würden sich alle Menschen vielleicht dem Bewiesenen beugen. Das Wissenschaftliche ist nämlich irgendwo in der Mitte der Menschen. Dort treffen sie sich heute alle. Das ist schade, denn daraus entsteht Leiden. Ich beschreibe es im letzten Kapitel.

XIV. Über das Mittlere

1. Das Beziehungs-Delta

Das Mittlere steht zwischen den Polen.

Die richtigen Menschen suchen oft einen Kompromiss zum Natürlichen. Sie wollen *richtig bleiben*, sich aber auch Vergnügen gönnen, wenn sie es sich mühevoll verdient haben. Sie wollen nicht Sklaven eines Systems sein, das oft zu harte Forderungen stellt. Deshalb sind richtige Menschen gerne einmal „pragmatisch" und umgehen die Regeln des Systems. Das wirkt von außen wie Verrat am System, ist aber mehr ein Arrangement mit dem Natürlichen. Der Kompromiss ist nicht direkt in der Mitte. Dort wäre das Richtige und das Natürliche ja gleichwertig. Gleichwertiges aber muss in jedem Einzelfall um den Ausschlag ringen. Das geht nicht. Deshalb bleiben richtige Menschen in sicherer Entfernung vom Natürlichen, das als Erlebnisausnahme oder als notwendige hygienische Akzeptanz gewisser tierischer Elemente gesehen wird.

Die richtigen Menschen suchen oft einen Kompromiss zum Wahren. Sie wollen vor allem im System heimisch bleiben, können sich aber den großen heiligen Ideen nicht entziehen. Im Grunde schmücken sie sich mit den Ideen, wenn es ohne großen Aufwand geht. Sie predigen also und hören sich Predigten an. Sie sind Kirchgänger, ohne ihr Leben auch nur ansatzweise an der Erwartung ewigen Lebens auszurichten. Sie reden über den Mensch und Mitarbeiter, das vermeintlich wertvollste Gut eines Systems, und managen hart und brutal weiter. Sie putzen Verfassungen mit Worten wie Würde und Achtung auf und reglementieren ungerührt die Schwachen, Arbeitslosen und Fremden. Das Richtige trifft das Wahre keinesfalls in der Mitte, sondern in der Nähe des Richtigen. In der Mitte treffen die Systemforderungen mit der wissenschaftlichen Wahrheit zusammen – der Richtige bleibt im Ernstfall auf der Systemseite.

Die natürlichen Menschen suchen oft einen Kompromiss zum Richtigen. Wer auf Freude, Freunde, Erlebnis, Abenteuer und das Siegen Wert legt, muss sich im Allgemeinen teilweise in das System einfügen. Auch der Freiberufler muss Steuererklärungen machen und seine Kunden sind richtige Menschen. Richtige Menschen wollen Handwerker, die nicht nur schaffen, sondern alles hinter-

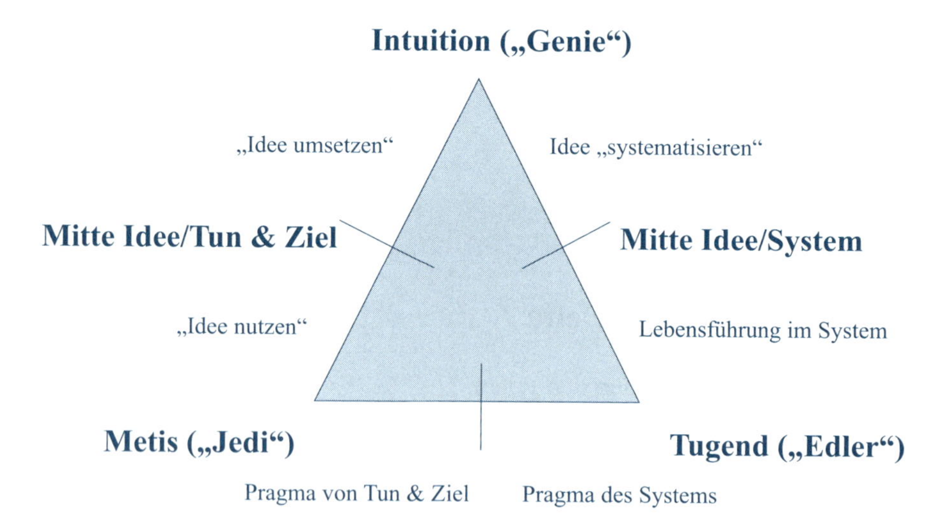

her sauber machen (für 45 Euro die Meisterstunde!). Überall ist das System! Deshalb sind vor allem natürliche Menschen die selbstsicheren Vertreter der so genannten 80-zu-20-Regel. Mit 20 Prozent Aufwand schafft man 80 Prozent der Arbeit. Die restlichen 20 Prozent kosten fast alle Arbeit! („Ich habe in Rekordzeit fast das ganze Zimmer tapeziert! Ich bin toll! Es fehlen nur noch Fenster und Ecken – die Wände sind alle fertig!“) Natürliche Menschen entwickeln einen feinen Systemsinn, „fast alles“ zu machen. Damit kommen sie durch und davon und verdienen hoffentlich genug Geld, dass sie sich im Restbereich des Lebens vom System erholen können. Der Kompromiss ist natürlich nicht in der Mitte, eher bei 80 zu 20. Es ist Pragma gegenüber dem System, um Weg & Ziel nicht zu gefährden. (Pragmatismus ist die Lehre, dass das Wesen des Menschen im Handeln liegt.)

Die natürlichen Menschen suchen einen Kompromiss zum Wahren. Sie gehen nicht so oft in die Kirche, aber zu Hochzeiten und Geburten schätzen sie doch die angenehme Feierlichkeit. Zu solchen Gelegenheiten erfüllt der Sinn auch den Körper und sein Seismographensystem mit Glück. („Ich heirate katholisch, wenn schon. Die machen viel mehr her als die Evangelischen. Mit Weihrauch und so und ein bisschen Lateinisch. Wenn ich schon eine Frau kirchlich heirate, soll es nicht so dürr sein.“) Das Natürliche hat auch eine gewisse gemeinsame Affinität zum Ideal der wahren Gefühlsmenschen, in Gesellschaftsformen wie einer kleinen christlichen Urgemeinde zu leben. Dort gedeiht Liebe neben natürlicher Freundschaft ganz gut. Die Liebe verzeiht das ihr grobe Natürliche im Grunde ganz bereitwillig. Das Natürliche dankt der Liebe den gemeinsamen heimlichen Hass auf das System. Die natürlichen Menschen „nutzen" die Ideen des Wahren. Es ist Pragma gegenüber der Idee.

Die wahren Menschen suchen oft den Kompromiss zum Natürlichen. Ich habe aber häufig den Eindruck, dass sie das Natürliche als Möglichkeit vor allem deshalb anerkennen, weil das System so sehr gegen das Natürliche wettert und so viel Druck ausübt. Das Wahre selbst wäre immer wie ein duldsamer Christ gegen das Natürliche. Das Wahre gibt die Hoffnung auf das wachsende Bessere nicht auf. Wenn wahre Menschen etwa wahrhaft Sport treiben (Waldorfschulen) oder wahrhaft gesunde Ernährung „betreiben" oder „natürlich nicht" fernsehen, dann wird schon deutlich, dass das Wahre den Kompromiss nicht zu weit weg vom Wahren sieht.

Das Wahre sucht oft den Kompromiss zum System. Das System unterdrückt zusammen mit den richtigen Menschen die Welt, um alle Menschen systematisch zu machen. Die wahren Menschen hoffen vor allem, das System mit ihren jeweiligen Ideen zu befruchten. Sie gehen also auf das System zu, weil sie glauben, sich „einbringen" zu können. Sie bringen sich ein, um das System zu verändern, das in Richtung ihrer Idee gezogen werden soll. Deshalb sind viele wahre Menschen in Ehrenämtern tätig, wo sie regelmäßig mit den richtigen Menschen streiten, die alle Tradition, also das Richtige, verteidigen. Wahre Menschen werden oft gefragt: „Glaubst du wirklich, du kannst etwas ändern?" Die Antwort ist universell: „Ja, sicher. Denn wenn ich nicht sicher wäre, warum dürfte ich hier leben wollen?" Die Hoffnung, im System etwas zum Wahren zu gestalten, hält wahre Menschen im System. Sonst müssten sie Einsiedler werden. Wenn sie das nicht wollen, hoffen sie lieber. Die Hoffnung spielt für wahre Menschen also etwa die Rolle der Ressourcen für den natürlichen Menschen, der lieber mit Freunden auf einer Robinson-Insel leben oder mit ihnen durch die weite Welt ziehen würde; aber der natürliche Mensch braucht Brot mehr als Ideen!

Diese sechs Fälle zeigen, dass es keine wirklichen Kompromisse unter Gleichen gibt. Die Menschen einer Klasse geben sich ein wenig Couleur von den anderen Seiten, soweit es gut und nützlich ist. Jenseits dieser Grenze hört das Verständnis auf.

Ich bespreche jetzt die Kompromisslinie zwischen dem Wahren und Richtigen genauer. Die beiden anderen behandle ich nicht so eingehend.

Denn zwischen dem Wahren und dem Richtigen ist heute der Brennpunkt des Geschehens.

Früher war er zwischen dem Richtigen und dem Natürlichen. Früher kreiste das Hauptthema um das Hinführen der Menschen zum Richtigen, wobei insbesondere das Lustorientierte und „Tierhafte" der Feind der Gesellschaft war.

Der Teufel, der die Menschen heimsuchte, lockte sie mit Natürlichem: mit Sieg, Sex, Abenteuer. Heute haben die Systeme den natürlichen Menschen im Wesentlichen im Griff. Lust ist teuer geworden (Flugreisen, Popkonzertkarten, Musicalreisen, All-Inclusive-Rausch, Erlebnistouren). Die natürlichen Menschen dürfen sich diese teure Lust so viel antun, wie sie nur wollen! Sie müssen eben dafür jobben. Damit werden sie ein stabil-ruhiger Teil des Systems. Sie bekommen zehn Prozent Rabatt, wenn sie in spontaner Lust beim Reisebüro einige Monate im Voraus buchen, damit ihre spontane Freude im Sommer besser geplant werden kann. Der natürliche Mensch wird durch teure Lust zur Arbeit gezwungen! Keine Peitschen mehr, keine Strafen und Mahnungen. Die billigeren Lüste wie Drogen und Alkohol sind nicht mehr Ausdruck des systemignorierenden Glücks, sondern der Verzweiflung. Sie verursachen dem System Scherereien und Kosten. „Wir müssen das noch aufräumen."

Auf der andere Seite wird das System vom Wahren scharf bedroht!

Die wahre Revolution geht von der Richtung der Ktisis aus.

Die Technologieentwicklung verändert die Welt in allen Aspekten und rüttelt an allen Grundfesten. Die Forscher richten ihre Gedanken auf etwas, was sie nicht vorher mit dem System abstimmen. Die Gentechnologie ist nicht im Griff des Richtigen. Die Auswirkungen des heute so genannten Electronic Business können letztlich zu einer großen Veränderung der Staatssysteme führen, die sich, weil sie starr warten, am Ende den Veränderungen des Business-Sektors anpassen müssen, weil niemanden etwas Naheliegenderes einfällt, wenn der Staat zu teuer wird. Computernetze, Internet, Life Sciences, All-Information stürmen visionär voran. Amazon-Chef Jeff Bezos verdient eher in die Geschichtsbücher einzugehen als die allermeisten Politiker. Amazon verändert wie eine Fanfare das ganze Netzgeschehen, das in etwa fünf Jahren die Amtsstuben erreichen wird. Die Technologie kommt dann dort an und die jungen Menschen, die das System umkrempeln werden!

Deshalb bespreche ich hier das Mittlere *im Brennpunkt der Ktisis*. Ich hoffe, ich schaffe es in *exemplarischer* Weise! In der Richtung der Ktisis sieht das Diagramm so aus:

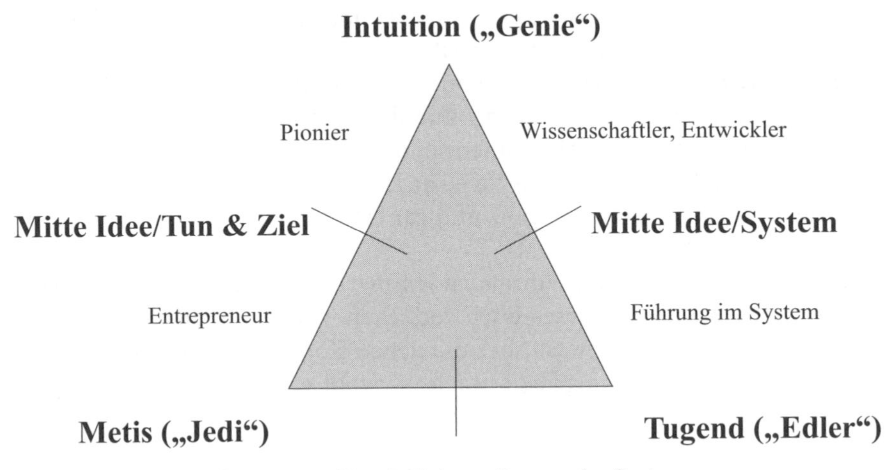

Eine Abschweifung: Johannes ist 16 Jahre alt geworden und soll in einer Schulaktionswoche ein Betriebspraktikum ableisten. Er stellt sich dafür ein Rechtsanwaltsbüro vor. Meine Frau: „Hilf ihm bei der Bewerbung. Er kann so etwas doch nicht!" Also muss ich wohl helfen, weil ich als Manager wissen müsste, wie das geht. Ich besuche also nach dem Essen Johannes in seinem Zimmer. Er sitzt vor dem Computer. „Ich habe im Ordner *Wordvorlagen* einige ganz gute Beispielbewerbungen gefunden und eine, die mir gefällt, mit meinen Daten ausgefüllt. Ich habe ein Bild importiert. Gut, was? Soll ich ein Zeugnis in Excel einfügen oder was mit Powerpoint, mit mehr Farbe?" Nein, es ist schon gut so. „Papa, das wirkliche Problem schnallst du nicht. Ich weiß nicht, was ich bei meinen *Fähigkeiten* eintragen soll. Ich gehe ja noch zur Schule und kann deshalb nichts." (Hören Sie das? „... kann *deshalb* nichts.") Ich schlug ihm vor, in die Bewerbung hineinzuschreiben, dass er mit allen Windowsarten, DOS, Word, Excel, Powerpoint, Lotus, Freelance, Adobe, Photo Impact, Bilder CDs, Antivirus, Netscape, Mail klarkomme und alles installieren könne. Er saß am Computer und schaute absolut mitleidig zu mir auf. Mitleidig! Dieser Blick! „Papa, es geht darum, dass ich etwas *können* muss. Bitte lass mal einen Moment alles Witzige, es geht hier um meine Bewerbung, nicht um Omnisophie." Wir stritten uns. Er meinte, all das sei „baby" und in einer Bewerbung eines immerhin schon Jugendlichen ganz lächerlich, weil das absolut *jeder* könne. Ich sagte: „Und die Lehrer?" – „Manche schon. Sie bemühen sich seit einiger Zeit wenigstens." – „Und das Rechtsanwaltsbüro?" – „Na, die müssen doch alles in Datenbanken haben! Die sind doch Experten. Guck mal in Krimis, wenn sie recherchieren! Aber hallo, guck dir das an, wie die alle Codes knacken. Knacken kann ich nicht." Und wir stritten.

Hören Sie es heraus? Das Wahre und das Zukünftige ist heute 16 Jahre alt. Bald fegt es alles hinweg. Die Gurus und die Technologen denken zu sehr an ihre Ideen und ihre tollen Maschinen, an das Internet und die entschlüsselten Gensequenzen. Dort sind nur die Ideen an sich. Aber bald gibt es *Menschen*, die von diesen Ideen erfüllt sind, ganz und gar erfüllt!

Das ist die wahre Revolution.

Unsere Politiker und alle Führenden jammern: „In den Köpfen muss sich etwas ändern!" Wenn Sie dieses Buch verstehen, wie ich es meine, wissen Sie: Dort ändert sich kaum etwas. Aber die neuen Köpfe wachsen wie gewünscht heran. (Und sie sind dann, ganz erwachsen, wohl schon wieder untüchtig.)

2. Beispiel: Von der Idee zum funktionierenden System – Richtung Ktisis

Am Beispiel der Ktisis-Richtung, der Erschaffung des Neuen, spreche ich nun die verschiedenen Stufen des Denkens durch. Hier noch einmal das Diagramm von Anfang des Buches:

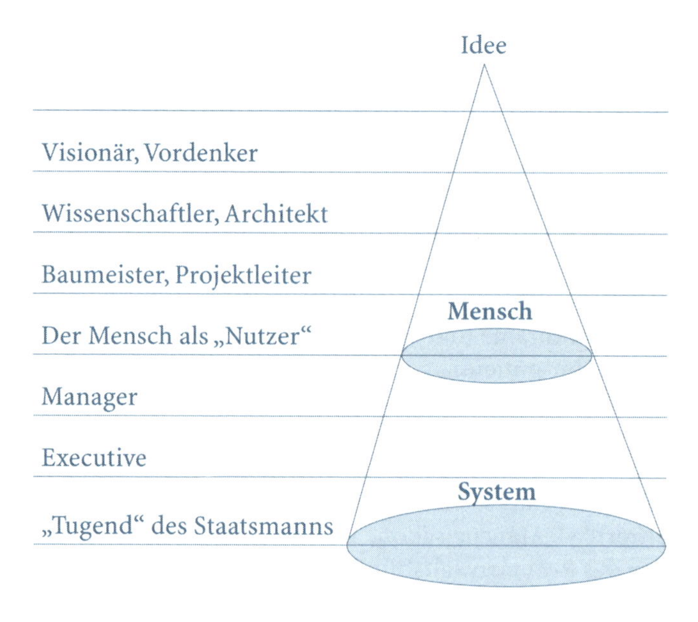

Die Idee eines Wahren (Genie)

Für Platon sind die Ideen immer schon da. Ab und zu erinnert sich ein Genie wieder an eine solche. Wenn eine Idee bekannt gemacht wird, kann sie über viele Transformationen, die hier besprochen werden, zuletzt „Kulturgut" werden, heute zum Beispiel eine vernünftig prominente Darstellung im Internet bekommen oder in unser aller Herzen sein. „The fittest will survive." Diese Idee von Darwin ist überall. Buddha nimmt an, dass der Mensch durch reines intuitives Nachdenken, das sein Ich längst abgestreift hat, in einen Zustand der „Allwissenheit" kommen kann. Kant und auch Platon gestehen besonders den Künstlern zu, dass sie in ganz besonderen Rauschzuständen eine neue Idee gebären könnten. Andere Philosophen setzen eine intuitive Grunderkenntnis an den Anfang jeder Wissenschaft.

Die Idee ist eben da! Schon immer da!

Es gibt ungeheuer viel mehr Nachdenken darüber, welche Ideen denn „wahr" sind und welche Theorien „richtig" sind. Wo kommen aber die Ideen her? Darüber herrscht relatives Schweigen oder verhältnismäßige Ratlosigkeit. In meinem Vorstellungsbild sind große neue Ideen Energieoptima in neuronalen Netzen, die ab und zu in Menschengehirnen neu aufblitzen. Neue Ideen stammen deshalb oft von Menschen, die viel erlebt haben, die ohne Geld gereist sind, die Unglücke und Katastrophen hinter sich haben, die geschunden und gefoltert wurden, die man schwerstens demütigte, die missgebildet sind. Sie haben eine viel größere Chance, die Welt aus neuem Blickwinkel zu sehen.

Wer die Welt aus vielen Sichten sah, hat ein vollständiges Chaos von widersprüchlichen Einsichten und Weltfragmenten auf sein neuronales Netz einwirken lassen. Normalerweise lernt das neuronale Netz langsam die Lebensmodalitäten und extrahiert in den Jahren und Jahren des Werdens so etwas wie ein Grundgesetz eines einzigen Lebens. Alle meine Eindrücke werden immer und immer wieder im neuronalen Netz hin und her gewälzt und umgeschlagen, bis sich mit der Zeit alles setzt und sich harmonisch anfühlt, bevor es dann in verschieden hohe Grade von Weisheit münden kann.

Bei Menschen, die lange in schweren und merkwürdigen Turbulenzen steckten, die viele verschiedene Städte, Universitäten und Lehrmeinungen gesehen haben, muss ein wunderliches Durcheinander als neuronales Netz entstehen. Wenn solche Netze überhaupt einmal zu einer relativen Stabilität finden, haben sie die Chance, ein Energieoptimum zu erreichen, das noch nie ein Mensch in sich spürte: Eine neue große Idee!

Ich glaube nicht so richtig, dass Ideen solche Menschen hinterrücks überfallen, das sollte eher selten sein. Ja, ja, ich weiß, ich könnte auch wie Mozart am Klavier aufwachsen, so dass das Wahre gleich ohne Umweg über ein System entstehen kann ... Ich bleibe fest: Neue Ideen sind meist wohl in ungeheuer langer Nachdenkarbeit entstanden. „Genies" *wollen* verstehen. Buddha *will* durchdringen. Sie wollen das Ganze zur Harmonie bringen. Große Ideen entstehen wohl eher beim Nachdenken über das Ganze und fühlen sich wie eine Erhellung an, wie Licht. Große Ideen entstehen nach meiner Erfahrung nicht beim Lösen eines wissenschaftlichen Problems. Ein Wissenschaftler denkt eher über eine *Erhärtung* einer schon existierenden neuen These nach. Da ist der Verstand auf etwas Festes fokussiert.

Ideen entstehen durch ungeheuer viel Beobachtung, Neugier, Wachsein (beliebig viel Input in das neuronale Netz der rechten Hirnhälfte, möglichst ungefiltert von einem verkrampften Seismographensystem) und durch anschließendes langes Fließen und Gewähren lassen. Wirklich wahre Menschen schauen die Dinge ohne Seismographen an. („Schau die Hummeln auf der gelbreifen Birne!" statt „Wer schmeißt hier Obst halbangebissen auf die Straße? Verschwendung und Unordnung überall. Seht her, ich bin nicht zu schade, dies hier aufzuheben! Ich!") Wahrhafte Menschen in der Nähe des Genialen schauen ohne Ich. Ohne System. Ohne Zucken. Ohne „Voreingenommenheit". Sie ordnen neue Eindrücke nicht, sondern lassen das Denken ungelenkt geschehen. Das Wahre ist ja ein Energieoptimum des Netzes. Wer das Netz mit Zwang, System und Ordnung impft, kastriert es gewissermaßen und hemmt es, in unbekannten Gefilden zu denken. Genies lassen das Gehirn denken, ohne sich von Systemen, Lehrerstimmen, Elternratschlägen, Gesetzen und Vorurteilen auf die alten gewöhnlichen Pfade binden zu lassen. Das Denken des wahrhaft Wahren ist nicht frei davon – nein, es ist unbeeinflusst davon. Man redet oft von freiem Denken – das meine ich nicht. Ich meine fließendes Denken, ungezieltes, zulassendes Denken.

Wenn gute Ideen wie hohe Berge in einer Landschaft sind (denken Sie an das Optimieren der Höhe), dann ist analytisches Denken wie das Steigen auf einen hohen Berg. Ein Genie steigt aber nicht auf einen Berg, es sucht ziellos noch höhere Gebirgsmassive. Wo sind die, oben in den Nebeln?

Im Management werden manchmal neue Ideen gebraucht. Meist ist das Unternehmen zu dieser Zeit in großen Schwierigkeiten. In normalen Zeiten regiert das Richtige als Alleinherrscher, wenn nicht gerade so sehr viel Geld da ist, dass man sich beliebig wahre Schmetterlinge leisten kann. Wenn das Richtige in Schwierigkeiten steckt, hat es meist keine Idee, warum dies so kam. Deshalb sucht es jetzt eine Idee, den Problemen zu entkommen. Normalerweise wird dazu, weil wegen der Unglücke kaum Zeit bleibt, eine lange, etwa zweistündige Sitzung angesetzt, in der alle Leute Vorschläge in Form eines Brainstormings mitbringen sollen. Ein Psychologe, der die Sitzung moderiert, sagt: „Denken Sie alles, rundweg alles! Verbieten Sie sich nichts. Keine Tabus für zwei Stunden! Lassen Sie das Unmögliche zu! Blockieren Sie Ideen nicht durch Geht-Nicht-Zucken! Trauen Sie sich, vermeintlich Dummes vorzuschlagen, und Sie alle anderen, schalten Sie die Ach-wie-dumm-scheitert-immer-Stiche aus Ihren Blicken und Augen heraus. Akzeptieren Sie Neues, lassen Sie es in sich herein! Verweigern Sie sich nicht gleich! Wenden Sie nicht Hergebrachtes ein!“

Kennen Sie das? Im Klartext heißt es: Da werden haufenweise richtige Menschen in einen Raum gesperrt. Sie hetzen ihren Geschäftszahlen rastlos hinterher. Sie erfüllen eisern ihre Pflicht, überarbeiten sich schon deshalb, weil es keinen Tadel nach sich zieht und geraten unversehens (gerade deswegen!) in Schwierigkeiten, deren Ursache sie nicht kennen (das Richtige hat zu lange ohne das Wahre gemanagt). Kurz vor dem Karrieretod fällt den richtigen Managern fast zwingend ein, dass es noch Wunder in einer wundervollen Welt geben müsse, und Wunder sind wie neue, bahnbrechende Ideen. Sie retten uns alle wie an einem Filmende! Sie erschaffen das Unmögliche!

Woher aber bekommen die Richtigen eine neue Idee? Im Lehrbuch der richtigen Menschen steht: Brainstorming, freies Strömen lassen von Gedanken. Die normale Lebenserfahrung zeigt, dass richtige Menschen ungefähr zwei Stunden Brainstorming machen können. Danach sind alle Ideen ausgetauscht. Es scheint nicht denkbar, dass es Ideen gibt, die einer Gruppe nicht innerhalb von zwei Stunden einfallen. Für richtige Menschen ist Brainstorming eine gute Gelegenheit, auf lange Zeit unversorgte Wunden zu deuten: „Meine Abteilung muss ernster genommen werden. Deshalb haben wir Probleme! Gebt mir mehr Geld!“ Das sagt jeder richtige Mensch im Brainstorming. Nach zwei Stunden sind alle „Ideen“ gesammelt. Ich fahre regelmäßig tief deprimiert nach Hause. Ein Psychologe fleht alle die beton-*richtigen* Manager an, für zwei Stunden nicht an ihre Pflicht zu denken, das würde sie möglicherweise retten! Sie denken aber nicht frei, sondern sie bringen *Interessen* mit, denken nach, wer die Posten bekommt, wenn etwas geändert wird. Sie fühlen das Vibrieren des Handys in der Hose, das sie erinnert, dass es Wichtigeres gibt als Ideen. Anrufe zum Beispiel. Zwei volle Stunden sollen linkshirnige Manager ungefähr jedes Jahr mit ihrer rechten Gehirnhälfte denken! Wie soll das gehen?

Den richtigen Menschen ist das Erzeugen von Ideen fremd wie eine andere Welt. Einerseits erhoffen sie von einer „guten Idee“ wahre Wunder. Andererseits glauben sie allen Ernstes, dass ein zweistündiges Herumsitzen von 20 Personen alle möglichen neuen Ideen an den Flip-Chart-Ständer vorne im Raum zaubern müsste. Manchmal verspreche ich den anderen eine Idee. „Warten Sie einmal vier bis acht Wochen.“ Dann staunen richtige Menschen: „So lange? Was machen Sie denn da alles?“ Ich lese planlos herum, was entfernt mit dem Thema zu tun haben könnte. Ich rede mit Leuten auf der Straße darüber. Ich schärfe meinen Geist auf einem neuen Gebiet. Ich versuche, das wahre Problem zu verstehen. Dann muss alles ruhen und warten. Im Hintergrund verarbeitet mein neuronales Netz still den starken Informationsschub. Irgendwann meldet es sich mit einer Wahrheit. Das ist die Idee. Oder es meldet sich nicht ... „Können Sie einen verbindlichen Termin angeben, wann Sie die Idee gehabt haben werden?“ – Früher habe ich gestritten. Heute sage ich sehr bestimmt:

„Acht Wochen." Das stimmt nicht, aber es beruhigt richtige Menschen. Ich sage, ich habe vorher keine Zeit. Ich ziehe einen Kalender hervor, runzle die Stirn und zeige auf einen Tag in acht Wochen. („Ich bin so überarbeitet." Das klingt immer gut.) So geht es einigermaßen. Die Unternehmen gehen aber meist doch unter, weil die neue Idee schon „sechs Tage später in Hochglanzfolien dem Aufsichtsrat vorgestellt werden muss – unter Beachtung aller Ratschläge von Kommissionen und aller gesammelten Nebeninteressen". Richtige Menschen glauben, dass neue Ideen in der Gruppe besser hervorkommen. (Thinking and design by committee.) Das stimmt manchmal: Wenn Künstler zusammen Kaffee trinken und sich gegenseitig befruchten und austauschen, fließen Gedanken und Ideen schneller. Aber die Künstler in den Cafés befruchten sich! Sie setzen sich nicht vor einen Flip-Chart und schreiben Listen von guten Einfällen auf. Ziel der Ideenfindung wäre auch nicht, dass die Künstler hinterher alle das Gleiche malen, oder?

Richtige Menschen sprechen oft von Querdenken, („Wild Duck" im Amerikanischen), von Kreativität, von Out-of-the-box-Denken. Sie verbinden damit die Vorstellung, dass jemand „ohne Tabu" nachdenken darf, was sie selbst nicht dürfen, weil sie zur Pflichterfüllung alles andere verdrängen müssen, wie Freud es ihnen erklärte. Richtige Menschen sehen ein, dass das Kreative nur unter Abschalten der Seismographen existieren könnte. Ja, jenseits der Gesetze, der Zäune und der Strafen sitzen die neuen Ideen! Zwischen dem Bösen und dem Unkraut. Da dürfen richtige Manager nicht hin, höchstens zwei Stunden im Jahr. Richtige Menschen assoziieren das Kreative mit dem Freien (also dem Natürlichen), mit dem normalerweise Bekämpften, das nun einmal zu seinem Recht kommen dürfe. Verstehen Sie? Da liegt eines der großen Übel der Welt! Richtige Menschen assoziieren neue Ideen mit dem natürlichen Menschen! Richtige Menschen sind aber Lichtjahre entfernt von ihrer rechten Gehirnhälfte, vom Wahren also.

Das wissen Sie vielleicht unterschwellig. Das eher betrüblich Neue dieses Abschnittes ist die Erkenntnis, dass sogar die Wissenschaftler ziemlich weit weg von den Ideen sind, weil sie nicht die Ideen selbst sind, sondern die Ideen analysieren und speichern und in ein System bringen. Sie bringen also das Rechte ins Links. Diesen Prozess beginne ich nun zu erklären.

Die konkretisierte Idee (Künstler, Denker, Pionier ...)

Die Idee ist vage und wie ein Traum. Sie ist wie der Traum des Fliegens, wie die Geschichte des Ikarus und der technologischen Problematik des Wachsschmelzens! Ikarus hatte ja Wachs als Klebemittel für die Flügel benutzt. Das Wachs schmolz, weil oben in der Nähe der Sonne die Hitze zu stark wurde. Diese Geschichte lesen wir den Kindern vor. Nun hätte ja Ikarus jeden Almbauern fragen können, warum er die Kühe im Winter abtreibt und in Ställen warm hält oder warum oben auf Bergen Schnee liegt. Sie merken schon: Das mit dem Wachs ist natürlich Unsinn. Es ist ebenfalls nicht einsichtig, warum niemand nachgedacht hat, was er denn an Stelle von Wachs nähme, um die Technologie zu verbessern.

Eine Idee wie das Fliegen symbolisiert einen Menschheitstraum. Lange galt diese Idee als zu kühn, weil sie wie ein Gottstreben wirkt und mit dem Leben bezahlt werden muss. Viele Menschen staunen noch heute über die Düsenjets: „Flugzeuge sind schwerer als Luft." Vögel auch. Ich selbst kann ganz gut fliegen. Ich träume davon. Ich benutze meine Arme und eine normale Schwingtechnik. Schade, dass ich diese Träume nicht erzwingen kann. Natürlich ist es ein wenig ideenlos, durch Rudern der Arme zu fliegen. Es funktioniert aber im Traum gut. Es hat noch nie im Traum geregnet, wenn ich flog. Es war immer tolles Wetter. Wahrscheinlich muss ich immer *darauf* warten.

Andere Träumer werden nicht viel kreativer gewesen sein, denn die Geschichte des Fluges zeichnet sich dadurch aus, dass alle Denker und Träumer bis in die Neuzeit hinein ungefähr mein intellektuelles Niveau erreicht haben. Selbst die höhere Ausnahme, Leonardo da Vinci (1452 bis 1519), kam nach Zeichnungen von horizontalen Windmühlenschrauben (Helikopter) und Ballons zu dem Schluss, dass nur der Schwingenflug zum Erfolg führen konnte. Jedenfalls funktioniert das Fliegen bei Vögeln ganz gewiss! Eine fliegende Menschendarstellung können Sie auf einem kleinen Siegelzylinder im Pergamon-Museum in Berlin sehen. Sie soll etwas über 4000 Jahre alt sein. Ebenfalls in Berlin konnten die Menschen 1909 Orville Wright bei Flugvorführungen auf dem Tempelhofer Feld bewundern. Orville und Wilbur Wright konnten 1903 ein paar Sekunden geradeaus fliegen, dann mit dem Flyer II schon ein Jahr später bis zu fünf Minuten und im Kreis! Es hat also 4000 Jahre gedauert, vom Traum bis zum unbeholfenen Flieger. Neben die Idee der Schwingen war erst jetzt die Idee der Fremdenergie durch einen Motor hinzugetreten!

Deshalb ist Wissenschaft oft nicht so sensationell, wie sie erscheint. Oft kann ein Forscher Jahrhunderte alte Probleme lösen, weil es eben inzwischen viel mehr Ideen und Lösungen und Technologien gibt. „Es ist heute keine Kunst mehr!"

Die Brüder Wright hatten es sich in den Kopf gesetzt, der Idee eine Tat folgen zu lassen. Aus der Idee wird ein erstes Stück zum Anschauen. Es kann sein, dass Flyer I noch nicht im normalen Sinne fliegt – aber der Flyer I lässt in uns die Erkenntnis aufblitzen, dass jetzt etwas Entscheidendes geboren ist: das Reale. Flyer I ist keine Idee mehr, sondern die Ahnung eines neuen Zeitalters.

Konrad Zuse hat uns mit seiner Rechenmaschine Z3 mit 2000 Relais im Jahre 1941 ein solches Aufblitzen der Zukunft gezeigt. (In meinem Brockhaus in fünf Bänden, den ich 1965 zur Konfirmation bekam, steht „Zuse" nicht drin.)

Das Schaf Dolly ist solch ein erster Blitz eines neuen Zeitalters, das erste Herumspielen der Techies mit Atomschaltungen (Nanotechnologie) ein weiterer.

Es gibt oft einen scharf markierten Punkt in der Geschichte, an dem die Idee konkret wird, an dem aus Spinnerei etwas zum Anfassen wird.

Besonders in der Richtung der Ktisis braucht es oft einen verbissenen oder geduldigen Besessenen, der es unbedingt wissen will. Edison soll ungefähr 100.000 verschiedene Materialien als Glühwendeln ausprobiert haben, bevor er die Lösung Wolfram fand: Die Glühbirne war erfunden. Sie war nicht so sehr eine Idee des Lichtes als vielmehr das erste Anfassbare einer kommenden Revolution. Die Idee entfaltet sich und findet eine erste Erscheinungsform.

Platon sagt, die realen Dinge haben an der Idee teil, die Idee bedeutet aber viel mehr als das Reale. Flugzeuge haben teil an der Idee des Fliegens, aber sie sind nur eine reale Erscheinung der Idee. Die Idee ist viel größer und heiliger! Vielleicht haben Sie das in der Schule als zu wolkige Aussage empfunden und auch am Anfang dieses Buches etwas stirnrunzelnd verfolgt. In der Technologie ist es ganz klar: Die Idee ist oft schon lange da und *ganz* klar. Aber – gibt es überhaupt *jemals* eine reale Erscheinungsform? Gibt es wirklich in 50 Jahren Speicherfestplatten mit dem gesamten aktuellen Weltwissen darauf, die wir uns an den Kopf schnallen und ans linke Gehirn anschließen? (Wieder Unsinn, wir werden an ein Funknetz angeschlossen und haben nur Antennen am Kopf. Die Kinder müssen daran gewöhnt werden, vor dem Duschen die Antenne abzunehmen.) Gibt es Außerirdische? Nach aller Wahrscheinlichkeit ja! Aber wir müssen noch warten, bis wir reale treffen, die an der Idee des Außerirdischen teilhaben. Ich bin gespannt, ob sie grün sind und begossen werden müssen. Aristoteles hat immer Ideen von real Existierendem darauf hin untersucht, ob die Idee in dem Realen als Substanz drinsitzen könnte. Man sieht viel leichter, was die Idee vom Realen unterscheidet, wenn man sich etwas vorstellt, was es noch nicht gibt und dann später mit dem vergleicht, was es geworden ist. Ich habe zum Beispiel als Kind eine Idee der selbst gezogenen Tomate im Garten erfahren. Die reale holländische Tomate, die den roten Standard vor 10 Jahren repräsentierte, ist eine reale Ausprägung dieser Idee. Sie hat aber kaum teil an der Idee, nicht wahr? Da Ideen aber ewig sind, haben die Holländer sich in anderen Seelen wieder daran erinnert und fabrizieren jetzt wieder Strauchtomaten, die sogar noch an der Idee des Gartens durch das Grüne teilhaben ...

In der Richtung der Ktisis sehen wir also sehr schön, wie eine Idee schon lange existieren kann, bis wir die allererste Ausprägung als ein Reales wirklich sehen können. Viele Philosophen diskutieren Ideen mehr in der Richtung der Ästhetik oder der Philosophie selbst. Wenn ein Künstler oder ein Denker eine Idee haben, dann arbeiten sie sie ja gleich selbst heraus, weil für Denker und Künstler die Idee und ein erstes Reales nach dieser Idee nicht weit auseinander liegen. Ein Bild wird gemalt, ein Buch geschrieben (wie dieses hier, über verschiedene Menschen). In der Richtung der Ktisis liegen oft Jahrhunderte zwischen der Idee und einem Realen nach der Idee. (Die Idee des künstlichen Menschen, die Idee der Unsterblichkeit ... – an alle diese wird langsam real Hand angelegt! Die Idee ist lange in der Religion gewesen, nun kommt sie auf die Werkbank.)

Ein allererstes Abbild der Idee kann von Leonardo da Vinci stammen, aber ein allererstes Reales stammt oft von einem Pionier. Ein Pionier ist nach meiner Vorstellung kein wahrer Mensch, der sich dem Richtigen nähert. Es ist ein wahrer Mensch, der sich der natürlichen Lust widmet, einmal etwas Reales aus der Idee zu bauen. Ein Pionier kann ganz die Grenze zum Natürlichen überfliegen, weil ihn der Erfolg beflügelt. Er wird dann Entrepreneur. Bei mir selbst ist das so. Ich mag nicht aus Ideen Muster und Systemvorschriften machen. Ich würde gerne Ärmel hochkrempeln und tun! Bis es steht! Dann bin ich schon ziemlich weit vom Wahren weg und beginne am liebsten mit einer neuen Idee. „Dafür gibt es weniger Karrierepunkte, als wenn du dein Leben am Vollbrachten beendest. Ein Neubeginn mit einer neuen Idee wird vom System nicht honoriert!" Das ist wahr und nicht schön. Damit muss ich leben.

Das perfektionierte Musterbeispiel (Architekt, Wissenschaftler)

So ein erstes Beispiel einer Idee wird meist belächelt, ob es nun der kleine Flügelschlagapparat von Otto Lilienthal (Pionier) von 1894 ist, der also fast genau 400 Jahre nach Leonardo da Vinci (Vordenker, Visionär) erfolgreich Gleitflüge vorführen konnte – ob es erste rauschende Schallplatten oder erste Telefongespräche schrecklichster Qualität waren (es muss wie beim Handy-Telefonieren in einem normalen ICE gewesen sein). Heute lächeln wir über die albernen Techie-Messevorführungen von sprechenden Kühlschränken und vielleicht noch in Endzuckungen über den teuren SMS-Wahn unserer Kids (Kinder; bei SMS sind es Kids). Es sind Versuchsgeburten einer Idee, die sich in vielerlei Gestalt in die Welt hineinzwängen will. Die Idee heißt: „Alle Geräte dieser Welt sind in einem gigantischen Netz miteinander verbunden." Eine andere hieß in der Zeit Lilienthal/Wright: „Alle Menschen werden alle Länder sehen." Von da bis zum Ballermann-Wochenende oder zum Tagestrip zu den Pyramiden inkl. Flug morgens und nachts ist ein weiter, weiter Weg.

Die Idee ist am Anfang noch ganz rein, unausgefüllt und sehr weit wie „Fliegen" oder „Reisen" oder „Freiheit für alle". Dagegen sind die ersten Erscheinungsformen wie der sprechende Kühlschrank als Antwort auf „weltumspannende drahtlose Verbindung" wirklich nur zum Lachen. Die Idee ist in einem weiten, großen neuronalen Netz eines Genies entstanden, aber sie erlebt ihre ersten Gehversuche in ungelenker Form durch einen Tüftler, einen intuitiven Fanatiker, einen Daniel Düsentrieb. Oft sind es auch ausgesprochene Kraftmenschen, die mit bulliger Macht etwas „auf die Beine stellen". Sie kämpfen sich quasi in Person mit der Machete einen Trampelpfad durch das Unterholz und steigen das erste Mal empor, auf den hohen Berg der Idee im neuronalen Netz.

Nach den kauzigen Anfängen setzt eine Ernüchterungsphase ein, die mit dem Lächeln beginnt. Die reine Idee ist so viel hehrer als die erste Erscheinungsform, die Idee verbreitet so viel mehr Licht als das erste Reale, das an der Idee teilhat. Wenn die Idee trotzdem noch Kraft hat, über dem Dilettantischen weiter zu leuchten, entstehen neue Versuche. Es beginnt die oft lange Suche nach der endgültigen Kunstform der Idee. Im Laufe dieser Suche kann sich auch die Idee weiterentwickeln und anders, richtiger oder größer werden.

Dieser Prozess wird uns im Management als Gartner Group Hype Cycle Curve gelehrt: Erst entsteht eine Idee, daraus Hype, dann Kummer über das Kümmerliche, dann neues realistisches Anpacken des Machbaren, langsame Erfolge – und schließlich entfaltet sich die Idee unter ihrer eigenen Mutation zu einem *richtigen* Realen. Im Grunde ist es so: Der Vordenker sieht als Erster einen Berg und zeigt ihn allen (Licht!). Dann starren die Menschen hinauf. Zu hoch! Irgendwann später nimmt ein natürlicher Mensch wie Reinhold Meßner die Herausforderung an, den Berg persönlich zu bezwingen. Am besten ohne Sauerstoff oder auf einem Bein. So ein natürlicher Mensch will ins Guinness Buch der Heldenverehrung! Es geht ihm nicht darum, sich als Bergführer für ganz leicht Übergewichtige wie mich anzubieten. Nur er allein will hinauf. Er ist dann der Pionier. Die richtigen Menschen wittern ein tolles Geschäft da oben; man könnte Skischanzen oder Abfahrten bauen! Sie gehen also los und versuchen es, denselben Trampelpfad wie Reinhold Meßner zu benutzen! Sie scheitern. Sie brüllen: „Betrug! Es geht gar nicht!" Dann ist der Hype zu Ende. Die richtigen Menschen sagen heute: „Internet geht gar nicht, nur bei Reinhold Meßner." Später kommen richtige Menschen darauf, eine Straße nach oben zu bauen. Das aber wird sehr teuer. Deshalb kommen sie nur im Notfall auf diesen Gedanken. Viel später entsteht ein richtiges Reales. Ich meine: Sieben oder acht multinationale Megafirmen bauen jeder eine Straße hinauf, die jeweils für die ganze Menschheit reicht. Irgendwann gehen alle Menschen auf den Gipfel, auf einer der Straßen. Die anderen erodieren und verfallen. (So geht es heute mit Internetbanking, mit Mobilfunk, mit Stromdurchleitungen ...)

Diese Betrachtung ist erst seit wenigen Jahren zur normalen Denkmethodologie der Technologen geworden! Die mehrstufige Erscheinung einer Idee als Reales tritt in der Richtung der Ktisis sehr oft so auf. Sie wird aber erst seit kürzerer Zeit in dieser Form wahrgenommen. Man hat immer die Idee überbewertet. Man dachte, Idee und Realisierung lägen eng zusammen. Man sah, wie Picasso geniale Bilder malte und vergaß, dass er Jahre brauchte, um seinen Stil zu finden! Bei

Denkern, Religionsstiftern und Ästheten sind die Genies oft auch die, die nach ein paar erbärmlichen Versuchen es mit diszipliniertertester Beharrlichkeit schaffen, nicht nur ein erstes Reales zu erschaffen, sondern sogar ein beispielhaftes Reales. In der Ktisis liegen zwischen der Idee, einem ersten Realen und einem beispielhaften Realen Welten – nicht immer, aber sehr oft.

In der Ktisis hat das Genie ja nicht gleich Millionen Euro zum Entwickeln eines ersten Realen zur Verfügung! Viele Technologien müssen sich neu in das andere Reale einfügen! Oft müssen vor dem realen Neuen erst neue Gesetze geschaffen werden – Gesetze können viel höhere Hürden darstellen als Technologie. Denken Sie an die Gültigkeit von Verträgen im Internet oder das dortige sichere Bezahlen.

Ich will nicht zu lange beim kleinen, oft skurrilen Anfang verweilen. Ich will nur hervorheben, dass eine Idee, ein erstes Reales und ein quasi „endgültiges Reales", das in etwa die Idee repräsentiert und in einem hohen Maße an ihr teilhat, drei verschiedene Dinge sind, die wir besonders im Ktisis-Umfeld stark trennen müssen.

Der Kölner Dom ist wie die Idee einer Kirche. 1248 begann man mit dem Bau unter dem Meister Gerard; 1322 war der Chor vollendet, bis 1437 baute man den Dom halbwegs auf. Später dann, schon zu Zeiten der Romantik, wurde ein neuer Grundstein gelegt (1842), bis der Kölner Dom St. Peter schließlich 1880 geweiht wurde. Was wir heute bestaunen, wenn wir aus dem Zug schauen (der Dom ist genau am Hauptbahnhof), ist eine Idee des Gotischen, die sich über 600 Jahre entfaltete. Bei den Pyramiden wissen wir heute nicht einmal so recht, wie das überhaupt zu bauen möglich war! Wir nennen heute viele solcher Beispiele, die sehr stark an ihrer Idee teilhaben, Weltwunder oder Kulturerbe. Neuschwanstein, Eiffelturm, Empire State Building, das Heidelberger Schloss, die Mona Lisa, die Laokoon-Gruppe, ... Es gibt so viele konkret gewordene Ideen!

Um aus einem ersten Realen ein mustergültig Reales zu gestalten, brauchen wir viele Architekten, Wissenschaftler, Entwickler, Technologen, Meister, Entrepreneure. Sie geben der vagen Idee Gestalt und Form.

Das Genie brütet etwas in seinem Gehirn aus und artikuliert es in oft noch dunkler Form. Die erste Idee geht wie im Morgennebel auf. Das erste Reale wird oft vom Genie selbst geformt, das über dem Anfassen und Transformieren selbst erst ganz zur eigenen Idee findet, indem es Erfahrungen hinzufügt. In der Technologie sind die Genies manchmal nur die Visionäre, die aber nicht das erste Reale erschaffen. Dazu fühlen sich mehr die Entrepreneure, vielfach natürliche Menschen, berufen. Sie handeln, anstatt sich an Ideen satt zu sehen. Sie erschaffen grobe Vorbilder für den Beginn der Suche nach der Endform.

Die Suche nach der Endform hat etwas Wissenschaftliches an sich. Es wurde eine Idee geboren, ein erster Versuch konnte vorgezeigt werden: Nun kommen die vielen Menschen, die teilhaben wollen an dieser Idee, an diesem neuen Paradigma, wie Thomas Kuhn sagen würde, der in seinem berühmten Buch *Die Struktur wissenschaftlicher Revolutionen* untersuchte. Kuhn benutzt den Begriff eines Paradigmas der Wissenschaft, also eines Beispielgebenden. Um ein solches Paradigma scharen sich dann Experten und Wissenschaftler und verfeinern es bis zum Letzten. Am Paradigma des Kölner Doms arbeiteten Tausende von Menschen über Jahrhunderte. Ebenso erschuf Charles Darwin ein neues Beispielgebendes („The fittest will survive"), auf das sich zur Verfeinerung Zehntausende Forscher stürzen. Ein neues Paradigma ist wie eine Idee eines Genies, die ein erstes, gutes Reales hervorgebracht hat. Nun aber feilen und hämmern die Forscher an diesem Paradigma und untersuchen alles bis in jede Verästelung. Eine Idee oder ein Paradigma ist wie ein Hinweis auf eine neue Goldmine. Dann kommen die Wissenschaftler mit Hacken, Schaufeln und Sieben.

Eine ganz neue Idee führt nach Thomas Kuhn zu einem Ablösen einer alten Idee. Diesen Vorgang nennt er Paradigmenwechsel. Dieses Wort ist nun in unseren Wortschatz eingegangen. Kuhn ketzert gegen die ganze Wissenschaft: Er zeigt, dass im Grunde die ganz wenigen Paradigmenwechsel fast allen Fortschritt der Wissenschaft bedeuten. Sie werden von einer ganz kleinen Anzahl von Ideen oder Genies hervorgerufen. Die Millionen anderen Wissenschaftler bewegen vergleichsweise wenig. Sie feilen, putzen, lösen Probleme und Rätsel. Sie bauen aus. Der wahre Fortschritt aber wäre eine neue Idee, ein neues Paradigma.

Gerade gestern habe ich per E-Mail ein paar kesse Gedanken zugeschickt bekommen, wie sich jemand wundert, dass deutsche Professoren so wenig genial sind. Ich bin ja auch so einer und die E-Mail war zum Sticheln gedacht. Ich glaube, es gibt überall nur wenige geniale Menschen, die zu neuen Ideen oder Paradigmenwechseln fähig wären. Das Problem liegt vor allem wohl darin, dass sehr selten in der Hochschule verlangt wird, genial zu sein. Man soll restliche oder liegen gebliebene Probleme lösen, damit ein neues Buchkapitel angehängt werden kann. Man soll von einem Blatt des Baumes einer Theorie noch fester beweisen, dass es dort wirklich hinpasst – aber niemand verlangt, dass ich neue Bäume pflanze oder alte ausreiße. Neue Bäume müsste man zwischen den Fakultäten der Wissenschaften pflanzen, da ist wahnsinnig viel Platz, aber es stehen zum Ausruhen keine leeren Stühle da. Ausreißen alter Bäume würde Fakultäten leeren, also Heiligthümer (alt mit th) schleifen.

Die wenigsten wahren Menschen mühen sich um das genial und radikal Neue. Die wenigsten versuchen, ihr neuronales Netz zu schulen, ein neues Energieoptimum zu finden.

Die allermeisten wahren Menschen schlüpfen in eine gegebene Idee, in ein Paradigma, in eine Hülle, wie es der Einsiedlerkrebs tut (der immerhin während seines Wachstums immer mal wieder die Hülle wechselt). Die meisten wahren Menschen suchen nach Vorbildern, nach Orientierungen, nach Sinn, nach einem neuen Fachgebiet. Sie studieren, brechen das Studium ab, schauen woanders hinein, bis – ja, bis es ihnen ein Paradigma angetan hat.

Dann sind sie plötzlich in wenigen Monaten zu Byzantinisten, zu Computeralgebraikern oder differentiellen Psychologen mutiert. Sie haben ein Gebiet größten Interesses für sich gefunden. Eine Idee hat diese wahren Menschen eingefangen. Platon sagt, wir erinnern uns an Ideen. Ein bisschen sieht es so aus, als ob die Ideen von Mensch zu Mensch überspringen und sich so vermehren. Ich habe schon im Buch *E-Man* etwas zu den *Memes* gesagt ... (vergleichen Sie etwa Susan Blackmore, *The Meme Machine*). Die wahren Menschen identifizieren sich mit dieser Idee. Sie richten sich in ihr ein. Das neuronale Energieoptimum ist eine wichtige Richtschnur ihres Seins geworden. Die Menschen werden ihre Idee, sie versinken in einem Paradigma, das sie aufgesaugt hat.

Wenn ein wahrer Mensch also frühzeitig sein neuronales Netz einen hohen, hohen Gipfel besteigen lässt, so kommt er wohl nie mehr ganz hinunter, weil es von oben überall anders ziemlich niedrig aussieht. Oben empfindet er körperlich-seelisch sein Paradigma, seine eigene Idee wie seinen eigenen Berg als höchstes Lebensprinzip.

Dieses Paradigma verfeinern die Wissenschaftler. Ich stelle mir Wissenschaft wie das Herumkrabbeln auf einem Blumenkohl vor, der unendlich zerklüftet ist. Anstatt dass die Wissenschaftler erkennen, dass er halbkreisförmig von der Seite aussieht und selbstähnlich mikroorganisiert ist, kartografieren sie ihn in vielen Jahrhunderten völlig aus. Niemand würde es vorher wagen, Experte für Broccoli zu werden, bevor der Blumenkohl nicht erforscht ist. Das ist jetzt etwas drastisch ausgedrückt, aber so lese ich die Aussage von Thomas Kuhns Untersuchungen und so empfinde ich es selbst als wahr. Von einer Idee erfüllte Wissenschaftler, Entwickler oder Konstrukteure neigen deshalb nicht zu Blicken über den „Tellerrand" hinaus, wozu sie insbesondere von Managern beschworen werden. Sie sind insbesondere nicht genial, weil zum Genialen eine gewisse Nicht-Identifikation nötig ist, ein Nicht-Anhaften an einer Idee. Die Idee verblendet den Träger der Idee. Das Genie darf nur zeitweise, während der Schwangerschaft und der Geburt, von einer Idee besessen sein.

Wenn also ein Mensch ein neue geniale Idee hatte, ist er ein Genie. Leider ist das Genie fast immer von seiner Idee besessen. Deshalb kann es jetzt keine weitere geniale Idee mehr haben. Deshalb ist ein Genie, das seiner Idee anhängt, kein Genie mehr. Deshalb sterben Genies meist mit der Idee. Sie sterben an einem Nobelpreis als Genie, meine ich. Das ist der Grund, warum wir immer feststellen, dass meist ganz junge Menschen die grandiosen Ideen ausbrüten oder ganz junge Techno-Freaks etwas in der Garage basteln. Junge wahre Menschen stecken vielleicht noch nicht in einer Idee! Sie werden zu Genies, wenn die erste wahre Idee, die sie erfasst haben, gleich die ganz große neue ist. Es gibt trotzdem einige Menschen, die mehr als eine neue Idee haben. Das geht aber nur, wie gesagt, wenn sie es schaffen, die Ideen, die sie hatten, immer wieder auf dem weiten Wege nach oben liegen zu lassen: Nicht-Haften! Nicht-Identifizieren! Nicht-Kämpfen! Genie: Sieh jede Idee als Stufe oder besser als Etappe, nicht als Gipfel!

Die allermeisten Wissenschaftler, Techies, Ingenieure und anderen wahren Menschen werden Gralshüter einer Idee, mag diese *Linux* heißen oder *Umwelt*. Sie verfeinern die Idee und richten es sich wohnlich in ihr ein. Sie entwickeln Programme, Politiken, Pläne und publizieren neue Aspekte der Idee. Sie fügen Mosaiksteinchen auf Mosaiksteinchen zusammen, auf dass einst alles sauber und vollständig wäre.

Ich habe Sie nun in einer längeren Gedankenkette Schritt für Schritt auf einen Hauptgedanken hingeführt, auf heimlichen Pfaden. Wissen Sie, was ich jetzt mit Trompetenschall sagen möchte? Wenn nicht, müssen Sie im Buch zurückblättern und den Abschnitt V., 6. „Learning und Overlearning von neuronalen Netzen“ nochmals lesen. Dort schrieb ich schon einmal unter großartiger Betonung dies:

Und daraus folgere ich jetzt („Licht aus!“ – „Spot an!“ – „Vorhang auf!“):

These: *Das neuronale Netz legt sich „eine linke Gehirnhälfte an“, einen Speicher, wenn es zu lange trainiert wird. Es greift dann bei Wiederholungsaufgaben auf den Speicher der richtigen Antworten direkt zu, weil das den Erfolg auf der Trainingsmenge bis auf 100 Prozent hebt. Das Netz verliert dabei die Fähigkeit, im Unbekannten richtig zu liegen. Es verliert die eigentliche Intuition, weil es jetzt alles richtig weiß.*

Wir können also spekulativ die Entstehung der „linken Gehirnhälfte“ in einem natürlichen neuronalen Netz begreifen. Sie entsteht aus der ursprünglichen Intuition durch „(zu) oft wiederholtes Lernen von Mustern“.

Ach, ja. Wissen Sie was das bedeutet? Das zu starke Verinnerlichen von Ideen führt zu Overtraining des neuronalen Netzes. Es bedeutet: *Der wahre Mensch mutiert zum richtigen.*

Deshalb verlieren Wissenschaftler das Geniale, werden ordentliche, penible Sammler von Wissen, achten auf sorgsames Zitieren und das exakte Anwenden von Denkmethodologien. Wissenschaftler, die in der Idee verhaftet sind, beginnen, Regeln aufzustellen, Leistungen zu klassifizieren, Lobby zu treiben für ihre Idee (gegen die feindlichen bösen anderen Ideen, die wie die Menschenfeinde der richtigen Menschen sind).

Geschulte, erfahrene Wissenschaftler haben also das eigentlich Wahre aufgegeben und sich dem Linken angenähert. Sie sind nicht mehr Schmetterlinge und Exoten, sondern sie werden „Analytiker mit scharfem Wissenschaftsverstand“. Das ist ein leiser, anhaltender Abschied von der Intuition durch Overtraining. Es ist wie Einfrieren. Die Wissenschaftler sind also mehrheitlich wie wahre Menschen, aber sie bewegen sich durch zu starkes Verbeißen in ihr Arbeitsfeld in das Mittlere. Sie sind jetzt ein Zwitter zwischen den Polen des Wahren und des Richtigen.

Man kann das positiv sehen: „Ich kann jetzt beides.“ So wird oft gesagt. Das stimmt nicht. Es muss heißen: „Ich mache es jetzt gemischt.“ Das Gemischte ist nicht gut für das Herausragende. Es wäre schon gut, wenn wir wirklich sagen könnten: „Ich kann beides.“ Das hieße: „Ich kann wie ein richtiger Mensch praktisch denken. Ich kann wie ein intuitiver Mensch kreativ denken. Ich kann mal so, mal anders denken und manchmal auch gemischt.“ Das wäre gut. Leider enden die meisten Menschen bei: „Ich denke gemischt durcheinander.“ Das ist nicht wie das Erwerben von Neuem, sondern wie das Abschleifen von Polen durch das Gegenprinzip. Meine Vorstellung ist ja, dass wir zwei Rechner im Kopf haben, die verschiedene Ergebnisse errechnen. Wir müssen dann entscheiden, „welches wir nehmen“. Aber durcheinander rechnen, halb hier, halb dort? Das sieht für einen Mathematiker grauslich aus.

Der normale Wissenschaftler ist wie eine Mitte, die nicht golden ist, sondern wie ein eingefrorenes, übertrainiertes Mix. Er ist ein *richtiger* Wissenschaftler.

Deshalb wollen viele in unserer Gesellschaft, dass die Professoren ab und zu zwischendurch in der Wirtschaft arbeiten. Deshalb sollen Entwickler einmal woanders Sabbaticals einlegen. Man will implizit das Gefängnis der Idee aufbrechen, die jede Weiterentwicklung hemmt.

Wissenschaftler sollen vorankommen, nicht aber unbedingt 600 Jahre an einem Dom bauen, an einem gültig Realen, das so sehr an der Idee teilhat, dass wir es kaum von ihr unterscheiden können. Wissenschaftler dieses absoluten Schlages wird sich die Welt nicht mehr leisten können, schon deshalb, weil immer mehr und mehr Fakultäten heranwuchern. Das Wissen vermehrt sich so rasend schnell. Wir können nicht auf alles und jedes neue Lehrstühle für die Ewigkeit gründen.

Der Bau eines Systems nach dem Muster (Baumeister, Projektleiter)

Wissenschaft ist in vielen Erscheinungsformen eine Übertreibung des Intuitiven zum Richtigen.

Sie baut an dem wahrhaft Beispielgebenden.

Die richtigen Menschen aber wollen das systemhaft Beispielgebende. Sie möchten, dass Wissenschaft hilft, die Systeme zu verbessern. Wissenschaft soll sich in das System selbst integrieren. Dafür ist das System unter Umständen bereit, sich dem Wahren zu nähern.

Manager besuchen also die Hochschulen, sind begeistert über die neuen Ideen und möchten sie in der Welt einsetzen, verwerten, umsetzen. Die Wissenschaftler arbeiten am einem absoluten Realen, das der Idee selbst nahe kommt. Die Manager erwarten ein systemnahes Reales einer Idee.

Ich habe fünf Jahre als Professor der Mathematik gewirkt, war fünf Jahre Wissenschaftsmanager, habe aus Wissenschaft fünf Jahre ein neues Geschäft entwickelt (Optimierung, dann vor allem Data Warehouses, Data Mining, Business Intelligence, also an nutzbringenden großen Unternehmensdatenbanken gearbeitet), heute berate ich auf Vorstandsebene. Ich hatte also einen glücklichen Lebensweg durch verschiedene Welten. Es sind sehr verschiedene Welten, sage ich Ihnen! Und ich weiß: Die Wissenschaftler verstehen die Manager nicht und umgekehrt. Es gibt Ausnahmen, aber nicht viele. Im Ganzen gesehen, scheitern die Gespräche über Zusammenarbeit und Forschungsprojekte kläglich. Die beiden Menschenarten, die richtigen Manager und die wahren Idee-Gefangenen, kommen fast nie dazu, sich zu verstehen. Die einen: „Ich bin bereit, meine Idee in Ihr Unternehmen einzubauen, aber ich will sie auf keinen Fall dabei umbiegen oder verwässern, sonst kann ich nicht darüber publizieren." Klartext: „Ich arbeite nur für die Idealisierung meiner Idee." Die anderen: „Wir versuchen bei aller Idee, die harten Randbedingungen des Alltags zu verstehen. Es kommt am Ende nur auf das System an. Das muss immer besser und besser funktionieren. *Dieses* Ziel ist der Stern, dem alle folgen müssen, auch Ihre Idee." Klartext: „Schnitzen Sie Ihre Idee so zurecht, dass sie gut ins System passt. Die *Idee* beugt sich, nicht das System."

Es ist seltsam: Die richtigen Menschen kommen auf das Wahre zu und suchen Hilfe für ihr System. Die Wissenschaftler benehmen sich unter der Ideebesessenheit wie richtige Menschen, nur dass sie statt eines Systems die Idee über sich haben. Im Denken nähern sich beide Gruppen der Mitte. Aber die Grundziele sind Welten auseinander, der Unterschied liegt nicht mehr unbedingt im Denken. Die richtig gewordenen Wahren kämpfen immer richtiger für ihre Idee. Die Richtigen, die sich dem Wahren nähern, wollen nur Hilfe für ihr System. Die Wissenschaftler sind oft erschüttert über die Systemhörigkeit des Richtigen – ihre Idee soll – oft in trivialisierter Form – *benutzt* werden, nicht etwa gewürdigt oder verstanden. Die Manager sind entsetzt über die Festigkeit, mit der die Idee den Wissenschaftler umklammert, der fast unfähig wird, das System zu sehen oder zu würdigen.

Beide sitzen sich also in der Mitte an einem Tisch gegenüber, aber es ist eine imaginäre Schlucht dazwischen. Die Idee-nahen richtigen Menschen wollen das Nützliche aus einer Idee herausnehmen und im System verwerten. Sie wollen Universitätsnetze zum Internet ausbauen. Sie wollen betriebswirtschaftliche Standards in ein System wie SAP R/3 gießen. Sie wollen alles Nützliche möglichst wartungsfrei in Großserien für die ganze Welt, also für ein globales System bauen.

Architekten mögen Wettbewerbe gewinnen wollen. Das sind wahre Menschen. (Ich habe hier Statistiken, dass Architekten zu zwei Dritteln Intuitive sind! Im schon zitierten *Atlas of Type Tables.*) Die Systeme wollen Reihenhäuser in Großserie.

Wenn wir es auf einen Punkt bringen wollen:

Das Wahre will das maßgebende Reale erschaffen, das der Idee nahe ist.

Das Richtige will Standards, die maßgebend für die gewünschte Realität sind.

Bei IBM wollen die Techies meist wahre technologische Lösungen, aber die richtigen Manager immer Standardlösungen. Die einen wollen sich den Computer für sich selbst liebevoll einrichten, die anderen befehlen radikal gleiche Computer für alle, damit sie alle gut funktionieren und gewartet werden können. Die einen wollen eine technische Großtat für den Kunden stemmen, bei allen Risiken einer Einzelleistung – was geschieht, wenn der Maestro von IBM krank wird oder kündigt? Die anderen wollen Projekte nach Standards durchführen, damit es weder zu Risiken noch zu schweren Fehlern kommen kann. Die Techies empfinden Standardisierung als Lüge gegenüber dem Wahren, als Beherrschungsversuch des Managements über die Individualität. Das Management fürchtet individuelle Leistungen wie Kraut, Rüben und Chaos. So prallen die wahren und richtigen Menschen in der Mitte hart aufeinander. Hier, in der Mitte, ist der Übergang von dem Machbaren und Brauchbaren zum Standardisierten. Wenn Sie nicht selbst in dieser Turbulenzzone der Ktisis arbeiten: Sie glauben es wohl nicht in der vollen Schärfe. An dieser Schnittstelle, die in Wirklichkeit ein Grand Canyon ist, finden die Diskussionen von Dilbert und seinem Manager statt. Hier steht das Wahre und das Richtige Auge in Auge gegenüber. Das Wahre ist meist in Verteidigungsposition und weint. Das Richtige ist ärgerlich und übt Macht aus. In unserer Firma werden angehende Projektleiter getestet, welche Persönlichkeit sie haben. Fast keiner ist gefühlsorientiert oder Zaunkönig/Jäger. Fast alle sind Denker der Herrscher- oder Burgenbauerfraktion. Jeweils fast genau die Hälfte sind richtige und wahre Menschen. (Dieser Test unterscheidet nur zwischen links- und rechtshirnigen Menschen, die *natürlichen* betrachte ich hier ja erst in diesem Buch!) Die richtigen Projektleiter kennen die Verträge und Terminlisten und Vertragsstrafen auswendig und managen den Projektverlauf. Die wahren Projektleiter kennen nur die Idee des Projektes (was dem Sinne nach bei dem Projekt herauskommen soll). Dann *bauen* sie los. Natürliche Projektleiter *boxen es durch.* In der IBM Techie-Population haben wir laut dem Keirsey-Test etwa 65 Prozent wahre Menschen! Bei Projektleitern sind es nur noch 50 Prozent. Bei Managern überwiegt dann der Anteil der richtigen Menschen (alles nach dem Keirsey-Test, ich habe leider noch keinen als Grundlage für dieses Buch). Aus diesen Ergebnissen, die mir

500 IBMer gaben, will ich also nichts über die Persönlichkeiten folgern, sondern nur dies eine: Die Techie-Welt ist intuitiv, die Managerwelt analytisch. Die Welt der Projektleiter markiert die Mitte. Dort gibt es keine dominierende Methode. Man kann Aufgaben und Termine regeln oder selbstvergessen „bauen", beides geht gleich gut, wenn man es denn gut kann.

Das Betreiben und Funktionieren des Systems (Manager)

Manager (der unteren Ränge, im Gegensatz zu den Executives, wie ich hier die oberen Ränge bezeichne) sind nun ganz eindeutig in ihrer Gesamtheit analytische Denker. Es ist ihre Aufgabe, ein gegebenes System, das man ihnen anvertraut hat, reibungslos funktionieren zu lassen. Eine Sinnfrage stellt sich hier nicht. Wie? Warum? Diese Fragen sind hier obsolet. Es ist klar vorgegeben, was zu tun ist und mit welchem Ziel. Es gibt einen Arbeitsplan, um das Jahresziel zu erreichen. Dieser Plan ist so lange überdacht, dass der Plan dann erfüllt oder gar übererfüllt wird, wenn sich ihm alle gewissenhaft verpflichtet fühlen. Der Plan gerät in Gefahr, wenn Menschen Fehler machen, Geld verschwenden, faul sind, also Zeit verschwenden und wenn es zu Ausnahmen kommt, die im Plan nicht vorhergesehen sind. Pläne sind viel, viel leichter zu machen, wenn man gar keine Ausnahmen vorsieht. Deshalb ist es klug, Ausnahmen zu verbieten. Der Manager muss also Zuverlässigkeit, Sparsamkeit, totale Energiemobilisierung und absolute Regeldisziplin zu den obersten Werten erheben. Wenn die Mitarbeiter des Managers wahre Menschen oder natürliche sind, kommen sie oft mit Sinn- oder Spaßfragen. „Was hat es für einen Sinn?", fragen die Gefühlsintuitiven. „Was hat das für einen Grund?", fragen die intuitiven Denker. „Wie soll es funktionieren? Es ist eine alte Methode, auf Geld und Pflicht herumzuhacken! Wo ist der Fortschritt?", hadern die intuitiven Menschen der Ktisis, die „Techies". „Arbeit muss Spaß machen. Sonst reiße ich mir hier bestimmt nicht die Beine aus!", schimpfen die natürlichen Menschen. „Wir wollen hier etwas stemmen und nicht Erbsen zählen!" – „Es muss auch Zeit für Champagner sein!" Und so weiter. Hoffentlich versteht ein richtiger Manager das. In der Tendenz nicht. Deshalb lieben sie ihn nicht, die Mitarbeiter ... In Wirklichkeit stellen sich Mitarbeiter einen richtigen Manager wie einen Vater oder eine Mutter vor. Das sind immer noch ihre wahren Vorstellungsbilder eines guten richtigen Menschen, so alt sie auch sein mögen. Ich selbst habe lange gebraucht, um das zu verstehen und auch zu akzeptieren. Vielleicht musste ich nur alt werden. Ich bin selbst intuitiver Denker und finde, alle Menschen seien frei für ihre eigene Entfaltung. Da lasse ich die Mitarbeiter bei mir wachsen und greife nicht zu viel ein. Das wollten sie aber nicht wirklich. Sie wollten so etwas wie einen Vater, glaube ich. Sie erwarteten wohl wirklich einen guten richtigen Menschen als Manager?! Da fällt mir ein: Als ich vor langen Jahren meine Abschlussbeurteilung als Offizier der Reserve zu hören bekam, hieß es: „Als Berufsoffizier wären Sie bis Hauptmann eine Niete, als Major vielleicht schon einigermaßen in Ordnung, aber im Stab als Stratege wären Sie eventuell gut. Jetzt sind Sie Leutnant. Na – ja.“ Man hat mir immer in irgendeiner Form „vorgehalten“, kein richtiger Mensch zu sein.

Der Bau der tatsächlichen Organisation (Executive)

Ein höherer Manager – ich nenne ihn hier Executive – hat ganz andere Aufgaben als einer, der Mitarbeiter führt. Executives müssen ein Talent dafür haben, große Aufgaben zu strukturieren und so in Abteilungen, Bereiche, Pflichten und Missionen zu zerteilen, dass ein neues Teilsystem im Unternehmen entsteht, das seinen Aufgaben gerecht wird. Stellen Sie sich vor, ich gebe Ihnen tausend Leute, mit denen Sie eine Bank gründen sollen. Wie viele und welche Bereiche wollen Sie haben? Wie viele Hierarchiestufen? Wer ist wofür verantwortlich? Was wird in der Zentrale entschieden, was in der Zweigstelle? Wer hat wie viel Macht? Wer kontrolliert was?

Eine Bank ist hypothetisch. Stellen Sie sich dann Ihre Organisation vor, in der Sie jetzt arbeiten. Denken Sie sich selbst auf den Chefsessel und los! Was würden Sie tun? Als Mitarbeiter maulen Sie bestimmt über das nur zweilagige Toilettenpapier, das im Endeffekt vierlagig verwendet wird, also um ein Drittel teurer ist als das gute dreilagige, das alle zu Hause haben. Sie beanstanden das Kantinenessen und möchten ein helleres Arbeitszimmer. Gut. Jetzt sitzen Sie auf dem Chefsessel und sollen eine neue Struktur einführen, die alle diese Klagen berücksichtigt. Versuchen Sie es als Übung – sagen wir: vier volle Stunden lang. Dann sind Sie bestimmt gnädiger gegen Executives, glauben Sie mir.

Ich habe einmal den Mitarbeitern einer Abteilung angeboten, sie selbst sollten ihre eigenen Gehaltserhöhungen im geforderten Rahmenwerk festlegen. Das Kritische ist dabei, dem schlechtesten Drittel der Mitarbeiter anzudeuten, sie seien im schlechtesten Drittel. Das schlechteste Drittel schreit verwundet auf und die anderen zwei Drittel zerfließen zum großen Teil in Mitleid über diese unerhörte Grausamkeit. Ich habe so oft hören müssen: „Warum hat die/der denn eine *untere* Einstufung seiner Jahresleistung?“ Da forderte ich sie auf, es selbst zu beschließen. Nach einer Stunde erschien weißer Rauch: „Das machen wir nicht. Wir verstehen, was du willst. Du willst die Grausamkeit auf uns abwälzen. Darauf lassen wir uns nicht ein.“ Ich wusste, dass sie das sagen würden. Ich wollte nur einmal, dass sie nicht maulen, sondern körperlich spüren, wie schrecklich eine Entscheiderlage sein kann. Ich entschied dann wie eh und je selbst. Danach kamen sie und beklagten sich bitter: „Warum *die*? Warum *der*?“ Ich fragte sie, ob sie nicht verstanden hätten. Doch, sie hatten verstanden. „Du willst, dass wir Verständnis haben. Aber wir fühlen uns viel besser, wenn wir keins haben. Deshalb lassen wir uns von dir nicht hereinlegen. Nein. Du musst das Gejammer anhören. Denn du bist *grausam*."

In diesem Sinne: Versuchen Sie einmal, Ihre Firma nicht einfach punktuell zu kritisieren, sondern ganz in Ihrem Sinne zu restrukturieren. Machen Sie einen großen Plan an der Wand. Dort werden Sie in Kürze sehen, ob Sie die richtigen Menschen übertreffen werden. Dort ist die Wand der Wahrheit.

Neben einer exzellenten Struktur muss der Executive auch Manager finden, die diese Struktur mit Energie und Leben füllen können. Es ist leicht, ein Gymnasium zu führen, wenn Sie lauter tolle Lehrer haben und beliebig viele A15-Planstellen. Es ist leicht, Forschungsprojekte mit Preisträgerwissenschaftlern zu organisieren. Sie müssen dann nur darüber wachen, dass sich die Götter nicht streiten. Normalerweise aber sind die Leute, die ein Executive einsetzen kann, ungefähr so gemischten Talentes wie die Gesamtheit der Lehrer an *Ihrem* Gymnasium, in dem Sie Schüler waren. Und jetzt teilen Sie einmal alles ein! Sie wissen dann schon im Voraus, wo immer schlechtes Wetter ist.

Neuerdings gibt es einen immer stärkeren Hang, Manager und Politiker „die Verantwortung übernehmen zu lassen". Beim dritten Fehler wird man aus der Position genommen. Aus mit der Karriere! Da es kaum Leute gibt, die unter der Ungewissheit der Zukunft *keine* kritischen Folgen ihrer Entscheidungen zu beklagen haben, ist bei solchen klaren Regeln ein Minister oder Executive nicht sehr viele Jahre im Amt. (Das Hauptproblem ist, dass die meisten Leute den Unterschied zwischen einem *Fehler* und einem *ungünstigen Ausgang* nach einer ungewissen Entscheidung nicht verstehen. Es ist oft auch nicht opportun, ihn zu verstehen.) „Rücktritt!", schreien alle sofort, verkennen aber, dass eine Unternehmensführung wie eine Regierung in kurzer Zeit völlig ausblutet. Das ist in einem Unternehmen tragisch und in Demokratien geradezu das Lieblingsziel der Opposition: Ausbluten der Regierung. Es gibt dann einen Machtwechsel und neues Ausbluten. Kaum jemand überlebt es. Das ist im Kern die Praxis der Demokratie heute.

Gute Executives sind geduldiger miteinander. Insgesamt aber ist das Regieren als Bereichsleiter oder höherer Boss nicht so leicht. Executives sind oben, müssen sich aber fast am meisten fürchten. Wir unten wollen aber *Helden* da oben! Wir unten wollen Kraft- und Saftentscheidungen von richtigen Menschen! Wovor haben die denn Angst? Vor dem Ausgang ihrer eigenen Entscheidungen haben sie Angst, und wie!

Im Ganzen benimmt sich das Executive Management nicht so homogen wie ein insgesamt „richtiger Mensch". Die Charaktere der Executives sind diverser als die im unteren Management. Unten zählt Disziplin im System. Das ist eine Domäne des richtigen Menschen, der vor allem dort Antreiber sein soll.

Executives aber müssen ein funktionierendes System bauen. Immer wieder. Die IBM ist seit einigen Jahren im Zentrum des Wirbelsturms. Jedes Jahr ziehen neue Technologien herauf: Netze, Telekommunikation, Onlinebanking, Funknetze, E-Business, Enterprise Integration, demnächst Adaptive Enterprises. Das muss Ihnen jetzt nichts sagen, es ist schon bei der zweiten Auflage dieses Buches wieder altes Zeug. Eine Technologiefirma muss nicht nur die eigenen Technologieveränderungen mitmachen (neue Rechner- und Netzarchitekturen, neue Betriebssysteme, Software, Anwendungen), sondern auch allen Technologiewandel der Kunden, die diese Technologie brauchen! Das ist Turbulenz pur! Im Grunde sind frisch erstandene Systeme, die ein paar Monate funktionieren, schon wieder veraltet. Die Executives rüsten wieder einmal um, wieder und wieder. Es ist in diesem mühevoll geordneten Chaos nicht so klar, ob die richtigen Menschen hier am besten arbeiten. Wahre Menschen können Unternehmen besser unter einer klaren Idee oder Vision zusammenhalten und den Wandel innerhalb der Vision erträglich machen. Natürliche Menschen können Kraft, Charisma und Zuversicht ausstrahlen und damit den Eindruck erwecken, dass sie schon alles herausreißen werden.

Executives sind im Ganzen nicht mehr so zwanghaft richtige Menschen. Die Fronten heben sich langsam auf. Eine ehemalige Vorstandassistentin, jetzt selbst im Linienmanagement, erzählte: „Oben ist keine Angst mehr. Es sind *andere* Manager da oben. Sie lauern nicht mehr auf Karriere, jedenfalls nicht mehr so stark. Sie gehen an die Arbeit, ganz einfach an die Arbeit. Sie sind als Menschen *einfacher* als die unteren Manager. Ich arbeite hier viel länger und viel mehr, aber es ist erholsam, unter lauter hellen Menschen zu arbeiten, die dem Unternehmen einfach nur noch dienen."

Es gibt in der Wirtschaftspresse oft Artikel, die das Gegenteil sagen. Ich rede nur vom Regelfall oder hier speziell von IBM.

Die Staatskunst des „Edlen" und das edle System

An der Spitze des Staates wünschen sich die richtigen Menschen einen richtigen Edlen, ein großes Vorbild an Tugend und Treue.

Es wäre am besten, wenn sich das ganze Volk unter einem Herrscher oder einer Herrscherin so geborgen, geliebt und sicher fühlen könnte wie ein kleines Kind, das die besten Eltern der Welt hat und rundum glücklich aufwächst. Alles ist da, alles ist ordentlich und gefügt. Mutter und Vater wachen. Es gibt immer gutes Essen und niemand muss sich fürchten.

Ich habe es schon an früherer Stelle im Buch gesagt: Richard von Weizsäcker müsste uns beherrschen dürfen, aber ganz direkt, ohne dass er fast immer politische Streitereien am Hals haben müsste. Im Grunde ist unser politisches System so aggressiv, dass er zu gut für diese Welt ist – und wir hätten wieder keinen richtigen edlen Herrscher. Wir wünschen uns im Grunde ein *richtig edles System*, dann brauchten wir unter Umständen kaum jemals richtig edle Herrscher. Ein edles System würde alles milde ordnen, die Seelen in Harmonie bringen und auch für das Schöne und die Kultur sorgen. Es würde die Zukunft mit der Gegenwart versöhnen, behutsam das Neue und die Technologie erblühen lassen, dabei aber die alte Umwelt nicht zerstören. Ein edles System würde sich um die wertvolle Substanz kümmern.

Ich belasse es bei diesen kurzen Sätzen. Sie wissen ja, was wirklich richtig wäre.

3. Beispiel: Von der Idee zur Metis – Richtung Ktisis

Zwischen dem Genie und „Metis" liegen die Stufen des Pioniers und des Entrepreneurs. Ich habe diese Stufen implizit schon immer wieder eingestreut. Reinhold Meßner ist ein Pionier, der sich selbst bezwingt und sich selbst auf dem Weg nach oben findet. Die vielen Daniel Düsentriebe sind Erfinder und Pioniere, die ihr Leben einer Idee widmen und aus ihr etwas bauen wollen. Sie zimmern an einem Traum zum Anfassen. Sie bauen das erste Flugzeug, einen ersten Zeppelin, die ersten atomaren Schaltungen mit Nanotechnologie. Es geht nicht um die Wahrheit, es geht nicht so sehr um das Wissen, was wahr oder richtig wäre. Ein Pionier geht voraus und verwirklicht. In dem Augenblick, in dem Edisons Glühlampe mit einer Wolframwendel zufrieden stellend funktioniert, bricht Jubel aus. Es geht! Es funktioniert! Für diesen Augenblick haben sich Jahre harter Arbeit gelohnt.

Wissenschaftler würden sich erst freuen, wenn sie verstanden haben, *warum* Wolfram funktioniert! Warum! Wie! Wozu! Pioniere lieben schon das einfache „Es funktioniert!".

Wenn ein Pionier aus einer Idee etwas gebaut hat, was funktioniert, so kann das Gebaute immer noch recht verschroben und versponnen sein. Es kann etwas Nutzloses sein, das wir zwar mit Ohs und Aahs bestaunen, das aber eben nur messetauglich ist. Wie viele Hochglanzvorführungen sehen wir in jedem Jahr auf der CeBIT-Messe in Hannover! Schmutzsuchende Waschmaschinen oder Armbanduhrcomputer mit einer 5-Minuten-Batterie, die ziemlich genau zum Hochfahren und zum einmaligen Zeitablesen vorhält. Es sind Träume zum Anfassen für Messebesucher, die sich mit ihnen hier die Zukunft vorstellen können.

Viel später wird aus den Schaustücken der Pioniere ein Produkt, was wir kaufen möchten. Stellen Sie sich vor, Sie erfinden eine Toastmaschine mit einem Computerchip drin, der Muster von einem Computer empfangen kann. Der Toaster soll dann das Muster in den Toast eintoasten. Ich möchte dann immer Toasts mit meinen Initialen oder meinem Alter oder mit einem Deutsche-Bank-Logo zum Frühstück. Für kleine Kinder toasten wir Tiere und die Buchstaben dafür auf die andere Seite, damit sie lesen lernen. So einen Toaster kann man mit ein paar tausend Mark Kosten ohne weiteres bauen und auf einer Ausstellung zeigen.

Wie aber kommt er ins Ladenregal?

Es gibt da so eine sehr spezielle Sorte von mehr natürlichen Menschen, die solche Aufgaben als Unternehmer lieben. Sie lieben unter Umständen nicht mehr so sehr die Idee des anfänglichen Produktes, sondern sie wollen, dass etwas Wirkliches getan wird. Diese Unternehmer und Entrepreneure müssen nicht mehr vernarrt in die Idee sein, wie es der Pionier noch ist. Sie befassen sich damit, ihre Energie auf die Umsetzung zu konzentrieren. Der Pionier braucht endlose Geduld und Beharrlichkeit. Unternehmer sind eher überhaupt nicht mehr geduldig! Sie platzen vor Energie! „Los, los! Weiter! Keine Zeit verlieren! Dampf machen! Losbrausen!" Der Pionier könnte eine Ente als Auto fahren, ein Unternehmer zischt über die Autobahn. Pioniere sind mehr wahre Menschen, die sich in das Gebiet des Natürlichen ausbreiten.

Entrepreneure sind mehr natürliche Menschen, die eine Betätigungsidee aufgreifen und an ihr eine kleine oder eine größere Welt erobern. Pioniere denken bastelnd, Entrepreneure handeln.

Gute Entrepreneure sind ziemlich selten. Die Wagniskapitalgeber („Venture Capitalist") suchen händeringend solche beballte Energie, die sich wie ein Geschoss auf ein Ziel fokussiert. Oft sind Entrepreneure Menschen, die sich durchbeißen mussten, die gestärkt aus den Rangordnungskämpfen der Kindheit hervorgingen, die sich nie bezwingen lassen wollten. Viele sind ohne Vater aufgewachsen oder haben den Vater nicht viel gesehen. Immer wieder ist so ein biographisches Element um den Vater herum in Unternehmerlebensläufen zu entdecken. (Mir fallen gerade Hans-Olaf Henkel oder Bundeskanzler Schröder ein.) Entrepreneure lernen nicht, was wahr und richtig ist. Sie sind mehr oder weniger offenbar schon immer der Boss.

In unserer Zeit der Ktisis, in der unendlich viel mehr Bewegung und Energie erforderlich ist, wird es zur Hochblüte solcher natürlicher Entrepreneure kommen. Wir brauchen solche Kraftmenschen in großer Zahl. Hoffentlich lässt die Schule genug davon mit einem Abitur heraus. Entrepreneure sind bestimmt keine Musterschüler, weil diese ja bescheiden Stufe um Stufe erklimmen sollen. Entrepreneure rennen mit dem Kopf voran durch die Wand. Ein guter Teil der heutigen Computerfreak-Generation besteht aus solchen Kraftnaturen, aus Pionieren und Entrepreneuren. Die Ktisis ist ein abenteuerreiches Tummelfeld für natürliche Menschen. Hier gibt es Herausforderung satt. Wir wundern uns oft über die kantigen, willensstarken Computerfreaks, die der Schule sonst trotzen, die das Richtige belächeln und die Widerstand leisten, bestimmt aber nicht auf gute Noten aus sind. Wir wundern uns, dass es ihnen reicht, den Computer wie einen Düsenjet zu beherrschen. Es geht nur um das Beherrschen und Bezwingen, nicht um gute Noten und um Lernen. Es sind nicht etwa besondere Menschen, die Computerfreaks. Es sind natürliche Menschen, die einen gewissen Sinn für das Wahre haben. Die Beherrschung von Technologie ist wie ein Kampf, wie das Bergsteigen von Reinhold Meßner. Die Richtung der Ktisis bietet Abenteuer und Bezwingen für Natürliche. Sie können sich einen ehrenhaften Platz unter den Menschen sichern und können den richtigen Menschen eine lange Nase drehen. Genau das tun Computerfreaks.

4. Beispiel: Zwischen Metis und System – Richtung Ktisis

Die natürlichen Menschen bezwingen. Sie halten sich im Allgemeinen an die Regeln des Systems und noch eher an die der natürlichen Fairness. Wenn die Regeln aber unnötig einschränkend sind oder wenn gar das Bezwingen oder der Sieg ganz außer Reichweite kämen, wenn sie zu penibel oder sklavisch an den Bestimmungen hängen würden, dann setzen sie sich souverän über Regeln hinweg.

Natürliche Menschen sagen, sie seien „pragmatisch", sie würden also das Zielführende im Einzelnen verstehen und mehr im Einzelfall nutzbringend handeln. „Bestimmungen des Systems sind an sich nicht schlecht. Wenn sie aber im Einzelfall das Erreichen des Ziels behindern, können sie hier, an dieser speziellen Stelle, keinen Zweck haben. Ein Tatmensch erkennt dies und korrigiert das System zum Nützlichen hin."

Es gibt verschiedene Stufen des Pragma. Die richtigen Menschen sind auch oft pragmatisch. Sie erfinden allerlei Schlupflöcher und frisieren Zahlen zu ihren Gunsten. Sie pervertieren oft den „Geist" des Systems, damit im Einzelfall zu harte Bestimmungen elegant und natürlich ausnahmsweise umgangen werden können. Richtige Menschen hebeln das System unauffällig aus, möglichst ohne das nach außen sichtbar werden zu lassen. Diese Art, pragmatisch zu sein, wird besonders von den wahren Menschen von Herzen gehasst. Heuchelei! Scheinheiligkeit! Gesichtswahrung um jeden Preis! Dabei wissen richtige Menschen genau, dass das System nicht allein selig machend ist. Sie leiden selbst unter dem System. Sie erklären es aber auf der anderen Seite für heilig, weil ein System eben sein muss und weil es nichts Besseres gibt.

Natürliche Menschen sind ganz offen pragmatisch: Das System kann eben jetzt nicht angewendet werden.

Im Zeitalter des radikal Neuen sind die Systeme streng genommen nie mehr richtig anwendbar, weil sich alles zu schnell ändert. Die richtigen Menschen beginnen fast schon, auch mitten im Geschäftjahr die Unternehmensstrukturen zu verändern. Früher war alles für ein Geschäftsjahr festgelegt. Mehr und mehr scheint dies zu starr und zu langsam zu sein. Gesetze werden hektisch neu beschlossen und wieder abgeschafft. Es gelingt der Politik kaum noch, längerfristige Orientierungen durchzuhalten. Alles und jedes wird neuen Tagesereignissen geopfert, um Probleme für ein paar Tage zu lindern oder um Kassenlöcher zu verkleinern.

Die richtigen Menschen werden unsicher und orientierungsloser. Sie waren immer diejenigen, die sich Traditionen und alte Werte wünschten und sie verteidigten. Nun retten sie täglich ihre Systeme unter Verrat der Werte, deren Verlust sie mit täglich dicker werdenden Tränen beweinen.

Die natürlichen Menschen gewinnen im Chaos die Oberhand. Pragma braucht nur das Ziel, keine Tradition. Wenn die neuen Technologien das tägliche Leben kontinuierlich verändern, dann sind die Pragmatiker noch eher in ihrem Element.

Die richtigen Menschen aber werden zu dürren Technokraten. Sie administrieren den Wandel. Aber sie gestalten ihn nicht proaktiv.

5. Menschen und ihr persönliches Sinnspektrum

Was bin ich? Wer sind Sie?

Haben Sie ein festes Plätzchen in dem Dreieck?

Meine Daten habe ich schon genannt: Ich bin in erster Linie jemand, der sich Philosophien ausdenkt und sich bei einer guten Idee wie ein kleines Kind freut: „Das war heute ein wunderschöner Tag. Ich hatte eine gute Idee." In einem gewissen Sinne verfolge ich meine Ideen und setze sie in „Wissenschaft" um, aber nicht zu weitgehend, weil das ordentliche Ausforschen mich zu sehr nervt. „Weiter! Weiter!", ruft mein Daimonion in mir. Meine Laufbahn als Wissenschaftler war vielleicht ein schwacher Irrtum über mein Wesen. Ich bin wohl von Herzen lieber Pionier als ein Wissenschaftler. Ich möchte gerne sehen, was herauskommt, nicht, wie ich es ganz genau beweisen kann. Ich spiele gerne herum und bin noch ein bisschen Kind. Das wusste ich nicht, weil es erst mit dem Alter deutlicher wurde. Meine Frau hat es schon früher erkannt, aber ich konnte es nicht glauben. Wenn ich mich nun vor dem Hintergrund meiner eigenen Omnisophie anschaue, bin ich doch eher ein wahrer Mensch in Richtung des Natürlichen. Das Natürliche ist mir nur nicht so dringend ...

So deckt jeder Mensch ein ganzes Spektrum oder einen „Seinsbereich" ab. Platon ist wohl ein ziemlich reiner wahrer Mensch, während Aristoteles zum Richtigen neigt, aber eine enorme Bandbreite zu haben scheint (von Wissenschaft bis Staatssystem). Diese Bandbreite verleiht ihm auch gleich den Ruf des Universalgelehrten, der überall Bescheid weiß und mitreden kann.

Beim Schreiben habe ich auch immer gemerkt, dass ich verschiedene Schwierigkeiten habe, mich in andere Menschensorten hineinzufühlen. Martina Daubenthaler, die als Werkstudentin seit zwei Jahren alles kritisch liest, ist ein deutlich natürlicher Mensch. Ich bin immer heilfroh, wenn sie die natürlichen Passagen des Buches natürlich findet. Sie kritisiert fast immer die Stellen „mit den Ideen“: „Zu abstrakt!“, befindet sie. Aber diese Stellen sind bestimmt ganz genau die, die ich felsenfest für wahr halte, weil ich selbst so bin. Ich bin unsicher, ob ich den Gefühlsmenschen gerecht werden konnte. Ich habe ihnen sicherlich Sympathie entgegengebracht – aber auch Einfühlungsvermögen?!

So mag jeder von uns ein ganzes Sinnspektrum abdecken. Es mag weite Menschen geben und andere, die sich mehr konzentrieren oder auch nur „eng“ sind. Es spielt eine Rolle, was wir neben uns an andersartigen Menschen schätzen und lieben können. Wer viele andere Menschen lieben kann, wird selbst ein weiteres Herz bekommen und einen offenen Geist entwickeln. Wer sich selbst als Norm oder Maß der Menschen ansieht, wird enger und enger werden und sich immer vollkommener vorkommen. Diese Art Vervollkommnung durch Verengung ist wie Tod durch seelisches Erstarren.

Im Ganzen spüre ich, dass die Menschen eher mehr an den Polen zu finden sind als in der Mitte. Ein Standpunkt am Pol ist leichter zu vertreten. Die Mitte ist sehr komplex. Für mich als wahren Menschen drücken die Pole des extremen Seins die reinen Ideen der Menschen aus. Ich selbst meine, alles gut verstehen zu können, wenn ich die Pole für mich gut erfasst habe. Wir haben gesehen, dass das Mittlere *nicht* eine *Kombination* der Pole ist. Der Wissenschaftler und der Manager sind „in der Mitte“, aber im Geiste doch sehr weit auseinander. Ich glaube ganz bestimmt, dass sich eher noch Konfuzius und Lao Tse über die Welt einigen können (das Richtige und das Wahre); aber der halbwahre Techie streitet sich lebenslang mit dem halbrichtigen Manager. Das Unüberbrückbare liegt in der Mitte, nicht an den Polen.

Menschen an den Polen haben eine solche extrem absolute Sicht auf das Leben, dass ihnen sicherlich klar ist, wie relativ ihr Blick auf den Sinn ist. Die Menschen in der Mitte dagegen relativieren so stark, dass sie sich dessen, was sie schließlich glauben, unsagbar absolut sicher sind.

Deshalb sind die Gräben nicht zwischen den Gelehrten, sondern mitten auf Schreib- und Konferenztischen, in den Ritzen der Ehebetten und in der Sitzrichtung beim Unterricht. Dort, in der Mitte, weiß niemand mehr, worüber er sich eigentlich streitet. In der Mitte ist Kaisers Bart, betonhart, weil ihn keiner sieht.

XV. Hohe Werte oder viele Punkte?

1. Exakt-Wissenschaft in der Mitte

Zwischen den Menschen wächst etwas *potentiell* Gefährliches heran.

Es heißt Wissen oder Wissenschaft.

Diese Entwicklung explodiert geradezu mit dem Internet. Das ganze Wissen der Welt wird bald per Klick verfügbar sein. Sie haben es sicher schon jahrelang in der Zeitung gelesen. Die Journalisten schreiben es in unzähligen Abwandlungen. Unsere Kinder halten es schon für wahr.

Angesichts der Masse an Wissen im Internet, also in dieser Weltmenschheitsbibliothek, beginnen wir die Ausmaße der Wahrheit zu verstehen, „dass wir fast nichts wissen". Die Wissenschaftler verdoppeln die Masse des Wissens alle paar Jahre, was in Seitenzahlen gemessen richtig ist und sonst alles Mögliche bedeuten kann. Viele Leute werden unter den drohenden Wissenslawinen oder all dem Datenmüll schon allergisch. Sie sprechen neuerdings vom Ersticken oder Ertrinken in Information. Wir werden mit E-Mails erschlagen, die uns mit unwichtigen Details und Werbung aller Art überschütten.

In unserer Mitte entsteht eine Art übermenschliches Gehirn, ein Speicher aller bisherigen Information, ein Regelwerk, wie alles funktioniert. Standardsoftware regelt, wie alles zusammenpasst, welche Arbeitsschritte wofür und in welcher Reihenfolge nötig sind. Dieses Wissens- und Vorschriftenwerk steht uns allen als eine Art Nebenhirn zur Verfügung. Wir beginnen zu ahnen, dass wir nicht mehr selbst lernen müssen, sondern wir sollten dieses „Überhirn" der Menschheit zu nutzen verstehen. Es kommt darauf an, mit ein paar Mausklicks das jetzt Wichtige sofort herauszufinden. Die Menschen müssen nicht mehr selbst wissen, sie müssen spürsichere Bibliothekare werden.

Mein Lamento aber, mit dem ich schon in meinen ersten Büchern begonnen habe, ist dies: Die Aufzeichnung und die Nutzung des Wissens der Menschheit droht zu einer blind-einseitigen Aktivität der linken Gehirnhälfte zu verkommen. Das Speichern des Wissens ist eine Lieblingsbeschäftigung der richtigen Menschen. Richtige Menschen propagieren „Knowledge Management". Sie wollen das Wissen aus den Köpfen der Menschen und Mitarbeiter abschöpfen und ständig speichern. „Wissen ist das wertvollste Gut. Wissen ist wiederverwendbar. Wissen ist nicht vergänglich. Es ist für ewige Zeiten speicherbar und verdirbt nicht. Wir werden Wissen in Datenbanken wie Geld in Speichern horten. Wer das Wissen hat, beherrscht die Welt. Wissen ist Macht." Hören Sie das? „Wissen ist das wertvollste Gut." Vor einigen Jahren waren das noch die Mitarbeiter.

Die Menge allen Wissens wird wie in einer Bibliothek gespeichert gedacht. Die Bibliothek aber ist das mentale Modell des richtigen Menschen. Wenn also eine Wissensbibliothek im Internet entsteht, so werden die Denkmodelle des Richtigen immer mehr die Oberhand gewinnen, weil ja auch die wahren und natürlichen Menschen diese richtige Bibliothek benutzen müssen. Die natürlichen Menschen sehen das Internet wohl mehr als eine Art „Tool-Box", als eine große Werkzeugkiste an, aus der man nach Bedarf den einen oder anderen Schraubenschlüssel oder Erkenntnisschlüssel herausnimmt. Wahre Menschen mögen das ganze Wissen nicht wirklich. Irgendwann, sagt Buddha, muss man die Bücher aus der Hand legen und *selbst* denken! Das Wahre ist nicht im Internet. Die Information ist immer ein Abbild eines einzigen Realen, das an der Idee teilhat. Und die Idee steht nicht in der Bibliothek. Dort stehen nur Bilder des Realen.

Die schiere Masse an Wissen verdeckt, dass das Wahre im neuronalen Netz des Menschen ist! Bisher ist es nirgends sonst. Das Richtige muss nicht mehr im Menschen selbst sein, es lässt sich ins Internet auslagern. Diese „objektive" Auslagerung des richtigen Wissens führt dazu, dass die Menschen im Prinzip immer mehr „wissen" bzw. immer mehr Wissen verfügbar haben. Da sie dieses Faktum überbewerten, fühlen sie sich schon richtig wohl.

Es kommt aber auf die Einsicht an, auch auf das Verstehen des Ganzen, auf das Erfassen „der Ideen".

Die Universitäten erleben einen Einbruch des Richtigen in die heiligen Hallen der Einsicht. Sie werden neuerdings „evaluiert". Die Professoren bekommen Schulnoten. Sie müssen ihre Hausaufgaben nachweisen, also vorzeigen, was sie jeweils im letzten Jahr erforscht haben. Wie viele Arbeiten? Wie viele Seiten? Wie hoch war der Beitrag zur Wissenschaft? Um wie viel wertvoller ist der Berg des Gesamtwissens durch diese Forschung dieses einen Professors geworden? Welche Bausteine hat er zum Aufbau des Internet-„Überhirns" beigetragen, zusammengetragen, herbeigeschleift? Im Grunde wird der Ernteertrag des Professors gemessen. Er bekommt dafür entsprechend Punkte auf dem Gehaltskonto (und immer weniger auf dem Konto der Ehre; werden wir bald Geldranglisten haben wie im Sport?). Die Universitäten waren auch immer Wandelhallen des Wahren, wo die Werte der Menschheit geschmiedet wurden. Es fanden Auseinandersetzungen um das Gesamtwahre statt, man rang um den Sinn des Lebens und um die Werte des wahren Menschen.

Die Orientierung an der logistischen Sicht auf das Wissen führt zur Punkteverteilung für Wissenserzeugung. „Punkte statt Werte!" Darüber halte ich gerade Vorträge. „Sind denn Punkte schlecht?", fragen die richtigen Menschen. Punkte sind nicht alles und nicht viel!

Ich will es ein wenig polemisch kleiden: Ein richtig guter Philosophieprofessor könnte es vielleicht schaffen, den Menschen ein paar Promille mehr Wissen auf dem Weg zum Sinn des Lebens zu schenken. Er könnte viel beachtete Werke schreiben, die ein wenig mehr Licht machen und dann im Internet gespeichert werden. Aber: Es muss doch auch wahre Menschen (Professoren oder nicht) geben, die in ihrer Seele den Sinn des Lebens tragen, soweit sie ihn erfasst haben?

Richtige Professoren mögen Kerzen produzieren. Aber es muss Menschen geben, die ganz helles Licht ausstrahlen, die uns ihr Licht schenken! Es muss Wissenschaftler geben, die das Wahre selbst sind. Das Wahre ist im Menschen, nicht in der Datenbank.

2. Die Reihenfolge der Forschung

Leider wendet sich die Wissenschaft immer dem schrittweisen Aufbau eines Wissenskolosses zu. Wie Bergbauarbeiter fräsen sich die Wissenschaftler in die Abbauflöze noch unkartografierten Wissens. Niemand denkt mehr über das Gute oder die Welt an sich nach. Das Gute und die Welt werden nicht als Ganzes, sondern scheibchenweise Bit für Bit bibliotheksgerecht verschlagwortet, systematisiert, erfasst und eingereiht.

Unbemerkt entsteht eine große Gefahr:

Das Wissen wird in einer falschen Reihenfolge erforscht.
Zuerst erforscht der Mensch das Richtige, dann das Wahre.
Da deshalb das Wahre immer verhältnismäßig schlechter erforscht ist, hat es wenig Bedeutung.
Durch das Internet könnte das Richtige einen uneinholbaren Vorsprung gewinnen.

In der Welt der Arbeit spricht man von verschiedenen Fähigkeiten, die ein Mensch zur Arbeit mitbringen sollte. Fähigkeiten werden im Amerikanischen „skills", also „Qualifikationen", genannt. Beispiele von Skills: Entwicklerkenntnisse in Linux, gute Kenntnis des Russischen, Qualifikation im Grade eines Maurermeisters, Führerschein für LKW, 810 Abiturpunkte. Solche Skills sind klar beschrieben. Sie werden oft im Rahmen einer Prüfung „objektiv" festgestellt. Es gibt Meisterbriefe, Schulabschlüsse, Diploma, Zertifizierungen aller Art.

Auf der anderen Seite sehen wir im Arbeitsleben, dass es auch auf Dinge ankommt, die sehr schwer beschreibbar sind. Wir wünschen uns liebevolle Chefs, charismatische Bosse, einfache nicht egoistische Mitarbeiter, die das Eigentliche tun. Wir möchten, dass Mitarbeiter zuhören können, das Ganze verstehen und aus dem Ganzen heraus verantwortlich handeln. Wir wünschen uns, dass wir uns gegenseitig vertrauen. Wir wollen uns wie ein Team fühlen, geborgen, sicher und geliebt. Unsere Arbeit soll Freude machen, Flow schaffen und sinnvoll sein. Wir wollen Kreativität und Vitalität.

Im Arbeitsleben heißen die ersteren, die diplomierbaren Fähigkeiten „hard skills". Die „schwer beschreibbaren" Fähigkeiten heißen „soft skills". Die Manager unterscheiden also zwischen dem „harten" Realen und dem „Weichen", von dem jeder von uns eine Idee hat, was aber bei Beschreibungsversuchen unter den Fingern zerrinnt.

Harte Skills sind wie das Richtige, nicht wahr? Weiche Skills sind wie das Wahre! Harte Skills lassen sich vernünftig messen, feststellen, verbessern, anfassen. Weiche Skills lassen sich als Idee vermitteln, aber sie sind wie Fähigkeiten eines neuronalen Netzes in uns, die sich über Jahre entwickeln. Das Charisma, die Liebe, das Vertrauen, das Loslassen, das Zuhören können, das Mitleiden, die Neugier, oder das Kreative entstehen im Rahmen der Persönlichkeitsentwicklung, beim Heranbilden des neuronalen Netzes im rechten Hirn. Viele Arbeitspsychologen versuchen, die Menschen gleich mit den richtigen Softskills einzustellen. Sie haben es aufgegeben, diese den Mitarbeitern nach der Einstellung beizubringen. Auf wundersame Art scheinen Softskills eben da zu sein. Man ist sympathisch oder nicht! Man ist teamfähig oder nicht! Man hat Charisma oder nicht!

Im Management heißt es eben: „What you can't measure you can't manage." (Was nicht gemessen werden kann, lässt sich nicht managen oder beeinflussen.) Das ist das allgemeine Kredo des richtigen Menschen unserer Zeit. Das Richtige im linken Gehirn ist ja wie im PC gespeichert. Man kann es umspeichern, löschen, manipulieren. Das Richtige ist anfassbar und konkret. Die Anstrengungen des normalen Managements zielen auf die konkrete Veränderung von Konkretem. Das Weiche, also das Wahre, wollen die richtigen Menschen nicht richtig wahrhaben. „Es ist zu weich. Was kann ich damit tun? Nichts." Die Wirklichkeit wird also in weiten Teilen unserer Gesellschaft unter dem Aspekt des konkret Richtigen gelenkt und verändert. Wahre Menschen würden Herzensenergien und Willenskraft unter Visionen oder Religionen bündeln! Das ist für richtige Menschen wie Zauberei. Ich erlebe beim Managementtreffen immer allgemeine Ratlosigkeit, wenn etwa richtige Menschen eine Vision haben sollen oder wenn die Psychologen lehren, dass die Welt am besten sei, wenn sich alle Manager vertrauen würden. Wie die Manager bei solchen Worten lächeln! Sie wissen, dass Vertrauen nicht konkret ist. Deshalb vermuten sie, dass es Vertrauen vermutlich nicht gibt. Der richtige Mensch sagt: „Vertrauen ist gut, Kontrolle ist besser." Im Grunde versteht er das Wahre nicht.

Das Arbeitsleben wird daher vorwiegend von richtigen Menschen nach harten Fakten dirigiert. Das Wort Softskill bleibt Lippenfloskel aus Beschwörungsformeln der Arbeitspsychologen, die in ihrer Mehrheit Intuitive sind. Das Richtige ist „scharz auf weiß", das Wahre nur eine vage Idee. Manager wollen keine Ideen. Sie sagen: „Kommen Sie zum Punkt. Werden Sie konkret. Sagen Sie endlich, was unter dem Strich stehen wird. Schwatzen Sie nicht endlos von Vertrauen. Geben Sie mir ein Zehn-Punkte-Programm, mit dem ich Vertrauen im Betrieb verbindlich einführen kann. Sagen Sie, wie ich sicherstelle, dass auch vertraut wird. Wer nicht vertraut, muss es beim Gehalt spüren. Wir müssen es also irgendwie messen und kontrollieren, wenn jemand nicht vertraut."

Die Diskussion um die Hardskills und die Softskills zeigt, dass alle Maßnahmen im Management erst vom Richtigen ausgehen und das Richtige richtig beeinflussen. Das Wahre ist zu weich. Es taugt dem Richtigen nicht. Deshalb steht das Wahre bei der Beeinflussung des Lebens zurück. Deshalb weicht das Weiche dem Harten. Deshalb verschwindet das Weiche aus dem Arbeitsleben: Sinn, Freude, Flow, Begeisterung, Primärmotivation, Liebe, Sympathie, Altruismus. (In konkreten Termen: Mitarbeiterzufriedenheit, Kundenzufriedenheit! Diese weichen Größen misst man heute etwas hilflos per Umfrage, ohne je das Ergebnis zu verstehen. Harte Antworten auf weiche Fragen helfen nicht.) Verzeihen Sie mir die nun schlicht subjektiv wertende Äußerung. Sie stammt von mir, einem wahren Menschen, der diesem richtigen Treiben kulturpessimistisch-unwillig zusehen muss.

Das wahrhaft Wichtige spielt im Leben keine oder keine angemessene Rolle.

Erst wenn Sinn und Arbeitsfreude konkret sein werden und sich messen lassen, werden die richtigen Menschen sich damit befassen. Das Rechtshirnige muss erst den Weg in den linken Speicher finden. Erst dann ist es „denkbar" geworden. (Dazu habe ich ein halbes Buch *Wild Duck* geschrieben.) Natürlich forschen die Wirtschaftswissenschaftler daran, wie man endlich Vertrauen oder Charisma misst. Aber es wird noch Jahrzehnte dauern. Was aber hat das Richtige bis dahin aus dem Wahren gemacht?

Die Konzentration des Managements auf das Richtige ist leicht vor dem Hintergrund der Zahlengläubigkeit des linken analytischen Verstandes zu begreifen. Ich habe diese Tendenz exemplarisch an den harten und weichen Fakten und Skills klar zu machen versucht.

Die Wissenschaft als Ganzes geht denselben Weg. Der Triumphzug der Naturwissenschaften und der Ingenieurskunst hat zu einer Empirisierung, Technisierung und Experimentalisierung der Wissenschaft geführt. Das Konkrete ist in den Vordergrund getreten. Das Konkrete besteht aus harten Fakten. Das Bewiesene der Mathematik oder das durch standardisierte Tests unzweifelhaft Nachgewiesene können im linken Gehirn gespeichert werden. Dort wird Stück für Stück die Wissenschaft zusammengetragen. Es ist jeweils wichtig, dass Wissenschaft in Form einer anerkannten Methodologie, mit anerkannten Experimenten, mit richtigen Messinstrumenten erzeugt wird.

Die Neuerzeugung von Wissenschaft muss heute in der richtigen Art erfolgen. Wissenschaft soll konkret sein, nicht spekulativ oder vage. Wissenschaft ist eine Eroberung der Welt allein durch das linke Gehirn geworden. Von diesem wird das geerntete Wissen im Internet abgelegt.

Uns beschäftigen keine Sinnfragen mehr. Wir spekulieren nicht mehr über die Seele des Menschen. Wir messen Gehirnströme. Wenn wir alle Gehirnströme gemessen haben, werden wir irgendwann auch die Seele des Menschen besser verstehen. Immer mehr unbekanntes Land wird erobert durch richtiges Vorgehen der Wissenschaft. Das Problem ist: Alle wahrhaft wesentlichen Fragen der Menschheit sind „weich", „soft", im neuronalen Netz von Menschen. Der Sinn ist rechts. Die Seele ist rechts. Der wahre Geist des Guten im Menschen ist rechts.

Die Wissenschaft geht aber wie das Management vor. Die Wissenschaft erforscht die Welt stur von links nach rechts. Das Konkrete zuerst, den Sinn zuletzt. Die Sinnfragen werden immer erst bedacht, wenn das Konkrete schon Fakten schuf.

Erst Atomwaffen, dann Gedanken über Frieden. Erst Umweltvergiftung, dann Gedanken über die uns anvertraute Welt. Erst Ersatzteilmenschen, dann Ethik. Die wahren Menschen verzweifeln über dieser Zeitverschiebung. Sie wird immer zerstörerischer. Je schneller sich der richtige Verstand das neue Wissen aneignet, umso hoffnungsloser wirkt der zeitliche Rückstand des mahnenden Wahren. Wir haben uns vor einigen Jahrzehnten gefragt, ob wir Friedensgespräche in strahlenumhüllten Atombunkern führen werden. Wir messen jahrzehntelang die Erderwärmung und den Tod der Hälfte der Bäume. Wir könnten im Jahre 2050 Kriege und Kämpfe mit dann inzwischen dreißigjährigen Ersatzteilmenschen ausfechten, weil wir die Klone zwar schon aufzogen, aber die Verwertungsrechte noch diskutieren. Die Ethik kommt dann noch etliche Jahre in die Vermittlungsausschüsse, bis sie im Gesamtpaket mit einer gerechten Steuerverteilung zwischen Bund und Ländern konkret geregelt werden kann.

Wissenschaft erforscht von links nach rechts.

Wissenschaft erforscht in einer falschen Reihenfolge und wird insbesondere dem Menschen nicht gerecht.

Der Vorsprung des Richtigen gegenüber dem Wahren droht in die Katastrophe zu führen. Die Sinndiskussionen könnten so weit hintangestellt werden, dass sie faktisch nicht mehr nötig sind.

3. Das Weiche und Intuitive – später!

Links zuerst! Lassen Sie mich einige Beispiele anführen.

Die Erziehung wird immer konkreter. Noch vor Jahrzehnten sollte das Gymnasium Bildung vermitteln, also das Verstehen unserer kulturellen Welt und des Wertvollen in ihr. „Bildung bringt das Wertvolle in eine persönlich verfügbare Form.“ Bildung lässt das neuronale Netz wachsen und gedeihen. Der Mensch soll unter Bildung erblühen.

Heute ist das Abitur eine Qualifikation, die durch die Abiturprüfung nachgewiesen wird. Diese messbare Qualifikation ist die Eingangsvoraussetzung in viele öffentliche Ämter. Sie öffnet den weiteren Qualifikationsweg in die Hochschulen.

Als ich in Göttingen studierte, war nur von Persönlichkeitsentwicklung und *Interesse* die Rede. Wir demonstrierten für das Wahre, gegen die Einmischung der Industrie und alles „Zweckdienliche“ wie etwa konkrete Anwendungsforschung. Damals begann der Einbruch des Richtigen, der sich heute erheblich durch das Management der Professorenleistungen („Evaluation“) verstärkt. Das Wahre gerät auch an der Universität in den Hintergrund. Der Student „studiert“ nicht einfach mehr. Er erwirbt heute eine Berufsqualifikation. (Gegen diese Sicht ging man vor dreißig Jahren auf die Barrikaden!) Der Lehrstoff der Universitäten wird von rechts nach links geschoben. Es geht nicht um Einsicht, sondern um Qualifikationspunktesammeln für den Berufseinstieg. Studieren ist nicht mehr „suchen“ (wie Licht suchen, Licht finden, Licht sein). Studieren ist abspeichern von Grundbausteinen, möglichst modular und vielfältig verwendbar für viele Berufe. Die wahren Forscher weinen laute Tränen um die Grundlagenforschung, die über das Wahre nachdenken möchte. Niemand hört sie mehr. Achselzucken über das Weiche!

Die Systeme halten überall Einzug und blasen zum Sieg des Linken. Sie unterstützen das Konkrete durch konkrete Leistungsmessungen, also durch Einpflanzen von Seismographen. Ein großer Teil des Sieges des Linkshirnigen resultiert aus der Wiedereinpflanzung eines effizienten System-ES in die Menschen. Das ES setzt auf Sekundärmotivation, also auf Punktesammeln. Das Licht sehnt sich nach primärem Sinn.

So entsteht eine insgesamt völlig schiefe Welt durch die falsche Reihenfolge der Forschung. Selbst die Psychologie und die Philosophie werden zu Systembauwissenschaften. Kümmern sich Behavioristen um Seelen oder Sinn? Sie behaupten, Psychologie sei Naturwissenschaft, also exakt, also linkshirnig. Basta. Freud, Adler, Jung, Maslow gelten als Spekulanten, die der verdächtigen Introspektion frönten. (Sie dachten nach.) Die Philosophie geht in Logik und analytische Philosophie über (linkshirnig!). So kann man aus dem Sinn des Lebens fast kombinatorische Mathematik machen! Ich muss nur eine kleine linkshirnige Annahme mitten aus dem Leben treffen. Sie lautet: „Jeder Gedanke kann in einem Satz sprachlich niedergelegt werden." Im Management sagt man verschärft: „Alles Wichtige muss in drei Sätzen gesagt werden können, sonst ist es Unsinn."

Wenn aber jeder Gedanke ein Satz ist, so gibt es genauso viele Gedanken, wie es Sätze gibt. Deshalb ist alles Wissen eine Ansammlung von sinnvollen Satzketten. Alles Wissen ist deshalb in einer großen Datenbank speicherbar. Um also alle Fragen der Welt zu beantworten, brauchen wir nur noch eine Computermaschine, die alle Satzketten durchsucht und entscheidet, ob sie sinnvoll sind. Dann ist die Datenbank nicht so groß. Na ja, und dann kann sich die Philosophie allein mit Sprachspielen beschäftigen. So denkt sich das die heute *dominierende* analytische Philosophie.

War es aber nicht so, dass die Ideen der Genies ohne Sprache erscheinen? Ist es nicht so, dass das Wahre nicht gesagt werden kann? Haben denn nicht die großen Wahren wie Platon, Buddha, Jesus kaum etwas geschrieben, weil alles ohne Worte klar ist? Was ist Wille? Energie? Traum?

Ich will nur sagen: Alle, alle, auch die Philosophen, finden heute Freude am Analytischen. Hoffentlich sind dann die guten Gedankenketten auch gleich Philosophien, „ready for publication". Dagegen verschwindet heute zunehmend alles, was um Sinn ringt, wie etwa alle Religion. Und am Ende weinen als Erste die Linkshirnigen, dass sich die hohen Werte der Menschheit so instabil benehmen, wenn man sie in einer Datenbank speichert.

4. Das Eigentliche – später!

Die Wissenschaft entfernt sich nicht nur vom Wahren oder vom Intuitiven. Sie hat eine Präferenz für das Richtige, weil dies besser „zu messen" ist.

Die höchste Stufe des Richtigen wäre aber nach meiner Vorstellung das Eigentliche. Ich habe versucht, Ihnen das Bild des einfachen, runden Kreises zu zeigen, um das herum die Kästchenzähler die Approximationen legen. Sie messen das Richtige und treffen es auch ungefähr. Aber es ist nicht das Eigentliche. Ich rufe eine Stelle nochmals in Erinnerung, die ich in der Nähe des Kreises schrieb:

Es gibt einen gewaltigen Sprung zwischen dem Richtigen und dem Eigentlichen oder zwischen der Tugend und dem Eigentlichen. Die Tugend prüft täglich nach, wie bei Konfuzius, kontrolliert die Vollkommenheit, approximiert sich immer mehr in die Nähe der Vollkommenheit, sieht immer wieder, dass sie das Ideal nie erreichen kann. Immer wieder arbeiten die Prüfsysteme und die Seismographen!

Das Eigentliche stimmt einfach, ohne Messen, ohne Gleichung, ohne Prüfen, ohne Seismographen. Es ist da. „Es ist erreicht." Was ist erreicht? Das weiß man nicht zu sagen. Das Eigentliche eben.

Da das Eigentliche nicht mehr misst und prüft und eben da ist, misst es auch nicht mehr, wie viel es für das Eigentliche bekommt. Deshalb ist das Eigentliche ein Geschenk.

Die Wissenschaft erforscht zwar vorzugsweise das Richtige, aber noch nicht das Eigentliche. Sie hält sich an das Normale, an das klar Gesetzmäßige. Psychologen erforschen Menschen per Umfrage. Sie analysieren, was Menschen normalerweise tun, worauf sie normalerweise reagieren, was sie im Durchschnitt gut finden. Damit befasst sich die Wissenschaft mehr mit dem Durchschnittlichen als mit dem Edlen. Sie denkt nicht über vollkommene Ehen nach, sondern sie erzeugt Analysen über „Beischlafshäufigkeiten unter besonderer Rücksicht von Eltern linkshändiger Zweit-Kinder". Physiker müssen eben Planeten oder Steine so erforschen, wie sie sind. Geisteswissenschaftler könnten aber nachdenken, *wie sie eigentlich sein sollten*. Sie schreiben aber mehr Studien, wie etwas ein bisschen verbessert werden könnte. Das Eigentliche wird damit nicht annähernd erfasst. Es entzieht sich wie auch das Wahre dem Experimentierkastenansatz der einfachen exakten Wissenschaft. Das Eigentliche als höchste Stufe des Richtigen entzieht sich also vorerst der Forschung. Es kommt später dran.

Das Durchschnittliche ist dagegen viel schneller zu erforschen. Das Durchschnittliche ist ein Mittelwert. Über Mittelwerte gibt es schöne mathematische Erwägungen. Das Management von Unternehmen geht einen ähnlichen Weg. Es denkt nicht über die eigentliche Arbeit nach, sondern es misst die durchschnittliche Arbeit der Mitarbeiter und versucht dann, durch Vergleiche mit einzelnen guten Mitarbeitern den Durchschnitt aller Mitarbeiter anzuheben. Es geht nie darum, das herauszufinden, was die beste Arbeit an sich wäre! Die Unternehmensforscher schauen sich hundert Unternehmen an, messen ihren Gewinn, suchen dann die besten 10 heraus und versuchen, aus den Kennzahlen herauszulesen, warum die besten 10 Unternehmen so gut sind. Das Ergebnis verkaufen sie den anderen 90 Unternehmen, die dann versuchen, genauso schöne Kennzahlen zu bekommen.

Manche Unternehmen sind ganz schlau und frisieren ihre Kennzahlen so, dass sie aussehen wie die von den 10 besten Unternehmen. Sie nehmen an, dass sie dann auch so viel Gewinn machen wie die 10 besten Unternehmen. Halten Sie mich nicht für zynisch. Sie können kaum glauben, wie wissenschaftliche Methoden des Exakten in Betrieben verwendet werden. Es geht nicht um das Eigentliche, sondern um das Anheben des Durchschnittes oder darum, dass alles wenigstens großartig aussieht.

5. Turturismus

Kennen Sie eines meiner wahren Lieblingsbücher? Es heißt *Jim Knopf und Lukas der Lokomotivführer* von Michael Ende. Er hat nur wahre Bücher geschrieben. In diesem Buch kommt ein Scheinriese vor. Er heißt Herr Tur Tur. Ein Scheinriese ist ein eigentlich normaler Mensch, der aber von Ferne gesehen viel größer wirkt oder aussieht, als er ist. Je weiter man von ihm weggeht, umso größer erscheint er. Das ist bei mir anders herum. Ich sehe von weitem winzig klein wie eine Stecknadel aus. Wenn Sie weiter auf mich zukommen, sehe ich schon etwas größer aus. Wenn Sie näher herankommen, werde ich größer und größer und noch größer und noch viel größer. Wenn Sie genau vor mir stehen, bin ich 1,69 Meter. Das Imposante erschließt sich also bei mir erst im Nahbereich, während Herr Tur Tur der Schrecken der Wüste und aller dort lebenden Halbdrachen ist, die noch nie in seiner Nähe waren.

Ich möchte in diesem Abschnitt erklären, dass viele richtige Menschen gerne turtur-farbene Gewänder tragen würden.

Wahre Menschen wie Diogenes liegen in der Tonne und fühlen sich frei, weil sie nichts brauchen. Prinz Siddharta entsagte dem Reichtum und wurde Buddha. Jesus war mit den Armen der Welt. Es ging um Werte (Hochniveau-Energieoptima im neuronalen Netz). Wenn es heute vermehrt um Punkte und das Wieviel geht, um Ranglistenplätze, Best-Practise-Vergleiche, um Notendurchschnitte, Rankings und Vorbildvergleiche, dann führt das Richtige ohne das Wahre zum Turturismus.

Regierungen können Erfolge nur per Superplakat-Aktion deutlich machen. Wenn Sie näher herangehen, stellen Sie fest, dass nicht einmal regiert wurde. Unternehmen schönen die Bilanzen, um Shareholder-Value vorzurechnen. („Riesengewinn! Rekord! Wir müssen nur einen kleinen Verlust ausweisen, weil da eine einmalige Abschreibung nötig war für einen einmaligen Fehler. Der war wirklich einmalig!") Stellenbewerber engagieren ein professionelles Graphikbüro zum Edeldesign ihrer Bewerbermappe. Wenn man ganz nahe herangeht, steht da: „Ich kann mich in alles einarbeiten und tue es gern." („Ich kann noch nichts.") Lobbyisten kämpfen für ganz spezielle Interessen, die aus der Ferne maßlos wichtig aussehen. Es werden in der Wirtschaft Milliardenprojekte angekündigt, die die ganze Wirtschaftspresse in Aufruhr versetzen.

„Wir fangen nach dieser grundsätzlichen Einigung über die Anzahl der Billionen erst mit einem Prototyp an, für den wir schon zwei Werkstudenten angeheuert haben." Marketing ist wie Turturismus. („Schwenk über ein paar Milchstraßen, da sausen Raumschiffe mit schwach frierenden Frauen vorn drauf rum, sie tauchen in ein Paradies ein, wo sich schon eine Schlange gebildet hat. Gleich danach sieht man unseren schwerelosen Apfelgelee, von dem man jetzt noch nicht weiß, dass er Zimtstäubchen enthält. Das wird der Clou.") Imageprojekte sind reiner Turturismus!

Wenn das Richtige das Eigentliche und das Wahre aus den Augen verliert und sich nicht mehr mit ihm schmücken will, braucht es Pracht anderer Art. Wenn die Lehrer und Manager nicht mehr lieben wollen, reden sie zu ihren Scheinriesen: „Ihr seid die Zukunft unseres Landes. Mitarbeiter sind unser wertvollstes Gut." Wenn wir unseren Rang unter den richtigen Menschen zeigen wollen, stellen wir schnittige Autos vors Haus und Silikon vor die Hütte. Wir widmen uns den Dingen, die von weitem größer aussehen, als sie sind. Die Vorherrschaft des Richtigen, das alles der Größe nach misst, führt zur Anbetung des Größeren, wo der wahre Mensch gerne nur das Große bewundert sähe.

Turturismus macht Kleines von Weitem so groß, dass man das Ganze vor dem Einzelnen gar nicht mehr sehen muss. Das Richtige setzt über sich den Schein als Ersatz für das verdrängte Wahre. Turturismus ist das absichtlich Uneigentliche. Es ist die Kunst, Hügel wie Berge erscheinen zu lassen. Wenn wir allegorisch das Lebensproblem des Menschen in der Aufgabe sehen, einen hohen Gipfel in einem unbekannten Land zu entdecken, dann ist Turturismus alles Handeln, schon erreichte Gipfel durch allerlei Tricks und Darstellungskunst viel höher erscheinen zu lassen.

Wenn nun die Dominanz des *durchschnittlich* Richtigen immer weiter fortschreitet und das Wahre nicht mehr durchdringt? Genau das fürchte ich und schreibe dazu ein längeres Kapitel im Folgeband *Supramanie,* in dem ich die Topimierungstechniken des Buches *Wild Duck* wieder gezielt aufgreife. (Topimierung: Die Kunst, den Status quo zu verherrlichen. Der Status quo ist wie ein Scheinriese – er sieht von weitem großartig aus, wenn man gut topimiert.) Ich bin ja gar nicht so pessimistisch, wie es hier vielleicht scheint. Ich habe es nur großartig furchtbar hingestellt, damit es von weitem schon wirkt. Die Hinwendung zum normal Richtigen und die Abwendung vom Eigentlichen und vom Licht kostet beliebig viel Kraft und Energie. Scheinriese sein ist nämlich teuer. Sehr teuer. Das Wahre und das Eigentliche kommen wieder, wenn das Richtige einmal ermessen kann, wie furchtbar teuer alles ist. Vor allem das Durchschnittliche in der Mitte.

6. Tao am Ende: Der eigentliche Mensch?

Der eigentliche Mensch misst nicht und vergleicht nicht. Der eigentliche richtige Mensch schenkt das Eigentliche. Der eigentliche wahre Mensch ist Licht. Der eigentliche natürliche Mensch gibt sich der großen Aufgabe hin. Eigentliche Menschen sind einfach, ganz ohne Schein, ganz ohne Wunsch riesig zu sein. Deshalb sind sie riesig. Eigentliche Menschen gehen den Weg ohne Absicht, deshalb kommen sie voran. Eigentliche Menschen wirken, ohne es absichtlich zu wollen. Das Wirken ist das Werk, im Werk selbst ist nichts. Was gesagt werden kann, ist eine niedrigere Stufe. Was in Punkten ausgedrückt werden kann, ist niedrig.

Lao Tse sagt (*Tao Te King* 18):

„Wird das große Tao verlassen,
gibt es Menschenliebe und Gerechtigkeit.
Kommen Klugheit und Gewandheit auf,
gibt es große Heuchelei.
Sind die sechs Blutsverwandten uneinig,
gibt es Kindespflicht und Elternliebe.
Sind Land und Sippen in Zerfall und Zerrüttung,
gibt es treue Staatsdiener."

Das Eigentliche braucht keine Regeln. Licht ist Licht, Wirken ist Wirken, Hingabe ist Hingabe. Wer davon spricht, verlässt das Eigentliche. Wer von Pflicht redet, hat das Tao verlassen. Wer Regeln und Vergleiche braucht, kennt das Eigentliche nicht. Wer wirkt um der Werke willen, ist nicht mehr eigentlich. Wer Liebe will, wird nicht geliebt. Wer Ruhm will, wird nicht berühmt. Wer Macht will, ist nicht mächtig. Wer Frieden will, bleibt im Unfrieden. Wer Tugend will, wird nicht tugendhaft. Wer sich im Spiegel schaut, sieht sich nicht. Das Eigentliche ist einfach da. Das Eigentliche kann gefunden werden, aber nicht gesucht.

Wenn der Mensch nun immer den Weg ginge, immer voran?

Er steigt nicht auf jeden Berg, wo das Eitle sitzt und sich der Höhe freut. Er verschmäht die kleinen Hügel mit den höhetäuschenden Aufbauten. Er kehrt nicht ein als Gast. Er geht zwischen den Bergen seinen Weg. Er steigt unten im Tal, vorbei an den Gipfeln des Ruhmes, der Gier, des Hasses, der Verblendung, der Absicht. Der Weg ist weit. Er führt in immer höhere Gebirge hinauf, die immer einsamer und heiterer wirken. Das Licht ist hell. Auf dem Weg ist Nahrung genug. Er nimmt nichts mit. Er braucht niemals viel. Er steht nie auf einem Gipfel, der beschwerlich zu erreichen wäre. Er geht den Weg im Urgrund hinauf, unten, zwischen den Gipfeln. Es ist kein Hindernis. Der Weg ist weit und steigt im Urgrund. Der Mensch geht lange, so weit er kommt. So lange er nicht ankommt, ist er da.

Ganz oben im Urgrund ist, was ich nicht sagen kann. Es ist dort, aber ich bin noch weit. Ich bin heiter.

Arme exakte Wissenschaft des Mittelrichtigen. Armer Gipfel des Menschen neben der Mitte des Weges. Halte nicht auf!

Literaturverzeichnis

Deutsche Literatur – von Lessing bis Kafka. Studienbibliothek, Digitale Bibliothek Band 1, CD-ROM, Bertelsmann Directmedia Publishing, 2000. [Dig. Bib., Bd. 1]

Philosophie von Platon bis Nietzsche, Digitale Bibliothek Band 2, CD-ROM, Bertelsmann Directmedia Publishing, 1998. [Dig. Bib., Bd. 2]

Walther Killy: Literaturlexikon. Autoren und Werke in deutscher Sprache, Digitale Bibliothek Band 9, CD-ROM, Bertelsmann Directmedia Publishing, 1998. [Dig. Bib., Bd. 9]

Die Luther-Bibel: Originalausgabe 1545 und revidierte Fassung 1912, Digitale Bibliothek Band 29, CD-ROM, Bertelsmann Directmedia Publishing, 2000. [Dig. Bib., Bd. 29]

Ahlswede, R.; Dueck, G.: Identification Via Channels, in: IEEE Transactions of Information Theory, Vol. 35, Nr. 1, pp. 15–29, Jan. 1989.

Athenaeus: in: *Hossenfelder, Malte*: Antike Glückslehren: Kynismus und Kyrenaismus, Stoa, Epikureismus und Skepsis, Stuttgart: Kröner, 1996.

Aristoteles: Nikomachische Ethik, übersetzt von Adolf Lasson, 1909. [Dig. Bib., Bd. 2]

Aristoteles: Metaphysik, übersetzt von Adolf Lasson, 1907. [Dig. Bib., Bd. 2]

Aristoteles: Dialog Über die Philosophie, in: Aristoteles: Hauptwerke, 8. Auflage, Stuttgart: Kröner, 1977.

Bayle, Pierre: Verschiedene Gedanken über einen Kometen, hrsg. von Johann Christoph Gottsched, Hamburg: J. C. Faber, 1741. [Dig. Bib., Bd. 2]

Boethius, Anicius Manlius Severinus: Die Tröstungen der Philosophie, übersetzt von Richard Scheven, 1893. [Dig. Bib., Bd. 2]

Büchner, Ludwig: Kraft und Stoff, Frankfurt/Main: Meidinger Sohn & Cie., 1885. [Dig. Bib., Bd. 2]

Canterbury, Anselm von: Warum Gott Mensch geworden, übersetzt von Wilhelm Schenz, 1880. [Dig. Bib., Bd. 2]

Csikszentmihalyi, Mihaly: Flow, das Geheimnis des Glücks, Klett-Cotta, Stuttgart, 1999.

Cicero, Marcus Tullius: Fünf Bücher über das höchste Gut und Übel, Hrsg. Julius Heinrich von Kirchmann, Berlin: Koschny, 1874. [Dig. Bib., Bd. 2]

Damasio, Antonio R.: Descartes' Irrtum: Fühlen, Denken und das menschliche Gehirn, 6. Auflage, München: dtv, 2000.

Demokrit aus Abdera: Fragmente, übersetzt von Hermann Diels, 1901. [Dig. Bib., Bd. 2]

Dilthey, Wilhelm: Einleitung in die Geisteswissenschaften, Leipzig: Duncker & Humblot, 1883. [Dig. Bib., Bd. 2]

Diogenes Laertius: Leben und Meinungen berühmter Philosophen, Hamburg: Felix Meiner, 1990.

Diogenes von Sinope: in: Diogenes Laertius: Leben und Meinungen berühmter Philosophen, Hamburg: Felix Meiner, 1990.

Dueck, Gunter: Wild Duck: Empirische Philosophie der Mensch-Computer-Vernetzung, 2. Auflage, Heidelberg: Springer, 2002.

Dueck, Gunter: Die beta-inside Galaxie, Heidelberg: Springer, 2001.

Dueck, Gunter: E-Man: Die neuen virtuellen Herrscher, 2. Auflage, Heidelberg: Springer, 2002.

Epikur, in: *Diogenes Laertius*: Leben und Meinungen berühmter Philosophen, Hamburg: Felix Meiner, 1990.

Feuerbach, Ludwig Andreas: Das Wesen des Christentums, in: Wigands Vierteljahresschrift, Leipzig: Otto Wigand, 1845. [Dig. Bib., Bd. 2]

Feuerbach, Ludwig Andreas: Grundsätze der Philosophie der Zukunft, Zürich; Winterthur: J. Fröbel, 1843. [Dig. Bib., Bd. 2]

Fichte, Johann Gottlieb: Erste Einleitung in die Wissenschaftslehre, in: Philosophisches Journal, Bd. 5 (1797), Heft 1, S. 1–47. [Dig. Bib., Bd. 2]

Fichte, Johann Gottlieb: Einige Vorlesungen über die Bestimmung des Gelehrten, Jena: Gabler, 1794. [Dig. Bib., Bd. 2]

Freud, Sigmund: Traumdeutung, in: Gesammelte Werke, Band II/III, Frankfurt: S. Fischer, 1999.

Freud, Sigmund: Das Ich und das Es, in: Gesammelte Werke, Band XIII, Frankfurt: S. Fischer, 1999.

Freud, Sigmund: Jenseits des Lustprinzips, in: Gesammelte Werke, Band XIII, Frankfurt: S. Fischer, 1999.

Freud, Sigmund: Massenpsychologie und Ich-Analyse, in: Gesammelte Werke, Band XIII, Frankfurt: S. Fischer, 1999.

Freud, Sigmund: Neue Folge der Vorlesungen zur Einführung in die Psychoanalyse, in: Gesammelte Werke, Band XV, Frankfurt: S. Fischer, 1999.

Goethe, Johann Wolfgang von: Faust. Der Tragödie erster Teil, Tübingen: Cotta, 1808. [Dig. Bib., Bd. 1]

Goethe, Johann Wolfgang von: Faust. Der Tragödie zweiter Teil, in: „Werke", Stuttgart; Tübingen: Cotta, 1832. [Dig. Bib., Bd. 1]

Goethe, Johann Wolfgang von: Maximen und Reflexionen, Weimar, 1907. [Dig. Bib., Bd. 1]

Goleman, Daniel: Lebenslügen. Die Psychologie der Selbsttäuschung, 3. Auflage, München: Heyne, 1991.

Heine, Heinrich: Zur Geschichte der Religion und Philosophie in Deutschland, in: Der Salon, 2. Bd., Hamburg: Hoffmann und Campe,1835. [Dig. Bib., Bd. 1]

Herder, Johann Gottfried von: Abhandlung über den Ursprung der Sprache, Berlin, 1772. [Dig. Bib., Bd. 2]

Herder, Johann Gottfried von: Ideen zur Philosophie der Geschichte der Menschheit, Riga: Hartknoch, 1784–1791. [Dig. Bib., Bd. 2]

Hobbes, Thomas: Grundzüge der Philosophie, übertragen von Max Frischeisen-Köhler, 1915/18. [Dig. Bib., Bd. 2]

Hossenfelder, Malte: Antike Glückslehren: Kynismus und Kyrenaismus, Stoa, Epikureismus und Skepsis, Stuttgart: Kröner, 1996.

Ja´Ja´, Joseph: Identification is easier than decoding, Univ. in: 26th Annual Symposium on Foundations of Computer Science, pages 43–50, Portland, Oregon, 21–23 October 1985. IEEE.

Janosch: Der Froschkönig/Der Frosch, der fliegt. Traumstunde 15, VHS-Video, ASIN: B00004RNIO.

Jung, Carl Gustav: Psychologische Typen, 8. Auflage, Zürich: Rascher Verlag, 1950.

Kafka, Franz: Das Urteil, in: „Arkadia. Ein Jahrbuch für Dichtkunst", Leipzig: Kurt Wolf, 1915. [Dig. Bib., Bd. 1]

Kafka, Franz: Der Prozeß, Berlin, 1925. [Dig. Bib., Bd. 1]

Kant, Immanuel: Kritik der praktischen Vernunft, Riga: Hartknoch, 1788. [Dig. Bib., Bd. 2]

Kant, Immanuel: Kritik der reinen Vernunft, 2. verbesserte Auflage, Riga: Hartknoch, 1787. [Dig. Bib., Bd. 2]

Kant, Immanuel: Kritik der Urteilskraft, 2. Auflage, Berlin; Libau: Lagarde, 1793. [Dig. Bib., Bd. 2]

Kant, Immanuel: Metaphysik der Sitten, Königsberg: Nicolovius, 1797. [Dig. Bib., Bd. 2]

Keirsey, David: Please understand me: Character and temperament types, Del Mar (CA): Prometheus Nemesis Book Company, 1984.

Keirsey, David: Please understand me II, Del Mar (CA): Prometheus Nemesis Book Company, 1998.

Killy, Walther; Bertram, Mathias: Literaturlexikon: Autoren und Werke deutscher Sprache, Digitale Bibliothek Band 9, CD-ROM, Bertelsmann Directmedia Publishing, 1998.

Konfuzius: Gespräche (Lun-yu), Stuttgart: Philipp Reclam jun. Verlag, 1998.

Konfuzius: Monographie von Pierre Do-Dinh, Reinbek bei Hamburg: Rowohlt Verlag, 1960.

Konfuzius: Monographie, hrsg. von Volker Zotz, Reinbek bei Hamburg: Rowohlt Verlag, 2000.

Lange, Friedrich Albert: Geschichte des Materialismus, 2. veränderte Auflage, Leipzig, 1873/1875. [Dig. Bib., Bd. 2]

Leibniz, Gottfried Wilhelm: Neue Abhandlungen über den menschlichen Verstand, Berlin: Heimann, 1873. [Dig. Bib., Bd. 2]

Lessing, Gotthold Ephraim: Die Erziehung des Menschengeschlechtes, Berlin: Voss, 1780. [Dig. Bib., Bd. 2]

Locke, John: Versuch über den menschlichen Verstand, übersetzt von Julius Heinrich von Kirchmann, 1872/1873. [Dig. Bib., Bd. 2]

Luther, Martin: Die Luther-Bibel: Originalausgabe 1545 und revidierte Fassung 1912, Digitale Bibliothek Band 29, CD-ROM, Bertelsmann Directmedia Publishing, 2000.

Maccoby, Michael: Warum wir arbeiten: Motivation als Führungsaufgabe, Frankfurt/Main; New York: Campus Verlag, 1989.

Macdaid, Gerald P.; McCaulley, Mary H.; Kainz, Richard I.: Myers-Briggs Type Indicator Atlas of Type Tables, 4. Auflage, Gainesville (FL): Center for Applications of Psychological Type, Inc., 1995.

Marx, Karl: Die heilige Familie oder Kritik der kritischen Kritik, Frankfurt/Main: J. Rütten, 1845. [Dig. Bib., Bd. 2]

Maslow, Abraham H.: Motivation und Persönlichkeit, Reinbek b. Hamburg: Rowohlt, 1987.

Meister Eckhart: Predigten, Traktate, Sprüche, übersetzt und zusammengestellt von Gustav Landauer, 1902. [Dig. Bib., Bd. 2]

Nietzsche, Friedrich: Jenseits von Gut und Böse: zur Genealogie der Moral, Leipzig: C. G. Naumann, 1886. [Dig. Bib., Bd. 2]

Platon: Laches, übersetzt von Ludwig von Georgii, 1860. [Dig. Bib., Bd. 2]

Platon: Gorgias, übersetzt von Julius Deuschle, 1859. [Dig. Bib., Bd. 2]

Platon: Menon, übersetzt von Ludwig von Georgii, 1860. [Dig. Bib., Bd. 2]

Platon: Phaidon, übersetzt von Friedrich Daniel Ernst Schleiermacher, 1809. [Dig. Bib., Bd. 2]

Platon: Phaidros, übersetzt von Ludwig von Georgii, 1853. [Dig. Bib., Bd. 2]

Platon: Der Staat, übersetzt von Wilhelm Siegmund Teuffel (Buch I–V) und Wilhelm Wiegand (Buch VI–X), 1855/56. [Dig. Bib., Bd. 2]

Plotin: Enneaden, übersetzt von Hermann Friedrich Müller, 1878. [Dig. Bib., Bd. 2]

Robbins, Anthony: Grenzenlose Energie: das Power-Prinzip, 5. Auflage, Bonn: Rentrop, 1993.

Roberts, Monty: The Man Who Listens to Horses, Random House Trade, 1997.

Rousseau, Jean-Jacques: Emil oder Ueber die Erziehung, übersetzt von Hermann Denhardt. [Dig. Bib., Bd. 2]

Rowling, Joanne K.: Harry Potter und der Stein der Weisen, Hamburg: Carlsen, 1998.

Rowling, Joanne K.: Harry Potter und die Kammer des Schreckens, Hamburg: Carlsen, 1999.

Rowling, Joanne K.: Harry Potter und der Gefangene von Askaban, Hamburg: Carlsen, 1999.

Rowling, Joanne K.: Harry Potter und der Feuerkelch, Hamburg: Carlsen, 2000.

Shaw, George Bernhard: Mensch und Übermensch. Eine Komödie und eine Philosophie, Frankfurt/Main: Suhrkamp, 1992.

Selye, Hans: The stress of life, 2. Auflage, McGraw-Hill, 1978.

Schiller, Friedrich: Über Anmut und Würde, in: „Neue Thalia“ (Leipzig), 2. Jg., 1793, Heft 2. [Dig. Bib., Bd. 2]

Schopenhauer, Arthur: Zwei Grundprobleme der Ethik, 2. verb. u. verm. Aufl., Leipzig: Brockhaus, 1860. [Dig. Bib., Bd. 2]

Schopenhauer, Arthur: Die Welt als Wille und Vorstellung, 3. vermehrte und verbesserte Auflage, Leipzig: Brockhaus, 1859. [Dig. Bib., Bd. 2]

Seneca, Lucius Annaeus: Vom glückseligen Leben, übersetzt von Albert Forbiger, 1867. [Dig. Bib., Bd. 2]

Spinoza, Baruch de: Ethik, übersetzt von Jakob Stern, 1888. [Dig. Bib., Bd. 2]

Spinoza, Baruch de: Theologisch-politische Abhandlung, übersetzt von Julius Heinrich von Kirchmann, 1870. [Dig. Bib., Bd. 2]

Watson, John B.: Psychologie, wie sie der Behaviorist sieht, in: *Watson, John B.; Graumann, Carl F.*: Behaviorismus, Verlag Dietmar Klotz, Frankfurt/M., 1968.

Nachwort

Supramanie: Der Wille wie eine Lenkrakete

Eine Gedankenschlinge um die so genannte Vernunft: Krrrk!

Sie röchelt noch ein bisschen. Denn, im Ernst:
Fast alle Vernunft ist künstlicher Trieb.
90 Prozent? Oder mehr?

Ich habe mich immer beim Zähneputzen gedrückt, weil mir meine Mutter so invasiv scheltend hinterher war. „Wie oft muss ich dir Vernunft predigen!" Die Erwachsenen überbrücken immer ziemlich viel Zeit, bis sie diese bessere Lösung finden: „Wenn du jetzt nicht sofort putzt, hämmere ich dir die Vernunft ein!"

Wie soll ich sagen? Die Vernunft sitzt in diesem Sinne doch mehr an unseren empfindlichen Hautstellen oder im Ohrläppchen, nicht so sehr im Gehirn. Ich habe das Zähneputzen aus Angst vor Unannehmlichkeiten vollzogen, nicht aus Vernunft, die ich durchaus hätte aufbringen können. Ich habe mich oft davor gedrückt. Etwa in dieser Art: Ich raschelte mit dem Wasser, gurgelte ein wenig vor dem Spiegel. Ich hätte in dieser Zeit schon längst meine Zähne putzen können, aber ich wollte es nicht, weil es meine Mutter so sehr wollte. Ich simulierte akustisch das Hin und Her der Bürste und das Fließen von Wasser. Während dieser Untat vibrierte meine Körperchemie. Meine Sinne waren wie riesige hypersensible Weltraumantennen auf feinsten Empfang geschärft, für den Fall, dass sie überraschend herein käme. Es fühlte sich wie Angst an … Und meine Antennen sind ganz bestimmt in der Haut. Punkt. Nicht im Gehirn. Ich grübele ja nicht dabei, sondern ich strecke meine Sinne aus! Wie ein Reh, wenn es wittert.

Mein Zahnarzt Armin Senghaas aus Gaiberg hat mir erst in höherem Alter fast mathematisch bewiesen, dass meine Zähne und Zahnfleisch dramatisch besser werden, wenn ich jedes einzige Mal die volle Prozedur mit Zahnlückenbürste, dann 42.000 Umdrehungen pro Oralminute und anschließendem Teebaumölspülen einhalte. Er lächelte neulich so ganz besonders, als ich wieder bei ihm reinschaute – nein, er schaute rein: „Nichts.“, sagte er zart und lächelte. Heute putze ich Zähne aus Vernunft. Wenn ich mich in tiefer Nacht im Hotel mit Eulenblick im Spiegel sehe und nur noch ins Bett will, sagt es in mir schwach: „Aber ich will noch Zähne putzen!“ Ich will. Es sagt nicht: „Du musst.“

ICH! WILL!

Immanuel Kant vertrat die Meinung, ich solle dahin kommen, meine Pflicht aus Neigung zu tun. Wenn ich vor dem Vernünftigen stehe, soll ich spüren: „Ich will dies tun.“ Und nicht: „Ich muss es tun, weil es das Vernünftige ist oder allgemein dafür gehalten wird.“ (Buckeln vor dem Chef, alles essen, was auf den Tisch kommt, schon dünne Kleider oder noch dicke Schminke auftragen.)

Wenn ich das Vernünftige tun will, geht es wie von selbst.

Wenn aber in mir jemand sagt: „Du musst das tun!“ – wer ist das? Mein tierischer Trieb? Nein, der sagt immer „Ich!“ Es wird also mein Über-Ich sein? Ja, seinetwegen trenne ich Müll und hefte Kontoauszüge ab. Ich fahre 30 und meide Cholesterin. Ich muss alles Mögliche gut und vernünftig finden, was sich Hilfsstabssekretärsassistenten von wichtigen Menschen als deren erklärter unterschriebener Wille ausgedacht haben. Ich muss das „vertreten“. Das Fremde.

Es sind fremde Körper in mir. Wenn ich nicht tue, was sie wollen, verletzten sie mich. Ich habe Angst vor ihnen. Ich werde mich hüten. Die fremden Körper, die etwas wollen, bedienen sich aller neuzeitlichen Technologie. Sie sehen mich in Kameras und blitzen. Sie zwingen mich zu Computereingaben. Sie rufen mich an. Früher waren die fremden Körper nur als Körper da, so wie Eltern, die etwas wollen. Ach, Sigmund Freud! Mein Über-Ich ist überall! Es durchdringt den Äther und sitzt in jeder Ecke – in jedem Stück so genannter „Kommunikation“ ist ein fremder Körper verborgen, der etwas will: Fernsehwerbung, Verkehrsschilder, Personalakte, Pflichtenheft, Zeugnis, Anschlag.

Ich soll selbst wollen, was das Fremde will.

Überall um mich herum wird dieser fremde Wille um mich herum organisiert. Anreizsysteme, Belohnungen, Karrieren, Beförderungen, Blumensträuße, Plaketten, Urkunden, Punkte, Scores, Aufstiege, Incentives.

Und wenn nun die Menschen mir zurufen: „Übernimm dich nicht! Überarbeite dich nicht! Denk an deine Familie! Versuche zu leben!“, dann sage ich nicht mehr: „Ich muss Karriere machen!“ Ich rufe allen freudig zu: „Ich will Karriere machen!“

Der fremde Trieb wurde erst als Pflicht verkleidet in mich hineingelassen. Nun aber, wenn ich hohe Belohnungen vor mir sehe, verwandelt sich der fremde Trieb in meinen eigenen.

Wie viel dessen, was ich vernünftig finde, ist fremder Trieb, den ich nun selbst als meinen eigenen erkenne?

90 Prozent. Mindestens. Oder mehr?

Ein kurzer Blick zurück: Der Pflichtmensch

Früher brach man den Willen des Menschen und zwang ihn zur Pflicht. Man sagte: „Wir bringen ihm Vernunft bei." Jahrelang wurde er in dem Zustand „Du musst!" gefangen gehalten, bis er sich gewöhnte. „Der Mensch gewöhnt sich an alles. Es braucht nur Zeit und Härte. Wenn dies konsequent durchgehalten wird, wird der Mensch bald hart gegen sich selbst sein können, dann ist niemand mehr hart gegen ihn. Er ist dann gut beraten, gerne zu tun, was nötig ist. Wer das Nötige tun will, besitzt Tugend. Dann ist er weise."

Freud zeigte uns unser Es, unseren Antrieb oder Eigenwillen, den unsere Kultur in ordentliche Bahnen lenken will: „Nicht so schnell, nicht so laut, nicht so ungestüm! Vorsicht! Pass auf! Hör doch einmal zu! Sieh, wie ich es mache! Hilfe, so nicht, nicht fallen lassen, schon passiert, siehst du, es klappt rein überhaupt nichts, wenn ich nur daneben stehe und meckere! Mach es, wie ich sage, dann geht alles wie von selbst!" Wenn wir noch klein sind, steht meist ein derart sprudelnder Erwachsener über uns. Über uns! In jeder Beziehung. Das haben wir recht bald über. Deshalb bilden wir einen Ersatzerwachsenen in unserem Gehirn, der eben Freud Über-Ich genannt wird. Das Über-Ich ist so eine Art Spezialtrieb, dessen Ausbildung eine Art Haupterziehungsziel der westlichen Pflichtkultur gewesen zu sein scheint. Man wollte wohl, dass wir diesen Ersatzerwachsenen im Kopf, der den fremden Willen repräsentiert, irgendwann für uns selbst halten. Dann ist endlich Ordnung. „Du redest schon wie Papa!"

Solange jeder Mensch klaglos gut funktionierte – dann geschah sein Leben wie von allein! Niemand tat etwas – und alles geschah, weil alles funktionierte! Das Leben wurde früher wie ein Prozessablauf gesehen, der Teil eines größeren Systems ist. Die Prozessabläufe des Lebens wurden in den letzten Jahren durch Informatiker und Entwickler in Computern modelliert, die uns mehr und mehr wie Ersatzerwachsene beim Leben helfen. Computer sind höflicher als Ersatzerwachsene, aber härter im Nehmen. Sie sagen nicht: „Du bist unfähig!", sondern: „Willst du wirklich das Programm abstürzen lassen?" Nicht: „Wieder falsch geschrieben, pass doch auf!", sondern: „Eingabe ungültig." Computer kümmern sich ausschließlich um das Zentrale, nämlich um die Prozessbearbeitung. Die Pflicht muss getan werden! Computer müssen nicht Kant lesen und dann Neigung zur Pflicht entwickeln.

Da fällt mir ganz bildhaft ein, wie neulich neben mir der Fahrer eines Wahnsinns-BMW nach fünfmaligem Fehlverbindungsversuch mit einer Stauleitzentrale oder etwas Ähnlichem das Navigationsdingens rasend wütend anschrie: „Sch…!!“ Das Gerät (es war eine Frau) sagte ganz ruhig: „Wortkombination nicht bekannt. Bitte wiederholen Sie!“ Na, ich glaube ja nicht, dass Wiederholen beim Computer hilft, wenn er's nicht kennt.

Man kann sich den pflichttreuen Menschen so vorstellen, dass er sich so prozesskonform wie ein gut programmierter Computer benimmt. Ich habe zum Beispiel einmal in Gegenwart meiner Mutter „Sch…!!“ gesagt. Sie entgegnete: „Dieses Wort kenne ich nicht.“

In den Unternehmen hieß der Pflichtmensch „Organization Man“, weil es über ihn ein berühmtes Buch von William H. Whyte aus dem Jahre 1956 gibt. „Organization Man“ bekommt einen Firmenausweis und hält alle Prozesse ein. Er hat keinen eigenen Willen. Er willigt in das Fremde um ihn herum ein. Deshalb nennt er sich loyal. Er internalisiert die Ziele des Unternehmens und arbeitet geduldig die Prozesse ab. Vorgang für Vorgang, Akte für Akte. Schritt für Schritt. Eins nach dem andern. Dafür steigt er Stufe für Stufe auf, Rang für Rang, Gehaltserhöhung für Gehaltserhöhung. Sein Leben weiht er dem Unternehmen. Das Unternehmen sorgt für ihn und seine Familie, feiert mit ihm, lebt mit ihm. Eine Altersversorgung ist ihm sicher. „Organization Man“ wird versorgt, ist sicher und geborgen. Sein wirklicher Ersatzerwachsener ist das Unternehmen. Und alles ist gut so, für ihn selbst und für das Unternehmen. Das sah fast weise aus, weil irgendwie Pflicht und Neigung näher zusammenkamen.

So war es früher.

Der ideale Pflichtmensch war wie ein Rad im Getriebe, gesteuert wie durch den Algorithmus eines Computers.

Computer aber haben leider keinen Willen! Deshalb brauchen wir noch Menschen.

Supramanie!

Wille ist noch nicht programmierbar. Computer haben keine Angst, weil wir Ihnen keine Beine machen oder Furcht einjagen können, arm zu sein. Den Willen müssen wir heute noch selbst beisteuern.

Leistungsmessungen von Menschen scheinen zu beweisen, dass diejenigen Menschen, denen der Wille gebrochen wurde, nicht mehr wirklich zu Höchstleistungen taugen. Gute Organisationsmanager behaupten regelmäßig, alle Pflichtmenschen gleichmäßig überdurchschnittlich hinzubekommen. Was aber, wenn Spitzenleistungen gefordert werden müssen? Was aber, wenn es überhaupt nur auf Spitzenleistungen ankommt, wie etwa in Pharmalabors oder Universitäten? Welchen Sinn hat in einer globalen Welt etwas Zweitbestes? Was sagt man einem, der eine Erfindung von gestern Abend heute noch einmal als Patent anmelden will?

„Es kann nur Einen geben!" – „Nur der Beste gewinnt!" – „The winner takes it all!" – „Nummer Eins sein ist alles, alles andere ist nichts."

Wenn nur der oder die Beste zählt, ist Kampf angesagt! Wenn nur Gewinner Gewinn machen, hilft keine noch so große loyale Überdurchschnittlichkeit eines Pflichtmenschen. Es ist eine Zeit der Raubtiere, die sich die Pflanzenfresser einverleiben.

Fazit: Eine Gesellschaft, die nur die Besten belohnt, nur die Erfolgreichen, die Chartsieger, die Meister, die Top-Manager, die Top-Spezialisten, die Top-Performer – eine solche Gesellschaft muss nun Raubtiere heranziehen, nicht mehr ruhige Milchkühe, die grasen, und sich melken lassen.
Ist es dann sinnvoll, dem jungen Menschen den Willen zu brechen und dann als Ersatz die Pflicht einzuimpfen?

Wer Sieger will, braucht vor allem Siegeswillen. Deshalb muss der Wille des neuen Menschen gestärkt werden, nicht aber gebrochen.
Der Wille muss aufgeputscht werden: Leidenschaft ist gefordert, Begeisterung für die geforderte Arbeit, bedingungsloser Einsatz!

Deshalb sollen wir heute alle wie Raubtiere werden. Das Obensein wird wie ein Höherwertigkeitstrieb in uns gepflanzt, während der Pflichtmensch früher durch Minderwertigkeitsfurcht über der Durchschnittlichkeitsgrenze gehalten wurde. Obensein ist alles!

Die erste Pflicht des heutigen Menschen ist es, die Nummer Eins zu sein.
Er soll süchtig sein, nach oben zu kommen.
Es ist die Zeit der Supramanie.

Supramanie – das ist ein dunkel klingendes künstliches Wort, das ich als Buchtitel meines Anschlusswerkes zur Omnisophie gewählt habe. Untertitel: Vom Pflichtmenschen zum Score-Man.

Wenn die Raubtiere allesamt einzeln siegen sollen, was tun sie dann? Sie kämpfen um Anteile, sie kämpfen gegeneinander. Sie stehen im gnadenlosen Wettbewerb. Jeder gegen jeden, nur einer oder zwei bleiben übrig. Der bloße Pflichtmensch tut nicht genug. Er fügt sich bloß ein.

Es wird ein neuer Menschentyp verlangt. Ich nenne ihn: Score-Man. Der Mensch von heute wird gemessen und geratet, eingeschätzt und gerankt. Alles kommt auf seinen Tabellenplatz in der Rangliste an, der seinen Abstand von der Nummer Eins anzeigt. Ist er Aufsteiger? Steigt er ab und muss bald in eine andere Liga, in der er unten irgendwo doch noch der Beste sein kann, in einer kleinen Nische, in der keine Großen sind?

Zeit des Supratriebes

Der neue Supramensch entsteht durch Aufpeitschen des Willens. Das Brechen des Willens ist abgesagt. Der Supramensch soll mit einem Supratrieb ausgestattet werden. Dazu schickt man ihn in Kämpfe und Wettbewerbe. Sie heißen Turnier, Klausur, Test, Wettkampf, Vergleich, Leistungsmessung, Bewertungsrunde. Der Supramensch bekommt überall Rangnummern. Er weiß, wie hoch er gekommen ist. Hochleister? Aufsteiger? Versager? Die Versager steigen ab, werden entlassen oder abgeschoben. Furcht breitet sich aus.

Das Prinzip der Supramanie beruht auf künstlicher Not, aus der sich Menschen nur befreien können, so lange sie Spitzenleistungen bringen.

Spitzenleistungen werden zum Teil fürstlich belohnt. Alles Gold dem, der Sieger ist!

Der Wille des Menschen wird aufgepeitscht und in eine vom System gewünschte Richtung gelenkt. Der Wille wird der Richtung folgen, in der das Gold am Horizont liegt.

Wenn ich das Gold will, will ich das Fremde. Aus „Du musst!“ wird „Ich will!“ Das Fremde gibt sich wie Vernunft oder Wissenschaft, die erforscht hat, dass alles global darwinistisch sein muss. Wenn ich dazu „Ich will!“ sagen kann, gehe ich den Weg dieser Vernunft, die aber künstlicher Trieb ist, um mich zum Raubtier zu wandeln. Deshalb sagte ich: 90 Prozent der Vernunft sind Trieb. Oder mehr?

Wie kämpft, wer nicht siegen kann?

Wer nicht siegen kann, ergeht sich in Drohgebärden, er stellt Beine, versteckt sich, legt sich in Hinterhalte, führt Guerillakriege und versucht sich im Terror. Was sollte er tun?

Menschen beginnen, die Zahlen zu schönen, Punkte herauszuholen, die Messsysteme zu beschummeln und zu stehlen („Es ging um meinen Job, es ist quasi nur Mundraub gewesen). Menschen stellen sich als den Sieger dar. („Diese Wahl hatte nur Sieger.“) Sie putzen das Vorteilhafte bei der Arbeit heraus: „Von allen in der Abteilung habe ich mich am meisten bemüht.“ Sie schmälern die Verdienste der Sieger: „Sie haben uns um unseren Lohn betrogen, denn es war eigentlich unsere Idee.“ Sie hetzen im Windschatten der Sieger: „Ich bin sein Knappe, gib mir Geld, damit ich dich zu ihm lasse.“ Sie spezialisieren sich auf unsinnige Nischen, wie es fast aller Wissenschaft eigen ist: „Ich bin der Sieger in dem Fach NLP = LP für die Spezialklasse der Nemathelminthes.“ Sie üben sich alle in der Kunst, sich zum Sieger zu erklären, was ich schon öfter als die inverse Optimierung, also die Topimierung beschrieben habe. (Topimierung hat die Erfindung eines Optimierungsproblems zur Aufgabe, dessen einzige optimale Lösung der eigene Status Quo ist. Insofern löst die Topimierung das mathematische Problem, sich selbst zum Sieger zu erklären.)

Manche Menschenarten, besonders wieder die Wissenschaftler, üben sich in der Kunst, eine kleine oder sehr vage klare Idee für den Schlüssel zur Rettung der Menschheit darzustellen, wenn denn die Menschheit nur anerkennen würde, dass diese Idee die beste wäre. („So wird aus dem realen Sozialismus der wahre Kommunismus – wenn nämlich alle Menschen nicht nur gleich sein müssen, sondern auch gleich sein wollen! Diese Idee hat Bedarf nach diesem Bedürfnis!“) Die Kunst, etwas Künftiges, das nicht eintritt, für den Sieger zu erklären, heißt natürlich Utopimierung – wie Utopie, nicht wahr? Ich erkläre eine Utopie für top – das ist eine relativ angenehme Form des Pseudo-Siegens.

Ach, ich lästere schon wieder unbestimmt! Sehen Sie es vor sich? Wissenschaftler fälschen Daten, damit ein Nobelpreis daraus wird. Manager schönen die Bilanzen. Bilanzbürokratie wird zur Bilanzakrobatik. Menschen machen allgemein Überstunden und geben hohe Leistung vor, die aber nur unter Opfer aller Wochenenden und der Familie möglich war. Menschen werden allergisch, stresskrank und neurotisch, die Kinder kaum noch richtig erzogen, mehr und mehr nur logistisch zwischen Aufbewahrungsstationen betreut … Scheidungen, Alkohol, Drogen! Alles Trieb, nicht wahr? 90 Prozent? Oder mehr?

Es liegt nicht an der schlechten Konjunktur, nicht am Irak-Krieg oder an Pisa.

Wir peitschen die Triebe der Menschen hoch, der Beste zu sein.

Wenn aber alle die Besten sein wollen, was logisch nicht geht, dann kämpfen sie miteinander im Wettbewerb. In Kämpfen fließt Blut. Blut kostet.

Die Politiker haben wohl (bis auf ein paar, die ich namentlich aufzählen kann) in den letzten Jahrzehnten erkannt, dass Kriegführen zu teuer ist. Nationen bluten aus, wenn sie supraman sind. Nationen gedeihen besser, wenn sie in Frieden auskommen, Freunde werden, zusammenarbeiten, Vertrauen bilden, alles gütlich regeln.

Genau in diese wesentlich ökonomische Einsichtsphase hinein platzt der Beginn des Turbokapitalismus, der nun die Supramanie unter den Unternehmen wie den Shareholder-Value zum ultimativen Prinzip erhebt. Die Triebe, die sich zwischen Nationen entluden und die wir uns finanziell nicht mehr leisten können, werden nun ein Ebene tiefer gelegt. Unternehmen kämpfen.

Universitäten kämpfen. Lesen Sie's noch einmal: Universitäten kämpfen! Um Rankings und Leistungszulagen, um das Überleben der Fakultäten („eine reicht für das Land"?). Wer ist der beste Forscher? Und wenn man keinen Nobelpreis schaffen kann: Wie forscht man, wenn man keine Idee hat? „Ich habe vor, nun den endgültigen Nachweis der Riemannschen Vermutung zu erbringen. Mein Zeitplan sieht disziplinierte 20 Jahre Forschung vor, also fällt die Lösung auf mein 72stes Lebensjahr. Ich bin bereit, so lange, auch unentgeltlich zu arbeiten. Lassen Sie mich nur eben bis dahin in Ruhe nachdenken. Sie werden sehen!" So geht Utopimierung. Für Ärzte zum Beispiel gibt es ja schon Topimierungssoftware, die zu jeder Konsultation noch alle Behandlungspunkte auf die Rechnung schreibt, wie sie im Prinzip vorgekommen sein könnten: „Besonders schwerer Fall von Übergewicht, der einen doppelten Hebesatz rechtfertigt." Topimale Liquidation der Patienten. Bald gibt es sicher auch Software zur Erzeugung optimaler Vorschläge zur Erlangung von EU-Forschungsgeldern? Automatic Proposal Generator?

Weil nun im Kampf um das Gold im tiefer unter die Gürtellinie geschlagen wird, weil es unfair oder verschlagen zugeht, weil List und Tücke der Wehrlosen die Messungen der Rankings trüben, weil Marketingmaschinen Nebel werfen, muss es immer mehr Akkreditierungskommissionen, mehr Controller, mehr Polizei und Aufpasser aller Art geben …

Bald gibt es mehr Schiedsrichter als Spieler. Beim Fußball sind es immerhin schon mal drei auf zweiundzwanzig Spieler, Tendenz steigend. Dazu zwei Bänke mit Scharfmachern am Rande. Mehr Preiskalkulatoren und Verspätungsansager als Züge!

Korrigiert jede Abiturarbeit fünfmal oder öfter! Zählt Erbsen, aber sorgfältig! Es muss gerecht zugehen in dieser Welt! Es geht um das Überleben – da darf nicht geschludert werden …

In einer supramanen Welt, also einer, in der der Pflichtmensch die heilige allererste vornehmste Pflicht bekommt, der Sieger zu sein und damit zum Score-Man mutiert, wird ungeheuer viel Energie erzeugt und dann durch Kampfverluste wieder vernichtet. Wir arbeiten im Vergleich zu 1990 mindestens als Informatiker 50 Prozent länger, dazu dichter, haben dazu viel mehr Reisezeiten. Die meiste Zeit war Hochkonjunktur. Warum schwimmen wir nicht in Geld? Weil es für den Kampf gebraucht wird … Nicht gerade 90 Prozent, aber mehr als Sie denken.

Irgendwie lohnt sich Supramanie nicht. Hab' jetzt ein ganzes Buch drüber geschrieben. Hätte gedacht, das reinigt meine Seele. Und jetzt kommt wieder so eine der trüberen Beta-Kolumnen heraus. Dabei wüsste ich, was zu tun wäre! Ich weiß aber nicht, ob ich es Ihnen mitteilen soll. Was mir so im Sinn ist, könnte ganz gut eine Utopimierung sein. Oder eine Art künstlicher Trieb notorisch für nötig gehaltener Weltverbesserungssehnsüchte in mir. Ich warte noch ein wenig, bis ich einen Zipfel davon zu 90 Prozent oder mehr real fassen kann. Im Augenblick kann ich es nicht fassen.

Printing: Ten Brink, Meppel, The Netherlands
Binding: Stürtz, Würzburg, Germany